复合绝缘子
界面故障诊断及防治技术

彭向阳　王黎明　黄振　汪政　方鹏飞　编著

中国电力出版社
CHINA ELECTRIC POWER PRESS

内 容 提 要

复合绝缘子界面失效及芯棒断串故障严重威胁电网输电线路安全运行，复合绝缘子界面故障机理不明、界面诊断技术欠缺，因此，复合绝缘子界面失效机理、状态检测和故障防治研究成为近年国内外研究热点。本书结合中国南方电网有限责任公司“复合绝缘子界面失效机理及防治”“复合绝缘子断串故障机理及防治”等重点科技项目，系统研究和总结编写而成。

本书共9章，包括概述、复合绝缘子界面形成及影响因素、复合绝缘子界面失效机理、复合绝缘子芯棒断串机理、复合绝缘子界面动态光热成像无损检测、复合绝缘子界面太赫兹波无损检测、复合绝缘子界面微波无损检测、新型界面友好硬质复合绝缘子、复合绝缘子界面故障防治技术。全书内容新颖，并且较为系统和全面、指导性强，对于推动我国电网复合绝缘子界面失效及断串故障检测、诊断防治技术研究与应用具有重要意义。

本书可供从事电力系统运行、电工制造及试验检测领域工程技术人员，以及高电压与绝缘、材料物理及化学、输电线路运行维护等方面的专业技术人员和管理人员使用，也可作为高等学校相关专业本科生和研究生的参考书。

图书在版编目（CIP）数据

复合绝缘子界面故障诊断及防治技术/彭向阳等编著．—北京：中国电力出版社，2024.1
ISBN 978-7-5198-7804-7

Ⅰ. ①复…　Ⅱ. ①彭…　Ⅲ. ①复合绝缘子－故障诊断－研究　Ⅳ. ①TM216

中国国家版本馆 CIP 数据核字（2023）第 082967 号

出版发行：中国电力出版社
地　　址：北京市东城区北京站西街 19 号（邮政编码 100005）
网　　址：http://www.cepp.sgcc.com.cn
责任编辑：罗　艳（010-63412315）
责任校对：黄　蓓　常燕昆
装帧设计：张俊霞
责任印制：石　雷

印　　刷：廊坊市文峰档案印务有限公司
版　　次：2024 年 1 月第一版
印　　次：2024 年 1 月北京第一次印刷
开　　本：710 毫米×1000 毫米　16 开本
印　　张：26.25
字　　数：454 千字
定　　价：130.00 元

前　　言

复合绝缘子以重量轻、机械强度高、憎水性和憎水迁移性强、耐污闪电压高、安装维护方便等优势在国内外得到了广泛应用，在保证电网输电线路安全运行方面扮演着重要作用，目前我国电网运行复合绝缘子超过1000万支，是世界上复合绝缘子使用规模最大的国家之一。复合绝缘子在运行中易发生老化，目前我国电网对复合外绝缘老化研究比较充分。

复合绝缘子外绝缘老化影响绝缘子寿命，但一般不会直接导致绝缘子内绝缘击穿、断串等恶性事故，相比外绝缘老化问题，运行中更重视复合绝缘子界面失效和内部故障对安全运行的影响。一是复合绝缘子界面作为薄弱环节，其失效过程隐蔽性较强；二是复合绝缘子界面一旦失效，将导致包括芯棒发热、内绝缘击穿、恶性断串等绝缘子内部故障。发生内绝缘击穿意味着线路跳闸停运，发生断串对于单串绝缘子意味着线路掉线、对于双串绝缘子意味着运行风险急剧上升，即复合绝缘子界面失效引发的内部故障后果更严重，构成对输电线路安全运行的直接威胁。

近年中国南方电网有限责任公司发生五十多起由于界面缺陷问题引发的复合绝缘子断串、击穿等重大事故，其中广东电网有限责任公司复合绝缘子发生断串故障13次，发生内绝缘击穿故障5次，发生异常发热紧急事件12次。某批次复合绝缘子界面由于密封性问题，挂网后出现大面积异常发热现象，最终更换复合绝缘子1000多支，给电网安全运行造成恶劣影响和经济损失。

目前，国内外针对复合绝缘子界面失效问题研究较少，缺乏对界面失效机理的系统研究，即存在基础理论空白；同时，对复合绝缘子界面失效缺乏有效表征和检测手段，即防治措施不全面。界面失效可能引发绝缘子朽断、脆断、折断故障，需对高湿热、强电场和大风环境下界面缺陷产生、发展、失效并导致断串故障机理及防治技术进行研究。

基于中国南方电网有限责任公司重点科技项目成果，本书针对上述复合绝缘子界面故障机理不明以及故障诊断、防治手段欠缺等突出问题，系统著述了复合绝缘子界面失效机理、芯棒断串机理、界面状态检测、故障诊断技术以及界面故障防治技术。

本书总结了复合绝缘子宏观、微观界面形成及老化失效机理，发现了界面缺陷产生、发展导致断串故障的规律，发展了复合绝缘子界面动态光热成像和太赫兹波、微波无损检测技术，提出了复合绝缘子界面故障防治技术。希望本书对提高我国电网复合绝缘子安全运行水平、推动复合材料技术研究和应用具有一定的借鉴作用。

张福增、杨翠茹、刘育豪、杨红军、田正波、谢从珍、巢亚锋、尚瑞琦等同志在本书编写过程中提供了热情帮助和支持，在此一并致以衷心的感谢。

本书可供从事电力系统运行、电工制造及试验检测领域工程技术人员，以及高电压与绝缘、材料物理及化学、输电线路运行维护等方面的专业技术人员和管理人员使用，也可作为高等学校相关专业本科生和研究生的参考书。

由于编者水平、时间以及本书的篇幅有限，书中难免存在错漏和不足之处，恳请读者进行批评指正。

目　录

第1章 概　述

1.1　复合绝缘子界面故障问题

国际上复合绝缘子最早应用于电网为20世纪60年代。与传统陶瓷绝缘子相比，复合绝缘子的伞套采用高温硫化硅橡胶（high temperature vulcanized silicone rubber，HTV，以下简称为“硅橡胶”）制造、芯棒采用环氧玻璃纤维制造。因此，复合绝缘子具有优异的耐污性能、高机械强度和较低的重量。自20世纪80年代起，复合绝缘子开始在我国研制并在电网应用。目前，全国的电力系统中大约应用了1000万支复合绝缘子。截至2021年底，中国南方电网有限责任公司（以下简称南方电网）地区的复合绝缘子使用量已超过148万支；广东电网有限责任公司（以下简称广东电网）110kV及以上各电压等级线路绝缘子合计应用约196.6万串，其中玻璃绝缘子约129.3万串，复合绝缘子约67.3万串（占比34.4%）。复合绝缘子成功运行的经验与相关研究表明：合理选择复合绝缘子能避免恶劣环境下的污闪并且降低线路维护费用。

复合绝缘子采用有机材料制造，其芯棒材料为环氧玻璃纤维，护套和伞裙材料为硅橡胶。在运行的过程中，复合绝缘子会受到各种电气、机械和环境等因素的老化。随着运行年限增长，复合绝缘子普遍表现出憎水性发生下降、伞裙变色、变硬、变脆、粉化等外观老化问题。相比外观老化问题，运行中更重视复合绝缘子界面失效和内部故障。一方面是界面作为复合绝缘子薄弱环节，其失效问题隐蔽性更强；另一方面是复合绝缘子内部界面一旦失效，将导致包括芯棒异常发热、内绝缘击穿、断串等缺陷故障，如图1-1所示。近年来南方电网发生了五十多起由于界面缺陷问题引发的复合绝缘子断串、击穿等重大事故。其中，广东电网批次复合绝缘子界面由于密封性问题，挂网后出现大面积异常发热现象，最终更换的复合绝缘子达到1000多支，给输电线路安全运行造成了恶劣的影响和较大的经济损失。

(a)　(b)　(c)

图 1-1　复合绝缘子的三种典型异常运行状态

（a）复合绝缘子断串故障；（b）复合绝缘子发热缺陷；（c）复合绝缘子击穿故障

广东省由于地处沿海、属亚热带季风气候区，气候特征为高温高湿，台风等极端天气频频发生；工业发达，积污较为严重，酸雨较多，复合绝缘子运行环境较为恶劣。2012—2021 年，广东电网几乎每年都发生复合绝缘子断串、内绝缘击穿事故和异常发热紧急事件。其中，断裂故障 13 次（朽断 11 次，脆断 2 次），涉及 500kV 线路 8 条、220kV 线路 5 条；内绝缘击穿故障 5 次，涉及 220kV 线路 3 条、110kV 线路 2 条；异常发热紧急事件 12 次。

针对复合绝缘子的异常断裂问题，广东电网已经发现的断裂类型主要为脆断、朽断。这类异常断裂通常是由未采用耐酸芯棒、端部界面密封失效等问题所引起。典型的断裂案例概况如下：

2015 年，220kV 桂乐乙线 67 号塔复合绝缘子断裂，断口处齐整，为典型的脆性断裂，故障原因是未采用耐酸芯棒，累计运行时间仅 1 年零 5 个月。

2021 年，500kV 阳鳌甲线 N87 塔复合绝缘子发生酥朽断裂，断口处参差不齐，出现了明显的老化现象，表现为典型的酥朽断裂，故障原因是端部界面处密封失效。

针对复合绝缘子的内绝缘击穿问题，广东电网发现的主要为护套/芯棒界面击穿问题。这类故障发生后线路将跳闸，且通常重合闸不成功，严重影响供电可靠性。典型的内绝缘击穿案例概括如下：

2017 年，110kV 临南甲线 107 号塔复合绝缘子发生内绝缘击穿故障，绝缘子护套/芯棒界面被击穿，结果造成该线路非计划停运。

2019 年，220kV 山回线发生多次跳闸，经查线发现 265 号复合绝缘子界面被击穿，但仍具备一定的绝缘性能，当环境湿度增大后绝缘子被导通，因此导致多次跳闸。

上述复合绝缘子断串、击穿事故，严重影响到电网的安全稳定运行，目前对其断串机理、界面失效缺乏深入研究，更无有效的防治和预警措施，因此系统开展复合绝缘子断串机理及其防治措施研究重要而紧迫。

广东电网复合绝缘子内部故障情况（2012—2021 年）见表 1-1。

表 1-1　　广东电网复合绝缘子内部故障情况（2012—2021 年）

年份	故障类型		故障线路和杆塔	
	断裂	绝缘击穿	断裂	绝缘击穿
2012	3	0	500kV 鼓峰乙线 50 号、220kV 海八甲线 8 号、500kV 海国乙线 91 号	—
2013	0	0	—	—
2014	2	0	220kV 云睦乙线 3 号、220kV 国古线 9 号	—
2015	1	0	220kV 桂乐乙线 67 号	—
2016	4	0	220kV 上华站 3 号主变压器高压侧、500kV 榕茅甲线 145 号、500kV 调港乙线 62 号、500kV 靖榕甲线 2 号	—
2017	1	2	500kV 靖榕甲线 39 号	110kV 临南甲线 107 号、220kV 回清乙线 25 号
2018	0	1	—	220kV 海港乙线 13 号
2019	0	1	—	220kV 山回线 265 号
2021	2	1	500kV 阳鳌甲线 N87 塔、500kV 海胪甲线 57 号塔	110kV 赤坪线
总计	13	5	—	—

除了断串和击穿故障，复合绝缘子在日常运维中发现最多的是发热缺陷。通常认为发热是复合绝缘子断裂或击穿故障的前兆，因此在日常运维中最为关注。广东电网每年都会新增由内部缺陷引起的异常发热，以 2021 年为例，整个广东电网通过红外测温上报的复合绝缘子发热缺陷共 352 起（包括一般、重大和紧急三个等级），其中由界面故障引起的紧急发热缺陷共 12 起。由于发热是故障的前期阶段，供电局都采用带电作业或计划停电的方式进行了消缺，未对线路造成重大威胁。典型案例如下：

2020 年，500kV 海国甲乙线发现复合绝缘子异常温升紧急缺陷 5 起，经检测后发现为端部密封问题，导致复合绝缘子护套/芯棒界面蚀损而发热。

2021 年，500kV 鼓峰丁线发现复合绝缘子异常温升紧急缺陷 3 起，经检测后发现是护套/芯棒界面异物导致局部放电而发热。

综上所述，复合绝缘子的三种异常运行状态中，断串故障会导致线路掉线，性质最为恶劣；击穿故障会导致线路跳闸；而发热缺陷可以认为是断串、击穿故障的前期征兆。前期的运行检测经验表明，复合绝缘子的断串、击穿和发热问题都与复合绝缘子的界面状态密切相关。由此可见，界面是复合绝缘子使用过程中的薄弱环节。开展复合绝缘子界面失效及检测研究对电网安全运行具有重要意义。

1.2 复合绝缘子界面失效

1. 复合绝缘子界面类型

在物理化学领域，界面的定义是：相与相之间的空间区域。常见的界面有固-气界面、固-固界面、固-液界面、液-气界面和液-液界面。其中，固-气界面和液-气界面通常被称为表面，即：表面是一种特定的界面。国际标准《室内和室外用聚合高压绝缘子　一般定义、试验方法和验收标准》（Polymeric HV insulators for indoor and outdoor use - General definitions，test methods and acceptance criteria）（IEC 62217：2012）中关于复合绝缘子界面定义是“ surface between the different materials”（不同材料之间的结合面）。对比物理化学领域的界面定义，IEC 62217 中对复合绝缘子界面的定义主要强调的是固-固界面。在《户内和户外用高压聚合物绝缘子　一般定义、试验方法和接收准则》（GB/T 22079—2019）中，复合绝缘子界面的定义与 IEC 62217 一致，即界面是“不同材料之间的结合面”。

复合绝缘子主要包括端部金具、芯棒、硅橡胶伞裙和硅橡胶护套，如图 1-2 所示。根据界面的定义，可以判断出硅橡胶中的典型界面有硅橡胶和外界环境的界面（硅橡胶表面）、硅橡胶中填料/有机硅界面、护套/芯棒界面、芯棒中玻纤环氧界面等。根据界面所处的位置，可以分为内绝缘界面和外绝缘界面；按照界面的几何尺度，可以分为宏观界面和微观界面。表 1-2 给出了复合绝缘子中所有界面的名称和归类。其中界面 1（硅橡胶与外界环境的界面）是一种特殊的宏观界面，属于典型的固-气（或固-液）界面，该界面决定了复合绝缘子优异的憎水性和憎水迁移性；界面 6（伞裙与护套的界面）只存在于挤包穿伞工艺制作的复合绝缘子中，属于不同部件间的界面。

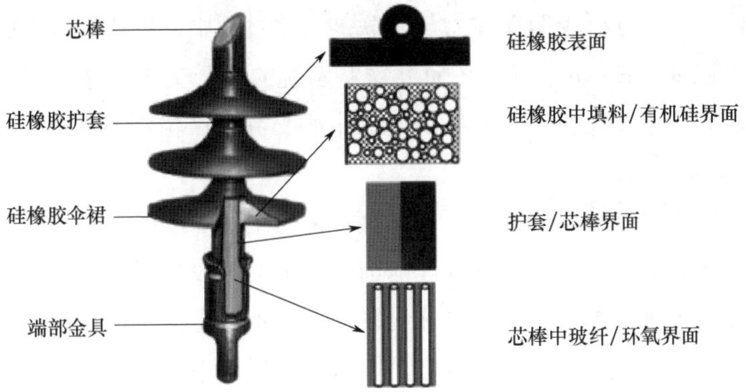

图 1-2 复合绝缘子中的典型界面

表 1-2 复合绝缘子界面分类

序号	界面名称	位置		尺度	
		外绝缘	内绝缘	宏观	微观
1	硅橡胶伞套与外界环境的界面	√	—	√	—
2	护套与芯棒的界面	—	√	√	—
3	金具与芯棒、护套的界面	—	√	√	—
4	玻璃纤维与环氧树脂的界面	—	√	—	√
5	硅橡胶基体与无机填料的界面	√	—	—	√
6	伞裙与护套的界面	√	—	√	—

注 “√”表示“存在”；“—”表示“不存在”。

2. 宏观界面失效

由于交界面缺陷种类繁复，目前尚存在很多该类问题没有彻底解决。

安德森（Andersson）等人在修补外绝缘护套时，观察研究了交界面的质量，并且研究了在恶劣环境与高场强下，分别含 HTV 与室温硫化硅橡胶（room temperature vulcanized silicone rubber，RTV）涂料的连接部的机械特性（机械强度与断裂时的拉伸长度），拉力结果显示，老化后含 HTV 的样品机械性能没有下降，而含 RTV 涂料的样品机械性能有所降低。而将样品储存在高湿度环境下，其断裂拉伸长度有所降低，这表明，水分会影响连接部的机械性能。此外，还研究了在局部放电与湿润环境下，芯棒与护套之间存在缺陷的交界面的老化情况。在树脂基质上能观察到很多由腐蚀作用产生的小孔，而在电极附近有许多酸性的滴状的分解副产物（1～5μm）。可以看出黏结性变弱的趋势，而在未黏结的 HTV 表面也能看到断裂的花纹，这可能是放电与臭氧共同造成的，这表明材料中存在氧化的交联。红外分析表明在树脂与偶联剂老化过程中，最开始是形成一层薄的老化层。哈巴斯（Habas）等人在研究铁路系统的复合空心绝缘子的故障缺陷时发现，局部放电可能在复合空心绝缘子的中心交界面产生许多细小的空隙。

3. 微观界面失效

为了确保复合绝缘子中交界面的长期可靠，在生产过程中应避免交界面处出现缺陷，这就需要生产厂家谨慎合理地选择足量的底胶与偶联剂，以使界面间的黏合能够经受多种情形的考验。这种偶联剂改性不只是体现在宏观界面上，微观界面也有对应体现，如硅橡胶基体与无机填料的界面中，无机填料要提前用偶联剂做好表面处理。至于芯棒中的微观界面，即玻璃纤维与环氧树脂的界面，是保证芯棒力学性能的重要界面。但目前针对微观界面的测试方法有限，微观界面的失效机理尚不明确。

1.3 复合绝缘子芯棒断串

1. 绝缘子朽断

酥朽断裂是近些年新发现的一种复合绝缘子断裂形式，简称“朽断”。清华大学梁曦东最早定义酥朽断裂的特征，这类断裂的复合绝缘子芯棒成朽木状且力学性能急剧下降。结合国内外发生的多起复合绝缘子朽断的研究成果，发现朽断事故多数由复合绝缘子的交界面缺陷引发。

由于多种交界面因素的影响，交界面常常成为复合绝缘子绝缘系统的脆弱点，例如黏接性丧失或者绝缘材料表面性能的下降（如由于水汽的浸入而引起的性能下降），这些都能导致复合绝缘子绝缘性能的下降。因此，良好的交界面质量是保证复合绝缘子长期稳定安全运行的重要因素，交界面的制造艺也是绝缘子生产中极为重要的部分。

为了确保复合绝缘子中交界面的长期可靠，在生产过程中应避免交界面处出现缺陷，这就需要生产厂家谨慎合理地选择足量的底胶与偶联剂，以使界面间的黏合能够经受多种情形的考验。由水解、局部放电、热分解等造成的腐蚀都有可能破坏交界面的黏合性，从而在交界面处形成空隙。但是需要着重强调的是，交界面空隙或者分层的出现并不一定会危害到复合绝缘子的正常运行，复合绝缘子是否会因交界面缺陷而发生故障主要取决于缺陷的尺寸大小以及外部的环境因素。实际运行发现，有些绝缘子在存在缺陷的情况下，仍然能够继续运行若干年。但是，如果交界面处的老化发展速度很快，则对绝缘子性能则更加明显，其发生脆断、酥朽断裂等故障的概率显著增加。因此，了解复合绝缘子长期运行时交界面的老化，并开展复合绝缘子交界面缺陷的检测，显得尤为重要。

2. 绝缘子脆断

国内外的研究者一般都认为脆断是承载的绝缘子芯棒受到酸液的腐蚀发生的，并称之为应力腐蚀。用应力腐蚀试验方法已经成功地在实验室中进行了芯棒脆断的模拟，国内外有关单位据此推荐了关于复合绝缘子用芯棒耐应力腐蚀性能的试验方法，《±500kV 及以上电压等级直流棒形悬式复合绝缘子技术条件》（DL/T 810—2012）也采用了这样的试验方法。

为了预防复合绝缘子的脆断事故，目前世界上采取的措施一般主要从两方面入手，一是在护套密封、安装防护等方面进行加强，以防止外部水分的侵入；二是提高绝缘子芯棒的耐应力腐蚀性能，采用无硼纤维拉挤成的耐酸芯棒。另外，可以分析运行条件对脆断的影响，提出相应改善措施，从而避免复合绝缘子在脆断易于发生和发展的环境下运行。例如，在生产中合理设计金具和均压环装置，减小端部金具附近芯棒的应力集中程度，使高、低压端的电场强度尽量降低，以减小局部放电的可能。

在防治复合绝缘子断裂方面，德国赫斯特陶瓷技术公司（Hoechst CeramTec）用一种称为耐化学性 E 玻璃（E-glass of chemical resistance，ECR）的无硼纤维代替 E 玻璃纤维制得的芯棒，其耐应力腐蚀性能优良，能够较好地达到 DL/T 810—2012 中在 1mol/L 浓度硝浸泡以及 67%额定机械负荷（specified mechanical load，SML）应力下承受 96h 的要求。这种芯棒虽然满足了耐应力腐蚀的要求，但是电气性能不理想。国内也提出了一些改进芯棒应力腐蚀性能的方法，在生产过程中加入各种改性剂进行改性，从而提高了复合绝缘子芯棒的耐应力腐蚀性能。另外，清华大学梁曦东等人还针对已经生产运行的复合绝缘子，提出了一种在绝缘子表面涂覆鳞片涂料的措施，防止腐蚀介质通过扩散作用到达芯棒表面，从而达到提高复合绝缘子芯棒的耐应力腐蚀能力，避免复合绝缘子发生脆断事故。

大量的模拟试验证实，应力腐蚀理论是最被人们接受的复合绝缘子芯棒脆断产生机理。应力腐蚀理论认为在运行中由于某种原因，某种酸性介质会入侵或产生于芯棒表面和内部，因此造成芯棒同时承受酸性腐蚀和应力。尽管此时芯棒承受的负荷不足以使其在通常模式下断裂，但是由于酸蚀环境的同时存在，在某一运行时间内还是会发生应力腐蚀断裂。应力腐蚀理论很好地模拟了实际现场发生的复合绝缘子脆断现象，但是也有一定的不足，即不能够很好地解释脆断发生的随机性和概率性。另外，应力腐蚀中的酸物质是由于放电还是外界酸雨产生，或者是在芯棒制作过程中残留的酸酐产生的不能确定，所以需要通过试验研究对应力腐蚀理论进行完善和补充，从而更好地解释复合绝缘子芯棒脆断的产生机理。

3. 绝缘子折断

V形绝缘子串作为紧凑型输电线路设计的一项关键技术，在设计过程中需要研究V形绝缘子串的受力状态，但对V形绝缘子串的受力分析与传统的I形绝缘串有较大区别，而且目前也没有现成可用的计算公式和方法。一般的工程设计中，对V形绝缘子串的受力计算一般都是将绝缘子串当作刚性直杆进行受力分析，而且一般认为，为保证在导线最大风偏下，避免绝缘子串受压导致松弛或脱落，V形绝缘子串的夹角之半应大于或等于最大风偏角，因此以一支串受压力为零作为临界条件，据此确定导线水平档距和垂直档距的比值，以便在工程中采用。

针对复合绝缘子机械应力分析，清华大学王黎明等在理论和试验上验证了芯棒的大挠度屈曲理论，为V形绝缘子串在风偏工况下的屈曲变形分析奠定了稳定的理论基础，通过非线性大挠度微分方程建立的复合绝缘子承压受力模型对复合绝缘子V形串进行了理论分析，并通过载荷试验证明了理论研究的正确性。复合绝缘子可以看作大挠度细长杆，具有稳定的后屈曲平衡状态。廖永力等人通过计算不同风速条件下的导线风偏载荷，对西北电网有限公司750kV同塔双回紧凑型输电工程V形绝缘子串进行仿真建模，得到静态工况下，载荷比为0.5、夹角大于70°时复合绝缘子满足机械强度要求。

目前国内外研究V形绝缘子串的风偏受力响应，主要是计算静态下的载荷，并假定V形绝缘子串在受力平衡点处静止，然后根据大挠度屈曲理论计算此静止状态下的应力，但是这无法反映真实风速下V形绝缘子串的动态位移。所以技术难点是在导线动力系统中计算V形绝缘子串在动态情况下的力学响应。在理论计算中，都是假设复合绝缘子串为一细长直杆，忽略了金具与联板的连接方式，这需要用到有限元软件进行实体建模，讨论连接方式对V形绝缘子串发生屈曲变形时的应力的影响。

第2章 复合绝缘子界面形成及影响因素

2.1 复合绝缘子界面形成及影响因素概述

复合绝缘子界面对其运行可靠性具有重要的影响，为了解复合绝缘子界面的形成过程，对复合绝缘子制造工艺进行调研，明确了现有主流厂家的工艺类型，掌握了商业复合绝缘子的界面制造工艺和关键点。

本章从复合绝缘子生产制造全工艺流程角度，明确了复合绝缘子中各类界面的形成。其中，宏观界面包括：护套/芯棒界面、端部金具/芯棒界面；微观界面包括：玻璃纤维与环氧树脂的界面（芯棒材料的内部微观界面）、硅橡胶基体与无机填料的界面（硅橡胶的内部微观界面）。在已知界面形成基础上，基于界面相互作用理论利用分子动力学方法建立了护套/芯棒界面的化学键合模型、分子吸附模型、机械嵌合模型，并以复合绝缘子中最重要的护套/芯棒界面开展界面影响因素的仿真研究。

2.2 复合绝缘子生产工艺

复合绝缘子主要包含硅橡胶护套、环氧玻纤芯棒和镀锌钢金具三部分，如图 2-1 所示。

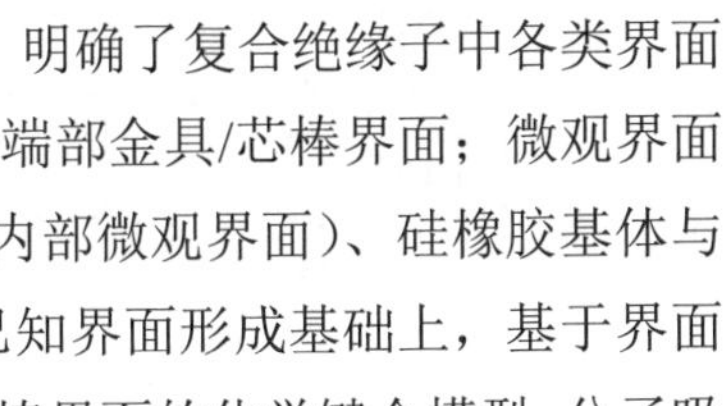

图 2-1 复合绝缘子基本构成

护套为硅橡胶材质，其主要由甲基乙烯基硅氧烷的聚合物组成，其分子结构以 Si-O-Si 为主链，甲基、乙烯基等其他一些有机基团分布在侧链。硅橡胶的生胶，即聚二甲基硅氧烷，由于 Si-O 的高键能及其部分离子型，因此该材料是一种典型的“半有机半无机”的线性高分子聚合物。

芯棒通常采用主要成分为二氧化硅的玻璃纤维与双酚 A 缩水甘油醚环氧树

脂基体材料，按照一定比例和工艺流程制备的纤维增强复合材料。此外，芯棒的拉伸强度、弯曲强度和压缩强度都非常高，对于提升复合绝缘子的性能起到一定作用。

复合绝缘子的金具是处于其两端的金属端头器件上面，对于复合绝缘子有着重要的作用，其主要材料为镀锌钢。

复合绝缘子的工业生产过程中，有些厂家具备制造芯棒和金具生产能力，可自主生产；大部分厂家则通过采购的方式购置芯棒和金具。图 2-2 给出了某厂家的制造工艺流程，其中芯棒的生产过程中产生了玻璃纤维和环氧的微观界面；胶料的制备过程中产生了硅橡胶中的硅橡胶基体与无机填料的微观界面；芯棒金具的压接、护套注射成型过程中产生了复合绝缘子中的宏观界面。这两个工艺也是复合绝缘子厂家最主要、最核心的工艺。

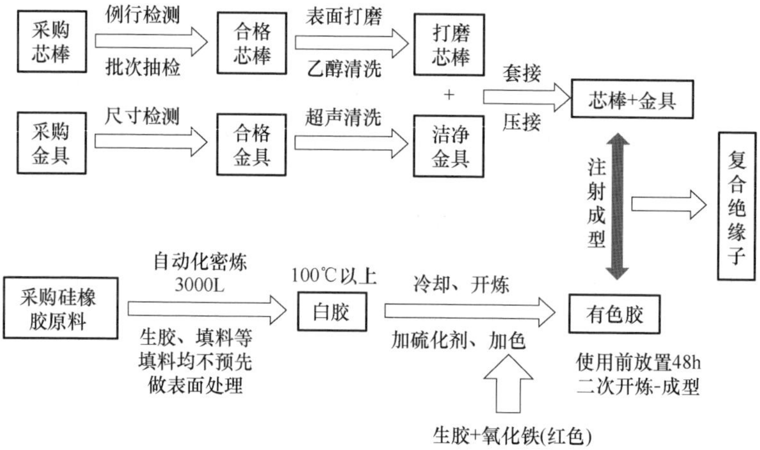

图 2-2 复合绝缘子生产工艺流程图

1. 环氧玻璃引拔棒生产

环氧玻璃引拔棒为将玻璃纤维浸渍环氧树脂后，经真空注射、连续拉挤、固化而成。

（1）真空注射：首先在模具（单面模具）上铺设玻璃纤维，然后铺设导流网，并抽出体系中的空气，在模具中形成一个负压，利用负压把树脂通过预先铺设的管路吸入纤维层中，让树脂充分浸润玻璃纤维。

（2）拉挤：玻璃纤维在拉挤设备牵引力的作用下，在充分浸渍环氧树脂后，由一系列预成型模板合理导向，得到初步的定型。

（3）固化：初步定型后的引拔棒进入加热的金属模具，在高温的作用下反应固化。

芯棒在脱模的过程中，由于表面会涂抹油性脱模剂，因此芯棒的生产工艺也会对后续界面的生成造成一定的影响。

2. 芯棒表面打磨

芯棒的打磨处理主要是清除表面脱模剂等被粘物，加大接触表面积。处理是采用机械旋转打磨方式进行的。

通过打磨去掉芯棒表面被粘物及外表皮，使纤维及树脂所组成的圆周表面裸露出来。含有纤维的芯棒，其处理面的纤维裸露部位，将占圆周的绝大部分。与此同时，树脂打磨面也毛糙起来，加大面积和增多表面孔隙结构，有利于提高界面的黏接性能。芯棒表面易被打断的纤维圆柱体，更能增加表面的粗糙度，也改变表面孔隙形状的分布，加大黏接的表面结构。采取与芯棒纤维排列垂直的旋转打磨，是目前常用的打磨方式。经过打磨后，在芯棒表面形成有规律的微小凸凹形状结构，这种表面结构除了是增加表面积结构形式外，而且还形成有利于提高黏接性能的最简单“迷宫”表面。

3. 芯棒与金具压接

目前芯棒与金具的连接采用的是压接法，即用压接机对复合绝缘子芯棒和金具进行压接，一般为从八个方向将端部金具均匀向心挤压，使金具与芯棒产生轻微形变，形成金具与芯棒的预应力，在承受拉力时产生摩擦力，从而获得稳定的端部连接结构。

为了保证端部的密封性能，目前多采用端部包胶工艺，南方电网的采购技术规范书里也对该工艺做了明确要求。在生产方面，对高压等级的产品，厂家会采用多圈环绕的金具，以增强压接后的密闭性，如图 2-3 所示。

(a)　(b)

图 2-3　复合绝缘子端部金具

（a）普通金具；（b）多圈环绕的金具

4. 护套胶料注射及成型

将砂纸打磨好的芯棒表面涂抹一层均匀厚度的胶黏剂，再将高温硫化硅橡胶与芯棒进行黏合，如图 2-4 所示。

(a)　(b)

图 2-4　芯棒端部浇涂、中间抹涂工艺图

（a）浇涂工艺；（b）抹涂工艺

所购买的胶黏剂，在使用前应进行充分搅拌，使各种材质达到均匀分散，然后在现场按规定要求添加稀释剂，使胶黏剂达到规定的黏度值，对芯棒表面进行涂抹。在胶黏剂涂抹过程中，保证芯棒表面胶黏剂能够分布均匀，不应出现厚薄不一现象。胶黏剂涂抹过厚，根据黏接理论，反而使黏接强度下降。芯棒表面的胶黏剂层的厚度，按胶黏剂厂家提供的使用一般要求应不大于 1.2μm。经过试验，采用刷涂方式，用粘满胶黏剂液的刷子，在芯棒表面来回涂抹一次，就满足胶黏剂厚度要求。

涂在芯棒的胶黏剂一般在 120℃条件下烘熔 10min，这有利于彻底驱赶残留的溶剂，还可提高胶黏剂胶膜的耐冲刷性。在高温作用下，芯棒表面的胶黏剂中有机物布朗热运动加快，物理缠结逐渐被破坏，扩散运动的能量增大，有机物的流动一开始不是整个分子的迁移，而是通过链段相继跃迁，使分子链重心发生位移来实现。随着高温时间的延续，分子链运动能量克服分子较大的内旋转位垒，分子间的相对位置发生显著改变，分子流动到芯棒表面的十分微小孔穴，可以有效增加高分子链间的联系，便于芯棒孔穴界面物理化学连接。此外，胶黏剂中的热分解偶联剂和硅脂类成分，它们除了在伞套硫化具有与有机物交联性能外，还存在着靠热来打开端头，使其分解成所具有的各种反应活性，尤其是能分解出与芯棒表面上无机物进行联结的羟基。使在伞套硫化前通过高温烘烤方式提前实现与芯棒表面氢键的黏接，便于伞套正常硫化过程中，界面各部位反应更完善，交联更彻底。烘烤完成后的芯棒尽快进入下一道工序。

对于硅橡胶和芯棒的黏接，将硅橡胶和芯棒组成的样品放到成型模具中，在平板硫化机上面施加垂直于模具表面的压力，以使硅橡胶与芯棒紧密黏接；对于金具和芯棒的黏接，采用的是压接工艺，而金具与芯棒在进行压接时，需要先把各种类型的筒状内腔金具套在芯棒的端部，通过油压机的压模向金具的外圆柱面施加径向压力，使空心金具的圆柱壳体发生塑性变形，填充芯棒与圆柱内孔之间的空隙，然后还需要继续增加压力，一方面使金具继续塑性形变；另一方面使芯棒发生弹性形变，从而达到稳定契合的连接界面结构。压缩过程终结后金具和芯棒材料回弹，金具与芯棒的接触面保持着足够的接触压力，保证使用时芯棒不会从金具脱出。压接时施加的压力大小需要人工调控，如果压力过小，芯棒会在使用过程中脱出；如果压力过大，芯棒会在压接过程中被局部或全部压碎。

综上所述，从复合绝缘子的制造工艺角度，目前还需要对芯棒表面打磨的程度、护套胶料的注射压力及温度、黏接剂的选型等开展进一步的优化研究。

2.3　复合绝缘子界面形成

通过梳理复合绝缘子的生产制造过程，按照目前主流厂家采用的工艺，对复合绝缘子中各类界面的形成过程进行梳理如下。

1. 宏观界面

（1）护套/芯棒界面：硅橡胶生胶注射挤压在涂抹了界面黏接剂的芯棒表面，在高温下硫化的同时和芯棒表面形成界面。界面间的相互作用包括共价键、分子间作用力（包括氢键、范德华力、吸附作用），以及硅橡胶在环氧表面的机械互锁效应。护套/芯棒界面中化学键形成如图 2-5 所示。

（2）金具/芯棒界面：在芯棒与金具压接工艺过程中形成，界面间无化学反应。界面间的相互作用为金具形变后与芯棒表面的机械互锁效应。

2. 微观界面

（1）填料/HTV 界面：在硅橡胶热硫化过程中产生。硅橡胶中的主要填料包括二氧化硅、氢氧化铝，因此硅橡胶内部微观界面包括二氧化硅/HTV 界面、氢氧化铝/HTV 界面。界面间的相互作用包括分子间作用力（包括氢键、范德华力、吸附作用）、机械嵌合或物理摩擦。

（2）玻璃纤维/环氧树脂界面：在芯棒制备的固化流程中产生。界面间的相互作用包括分子间作用力（包括氢键、范德华力、吸附作用）、机械嵌合或物理摩擦。

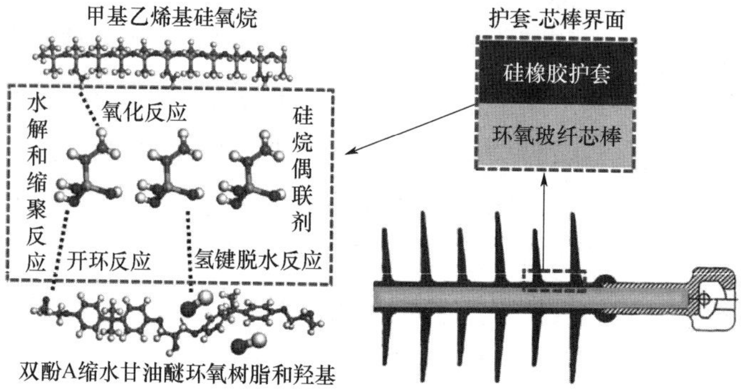

图 2-5 护套/芯棒界面中化学键形成

2.4 界面微观结构建模

以复合绝缘子护套-芯棒界面为研究对象，适用于复合绝缘子中界面的分析理论包括机械嵌合、化学键合和吸附黏合三种。采用有限元仿真方法和分子动力学方法对界面处发生的微观作用进行建模及理论计算，并进一步用于指导界面加工条件优化。

2.4.1 界面相互作用理论

1. 化学键合理论

由化学键理论所述，胶接强度的形成来自化学键作用。当胶黏剂分子与被黏材料分子发生化学反应时，便会获得高强度的化学键结合，化学键包括共价键，配位键等。高分子聚合物胶黏剂在发生化学反应时，产生的化学键一般都是共价键，配位键与氢键一般都归类到酸碱作用。显然，当胶接过程中发生化学键作用时，胶接强度将会大大上升，这能有效的抵抗局部的应力集中，在防止胶接界面裂缝扩展方面也能起到良好的作用。

化学键连接作用强度要远远大于范德华力作用，但要想形成化学键并不简单，必须得达到一定的条件。胶黏剂分子与被黏材料分子通常很难达到原子间的接触状态，并且不是每个接触点都会产生化学反应而形成化学键，只有达到必需的量化条件，胶接界面才有可能形成化学键。

2. 表面吸附理论

吸附理论是由 NADE Bruyne、ADMclaren 等人在 20 世纪 40 年代提出的。该理论认为胶接强度的形成来自分子间作用力，即范德华力，其中，色散力是形成胶接强度的最主要原因。范德华力形成的吸附作用远远超过其测量的强度，虽然它看上去很小。

根据吸附理论，胶接过程是由两个阶段构成。第一阶段：在布朗运动的作用下，胶黏剂分子向被粘物表面移动，两者的分子或极性基团互相接近，在这个阶段，可通过施加压力、升高温度来加快布朗运动；第二阶段：当胶黏剂与被黏材料分子之间的间距低于 0.5nm 时，分子间便产生吸附引力—范德华力。

3. 机械嵌合

在界面黏接过程中，不同的黏接表面粗糙度会直接影响胶黏剂在被黏材料表面的铺展程度，而机械嵌合理论的核心就在于被粘物材料表面的不规则性（凹陷、缝隙）有利于胶黏剂的填入。胶黏剂填入后，胶黏剂因为固化而与被粘材料表面发生嵌合而钳定。因此，增大粗糙度，能够促进胶黏剂与被黏材料之间的机械嵌合作用。

2.4.2　化学键合作用模型

根据化学键合理论：两相之间通过化学反应，形成共价键或其他稳定的化学键，使两相之间形成稳固的结合，例如硅橡胶护套和环氧玻纤芯棒在界面黏接剂作用下形成化学键合。

在硅橡胶与环氧玻纤黏接界面形成的过程中，发生如图 2-6 所示的化学键合反应：硅烷偶联剂首先发生水解，甲氧基变成醇羟基，再发生缩聚反应，形成高分子聚合物；之后硅烷偶联剂上的醇羟基一部分与环氧树脂发生开环反应，一部分与玻璃纤维表面的无机羟基发生脱水缩合反应；与此同时，硅烷偶联剂上的乙烯基与硅橡胶上的乙烯基发生反应。这样一来，硅烷偶联剂把硅橡胶与环氧树脂有效的连接起来，界面中便形成了牢固的化学键。在这过程中，涉及的化学键有：O—H、C—H、C—O、Si—O、C—C，其键能分别为 467、413、358、368、347kJ/mol。

硅橡胶护套和环氧玻纤芯棒的界面反应如图 2-7 所示。

整个界面发生的化学反应具体包括四种反应：甲基乙烯基硅氧烷的乙烯基氧化反应、硅烷偶联剂的水解反应、硅烷偶联剂的脱水反应和环氧基团的开环反应。因此，对界面发生的以上化学反应从成键断键的角度进行键能计算：

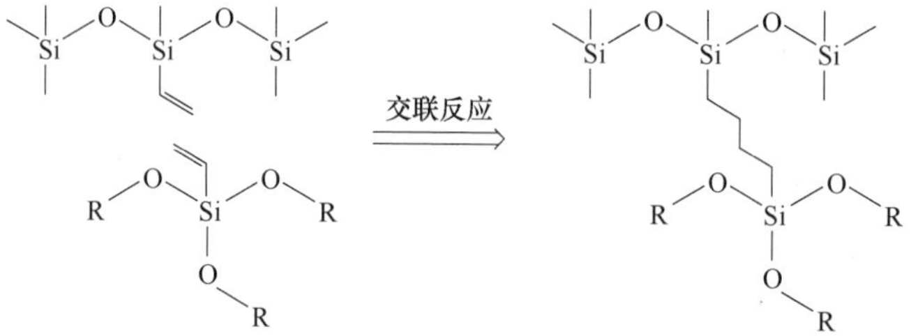

图 2-6 硅烷偶联剂和硅橡胶的交联反应

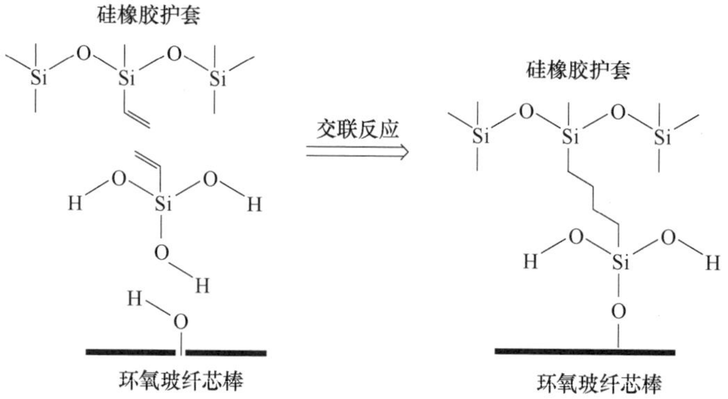

图 2-7 硅橡胶护套和环氧玻纤芯棒的界面反应

（1）甲基乙烯基硅氧烷的乙烯基氧化反应。图 2-8 所示甲基乙烯基硅氧烷的乙烯基氧化反应过程中成键断键的变化，形成 3 个 C—C、2 个 C—H，断裂 2 个 C═C。由化学键的键能数据可知，C—C、C—H 和 C═C 的键能分别为 347、413、614kJ/mol，故氧化反应中成键能为 1876kJ/mol，断键能为 1228 kJ/mol。

（2）硅烷偶联剂的水解反应。图 2-9 所示硅烷偶联剂的水解反应过程中成键断键的变化，形成 3 个 O—H，断裂 3 个 C—O。由化学键的键能数据可知，O—H 键、C—O 键的键能分别为 467、358kJ/mol，故水解反应中成键能为 1401kJ/mol，断键能为 1074kJ/mol。

图 2-8 护套-芯棒界面中的氧化反应

图 2-9 护套-芯棒界面中的水解反应

（3）硅烷偶联剂的脱水反应。图 2-10 所示硅烷偶联剂与芯棒表面上无机羟基结合生成氢键的过程，在氢键的形成过程中，形成 1 个 Si—O，断裂 2 个 O—H、

1 个 Si—O。由化学键的键能数据可知，Si—O 键、O—H 键的键能分别为：368、467kJ/mol，故脱水反应中成键能为 368kJ/mol，断键能为 1302kJ/mol。

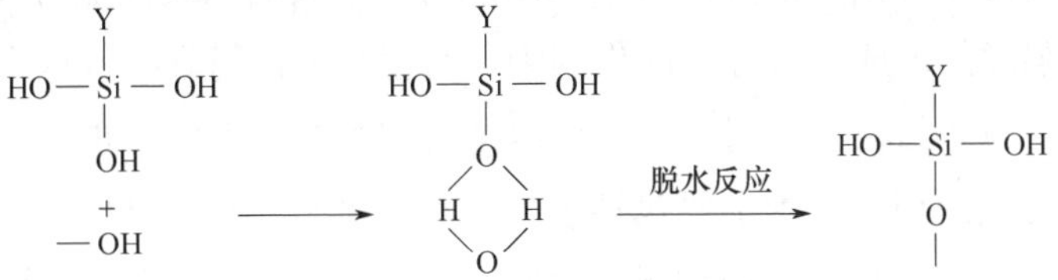

图 2-10　护套-芯棒界面中的脱水反应

（4）环氧基团的开环反应。图 2-11 所示环氧树脂中的环氧基团的开环反应过程中成键断键的变化，形成 1 个 O—H、1 个 C—O，断裂 1 个 O—H、1 个 C—O。由化学键的键能数据可知，O—H 键、C—O 键的键能分别为：358、467kJ/mol，故开环反应中成键能为 825kJ/mol，断键能为 825kJ/mol。

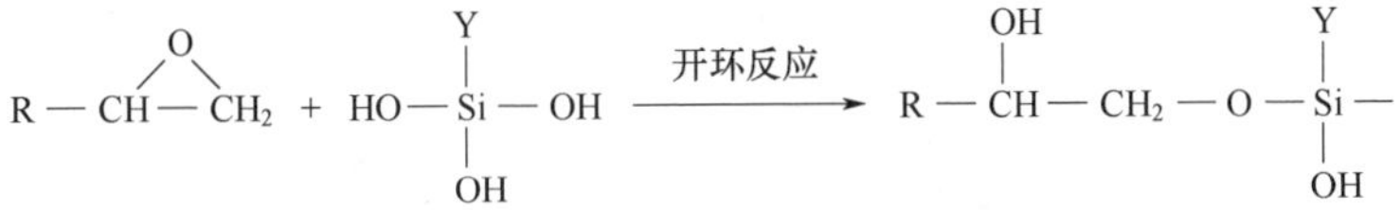

图 2-11　护套-芯棒界面中的开环反应

理想情况下，复合绝缘子的护套芯棒黏接过程中两者表面上的分子全部反应完全，但在复合绝缘子护套与芯棒的实际黏接工艺过程中，硅橡胶护套与芯棒表面的分子并不是全部反应，而且对于护套和芯棒表面上的分子数量是不可控的。

因此，项目组利用护套与芯棒表面分子的接触距离来间接地表示理想中化学键的成键数量（可以认为是反应的分子数量），通过范德华能参数进行表征得到护套与芯棒表面分子的最佳接触距离，并再进一步研究此时温度和压强对体系的影响，以此验证实际工艺中的温度和压强参数的合理性。

在复合绝缘子实际黏接工艺中，胶黏剂涂抹在芯棒上之后便会进行硅橡胶的注射工艺，之后便发生硅橡胶与芯棒的一系列反应。利用分子动力学方法建立两种分子结构体系，一种为硅橡胶分子的体系，另一种则是环氧树脂和胶黏剂分子的混合体系（以表示涂完胶黏剂后的芯棒表面），然后将两个体系合并成一个体系以此实现分子界面模型的建立。本文的界面模型建立及分析计算均在 Materials Studio 分子动力学模拟软件中完成。

2.4.3 分子吸附作用模型

两个表面形成界面时的界面吸附作用能与两个表面的表面能有关。吸附理论认为，黏接强度的形成来自分子间作用力，它存在于任何黏接过程中。在吸附理论中，胶黏剂与被黏材料之间的相互作用是影响黏接强度的最重要因素之一，胶黏剂与被粘物之间相互作用主要包括表面湿润与吸附，而润湿与吸附又与被黏材料的表面自由能密切相关。根据杨氏（Young）方程，可以通过接触角测量计算的方式计算得到硅橡胶和环氧玻纤表面的表面能，从而得到两者形成界面的界面吸附作用能。

在护套-芯棒界面形成过程中，为保证界面中相关化学反应的正常进行，硅烷偶联剂水解后形成的聚合物将会发生扩散和吸附过程，如图 2-12 所示，具体来讲，界面处的胶黏剂分子一方面会发生自身交联反应；另一方面则是向界面两侧发生扩散反应，并会吸附芯棒表面的环氧树脂分子，此过程符合吸附黏合理论的定义。

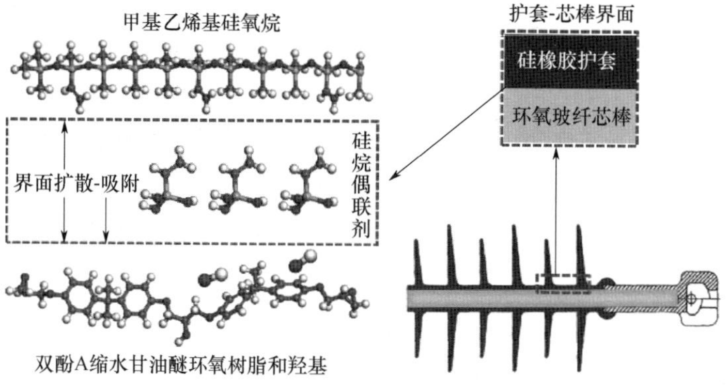

图 2-12 硅烷偶联剂的扩散和吸附过程

随着复合绝缘子的长期使用，在外界环境的影响下，其界面会产生气隙等缺陷，进而水便会浸入到气隙中，影响界面内分子间的扩散、交联和吸附过程，从而导致复合绝缘子的老化。水分子的进入使得界面体系内的分子结构、分子能量、分子的化学键、分子的扩散能力和界面结合能等微观作用都发生了变化。因此，有必要探究水分子进入完好界面后形成的老化界面在微观作用方面的变化。后文（第 3 章）将利用分子动力学模拟软件探究复合绝缘子老化界面的微观作用变化。

2.4.4　机械嵌合作用模型

利用 ABAQUS 有限元仿真软件对护套-芯棒界面处进行建模。目前商业中所用的复合绝缘子实际样品以及护套-芯棒界面如图 2-13 所示，而在建模过程中，可以将复合绝缘子简化为如图 2-14 所示的三维模型，并根据实验室的热压模具设置具体尺寸：芯棒的直径为 6mm，护套的厚度为 1mm，芯棒与护套的长度均为 30mm。在模型表面用很小的凸起表示毛刺，间接表示界面粗糙程度。

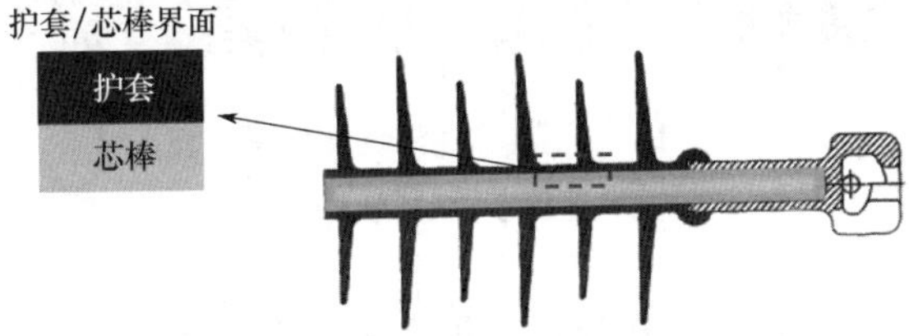

图 2-13　复合绝缘子实际样品以及护套-芯棒界面

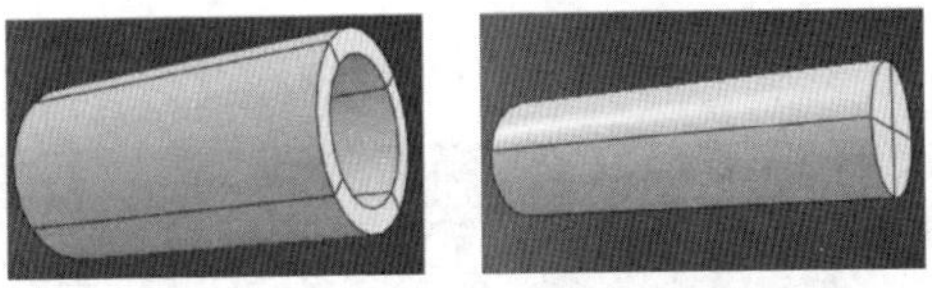

(a)　(b)

图 2-14　护套和芯棒三维模型

（a）护套；（b）芯棒

在 ABAQUS 软件中需要设置仿真实验所需要的力学参数，在本研究的护套-芯棒脱离实验中需要设置的主要参数有杨氏矢量、泊松比和材料密度。建模中的硅橡胶护套和环氧玻纤芯棒主要参数见表 2-1。

表 2-1　硅橡胶和环氧玻纤材料参数

材料	杨氏矢量（MPa）	泊松比	密度（g/cm^3）
硅橡胶	124.5	0.25	1.241
环氧玻纤	570	0.30	2.176

将芯棒与护套模型进行配合，即在 ABAQUS 中将模型进行装配，如图 2-15（a）所示，此装配过程仅是使护套内壁和芯棒外壁恰好接触，后续表面粗糙程度另外设置。

两种不同材料黏接时，两者表面的毛刺是相互接触的，如图 2-15（b）中框线所示。在 ABAQUS 中可用“surface to surface contact”来实现。在两者之间建立接触面，并将刚度大的粗糙界面设置为“master surface”，将刚度小的粗糙界面设置为“slave surface”。

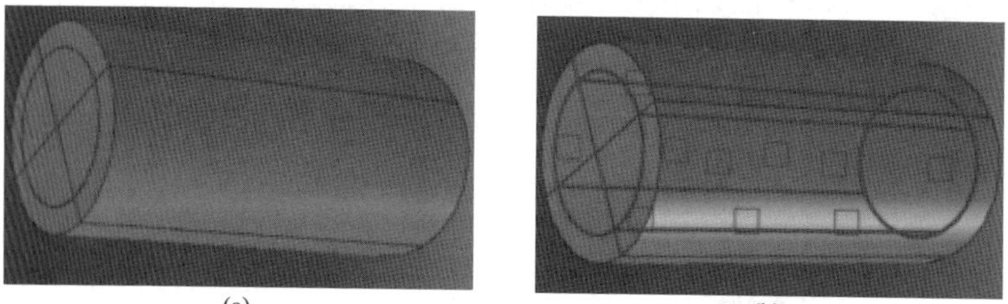

(a) (b)

图 2-15 护套-芯棒界面接触面装配

（a）护套-芯棒装配；（b）接触面创建

将护套的表面进行六种自由度的全部约束，如图 2-16（a）中的三角状所示，并对芯棒一端表面设置 10mm 的位移载荷，如图 2-16（a）中箭头所示；网格划分如图 2-16（b）所示。

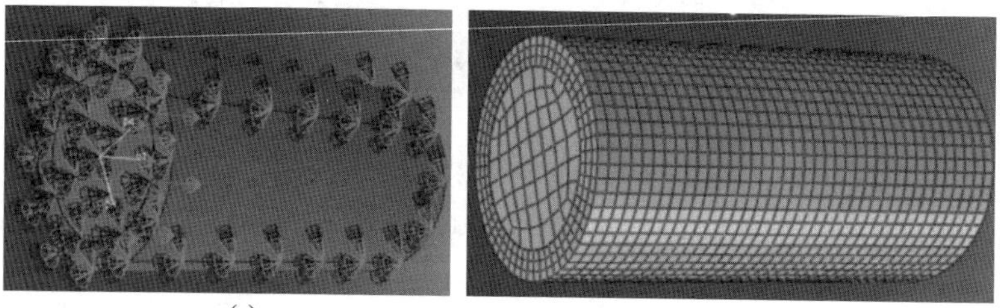

(a) (b)

图 2-16 护套-芯棒界面仿真边界条件设定及网格划分

（a）边界条件设定；（b）网格划分

对三维模型进行网格划分。按照 ABAQUS 软件对不同材料划分网格的原则，将刚度较小的三维模型划分密集的网格，刚度较大的三维模型划分较稀疏的网格（见图 2-6）。下一步即可进行求解计算：新建 job 文件并提交，进行有限元求解运算。

2.5 界面形成工艺的影响

本节以复合绝缘子护套/芯棒界面为研究对象，结合其界面形成中涉及的机械嵌合、化学键合和吸附黏合三种微观作用，通过有限元仿真方法和分子动力学方法对界面处发生的微观作用进行建模模拟计算，讨论芯棒打磨程度，硅橡胶注射成型温度、压接压强对界面强度的影响。

2.5.1　注射工艺体系对界面的影响

（1）通过 Materials Studio 分子动力学模拟软件分别建立硅橡胶分子体系、环氧树脂-胶黏剂体系。

（2）将两个体系连接在一起构成复合材料体系，上侧是硅橡胶分子体系，下侧是环氧树脂-胶黏剂分子体系。

（3）对以上建立的界面体系模型进行几何结构优化，使体系的能量降低，分子结构标准化，体系趋于稳定状态。

（4）分子动力学模拟计算。根据前文中所建立的界面体系模型，上层为硅橡胶分子体系，下层为环氧树脂-胶黏剂的分子体系，通过固定下层分子体系并改变上层分子体系与下层分子体系的距离来表示实际黏接工艺中硅橡胶分子与环氧树脂分子反应的真实情况，同时也可间接表示理想状态下（假设两层分子距离很近的部分全部反应）可以形成化学键的数量，如图 2-17 所示。

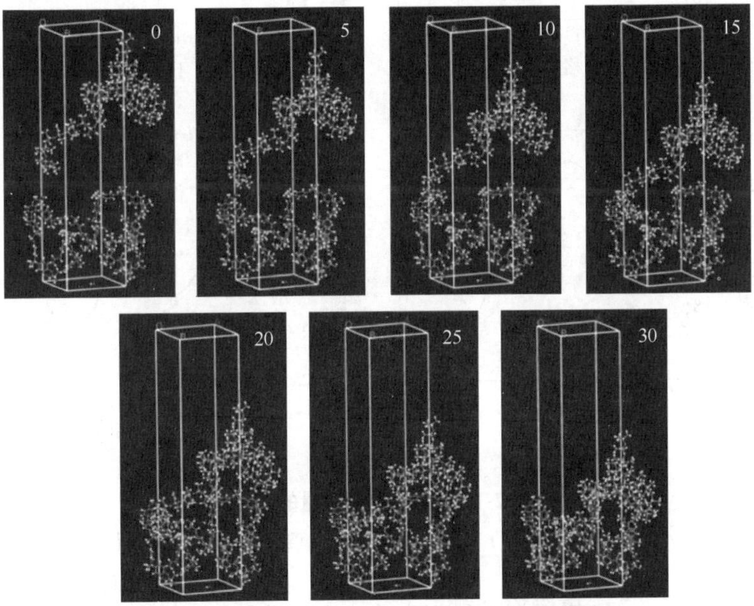

图 2-17　不同接触距离的护套-芯棒界面模型

如图 2-17 所示，固定下层，将上层向下移动，向下移动的距离分别为 0Å（初始状态，上层未移动）、5Å、10Å、15Å、20Å、25Å 和 30Å；再对每一种体系进行分子动力学计算。

计算完成后，通过分析复合体系的能量变化和化学键变化来进一步确定上层向下移动的最佳距离。体系的能量种类包括总能量（total energy）、键合能（valence energy）、键伸缩能（bond energy）、键角弯曲能（angle energy）、二面角扭转能（torsion energy）、非键能（non-bond energy）、氢键能（hydrogen energy）、范德华能（van der waals energy）；化学键变化则主要分析键长的变化。

1）体系能量变化。体系模型中的分子能量与接触距离曲线如图 2-18 所示，从图 2-18（a）中总能量-下移距离曲线可以看出：随着上层逐渐向下层接近，体系总能量呈现下降的趋势，且当上层向下移动距离 25Å 时，此时体系总能量最低，即体系最稳定。

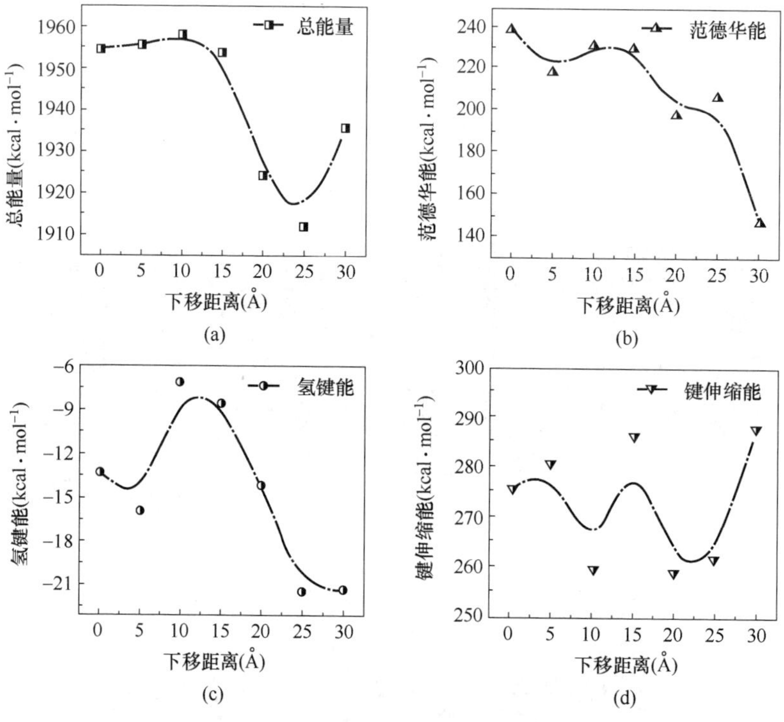

图 2-18 不同种类能量的变化

（a）总能量；（b）范德华能；（c）氢键能；（d）键伸缩能

在图 2-18（b）范德华能-下移距离曲线中，随着上层向下移动的距离增加，体系的范德华能逐渐降低，范德华能对于界面的相互作用起着很重要的作用，因此范德华能的逐渐降低则反应了体系内的分子间相互作用力逐渐减弱，说明此时体系中大部分已经反应完全，由于体系中原子之间的距离变化会很大程度上使分子间的范德华能下降，因此体系中范德华能的下降也表明体系内原子间的距离趋向于平衡位置；在图 2-18（c）氢键能-下移距离曲线中，随着上层向下移动，氢键能的变化并没有呈现出明显的规律性趋势，但在上层向下移动 25Å 时氢键能相对于其他距离还是比较大的，说明此时体系中的氢键数目比较多；在图 2-18（d）键伸缩能-下移距离曲线中，也并没有明显的规律性趋势，但在 25Å 的下移距离时，键伸缩能是比较小的，考虑到前面总势能和范德华能的变化，可以知道此时体系能量低趋于稳定且分子间的相互作用力很小，故化学键的状态比较浮躁，键伸缩性下降，故键伸缩能比较低。

键合能是通过键伸缩能、键角弯曲能和二面角扭转能三者共同体现的，图 2-19 所示分别为键合能、键伸缩能、键角弯曲能和二面角扭转能的能量-下移距离曲线。在这四种能量-距离曲线中均未有明显的趋势变化规律，但从图 2-19 中可以看出，25Å 处的键合能、键伸缩能和二面角扭转能均比较小，这也与上文中所得到的总能量、范德华能和氢键能在 25Å 的变化规律形成呼应，因此可以认为是由于体系趋于稳定时化学键的活跃状态降低所导致的。

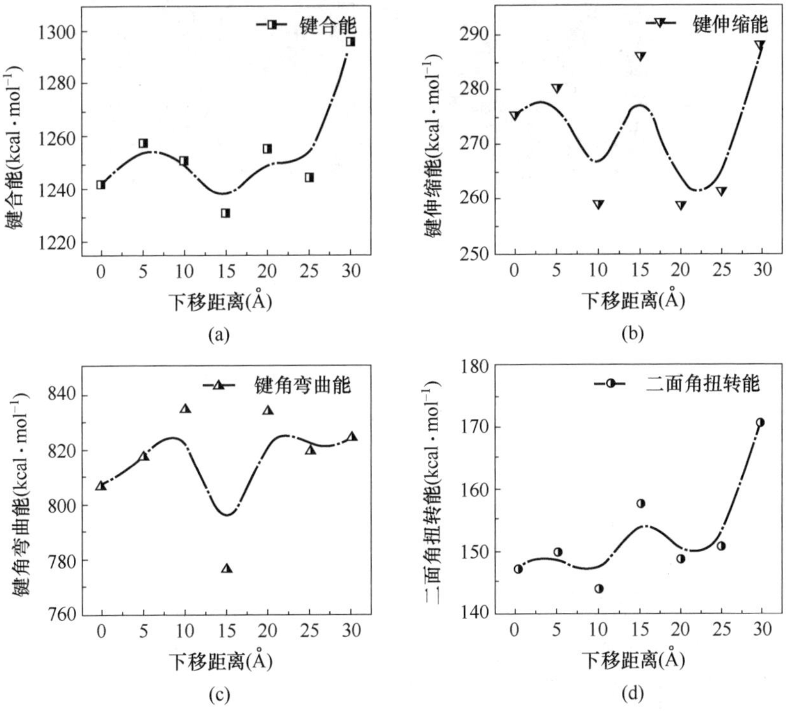

图 2-19　不同种类能量的变化

（a）键合能；（b）键伸缩能；（c）键角弯曲能；（d）二面角扭转能

综合以上能量变化分析，在上层分子体系向下层分子体系移动距离为 25Å

时，相对于其他距离体系要更稳定，此时分子间的相互作用力更小，化学键的活跃状态更低，因此25Å的接触距离可以认为是硅橡胶分子体系与环氧树脂分子体系反应的临界点，即硅橡胶分子体系中部分分子与环氧体系中部分分子接触距离到25Å左右时，体系中化学反应能达到比较好的效果。因此，在实际工艺过程中，通过注射成型工艺将硅橡胶注射到模具中时，当护套表面的HTV分子距离芯棒表面分子25Å距离的大致位置上时，此时有利于护套与芯棒的黏接。

2）体系化学键变化。分别在不同的下移距离体系中取HTV上同一段分子结构，进行相关化学键的键长测量，本次所量取的化学键有Si—O键，Si—C键，C—H键，如图2-20所示。

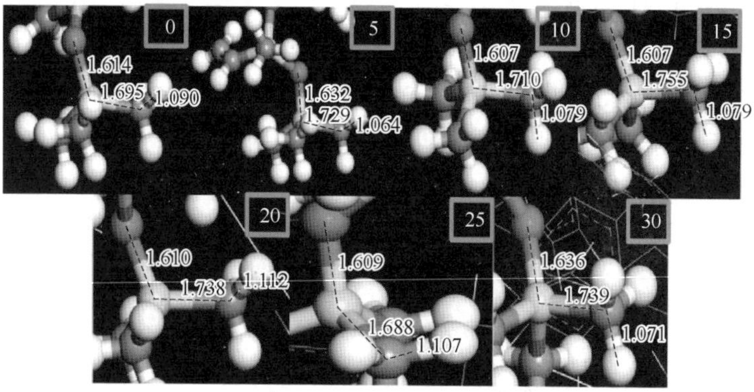

图2-20 HTV分子化学键键长

将测量的化学键键长进行统计，具体化学键的键长见表2-2。

表2-2 硅橡胶中化学键键长

键长（Å）	距离（Å）						
	0	5	10	15	20	25	30
Si—O	1.614	1.632	1.607	1.607	1.610	1.609	1.636
Si—C	1.695	1.729	1.710	1.755	1.738	1.688	1.739
C—H	1.090	1.064	1.079	1.097	1.112	1.107	1.071

根据表2-2中数据绘制化学键键长-下移距离曲线，如图2-21所示，从曲线图中来看，随着接触距离的逐渐变化，HTV分子结构的三种化学键的键长也有不同程度的增减，但并未有明显的增减规律。总的来看，以最开始（下移距离为0）的分子结构的化学键键长为参考对象，三种键的键长均有不同程度的伸长或缩短。但仔细分析可以知道，在10～25Å距离范围内，Si—O键的键长是有着明显

缩短的趋势，变化幅度较大，而且从图 2-21（b）中可知在 25Å 下移距离处 Si—C 键同时也有着明显的缩短，变化幅度较小，但此距离范围内 C—H 键却有一定的伸长；反观其他距离处，Si—O 和 Si—C 均有不同程度的增加，C—H 也有不同程度的增减。一般来说，键能越大，键长越短，化学键的牢固性越大，所以以上相关化学键的缩短也意味着化学反应中形成键的牢固性增强。

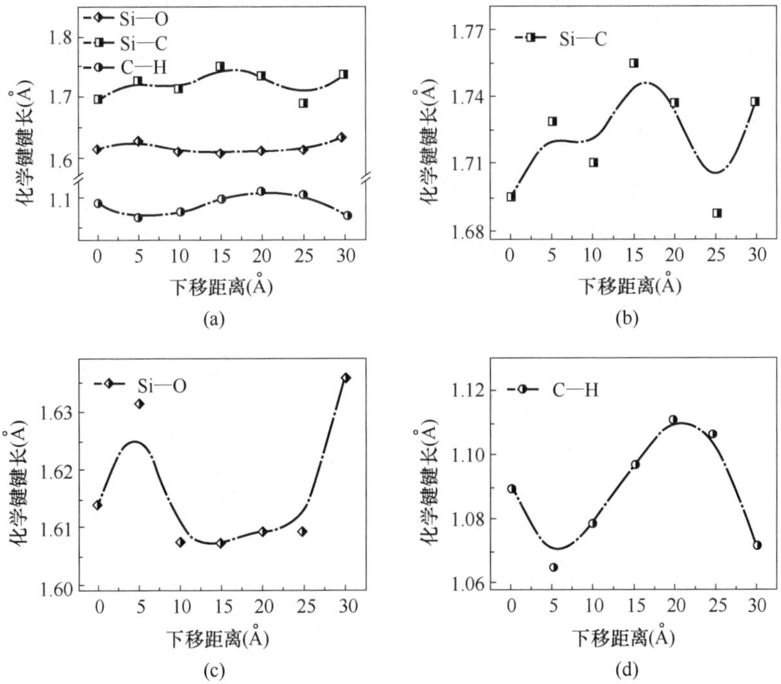

图 2-21　化学键键长的变化

（a）化学键的总体变化；（b）Si—C 键的变化；（c）Si—O 键的变化；（d）C—H 键的变化

通过对化学键的键长分析进一步证明在 25Å 距离处体系有利于化学反应的完成，这是因为此时形成的化学键的牢固性较强。因此，上层向下移动 25Å 距离处是有利于体系发生化学反应产生牢固的化学键。

2.5.2　注射压强对界面体系的影响

根据 2.5.1 中得到的界面两层之间的最佳接触距离，进一步研究不同压强对以上界面体系反应的影响。根据复合绝缘子注射成型时的温度范围（130～135℃），在不同数量级压强大小（0.1、0.01、0.001 和 0.0001GPa）下进行模拟计算。

此外，根据已有文献研究可知硫化温度在 130～135℃范围内是比较适宜的，低于 120℃或高于 140℃则不利于硫化，故进一步地选取 120、140、150℃三个温度进行研究，绘制的范德华能-压强曲线如图 2-22 所示。根据图中曲线可以看出，在同一温度下，随着外界施加压强的数量级的增大，体系的范德华能变化趋势均是先增大后减小，且峰值点是压强为 0.001GPa 数量级的体系；在同一压强下，随着温度的升高，体系的范德华能变化趋势呈现先增大后平缓再减小，压强数量级为 0.001GPa 时体系范德华能最大，压强数量级为 0.01GPa 时体系内范德华能次之，此时由于体系内范德华能较大会使体系处于不平衡状态，分子间的作用力较大，有利于化学反应的发生。考虑到复合绝缘子实际生产工艺中的注射成型环节，其注射压力达到 10MPa 左右，因此，此研究结果也可以从微观方面证明了实际工艺中注射压强数量级的合理性。

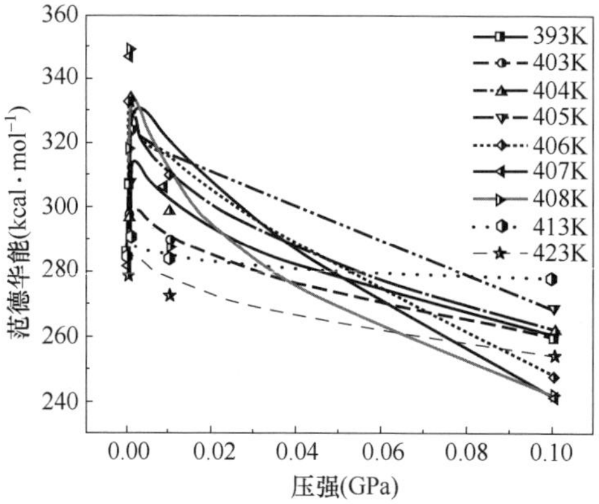

图 2-22 压强-范德华能的关系曲线

2.5.3 注射温度对界面体系的影响

根据前文中所得到的界面最佳接触距离（25Å）以及复合绝缘子注射成型时比较适宜的压强数量级（0.001GPa），再进一步研究注射成型时适宜温度的合理性。

温度对于硅橡胶的硫化起着直接决定作用。根据已有文献研究，复合绝缘子中的高温硫化硅橡胶在使用注射成型工艺时，最好的硫化温度应该在 130～135℃范围内，并且恒定。硫化的温度过高或过低都不有利于硫化，当温度过于低时（一般认为是模腔表面 120℃以下），硫化过程就会变得缓慢，效率低下，而且也容易产生欠硫现象；而当温度过高时（一般认为是模腔表面 140℃以上），此时注射过程中的胶料很容易烧焦，主要表现为伞裙局部老化。因此，本实验所需要研究的温度选取 130～135℃范围外加 120、140、150℃三个温度。在已创建的界面体系模型内分别施加四种数量级的压强（0.1、0.01、0.001 和 0.0001GPa），并在每一种压强下分别施加不同的温度（120、130～135、140、150℃），然后再对体系进行分子动力学计算模拟得到体系能量变化。

图 2-23 是不同温度和压强下体系的范德华能变化图，从图 2-23 中可以看出：同一压强下，随着温度的升高，体系的范德华能有着相似的变化规律，即两侧温度的范德华能变化趋势一致，中间温度段（130～135℃）范德华能的数值较大或较小，但变化幅度均较小。

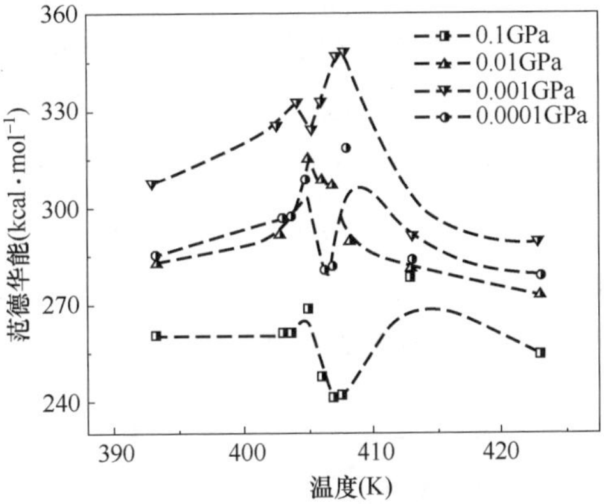

图 2-23　温度-范德华能的关系曲线

此外，从图 2-23 中可以看出，在中间温度段（130～135℃）范围内，体系施加压强数量级为 0.001GPa 时，体系内的范德华能最大，施加数量级 0.01GPa 压强体系内的范德华能其次，而施加压强为 0.1GPa 数量级时，体系内的范德华能较其他三种数量级压强体系明显小很多。因此，施加压强的数量级在 0.001～0.01GPa 范围内时体系中的分子间作用力较大，有利于化学反应的进行，而在 120、140、150℃三个温度点时范德华能数值均较小，故不利于化学反应的发生，这也与上文中的结论相呼应。结合已知的复合绝缘子实际生产工艺中注射成型时的最佳硫化温度范围（130～135℃），故以上分析从微观方面证明了此硫化温度的合理性。

2.5.4　表面粗糙度对界面的影响

建立不同表面粗糙度的护套-芯棒三维界面模型，以芯棒表面的凸起颗粒渗入护套内部的高度作为表征表面粗糙度的参数，设定凸起渗入护套材料内部的一组深度分别为 0（作为光滑表面）、5、10、15、20、25、30、35、40、45、50μm 和 55μm。随机选取芯棒界面三处相同大小区域，分别计算不同表面粗糙度的护套-芯棒界面模型的剪应力大小，如图 2-24 所示。

从图 2-24（a）曲线可以看出，随着芯棒界面的表面粗糙度增大，随机选取的芯棒表面区域的剪应力数值呈现出先缓慢增大到一个峰值，之后开始逐渐减小到一个极小值，最后再增大，明显的转折点是表面粗糙度为 40、45μm 和 50μm 时；图 2-24（b）中剪应力随表面粗糙度的变化规律与图 2-24（a）类似，而且明显的转折点也是表面粗糙度为 40、45μm 和 50μm 时；图 2-24（c）剪应力变化规律与图 2-24（a）和图 2-24（b）大致相似，但曲线变化不是特性明显，且明显的转折点也是表面粗糙度为 40、45μm 和 50μm 时。考虑到芯棒表面粗糙凸起数量的随机性，因此界面上的剪力大小亦存在一定的随机性，但可以确定的是，芯棒表面的粗糙程度并不是与护套-芯棒的结合程度呈线性关系，这也说明在复合绝缘子的实际黏接工艺中芯棒经过打磨后表面的粗糙度过高或过低都不是最佳的选择。通过以上计算可知，芯棒表面粗糙度在 40～55μm 范围内界面产生的剪力会更大。

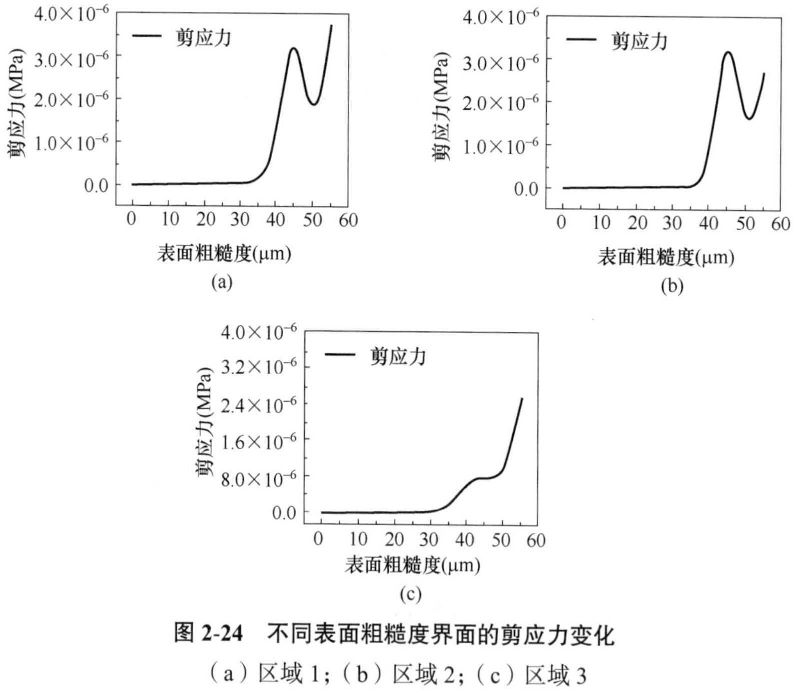

图 2-24　不同表面粗糙度界面的剪应力变化

（a）区域 1；（b）区域 2；（c）区域 3

2.6 界面失效影响因素分析

1. 机械疲劳

复合绝缘子在实际运行过程中不可避免地会受到外界的应力作用，包括导线的周期性舞动带来的周期性应力以及风力等。这些周期性应力会传递到复合绝缘子的界面处，使界面处于疲劳状态。界面处长期处于疲劳状态会容易使弱黏接界面脱黏，缺陷扩展，生成微裂纹。国内外对复合绝缘子疲劳性能的研究始于 20 世纪 90 年代。2006—2011 年，J.Bielecki 等对一批额定电压 110～400kV 的复合绝缘子为研究对象，采用了以液压伺服驱动为动力的疲劳振动设备，对绝缘子进行了大量实验，给出了长棒型复合绝缘子疲劳的曲线，并从微观机理揭示疲劳发生发展的趋势。其结论表明复合绝缘子加载的载荷在 100%SML～30%SML 范围内，最大载荷与疲劳寿命之间的关系是一个指数函数，对数坐标系下是一条以某一倾角倾斜于时间轴的直线；静态载荷一定，曲线的斜率一定；动态载荷的幅值与疲劳寿命也是指数关系。广东电网的高明振等参考国内外现有的试验方法和标准，采用 D-300-2 型振动台和 KD-3 正弦振动控制仪开发了绝缘子串振动试验系统，对复合绝缘子串进行机械振动试验，发现压接式复合绝缘子经 3000万次振动试验后其机械强度有不同程度的下降。

2. 环境老化

复合绝缘子硅橡胶护套和环氧玻纤芯棒之间通过使用黏接剂来形成界面，其有效成分主要为硅烷偶联剂。在遇水分子时，硅烷偶联剂中的甲氧基或乙氧基水解生成羟基，一部分和环氧表面的羟基形成氢键，另一部分脱水缩合形成共价键，在氢键和共价键的共同作用下，硅橡胶和环氧之间形成黏接界面。氢键和共价键键能较分子间作用力高，这使得硅橡胶和环氧之间的黏接比较牢固，但其形成机理决定了这种黏接界面的化学性质并不稳固，在遇水时同样容易水解，使得界面黏接被破坏。因此，复合绝缘子结构上的密封性和界面黏接的完好性对其运行稳定性非常重要，一方面好的结构密封性可以隔绝水汽扩散进入界面处，另一方面完好的界面黏接也可以减缓水汽沿界面扩散的速度。

3. 电场老化

复合绝缘子运行在强电场环境下，这种高压运行对复合绝缘子的机构和性能提出了高要求。气孔与水分处于固体有机绝缘介质内部时，由于气体介质的介电常数小，气孔中的场强比邻近固体介质的场强大得多，而其起始游离场强小得多。

因此气孔易导致局部放电，电场畸变。复合绝缘子，如果其界面处存在气孔，高场强的长期作用促使绝缘子界面发生局部放电，引起介质局部的温度上升，产生活性气体 O_2、NO、NO_2 等。这些不良反应都能使有机质加速氧化，导致其电性能下降。而当水分渗入复合绝缘子界面时，如果该处场强超过某定值时，会沿着电场强度方向逐渐渗入绝缘层深处，形成树枝状泄痕，导致电导性老化。渗水的有机绝缘介质在直流电压的长期作用下，还会加速电解性老化。介质内部的水分使电离及损耗增加，或者在高温下汽化使击穿强度大大下降，或者加快材料内部的化学变化过程从而缩短材料的寿命。

第3章 复合绝缘子界面失效机理

3.1 复合绝缘子界面失效机理概述

复合绝缘子在生产工艺过程中，以及长期在恶劣环境中运行，难免会形成界面缺陷。通常高压端护套内部存在缺陷时导致电场畸变，引起内部局部放电，长期局部放电可能导致护套击穿，降低芯棒机械性能，乃至引发芯棒断裂。

宏观界面缺陷会引起绝缘子内部电场畸变和局部放电，造成材料老化，最终导致潮气入侵。这不仅影响复合绝缘子电气和机械性能，同时在芯棒的老化甚至断裂过程中起到显著的加速作用，因此有必要查清复合绝缘子中宏观界面的失效过程，总结其宏观界面的失效机理。

微观界面是潮气入侵通道。特别是当伞套与芯棒的界面存在缺陷时，潮气将快速通过硅橡胶内部的微观界面入侵至护套/芯棒界面处。由于芯棒是环氧树脂基材料，具备良好的亲水性和吸水性，芯棒接触到潮气后将引起其内部微观界面的失效。但目前对硅橡胶内部微观界面、芯棒内部微观界面的失效机理研究尚不明确。

本章阐述复合绝缘子中的宏观界面、微观界面失效机理，总结出界面失效规律，为复合绝缘子的制造和运维提供指导。

3.2 宏 观 界 面 失 效

3.2.1 护套/芯棒界面电场仿真

1. 无缺陷220kV和500kV复合绝缘子仿真模型

在AutoCAD中绘制220kV与500kV复合绝缘子的2D平面图，如图3-1所示。然后使用SolidWorks软件1：1地构建220kV与500kV复合绝缘子的3D模型。一方面，为保证仿真结果的准确性和精度，将考虑横担与导线的影响，且导线长度选取为 15m；另一方面，考虑到仿真计算的网格剖分优化，对模型局部结构如螺栓以及接合处进行简化处理，便于后续网格剖分。SolidWorks 中建立的 3D 模型如图 3-2 所示。

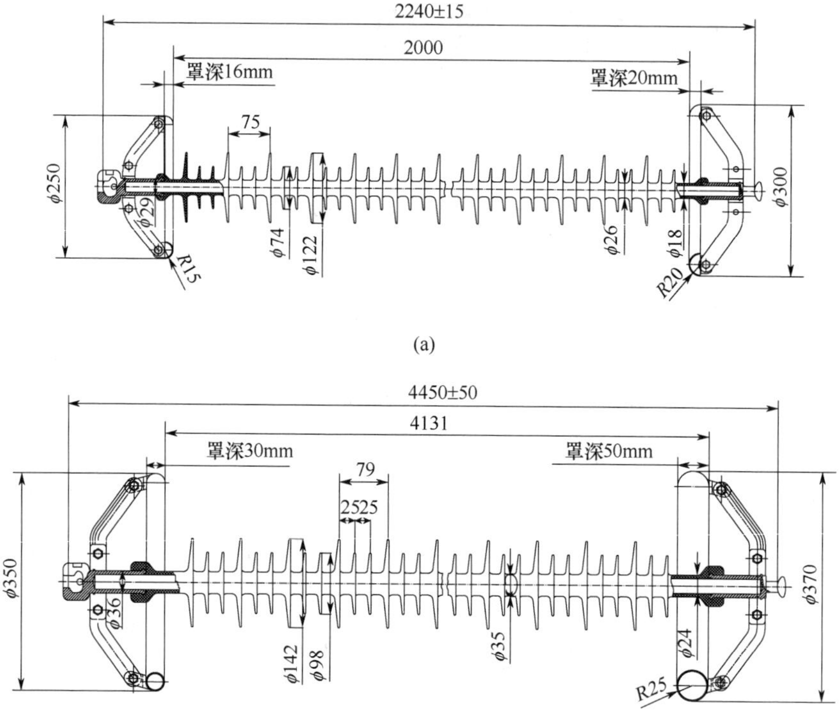

(b)

图 3-1 复合绝缘子 CAD 模型图（单位：mm）

（a）220kV 复合绝缘子；（b）500kV 复合绝缘子

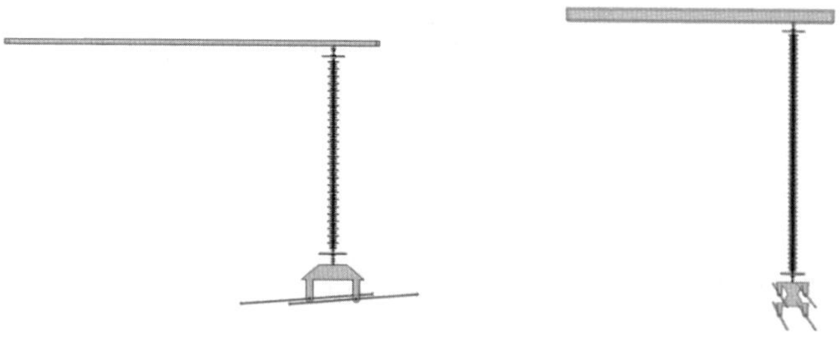

(a) (b)

图 3-2 复合绝缘子 SolidWorks 模型图

（a）220kV 复合绝缘子；（b）500kV 复合绝缘子

将 SolidWorks 中建立的 3D 模型导入多物理场仿真软件 COMSOL MultipHysics。无缺陷和带缺陷复合绝缘子各部分的相对介电常数设置见表 3-1。其中，由于金属的相对介电常数理论上为无穷大，建模时设为 100000。

表 3-1　复合绝缘子各部位的相对介电常数

部位	材料	相对介电常数
金具	金属	100000
芯棒	玻纤增强环氧树脂	6
护套	高温硫化硅橡胶	4.2
导线	金属	100000
金属缺陷	金属	100000
潮气缺陷	水	81
气隙缺陷	空气	1
偶联剂	有机黏结剂	4.65～5.55

在 COMSOL 中建立无限元域后进行网格剖分，网格采用自由四面体网格划分，手动对缺陷处网格进行细化处理，如图 3-3 所示。

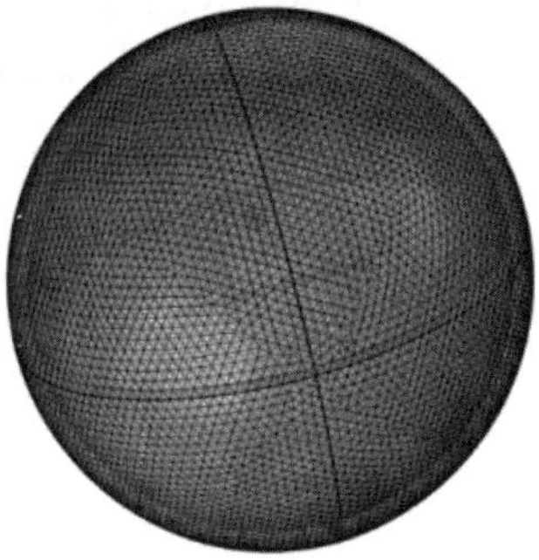

图 3-3　在 COMSOL 中对 500kV 复合绝缘子进行网格剖分

2. 220kV 和 500kV 复合绝缘子的沿面电场分布

由图 3-4 和图 3-5 可以看出，复合绝缘子沿面电场呈不对称“U”形分布，两金具端附近处在强电场区，尤其在高压端电场分布畸变程度较大。其中，220kV 复合绝缘子高压端最大场强值为 446.58kV/m，低压端最大场强值为 206.09kV/m，而中部场强为 64.00～91.34kV/m，仅为高压端场强的 14%～20%。500kV 复合绝缘子高压端最大场强值为 527.92kV/m，低压端最大场强值为 197.87kV/m，而中部场强为 67.93～98.88kV/m，仅为高压端场强的 13%～19%。由于高压端场强明显高于绝缘子其他部位的场强，且位置位于复合绝缘子球头附近，因此将后续研究中的界面缺陷位置设置于高压场强畸变端部。

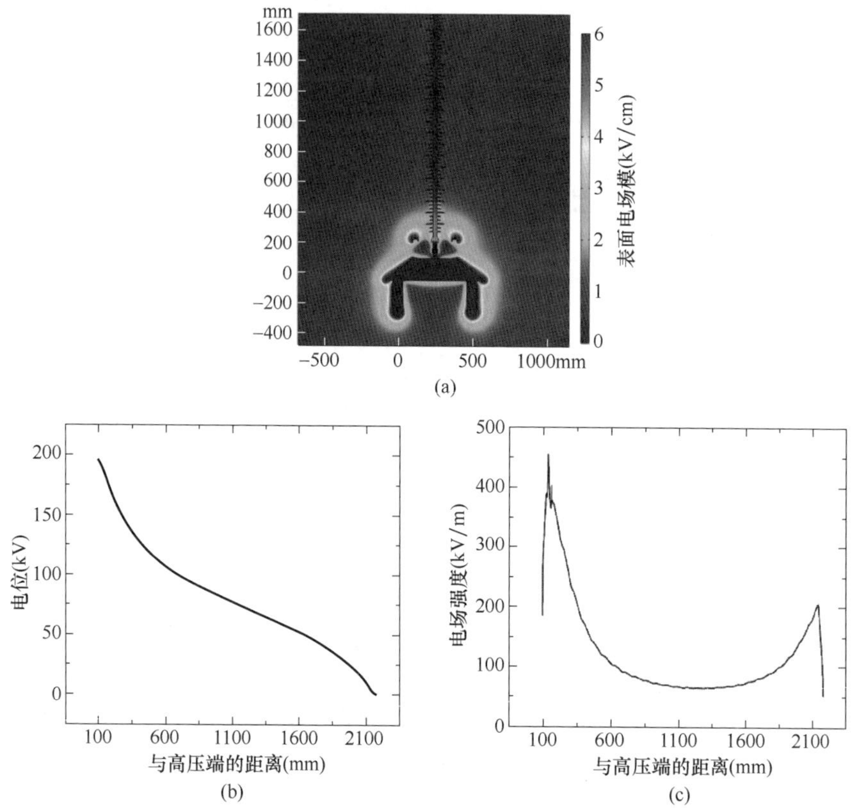

图 3-4　无缺陷 220kV 复合绝缘子护套沿面电场分布

（a）沿面电场分布云图；（b）沿复合绝缘子沿面电位分布曲线；（c）复合绝缘子沿面电场分布

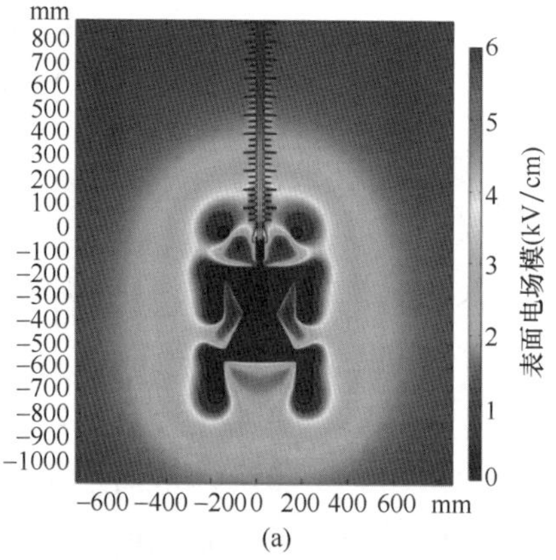

图 3-5　无缺陷 500kV 复合绝缘子护套沿面电场分布（一）

（a）沿面电场分布云图

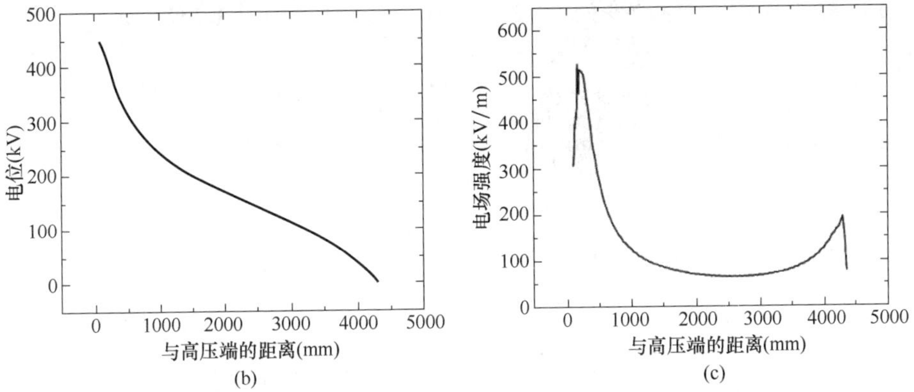

图 3-5　无缺陷 500kV 复合绝缘子护套沿面电场分布（二）

（b）沿复合绝缘子沿面电位分布曲线；（c）复合绝缘子沿面电场分布

根据复合绝缘子运行工况下可能出现不同的界面缺陷确定缺陷结构，气隙、导电金属、潮气缺陷分别采用毫米级空气柱、金属柱与潮气柱构建，如图 3-6 中方框部分所示，偶联剂则通过绝缘子芯棒表面包覆微米薄层模拟。其中，各类缺陷的相对介电常数设置见表 3-1。

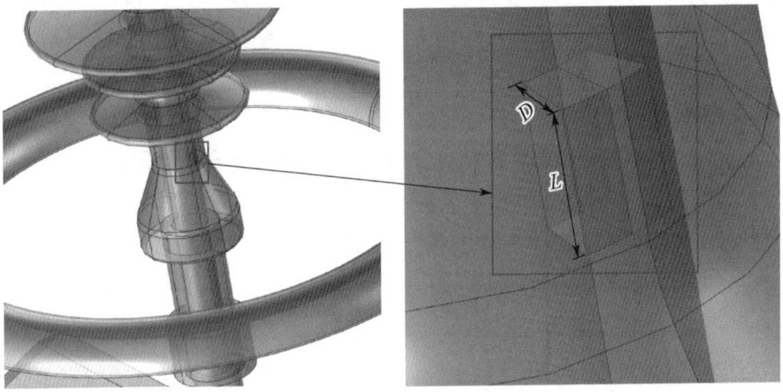

图 3-6　复合绝缘子缺陷示意图

图 3-6 中的 L 为缺陷长度（mm），D 为缺陷深度或厚度（mm）。本研究通过改变 L 和 D 值的大小，探究不同尺寸缺陷对复合绝缘子沿面电场分布的影响。根据复合绝缘子沿面场强最大位置设置缺陷，220kV 复合绝缘子的各类缺陷处于距离高压端金具 146～152mm 范围内，500kV 复合绝缘子的各类缺陷处于距离高压端金具 172～178 mm 范围内。

3. 带气隙缺陷电场分布

为了探究气隙深度对复合绝缘子沿面电场分布的影响，固定气隙长度为

2mm，将气隙深度分别改变为 1、2、3mm，仿真结果如图 3-7 所示。

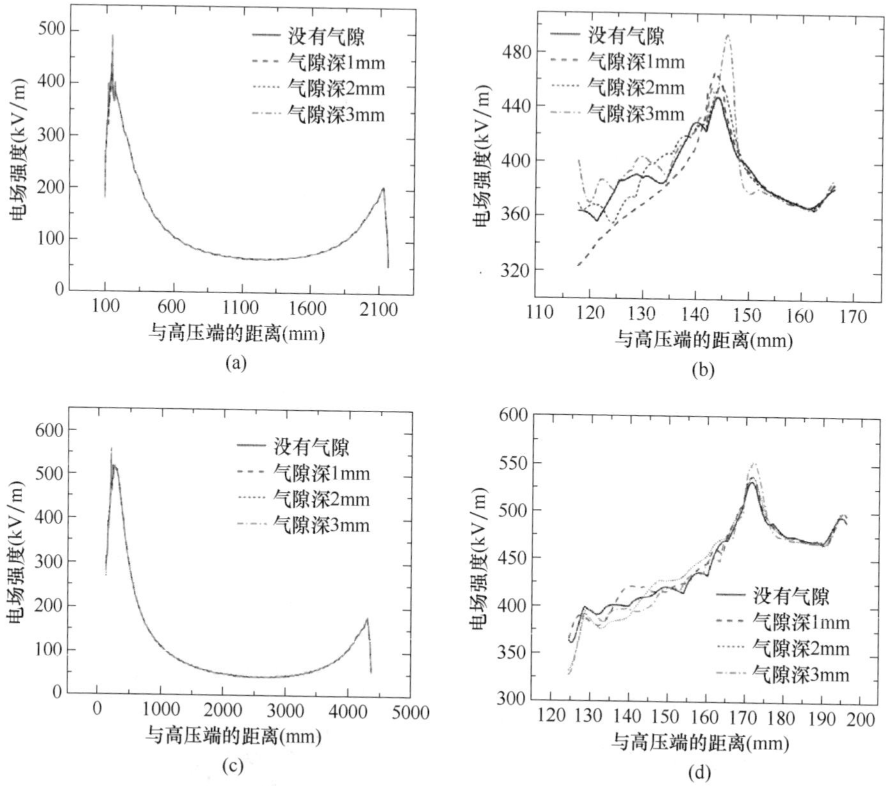

图 3-7 气隙深度对复合绝缘子沿面电场分布的影响

（a）220kV 复合绝缘子沿面电场分布；（b）220kV 复合绝缘子缺陷电场；（c）500kV 复合绝缘子沿面电场分布；（d）500kV 复合绝缘子缺陷电场

为了探究气隙长度对复合绝缘子沿面电场分布的影响，固定气隙深度为 3mm，将气隙深度分别改变为 2、4、6mm，仿真结果如图 3-8 所示。

图 3-7 和图 3-8 分别反映了改变缺陷深度和长度时，气隙缺陷对绝缘子沿面电场分布（整体和局部放大）的影响。由结果可见，绝缘子芯棒高压端的气隙缺陷会对其相邻的 15～20mm 长度范围内的电场造成明显畸变。气隙两端 10mm 范围内的场强值与没有气隙相比略有下降，气隙处场强值增大。

高斯通量定理公式如下：

$$\oint D \cdot \mathrm{d}S = Q$$

式中 S——包围研究区域的闭合曲面；

Q ——闭合曲面 S 内电荷量的代数和。

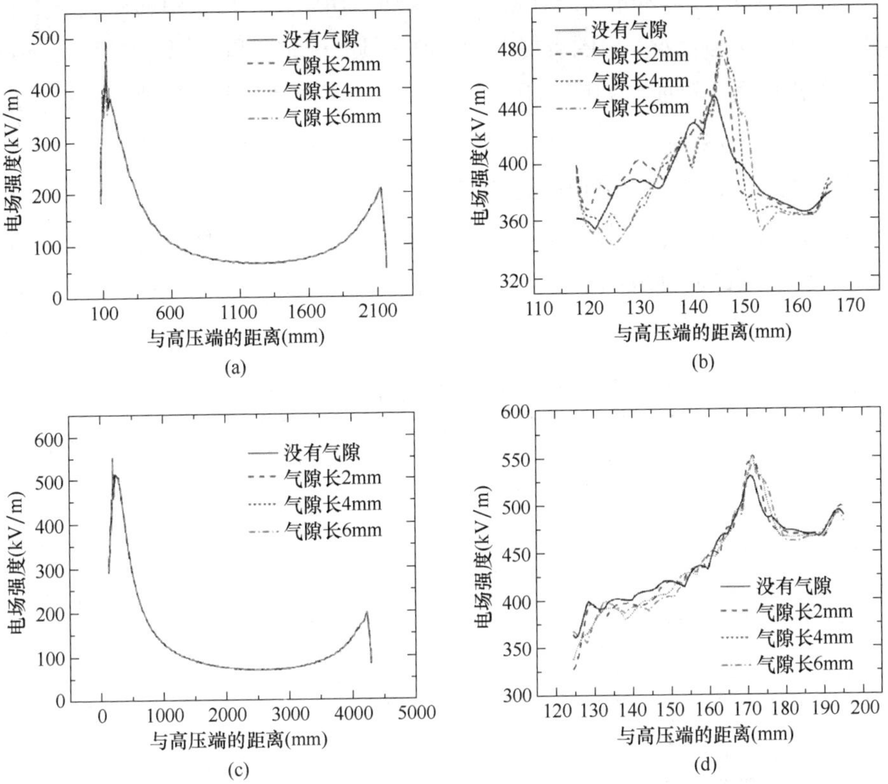

图 3-8　气隙长度对复合绝缘子沿面电场分布的影响

（a）220kV 复合绝缘子沿面电场分布；（b）220kV 复合绝缘子缺陷沿面电场；（c）500kV 复合绝缘子沿面电场分布；（d）500kV 复合绝缘子缺陷沿面电场

在介质中，存在 $D=\varepsilon_0\varepsilon_r E$，空气的相对介电常数 ε_0=1，护套的相对介电常数 ε_r=4.2。芯棒表面的空气隙在电场作用下发生极化，其边缘将出现束缚电荷，空气隙整体仍呈现电中性，Q 不会改变，因此气隙处电场强度与没有空气隙时相比会有所增大。

复合绝缘子结构导致其表面为极不均匀电场，空气与电介质交界面在局部高场下容易发生电晕放电现象。若芯棒和护套间存在气隙，一方面，气隙处形成电场畸变会提高气隙位置电场的不均匀程度，从而大幅降低介质的电晕放电起始电压；另一方面，气隙缺陷处场强增大，进一步增大了电晕放电的概率。复合绝缘子高压端部电场畸变最为严重，若高压端部存在界面缺陷，发生局部放电的概率更高，严重影响复合绝缘子正常运行，加速其老化。

整体而言，场强最大值随气隙深度增大而增大，随气隙长度增大而减小，但气隙尺寸长 2mm、深 2mm 时的最大场强反而有所降低，后文中的潮气缺陷和金属缺陷也出现类似情况，原因可能在于：护套具有一定的厚度，缺陷尺寸较小时，由于距离沿面远，沿面电场针对界面缺陷的响应不灵敏。不同气隙深度和长度的缺陷下研究区域内沿面电场最大值见表 3-2，220kV 复合绝缘子的气隙处最大场强相比无缺陷条件增大幅度最高达 10.32%，高于 500kV 复合绝缘子的 7.17%。气隙在较高的非均匀电场强度下发生局部放电，这种放电虽然不会立即形成贯穿新通道，但长期的局部放电，使电介质的劣化损伤逐步扩大，造成绝缘护套损坏，严重影响绝缘子的正常运行。

表 3-2　　不同尺寸气隙下研究区域内沿面场强最大值

气隙尺寸	绝缘子电压等级（kV）	气隙处最大场强（kV/m）	与无缺陷相比增大百分比
无缺陷	220	446.58	—
	500	527.92	—
长 2mm，深 1mm	220	464.13	3.93%
	500	533.10	0.98%
长 2mm，深 2mm	220	454.90	1.86%
	500	533.46	1.05%
长 2mm，深 3mm	220	492.68	10.32%
	500	548.97	3.99%
长 4mm，深 3mm	220	478.61	7.17%
	500	546.93	3.60%
长 6mm，深 3mm	220	474.95	6.35%
	500	540.83	2.45%

为了比较气隙缺陷对 220kV 复合绝缘子和 500kV 复合绝缘子的影响，对仿真数据作归一化处理，与高压端的距离（mm）被映射为 0～1 之间无量纲的小数，归一化的公式如下：

$$X_{norm} = \frac{X - X_{min}}{X_{max} - X_{min}}$$

式中 X_{norm}——归一化后的数据；

X——原始数据；

X_{max}——原始数据集的最大值；

X_{min}——原始数据集的最小值。

归一化处理后的复合绝缘子沿面电场分布如图 3-9 所示，其中图 3-9（a）、图 3-9（b）两图的缺陷长度固定为 2mm，反映了缺陷深度对电场分布的影响，图 3-9（c）、图 3-9（d）两图的缺陷深度固定为 3mm，反映了缺陷长度对电场分布的影响。不论尺寸大小，气隙周围电场出现明显畸变。对比两种电压等级的绝缘子沿面电场分布可知，220kV 复合绝缘子的高压端电场畸变程度更大，原因可能在于 500kV 复合绝缘子护套更厚，导致缺陷对沿面电场影响更小。场强最大值随气隙深度增大而增大，随气隙长度增大而减小，与上述的数据相对应。

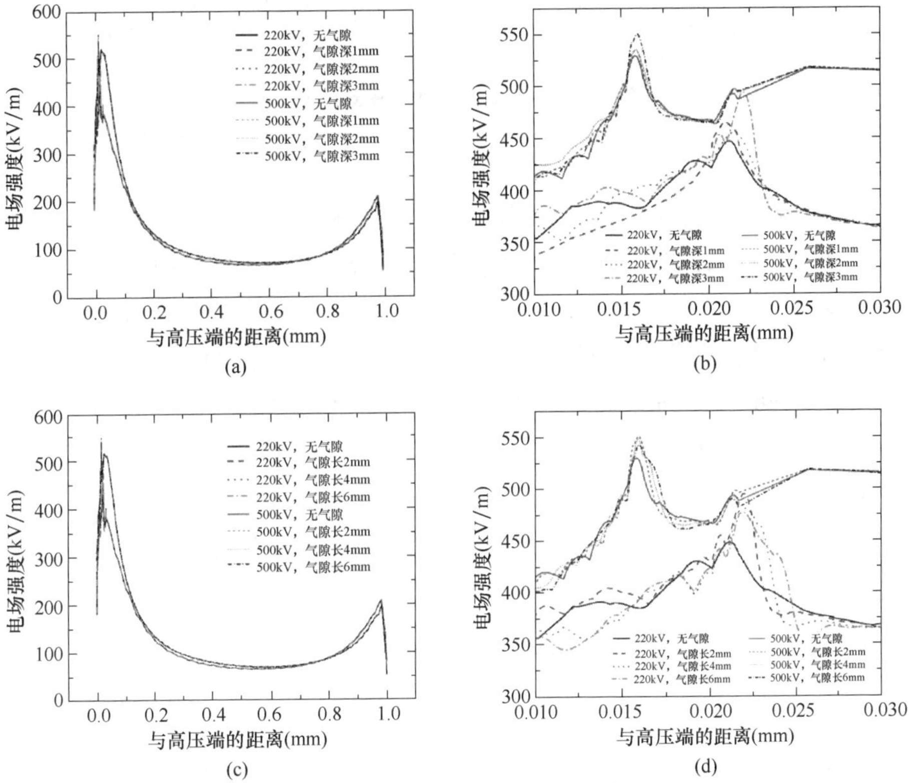

图 3-9　归一化处理后的复合绝缘子沿面电场分布

（a）气隙深度对沿面电场分布的影响；（b）气隙深度对气隙缺陷部位沿面电场的影响；（c）气隙长度对沿面电场分布的影响；（d）气隙长度对气隙缺陷部位沿面电场的影响

不同尺寸缺陷下，气隙处复合绝缘子芯棒界面电场分布如图 3-10 所示。气隙缺陷的存在会对复合绝缘子芯棒界面电场造成明显畸变。带缺陷 220kV 和 500kV 复合绝缘子芯棒界面电场在气隙处呈现“两边低，中间高”的现象，气隙处出现双峰。气隙处界面场强最大值随气隙深度增加而增加，随气隙长度增加而减小，气隙长度增加还会导致畸变范围扩大，双峰现象更明显。

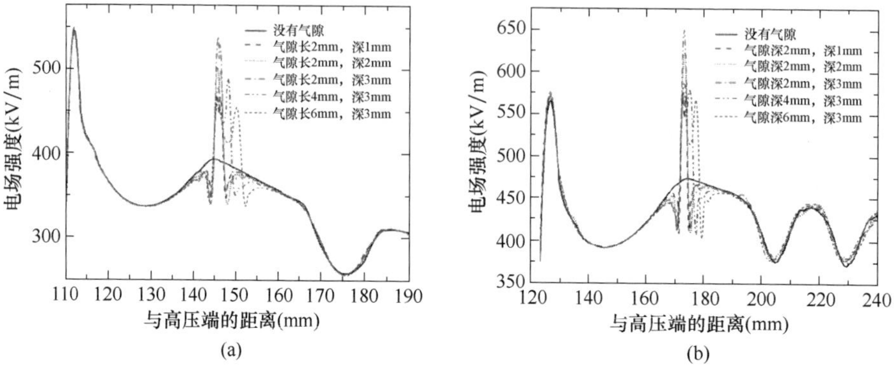

图 3-10 气隙缺陷对界面电场的影响

（a）220kV 复合绝缘子界面电场分布；（b）500kV 复合绝缘子界面电场分布

以气隙缺陷附近 15～20mm 为界面电场研究区域，无缺陷条件下 220kV 复合绝缘子界面电场最大值为 396.54kV/m，500kV 复合绝缘子界面电场最大值为 475.00kV/m。不同气隙深度和长度的缺陷下研究区域内界面电场最大值如图 3-10 所示，220kV 复合绝缘子的气隙处最大场强最高达 541.13kV/m，相比无缺陷绝缘子增大了 36.46%，500kV 复合绝缘子的气隙处最大场强最高达 650.92kV/m，相比无缺陷绝缘子增大了 37.04%。不同气隙深度和长度的缺陷下研究区域内界面场强最大值见表 3-3。比较表 3-3 和表 3-2 的数据可见，缺陷对界面电场的影响远大于沿面电场，原因在于护套具有一定厚度，界面缺陷所引起的电场畸变在沿面处响应低于界面处响应。

表 3-3 不同尺寸气隙下研究区域内界面场强最大值

气隙尺寸	绝缘子电压等级（kV）	气隙处最大场强（kV/m）	与无气隙相比增大百分比
无缺陷	220	396.54	—
	500	475.00	—
长 2mm，深 1mm	220	470.67	18.69%
	500	576.72	21.41%
长 2mm，深 2mm	220	505.40	27.45%
	500	623.84	31.33%
长 2mm，深 3mm	220	541.13	36.46%
	500	650.92	37.04%
长 4mm，深 3mm	220	492.49	24.20%
	500	588.67	23.93%

续表

气隙尺寸	绝缘子电压等级（kV）	气隙处最大场强（kV/m）	与无气隙相比增大百分比
长 6mm，深 3mm	220	463.26	16.83%
	500	576.68	21.41%

为了直观显示气隙缺陷对复合绝缘子芯棒界面电场分布的影响，气隙缺陷下复合绝缘子的界面电场分布云图如图 3-11 所示，其中缺陷尺寸取为最严重的情况，即气隙长 6mm，深 3mm。结果显示，气隙部位界面电场值增大，两端电场值减小，与图 3-10 的分析相对应。

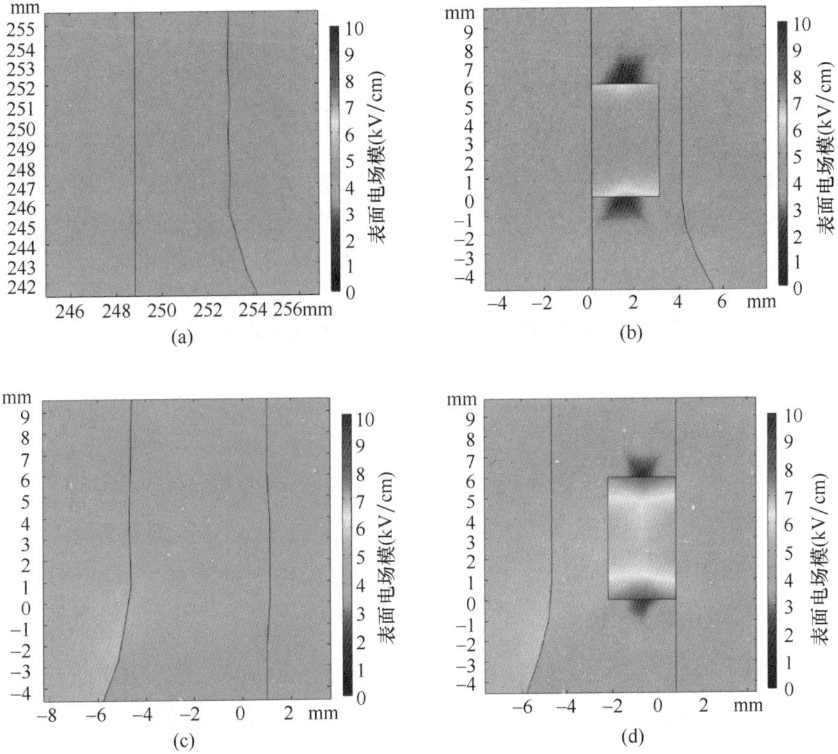

图 3-11　气隙缺陷下复合绝缘子的界面电场分布云图（气隙长 6mm，深 3mm）

（a）无缺陷 220kV 复合绝缘子；（b）含气隙缺陷 220kV 复合绝缘子；

（c）无缺陷 500kV 复合绝缘子；（d）含气隙缺陷 500kV 复合绝缘子

4. 带潮气缺陷电场分布

为了探究潮气深度对复合绝缘子沿面电场分布的影响，固定潮气长度为 2mm，将潮气深度分别改变为 1、2、3mm，仿真结果如图 3-12 所示。

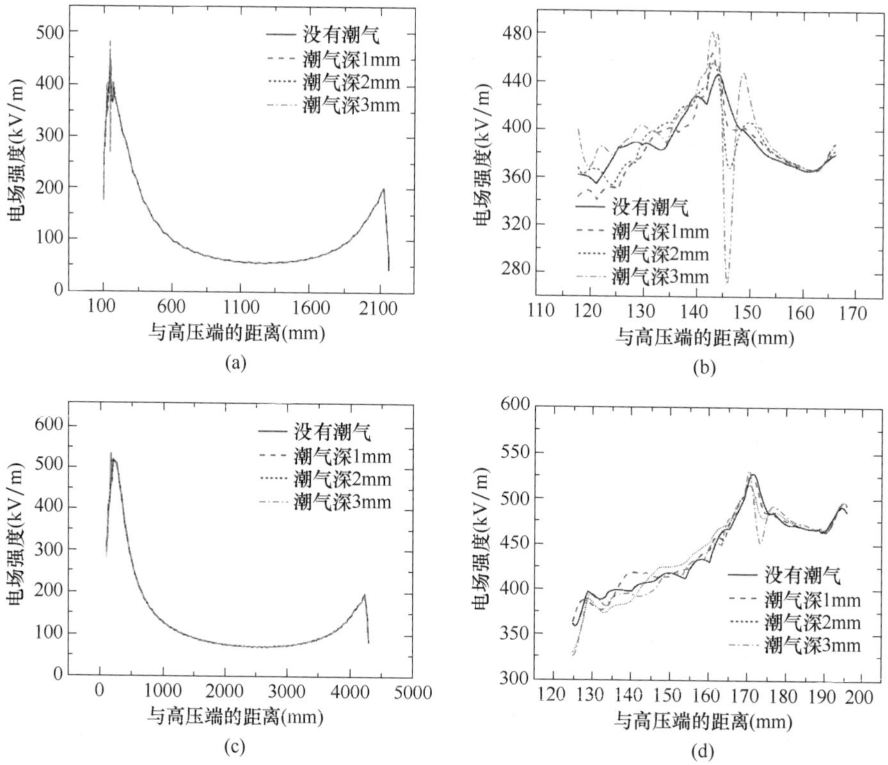

图 3-12　潮气深度对复合绝缘子沿面电场分布的影响

（a）220kV 复合绝缘子沿面电场分布；（b）220kV 复合绝缘子潮气缺陷沿面电场

（c）500kV 复合绝缘子沿面电场分布；（d）500kV 复合绝缘子潮气缺陷沿面电场

为了探究潮气长度对复合绝缘子沿面电场分布的影响，固定潮气深度为3mm，将潮气深度分别改变为 2、4、6mm，仿真结果如图 3-13 所示。

图 3-12 和图 3-13 分别反映了改变缺陷深度和长度时，潮气缺陷对绝缘子沿面电场分布（整体和局部放大）的影响。与气隙缺陷相反，绝缘子芯棒高压端的潮气缺陷会在缺陷位置产生波谷，对其相邻的 15～20mm 长度范围内的电场造成明显畸变，两侧电场上升，中间电场下降。潮气深度和长度增加都会导致波谷值下降，说明电场畸变程度随潮气缺陷长度和深度增大而严重，潮气长度增加还会扩大电场畸变范围。

潮气缺陷附近电场呈现“两边高，中间低”的现象，原因在于：在介质中，存在 $D=\varepsilon_0\varepsilon_r E$，潮气的相对介电常数 ε_r=81，护套的相对介电常数 ε_r=4.2。芯棒表面的潮气间隙在电场作用下发生极化，其边缘将出现束缚电荷导致局部电场畸变，而复合材料介质中介电常数与电场强度成反比，因此潮气缺陷处电场强度与无缺陷时相比会有所减小，这与气隙缺陷条件下的变化趋势相反。

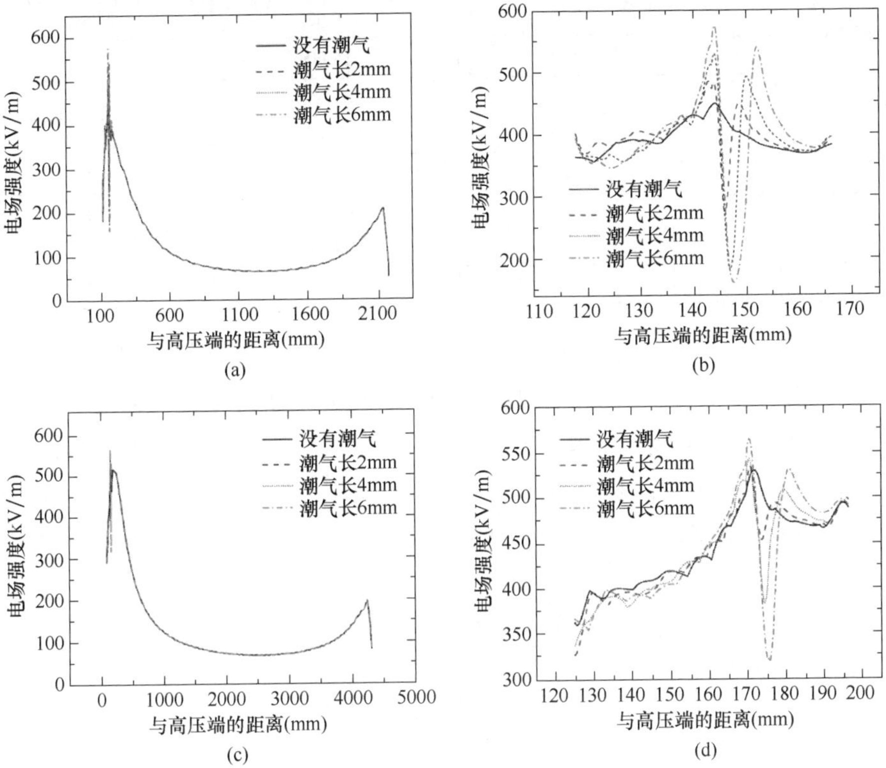

图 3-13　潮气长度对复合绝缘子沿面电场分布的影响

（a）220kV 复合绝缘子沿面电场分布；（b）220kV 复合绝缘子潮气缺陷电场；
（c）500kV 复合绝缘子沿面电场分布；（d）500kV 复合绝缘子潮气缺陷电场

不同潮气深度和长度的缺陷下研究区域内沿面电场最大值见表 3-4。潮气缺陷下，220kV 复合绝缘子电场分布的畸变程度比 500kV 复合绝缘子更严重，高压端最大电场比无缺陷条件的增加幅度最高可达 18.06%，而 500kV 复合绝缘子仅为 6.50%。

表 3-4　　不同尺寸潮气下研究区域内沿面场强最大值

潮气尺寸	绝缘子电压等级（kV）	潮气处最大场强（kV/m）	与无潮气相比增大百分比
无缺陷	220	446.58	—
	500	527.92	—
长 2mm，深 1mm	220	464.13	3.93%
	500	524.70	-0.61%

续表

潮气尺寸	绝缘子电压等级（kV）	潮气处最大场强（kV/m）	与无潮气相比增大百分比
长 2mm，深 2mm	220	456.62	2.25%
	500	515.60	-2.33%
长 2mm，深 3mm	220	481.65	7.85%
	500	532.16	0.80%
长 4mm，深 3mm	220	527.09	18.03%
	500	540.86	2.45%
长 6mm，深 3mm	220	527.23	18.06%
	500	562.22	6.50%

为了比较潮气缺陷对 220kV 复合绝缘子和 500kV 复合绝缘子的影响，对仿真数据作归一化处理，与高压端的距离（mm）被映射为 0～1 之间无量纲的小数。

归一化处理后的复合绝缘子沿面电场分布如图 3-14 所示，其中图 3-14（a）、图 3-14（b）两图的缺陷长度固定为 2mm，反映了缺陷深度对电场分布的影响，图 3-14（c）、图 3-14（d）两图的缺陷深度固定为 3mm，反映了缺陷长度对电场

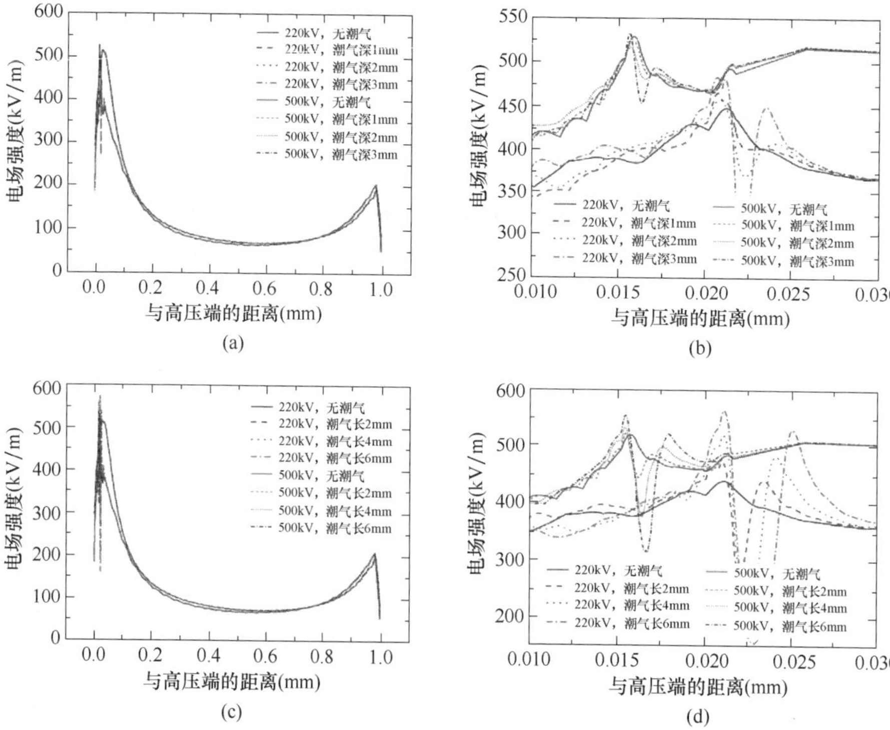

图 3-14　归一化处理后的复合绝缘子沿面电场分布

（a）潮气深度对沿面电场分布的影响；（b）潮气深度对气隙缺陷部位沿面电场的影响；
（c）潮气长度对沿面电场分布的影响；（d）潮气长度对气隙缺陷部位沿面电场的影响

分布的影响。不论尺寸大小，潮气周围电场均出现明显畸变。对比两种电压等级的绝缘子沿面电场分布可知，缺陷位置电场最低值随潮气缺陷尺寸增加而减小，电场畸变范围随缺陷长度增加而扩大，且相比 500kV 复合绝缘子，220kV 复合绝缘子的高压端沿面电场畸变更严重。

不同尺寸缺陷下，潮气处复合绝缘子芯棒界面电场分布如图 3-15 所示。结果显示，潮气缺陷的存在会对复合绝缘子芯棒界面电场造成明显畸变。与气隙缺陷相反，带潮气缺陷 220kV 和 500kV 复合绝缘子芯棒界面电场在缺陷位置呈现“两边高，中间低”的现象，潮气处界面场强最大值随潮气深度增加而减小，随潮气长度增加而增加。

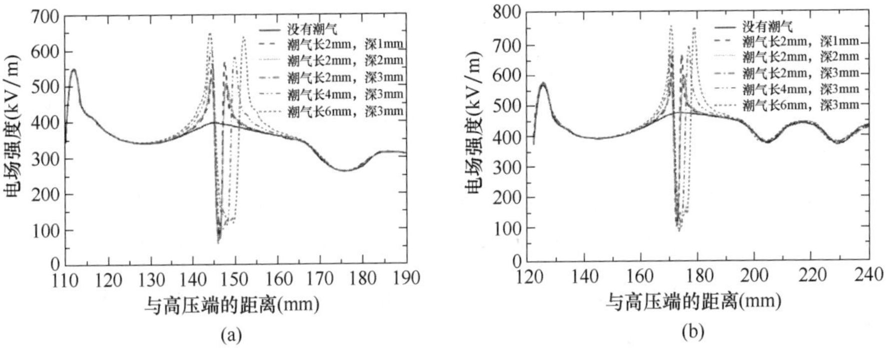

图 3-15　潮气缺陷对界面电场的影响

（a）220kV 复合绝缘子界面电场分布；（b）500kV 复合绝缘子界面电场分布

以潮气缺陷附近 15～20mm 为研究区域，不同潮气深度和长度的缺陷下研究区域内界面电场最大值如表 3-5 所示，220kV 复合绝缘子的潮气处最大场强最高达 648.45kV/m，相比无缺陷条件增大了 63.53%，500kV 复合绝缘子的潮气处最大场强最高达 756.71kV/m，相比无缺陷条件增大了 59.31%。

表 3-5　不同尺寸潮气下研究区域内界面场强最大值

潮气尺寸	绝缘子电压等级（kV）	潮气处最大场强（kV/m）	与无缺陷相比增大百分比
无缺陷	220	396.54	—
	500	475.00	—
长 2mm，深 1mm	220	566.99	42.98%
	500	662.62	39.50%

续表

潮气尺寸	绝缘子电压等级（kV）	潮气处最大场强（kV/m）	与无缺陷相比增大百分比
长 2mm，深 2mm	220	521.74	31.57%
	500	595.94	25.46%
长 2mm，深 3mm	220	523.33	31.97%
	500	597.93	25.88%
长 4mm，深 3mm	220	599.15	51.09%
	500	688.71	44.99%
长 6mm，深 3mm	220	648.45	63.53%
	500	756.71	59.31%

在广东省、云南省等高湿高热地区，水分渗入护套内部后，尺寸足够大的潮气缺陷引发电场畸变，导致局部放电，对复合绝缘子的内绝缘造成影响。虽然放电的能量密度较小，但长此以往，将使绝缘受到侵蚀和损伤。这主要是由于：①放电生成的活性气体如 O_3、NO、NO_2 等对芯棒和护套产生氧化和腐蚀作用，同时气体增加了气隙的扩张压力；②带电粒子撞击芯棒和护套表面产生热量，由于两种电介质导热系数较低，将引起局部温度上升，从而加速绝缘介质的老化；③局部放电所释放的能量能加速破坏聚合物分子的结构，严重甚至会导致芯棒局部发生碳化，击穿护套形成蚀孔。因此，界面缺陷会极大降低复合绝缘子的运行寿命，增大输电线路发生绝缘故障的概率。

为了直观显示潮气缺陷对复合绝缘子芯棒界面电场分布的影响，潮气缺陷下复合绝缘子的界面电场分布云图如图 3-16 所示，其中缺陷尺寸取为最严重的情况，即潮气缺陷长 6mm，深 3mm。结果显示，潮气缺陷部位界面电场值减小，两端电场值增大，与图 3-15 的分析相对应。

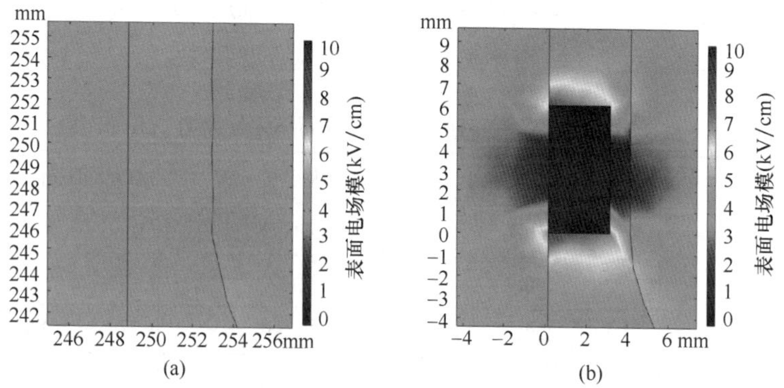

图 3-16 潮气缺陷下复合绝缘子的界面电场分布云图（潮气长 6mm，深 3mm）（一）

（a）无缺陷 220kV 复合绝缘子；（b）含潮气缺陷 220kV 复合绝缘子

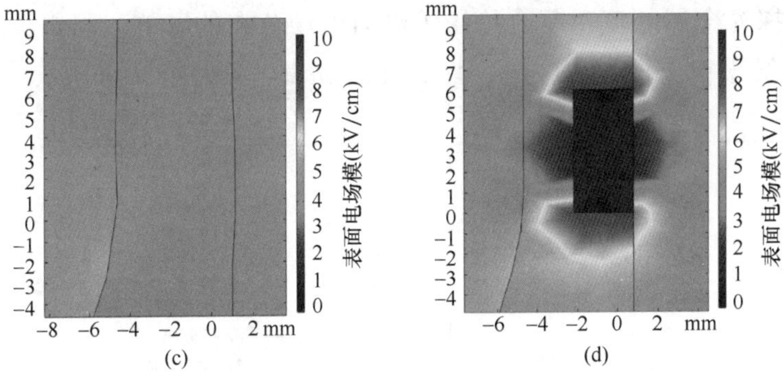

图 3-16　潮气缺陷下复合绝缘子的界面电场分布云图（潮气长 6mm，深 3mm）（二）

（c）无缺陷 500kV 复合绝缘子；（d）含潮气缺陷 500kV 复合绝缘子

5. 带金属缺陷电场分布

为探究金属杂质厚度对复合绝缘子沿面电场分布的影响，固定金属长度为 2mm，将金属厚度分别改变为 1、2、3mm，仿真结果如图 3-17 所示。

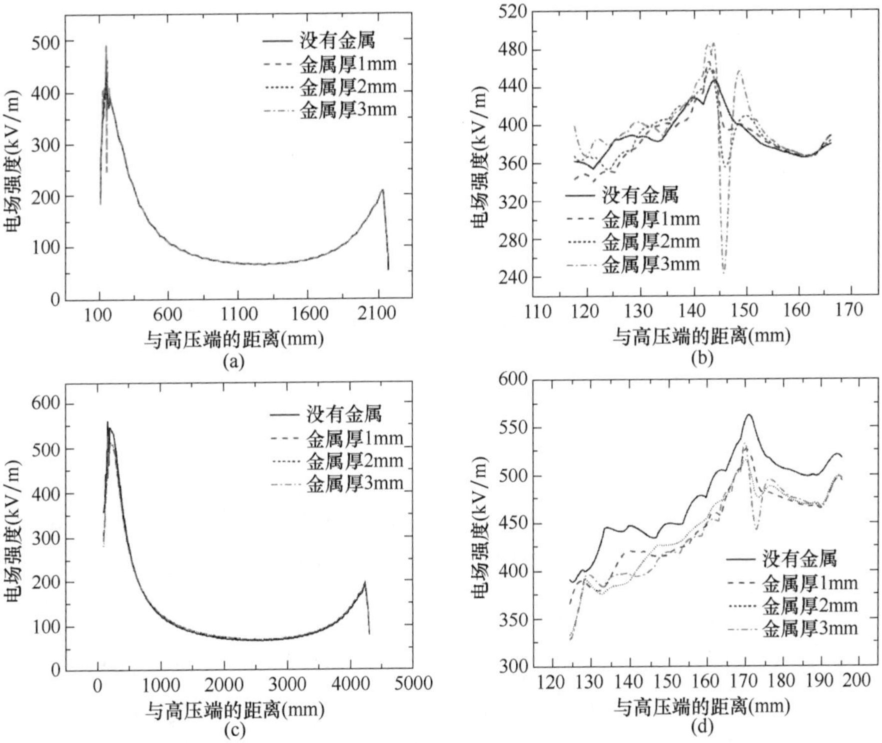

图 3-17　金属厚度对复合绝缘子沿面电场分布的影响

（a）220kV 复合绝缘子沿面电场分布；（b）220kV 复合绝缘子金属缺陷部位沿面电场；（c）500kV 复合绝缘子沿面电场分布；（d）500kV 复合绝缘子金属缺陷部位沿面电场

为了探究金属长度对复合绝缘子沿面电场分布的影响，固定金属厚度为3mm，将金属深度分别改变为2、4、6mm，仿真结果如图3-18所示。

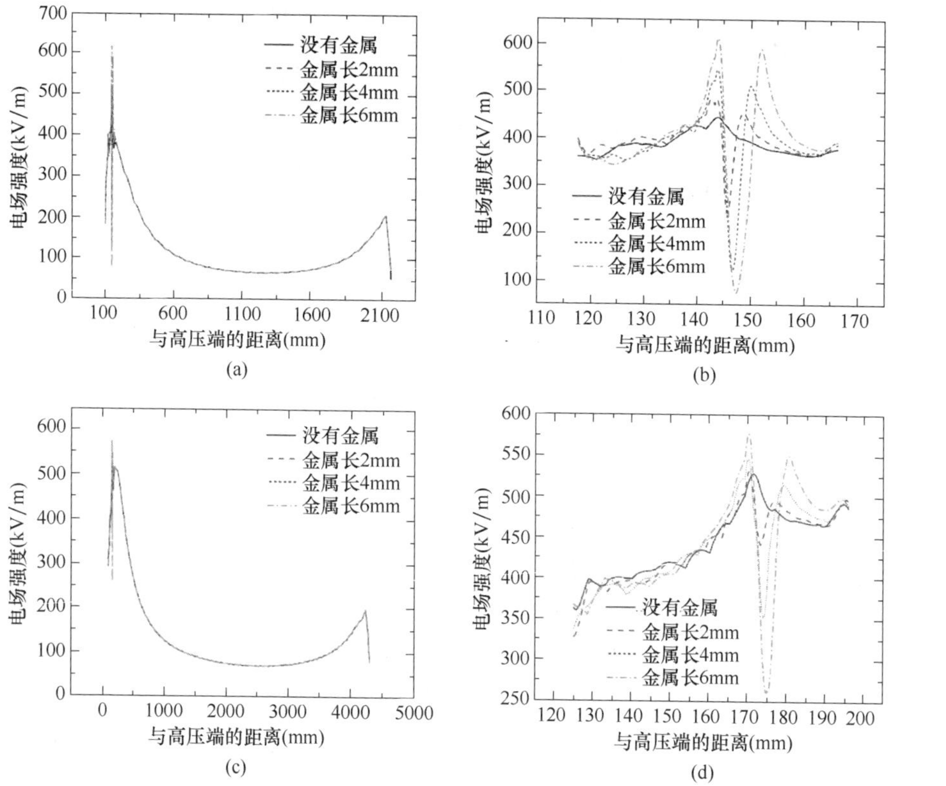

图 3-18　金属长度对复合绝缘子沿面电场分布的影响

（a）220kV 复合绝缘子沿面电场分布；（b）220kV 复合绝缘子金属缺陷部位沿面电场；（c）500kV 复合绝缘子沿面电场分布；（d）500kV 复合绝缘子金属缺陷部位沿面电场

图 3-17 和图 3-18 分别反映了改变缺陷厚度和长度时，金属缺陷对绝缘子沿面电场分布（整体和局部放大）的影响。与潮气缺陷相似，绝缘子芯棒高压端的金属缺陷会在缺陷位置产生波谷，对其相邻的 15～20mm 长度范围内的电场造成明显畸变，两侧电场上升，中间电场下降。金属厚度和长度增加都会导致波谷值下降，说明电场畸变程度随金属尺寸增大而严重，金属缺陷长度增加还会扩大电场畸变范围。

金属缺陷附近沿面电场呈现“两边高，中间低”的现象，且该现象比同尺寸潮气缺陷更明显，原因在于：金属缺陷属于导体，同时由于其体积较小，缺陷表面近似为等电位，根据麦克斯韦静电场方程，其内部场强约等于 0，导致其与绝缘介质接触部位出现较高电压降，因此其整体场强分布出现与潮气缺陷类似的

“两边高，中间低”的现象，且畸变程度远高于潮气缺陷。

不同金属厚度和长度的缺陷下研究区域内沿面电场最大值见表 3-6。与潮气缺陷类似的是，220kV 复合绝缘子电场分布的畸变程度比 500kV 复合绝缘子更大，但金属缺陷引起的沿面电场畸变比潮气缺陷更严重，高压端最大电场比无缺陷条件的增加幅度最高可达 37.43%，大于潮气缺陷下的 18.06%，而 500kV 复合绝缘子为 9.24%，大于潮气缺陷下的 6.50%，说明金属缺陷在三种类型缺陷中对绝缘子安全运行的威胁最大。

表 3-6　　不同尺寸金属下研究区域内沿面场强最大值

金属尺寸	绝缘子电压等级（kV）	金属处最大场强（kV/m）	与无金属相比增大百分比
无缺陷	220	446.58	—
	500	527.92	—
长 2mm，深 1mm	220	466.17	4.39%
	500	525.97	-0.37%
长 2mm，深 2mm	220	459.09	2.80%
	500	514.21	-2.60%
长 2mm，深 3mm	220	485.57	8.73%
	500	531.92	0.76%
长 4mm，深 3mm	220	547.11	22.51%
	500	547.00	3.61%
长 6mm，深 3mm	220	613.73	37.43%
	500	576.69	9.24%

为了比较金属缺陷对 220kV 复合绝缘子和 500kV 复合绝缘子的影响，对仿真数据作归一化处理，与高压端的距离（mm）被映射为 0～1 之间无量纲的小数。

归一化处理后的复合绝缘子沿面电场分布如图 3-19 所示，其中图 3-19（a）、图 3-19（b）两图的缺陷长度固定为 2mm，反映了缺陷深度对电场分布的影响，图 3-19（c）、图 3-19（d）两图的缺陷厚度固定为 3mm，反映了缺陷长度对电场分布的影响。不论尺寸大小，金属周围电场出现明显畸变。对比两种电压等级的绝缘子沿面电场分布可知，缺陷位置电场最低值随金属缺陷长度和厚度增加而减小，电场畸变范围随缺陷长度增加而扩大，且相比 500kV 复合绝缘子，220kV 复合绝缘子的高压端电场畸变更严重。

不同尺寸缺陷下，金属处复合绝缘子芯棒界面电场分布如图 3-20 所示。结果显示，金属缺陷的存在会对复合绝缘子芯棒界面电场造成明显畸变，畸变程度远大于同尺寸的气隙缺陷和潮气缺陷。与潮气缺陷相似，带金属缺陷 220kV 和

500kV 复合绝缘子芯棒界面电场在缺陷位置呈现“两边高，中间低”的现象，且金属处界面场强最大值随金属厚度增加而减小，随金属长度增加而增加，同尺寸金属缺陷引起的界面电场畸变程度大于潮气缺陷和气隙缺陷。

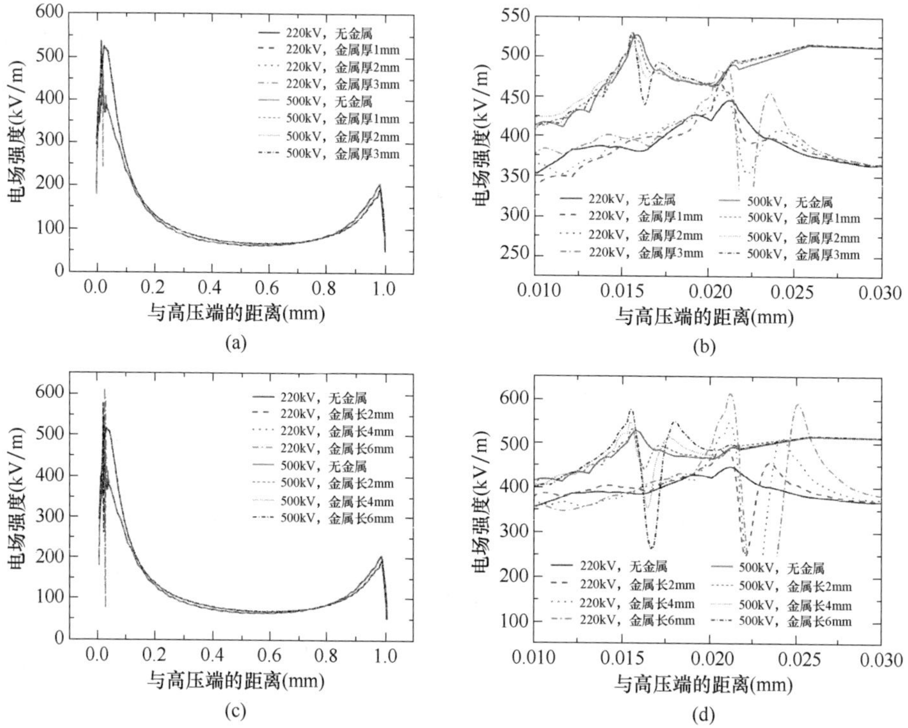

图 3-19　归一化处理后的复合绝缘子沿面电场分布

（a）金属厚度对沿面电场分布的影响；（b）金属厚度对气隙缺陷部位沿面电场的影响；（c）金属长度对沿面电场分布的影响；（d）金属长度对金属缺陷部位沿面电场的影响

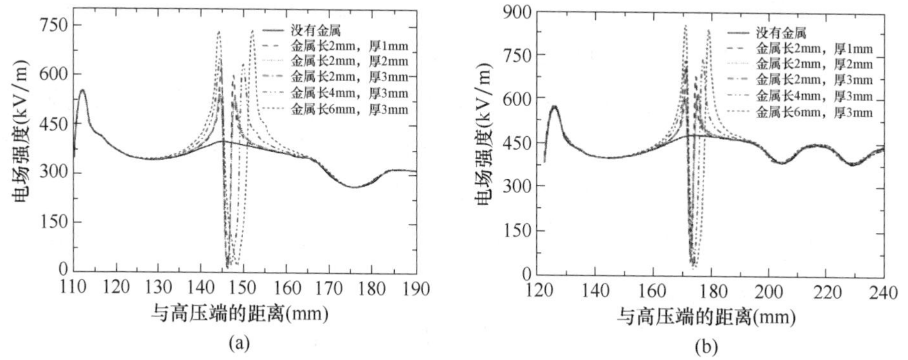

图 3-20　金属缺陷对界面电场的影响

（a）220kV 复合绝缘子界面电场分布；（b）500kV 复合绝缘子界面电场分布

以金属缺陷附近 15～20mm 为研究区域，不同金属厚度和长度的缺陷下研究区域内界面电场最大值见表 3-7，220kV 复合绝缘子的金属处最大场强最高达 735.64kV/m，相比无缺陷条件增大了 85.51%，500kV 复合绝缘子的金属处最大场强最高达 856.94kV/m，相比无缺陷条件增大了 80.41%。

表 3-7　不同尺寸金属，研究区域内界面场强最大值

金属尺寸	绝缘子电压等级（kV）	金属处最大场强（kV/m）	与无缺陷相比增大百分比
无缺陷	220	396.54	—
	500	475.00	—
长 2mm，深 1mm	220	613.37	54.68%
	500	731.03	53.90%
长 2mm，深 2mm	220	540.72	36.36%
	500	617.03	29.90%
长 2mm，深 3mm	220	541.58	36.58%
	500	619.75	30.47%
长 4mm，深 3mm	220	649.10	63.69%
	500	737.10	55.18%
长 6mm，深 3mm	220	735.64	85.51%
	500	856.94	80.41%

为了直观显示金属缺陷对复合绝缘子芯棒界面电场分布的影响，潮气缺陷下复合绝缘子的界面电场分布云图如图 3-21 所示，其中缺陷尺寸取为最严重的情况，即金属缺陷长 6mm，深 3mm。结果显示，金属缺陷部位界面电场值减小，两端电场值增大，与图 3-20 的分析相符。

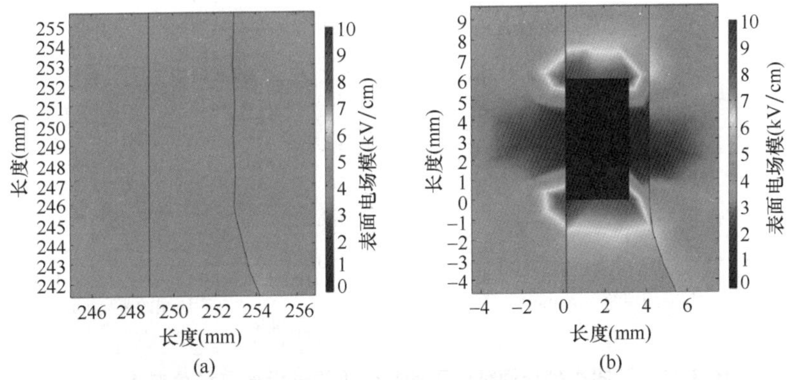

图 3-21　金属缺陷下复合绝缘子的界面电场分布云图（金属长 6mm，深 3mm）（一）

（a）无缺陷 220kV 复合绝缘子；（b）含金属缺陷 220kV 复合绝缘子

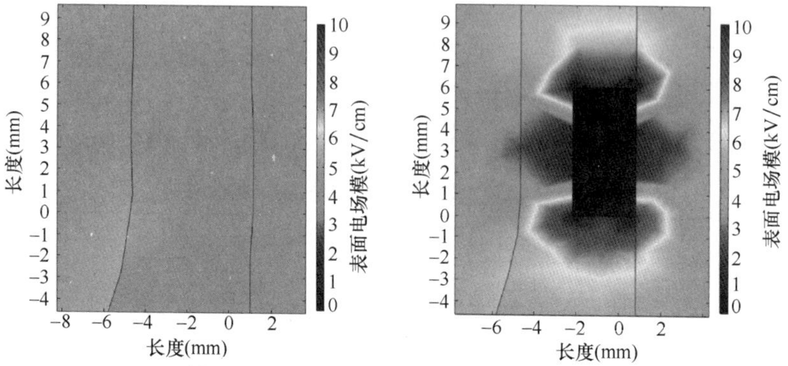

(c) (d)

图 3-21 金属缺陷下复合绝缘子的界面电场分布云图（金属长 6mm，深 3mm）（二）

（c）无缺陷 500kV 复合绝缘子；（d）含金属缺陷 500kV 复合绝缘子

6. 不同类型界面缺陷下电场对比

以上 3 个小节构建了含不同界面缺陷的复合绝缘子电场仿真模型，计算不同条件下复合绝缘子沿面、界面、缺陷处的场强分布，分析了界面缺陷对复合绝缘子电场分布影响。本小节将对不同类型界面缺陷下的复合绝缘子沿面、界面电场分布进行对比分析，其中缺陷尺寸均取为最严重情况，即长 6mm，深或厚 3mm。

不同类型界面缺陷下，220kV 和 500kV 复合绝缘子沿面电场分布如图 3-22 所示。气隙缺陷部位沿面电场增大，缺陷两端沿面电场略有降低。相反地，潮气缺陷和金属缺陷部位沿面电场大幅下降，缺陷两端沿面电场增大，且畸变程度远大于气隙缺陷，其中金属缺陷引起的沿面电场畸变更为严重。

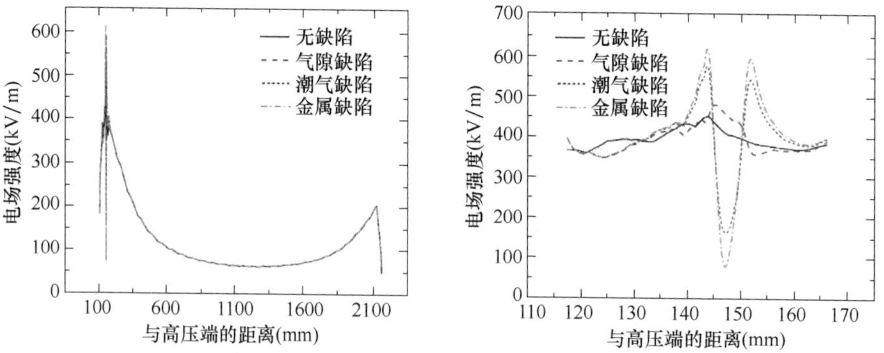

(a) (b)

图 3-22 不同类型界面缺陷下的复合绝缘子沿面电场分布（一）

（a）220kV 复合绝缘子沿面电场分布；（b）220kV 复合绝缘子不同缺陷部位电场

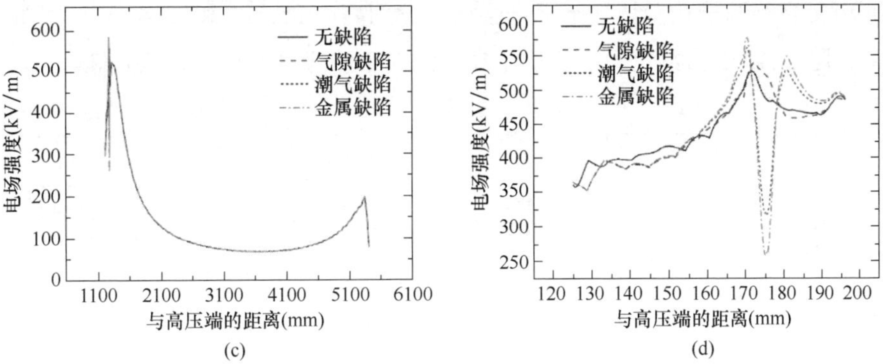

图 3-22　不同类型界面缺陷下的复合绝缘子沿面电场分布（二）

（c）500kV 复合绝缘子沿面电场分布；（d）500kV 复合绝缘子不同缺陷部位电场

表 3-8 总结了不同类型界面缺陷下研究区域内沿面场强最大值，其中缺陷尺寸均为长 6mm，深或厚 3mm。结果显示，缺陷处最大场强增大幅度为：金属缺陷＞潮气缺陷＞气隙缺陷，说明金属缺陷在三种缺陷类型中对绝缘子安全运行威胁最大。

表 3-8　　不同类型界面缺陷下研究区域内沿面场强最大值

缺陷类型	绝缘子电压等级（kV）	缺陷处最大场强（kV/m）	与无缺陷相比增大百分比
无缺陷	220	446.58	—
	500	527.92	—
气隙缺陷	220	474.95	6.35%
	500	540.83	2.45%
潮气缺陷	220	527.23	18.06%
	500	562.22	6.50%
金属缺陷	220	613.73	37.43%
	500	576.69	9.24%

不同类型界面缺陷下的复合绝缘子界面电场分布如图 3-23 所示。带气隙缺陷 220kV 和 500kV 复合绝缘子芯棒界面电场在气隙处呈现“两边低，中间高”的现象，气隙处出现双峰。相反地，带潮气缺陷和金属缺陷复合绝缘子芯棒界面电场在缺陷部位呈现“两边高，中间低”的现象，且由于金属内部场强理论上为 0，金属缺陷引起的界面电场畸变最为严重。

表 3-9 总结了不同类型界面缺陷下研究区域内界面场强最大值。220kV 和

500kV 复合绝缘子在金属缺陷下场强增幅分别高达 85.51%和 80.41%，为同尺寸气隙缺陷的 4～5 倍，进一步说明金属缺陷对于绝缘子安全运行危险性。

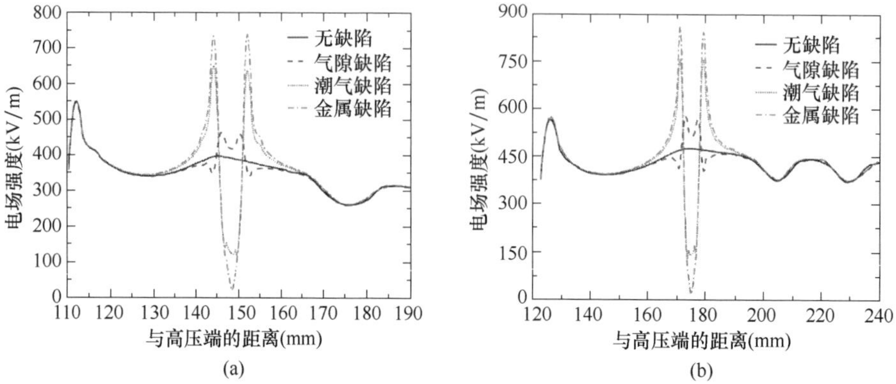

图 3-23 不同类型界面缺陷下的复合绝缘子界面电场分布

（a）220kV 复合绝缘子界面电场分布；（b）500kV 复合绝缘子界面电场分布

表 3-9 不同类型界面缺陷下研究区域内界面场强最大值

缺陷类型	绝缘子电压等级（kV）	缺陷处最大场强（kV/m）	与无缺陷相比增大百分比
无缺陷	220	396.54	—
	500	475.00	—
气隙缺陷	220	463.26	16.83%
	500	576.68	21.41%
潮气缺陷	220	648.45	63.53%
	500	756.71	59.31%
金属缺陷	220	735.64	85.51%
	500	856.94	80.41%

图 3-24 和图 3-25 分别为不同类型界面缺陷下，220kV 和 500kV 复合绝缘子的界面电场分布云图。结果显示，气隙缺陷下的复合绝缘子界面电场呈现“两边低，中间高”的现象，潮气和金属缺陷下的复合绝缘子界面电场呈现“两边高，中间低”的现象，且金属缺陷附近的电场畸变更严重。

7. 偶联剂对沿面电场分布的影响

在绝缘子芯棒表面涂覆偶联剂可以增强芯棒与护套的黏接作用。为了研究偶联剂对复合绝缘子沿面电场分布的影响，在 220kV 复合绝缘子芯棒表面以一层相对介电常数分别为 4.2、4.65、5.10、5.55 的理想有机薄膜模拟偶联剂，比较不同偶联剂情况下复合绝缘子界面与沿面的电场分布。

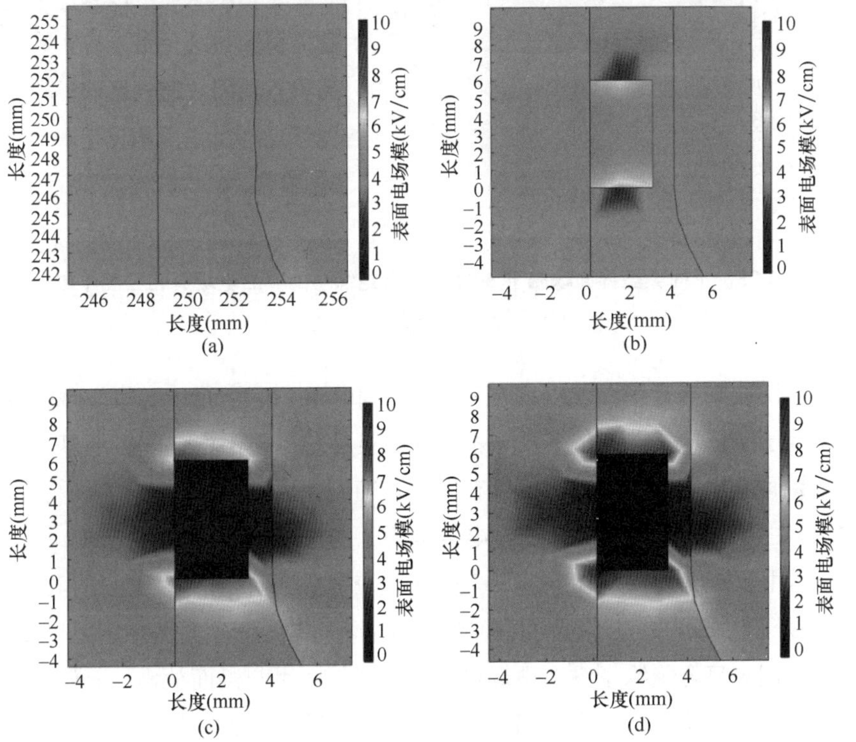

图 3-24　不同类型界面缺陷下 220kV 复合绝缘子的界面电场分布云图

（a）无缺陷；（b）气隙缺陷；（c）潮气缺陷；（d）金属缺陷

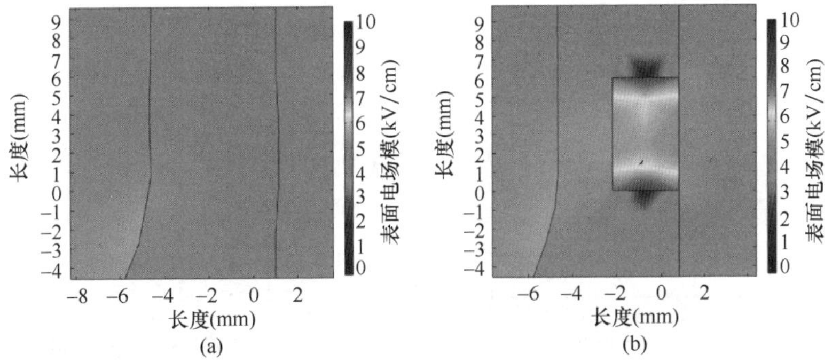

图 3-25　不同类型界面缺陷下 500kV 复合绝缘子的界面电场分布云图（一）

（a）无缺陷；（b）气隙缺陷

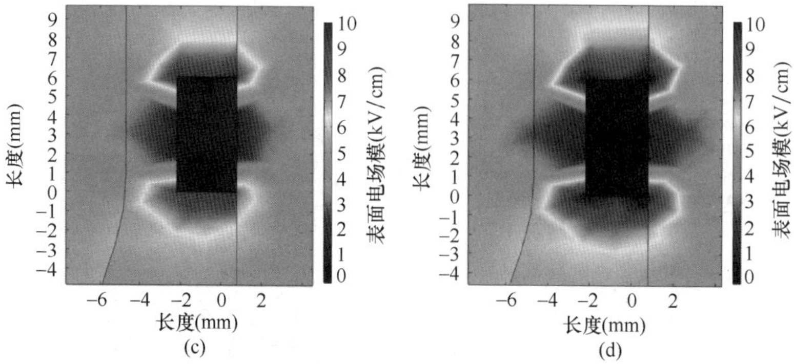

图 3-25　不同类型界面缺陷下 500kV 复合绝缘子的界面电场分布云图（二）

（c）潮气缺陷；（d）金属缺陷

不同偶联剂复合绝缘子沿面与界面电场如图 3-26 所示，可以发现偶联剂对复合绝缘子整体电场分布的影响较小，其中复合绝缘子沿面电场分布基本保持不变，而界面电场仅在高压端端部存在差异，随着偶联剂介电常数增大，其端部界面电场随之下降，其中当偶联剂介电常数为 5.55 时，复合绝缘子端部界面电场最小，这是由于复合绝缘子切向属于多介质，在多层介质中，介质电场与介电常数成反比。不同偶联剂复合绝缘子中部与低压端界面电场变化不大。因此可以判断，不同偶联剂对复合绝缘子沿面电场没有影响，不会引起沿面放电；而偶联剂介电常数越低，其界面场强高压端部电场越高，此时若界面存在气隙缺陷，则更容易引发局部放电。

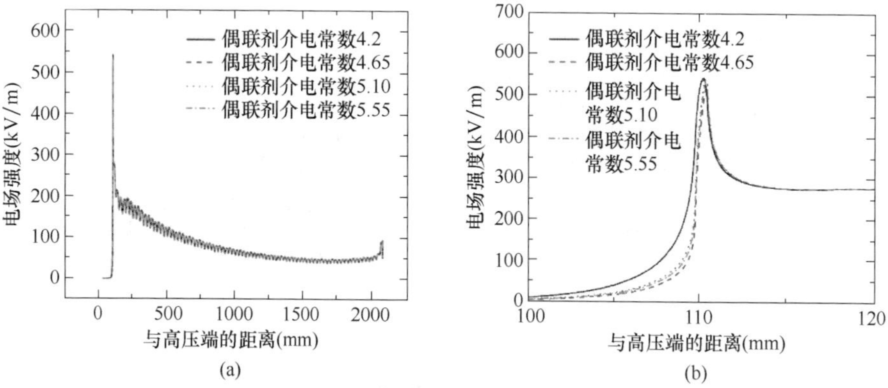

图 3-26　不同偶联剂复合绝缘子沿面与界面电场

（a）偶联剂对 220kV 复合绝缘子整体电场分布的影响；（b）高压端附近的影响

以偶联剂介电常数为 4.20 时的电场计算结果为参考，不同偶联剂情况下的沿面电场与界面电场分布变化见表 3-10。偶联剂介电常数变化对复合绝缘子整体电场分布几乎没有影响，高压端附近界面电场随偶联剂介电常数变化而略有变化。

表 3-10　　带偶联剂 220kV 复合绝缘子高压端电场分布

偶联剂介电常数	界面场强最大值（kV/m）	界面电场最大值变化百分比	沿面场强最大值（kV/m）	沿面电场最大值变化百分比
4.20	540.46	—	454.13	—
4.65	519.07	−3.96%	454.12	0.00%
5.10	539.07	−0.26%	454.07	−0.01%
5.55	531.01	−1.75%	454.10	0.00%

3.2.2　护套/芯棒界面失效

护套/芯棒界面是复合绝缘子中面积最大、最重要的界面，本节阐述复合绝缘子中的护套/芯棒界面失效实验情况。试样类型包括硅橡胶/环氧玻纤的平板界面样品、带护套芯棒的圆柱试验样品。

1. 硅橡胶/环氧玻纤界面失效

复合绝缘子的护套材料为硅橡胶，芯棒材料为环氧玻纤，为方便试样的制备，本节采用环氧玻纤板替代环氧玻纤棒进行样品制备，并开展不同黏接强度界面、气隙缺陷界面的失效实验。

（1）不同黏接强度界面失效机理。对于使用不同黏接剂浓度的试样，发现使用稀释之后的黏接剂制备的界面试样，其界面击穿失效所需施加的电压相较使用纯黏接剂更低。在实验过程中还发现，使用纯黏接剂制备的试样，硅橡胶和环氧玻纤板之间的黏接力较强，难以被分离；而使用稀释后的黏接剂制备的试样，硅橡胶和环氧玻纤板之间的黏接力相对较弱，更容易被分离。在完好黏接界面的两个电极之间施加不断增大的交流电压，直至界面击穿失效，记录此时的击穿电压。

结果发现，使用纯黏接剂制备得到的试样，其界面击穿失效所需的电压达到 16～18 kV，击穿前电极之间的电场强度最高达到了 2×10^6V/m。而使用稀释后的黏接剂制备的试样，其界面击穿失效时所需的电压和稀释的比例有关。将使用稀释之后的黏接剂制备的试样称为弱黏接试样，而使用纯黏接剂制备的试样称为强黏接试样。则我们可以从界面击穿失效所需要的电场强度的角度出发，将完好黏接试样分为两类：击穿失效场强在 16～18×10^6V/m 范围内的，认为是强黏接界面；击穿失效场强在 3～16×10^6V/m 范围内的，认为是弱黏接界面。对于存在气隙缺陷的气隙界面，实验发现不论气隙的大小，只要在热压结束后，在两片电极之间的区域存在气隙，其击穿失效所需的电压都为2.5kV左右，击穿失效时的场强为 2.5×10^6V/m。从界面击穿失效时的场强对界面来进行划分，结果如图3-27所示。

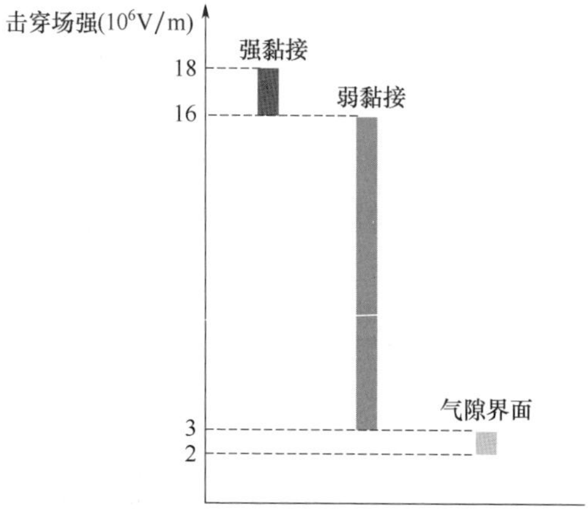

图3-27　不同类型界面对应的击穿失效场强

对于完好黏接界面，在未被击穿失效前，两电极之间的区域是绝缘体。实验发现，完好黏接界面已经击穿失效，界面处两电极之间形成通路，电阻极大地下降。对于强黏接界面，击穿失效场强大，在击穿失效时，界面处的破坏更加显著；对于弱黏接界面，在击穿时，界面处可以观察到形成了导电通道。将强黏接界面和弱黏接界面施加电压击穿界面，接着将硅橡胶和环氧玻纤板分离，分别如图3-28和图3-29所示。

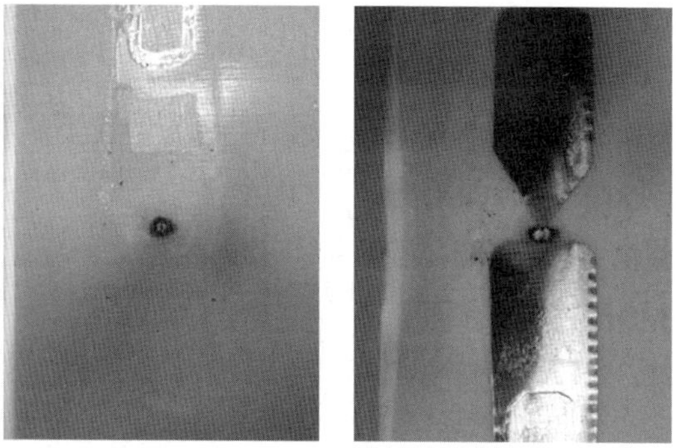

(a)　(b)

图3-28　强黏接界面击穿失效实物图

（a）击穿失效后的环氧玻纤板；（b）击穿失效后的硅橡胶

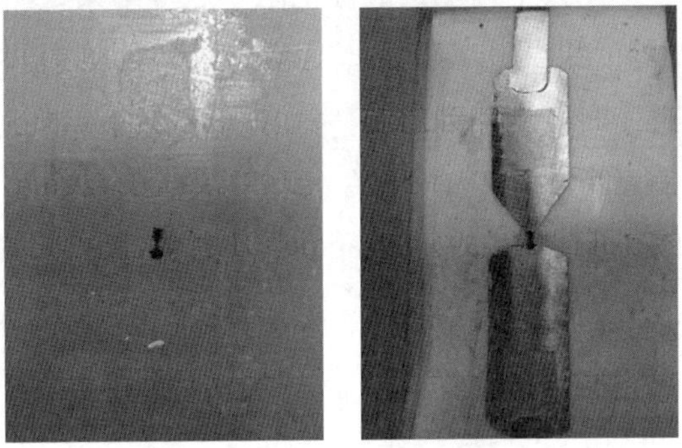

(a)　(b)

图 3-29　弱黏接界面击穿失效实物图

（a）击穿失效后的环氧玻纤板；（b）击穿失效后的硅橡胶

从图 3-28 和图 3-29 中可以看出，对于强黏接界面，在发生界面击穿失效时，在两电极之间出现了由于击穿破坏出现的孔洞，孔洞不仅出现在两电极之间的环氧板上，还出现在两电极之间的硅橡胶上；对于弱黏接界面，发生界面击穿失效时，在两电极之间出现了一条黑色的导电通道。对于强黏接界面，由于击穿时的场强较大，对界面造成的破坏也更严重，因此在电极之间出现了孔洞；对于弱黏接界面，击穿失效时的场强较小，对界面造成的破坏更轻，在两电极之间出现的是黑色的导电通路。对于强黏接界面，实验发现电极之间的界面击穿后产生的电阻较小，当继续在电极上施加电压时，产生的电流较大，超出高压仪器的最大功率，此时仪器会自动保护，电压自动下降。

对完好黏接界面击穿失效前后，测试两电极之间的阻抗谱图，如图 3-30 所示。从图 3-30 中可以看出，界面未击穿失效前，界面的电性能接近纯电容，低频处阻抗模值超过 $10^9\Omega\cdot cm^2$，幅角小于−75°；界面击穿失效后，界面电性能接近纯电阻，在低频处阻抗模值小于 $10^5\Omega\cdot cm^2$，幅角等于 0°。

（2）气隙缺陷的失效研究。对于气隙界面，当界面被击穿后，实验发现当持续在电极上输入交流电压时，在两电极之间的界面处会发生放电现象，且这种放电现象会使两电极之间的阻抗谱发生较大的改变，结果如图 3-31 所示。

从图 3-31 中可以看出，界面未击穿时，其阻抗谱图在低频处模值超过 $10^9\Omega\cdot cm^2$，幅角小于−75°，其电性能接近一个电容。当界面刚击穿时，其阻抗谱图在低频处模值和幅角的绝对值相比界面未击穿时，有一个微小的下降。电极之间放电 30s 的试样阻抗模值和幅角的绝对值则是略小于界面刚击穿，没有维持界面放电的试样。而电极之间的放电时间达到 120s 时，在低频处模值不超过

$10^9\Omega \cdot cm^2$，幅角为 0°，其电性能接近纯电阻。这些结果说明，电极之间的放电现象是电极之间的气体放电。

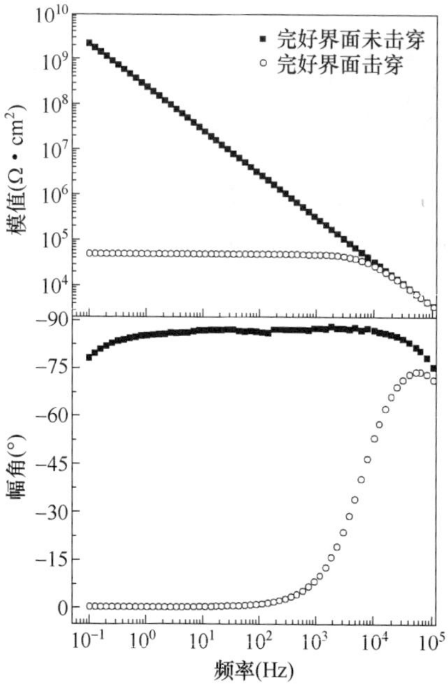

图 3-30 完好黏接界面击穿失效前后阻抗谱图

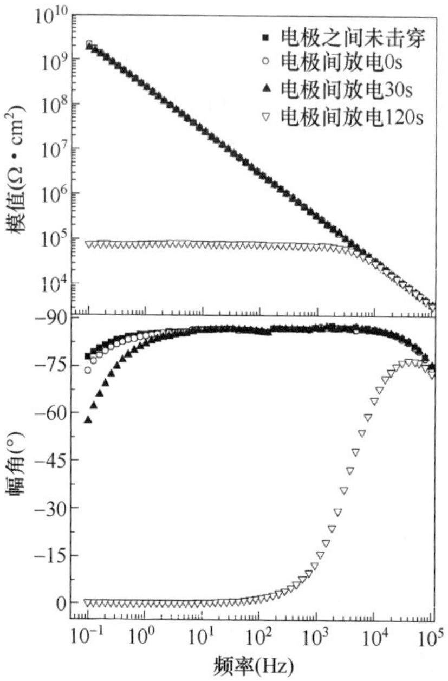

图 3-31 气隙界面击穿和界面放电后阻抗谱图

当气体放电产生时，没有在电极之间形成导电通道，所以试样在界面击穿前后，其阻抗谱图差异较小。而当放电时间为 30s 时，电极之间的电流会对硅橡胶和环氧玻纤板产生一个老化效果，破坏玻纤板的表面并生成碳化树枝。当老化时间较短时，碳化树枝不足以贯通两个电极之间的界面，因而阻抗模值的下降程度较小。但当老化时间较长时，碳化树枝发展到贯通两个电极之间的界面，使得电极之间的电阻极大减小，从而阻抗谱中阻抗模值大大下降。将阻抗模值对界面放电时间作图，得到图 3-32。从图中可以看出，阻抗模值从 30～90s 发生了突变，阻抗模值的数量级从 10^9 降低到 10^5，说明电极之间导电通路贯穿电极的时间点在 30～90s。

将放电时间为 120s 的试样界面分离，其实物图如图 3-33 所示。从图 3-33 中可以看出，电极之间生产了大量的黑色碳化物质，其分布连接了两个电极，因而使得两电极之间的界面处的电阻大大减小。而由于电弧放电的不确定性，可以发现放电老化区域面积较大。

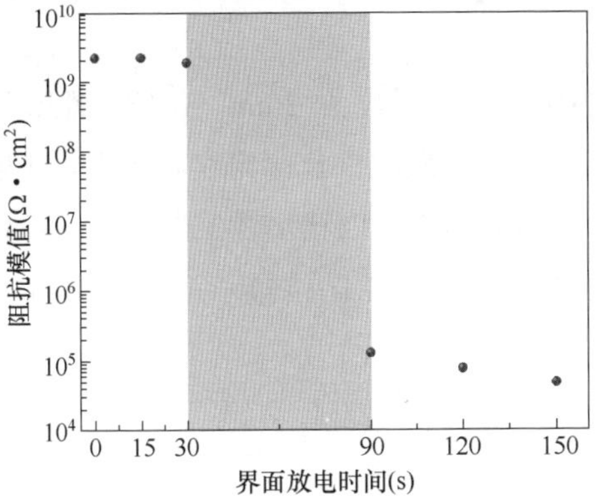

图 3-32　气隙试样阻抗模值随界面放电时间关系图

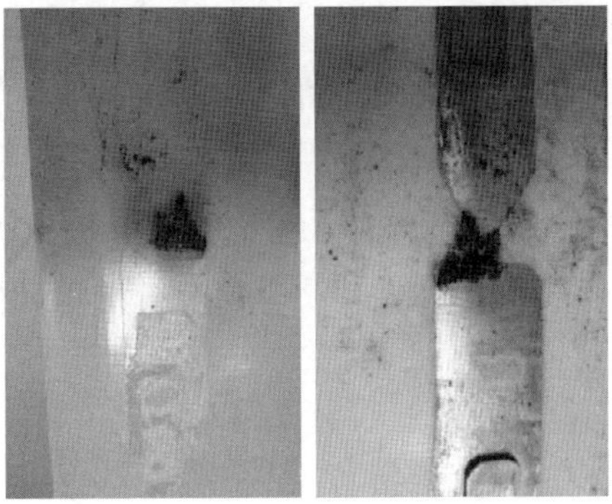

(a)　(b)

图 3-33　气隙界面电极间放电 120s 实物图

（a）击穿失效后的环氧玻纤板；

（b）击穿失效后的硅橡胶

新环氧玻纤板和电极之间放电 120s 的环氧玻纤板的红外光谱结果如图 3-34 所示。对于新环氧板，将环氧样板表面打磨后洗净干燥，在环氧玻纤板中间部位进行测试；对于经过放电老化的环氧玻纤板，对放电后生成的黑色区域进行测试。针对环氧树脂，选取了三个红外峰进行分析，分别是 1607cm^{-1} 处芳香族的 C═C 伸缩振动峰、1506cm^{-1} 处芳香族的 C—C 伸缩振动峰和 826cm^{-1} 处环氧乙烷的 C—O—C 的伸缩振动峰。

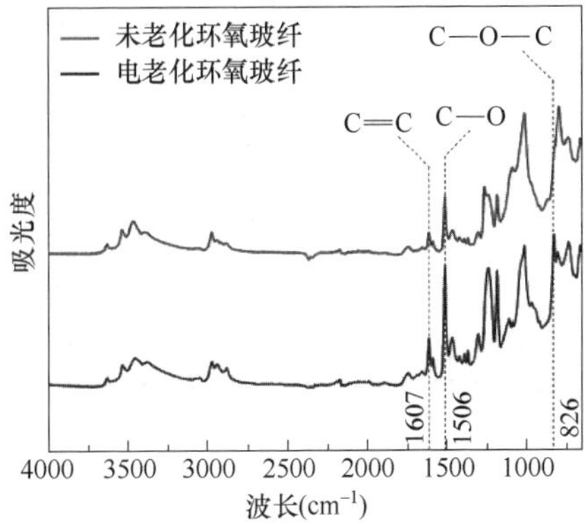

图 3-34　未老化和电老化后环氧玻纤板的红外光谱图

相比较未经老化的试样，经过电老化后的试样其苯环上和连接在苯环上的 C═C 键以及 C—O 键的峰强明显下降，代表环氧的 C—O—C 的峰更是消失不见。这些结果都说明电极之间流过的电流破坏了环氧玻纤板上环氧树脂的化学结构。电老化生成的黑色物质是无定型的碳，这是老化试样的红外谱图中没有新的峰位出现的原因。

2. 带护套芯棒界面失效

前文进行了平板界面试样的制备并开展研究，为更接近实际复合绝缘子的芯棒，本节开展带护套芯棒短棒试样的研究。根据不同界面缺陷设计并制备含界面缺陷的复合绝缘子芯棒带护套短样，缺陷类型包括界面气隙、潮气、金属隙、黏接不良。

在端部制作界面气隙与金属隙，直径为1mm，长度为2mm，位置为距高压端护套2cm开始。先在芯棒上开出一条凹槽，用生胶将铁丝固定在芯棒上，注射伞套，之后将包胶和护套削去并拔出铁丝，用室温胶将凹槽填满，然后在修补模上将包胶修补完整。金属隙直接将铁丝留在芯棒内。缺陷位置示意图如图3-35所示。

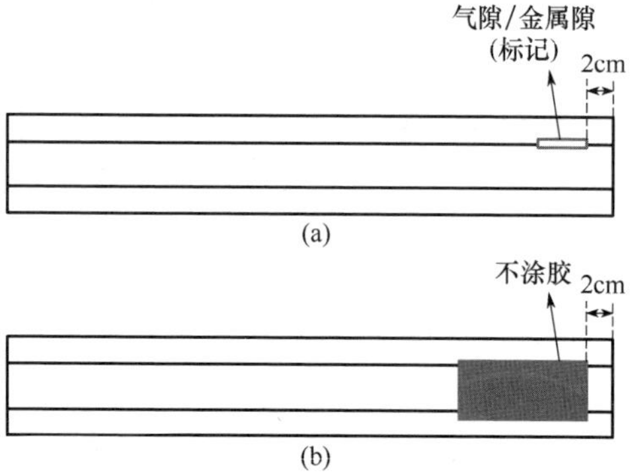

图3-35 缺陷示意图

（a）气隙、金属隙缺陷；（b）黏接不良

除上述缺陷样品外，以一支无缺陷样品作为对比。样品编号见表3-11。

表3-11 样品编号

样品编号	缺陷类型	水煮天数
1-1	无缺陷	0
2-1	气隙	0
2-2	金属	10
2-3	潮气（气隙水煮）	10
3-1	黏接不良	10

试验方案：由于绝缘子短样干燥状态下几乎不可见放电现象，每次测试前，对老化短样进行先水煮1d、再加压2d的电湿热老化，实验总时长为30d（共十个循环）。绝缘子短样的湿热老化实验采用的设备为HH-2J电热恒温水浴锅，实验温度为80℃；利用北京华测试验仪器有限公司生产的交流加压设备对绝缘子短样通电，如图3-36所示。

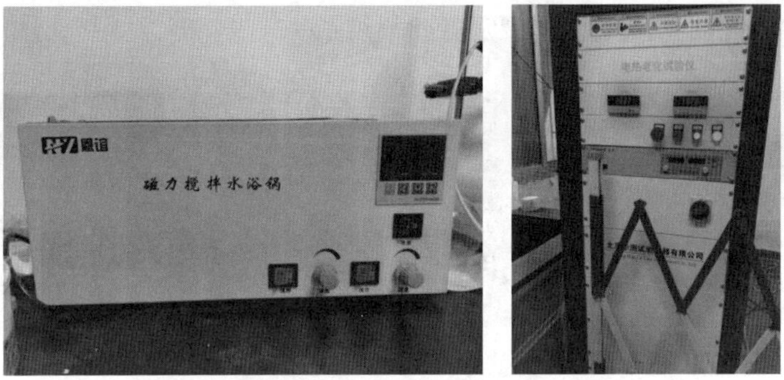

(a)　(b)

图 3-36　对绝缘子短样通电

（a）HH-2J 电热恒温水浴箱；（b）交流加压设备

采用红外热像仪与紫外成像仪对复合绝缘子进行异常温升与放电量的在线监测，得到界面缺陷复合绝缘子样品温升与放电的比较。同时对不同老化程度的绝缘试样的护套与芯棒进行离线的理化性能检测，主要包括傅里叶红外光谱检测（官能团）以及介电常数、介质损耗角正切等介电参量检测（介电特性）。其次，通过扫描电子显微镜对绝缘子芯棒与护套进行观测，得到老化前后两者的微观形貌特性变化。

进一步通过所检测的介电参数代入所构建的复合绝缘子仿真模型，得到老化后复合绝缘子的损耗特性，以电损耗为热源接口，根据试验发热结果选择采用弱耦合或强耦合计算方式，对复合绝缘子试样热场进行模拟计算，分析导致复合绝缘子异常发热的主要因素。

（1）温升与放电。紫外检测使用的仪器是 DayCor® Scalar 日盲型紫外成像仪，该设备用以检测复合绝缘子的放电状态，由于其日盲的特点，不受太阳光的影响，可以在白天使用。

对干燥状态下含有不同缺陷的复合绝缘子施加 20kV 交流电压，保持 5min，采用 DayCor®Scalar 型紫外成像仪进行检测，该仪器的光子数计数率表征样品的放电状态。各样品紫外成像检测结果如图 3-37 所示，各试样干燥状态下加 20kV 交流电压时，几乎不可见放电现象。

为了探究吸潮、界面缺陷类型与尺寸对绝缘子放电的影响，对试样 2-2、2-3 及 3-1 水煮后，与 1-1、2-1 比较 20kV 下的放电情况。结果如图 3-38 所示，未水煮的试样 1-1 与 2-1 无明显放电，而其他试样能观察到明显放电现象，紫外光子计数约为 2000，属于中等强度放电。绝缘子实际运行过程中发生中等强度放电时，可能影响绝缘子正常运行，需要进行检修维护。

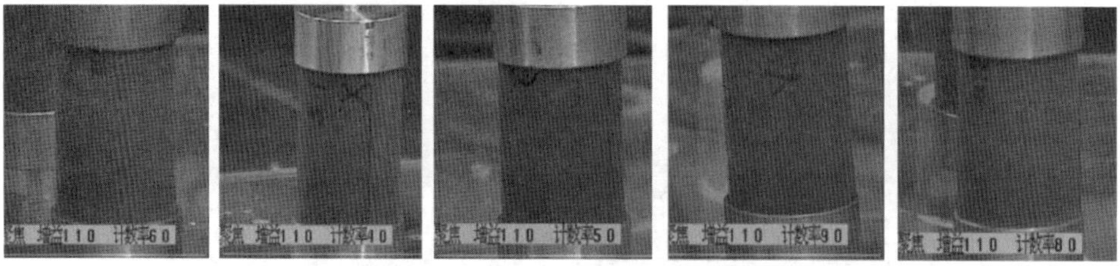

(a) (b) (c) (d) (e)

图 3-37 绝缘子短样水煮前紫外成像结果

（a）试样 1-1；（b）试样 2-1；（c）试样 2-2；（d）试样 2-3；（e）试样 3-1

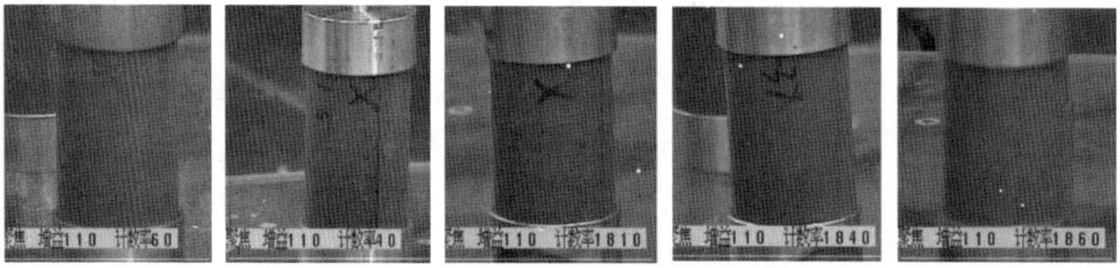

(a) (b) (c) (d) (e)

图 3-38 绝缘子短样水煮后紫外成像结果

（a）试样 1-1；（b）试样 2-1；（c）试样 2-2；（d）试样 2-3；（e）试样 3-1

对比试样 2-1 与 2-3 的放电结果可知，单纯气隙界面并不会引起样品发生局部放电，但试样受潮后，水分侵入引入了大量导电杂质，畸变界面场强，同时受潮界面放电起始场强降低，因此水煮后样品发生了较强的局部放电。此外，试样 2-2、2-3、3-1 放电强度差异不大，通过后续解剖与扫描电镜试验发现水煮后的缺陷试样发生了界面失效，由于水分侵入界面引发了护套-芯棒界面处强烈放电。

（2）红外温升特征。红外检测使用的仪器是广州飒特红外股份有限公司生产的 SAT-G96P 红外热像仪。该红外热成像仪采用高分辨率、高灵敏度探测器，且可以实现视频存储、图像融合等功能。

为了进一步探究吸潮、界面缺陷类型与尺寸对绝缘子老化放电的影响，对试样 2-2、2-3、3-1 进行水煮后，与干燥状态的 1-1、2-1 比较 20kV 下的温升情况。实验时的室温为 21.5℃。

由图 3-39 可知，除去干燥复合绝缘子没有发热外，其余样品均有明显温升，且水煮过的试样 2-2 发热最严重，加压 4h 时温升高达 9.8℃。各试样的温升值总结在了表 3-12 中。

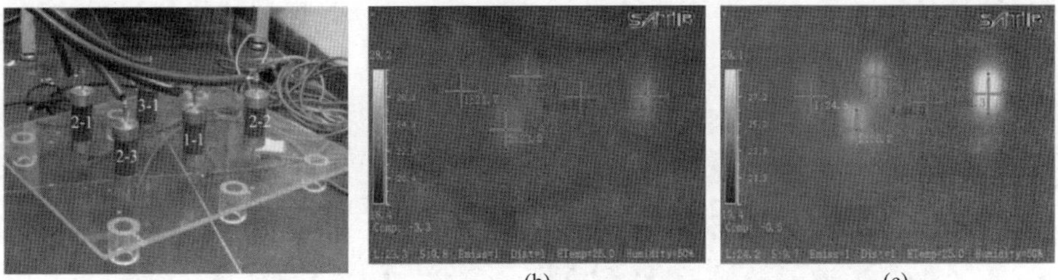

(a)　(b)　(c)

图 3-39　绝缘子短样红外成像结果

（a）可见光图像；（b）加压 30min；（c）加压 4h

表 3-12　绝缘子短样红外测试结果

样品编号	加压 30min 时温升（℃）	加压 4h 时温升（℃）
1-1	0.3	2.5
2-1	0.2	3.0
2-2	1.6	9.8
2-3	1.5	4.7
3-1	1.1	5.0

根据红外成像结果，结合紫外放电特征，可以得出以下结论：

1）吸潮是绝缘子界面故障引发异常发热的必要条件。一方面，复合绝缘子干燥状态下几乎不放电，水煮后试样的紫外放电光子数大大增加，这是由于绝缘材料老化吸潮会引发电场畸变，绝缘子护套-芯棒界面处更容易发生局部放电，局部放电会引起绝缘子异常温升；另一方面，水分子为极性物质，护套、芯棒以及界面吸水后，其介电常数与介电损耗角均会增大，这会在高场下引发较高的极化损耗，残余在界面的水分也会产生极高的极化损耗，从而导致绝缘子异常发热现象。

2）缺陷类型会影响绝缘子的温升情况。吸潮后的带金属缺陷绝缘子短样温升明显高于其他试样，这是因为相比于气隙与潮气，金属缺陷导致芯棒-护套界面电场畸变程度最严重，而缺陷部位水分极化损耗能量与电场强度成正相关，从而其异常发热温升最高。

3）对比两种检测方法可以发现，复合绝缘子内部缺陷可通过紫外和红外成像仪检出，其中红外成像还可对界面缺陷种类进行识别。

（3）试样外观与解剖。外观观察如图 3-40（a）所示，解剖水煮后的缺陷试样（2-2、2-3、3-1），发现护套均发生脱黏，护套与芯棒黏接性完全丧失，硅橡胶护套可完全从芯棒上脱离。对于界面失效试样，各从高压端切取 1cm 薄片如图 3-40（b）所示。

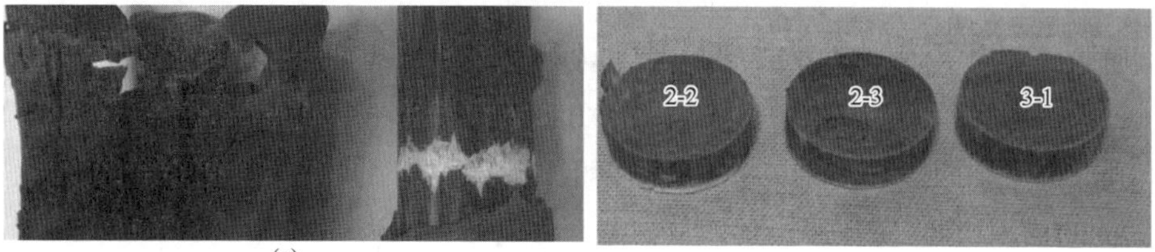

(a) (b)

图 3-40 外观观察

（a）脱黏试样解剖观察；（b）界面失效试样

界面缺陷是导致复合绝缘子护套-芯棒界面失效的重要因素。复合绝缘子护套-芯棒界面失效是由于试样在经湿热老化后，硅橡胶层力学强度下降；同时由于界面缺陷处气隙、金属隙或潮气等在高温溶液中压强增大，引起硅橡胶护套与芯棒界面处机械应力增大，使得界面缺陷扩大。另外，环境温度的升高会加剧溶液中水分子和离子的运动，提高粒子与复合绝缘子的碰撞频率，促进了界面缺陷进一步扩大。

复合绝缘子的界面缺陷在湿热环境下的扩展过程如图 3-41 所示。在高温溶液中，缺陷处的空气会形成较大压强进而导致样品出现局部应力畸变，最后在湿热环境与界面机械应力的协同作用下，护套-芯棒界面发生开裂。界面的裂纹会进一步加速缺陷的扩展，最终护套与芯棒脱黏，界面完全失效。

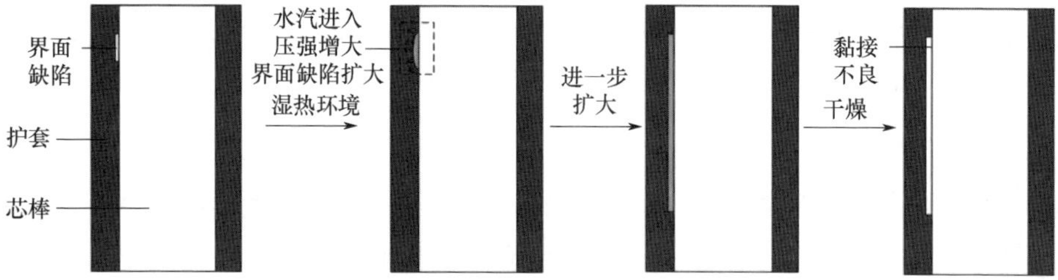

图 3-41 界面缺陷在湿热环境下的扩展过程

湿热环境会破坏护套-芯棒界面，界面失效是绝缘子异常发热的重要原因。含界面缺陷试样经长期水煮后发生了界面失效，水分进入护套-芯棒界面，加压后界面处发生严重电场畸变，导致界面处产生极大的极化损耗并发生放电。同时界面局部放电也会加速绝缘子护套-芯棒黏接性进一步破坏，水分更易进入失效界面处，结合紫外红外观测结果，可以判断此时电场畸变引发的局部放电和水分在电场下的极化损耗是绝缘子异常发热的主要原因。

（4）界面损耗特性。将上述检测的介电参数代入所构建的复合绝缘子仿真模型，得到老化后复合绝缘子的损耗特性，以电损耗为热源接口，对复合绝缘子试样热场进行模拟计算，分析导致复合绝缘子异常发热的主要因素。

图 3-42 绝缘子短样仿真模型

模型说明：本节研究根据上述绝缘子短样与金具尺寸 1∶1 建模，将 SolidWorks 中建立的 3D 模型导入多物理场仿真软件 COMSOL MultipHysics，如图 3-42 所示。为了探究吸潮、绝缘材料老化及缺陷类型对绝缘子温升的影响，共考虑5种不同类型的绝缘子，分别与试验所用绝缘子短样对应，编号见表 3-13。

其中，老化绝缘子的材料参数按照前文中老化样品设定。气隙、金属、潮气与黏接不良缺陷位置与尺寸根据图 3-35 设置。根据前文试验样品解剖结果可知，湿热环境会导致绝缘子护套-芯棒界面失效，故本节研究模型在 2-2、2-3、3-1 的护套-芯棒界面处设置 1mm 的水膜层。

表 3-13 有限元仿真模型说明

编号	缺陷类型	是否水煮
1-1	无缺陷	否
2-1	气隙	否
2-2	潮气（气隙水煮）	是
2-3	金属	是
3-1	黏接不良	是

温度分布：经有限元仿真得到的 6 种绝缘子的温度分布如图 3-43 所示，相应最大温升值总结在表 3-14 中。其中，初始温度设定为 20℃（293.15K），高压端电压设定为交流 20kV，频率为工频 50Hz。

结合有限元仿真与红外测试结果，得出以下结论：

1）界面失效是复合绝缘子异常发热的重要原因。新绝缘子在仿真与试验中均未出现明显温升，而水煮过的缺陷绝缘子均出现明显温升，原因在于复合绝缘子湿热老化过程中水分透过硅橡胶，会在护套-芯棒失效界面处残余，形成水膜薄层并产生极化损耗，是带界面缺陷复合绝缘子出现异常发热的主要原因。

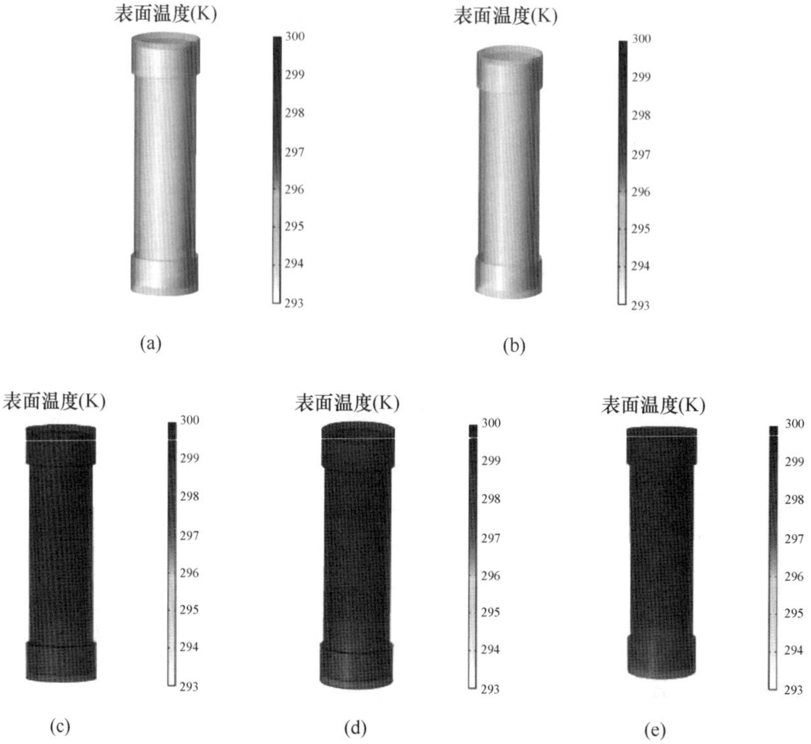

图 3-43　5 种类型绝缘子的温度分布

（a）1-1；（b）2-1；（c）2-2；（d）2-3；（e）3-1

表 3-14　　　　仿真和试验的最大温升

绝缘子	仿真最大温升（K）	试验最大温升（K）
1-1	0.44	2.5
2-1	0.93	3.0
2-2	5.43	9.8
2-3	5.43	4.7
3-1	5.43	5.0

2）仿真结果与试验结果存在一定差异。一方面，仿真试样 2-2、2-3、3-1 的最大温升相同，但试验试样 2-3 加压 4h 时温升（9.8K）明显高于试样 2-2（5.43K）。另一方面，对于金属缺陷试样而言，试验老化复合绝缘子 2-2 加压 4h 时温升（9.8K）明显大于仿真绝缘子 5-2（5.43K）。导致该结果的原因可能是仿真计算与实际运行条件的差异：即仿真计算中引起绝缘子温度上升的主要因素是护套-芯棒界面失效且吸潮导致的极化损耗；而绝缘子实际运行过程中，除了极化损耗的影响，还有护套-芯棒界面缺陷引发的电场畸变与局部放电的影响，后者实际温升更大，

且与缺陷类型、尺寸相关。

3.2.3　端部金具/芯棒界面失效

1. 金具/芯棒界面密封工艺

由图 3-44 可见，复合绝缘子的金具/芯棒界面端部密封工艺包括整体高温硫化、二次硫化和室温硫化。其中，整体高温硫化和二次硫化都属于高温包胶工艺，其不同在于整体高温硫化工艺在制造的过程中可以将硅橡胶直接包在金具上，即伞裙护套模具与端部包胶模具是一体的；而二次硫化工艺中伞裙护套模具与端部包胶模具是分开的，需要先做好伞裙护套后，再做端部密封。室温硫化工艺是当复合绝缘子的伞裙护套做好以后，再在硅橡胶、金具、芯棒三种材料的交界处涂抹室温硫化硅橡胶，以起到密封的作用。这三种工艺中，室温硫化工艺不适合高温高湿条件使用，目前南方电网相关技术规范书已明确规定不再使用室温硫化工艺复合绝缘子。

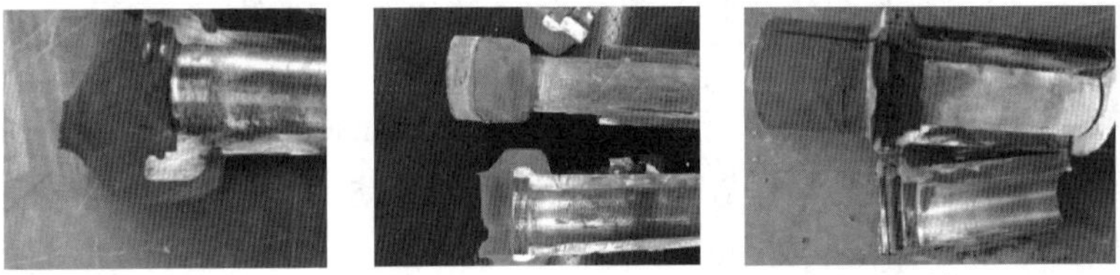

(a)　(b)　(c)

图 3-44　复合绝缘子金具/芯棒界面端部密封工艺

（a）整体高温硫化；（b）二次硫化；（c）室温硫化

2. 金具/芯棒界面失效案例

2021 年 4 月，直升机巡视检查发现 500kV 海胪甲线 N57A 的绝缘子高压端断串现象，如图 3-45 所示。

图 3-45　事故绝缘子照片

该线向北贯穿越山地、丘陵之间，靠近。年平均气温超 23℃，年平均湿度超 75%，属典型高温高湿环境，N57 附近走廊情况见图 3-46。可以看出 N57 塔位于丘陵地区，与海岸距离较近，会受到部分海风的影响。

图 3-46 500kV 海胪甲线 N57 附近卫星图像

试样信息：试品为 N57 塔共 6 支复合绝缘子，包括断串复合绝缘子及同塔其他 5 支绝缘子，具体样品编号与基本信息详见表 3-15。生产厂家为 A 公司，生产日期为 2014 年和 2015 年。

表 3-15 样品编号与基本信息

试样编号	出厂编号	生产日期	规格型号	线路
1	0055	1506	FXBW4-500/240-D	500 kV 海胪甲线 N57 A 相大号侧（故障绝缘子）
2	0156	1504	FXBW4-500/240-D	500 kV 海胪甲线 N57 B 相小号侧
3	0145	1504	FXBW4-500/240-D	500 kV 海胪甲线 N57 A 相小号侧
4	0207	1411	FXBW4-500/240-D	500 kV 海胪甲线 N57 B 相大号侧
5	0019	1411	FXBW4-500/240-D	500 kV 海胪甲线 N57 C 相小号侧
6	0520	1410	FXBW4-500/240-D	500 kV 海胪甲线 N57 C 相大号侧

（1）外观检查。对 6 支样品进行外观检查，内容包括金具附件、伞裙、护套、包胶密封情况，主要情况如下：

1）1 号故障绝缘子高压端多处存在电蚀现象［见图 3-47（a）、图 3-47（b）]：低压端第 1 个单元有电蚀，第 7 个单元中伞到最小伞之间有电蚀，第 16 个单元第 2 个小伞到第 18 个单元有电蚀，第 19 个单元第 2 个小伞两端根部有电蚀，第 23 个单元到第 45 个大伞均有电蚀，其中 23 到 25 偏向高污秽侧，其余的位于低污秽侧；

2）1 号故障绝缘子第 42 个单元处断裂，护套烧蚀严重，断裂处芯棒发白并有烧蚀痕迹；

3）6 支绝缘子伞裙均粉化严重、并有银纹，高低压护套端部与金具连接处有小孔。

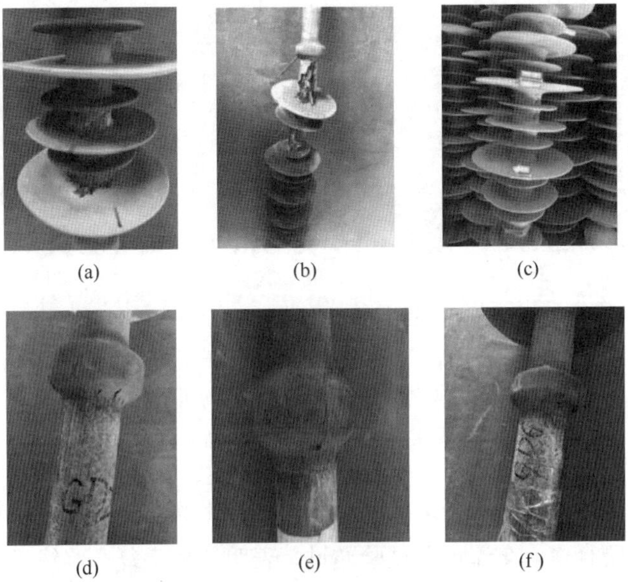

图 3-47 500kV 海胪甲线故障复合绝缘子样品外观情况

（a）1 号试样低压端护套电蚀损；（b）1 号试样高压端断裂；（c）1 号试样第 7 单元护套电蚀损；（d）2 号试样第 7 单元护套电蚀损；（e）3 号试样护套金具连接处的小孔；（f）5 号试样护套金具连接处的小孔

（2）金具/芯棒界面。金具解剖情况如下：

对 1 号高压端、低压端进行解剖，高压端护套处金具生锈，有一部分已经生锈掉落，低压端护套黏接处和金具连接处有一个孔。2 号、3 号、5 号高压端金具解剖未发现生锈，4 号高压端解剖发现高压端金具生锈。金具解剖图如图 3-48 所示。

结合以上解体及检测情况，得出以下结论：

（1）1 号故障绝缘子的断串原因分析：复合绝缘子界面和端部金具存在密封缺陷，水分从端部侵入后，界面持续性放电，放电从界面发展到护套表面（第 28 单元的小孔和内部大面积烧蚀），第 42 单元烧蚀严重，导致芯棒环氧树脂分解的同时，玻璃纤维强度降低，无法承受运行时机械载荷而发生断裂。

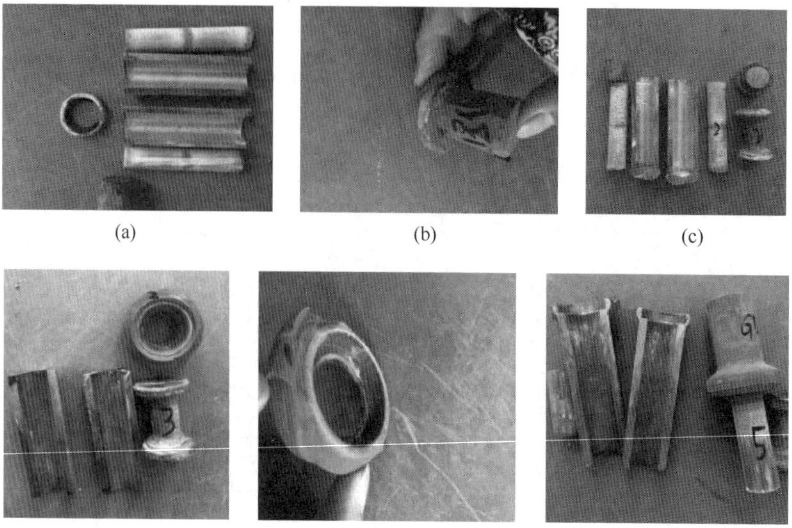

(a)　(b)　(c)

(d)　(e)　(f)

图 3-48　金具解剖图

（a）1 号高压端护套解剖金具生锈；（b）1 号低压端护套与金具处有一个孔；
（c）2 号高压端金具解剖图；（d）3 号高压端金具解剖图；
（e）4 号高压端金具生锈；（f）5 号高压端金具解剖图

（2）同塔其他复合绝缘子运行性能评估：同批次复合绝缘子机械耐受、破坏负荷及耐酸试验合格，交流耐压试验通过，表明该批次复合绝缘子机电试验结果满足运行要求。

3. 金具/芯棒界面失效

使用 COMSOL 建模，并在其中进行电场仿真，芯棒材料为环氧玻纤棒，其相对介电常数取 8；护套为硅橡胶，其相对介电常数取 6；金具为铸铁，其相对介电常数取 12；周围空气环境的相对介电常数取 1，在不加均匀环的情况下仿真得到的结果如图 3-49 所示。从高压端到低压端，芯棒表面的电场呈现出先增加后减小的趋势。值得注意的是，在金具内部的芯棒表面电场为零，金具与硅橡胶护套交界处电场最高，约 60kV/cm。这是因为金具为金属材料，在外接高电压的情况下为等势体，不存在电动势随距离的变化，因此电场为零。

由此可见，金具/芯棒界面处的主要老化因素不是强电场，而是密封引起的潮气透入。从检测经验来看，金具/芯棒界面主要发生的老化特征主要是金具锈蚀。金具内部的芯棒表面电场为零，因此不会产生微电流，虽然芯棒吸潮后环氧树脂会发生水解，但这种仅有水解且没有微电流参与的老化对芯棒的老化效果并不显著。

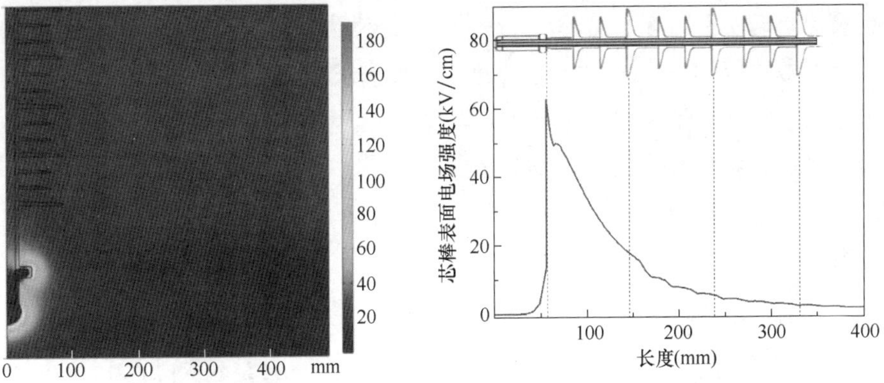

图 3-49 500kV 复合绝缘子芯棒表面电场强度仿真结果

3.2.4 水分子渗入对界面失效的影响

由前文研究可知，水分入侵对界面的失效影响较大。本小节从微观角度开展水分子渗入界面的分子动力学研究。

1. 建立界面体系模型

界面体系模型包括护套（HTV 材料）、胶黏剂（硅烷偶联剂）和芯棒（环氧树脂）；外界水则用水分子表示，分子结构如图 3-50 所示。

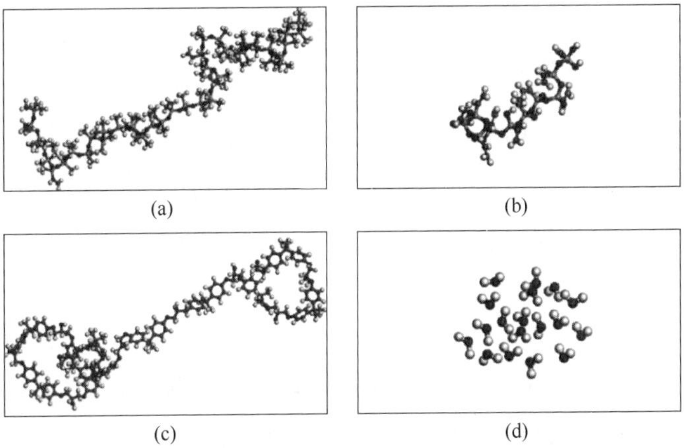

图 3-50 硅橡胶聚合物及水分子结构模型

（a）聚合物-甲基乙烯基硅氧烷（10 个单体）；（b）聚合物-硅烷偶联剂（10 个单体）；（c）聚合物-双酚 A 缩水甘油醚环氧树脂（10 个单体）；（d）水分子

由于所建立的体系中 HTV 的分子量为 3×10^5～7×10^5g/mol，且硅橡胶的聚合度 m≈5000～10000，n≈10～20，外加软件的计算能力有限，故建立上万个分子进行模拟不切实际。有研究表明，在进行分子动力学的模拟过程中，所建立的聚合物单元数选取 10～15 个时，会更满足精度需求，因此，建立了聚合度为 10 的高分子聚合物的分子模型，并建立不同数量（5、10、15、20 个）的水分子进行计算模拟。根据所建立的聚合物分子结构模型，进行三种晶胞的搭建，图 3-51 所示分别为聚合物-甲基乙烯基硅氧烷、聚合物-硅烷偶联剂和聚合物-双酚 A 缩水甘油醚环氧树脂的晶胞。

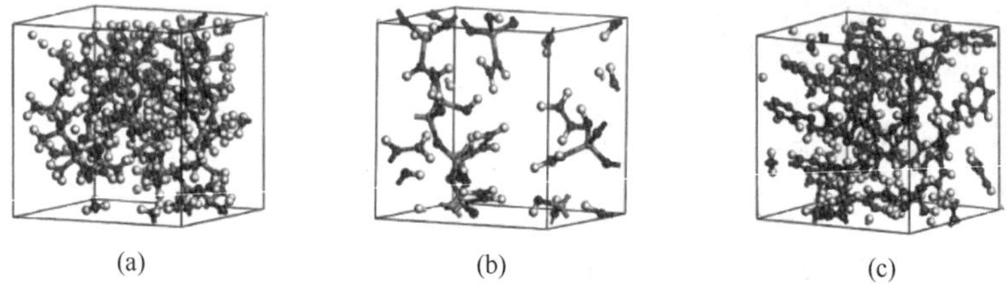

图 3-51 硅橡胶中各类聚合物的晶胞模型

（a）HTV 晶胞；（b）硅烷偶联剂；（c）双酚 A 缩水甘油醚环氧树脂

将建立的晶胞进行界面搭建，如图 3-52 所示。

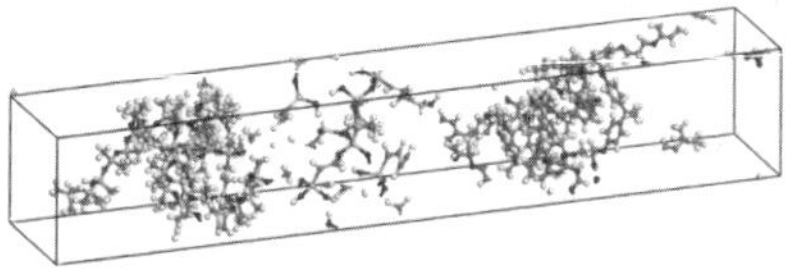

图 3-52 界面体系模型

2. 分子模型优化

在仿真模拟常温下界面体系结构演变的过程中，将模拟的外界环境设置为 298K 恒定温度场。选择 Forcite/CO MPASS 力场对分子进行几何优化，初始速度随机，迭代次数 500 次，并将时间的步长设置为 1fs，模拟步数定为 5000 步，也就是 5ps。为了取得比较稳定的聚合物分子结构，故需要对体系进行几何优化，经历优化后的聚合物分子呈现收缩状态，表现出卷曲的形状，再将优化后的分子建立晶胞并建立界面。

3. 分子动力学计算

由于所研究的聚合物中含有 C、Si、H、O 原子，并且需要求解体系中的氢键能和范德华能，而且 Dreiding 通用力场可以用于计算分子聚合体的结构和各项性能（包括氢键能和范德华能），Forcite 力场可以对建立的模型进行几何结构优化和退火等，并可以对各种结构参数、动力学量、热力学性质和机械性能进行分析计算。所以选用 Forcite/Dreiding 对由硅橡胶、硅烷偶联剂和环氧树脂组成的体系进行模拟计算。

计算模拟结果及分析：

在完好界面体系中入不同数量（5、10、15、20 个）的水分子以此表示界面的老化程度，并分别对四种界面体系进行计算模拟并与完好界面进行对比，从分子结构、分子能量、化学键、三个方面进行详细分析。

（1）分子结构的变化。分子动力学计算后的分子界面构型如图 3-53 所示，图 3-53（a）为没有水分子进入的完好护套-芯棒界面体系，晶胞体系左侧为聚合物-HTV，中间部分是聚合物-硅烷偶联剂，右侧为聚合物-双酚 A 缩水甘油醚环氧树脂，三者的晶胞共同组合成为护套-芯棒界面体系。图 3-53（b）～图 3-53（e）分别是向完好界面体系加入数量为 5、10、15、20 个水分子后的老化界面体系。

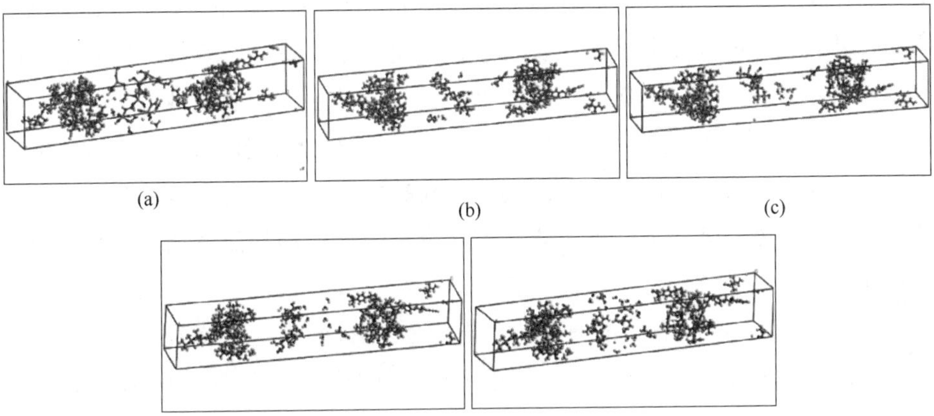

(a)　(b)　(c)　(d)　(e)

图 3-53　含不同数量水分子界面体系模型

（a）完好界面体系模型；（b）含 5 个水分子界面体系模型；（c）含 10 个水分子界面体系模型；（d）含 15 个水分子界面体系模型；（e）含 20 个水分子界面体系模型

从图 3-53 中可以很清楚地看出，与完好界面体系相比，当有水分子进入界面时，水分子主要朝着聚合物-双酚 A 缩水甘油醚环氧树脂分子方向扩散，这是因为环氧树脂具有吸附水分子的特性。此外，当水分子进入界面体系时，老化界面体系中的聚合物-HTV 分子链与完好界面体系相比变化程度不大，聚合物-双酚 A 缩水甘油醚环氧树脂分子链有一定程度的疏散，结合程度变得松散，出现内部空穴，这也使得界面体系变得略微疏散；但聚合物-硅烷偶联剂分子链有比较明显的收缩，聚合物-硅烷偶联剂分子链的收缩对于界面的形成是不利的，看来水分子的进入对于连接护套与芯棒界面的硅烷偶联剂产生了一定的负面作用。此外，与完好界面相比，由于水分子的扩散运动使得体系内分子分布比较零散，这也在一定程度上降低了体系的密度。

（2）分子能量的变化。为了使分子结构更加真实可靠以及尽可能地使体系能量降低，因此需要对含有不同数量的水分子界面体系进行几何优化，并计算以下能量：体系的总焓（total enthalpy）、体系的总能量（total energy）、键合能（valence energy）、键伸缩能（bond）、键角弯曲能（angle）、非键能（non-bond energy）、氢键能（hydrogen bond）、范德华能（van der waals）、静电势能（electrostatic）。

1）几何优化前后能量变化。图 3-54（a）和图 3-54（b）分别为界面体系优化前后的能量变化，图 3-54 中方块状表示体系的总能量变化，从图 3-54（a）中可以看出优化前体系的总能量随着界面中水分子的增多逐渐下降，下降趋势比较明显，并且键合能（图中圆形状表示）和键伸缩能（图中正三角形状表示）也有着类似的变化规律，而键合能和键伸缩能是总能量的重要组成部分，故说明总能量的下降的原因主要是由键合能和键伸缩能变化引起的。此外，图 3-54 中键角弯曲能（图中倒三角形状表示）、氢键能（图中左三角形状表示）和范德华能（图中右三角形状表示）均随着水分子数量的增加而增加，但增加的幅度较小。

从图 3-54（b）优化后的界面体系能量变化来看，界面体系经过几何优化后总能量均有很明显的下降，以完好界面为例，总能量由之前的 23000kcal/mol 降到 3000kcal/mol，而且含不同数量水分子的界面体系中的总能量数值变化不大，呈现出比较平缓的趋势，考虑到能量降低有利于体系趋于更稳定状态，因此，对界面体系进行几何优化是非常有必要的。除此之外，优化后的键合能和键伸缩能的变化趋势亦与总能量类似。

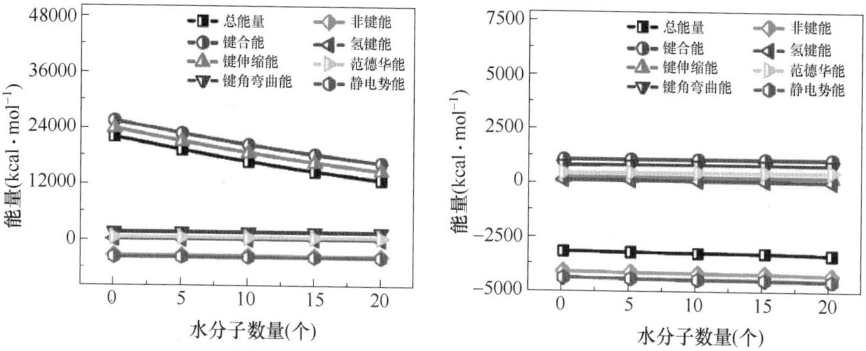

(a) (b)

图 3-54 优化前后分子能量

（a）优化前；（b）优化后

2）分子动力学模拟后能量变化。将几何优化后的界面体系再进行分子动力学模拟，并绘制不同数量水分子的界面体系与能量的曲线图，如图 3-55 所示。

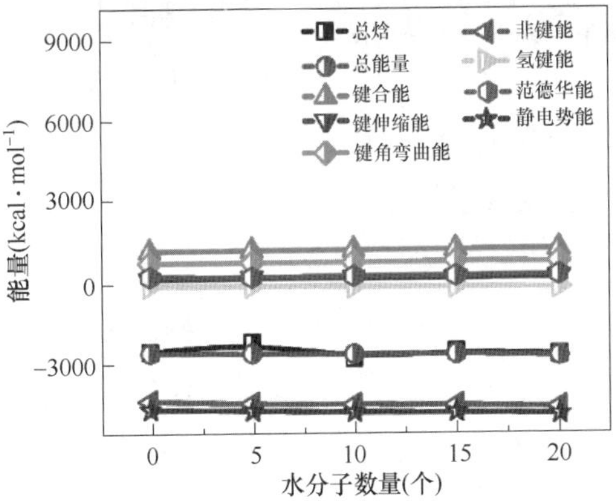

图 3-55　分子动力学模拟后界面体系能量变化

从图 3-55 上可以看出，随着水分子的数量增多，界面体系的总能量（图中圆形状表示）略微减小；氢键能（图 3-55 中右三角形状表示）也略微减小，这是由于水分子中含有氢键导致的；但体系中的范德华能（图 3-55 中六边形状表示）随着水分子的增多却逐渐增加，变化趋势是比较明显的。

根据已有研究可知原子间的距离发生变化会引起分子间的范德华能的变化，因此，范德华能的增加说明体系中原子间的距离发生了变化，并趋于不平衡位置，使得体系趋于不平衡状态。此外，键合能（图 3-55 中正三角形状表示）和键角弯曲能（图 3-55 中菱形表示）的变化趋势与范德华能类似。

与以上规律不同的是，不同老化程度的界面体系经过分子动力学计算模拟后的物质总焓（图 3-55 中正方形状表示）未有明显的变化规律，其数值随着水分子的增加呈现出现增大后减小再增大后减小的交替变化趋势，但含 10 个水分子的界面体系的总焓负值最小，考虑到体系的总焓越小，体系的键能越小，对热越稳定。因此，含 10 个水分子的界面体系对热较稳定。

3）化学键的变化。化学键的键长可以认为是表征分子结构最重要的参数之一，为进一步研究水进入界面后体系中分子化学键的变化情况，以界面处聚合物-硅烷偶联剂分子链为研究对象，选取分子链端部同一部位的化学键（O—H 键、C—H 键、C═C 双键、Si—C 键、Si—O 键）键长进行计量，将计量的化学键键长数据绘制成曲线，如图 3-56 所示。

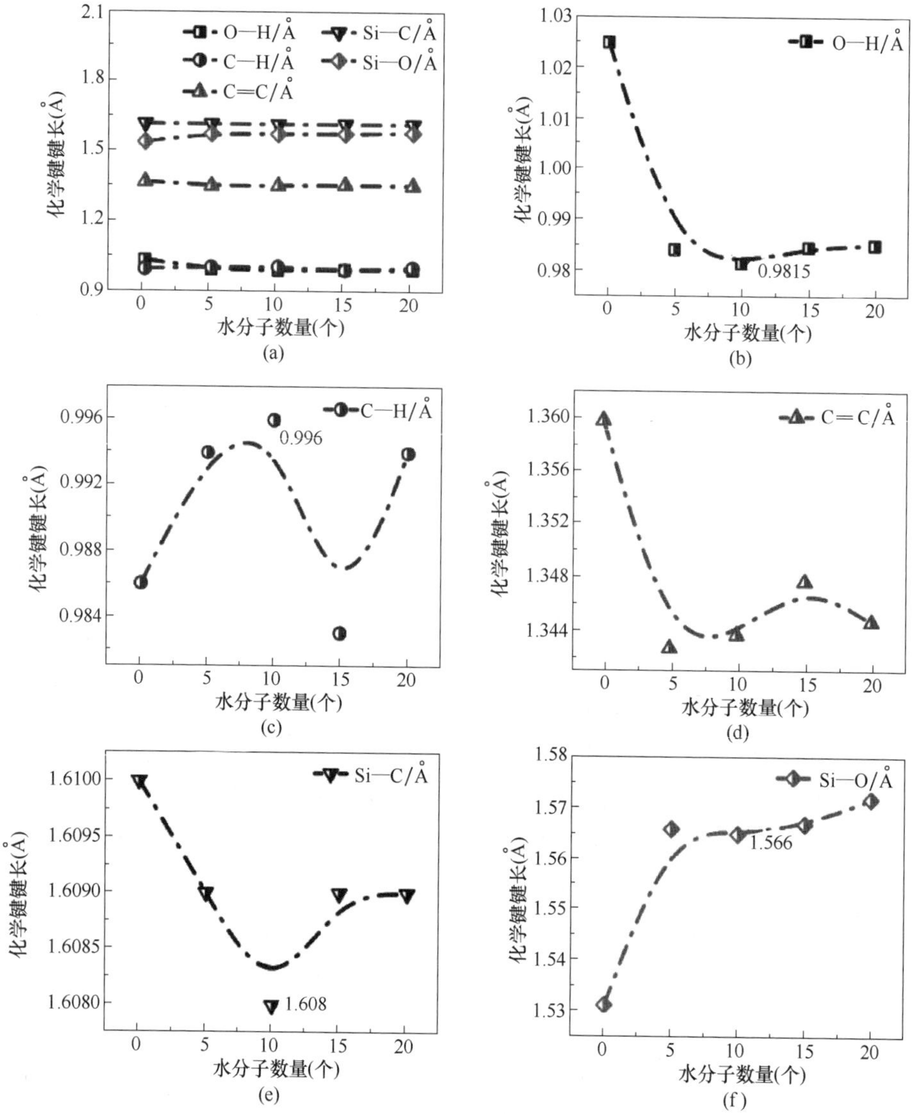

图 3-56 化学键键长的变化

（a）总体变化；（b）～（f）不同化学键的变化

根据图 3-56 中硅烷偶联剂的化学键键长数据可以看出，不同数量的水分子进入护套-芯棒界面时，界面体系中分子的化学键键长均有变化。与完好界面相比，老化界面中除了 Si—O 键［见图 3-56（f）］和 C—H 键［见图 3-56（c）］键长有略微的增加，其余种类的化学键键长均有缩短，且 O—H 键［见图 3-56（b）］缩短幅度最大。其中比较独特的界面体系则是含 10 个水分子的界面体系，其 O—H 键、Si—C 键和 Si—O 键的键长在四种老化体系界面中均最小，分别为

0.9815Å、1.608Å、1.566Å，而 C—H 键的键长在四种老化界面体系中最大，为 0.996Å。老化界面体系出现化学键键长缩短的情况，即：在外界条件的作用下，聚合物的结构会朝着能量最小化的方向进行变化，因此化学键缩短并且放出能量进入新的稳定态。

3.3 微观界面失效

复合绝缘子中使用的高温硫化硅橡胶是一种典型的复合材料，其制备的原料包括聚二甲基硅氧烷（polydimethylsicone，PDMS，即硅橡胶基体）、氢氧化铝（aluminum hydroxide，ATH）、气相二氧化硅（俗称白炭黑，SiO_2）、氧化锌（ZnO）、氧化铁红（Fe_2O_3）、交联剂、硫化剂，其他助剂等。经过高温硫化后，有机组分会交联在硅橡胶基体中，而无机填料则会均匀分散在其中。这些无机填料的吸水率要高于硅橡胶基体，因此硅橡胶基体与无机填料的界面通常是水分扩散和沉积的地方。对于高压外绝缘领域所使用的硅橡胶材料而言，最重要的两种填料是 ATH 和 SiO_2。一般而言，这两者填料的含量占整个体系质量的 60%左右。ATH 填料的添加可以提高硅橡胶的耐漏电起痕性能，其代价是损失部分硅橡胶的憎水性和机械强度，一个合理的 ATH 填料添加量需要同时考虑多方面的因素，而不应该以单一的漏电起痕性能的提高作为选择 ATH 填料含量的唯一标准。

SiO_2 对硅橡胶的补强作用机理较复杂。一般认为，一方面 SiO_2 表面的高活性羟基（Si—OH）与硅氧烷 PDMS 主链（Si—O—Si）之间形成氢键；另一方面，PDMS 分子链会紧密缠绕在纳米白炭黑颗粒周围，部分硅氧烷链节顺序排列，产生结晶化效应。上述两方面的原因导致纳米白炭黑与硅橡胶基体之间的界面黏接效果好。由于 SiO_2 的粒径在纳米级，可以用塔那卡（Tanaka）提出的聚合物纳米复合电介质的多核模型（multi-core model）来描述 SiO_2 颗粒与硅橡胶本体之间的关系，该模型的核心学术观点为：

（1）在化学结构层面，纳米颗粒与聚合物之间存在一个相互作用区域（即界面层的概念），这个相互作用区域可以划分为 3 层，包括结合层（bonded layer）、束缚层（bound layer）和松弛层（loose layer）。

（2）在电气性能层面，纳米颗粒与聚合物之间的相互作用区域可以用偶电层（electric double layer）模型来描述，即在纳米颗粒周围的聚合物中存在一个电荷扩散层（Gouy-Chapman layer）。

3.3.1 二氧化硅/HTV 界面失效

SiO_2 是硅橡胶中重要的补强剂，经常用来提升样品的力学性能。其粒径约为 10nm，加入硅橡胶生胶后，会极大地增加硅橡胶中的 SiO_2/有机硅界面。本实验将着重研究硅橡胶中 SiO_2/有机硅界面微结构对其阻水性能的影响。

1. 样品及人工模拟电场老化装置

样品制备：采用压片法制备硅橡胶薄片，其厚度为 60μm。本实验中用到的硅橡胶的配方是：有机硅生胶 100pHr（parts per hundreds of rubber/PDMS，pHr，每 100 份生胶中的量），氢氧化铝 70pHr，氧化锌 2pHr，硅烷偶联剂 8pHr，羟基硅油 4pHr，甲基硅油 4pHr，硫化剂（双二五）3pHr。在以上配方中改变 SiO_2 和 ATH 的用量，使用的 SiO_2 的配比为：0、5、15、25、35、45pHr，根据硅橡胶的基本配方，再转换成 SiO_2 的质量含量比为：0、2.2、6.4、10.2、13.9、17.0%。

电晕放电：采用单针放电的方案，针电极为高压电极，板电极接地。其中针电极的长度为 95mm、直径为 3mm、针尖的曲率半径为 50μm±3μm，采用 316 不锈钢制作。板电极为直径为 20mm、厚度 5mm 的圆柱。样品和板电极之间用一个厚度为 1mm 的玻璃圆板隔开，以防出现爬电现象引起的短路。高压电源可以提供 1～20kV 的交流电压。整个装置置于温度为 23℃、相对湿度为 45%RH 的环境中使用。对于 SiO_2 系列，放电电晕为 10kV，放电时间为 96h。本节研究使用的为实验室自制的电晕放电装置，如图 3-57 所示。

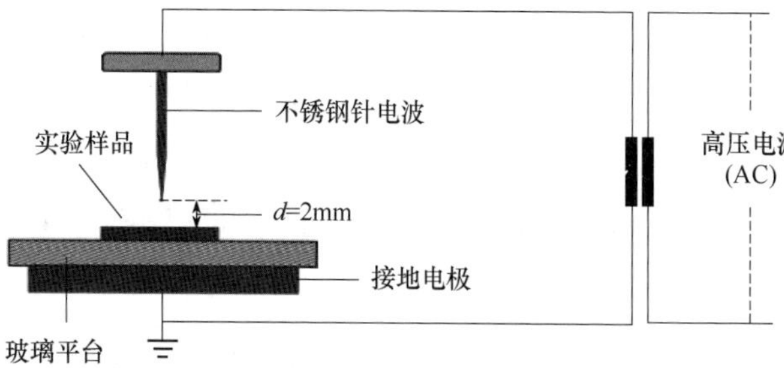

图 3-57 电晕放电装置示意图

图 3-58 为不同电压等级下针尖放电的图片，使用尼康 D7000 数码相机拍摄，曝光时间 30s。在试验中发现针尖的起晕电压是 2.5kV，因此选取 3kV 为最低电压。不同电压等级下的电晕放电图片如图 3-58 所示，随着电压等级的升高，针尖产生的电晕亮度越高、晕环的影响面积也越大。由此可见，电晕放电是典型的

非均匀老化，对于微观测试，只挑选最具代表性的电晕中心老化的区域进行测试。

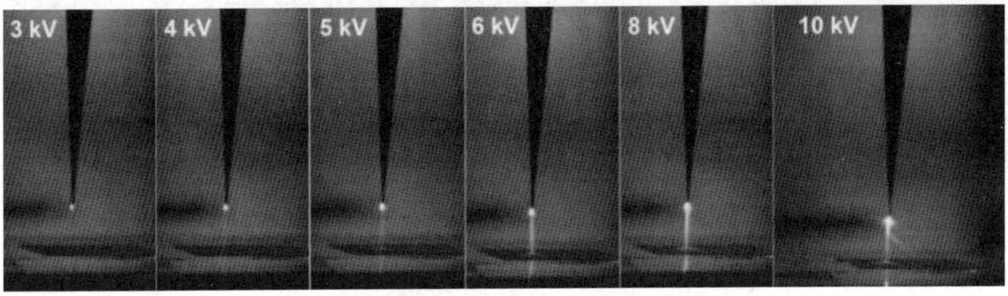

图 3-58　不同电压等级下的电晕放电图片

2. 二氧化硅/有机硅界面微结构

由于硅橡胶制备的过程中 SiO_2 颗粒需经过硅烷偶联剂的表面改性，本节研究采用高分辨透射电子显微镜（transmission electron microscope，TEM）拍摄了 SiO_2 颗粒的形貌。由图 3-59（a）可见，改性前的 SiO_2 颗粒平均粒径在 10nm 左右，改性后的 SiO_2 颗粒粒径略有增加，在 10～15nm。推测是硅烷偶联剂附着在 SiO_2 颗粒表面导致高分辨 TEM 观察到的粒径略有增加。TEM 的结果表明，改性前后的 SiO_2 颗粒的粒径都在 10nm 左右。

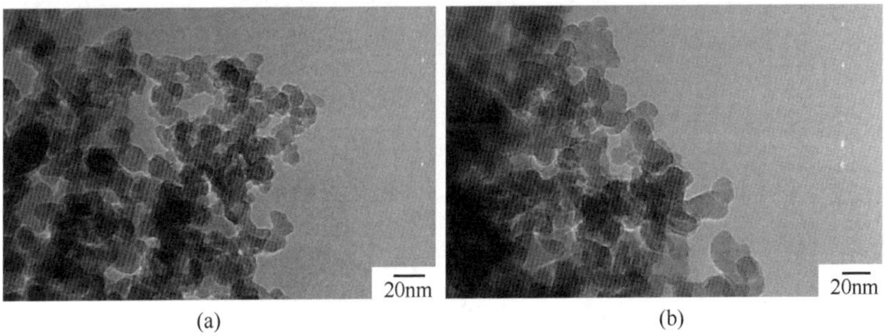

图 3-59　SiO_2 颗粒的微观图片

（a）未经表面改性的颗粒；（b）表面改性后的颗粒

图 3-60 为正电子寿命谱（positron annihilation lifetime spectroscopy，PALS）中长寿命 τ_3、τ_4 及其对应的自由体积尺寸随硅橡胶中气相二氧化硅含量的变化。正电子进入高分子样品以后，可以与样品中的电子直接发生湮没，产生一个 0.3～0.5ns 的寿命；也可以捕捉样品中的电子并与之形成一个类氢原子系统：正电子偶素（positronium，Ps）。根据量子理论，Ps 可能存在两种形式：自旋三重态，电子自旋与正电子自旋平行，称正态电子偶素（ortho-positronium，o-Ps）；自旋

单态，电子自旋与正电子自旋反平行，称仲电子偶素（para-positronium，p-Ps）。由于自旋状态的不同，真空中 p-Ps 的寿命只有 0.1～0.2ns，而 o-Ps 却有 142ns。在高分子中，o-Ps会拾取周围环境中的一个电子而湮没，从而使寿命锐减至 1～5ns，这个过程叫作 o-Ps 的拾取湮没（pick-off annihilation）。正是基于这些不同的湮没类型，正电子寿命谱通常会做三寿命的拟合，即 τ_1、τ_2、和 τ_3。其中，τ_1 对应 p-Ps 的寿命，τ_2 对应正电子自由湮没的寿命，τ_3 对应 o-Ps 拾取湮没的寿命。

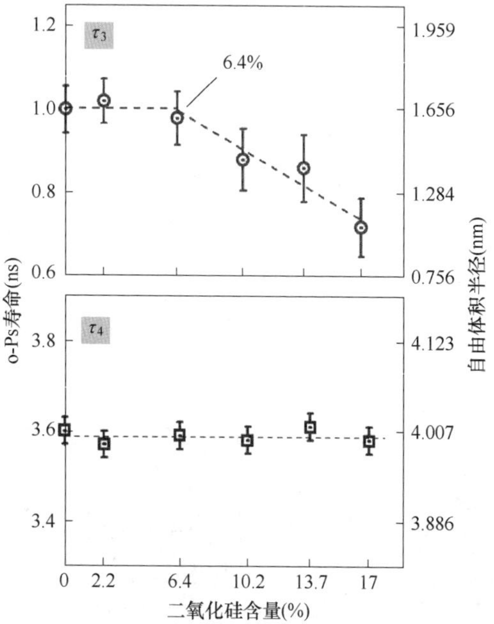

图 3-60 τ_3、τ_4 随硅橡胶中气相二氧化硅含量的变化

对于正电子在自由体积含量丰富的物质中的湮没，还会做四寿命甚至五寿命拟合，即把 o-Ps 湮没再进一步细分出 τ_3、τ_4 和 τ_5，其湮没机理与具体材料有关至今仍处于探索状态。实验结果表明，o-Ps 倾向于寻找样品中电子密度低的位置发生湮没。对于硅橡胶的情况，电子密度低的位置通常是未被占据的孔洞或自由体积。o-Ps 寿命的大小反映的就是自由体积或者孔洞的尺寸，两者之间的关系常用如下公式描述：

$$\tau_{\text{o-Ps}}^{-1} = 2\left[1 - \frac{R}{R+\Delta R} + \frac{1}{2\pi}\sin\left(2\pi\frac{R}{R+\Delta R}\right)\right] \tag{3-1}$$

$$V_{\text{o-Ps}}=\frac{4\pi R^3}{3} \tag{3-2}$$

其中，R 为自由体积半径，$\tau_{\text{o-Ps}}^{-1}$ 为正电子偶素 o-Ps 寿命的倒数，ΔR 为电子层厚度。该模型假设自由体积形状近似为一个半径为 R 的球体，正电子位于一个半径为 R_0 的无限深球方形势阱中，在这个势阱中有一层厚度为 ΔR 的电子层，那么势阱中的球形自由体积的半径为：$R=R_0-\Delta R$。通过经典的量子力学的计算，可以得到式（3-1）的关系。图 3-60 中的自由体积尺寸就是通过式（3-1）和式（3-2）计算得到的。

根据我们前期的研究成果，硅橡胶中的正电子寿命 τ_4 是 o-Ps 在有机硅大孔洞的自由体积中的湮没，而 τ_3 是 o-Ps 在有机硅聚二甲基硅氧烷（PDMS）中交联点附近的湮没，可以用于反映 PDMS 网络的交联状态。如图 3-60 所示，当硅橡胶中的 SiO_2 含量增加时，τ_4 的大小一直保持在 3.60ns 左右；当 SiO_2 含量较低时（≤6.4%），τ_3 的大小也保持在 1.0ns 左右。由于 τ_3 和 τ_4 分别代表硅橡胶中不同尺寸的自由体积，其大小未随 SiO_2 含量的变化而产生变化意味着往硅橡胶中添加 SiO_2 颗粒并不会引起有机硅 PDMS 网络的交联状态。该结果与 SiO_2 对硅橡胶的补强机理对应。目前已知的 SiO_2 对硅橡胶的补强机理如下：一是共价结合，即白炭黑表面的 Si-OH 和硅橡胶中的 Si—O—Si 结构之间生成氢键；二是物理吸附作用，即白炭黑由于其较大比表面积而具有较强的物理吸附能力，通过吸附硅橡胶中 PDMS 分子链而起到交联点的作用。由此可见，SiO_2 与有机硅 PDMS 的相互作用（氢键作用、物理吸附）都属于分子间的作用，且分子间作用力是不会改变有机硅 PDMS 的交联状态。

然而，当硅橡胶中的 SiO_2 含量超过 6.4%时，τ_3 的值却开始减小，见图 3-60。该结果表明，τ_3 的不仅仅是 o-Ps 在 PDMS 交联点附近的湮没，还可能在硅橡胶中其他部位湮没，而且该部位受硅橡胶中 SiO_2 的含量影响非常大。据此，我们推测 o-Ps 可能在硅橡胶中 SiO_2/有机硅界面中或 SiO_2 本体中湮没。下文将通过实验验证 o-Ps 的湮没位置。我们测试了正电子在 SiO_2 颗粒中的寿命谱，得到如下结果：o-Ps 在 SiO_2 颗粒中有两个长寿命，其中 $\tau_{3\text{-SiO2}}$ 大小为 1.52ns，强度为 15.1%；$\tau_{4\text{-SiO2}}$ 大小为 6.6ns，强度为 2.6%。这里 $\tau_{3\text{-SiO2}}$ 是 o-Ps 在 SiO_2 颗粒本体缺陷中的湮没，$\tau_{4\text{-SiO2}}$ 是 o-Ps 在 SiO_2 颗粒间的湮没。假如本节研究中的 τ_3（～1.0ns）归结为 o-Ps 在 SiO_2 本体缺陷中的湮没，则当硅橡胶中的 SiO_2 含量增加时，τ_3 的值应该逐渐趋近 $\tau_{3\text{-SiO2}}$（1.52ns），即呈增大的趋势。这显然与实验结果不符。因此，我们推断 o-Ps 是在硅橡胶中 SiO_2/有机硅界面自由体积中的湮没，且该界面的尺寸在纳米级。该推断与图 3-59 中纳米级的 SiO_2 粒径结果也相符。

图 3-60 中数值呈减小趋势的 τ_3 可以用 Tanaka 等人提出的多核模型解释。该模型认为：

（1）在化学结构层面，纳米颗粒与聚合物之间存在一个相互作用区域（即界面层的概念），这个相互作用区域可以划分为 3 层，包括结合层（bonded layer）、束缚层（bound layer）和松弛层（loose layer），见图 3-61（a）。

（2）在电气性能层面，纳米颗粒与聚合物之间的相互作用区域存在一个电荷扩散层 AB，见图 3-61（b）。

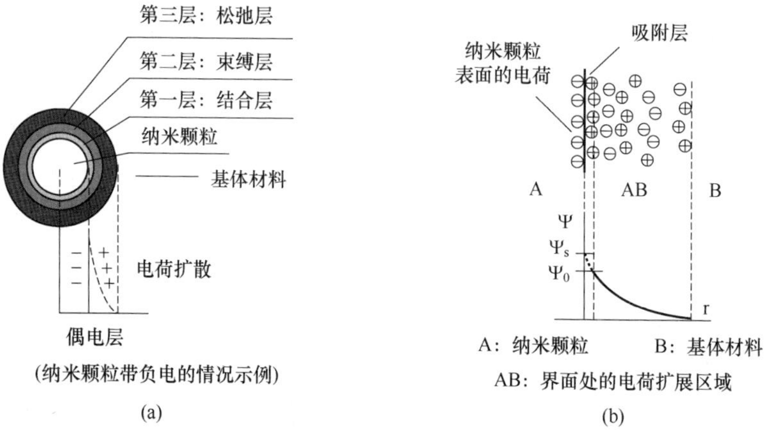

图 3-61　纳米聚合物填料基体界面的多核模型

（a）纳米聚合物中带负电的纳米填料；（b）基体界面处的电荷分布

根据多核模型，松弛层的结合力较小，且界面处的自由体积就只存在于这一层中。我们认为，当 SiO_2 含量超过 6.4%时，硅橡胶中的 SiO_2/有机硅界面开始产生交叠，见图 3-62。当界面处有交叠后，交叠区域的电荷数量变为原来的两倍。根据库仑定律，静电力与电荷量成正比，与电荷间的距离成反比。交叠区的电荷量增加后，静电力变大压缩界面处的自由体积，使自由体积减小，即 τ_3 减小。当硅橡胶中的 SiO_2 含量持续增加时，SiO_2/有机硅界面交叠效应越明显，因此 τ_3 呈现出持续减小的趋势。

o-Ps 强度随硅橡胶中 SiO_2 含量的变化如图 3-63 所示，图中虚线为视线引导，o-Ps 的强度随硅橡胶中 SiO_2 含量的增加出现了先减小后增大的趋势。这里的 o-Ps 的强度是 τ_3 和 τ_4 强度的总和，代表了硅橡胶中自由体积的总数量。如前文所述，SiO_2/有机硅界面处的自由体积以及 PDMS 交联网络中较大孔洞的自由体积分别 τ_3 和 τ_4 的变化趋势，因此 o-Ps 的强度主要反映了这两类自由体积的数量。图 3-63

中 o-Ps 强度在 6.4%的 SiO_2 含量处发生转折，意味着硅橡胶中的这两类自由体积含量存在竞争关系。当硅橡胶中的 SiO_2 含量较小时（≤6.4%），o-Ps 的强度主要是由硅橡胶中 PDMS 交联网络中较大孔洞的自由体积的数量决定的。本节研究中硅橡胶中有机硅的含量固定为 100pHr，当其中 SiO_2 含量增加时，有机硅的相对含量就会减少。由于大尺寸的自由体积孔洞只存在硅橡胶有机硅中，因此 o-Ps 在该阶段呈现出下降趋势。当硅橡胶中 SiO_2 含量较高时（>6.4%），硅橡胶中 SiO_2/有机硅界面迅速增加，并在数量上占据主导地位，此时 o-Ps 的强度由 SiO_2/有机硅界面处的自由体积数量决定，因此 o-Ps 强度呈现出上升趋势。在这一阶段，o-Ps 强度的增大代表着硅橡胶中 SiO_2/有机硅界面数量的增加。

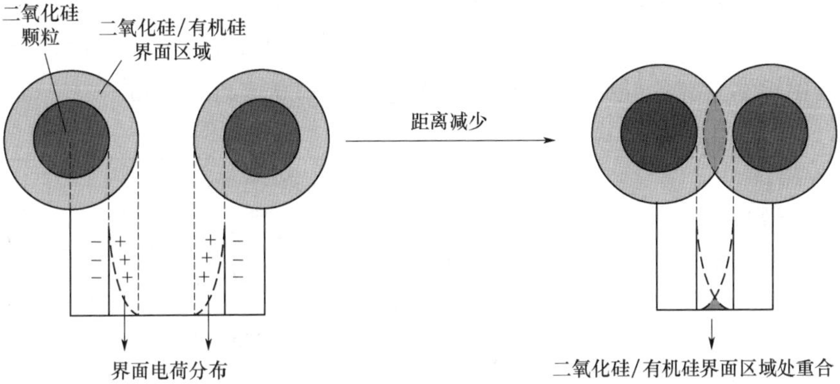

图 3-62　硅橡胶中 SiO_2/有机硅界面交叠示意图

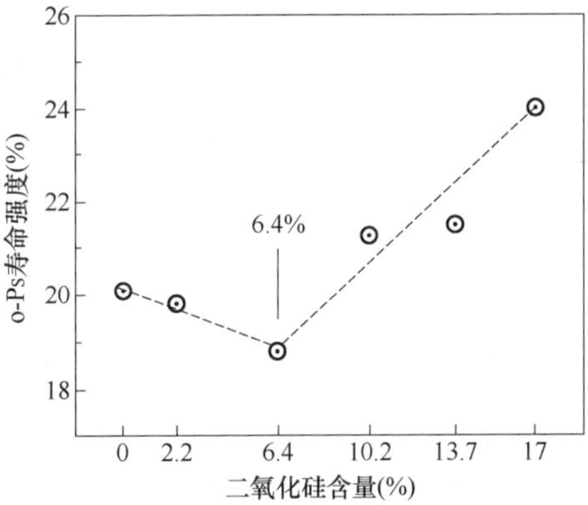

图 3-63　o-Ps 强度随硅橡胶中二氧化硅含量的变化

3. 不同二氧化硅含量硅橡胶的阻水性

图 3-64 中所示为电晕处理前，不同白炭黑含量的硅橡胶样品的衰减全反射红外光谱（attenuated total internal reflectance Fourier transform infrared spectrometer,

ATR-FTIR）结果。其中，1008cm^{-1}处的 Si—O 的对称伸缩振动峰的峰面积随着硅橡胶中白炭黑含量的增加而增加，如图 3-64（b）所示。推测 1008cm^{-1}处的峰强是由 PDMS 中的 Si—O—Si 主链振动和白炭黑中的 Si—O 振动共同决定的。随着硅橡胶中白炭黑相对含量的增加，该处的峰强也会随之增加。其他峰的峰面积基本上不随加入的白炭黑的含量发生变化。严格地讲，通常用到的纳米白炭黑属于 SiO_2 和硅酸的共聚物，即白炭黑的表面含有大量硅羟基，属于硅酸，而其内部是 SiO_2。该结果是由于卤硅烷在高温下水解反应残留导致的。在图 3-64 中的 ATR-FTIR 谱中，白炭黑中的表面羟基并没有被检测出来。推测是由于白炭黑中残留的羟基较少，不足以使 3450cm^{-1}附近的峰位产生明显变化，主要表现为 ATH 中—OH 的对称伸缩振动。本节研究使用的是气相法 SiO_2，其高温制备工艺决定了 SiO_2 附近的羟基会缩合放出水，因此其表面羟基的密度较小，约 3～5 个/nm^3，而对应的沉淀法制备得到的白炭黑表面羟基密度却高达 20 个/nm^3。

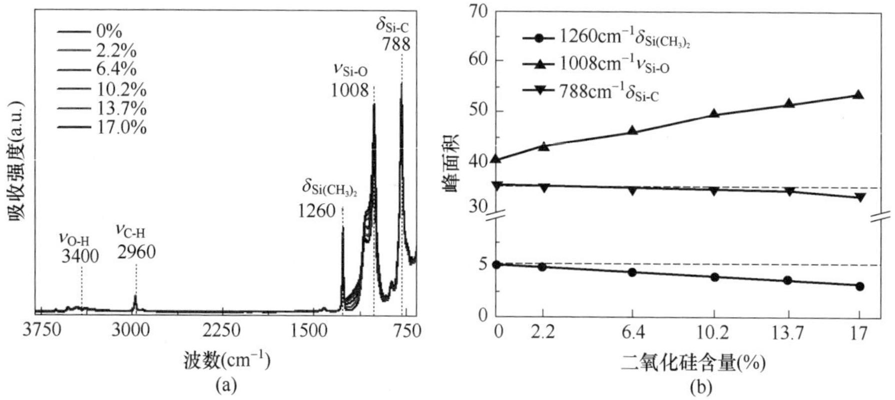

图 3-64 电晕处理前不同二氧化硅含量的硅橡胶样品的 ATR-FTIR 谱结果

（a）峰位归属；（b）1260、1008、788cm^{-1}处的峰面积的变化

未经电晕处理的不同白炭黑含量的硅橡胶的表面都比较平整，如图 3-65 所示。随着白炭黑含量的增加，样品的表面形貌没有发生明显的变化，且未发现孔洞或者裂纹。但每个样品的表面都有一定量的白色物质，推测可能是团聚了的氢氧化铝颗粒。该结果表明，SiO_2 含量对未老化的硅橡胶表面形貌无影响。

图 3-66 中为电晕处理前不同白炭黑含量的硅橡胶样品在 NaCl 溶液中浸泡后的阻抗模值。在开始浸泡的阶段，每个样品的阻抗模值都很高，为 $10^9\Omega\cdot cm^2$。经过约 48h 的浸泡以后，各样品的阻抗模值基本没有发生变化，依旧维持在 $10^9\Omega\cdot cm^2$上下，即样品具有良好的阻隔性能。图 3-64 的结果表明，不同白炭黑

含量的硅橡胶表面的甲基基团含量相同，即样品表面憎水性较好。同时样品表面也未形成水透入的通道，即孔洞或裂纹，如图 3-66 所示。因此白炭黑的含量对未老化的硅橡胶的阻水性能没有明显影响。

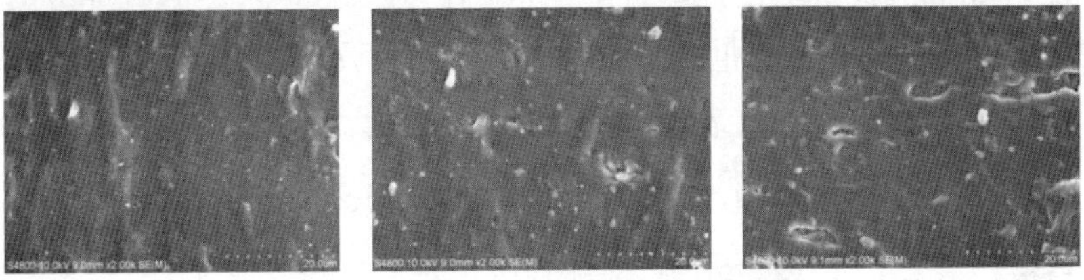

(a)　(b)　(c)

图 3-65　未经电晕处理的不同白炭黑含量的样品的表面形貌

（a）0%白炭黑含量的硅橡胶样品；（b）6.4%白炭黑含量的硅橡胶样品；（c）17.0%白炭黑含量的硅橡胶样品

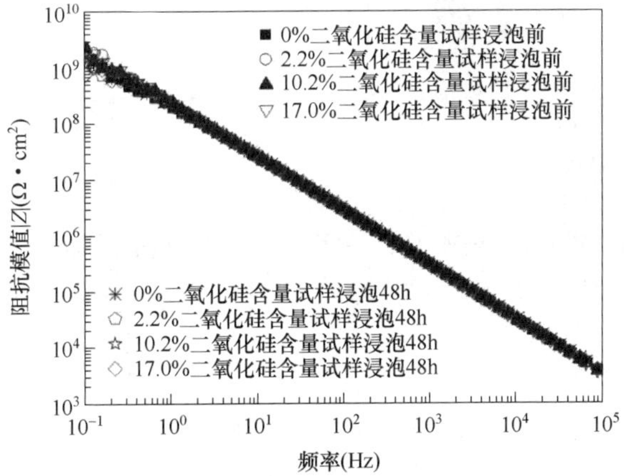

图 3-66　电晕处理前不同二氧化硅含量的硅橡胶的阻抗模值

4. 老化后硅橡胶的化学结构及阻水性

经强电场条件下的电晕处理后，不同 SiO_2 含量硅橡胶样品的 ATR-FTIR 结果如图 3-67（a）所示，各峰位的归属参考图 3-64。其中硅橡胶中 PDMS 的各基团，即 1260cm^{-1} 处的 Si—C、788cm^{-1} 处的 $Si(CH_3)_2$ 和 1008cm^{-1} 处的 Si—O，在电晕后的峰强都有减小，但其峰面积随加入的白炭黑含量的增加没有表现出明显的变化趋势，如图 3-67（b）所示。对比图 3-64 和图 3-67（a），在电晕处理后，硅橡胶样品中新生成的峰位在 1650、1420cm^{-1} 和 1316cm^{-1} 处。其中 1650cm^{-1} 为—NO_2 基团的振动，1420cm^{-1} 和 1316cm^{-1} 与样品表面生成的氮氧化物有关。如图 3-67（b）所示，经电晕处理后 SiO_2 含量为 2.2%样品的 1420cm^{-1} 和 1316cm^{-1} 处（1272～

1500cm^{-1}）附近的峰面积较高，表明该样品的表面生成了较多的无机氮氧化物。未老化样品中 3450cm^{-1} 附近的 ATH 的—OH 振动峰减小，表明在电晕过程中样品表面的 ATH 已经受热分解。同时 SiO_2 含量为 17.0%的硅橡胶样品 1650cm^{-1} 峰较高，推测与样品中 SiO_2 的羟基氧化有关。在电晕处理中，SiO_2 含量为 2.2%的样品有较多无机产物在表面生成，而 SiO_2 含量大于 6.4%样品经历电晕处理后，其表面 PDMS 中的基团没有表现出明显的变化规律，可以认为较多的 SiO_2 含量对电晕过程中有机硅化学结构的老化几乎没有影响。

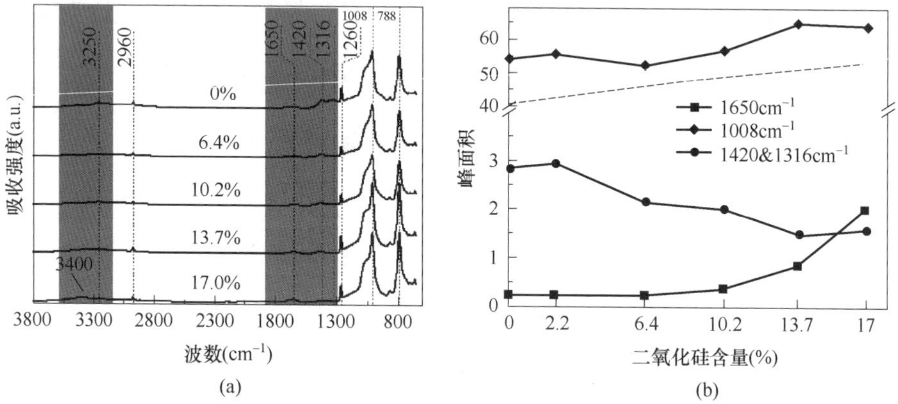

图 3-67 10kV 电晕下处理 96h 后不同二氧化硅含量的硅橡胶样品测试结果

（a）ATR-FTIR 谱图；（b）1650、1008、788cm^{-1} 处峰面积的变化

图 3-68 为电晕处理后不同 SiO_2 含量的硅橡胶样品的表面形貌。其中 SiO_2 较低的（≤2.2%）的样品表面生成了大量的颗粒并变得粗糙，如图 3-68（a）和图 3-68（b）所示。其他样品的表面都有颗粒生成，但明显低 SiO_2 含量样品的表面更为特殊，基本上都被生成的无机颗粒所覆盖，该结果与红外光谱的结果一致。由于 SiO_2 含量过低，硅橡胶样品中由 SiO_2 提供的补强交联点过少，导致样品强度不够，电晕对样品表面造成的破坏也更明显。随着 SiO_2 含量的增加，样品表面生成的无机颗粒减少，且 17.0%含量的样品表面有裂纹。SEM（scanning electron microscope，扫描电子显微镜）的结果表明，硅橡胶经电晕老化后的表面形貌与其 SiO_2 含量呈现出一定的相关性。

经电晕老化 96h 后，SiO_2 含量是 0%样品的阻抗谱（伯德图）随浸泡时间的变化如图 3-69 所示。在浸泡的初期，该样品在 0.1Hz 处的阻抗模值（Z_{max}）非常高，为 $10^9\Omega\cdot cm^2$，表明此时样品的阻隔性能非常好。同时随着浸泡时间的延长，样品的阻抗谱图几乎没有发生任何变化。在浸泡至 48h 时，此时样品的阻抗图辐角几乎是一条直线，仍可以看作是一个纯电容。该结果表明 SiO_2 含量 0%的硅橡胶样品在经历 96h 电晕放电处理以后依旧保持着优异的阻水性能。虽然在老化过程中，样品表面的甲基基团减少，同时表面还生成大量无机产物，但这些都没有影响到样品的阻水性。推测电晕引起的老化只集中在样品的最表层，而样品体层结构依旧完好，没有深入到样品内部。因此该样品保持了优异的阻水性能，即水溶液依旧无法透入样品内部并引起电化学测试信号的改变。2.2%的 SiO_2 含量硅橡胶样品经过电晕老化后，其电化学阻抗谱与 0%含量的硅橡胶样品结果相同，见图 3-70（a）。

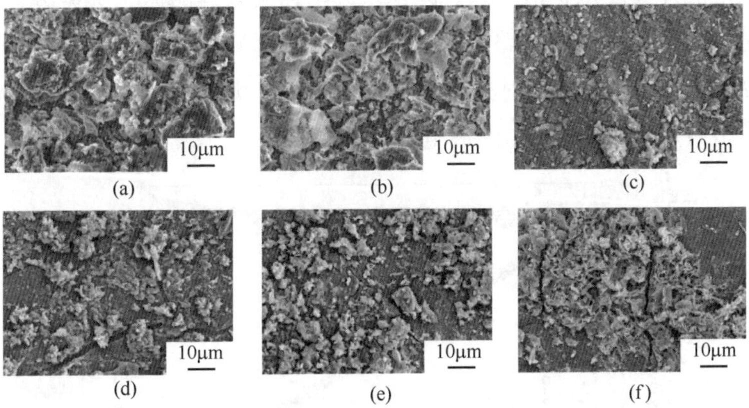

图 3-68　不同 SiO_2 含量的硅橡胶样品经 10kV 电晕处理 96h 后的表面形貌

（a）0% SiO_2 含量的样品；（b）2.2% SiO_2 含量的样品；（c）6.4% SiO_2 含量的样品；（d）10.2% SiO_2 含量的样品；（e）13.9% SiO_2 含量的样品；（f）17.0% SiO_2 含量的样品

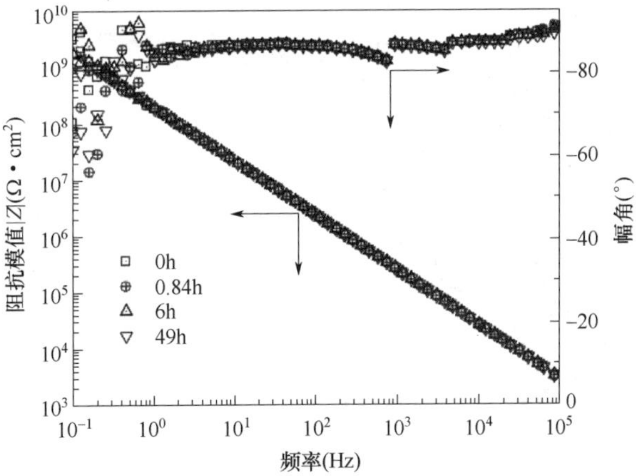

图 3-69　电晕处理后 SiO_2 含量为 0%的硅橡胶样品在 3.5%的 NaCl 溶液中浸泡时的阻抗谱（伯德图）

图 3-70（b）为 96h 电晕处理后 SiO_2 含量为 6.7%的硅橡胶样品阻抗谱（伯德图）随浸泡时间的变化。在刚开始浸泡的初期，样品的 Z_{max} 值都非常高，即 $10^9\Omega\cdot cm^2$，浸泡 1.5h 以后该 Z_{max} 值减小了一个数量级，至 $10^8\Omega\cdot cm^2$，表明在此过程中水溶液透入了样品。在后期约两天的浸泡过程中，样品的 Z_{max} 值又有一定程度的降低，但最终维持在 $3.0\times10^7\Omega\cdot cm^2$ 左右不变。推测在该阶段硅橡胶中的 SiO_2/有机硅界面数量增加，经电晕老化后可以作为水分入侵的通道。根据 PALS 的结果，在该阶段硅橡胶体内的 SiO_2/有机硅界面开始发生交叠，这部分交叠的界面并未形成连续的水扩散通道，因此水分可以透入样品但无法穿透。在浸泡达到稳定时，该样品的等效电路图为一个电容（C_{PEb}）和一个电阻（R_b）的并联，如图 3-71（d）所示，即此时样品不再是阻隔性能优异的纯电容，而开始显示出一定的电阻效应，其中 Re 为溶液电阻。

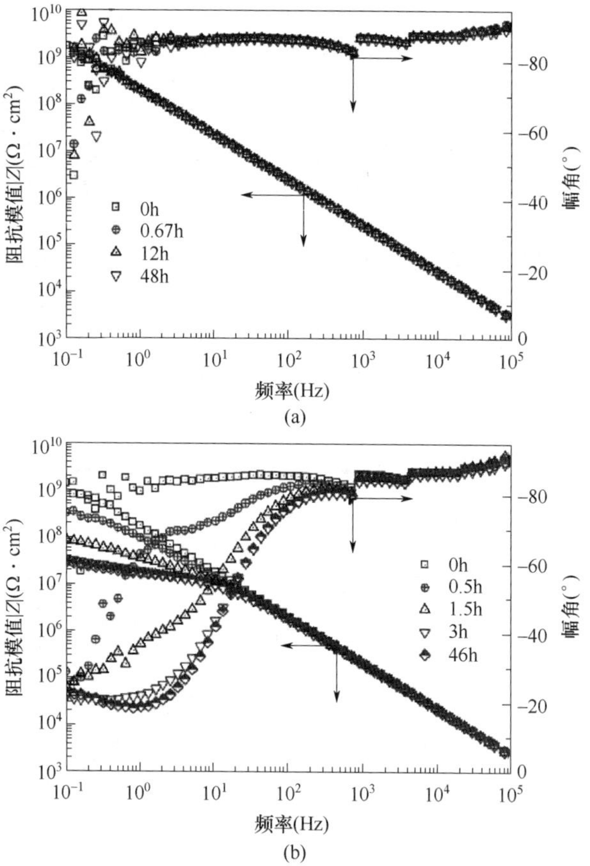

图 3-70　电晕处理后不同 SiO_2 含量的硅橡胶样品在 3.5%的 NaCl 溶液中浸泡时的阻抗谱（伯德图）

（a）SiO_2 含量为 2.2%硅橡胶样品；（b）SiO_2 含量为 6.4%硅橡胶样品

经电晕老化96h后10.2% SiO_2含量的硅橡胶阻抗谱图随浸泡时间的变化如图3-71（a）所示。在前1h的浸泡中该样品的Z_{max}值就减小了一个数量级，即从浸泡初期的$3.6\times10^8\Omega\cdot cm^2$减至$3.8\times10^7\Omega\cdot cm^2$，表明在浸泡前期水溶液可以渗入进入样品。当浸泡至10h时，该样品的阻抗谱辐角便在1×10^5Hz和1Hz之间呈现出两个时间常数。10^5Hz左右的时间常数与样品本身的信息有关，而1Hz处的时间常数与样品中的缺陷有关。通常样品与工作电极界面处的双电层电容和电荷转移电阻引起的时间常数出现的频率范围是在1～0.01Hz。因此推断在浸泡至10h时，水溶液并没有扩散至电极和样品的界面位置。此时对应样品结构的等效电路如图3-71（e）所示，其中的等效元件C_{PEmp}和R_{mp}分别代表新生成的水扩散通道的电容和电阻。该结果表明，白炭黑含量达到10.2%时，硅橡胶样中的SiO_2/有机硅界面交叠数量增加，并深入到样品体层，可以认为电晕96h后该10.2% SiO_2含量的硅橡胶样品虽有一定的阻水性能，但其内部SiO_2/有机硅界面结构已经发生了较大的变化。

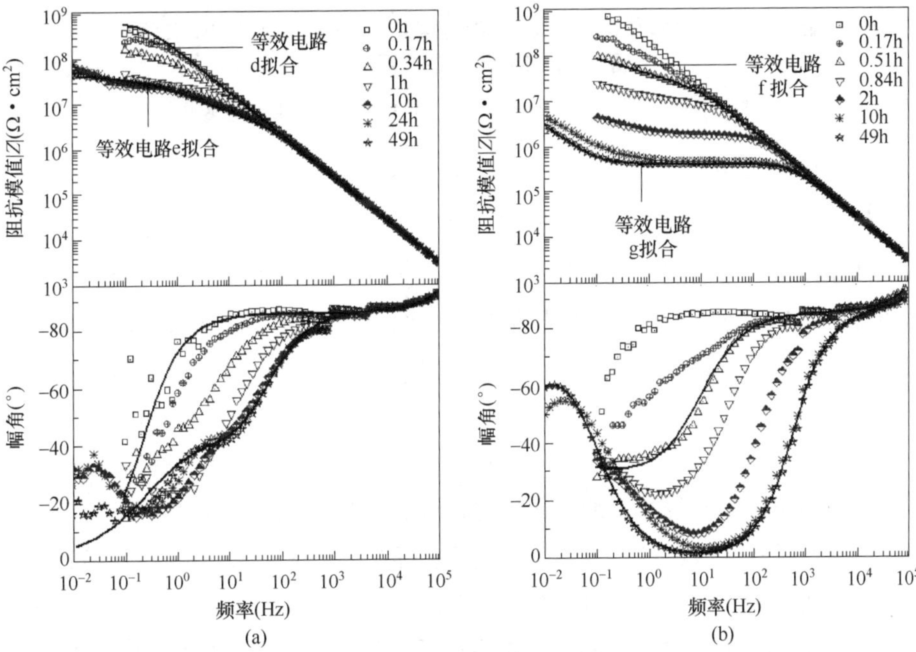

图3-71　电晕处理后不同SiO_2含量的硅橡胶样品在3.5%的NaCl溶液中浸泡时的阻抗谱（伯德图）（一）

（a）SiO_2含量为10.2%硅橡胶样品；

（b）SiO_2含量为13.7%硅橡胶样品

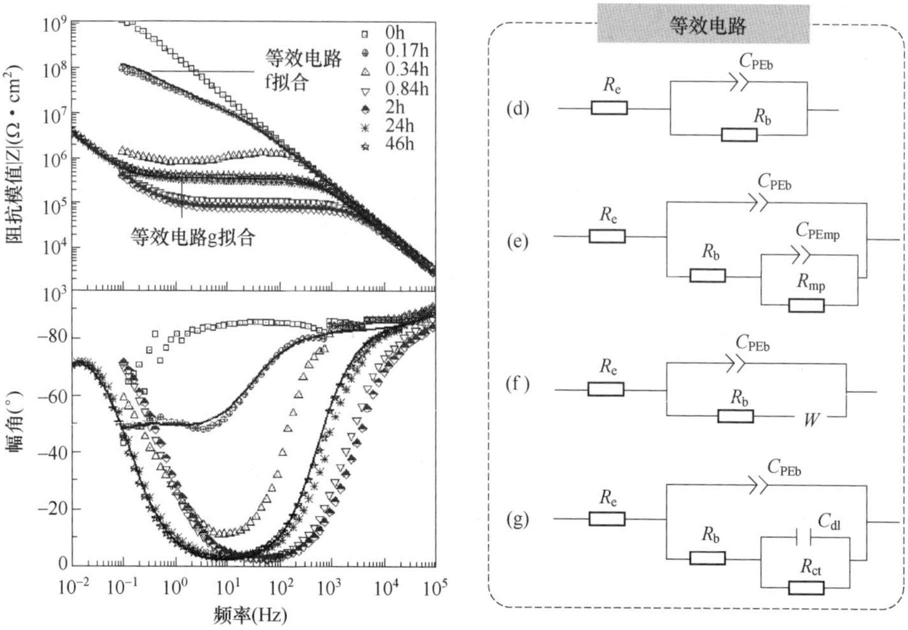

(c)

图 3-71　电晕处理后不同 SiO_2 含量的硅橡胶样品在 3.5%的 NaCl 溶液中浸泡时的阻抗谱（伯德图）（二）

（c）SiO_2 含量为 17.0%硅橡胶样品；（d）~（g）等效电路

当硅橡胶中的 SiO_2 含量大于 13.7%时，经电晕老化后，水溶液可以完全贯穿硅橡胶，即此时硅橡胶失去阻水性能。如图 3-71（b）和图 3-71（c）所示，样品在刚开始浸泡时也展现出较高的 Z_{max} 值（$10^9\Omega \cdot cm^2$），且只有一个时间常数。然而经过约 0.5h 的浸泡后，样品阻抗伯德图中的辐角从高频的−75°逐渐转换到低频的−40°，并在低频处（＜1Hz）保持相对稳定，这一现象正是 Warburg 阻抗的特征。Warburg 阻抗的出现表明样品的中出现了满足菲克扩散的离子传输，对应此时样品的等效电路如图 3-71（f）所示。随着浸泡时间的增加，这两个样品的阻抗模值迅速下降。到浸泡后期，样品的阻抗谱图在 0.1Hz 左右出现了第二个时间常数，即此时水溶液已经扩散至工作电极和样品的界面位置。由于电极间电场的变换，界面位置的离子容易出现充放电现象，产生双电层电容（C_{dl}）和电荷转移电阻（R_{ct}），因此对应的 Warburg 阻抗也被并联的 C_{dl} 和 R_{ct} 所取代，如图 3-71（g）所示。该结果表明，当白炭黑的含量大于 13.7%时，硅橡胶中的 SiO_2/有机硅界面发生大量交叠并产生逾渗，为水溶液提供了连续的扩散通道，最终导致硅橡胶阻水性能的丧失。

5. 二氧化硅/有机硅界面失效

计算水溶液在硅橡胶的扩散系数 D 的数值，其结果如图 3-72 所示。由此可见，当未被电晕老化时，不同 SiO_2 含量的硅橡胶的阻隔性能都非常好，水溶液的扩散系数 D 在 $10^{-10}cm^2/s$ 数量级。经电晕老化后，不同 SiO_2 含量硅橡胶的阻水性发生明显变化，最大数值上升到 $10^{-9}cm^2/s$ 数量级。同时扩散系数 D 随 SiO_2 含量的变化曲线呈 S 形。

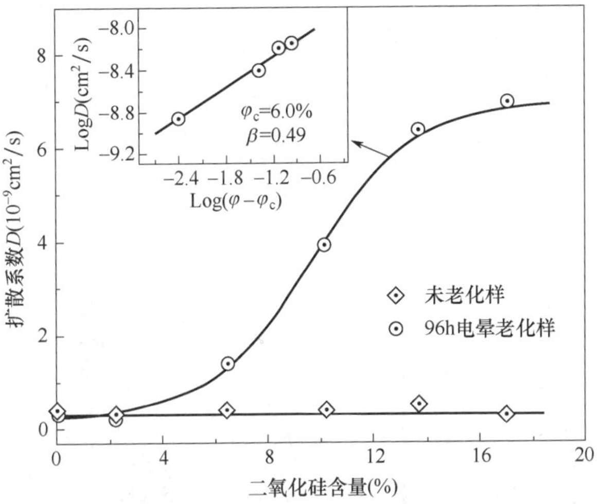

图 3-72 经电晕老化前后水溶液在硅橡胶中的扩散系数 *D* 随二氧化硅含量的变化

拟合结果表明，当 SiO_2 含量大于 6.0%时，扩散系数 D 的对数与 SiO_2 含量 ϕ 之间的线性拟合度较好，见图 3-72 中的小插图。因此，可以认为当硅橡胶中 SiO_2 含量大于 6.0%时，其体层的 SiO_2/有机硅界面就开始发生逾渗，这与 PALS 中的结果一致。

$$D \propto D_0(\varphi - \varphi_c)^{\beta}$$

基于前文微结构的讨论可知，SiO_2 在硅橡胶中存在两种状态：一种是分散态，另一种是聚集态，且两者的临界含量在 6.0%左右。该临界含量是基于两部分实验结果：一个是 power 函数拟合得到的 SiO_2/有机硅界面发生逾渗的转变含量，6.0%；另一个是 PALS 结果中 τ_3 的转折在 SiO_2 含量 6.4%的样品处。τ_3 的反应的是硅橡胶中 SiO_2/有机硅界面交叠的程度，表征的是界面微结构。在分散态时，硅橡胶中的 SiO_2 平均分散在硅橡胶的体层，且 SiO_2/有机硅界面没有发生交叠。当硅橡胶中的 SiO_2 持续增加时，SiO_2/有机硅界面发生交叠，同时导致界面处的自由体积尺寸减小，即 τ_3 的值减小。当交叠的 SiO_2/有机硅界面在硅橡胶体内发生逾渗时，这就为水分的扩散提供了连续的通道，如图 3-73（a）所示。

值得注意的是，硅橡胶中 SiO_2/有机硅界面在未经历强电场电晕老化时，其阻水性能非常好。但经电晕老化后，水分可以透入甚至透过硅橡胶。ATR-FTIR 的结果证实，电晕可以对硅橡胶的表面造成破坏，但表面破坏不足以使硅橡胶丧失阻水性，低 SiO_2 含量（≤2.2%）的硅橡胶阻水性结果可以证实这一点。结合实验数据推测，电晕老化还会引起硅橡胶内部 SiO_2/有机硅界面处的老化失效。根据固体物理理论可知，固体电介质内部的电子会在外电场的作用下定向移动，并产生极化。当 SiO_2/有机硅界面电子积累到一定程度时，界面处发生电荷放电，电子撞击 SiO_2/有机硅界面导致其失效，如图 3-73（b）所示。强电场环境下，SiO_2/有机硅界面电子的聚集和放电是本节研究新发现的硅橡胶内部纳米级界面的老化失效机理。

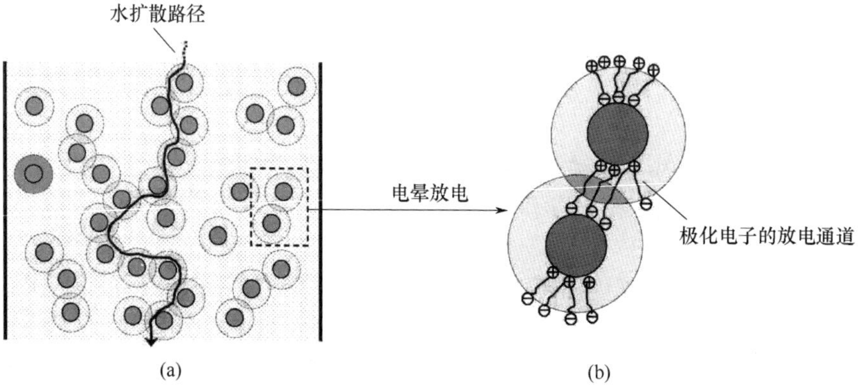

图 3-73　硅橡胶中二氧化硅/有机硅界面的失效示意图

（a）二氧化硅在有机硅中的逾渗；（b）二氧化硅/有机硅界面老化

3.3.2　氢氧化铝/HTV 界面失效

对于高压绝缘领域使用的硅橡胶，为了防止其在使用时被点燃，需要添加阻燃填料。目前，最常用的阻燃填料就是 ATH。在复合绝缘子运行服役的过程中，ATH 受热分解可以减少干带电弧对硅橡胶表面的腐蚀作用。作为硅橡胶中用量最大的无机填料，ATH 填料的加入会在硅橡胶中产生较多的 ATH/有机硅界面，从而对水分入侵硅橡胶的过程产生影响。

1. ATH 对硅橡胶中自由体积影响

本节研究用到的 ATH 颗粒的大小如图 3-74 所示，可见未经表面改性前颗粒的平均粒径在 2～5μm，当 ATH 颗粒经表面改性后，ATH 颗粒易黏在一起形成一个较大的颗粒结构。该结果表明，ATH 的粒径在微米级，因此硅橡胶中的 ATH/有机硅界面的尺寸也在微米级。因此，硅橡胶中微米级的 ATH/有机硅界面在数量上应远小于纳米级的 SiO_2/有机硅界面。

图 3-74　ATH 颗粒的 SEM 图片

（a）未经表面改性的 ATH；（b）表面改性后的 ATH

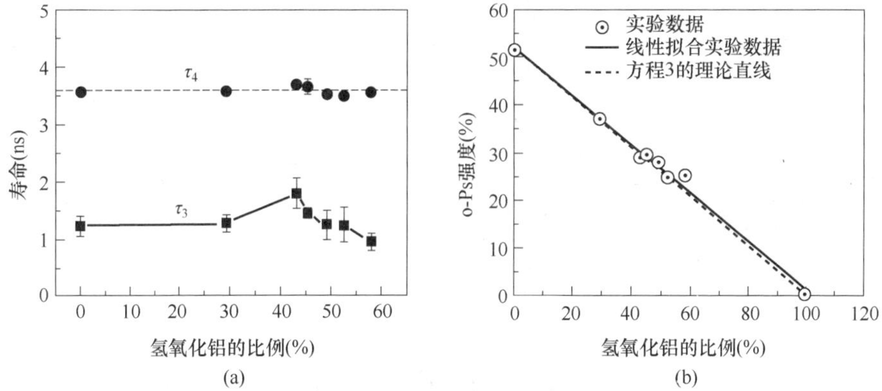

图 3-75　硅橡胶中正电子寿命谱结果随 ATH 的变化趋势

（a）τ_3 和 τ_4 的变化；（b）o-Ps 的强度的变化

图 3-75 为不同 ATH 含量硅橡胶的正电子寿命谱结果，当硅橡胶中的 ATH 含量增加时，τ_3 和 τ_4 基本上不随 ATH 含量而发生变化，τ_4 稳定在 3.60ns，τ_3 在 1.10ns 上下波动。这里的波动是由于微米级 ATH 颗粒的加入对硅橡胶中有机硅产生了隔离作用，对硅橡胶中有机硅的交联产生了影响。值得注意的是，o-Ps 的强度随着硅橡胶中 ATH 含量的增加而减少，并且呈线性下降趋势。我们单独测试了正电子在 ATH 颗粒中的湮没，发现其 o-Ps 的强度为 0，即 o-Ps 不会在 ATH 颗粒中生成。此时硅橡胶中的 ATH 含量越高，则其有机硅组分的相对含量就越低，因此 o-Ps 强度的减弱意味着硅橡胶中有机组分相对含量的减少，且 ATH 加入硅橡胶时不会引入新的自由体积。由于 ATH/有机硅界面的尺寸在微米级，因此 PALS

无法进行表征。下文将通过阻水性测试结果反推硅橡胶中 ATH/有机硅界面状态。

2. 不同 ATH 含量硅橡胶阻水性能

（1）未老化的硅橡胶表面形貌及阻水性能。图 3-76 中所示为电晕处理前，不同 ATH 含量的硅橡胶样品的 ATR-FTIR 结果。其中，3450cm^{-1}附近的四个小峰为 ATH 中—OH 的对称伸缩振动。同时随着 ATH 含量的增加这四个小峰的强度也逐渐增加，表明硅橡胶表面的羟基的含量逐渐增加。图 3-76（b）中，1008cm^{-1}和 788cm^{-1}处的峰强都随 ATH 含量的增加而呈减小趋势。这两个峰位分别对应 Si—O 键的对称伸缩振动和 Si—C 键的不对称弯曲振动，且都属于 PDMS 中的主要结构。该结果表明：硅橡胶中 ATH 的含量增加了以后，样品中 PDMS 的相对含量就减少。在 ATR 能检测到的表面深度范围内，PDMS 中基团的振动强度也就随之减小。

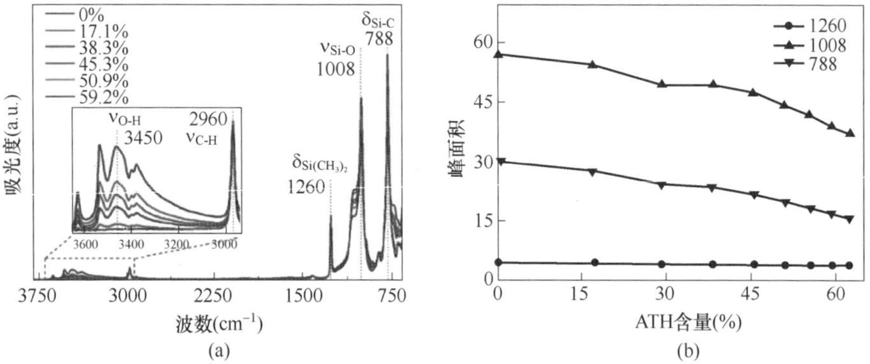

图 3-76 电晕处理前不同 ATH 含量的硅橡胶样品的 ATR-FTIR 谱

（a）峰位的归属；（b）1260、1008、788cm^{-1}处峰面积的变化

如图 3-77 所示，在未经电晕老化前，不同 ATH 含量的硅橡胶表面形貌都较为平整。马龙（Mallon）等通过测试深度可调的慢正电子束测试不同 ATH 含量的硅橡胶，发现硅橡胶的表面始终有一层 PDMS 含量丰富的高分子层（polymer skin）。推测较为平整的样品表面是由 PDMS 包裹 ATH 颗粒所致。当 ATH 含量增加时，样品表面出现的大粒径颗粒物逐渐增多。推测是硅橡胶中 ATH 颗粒含量增加后出现团聚并溢出，导致样品表面的大颗粒物数量增加。

图 3-78 为 ATH 含量为 52.5%的未老化硅橡胶在 NaCl 溶液中浸泡不同时间的伯德图。不难发现，在整个浸泡过程中，样品的阻抗模值 Z 随频率变化始终表现为一条斜线，在 0.1Hz 处的模值 Z_{max} 高达 $10^9\Omega\cdot cm^2$，相角也保持在−90°左右。由这些特征可以判断出，样品呈现更多的电容特性。值得注意的是，在 48h 的浸

泡过程中，监测到的伯德图也未随浸泡时间发生明显变化，即水溶液进入硅橡胶的量可以忽略不计，因此可以认为未老化的硅橡胶具有良好的阻隔性能。

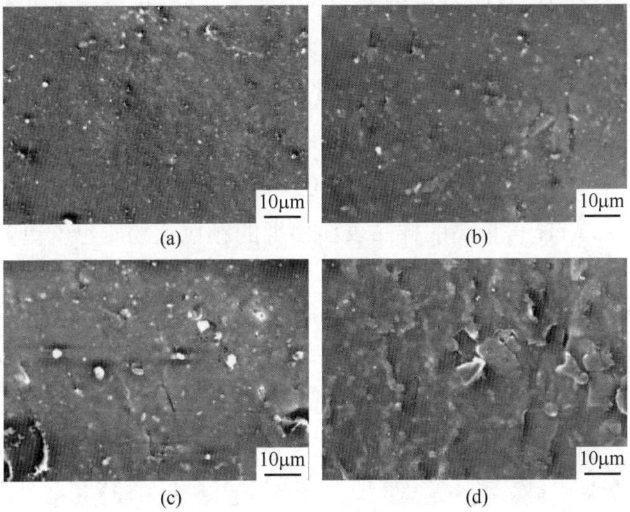

图3-77　不同 ATH 含量的未老化硅橡胶表面形貌

（a）29.3% ATH 含量的试样；（b）38.3% ATH 含量的试样；
（c）45.3% ATH 含量的试样；（d）52.5% ATH 含量的试样

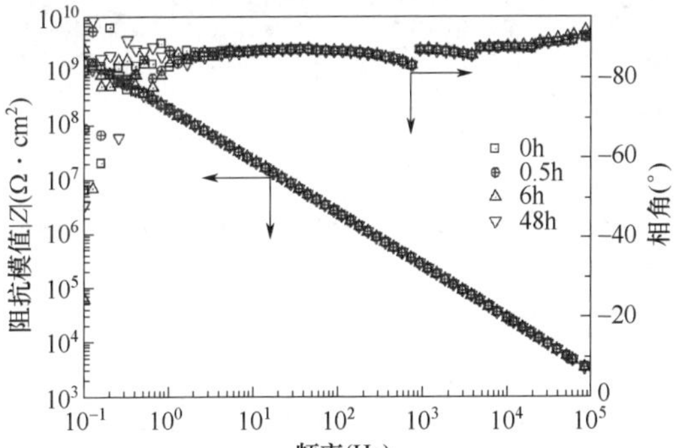

图3-78　未老化硅橡胶（52.5%ATH 含量）在 NaCl 溶液中浸泡不同时间的电化学交流阻抗谱伯德图

针对未老化的硅橡胶阻水性评估，本节研究也对 29.3、38.3、45.3%ATH 含量的硅橡胶做了测试。发现这三个样品在 NaCl 溶液中的浸泡期间与图 3-78 中的 52.5%ATH 含量样品表现出相同的阻水行为。该实验结果表明，不同 ATH 含量的硅橡胶在老化前，都具备良好的阻水性能。

（2）电晕老化后硅橡胶表面形貌及阻水性能。图 3-79 为电晕处理 72h 后不同 ATH 含量的硅橡胶样品的表面形貌。当 ATH 的含量较低时（29.3%），经电晕处理后其表面变得凹凸不平，虽有一定的白色颗粒裸露，但数量极其有限，如图 3-79（a）所示。随着 ATH 含量从 29.3%增加至 52.5%，电晕后的样品表面裸露的无机物也逐渐增加，即样品的表面越来越粗糙，见图 3-79（b）～图 3-79（d）。在电晕处理的过程中，硅橡胶样品表面的高分子层逐渐被消耗，导致内部的填料裸露出来。结合红外光谱的结果可知，电晕老化后样品表面还会生成氮氧化物，据此可以推断电晕处理后样品表面的白色颗粒物是氮氧化物、氧化铝以及 ATH 的混合物，那么 ATH 含量高的样品表面出现的颗粒状物质也就更多。

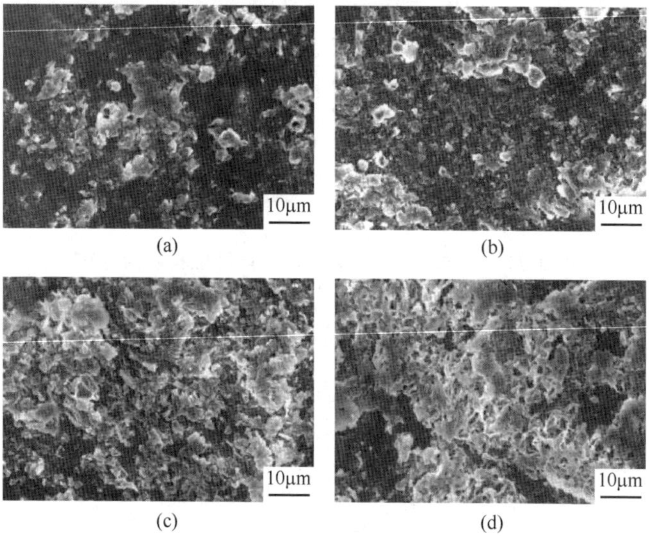

图 3-79　电晕老化后不同 ATH 含量硅橡胶的表面形貌

（a）29.3% ATH 含量的试样；（b）38.3% ATH 含量的试样；
（c）45.3% ATH 含量的试样；（d）52.5% ATH 含量的试样

ATH 含量为 29.3%的硅橡胶经 10kV 电晕处理 72h 后，其阻抗谱图随浸泡时间的变化如图 3-80 所示。在刚开始浸泡时（0h），该样品在 0.1Hz 处的模值 Z_{max} 非常高，几乎与同时期未老化的样品保持一致，即 $10^9\Omega \cdot cm^2$，然而在浸泡达到 50h 时，该值减小到 $10^8\Omega \cdot cm^2$。通常阻抗谱中 Z_{max} 的减小意味着水溶液的透入。就在此时，也监测到该样品的辐角出现了极小值，即 θ_{min}。通常 θ_{min} 以及其对应的频率 $f_{\theta min}$ 的出现是由于样品表面产生了分层剥离（surface delamination）所致。在样品厚度一致的情况下，样品表面剥离的程度与 $f_{\theta min}$ 的值成正比。该样品的 $f_{\theta min}$ 值为 2.66Hz，说明样品表面的只是产生了轻微的分层剥离。SEM 的结果也从侧面印证了这一点。经电晕处理后，ATH 含量为 29.3%的硅橡胶阻水性能有所下降，但总体上表现良好。在浸泡的初始阶段，样品的等效电路图为电容（C_b）和电阻（R_b）的并联，其中 R_e 为溶液电阻。

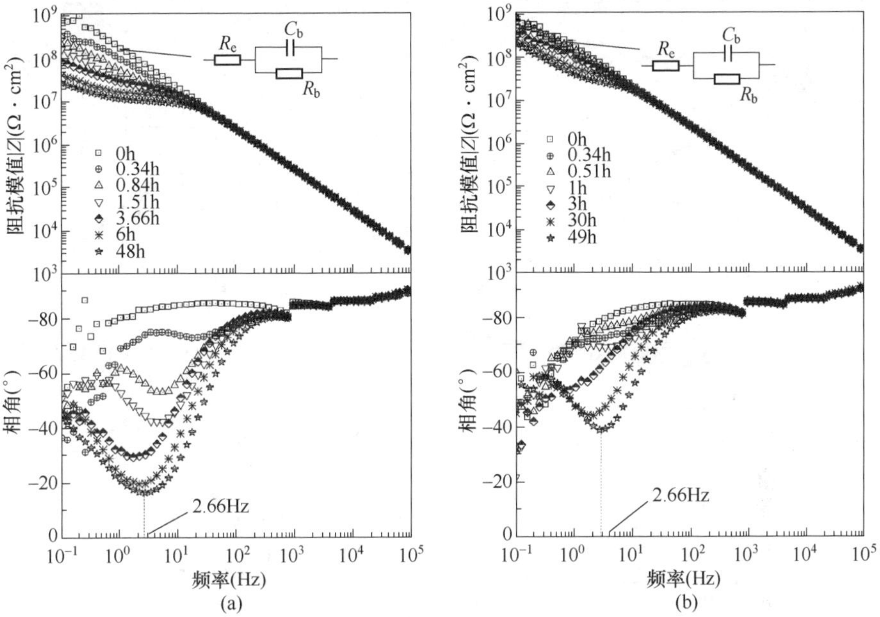

图 3-80　电晕后不同 ATH 含量硅橡胶样品的阻抗谱（伯德图）

（a）ATH 含量为 29.3%的硅橡胶样品；（b）ATH 含量为 38.3%的硅橡胶样品

如图 3-80 所示，ATH 含量为 38.3%的样品经电晕处理后，其浸泡初期的 Z_{max} 值与 29.3%的样品基本相同（$10^9\Omega \cdot cm^2$），同时用于描述该时期样品状态的等效电路图也相同。此外，在浸泡过程中出现的辐角极小值 θ_{min} 也相同（2.66Hz），即这两个样品表面都产生了相同程度的剥离现象。不同的是 ATH 含量为 38.3%的样品在浸泡 48h 后的稳定阶段，其 Z_{max} 值为 $10^8\Omega \cdot cm^2$，而 ATH 含量为 29.3%的样品只有 $10^7\Omega \cdot cm^2$，前者比后者高出了一个数量级。由于硅橡胶中的 ATH 会在电晕条件下吸热分解，所以当 ATH 含量增加至 38.3%时，硅橡胶的耐电晕能力有所提升，即最终的 Z_{max} 值高达 $10^8\Omega \cdot cm^2$。

图 3-81 为电晕处理后 ATH 含量为 45.3%的硅橡胶样品阻抗谱（伯德图）随浸泡时间的变化。该样品的阻抗谱的演化与 38.3%ATH 含量的样品较为相似。即浸泡稳定状态的 Z_{max} 的大小都在 $10^8\Omega \cdot cm^2$ 数量级。而 45.3%ATH 含量的样品没有出现幅角极小值 θ_{min}。在整个浸泡过程中，该 45.3%ATH 含量的样品的 Z_{max} 下降了约一个数量级。该 45.3%含量的样品在浸泡达到稳定时，其等效电路图为一个电容（C_b）和一个电阻（R_b）的并联。该结果表明，随着硅橡胶中 ATH 含量

的增加，其耐电晕能力提升，虽然水溶液可以透入硅橡胶，但是无法穿透样品，即样品依旧保持良好的阻隔性能；且硅橡胶中保持一定含量 ATH 是非常必要的，可以有效提升硅橡胶耐强电场电晕腐蚀的能力。

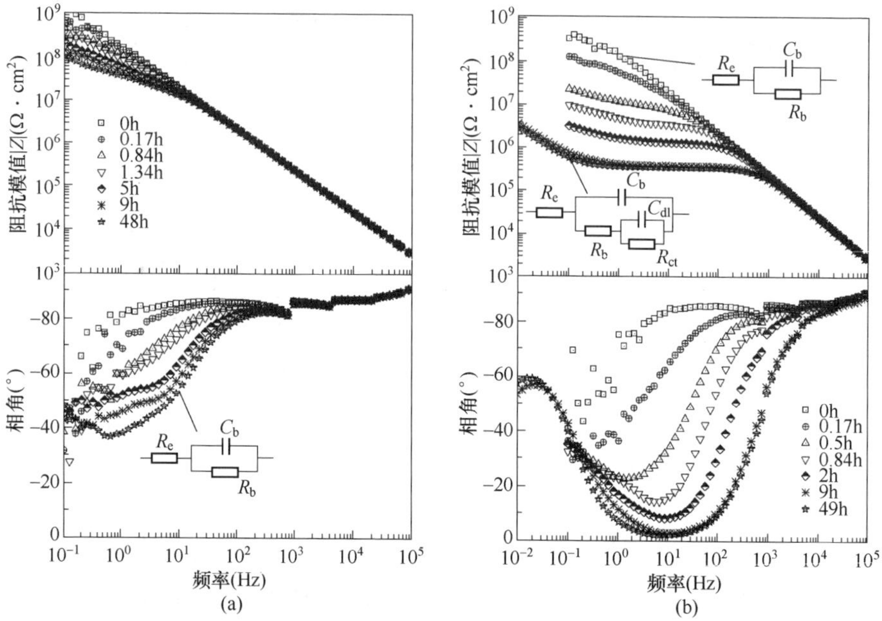

图 3-81　电晕处理后不同 ATH 含量的硅橡胶样品在 3.5%的 NaCl 溶液中浸泡时的阻抗谱（伯德图）

（a）ATH 含量为 45.3%的硅橡胶样品；（b）ATH 含量为 52.5%的硅橡胶样品

经电晕处理后，ATH 含量为 52.5%的硅橡胶样品，在开始浸泡的阶段的 Z_{max} 值约为 $10^9\Omega \cdot cm^2$，如图 3-81 所示。但随着浸泡时间的延长，其 Z_{max} 值开始明显下降。浸泡至 9h 时，Z_{max} 值持续下降到 $10^6\Omega \cdot cm^2$，即水溶液开始大量透入样品中。此时，阻抗谱在 0.1Hz 处出现了第二个时间常数，表明水溶液扩散到样品和工作电极之间的界面位置。在电场的作用下界面处水溶液中的离子会来回移动并产生双电层电容 C_{dll} 和电荷转移电阻 R_{ct}，那么此时的阻抗谱表现的就不仅仅是样品的信息。为了更好地描述这一结果，样品的等效电路也发生了对应的变化，即加入了并联的 C_{dl} 和 R_{ct}。双电层电容和电荷转移电阻的出现通常预示着水溶液完成了在样品体内的扩散。该结果表明，硅橡胶中的 ATH 含量虽然可以提升其耐电晕腐蚀的能力，但是过量的 ATH 会使硅橡胶被老化后的阻水性能大幅下降。

3. 氢氧化铝/有机硅界面失效

计算水溶液在不同 ATH 含量硅橡胶的扩散系数 D 的数值，其结果如图 3-82 所示。

未经电晕老化时，不同 ATH 含量的硅橡胶阻水性能较好，水溶液在硅橡胶中的扩散系数 D 与其 ATH 的含量没有表现出明显的相关性。当经历 10kV 条件下的强电场电晕处理 72h 后，不同 ATH 的硅橡胶的阻水性开始出现差异，呈现出先下降后上升的趋势。其中 29.3%和 38.3%硅橡胶的表面剥离，导致水溶液在扩散初始阶段较容易透入，因此扩散系数较高，但这两个样品依然具备阻水性。与之对应的是 52.5%ATH 含量的样品，其扩散系数的数值也较高，但水溶液可以透过该样品，即其不具备阻隔性能。由于硅橡胶中 ATH 含量的增加，主要影响 ATH/有机硅界面的数量，因此下文着重从 ATH/有机硅界面的角度解读 52.5%ATH 含量样品失效的原因。

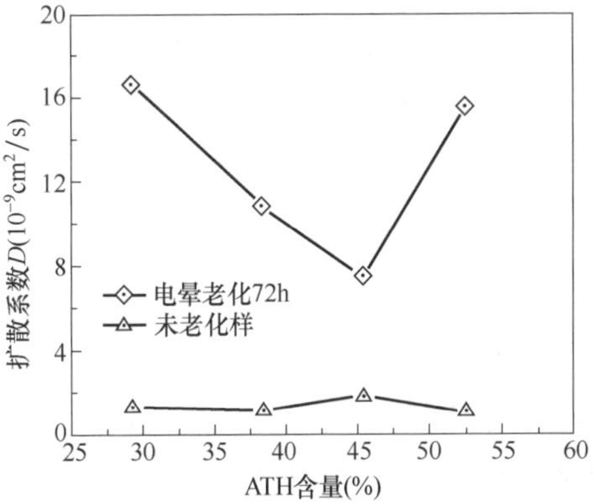

图 3-82　不同 ATH 含量硅橡胶电晕前后的扩散系数 *D* 的变化

本节研究中 ATH 填料的粒径主要分布在 2～5μm 范围内。在硅橡胶混合体系中，ATH 填料与硅橡胶有机硅 PDMS 基体之间的结合较为松散，ATH 属于惰性添加剂，ATH 与硅橡胶 PDMS 基体之间的界面黏结效果较差。在电介质材料中通常都含有“有限制”的通道或内部界面，在这些通道和内部界面上，有大量的可供电荷跳跃的位置。在硅橡胶中，ATH/有机硅界面结构松散，可以提供大量的电荷跳跃的位置。并且 ATH 填料本身可以电离出大量的离子（Al^{3+}和 OH^-），这些离子可以在 ATH 与硅橡胶基体之间的界面处跳跃，使界面出现离子极化和放电，并进一步成为水溶液扩散的通道。当硅橡胶中 ATH 颗粒含量达到某一临界值时，ATH 填料在硅橡胶基体中产生逾渗，这样水溶液就具备了透过硅橡胶基体的条件。因此，经电晕老化后，水溶液可以最终透过 52.5%ATH 含量的硅橡胶样品。

3.3.3　玻璃纤维/环氧树脂微观界面失效

芯棒中玻璃纤维与环氧树脂基体之间界面也是通过硅烷偶联剂黏接在一起

的，这个界面的作用是将增强材料（玻璃纤维）和基体材料（环氧树脂）黏接成一个整体，并将机械负荷从基体传递到纤维。就玻璃钢材料而言，其整体的各项性能（力学性能、电气性能、耐化学腐蚀性能、光学性能等），都可以分解为以下三个方面：①玻璃纤维的各项性能；②环氧树脂基体的各项性能；③二者界面的各项性能。进而言之，玻璃纤维、环氧树脂基体、二者界面，三者中的任何一个都可能成为限制玻璃钢性能的薄弱环节（如在复合绝缘子脆断现象中，应力腐蚀主要影响的就是玻璃纤维的性能）。

在玻纤环氧复合材料领域的研究中，玻璃纤维与环氧树脂界面的力学性能，是研究所关注的重点问题。玻璃钢的机械断裂特征可以作为纤维-树脂界面黏接效果的标志：当玻璃钢沿顺纤维方向承受单向拉伸载荷发生断裂时，若宏观断面相对比较平整，则意味着纤维-树脂界面黏接良好；若宏观断面不规则、且存在纤维被抽出的现象，则表明纤维-树脂界面黏接为中等黏接强度；若存在几个宏观断面、断面不规则、纤维被抽出、断面间的区域存在剪切破坏，则说明纤维-树脂基体界面黏接效果较差。图 3-83 展示了芯棒中玻纤/环氧界面的两种基本断裂形式，当玻纤/环氧界面黏接较好，玻璃纤维受损后会发生穿透基体的断裂，其宏观表现就是断口齐整；当玻纤/环氧界面黏接较差时，玻璃纤维受损时，应力会沿界面传递，其断裂时会有纤维拔出，且端口不齐整。

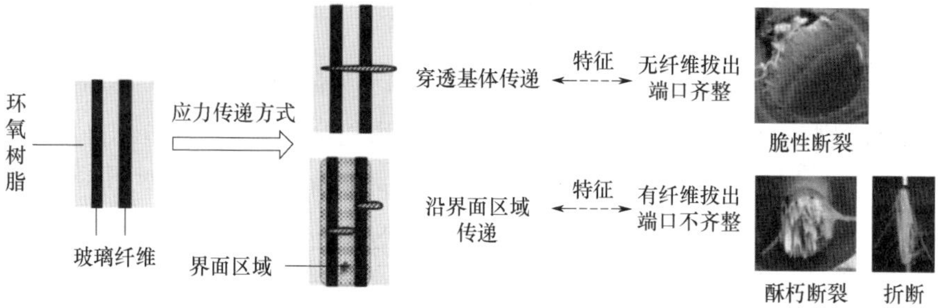

图 3-83　芯棒中玻纤/环氧界面的两种基本断裂形式

1. 案例分析

本节以实际运行过程断裂的某 500kV 线路绝缘子为例，开展芯棒微观界面失效机理的研究。将故障试品和正常试品绝缘子进行外观检查，主要检测结果如下：

该批次复合绝缘子伞套具有弹性、颜色正常，未见积污、老化现象。

2 号复合绝缘子断串部位位于高压端第 1 和第 2 大伞之间，芯棒断裂部位参差不齐、玻纤发生拉丝，断口伞套及芯棒未见放电蚀损痕迹，该复合绝缘子断裂不同于常规的脆断和朽断，如图 3-84 所示。

检查发现断串复合绝缘子第 2 与第 3 大伞之间护套存在长 1cm 左右的裂缝，解剖后发现裂缝已贯穿到芯棒，内部芯棒已发生裂解老化现象，如图 3-85 所示。该裂缝较大可能为生产、运输或安装过程中受外力影响产生。护套存在贯通性裂缝则外界潮气及酸性溶液易发生渗入，在潮气及酸性溶液作用下，对芯棒玻纤产生腐蚀作用、同时芯棒中环氧树脂成分发生水解，芯棒机械性能发生快速下降。

图 3-84　复合绝缘子断串部位外观图

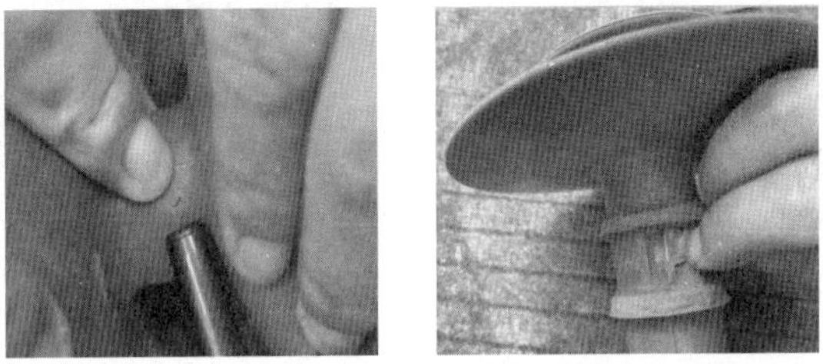

图 3-85　复合绝缘子第 2 和第 3 大伞间护套裂缝外观检查情况

为验证以上猜想，对 2 号样断裂部位界面处和并联串 1 号样同样部位的芯棒进行了表面微观形貌表征。1 号样芯棒表面的 SEM 和对应的能谱（energy dispersive spectrometer，EDS）图分别如图 3-86 所示。

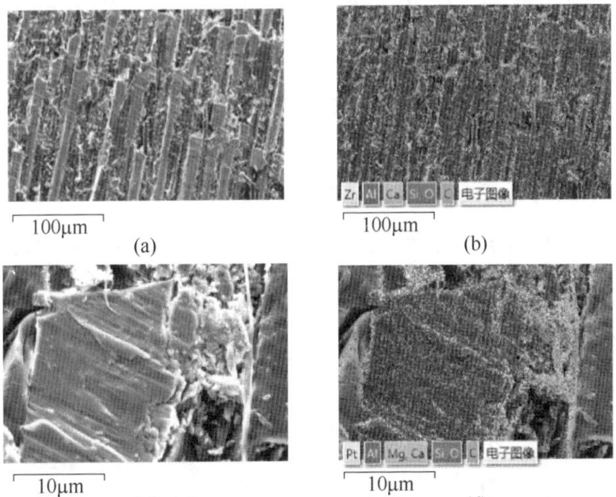

图 3-86　1 号样芯棒表面测试结果

（a）表面位置 1 的 SEM 图；（b）表面位置 1 的 EDS 图；
（c）表面位置 2 的 SEM 图；（d）表面位置 2 的 EDS 图

从 SEM 图像中可以看出，1 号样芯棒表面较平整，在显微镜下呈棒状的玻纤被环氧树脂包覆并聚成整体。芯棒中的 Si、O、C 元素分布如图 3-87 所示。

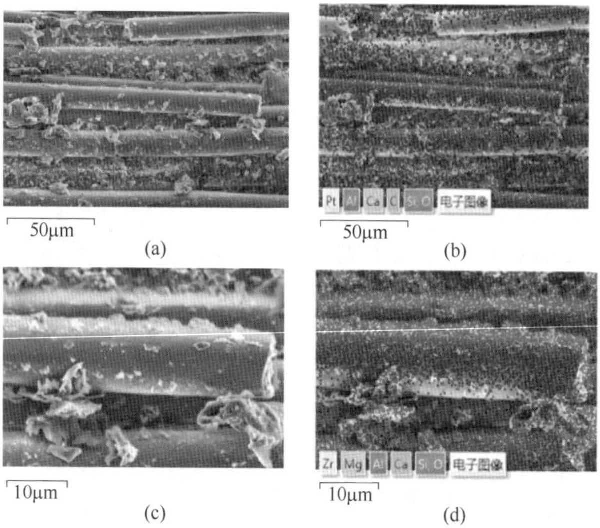

图 3-87　2 号样断串处芯棒表面测试结果

（a）表面位置 1 的 SEM 图；（b）表面位置 1 的 EDS 图；
（c）表面位置 2 的 SEM 图；（d）表面位置 2 的 EDS 图

从断串样的芯棒表面 SEM 和 EDS 图中可以看出，棒状的玻璃纤维呈现分立的状态，纤维表面光滑，表面包覆的环氧树脂几乎消失。从 EDS 图中看出，代表环氧树脂的绿色在图中所占比例极小。这说明包裹玻纤的环氧树脂被腐蚀殆尽。从以上结果分析中可推测，水分从护套的缺陷入侵后，在强电场下生成酸溶液，和芯棒接触时从外到内逐渐腐蚀芯棒中间的环氧树脂，从而造成玻纤分离，芯棒最终失去力学性能。从断裂部位的外观可以看出，断裂部位从护套中抽出，长度达到 200mm 左右，这说明酸溶液对芯棒的腐蚀不仅是垂直于芯棒方向的，而且是沿着芯棒方向的。

由此可见：采用扫描 SEM 结合 EDS，可对复合绝缘子中的芯棒微观界面开展分析。通过 SEM 可以直接观察芯棒中环氧/玻纤界面的连接状态，另外玻纤中主要含 Si 元素，环氧中多还有 C 元素。因此可以通过图片中 C 元素的像素点含量判断芯棒中环氧/玻纤界面状态。

2. 沿面放电下芯棒载荷

本节研究芯棒在外部放电情形下的蚀损特性。当护套破损时，可能存在表面电导率下降的情况，导致沿面存在微弱放电。绝缘子在内部存在酥朽缺陷时，护套常存在击穿孔、破损情况，破损处芯棒裸露在外，更容易受到外部放电、水汽侵蚀的影响，加速芯棒材料的裂解。

（1）试验装置与样品。试验通过盐雾在芯棒表面形成导电水膜，在高压下表面形成微电流放电，对芯棒产生蚀损。在盐雾中对芯棒样品电蚀损的试验装置如图 3-88 所示。

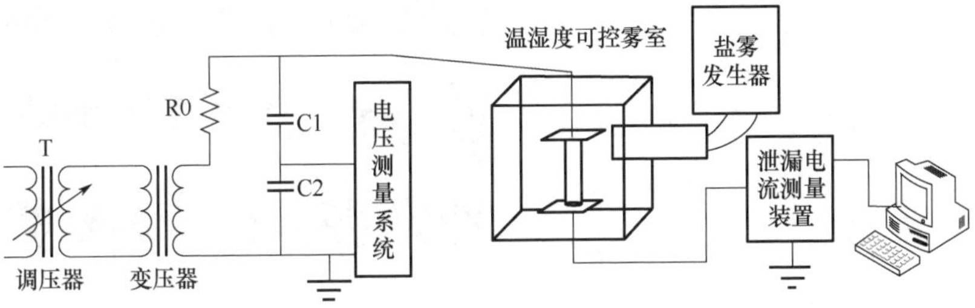

图 3-88　试验原理图

为了研究不同盐水电导率及不同电压对芯棒表面电蚀损的影响，设置了表 3-16 中的样品和试验方法。

表 3-16　　6 mm 芯棒试验条件

芯棒编号	芯棒直径（mm）	盐雾电导率	施加电压（kV）	裸露长度（mm）
A1	6	500μS/cm	5	100
A2	6	2mS/cm	5	100
A3	6	2mS/cm	8	100
A4	6	1mS/cm	5	100
B1-B5	1	2mS/cm	5	100
B6-B10	1	1mS/cm	5	100
C1	6	2mS/cm	5	10
C2	6	2mS/cm	5	30
C3	6	2mS/cm	5	50
C4	6	2mS/cm	5	70

芯棒两端贴覆铜箔作为导电电极，中间绝缘距离统一为 10cm。蚀损试验后，使用拉力机对 1mm 直径芯棒进行机械性能测试。该拉力机可以测试芯棒的拉力曲线，最大输出拉力为 50kg。

（2）试验分析。通过超声波起雾器产生盐雾，通入小雾室内饱和受潮，在芯棒两端施加高电压，使用泄漏电流监测系统记录试验过程中的电流趋势。通过改变盐雾的雾水电导率、样品护套裸露长度，试验研究了表面放电电流不同时的芯棒蚀损效果，并且在放电蚀损试验后测试了 1mm 直径芯棒的力学性能。

1）6mm 芯棒电蚀损试验。样品 A1、A2、A4 试验分别持续进行了 150h，其电流趋势和表面形貌变化如图 3-89～图 3-91 所示。

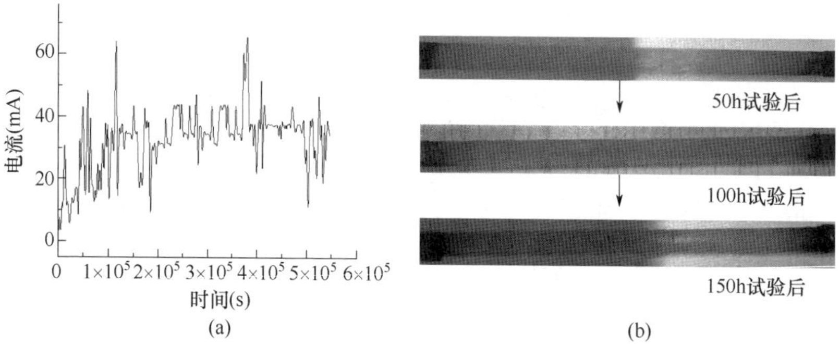

图 3-89　样品 A1 试验中电流趋势和表面形貌

（a）沿面电流趋势；（b）样品形貌变化

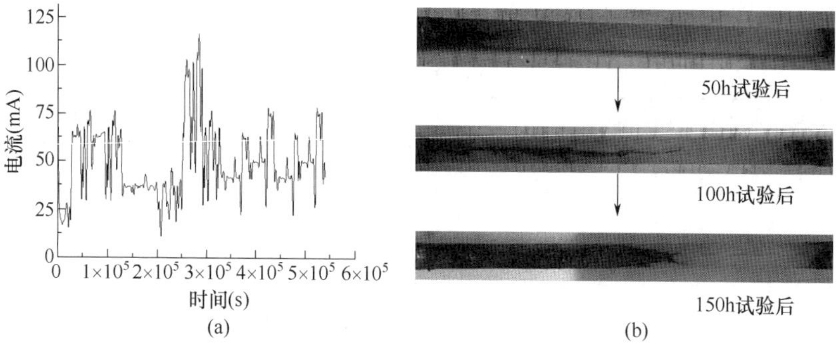

图 3-90　样品 A2 试验中电流趋势和表面形貌

（a）沿面电流趋势；（b）样品形貌变化

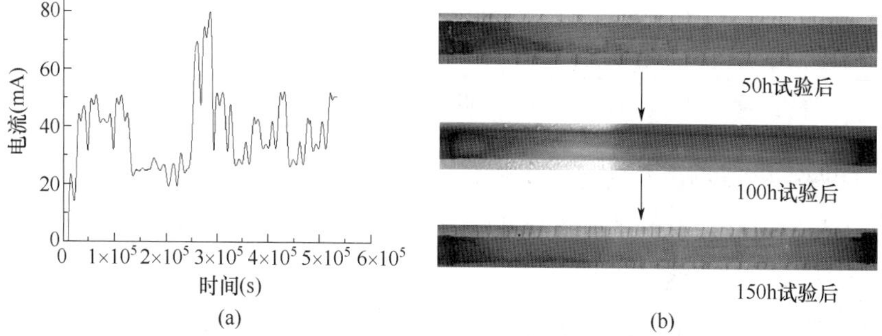

图 3-91　样品 A4 试验中电流趋势和表面形貌

（a）沿面电流趋势；（b）样品形貌变化

A3 号样品经过 56h 出现了严重的击穿，如图 3-92 所示。

图 3-92　样品 A3 经 56h 试验时形貌

试验中，A1 样品的沿面放电电流大部分时间在 30～40mA 范围波动。试验后，高压侧芯棒表面有发黄发黑的蚀损痕迹，随蚀损时间增长，芯棒表面粗糙度增加，两端的黑色蚀损痕迹也变多。

A2 样品的表面放电电流大部分时间在 40～110mA 范围内波动。在施加高电压的左侧，芯棒表面碳化严重，有明显的碳化蚀损通道。随着试验时间的增长，表面缺陷从高压侧不断向低压侧发展，有逐步贯通的趋势。

弯折 A3 号芯棒，可轻易折断，断口在高压侧碳化初始的位置，表明此处的蚀损造成了芯棒机械性能的下降，可能在未击穿前，其机械性能已严重下降。

A4 样品的表面放电电流大部分时间在 30～50mA 范围内波动。试验进行到 50h 时，芯棒施加高压的一端出现了变黄变黑的蚀损。芯棒其他位置表面粗糙度上升，玻璃纤维暴露出来。进行到 100h 时，芯棒表面的蚀损位置向前发展，端部芯棒表层的蚀损物质脱落下来。试验进行到 130h 时，芯棒表面的蚀损痕迹继续向前发展。

由试验现象可以看出，试验条件中，盐雾的含盐量越高，电压越高，导致试验中芯棒表面放电电流越大，芯棒产生的蚀损越严重。

2）1mm 芯棒电蚀损后力学特性试验。对 1mm 直径的芯棒进行电蚀损试验，分别在 2ms/cm 和 1ms/cm 电导率的盐雾中，施加 5kV 的交流高压，开展高压试验，经过 5h 试验后，取出两组样品进行观测，如图 3-93 所示。

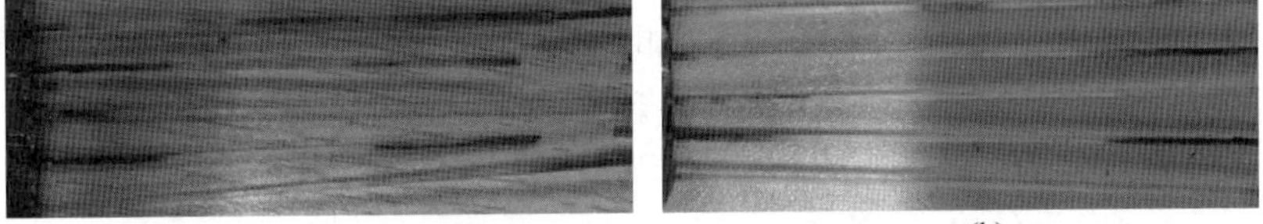

(a)　　(b)

图 3-93　1mm 直径芯棒盐雾中电蚀损试验后形貌

（a）2ms/cm 电导率盐雾下试验；（b）1ms/cm 电导率盐雾下试验

发现电导率为 2ms/cm 的高电导率盐雾下，芯棒基本都出现了严重的烧蚀痕迹，并且都发生了断裂。在 1ms/cm 的高电导率盐雾下试验后的芯棒，表面由明显烧蚀痕迹，但未发生断裂，通过拉力机测试未断裂的芯棒的力学性能。以 100N/s 的速度，对芯棒施加拉力，直至达到 420N（额定载荷折算）或者芯棒断裂时结束试验，记录正常芯棒和蚀损芯棒的拉力随时间的变化情况，五支芯棒的断裂应力如图 3-94 所示。

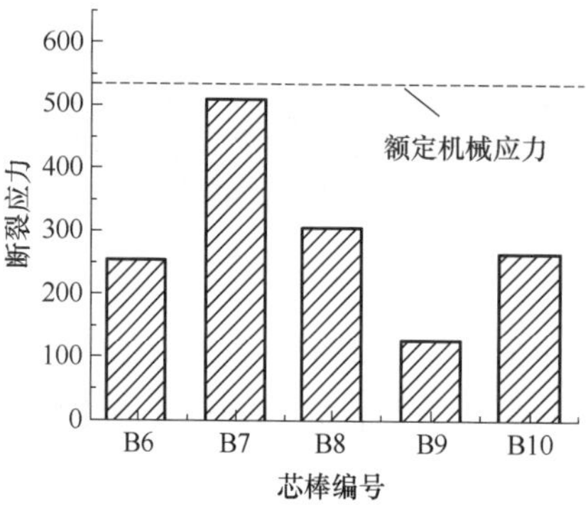

图 3-94　电蚀损试验后芯棒的断裂应力

试验现象表明，高电导率盐雾下 1mm 芯棒样品蚀损比较严重，经过 5h 试验直接发生了断裂。对于较低电导率盐雾下电蚀损的芯棒样品，试验后也有明显蚀损痕迹，同时断裂应力也出现了明显的下降，低于额定机械应力。

3）护套破损的 6mm 芯棒电蚀损试验。对护套部分缺失的样品进行高压下蚀损试验，在电导率 2ms/cm 的盐雾中试验 30h 后，对比芯棒试验前后的表面形貌，如图 3-95 所示。

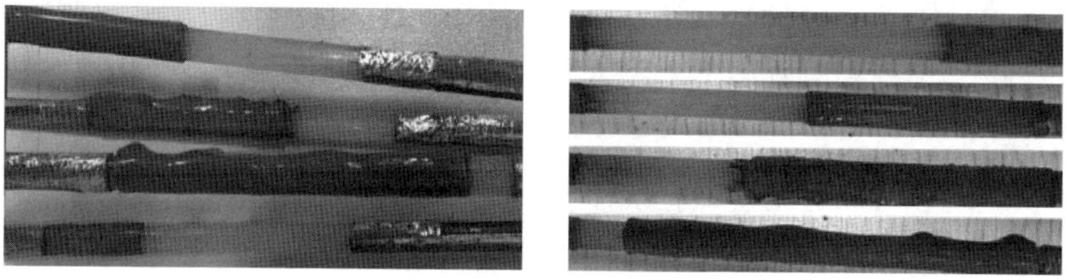

(a)　　(b)

图 3-95　护套破损的 6mm 芯棒试验前后形貌

（a）试验前形貌；（b）试验后形貌

由图 3-95 可见，护套的缺损程度较大时，芯棒表面出现的蚀损缺陷较为明显，而护套缺陷面积较小时，芯棒表面的蚀损程度较小。护套保护的芯棒具有较强的抗蚀损能力，护套包覆越多，蚀损程度越小。

3. 玻璃纤维/环氧树脂失效

本节针对前文中护套/芯棒界面失效机理中试样的芯棒开展玻璃纤维/环氧树脂失效机理研究，重点关注芯棒的内部微观界面。

扫描电镜分析：利用场发射扫描电子显微镜 Merlin 分别观察芯棒界面、

截面、内表面形貌，取样位置如图 3-96 所示，为护套-芯棒界面处 3mm 范围内的玻纤环氧。

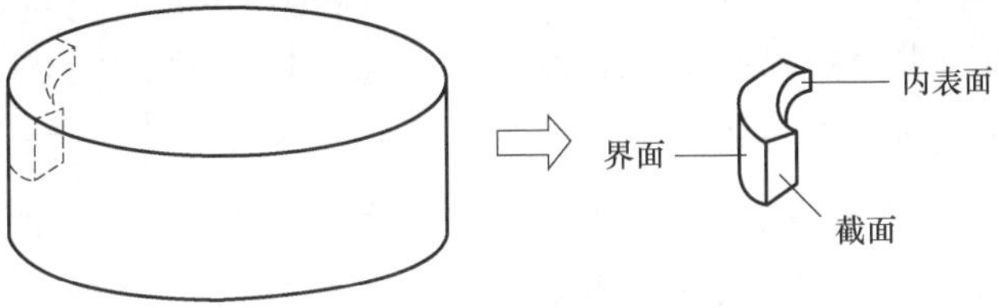

图 3-96　SEM 取样位置示意图

芯棒截面形貌如图 3-97 所示，可见护套-芯棒界面处的环氧玻纤发生了由外向内的劣化，界面处环氧树脂发生分解，玻璃纤维裸露，而内截面的玻璃纤维被包裹在环氧树脂基体中，且二者的界面黏接良好。

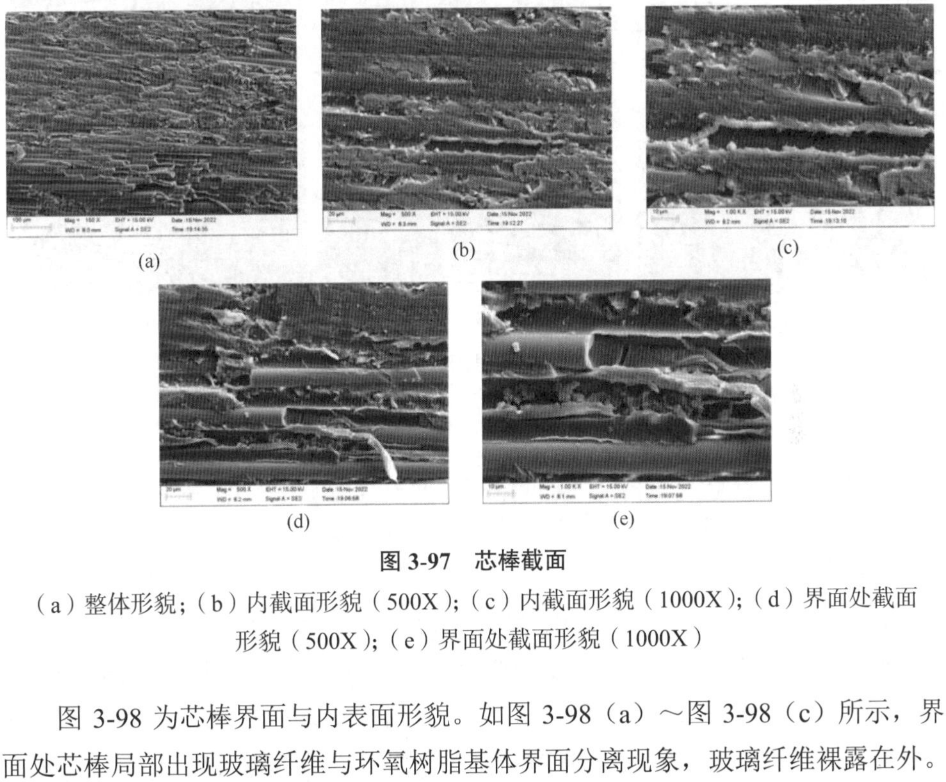

图 3-97　芯棒截面

（a）整体形貌；（b）内截面形貌（500X）；（c）内截面形貌（1000X）；（d）界面处截面形貌（500X）；（e）界面处截面形貌（1000X）

图 3-98 为芯棒界面与内表面形貌。如图 3-98（a）～图 3-98（c）所示，界面处芯棒局部出现玻璃纤维与环氧树脂基体界面分离现象，玻璃纤维裸露在外。而图 3-98（d）～图 3-98（f）表明，芯棒内部玻璃纤维与环氧树脂基体界面良好。结果表明，在湿热环境和强电场作用下，护套-芯棒界面处更容易受到外界恶劣环境以及局部放电的影响。界面处芯棒环氧基体严重劣化，玻璃纤维排列松散，

大量破损的环氧树脂基体残留在玻璃纤维周围。

纤维-树脂基体界面是一种极其重要的微观结构，它的界面黏接性能及其他性能的改变会直接影响复合材料的整体使用性能和使用寿命。在湿热环境中，纤维-基体界面层因水分的渗入发生溶胀效应，当产生的应力大于界面间的黏接力时，界面就会产生破坏。大量试验研究发现，水分子浸入复合材料内部有 3 种途径：①可以通过树脂基体中的宏观断裂处；②借助树脂基体中水溶性杂质产生的渗透压使树脂基体产生微裂纹；③材料在加工过程中会出现气泡，气泡破坏后会留下空洞。

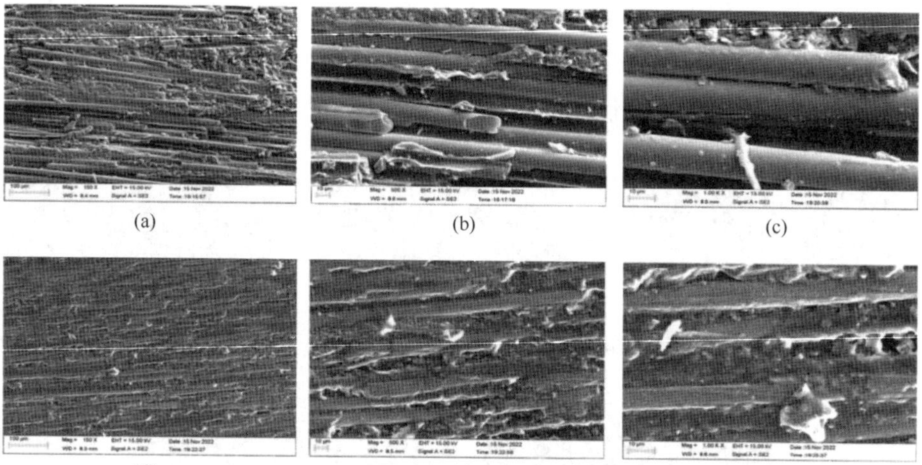

(a)　(b)　(c)　(d)　(e)　(f)

图 3-98　芯棒界面与内表面形貌

（a）~（c）界面形貌；（d）~（f）内表面形貌

通常水分的渗入有损复合材料的力学性能，尤其在湿热环境下，水分子的扩散会在基体中产生膨胀应力，环境温度的升高还会带来热应力。水分子、膨胀应力和热应力的耦合作用在玻璃纤维增强塑料（glass fiber reinforced plastics，GFRP）材料内部产生残余应力，从而影响材料的使用性能。玻璃纤维增强环氧树脂的水分渗透机制比未增强基体的渗透机制要复杂，水分在基体之间的空隙和纤维-基体界面之间的传输是一种常见的传输机制，在这些区域中发生的损伤也会使得材料的性能发生急剧变化，因此对这方面的研究也变得尤为重要。

红外光谱分析：复合绝缘子芯棒的主要成分为玻璃纤维、双酚 A 型环氧树脂及少量固化剂和偶联剂，其中双酚 A 型环氧树脂的分子式如图 3-99 所示，芯棒的主要特征官能团及其对应的吸收峰位置见表 3-17。

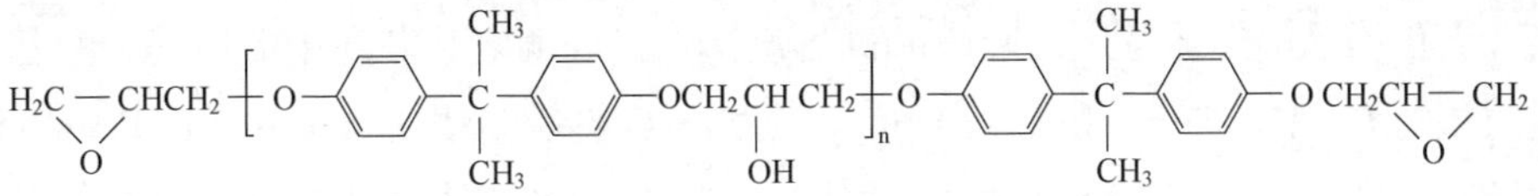

图 3-99　双酚 A 缩水甘油醚环氧树脂的分子式

表 3-17　芯棒的典型基团红外特征峰及其位置

特征基团	波数（cm^{-1}）
O—H	3700～3200
CH3 中的 C—H	2970～2920
酯基中的 C═O	1736
芳香族（苯环）结构	1608
芳香族（苯环）结构	1510
脂肪族的 C—H	1457
脂肪族的 C—C	1182
脂肪族的 C—O—C	1040
芳香族（苯环）结构	831
Si—O	480

取各试样界面处芯棒材料进行红外光谱测试，结果如图 3-100 所示。

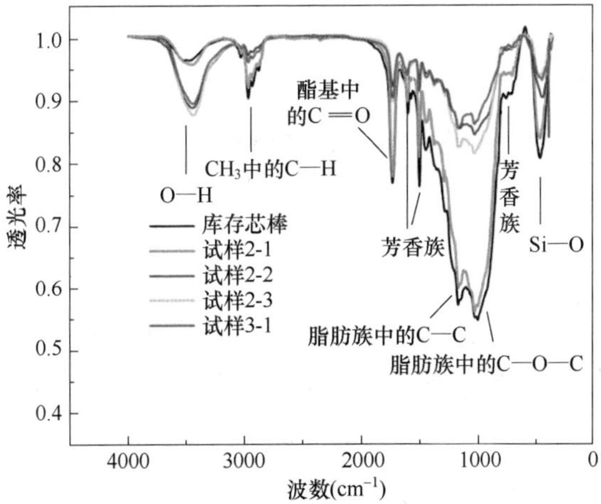

图 3-100　界面失效试样的界面处芯棒 FTIR 测试结果

波数位于 3700～3200cm^{-1} 的羟基吸收峰，主要来源于芯棒吸湿和环氧树脂氧化。对于波数位于 2970～2920、1736、1457、1182、1040 和 480cm^{-1} 处的吸收峰，老化样品的上述基团的吸收峰高逐渐降低，表明老化芯棒中的甲基、酯基、脂肪族的C—H、C—C和C—O—C以及Si—O键等基团的含量降低，其中甲基与脂肪族结构是环氧树脂基体的官能团，Si—O键是芯棒中玻璃纤维的官能团，而酯基来自芯棒中的酸酐固化剂和硅烷偶联剂，说明老化过程中环氧树脂基体主链和侧链断裂，玻纤发生水解和离子交换反应，固化剂和偶联剂的酯基水解。需要说明的是，各试样的吸收峰高并不相同，原因可能在于取样的分散性和黏接不良缺陷的不均匀性。

取发生界面失效的试样3-1的芯棒进行红外光谱测试，最外面为芯棒外层（接触护套），内部1mm处为中间层，1mm以内为芯棒内层，如图3-101所示。

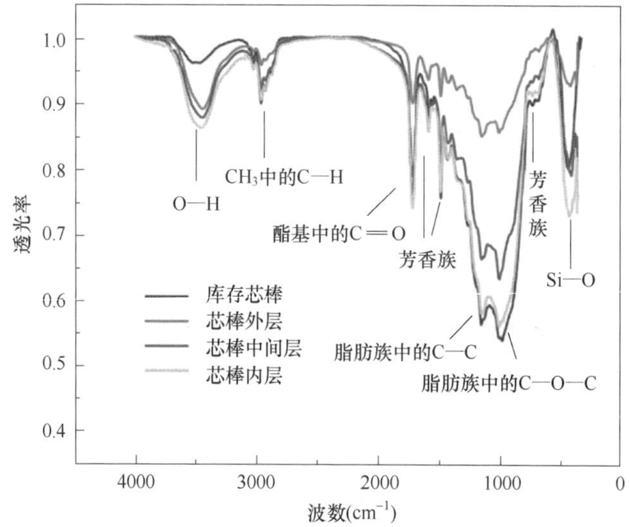

图3-101 界面失效试样3-1的芯棒材料FTIR测试结果

从图3-101可以看出，Si—O和脂肪族中的C—O—C、C—C峰的强度由外层向里层呈减小的趋势，且芯棒内层的Si—O、C—C和C—O—C峰强接近于库存芯棒，说明芯棒发生了由外至内的老化，这与界面缺陷的存在有关。带界面缺陷的复合绝缘子吸潮时，缺陷附近会发生严重电场畸变，增大局部放电的可能性。这类放电在复合绝缘子内部护套-芯棒界面处发生，用紫外难以发现，但内部局部放电引起的异常温升可以用红外测温仪发现。

介电特性：本节研究分别对高温硫化硅橡胶和玻璃纤维增强GFRP进行水煮老化并对其介电性能进行检测，测量样品在工频50Hz，温度为20℃时的相对介电常数和介质损耗因数，总结在表3-18中。

表 3-18　高温硫化硅橡胶与高温硫化硅橡胶介电性能

样品	ε'	$\tan\delta$
新硅橡胶	4.32	4.06%
新 GFRP	6.55	4.67%
老化硅橡胶	5.12	5.20%
老化 GFRP	8.01	9.44%

老化后硅橡胶与 GFRP 的 ε'和 $\tan\delta$ 都有所上升，原因在于：一方面，材料老化过程中会产生极性基团，导致 ε'上升，产生的一系列自由基增强了材料的极化损耗，导致 $\tan\delta$ 升高；另一方面，水具有强极性，在 20℃工频下的介电常数为 81，远高于硅橡胶和 GFRP 的介电常数，绝缘材料老化吸水后在交流电场的作用下会加剧偶极子极化过程，导致介电常数和介质损耗因数增加。

第 4 章 复合绝缘子芯棒断串机理

4.1　复合绝缘子芯棒断串机理概述

复合绝缘子中的界面失效最终会引发断裂故障，本章在前面界面失效机理研究基础上，进一步阐述复合绝缘子断串机理。统计表明，复合绝缘子断裂可分为脆断、朽断、折断等三个类型。对于单串绝缘子，复合绝缘子断裂就意味着掉线，严重的甚至会引发倒塔事故；对于双串绝缘子，其中一支绝缘子发生断裂则增加了另一支绝缘子故障的危险性。

朽断是近年来出现的一种新的复合绝缘子机械断裂形式，主要有以下特点：芯棒断口处不整齐，呈扫帚状，且有明显腐蚀痕迹；在高压端侧护套存在径向的击穿孔；某些绝缘子在断裂之前可以发现明显的温升现象。该类绝缘子断裂紧急缺陷的破损特征和故障参数与已知绝缘子脆断事故有着明显的区别，由此初步推断故障机理也异于我们已经清楚的脆断事故。弄清这种新型复合绝缘子的故障机理对完善复合绝缘子缺陷理论系统有着重要的意义。

脆断是最早出现的断裂形式，目前对其特征研究已经较为明确，但是国际上对于复合绝缘子脆断产生的机理没有达成共识，同时缺乏降低脆断发生概率的措施以及对其进行有效的检测手段。本章结合前人工作结果，综合分析复合绝缘子脆断的断裂机理，并通过试验对不同理论进行验证。

折断是复合绝缘子在一些特殊工况下无法承受机械应力引起的断裂。V 形绝缘子串在一些容易出现大风的地区，该串型绝缘子容易受风吹出现较大应力的情况。因此，需要对其应力分布特点进行研究分析，并采取措施防范绝缘子应力超过额定机械强度。

4.2　复合绝缘子朽断机理

研究表明，存在酥朽缺陷的复合绝缘子常伴随明显的高温发热现象，但是有发热现象的复合绝缘子不一定存在严重的内部缺陷。导致温升的原因有多种，认识不同温升现象的原因有助于甄别绝缘子的缺陷情况，及时判断绝缘子内部是否存在严重的缺陷，从而有效指导现场巡检工作，为此对不同类型温升展开对比分析。根据现场缺陷绝缘子的外在温升表现，从温度高低划分，主要有高温升和低温升两种类型，本节针对两类发热开展研究。

4.2.1　异常温升

1. 高温升类型

近年来，国内出现了若干起复合绝缘子高压端异常发热事故，此类型发热特点为温度高，往往超过 10K，出现在高压端，且发热处从高压端延伸至较远位置，该类温升往往对应严重的界面酥朽缺陷。一些文献以及巡检中记录的高温发热案例见表 4-1。

表 4-1　部分高温发热绝缘子记录

序号	事故时间	电压等级（kV）	投运时间（年）	地区	发热现象	解剖现象
1	1999 年	220	4	广东佛山	高压侧 1～3 伞有温升，温度最高处 60.6℃	高压侧界面缺陷，芯棒酥朽
2	2002 年	500	—	天津	高压侧 1～4 伞发热，最高点 60.3℃	高压侧界面缺陷，芯棒酥朽
3	2012 年	500	—	深圳	部分高压侧高温发热	高压侧界面有蚀损通道
4	2016 年	220	12	山东	高压侧 1～6 伞处有温升，超过 30 K	高压侧界面缺陷，芯棒酥朽
5	2016 年	500	10	河南	5 支绝缘子高压侧发热，最大温升超过 30 K	高压侧界面缺陷，芯棒酥朽
6	2017 年	220	—	广东	高压侧高温发热	高压侧芯棒酥朽，护套穿孔
7	2017 年	500	2	广东珠海	大面积高压侧发热现象，少数高温发热	高温发热绝缘子高压侧芯棒酥朽

一些典型发热图如图 4-1 所示。

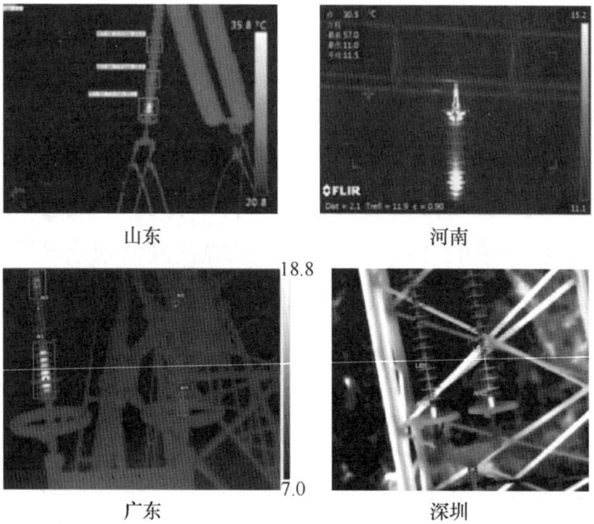

图 4-1　各地区复合绝缘子典型发热图

从图 4-1 看出，内部缺陷导致的高温发热温升一般较高，超 10K，同时发热位置会从高压端向低压端延伸一定距离，且发热位置呈现“分段”的特点，即多个发热点之间分散分布。

为进一步研究发热特性，对两支 500kV 高温发热复合绝缘子开展如下的试验研究。

2. 发热现象的影响因素研究

（1）发热受护套表面状态影响研究。绝缘子表面保持干燥未处理的状态，加压 30min 后，使用红外仪和紫外仪观察发热和放电现象。

1）干燥状态。在 7～8 伞、10～12 伞间有两处集中发热，图 4-2 中温度最高处达到了 34.1℃，温升 21.3℃。在干燥状态下加压时，A 绝缘子发热处 9～11 伞间外部有紫外光子数较多的情况，光子数达到 1140。B 绝缘子高压端部护套上（第 1 组伞）和 7～9 伞裙处有较强的发热，如图 4-3 所示，前者温度最高 57℃，后者温度 44℃，在干燥情况下，紫外仪图像上并没有观察到明显的电晕放电。

分析认为：A、B 绝缘子发热位置的伞裙和护套都没有破裂，对比其盐密测试结果，发热位置与盐密值高低无明显对应关系。

2）表面湿润后。为研究绝缘子受潮后的发热及表面电晕放电的变化情况，用喷壶在绝缘子表面均匀喷洒水雾，所喷水量使绝缘子表面充分湿润，又不使污秽流失。

喷水后对绝缘子加高压观察红外、紫外图像。表面喷水后，温升位置及温升数值与干燥情况下相近，主要观察其紫外放电情况。表面受潮后的紫外记录如图 4-4 所示。

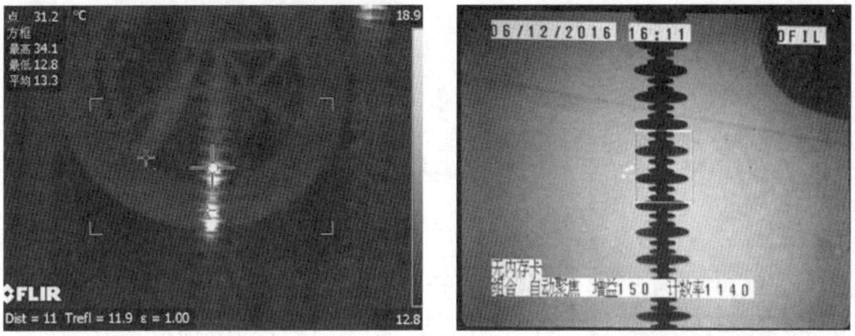

(a)　(b)

图 4-2　干燥状态发热放电记录

（a）A 绝缘子 7 ~ 12 伞发热情况；（b）A 绝缘子 7 ~ 12 伞放电情况

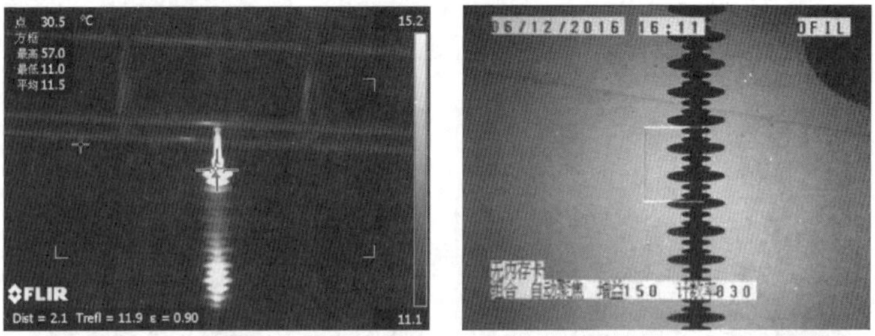

(a)　(b)

图 4-3　干燥情况下绝缘子发热图

（a）B 绝缘子高压侧发热情况；（b）B 绝缘子 7 ~ 12 伞放电情况

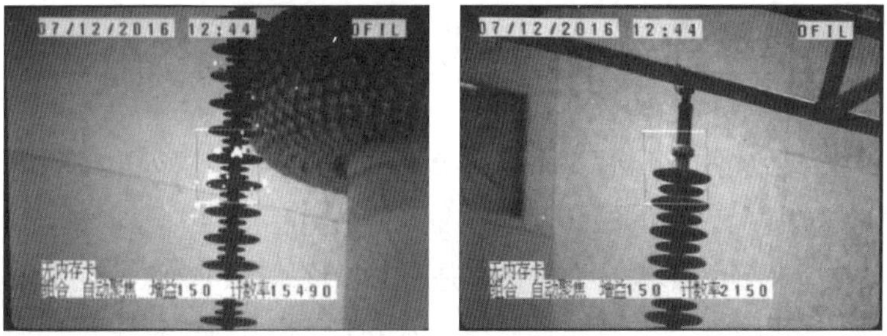

(a)　(b)

图 4-4　表面受潮后的紫外记录

（a）A 绝缘子表面放电现象；（b）B 绝缘子表面放电现象

A 绝缘子受潮后放电噪声增大，并且紫外光子数最大达到 15000。在 B 绝缘子表面喷水后，高压端部护套处观察到了较明显的电晕放电，光子数达到 2150，推测表面水分使得局部电场强度增大，造成了电晕放电。

分析：绝缘子在硅橡胶表面有水珠时，护套表面局部电场进一步增大，使得电晕放电更强烈。

（2）发热现象受电场影响研究。为验证电场强度对绝缘子发热的影响，把绝缘子倒挂，在球窝处加高电压，使绝缘子球窝端场强较高，加压 30min 后观测发热和放电现象。

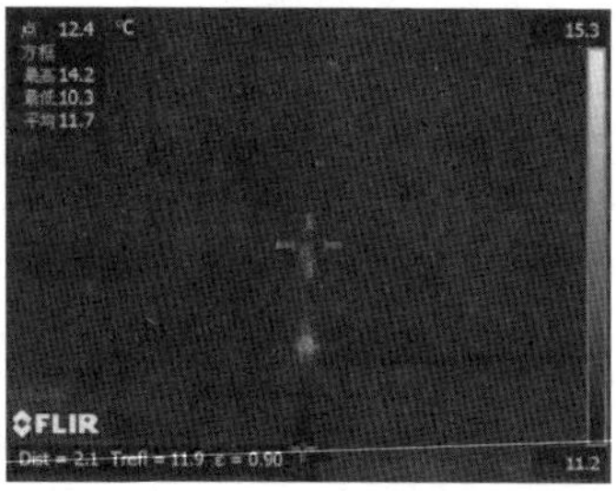

图 4-5　反向加高压红外图

1）A 绝缘子样品。观察到高压侧 7～8、9～11 伞处有轻微的发热，温度最高处比最低处高 3.9℃，如图 4-5 所示。

紫外仪未观察到明显的放电现象。

2）B 绝缘子样品。观察到球头端有轻微发热，温度最高处比最低处高 3.2℃。此外，在球窝处有轻微发热，温度最高处比最低处高 2.5℃，如图 4-6 所示。

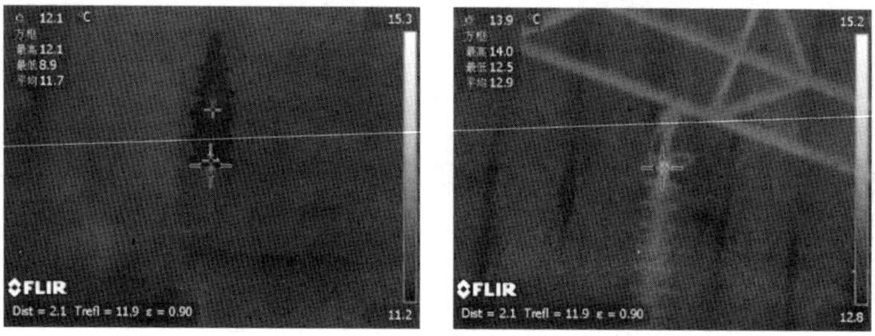

(a)　　(b)

图 4-6　反向加高压红外图

（a）球头轻微发热；（b）球窝轻微发热

紫外仪未观察到明显的放电现象。

分析：由于反向加高压时，原本绝缘子存在缺陷的位置处电场强度降低，因此缓解了局部放电等现象，减轻了发热与电晕放电程度。

（3）发热受均压环影响。为了研究是否装设均压环、绝缘子表面水分对发热现象的影响，分别在绝缘子有无均压环、外表干燥后几种情形下进行加压，观察红外温升现象。

均压环的装设情况分为三种：

1）未装均压环；

2）高压侧装原始均压环；

3）高压侧装新均压环。

不同工况下经过加压观测红外温升和紫外光子数的重复试验，记录结果见表 4-2。

表 4-2　　均压环不同装设情况下的温升、紫外光子

均压环情况	红外温升	紫外光子情况
无均压环	高压侧 5 伞处温升 65K	高压侧无明显放电，低压侧 12 伞处有放电
原均压环	高压侧 5 伞处温升 83K	高压侧无明显放电，低压侧 12 伞处有放电
现用规格均压环	高压侧 5 伞处温升 81K	高压侧无明显放电，低压侧 12 伞处有放电

试验中发现，是否装设均压环，以及装设的类型不一致时，对于发热及放电现象的影响不大，推测外部装设均压环对内部缺陷导致的局部电场畸变改善很小。

（4）发热现象受观测角度影响。试验时从不同角度记录绝缘子发热的情况，以判断绝缘子的缺陷位置是否存在不同。分别从绝缘子的正前、正左、正后、正右方记录，得到两支绝缘子的温升情况见表 4-3。表中温升值为绝缘子上发热处与环境温度的差值。

表 4-3　　不同角度温升记录

角度	温升（℃）			
	A		B	
	7～8 伞	9～11 伞	球头端护套	7～8 伞
正前（0°）	17.7	17.9	34.7	13.0
正左（90°）	21.1	22.4	27.8	10.4
正后（180°）	20.3	21.6	35.6	13.6
正右（270°）	16.4	19.0	39.4	27.0

表中看出，A 绝缘子在正左、正右处的温升高于其他角度的；B 绝缘子球头端护套处在正右、正前、正后方位的温升高于正左方，祥和 7～8 伞处在正右方的温升高于其他角度。

综合以上试验现象，可见复合绝缘子护套表层放电现象不明显，且发热与护套是否干燥无关，与是否装设均压环无关，与场强关系较大；同时不同角度处发热现象呈现明显的差异，表明绝缘子的发热特性受护套影响较小，可能是内部芯棒有酥朽蚀损，出现了气隙或芯棒表面变性的问题，导致该处的材料介电常数、电导率等电气参数变化，使绝缘子内部及护套附近局部场强集中，空气发生局部电离，存在正负粒子的激发和复合，出现电晕放电现象，伴随强烈的发热过程，外在表现为高温发热。

3. 样品解剖研究

两支发热绝缘子的高压侧解剖情况如图 4-7 和图 4-8 所示。

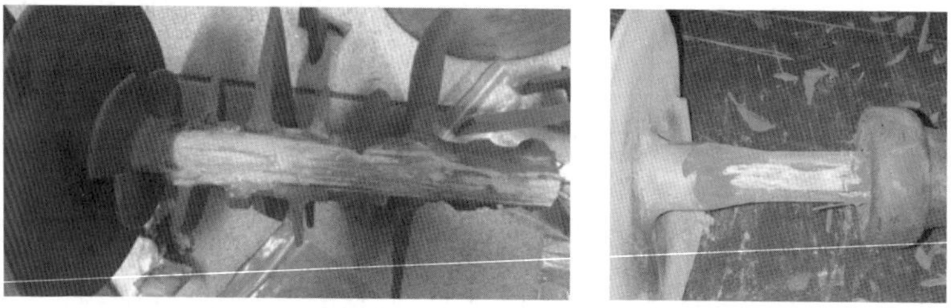

图 4-7 绝缘子 A 芯棒缺陷呈朽木状

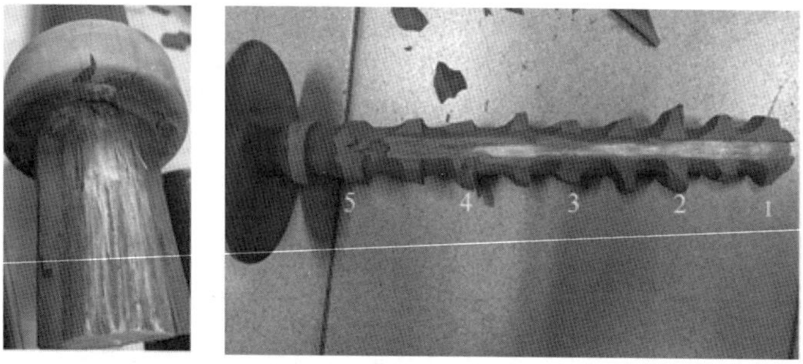

图 4-8 绝缘子 B 芯棒酥朽缺陷

解剖情况也表明，酥朽缺陷主要出现在绝缘子高压侧。并且从高压端向低压端缺陷程度逐渐减轻。推测温升是由绝缘子局部放电等过程产生的，绝缘子的内部缺陷分布在一侧，导致温升也与观测角度相关，温升最高处与内部缺陷位置对应。

4. 表层水分极化发热

根据现场记录和文献研究，绝缘子发热除了前述的高温升现象外，还有小于 10K 的低温升现象。根据研究分析，导致低温升现象的原因有多种，下面展开分析。

5. 高压端护套表层水分极化发热

复合绝缘子运行多年后，在紫外线、电晕放电、湿热老化等作用下，护套表层老化，吸湿性变强，水分侵入后在电场下发生极化作用，该过程会造成端部温升，本节结合典型案例进行分析。2018 年 2 月，经直升机巡视检查发现 500kV

海国线有 4 相复合绝缘子存在异常发热，为分析其异常发热原因，对 500kV 海国甲乙线 5 基直线塔的 28 支复合绝缘子进行试验分析。抽取高压端端部发热的绝缘子样品，编号为 1～8 号，在高压大厅带电试验，分析温升原因。

（1）绝缘子表面未处理。对 8 支复合绝缘子进行工频耐压试验。工频耐压试验红外图如图 4-9 所示。

图 4-9　工频耐压试验红外图

试验中，12 号绝缘子发热现象是典型的高温发热，而其他 7 支样品只在端部有小区域发热，且温升较低。

（2）削去高压端护套表层。根据相关文献中的研究，护套表层老化后，吸湿性变强，水分侵入后在电场下发生极化作用，从而产生发热现象，为了分析表层护套对温升的影响，试验中削去了所有样品高压端护套的表层 1mm 厚度，之后重新进行带电试验，观测紫外、红外图像。削去表层护套的样品如图 4-10 所示。

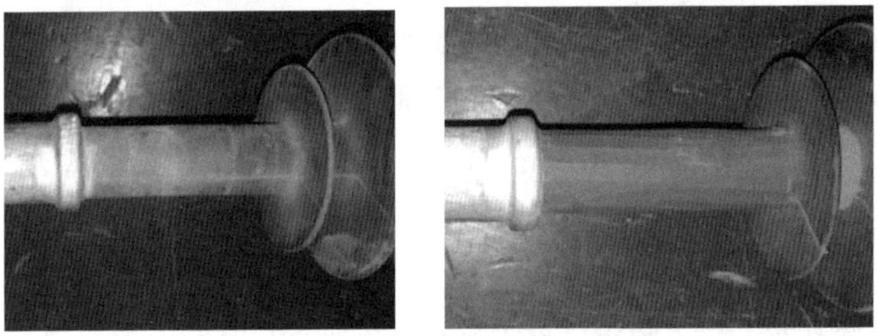

图 4-10　表层护套削去前后的对比

之后继续进行加压试验，观测红外温升现象，八支复合绝缘子温升见表 4-4。

表 4-4　　去除高压端护套表层后绝缘子温升

编号	1	2	3	4	5	6	7	8
温升（K）	0.3	0.2	0.4	27.4	0.3	0.6	0.8	0.6

图 4-10 中可见，除 4 号样品外，其他削去端部表层护套的样品，其温升明显减小。表明长期运行后，外层护套性能改变会导致温升现象。为了分析运行后护套材料与新硅橡胶材料的差别，使用扫描电镜观测了两种材料的差别，如图 4-11 所示。

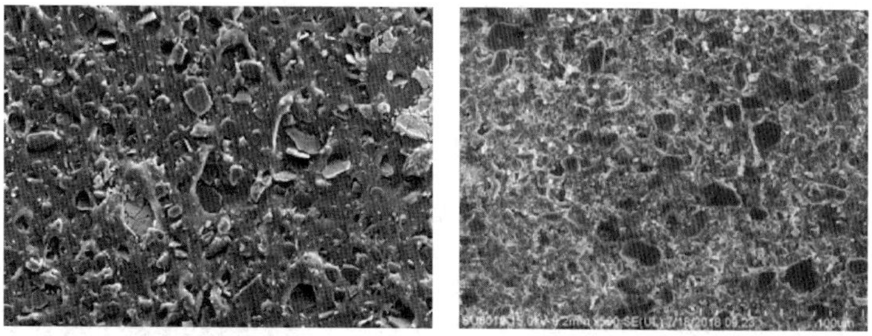

(a) (b)

图 4-11 硅橡胶微观形貌（×400 倍）

（a）新硅橡胶材料；（b）运行后硅橡胶材料

运行后硅橡胶材料表层呈现碎屑化的特点，表明其有机基体在长期的环境因素下发生了老化裂解，因此内部的孔隙增多，从而会导致水分更容易渗入和储存，导致极化发热更严重。

对于发热现象未减轻的 4 号绝缘子，解剖表明，其内部出现了酥朽缺陷，因此其发热属于高温升类型。

（3）硅橡胶受潮导致极化损耗增大分析。基于前述的在高湿度环境下加压试验温升明显高于低湿度时这一现象，研究现场绝缘子上的硅橡胶样品和全新硅橡胶的受潮特性，以分析水分在温升中起的作用。从 6 号绝缘子的高、中、低压端分别切取 3 块尺寸为 3cm×1cm×0.5cm 的硅橡胶材料，作为对比，切取同一厂家的 3 块尺寸为 3cm×1cm×0.5cm 的全新硅橡胶材料，置于恒温箱中在 65℃下烘干 24h，此时认为硅橡胶内的水分充分蒸发。烘干后放置在恒温恒湿环境中做受潮试验，环境温度保持在 25℃（±0.5℃），环境湿度为 99%（±1%）。间隔一段时间取出样品在天平上称重，称重时用滤纸吸去样品表面的水珠，每个样品从恒温恒湿环境中取出到测量完成的时间控制在 15s 内完成，以减少外界环境对测量结果的影响。受潮试验持续时间为 170d。利用增重百分比表征受潮程度，计算公式如下：

$$w\% = \frac{m(t) - m_0}{m_0} \times 100\%$$

式中 m_0——样品一开始质量；

$m(t)$——测量时刻的质量。

试验结果如图 4-12 所示。

从试验数据中看出，现场绝缘子上的硅橡胶吸水速率和吸水百分比明显高于新硅橡胶，高、中、低压侧的护套样品吸水性并未表现出较大的差别。在老化硅橡胶受潮最严重时，样品吸水率达到了 0.8%，整个过程中新硅橡胶样品吸水率一直保持在较低的水平，可以推断现场绝缘子异常发热与受潮程度之间存在着关联性。

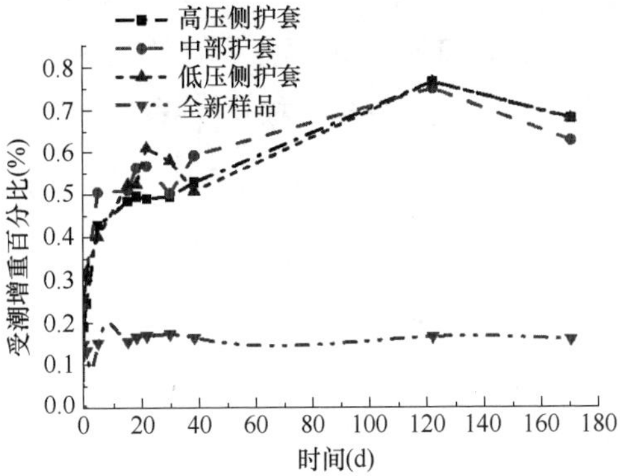

图 4-12　硅橡胶受潮增重数据

在运行中，绝缘子受到日照等天气因素的作用，硅橡胶材料会逐步老化，表面出现细小空隙和裂纹，从而容易渗入水分。此外，在电场的作用下，带电粒子对硅橡胶表面不断冲击，将导致其表面出现微小的缝隙，粗糙度上升，导致受潮能力增加。在高湿度环境中，水分进入硅橡胶内部，使得硅橡胶的电导率、介电常数等性能发生了变化，从而使得复合绝缘子在高电场下的运行状态会发生改变，局部电场会有变化，导致绝缘子材料老化加速。

为了研究受潮后硅橡胶材料的介电常数及电导率变化情况，利用高阻计（ZC36 高阻计）测量受潮后的硅橡胶样品的体电阻，根据《固体绝缘材料　介电和电阻特性　第 2 部分：电阻特性（DC 方法）体积电阻和体积电阻率》（GB/T 31838.2—2019）使用三电极结构测量，测量电压为 1000V（DC），利用 RCL 测量仪（FLUKE PM6306）测量样品电容，进而求得相对介电常数，试验电压为 2V（AC，50Hz）。采用 3mm 厚的全新圆盘状硅橡胶样品进行测量，考虑到三电极系统的几何尺寸，测量不同受潮程度硅橡胶样品的介电常数和体电阻，得到相对介电常数的计算公式如下：

$$\varepsilon_{\mathrm{r}} = \frac{C_{\mathrm{s}} / pF}{5.79}$$

介电常数和电阻率的测量结果分别如图 4-13 和图 4-14 所示。

图 4-13 和图 4-14 表明，随着材料吸水率的增加，受潮样品的体电阻降低到未受潮样品的十分之一，而受潮样品的介电常数增大到 4.5 附近，可见受潮后硅

橡胶样品的电气性能出现了下降。

由于试验中采用的是新的硅橡胶样品，现场绝缘子上的硅橡胶样品由于尺寸原因无法用来测量介电常数和电阻率，根据图 4-14 中现场取下的硅橡胶样品受潮能力比新硅橡胶更强，受潮增重达 0.8%，因此其受潮后的介电常数更大，电阻率更小，由于电场分布受材料的介电常数影响较大，推断由于现场绝缘子的介电常数变化较大，导致绝缘子电场变化。极化损耗的公式如下。

$$P = w\varepsilon_0 \bullet \varepsilon'' \bullet E^2$$

式中 P——发热功率；

w——交流电场频率；

ε——绝对介电常数；

ε''——介电常数的虚部；

E——电场强度。

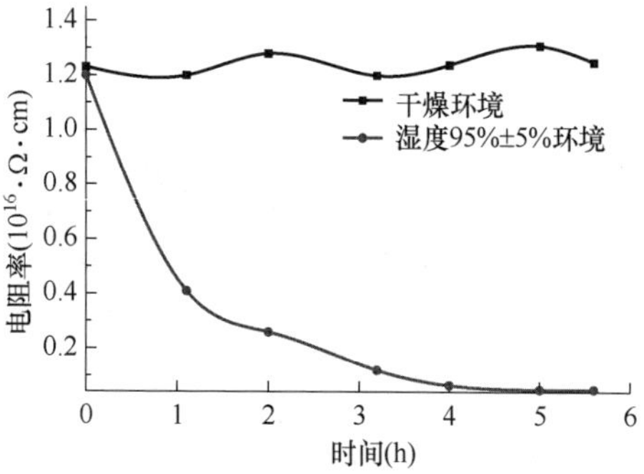

图 4-13 不同受潮程度硅橡胶样品的电阻率

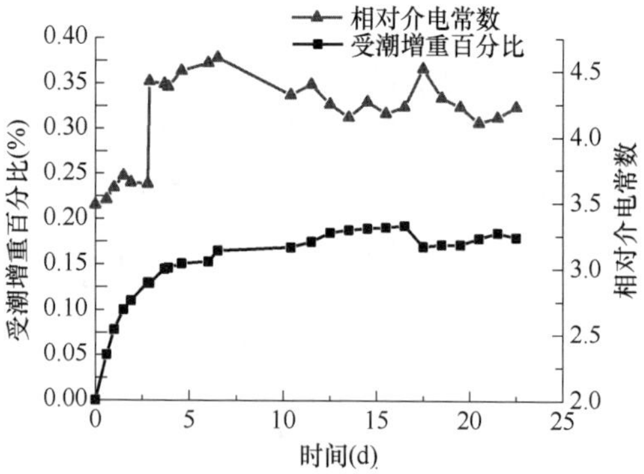

图 4-14 不同受潮程度硅橡胶样品的介电常数

可见场强增大时，绝缘子极化损耗增加，造成端部异常发热。

为研究硅橡胶受潮后绝缘子表面电场分布的变化，结合不同受潮程度测得的硅橡胶的电阻率和介电常数，基于有限元仿真软件 Ansoft 计算硅橡胶受潮后绝缘子护套表面的电场。由于交流电压频率为 50Hz，波长远大于电力设备的尺寸，可以认为在每一瞬间电场都是稳定的，从而可以在静电场中分析绝缘子的电场分布。结合三维建模软件 Solidworks 建立 500kV 交流复合绝缘子模型［见图 4-15（a）］，并在计算中加入杆塔和导线，选用 1/2 的杆塔模型进行仿真［见图 4-15（b）］，在导线和绝缘子高压端添加 500 × 1.1 × 1.414/1.732=449kV 的高电压，即相电压的峰值的 1.1 倍。

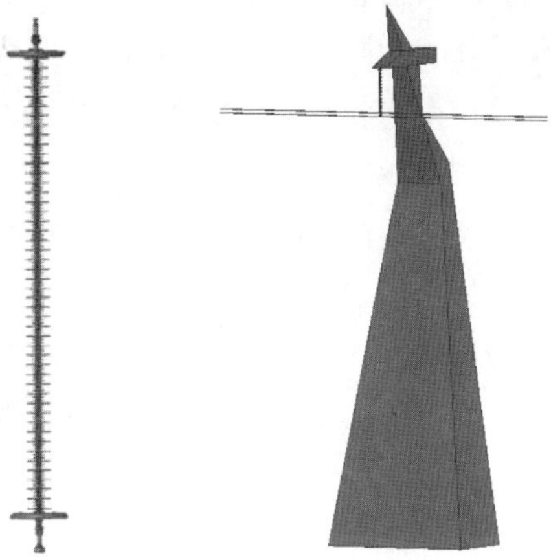

(a)　(b)

图 4-15　电场仿真模型

（a）绝缘子模型；（b）绝缘子塔线模型

仿真中单独改变介电常数或者体电阻，发现体电阻大小对绝缘子沿面电场分布影响较小，因此主要改变介电常数研究不同受潮程度沿面电场的变化。由于现场绝缘子上硅橡胶的受潮能力更强，受潮程度更严重，根据受潮增重 0.17%时相对介电常数增大 1，按比例估算受潮增重 0.8%时，相对介电常数增大 4.7，即此时相对介电常数在 8.2 附近。分别设置对应不同受潮程度的硅橡胶的介电常数分别为 3.5、4.5、5.5、6.5、7.5、8.2。仿真得出不同受潮程度下护套表面、护套与芯棒交界面处的电场峰值如图 4-16 所示。

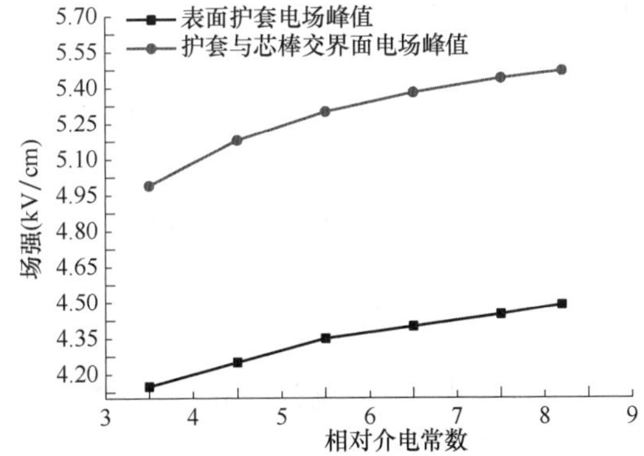

图 4-16　电场随介电常数变化

从图 4-16 可得出，随着受潮程度加深，介电常数升高，高压端护套表面、护套和芯棒交界面的电场峰值也随之增大，硅橡胶受潮增重达 0.82%时的电场峰值，比未受潮时增大了 9.6%，而交界面的电场峰值也增大了 8.2%。

由于水分子是极性分子，在交变电场下存在转向极化，电场越大，对水分子的作用力越大，从而转向极化越彻底，当电场增大 9.6%时，增大的转向极化会显著增大极化损耗；同时，水分侵入绝缘子内部会存在夹层极化，电场增大会使夹层极化增大。极化损耗越大，越容易导致温升。此外，在护套和芯棒交界面这一薄弱地方，如果存在较大的极化损耗，可能会使偶联剂变性，护套和芯棒的黏接性能下降，容易诱发交界面间隙的出现，为绝缘子的交界面缺陷的产生埋下隐患。局部的极化损耗增大还可能使得硅橡胶高分子链更容易断裂，交联度下降，填料更容易析出，材料老化加速，对绝缘子的运行寿命造成不利影响。

针对由于硅橡胶受潮导致的异常发热现象，控制电场升高成为最主要的一项防范措施，可以采取调整屏蔽深度的方式降低绝缘子表面电场峰值。

6. 表面污秽发热

复合绝缘子表层污秽较重时，也会导致吸潮性增加，同时由于污秽层电导率较大，电场发生畸变，局部水分极化损耗也会增大，导致温升增大。该类型发热同样结合一案例进行分析。500kV 线路复合绝缘子试品红外检查如图 4-17 所示。

图 4-17 500kV 线路复合绝缘子试品红外检查

温升案例背景：2018 年 6 月 15 日，对 500kV 狮桂甲乙线 N46-N152 塔复合绝缘子红外测温排查，发现发热复合绝缘子 889 支，发热程度达到紧急缺陷 3 支，重大缺陷 141 支，一般缺陷 630 支，其他缺陷 115 支。

为了分析该批发热绝缘子的发热原因，对绝缘子护套进行不同的处理后，在高压大厅中对绝缘子施加运行电压，观测红外、紫外现象。

（1）绝缘子表面未处理。图 4-17 中可见，试品分别在高压端杆径和高压端到第 1 大伞之间有较明显温升，温升分别为 3.8K 和 1.7K，紫外仪未观测到明显的放电现象。

（2）绝缘子表面清洗干净。对试品洗去高压端污秽并干燥［图 4-18（a)]，红外检测结果见图 4-18(b)，可见试品高压端温升显著下降，基本没有发热、温升仅为 0.1K。

表明复合绝缘子高压端发热仅为护套表层，而污秽为发热的重要影响因素。

(a)　(b)

图 4-18　复合绝缘子试品红外检查（洗去高压端污秽）

（a）洗去绝缘子高压端表层污秽；（b）洗去表层污秽后温升

将绝缘子表面洗干净后，绝缘子高压端部的温升消失，放电现象不明显。

（3）绝缘子表面涂覆人工污秽。为了验证污秽对端部异常温升的影响，对已经洗去高压端污秽的绝缘子样品，用盐密 0.6mg/cm^2 用高岭土和氯化钠配置的污秽溶液重新刷涂在高压端，待污秽层自然干燥后，观测绝缘子在运行电压下的温升现象，如图 4-19 所示。

对已经洗去高压端污秽的 18C1 号样品，用盐密 0.6mg/cm^2（重盐密）的高岭土和氯化钠配置的污秽溶液重新刷涂在高压端［见图 4-19（a）］，干燥后进行红外测温检查，检测结果见图 4-19（b）（中间试样为涂污秽的绝缘子）。

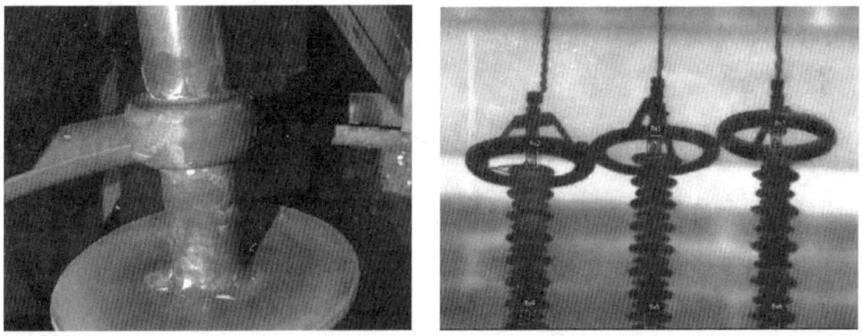

(a)　(b)

图 4-19　某 500kV 线路复合绝缘子试品红外检查（高压端复涂污秽）

（a）试品高压端污秽复涂后外观；（b）试品高压端污秽复涂后红外图

可见，复涂上污秽后原来不发热的样品表现出发热，温升为 3.1K，且温升相比原来还有所上升，这主要是复涂的污秽盐密高于原来的污秽。进一步验证污秽为引起复合绝缘子高压端发热的重要影响因素，且污秽盐密越高温升也越高。

7. 高压端金具放电发热

复合绝缘子端部金具处放电时，也会发生发热现象，针对一典型案例进行分析。在 2017 年 12 月发现某 500kV 线路复合绝缘子端部有异常放电和发热现象，为分析其缺陷原因，开展如下的分析试验。

（1）外观检查。外观检查发现复合绝缘子外表积污较重。其中一支绝缘子的高压端部密封处有微小的不易察觉的小孔，小孔中物质呈现白色粉末状，如图 4-20 所示。此外未见绝缘子护套有破损、裂纹迹象，硅橡胶也没有出现发硬、粉化的严重老化现象。

（2）实际工况红外观测。对三支 500kV 复合绝缘子施加交流 290kV 高压（运行相电压），时间持续 30min，期间观察紫外和红外放电现象。试验装设如图 4-21 所示，从左到右编号依次为 3、2、1。

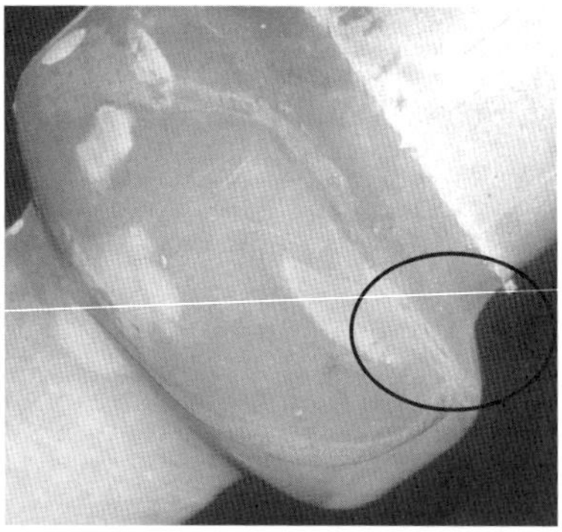

图 4-20 端部密封处小孔

图 4-21 试验装设图

在施加电压 30min 时，观测红外和紫外的记录见表 4-5。

表 4-5 红外紫外记录

绝缘子编号	1	2	3
红外图像		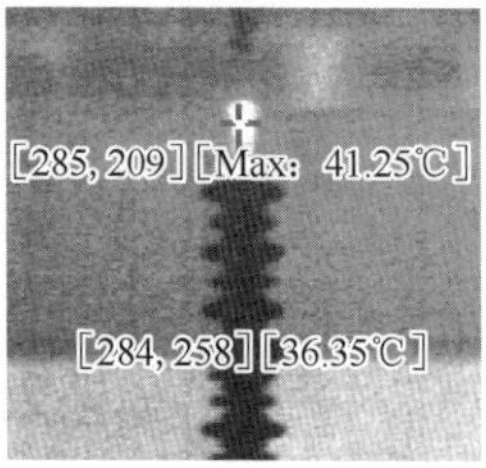	

续表

绝缘子编号	1	2	3
温升（K）	2	4.9	3.7
紫外图像	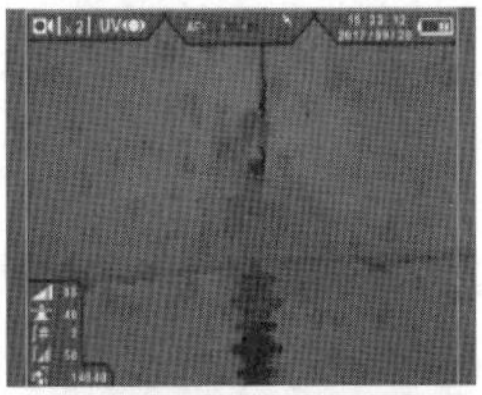	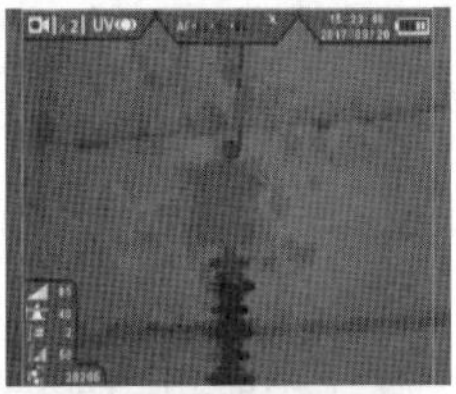	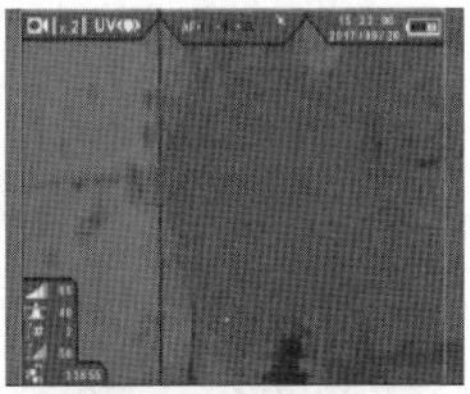
放电图像	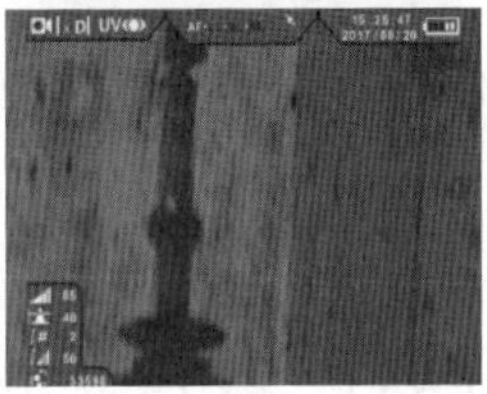	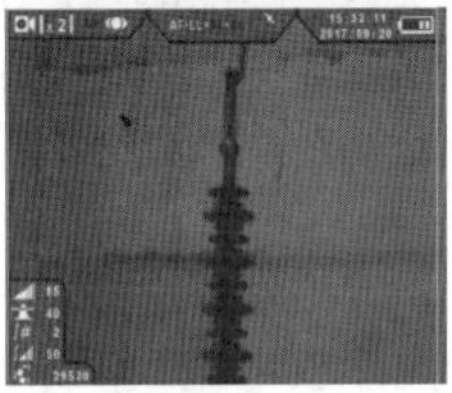	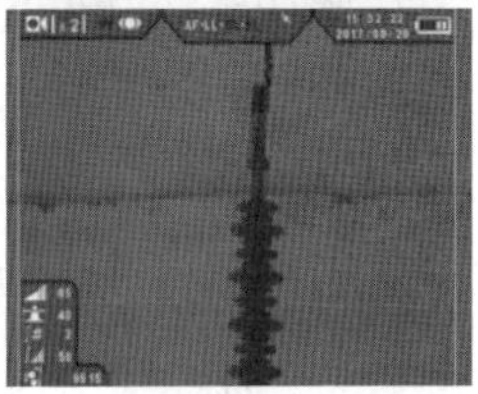

试验中，观察到三支绝缘子端部都有强烈的放电现象，并且有肉眼可见的电火花出现在球头金具处与护套接触的地方，附近可以听到强烈的放电噪声。绝缘子发热处温升最高在 4K 左右，发热位置与放电位置重合。

（3）反向施加运行电压。为分析电场对放电及发热的影响，反向悬挂样品，在球窝端施加 290kV 高电压。在施加电压 30min 时，观测红外和紫外的记录见表 4-6。

表 4-6　　　　**红 外 紫 外 记 录**

绝缘子编号	1	2	3
红外图像		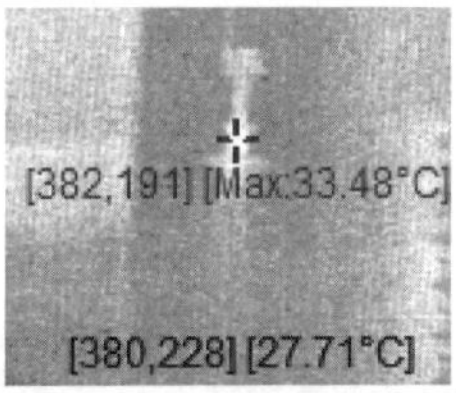	
发热点温升（K）	2.4	5.7	3.3
紫外图像	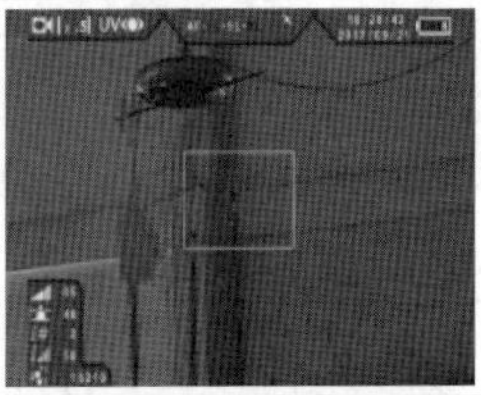	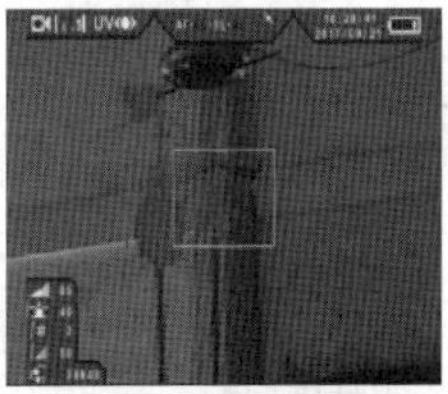	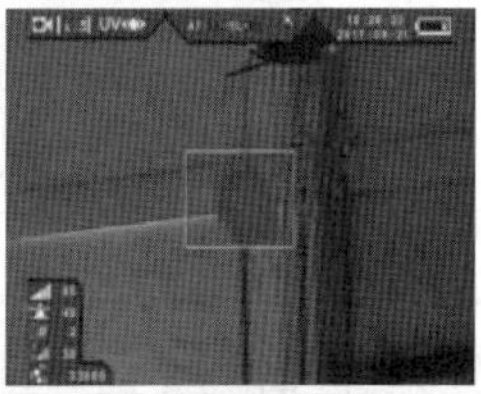
光子数	33960	20840	15210

试验中看出，3 号绝缘子的球窝端放电同样严重，但肉眼难以看到有明显的电火花现象，同时另外两只绝缘子的球窝端也有明显的放电现象。三支绝缘子有一定发热，温升为 2～5K，与放电位置一致。

（4）加装均压环、擦除表面污秽施加运行电压。考虑到前面试验中未装设均压环，在本组试验中对 1、3 号绝缘子的高、低压侧都装设了均压环，同时为了排除表面污秽的影响，对 2 号绝缘子高压侧护套表面的污秽进行了擦拭清洗，并在清洗后放置在干燥环境下使用风扇吹干 30min。之后对三支绝缘子继续进行高压试验，球头施加高压。

在施加电压 30min 时，观测红外和紫外的记录见表 4-7。

红外、紫外试验结果中看出，装设均压环后，3 号绝缘子仍有明显放电现象，放电点主要在均压环上，中间绝缘子去除表面污秽后仍有放电现象。去除表面的油漆等污秽后，放电仍然很剧烈，放电程度和之前基本保持一致，基本排除了是外部污秽、油漆导致的端部强烈放电。试验后观察到端部护套表面有两处击穿孔，由于在最初外观检查时未观察到有击穿孔，因此推测可能是试验中的放电导致护套穿孔。护套端部的小孔如图 4-22 所示。

表 4-7 红 外 紫 外 记 录

绝缘子编号	1	2	3
红外图像	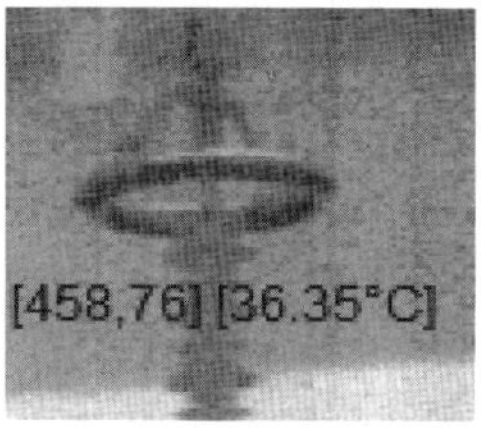	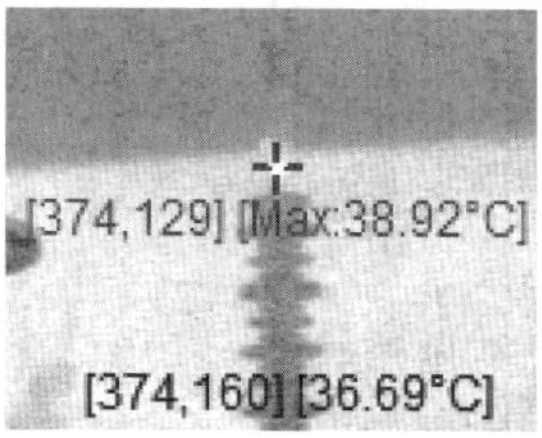	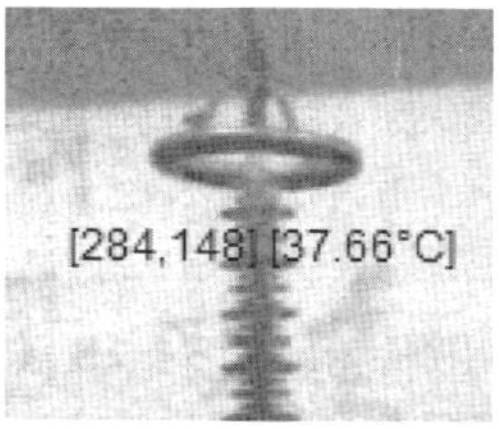
温升（K）	0	2.3	1
紫外图像	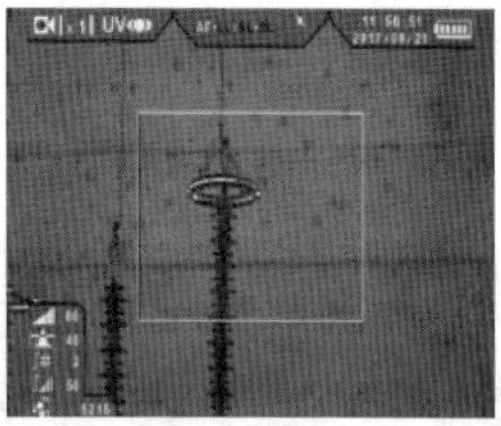	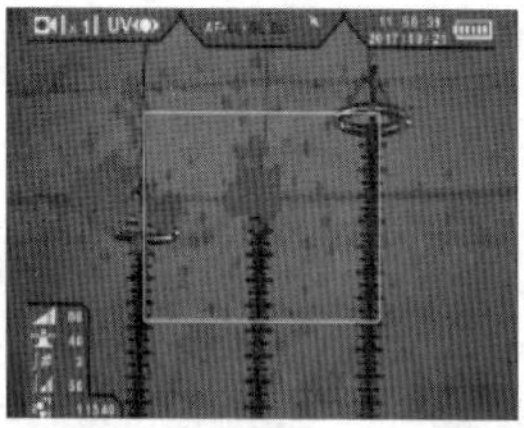	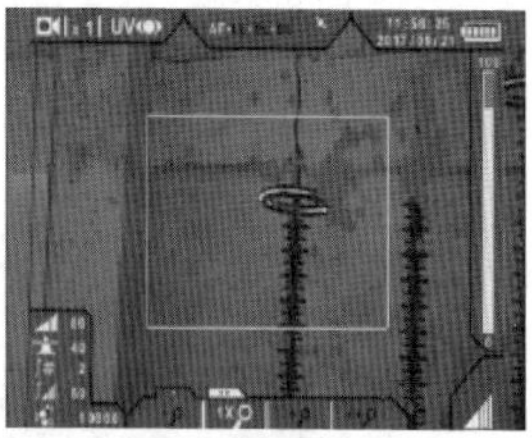
光子数	5215	11340	10660

之后把端部护套削去，加压测试，去除端部护套后图如图 4-23 所示，之后

加 290kV 高压试验 30min 后观察紫外、红外现象，记录见表 4-8。

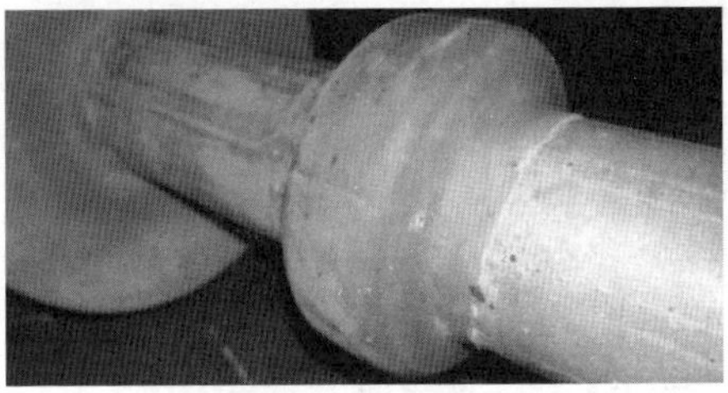

图 4-22　护套端部的小孔

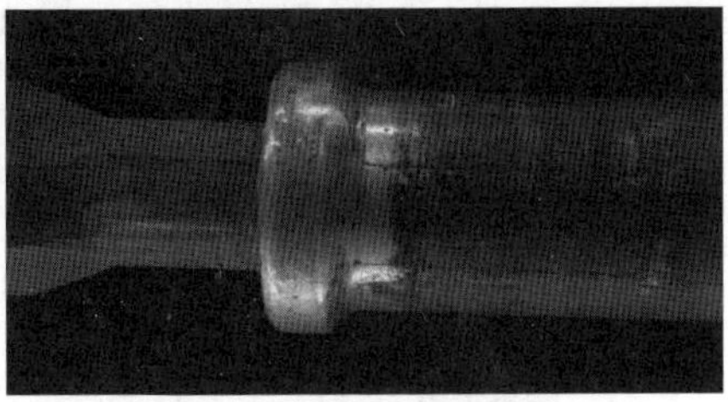

图 4-23　去除高压端护套

从放电的位置看，主要是在金具凸起的位置存在连续可见的火花状放电，并且在红外图中没有明显的发热，这是由于放电在空气中，热量很快散失，同时也说明，之前的放电一部分发生在端部护套内部，因此热量得以累积，可观察到发热现象。

对这批存在发热和放电现象绝缘子进行的试验中，试验现象表明，绝缘子发热与外部护套状态无关；解剖表明，绝缘子不存在内部缺陷，因此其端部金具处的放电是导致发热的主要原因，推测该批绝缘子的金具设计存在缺陷。

表 4-8　红外紫外记录

红外	紫外放电	可见放电
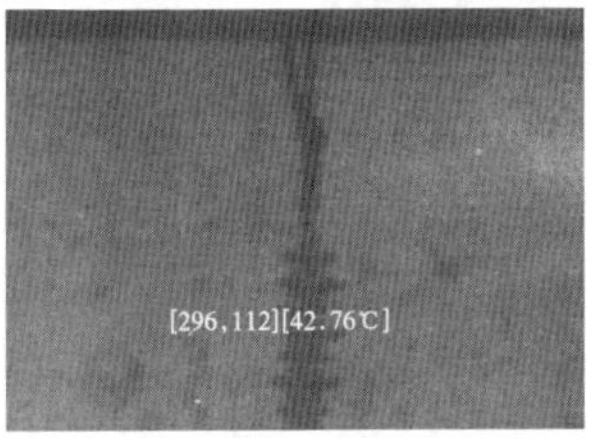	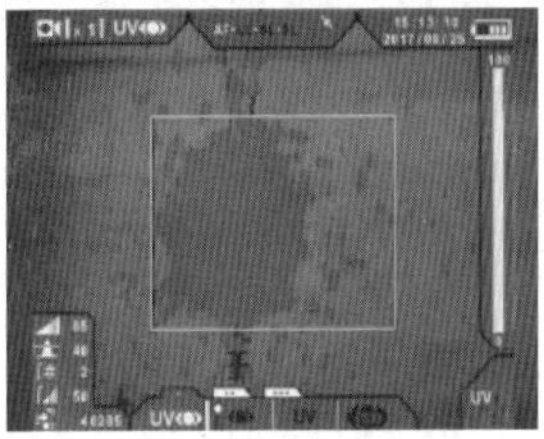	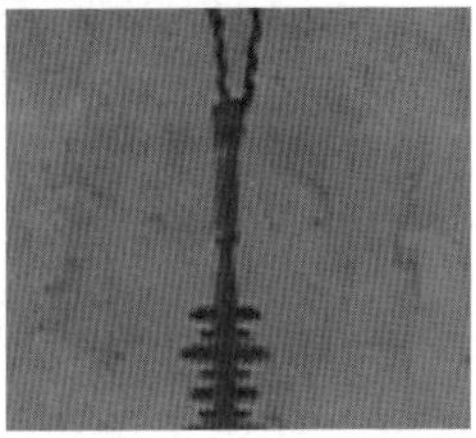

8. 均压环装设不合理发热

均压环装设不合理时，无法起到均匀电场的效果，会导致局部场强过高，发生放电等过程，导致绝缘子端部温升，本节针对一典型案例进行分析。广东电网某 500kV 线路 2018 年 6 月份发现存在异常发热情况，一支绝缘子的均压环发生脱落，同时部分绝缘子也有发热现象。

（1）外观检查。对 2 支 500kV 复合绝缘子试品逐支进行外观检查（金具附件、伞裙、护套、包胶密封情况），现场情况如图 4-24 所示，发现两支试品伞裙存在粉化、发白，高压端较为脏污［见图 4-25（a）］；两支复合绝缘子高压端屏蔽深度不够［见图 4-25（b）］，两支试品高压端均压环屏蔽深度分别为 35.0mm 和

28.5mm，均小于产品招标技术条件书高压端屏蔽深度不小于 50mm 的要求。

(a) (b)

图 4-24 某 500kV 线路复合绝缘子现场情况

（a）红外照片；（b）可见光照片

(a) (b)

图 4-25 某 500 kV 线路复合绝缘子试品外观检查情况

（a）18C2 号试品高压端外观；（b）18C1 号试品高压端均压环屏蔽深度

屏蔽深度的规定如图 4-26 所示，图中 H 表示屏蔽深度，即均压环上沿距离端部硅橡胶包胶内金具的距离。

（2）实际工况红外观测。对从现场更换维持原状（含均压环）的 2 支试品进行红外检测，结果见图 4-27，两支试品分别在高压端杆径和高压端到第 1 大伞之间有较明显温升，温升分别为 3.8K 和 1.7K。

（3）拆除均压环红外观测。对 2 支样品拆除高压端均压环后，红外检测结果见图 4-28，上述两支试品温升进一步增加，温升分别为 8.5K 和 6.7K。可以认为，没有均压环作用，高压端场强进一步加大，从而导致高压端位置损耗加大、导致发热更为严重。

（4）均压环罩深增加后红外观测。对 1 支样品均压环内部安装一个小均压环，另一支试品均压环罩深加大到 57mm，施加运行电压进行红外测温检查，检测结果见图 4-29，上述两支试品温升分别为 4.9K 和 1.3K。其中调整屏蔽深度后的试品高压端温升有所降低，表明均匀环屏蔽罩深增加后，高压端场强分布畸变程度下降，从而降低了高压端位置损耗，发热程度有所降低。而内部安装小均压环的试品温升反而有所增加，表明此种措施并不能起到降低电场畸变的作用。

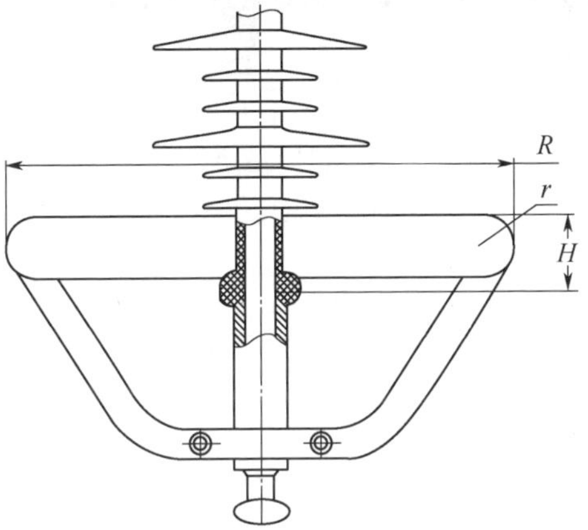

图 4-26　均压环屏蔽深度

图 4-27　某 500kV 线路复合绝缘子试品红外检查（正常情况）

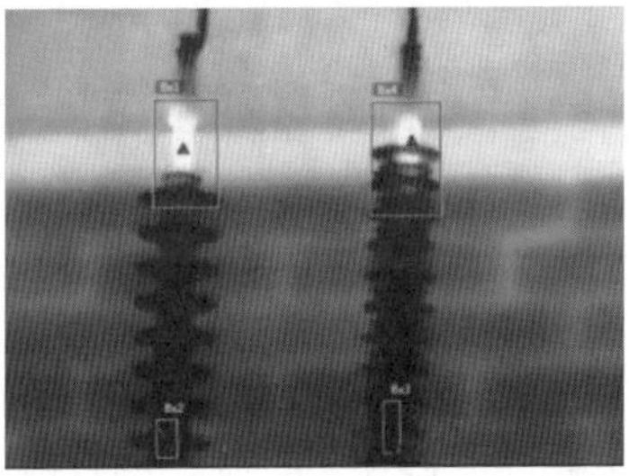

图 4-28　某 500kV 线路复合绝缘子试品红外检查（拆除均压环）

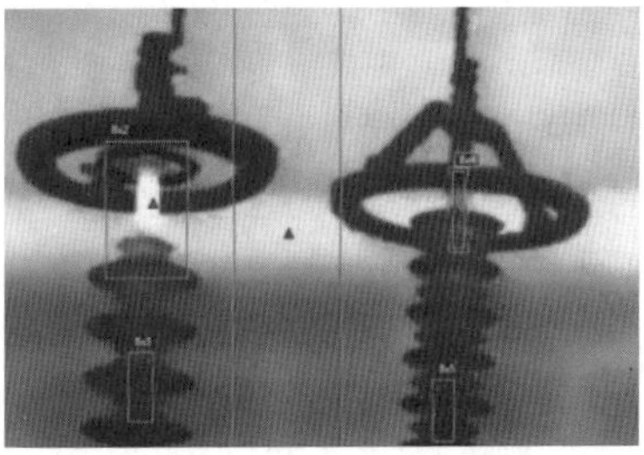

图 4-29　某 500kV 线路复合绝缘子试品红外检查（均压环调整）

为分析高压端均压环不同屏蔽深度对高压端电场影响，利用有限元仿真分析手段进行计算。根据产品图纸建立复合绝缘子和杆塔导线模型，为了比较均压环不同配置下的电场分布情况，分别建立了三种均压环配置的复合绝缘子模型，包括均压环屏蔽深度为 0mm，屏蔽深度 50mm，高压端无均压环三种情况，如图 4-30 所示。

上述不同均压环配置复合绝缘子其沿面电场分布如图 4-31 所示，可以看出复合绝缘子电场主要分布在高压端和低压端，其中高压端电场强度远大于低压端。

图 4-30　某 500kV 线路复合绝缘子不同均压环配置计算模型

（a）屏蔽深度 0；（b）屏蔽深度 50mm；（c）高压端无均压环

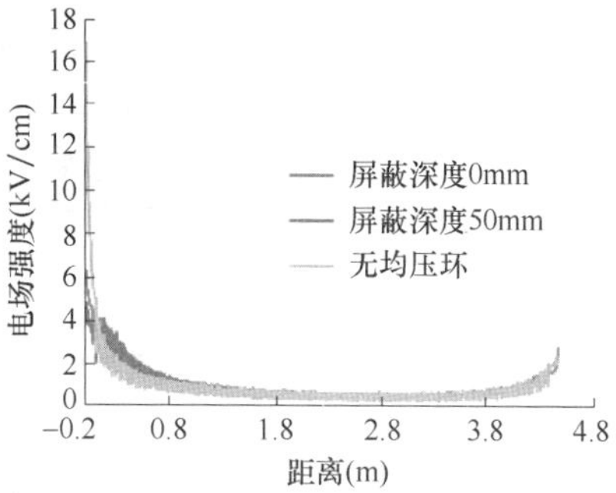

图 4-31　不同均压环配置复合绝缘子沿面电场分布对比

上述不同均压环配置复合绝缘子其高压端沿面电场分布如图 4-32 所示，其高压端电场强度最大值见表 4-9，可以看出无均压环的试品高压端电场强度最大，为 16.8kV/cm；其次为均压环屏蔽深度为 0，为 6.3kV/cm；而均压环屏蔽深度达到 50mm 时，其电场强度最小，仅为 4.3kV/cm。仿真计算表明：复合绝缘子高压端采取满足技术要求的屏蔽深度能够有效降低端部场强；而无均压环时端部场强很大，可能会对运行产生不利影响。

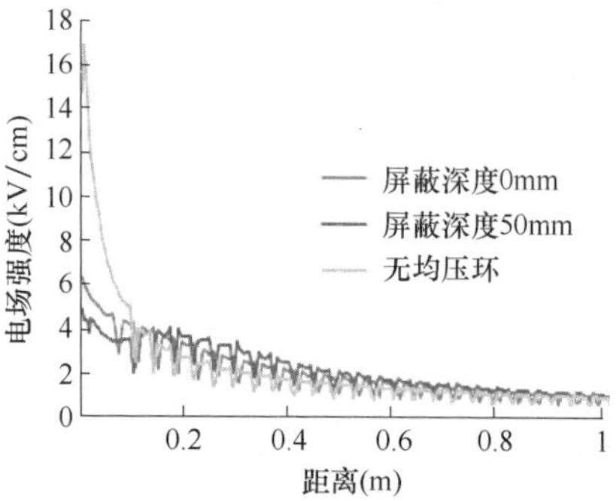

图 4-32　不同均压环配置复合绝缘子高压端沿面电场分布对比

表 4-9　不同均压环配置复合绝缘子高压端沿面电场强度峰值结果

均压环配置情况	屏蔽深度 0mm	屏蔽深度 50mm	高压端无均压环
场强最大值（kV/cm）	6.3	4.3	16.8

通过上述试验分析，复合绝缘子高压端发热原因为：复合绝缘子高压端积污后，污层在高压端强电场作用下极化损耗产生热量，同时由于均压环屏蔽深度不够（均压环脱落）造成高压端场强进一步增大，极化损耗增大，导致现场挂网复合绝缘子高压端表现出不同程度发热现象。

针对上述分析，提出了调整均压环使其屏蔽深度满足技术要求的控制措施，通过现场带电作业加装均压环支架使其屏蔽深度增加满足技术要求，并进行红外测温。现场均压环调整情况如图 4-33 所示，红外测温照片如图 4-34 所示，结果见表 4-10，可以看出均压环调整后，复合绝缘子高压端异常发热发生显著下降，温升由调整前的 5.6K 和 4.8K 下降到调整后的 0.6K 和 0.9K，控制措施应用效果明显。

(a)　(b)

图 4-33　某 500kV 线路复合绝缘子现场均压环调整情况

（a）均压环调整前；（b）均压环调整后

(a)　(b)

图 4-34　某 500kV 线路复合绝缘子现场均压环调整红外测温照片

（a）均压环调整前；（b）均压环调整后

表 4-10 某 500kV 线路复合绝缘子均压环调整红外测温结果

复合绝缘子试品	均压环调整	温升（K）
N39 塔 A 相左侧	调整前	5.6
N39 塔 A 相右侧		4.8
N39 塔 A 相左侧	调整后	0.6
N39 塔 A 相右侧		0.9

9. 内部缺陷发热

当复合绝缘子交界面存在缺陷进而产生局部放电以后，由于硅橡胶材料散热性能较差，其热量将会累积，并逐渐传递到表面，引起绝缘子表面区域的异常温升。热量首先将在芯棒与硅橡胶中通过导热的方式向各个方向传播，在材料中建立梯度下降的温度场。该过程主要由硅橡胶材料以及 GFRP 的导热系数决定，忽略缺陷厚度，其传播过程满足均匀介质的热传导方程：

$$C_{\mathrm{V}}\frac{\partial u(t,r,\theta,z)}{\partial t}=\kappa\vec{\nabla}^{2}u(t,r,\theta,z)$$

式中 $u(t,r,\theta,z)$ ——温度场的分布，其随时间 t 以及极坐标下位置（r,θ,z）变化而变化；

C_{V} ——单位体积热容量；

κ ——热传导系数。

热量到达护套表面后，将与空气发生自然对流换热过程，即空气流过硅橡胶材料表面而引发的能量交换过程，由对流换热系数决定。由于表面温升通常在几开到几十开之间，因此散热过程满足牛顿冷却定律。因此在硅橡胶表面，其散热方程满足边界条件：

$$k\left(u\big|_{r=r_2}-T_0\right)=\kappa\frac{\partial u}{\partial r}\bigg|_{r=r_2}$$

式中 r_2 ——绝缘子整体半径（芯棒半径加护套厚度）；

T_0——外界温度；

k ——牛顿散热系数即对流换热系数。

下文将根据热传导理论，对复合绝缘子内部缺陷进行建模，并开展仿真和试验分析。

（1）含内部热源缺陷绝缘子仿真分析。使用有限元（finite element method，FEM）分析软件，对复合绝缘子内部发热进行分析。使用的物理模型为 500kV 绝缘子，如图 4-35 所示，其护套厚度为 6mm，芯棒直径为 24mm，伞形结构为一大两小式，大伞之间的间距为 81mm。发热缺陷的大小为 30mm（长）× 5mm（宽）× 0.5mm（厚度），埋设位置在芯棒表面，两个大伞裙的正中心位置。

图 4-35　复合绝缘子热场仿真计算模型

研究表明，对于 110kV 复合绝缘子，经试验测得其自然对流换热系数取 2.414（$W \cdot m^{-2} \cdot K^{-1}$），故采用此数值进行模拟，仿真时硅橡胶护套材料的导热系数设为 3（$W \cdot m^{-2} \cdot K^{-1}$），芯棒材料导热系数设为 1.46（$W \cdot m^{-2} \cdot K^{-1}$）。仿真结果显示，对于单个发热缺陷，其外部护套温度分布不均，呈中心高，周围逐渐降低的态势，且内部与外部有一定的温差。绝缘子表面温度分布如图 4-36 所示，缺陷温度与外部温度之间的关系见表 4-11。

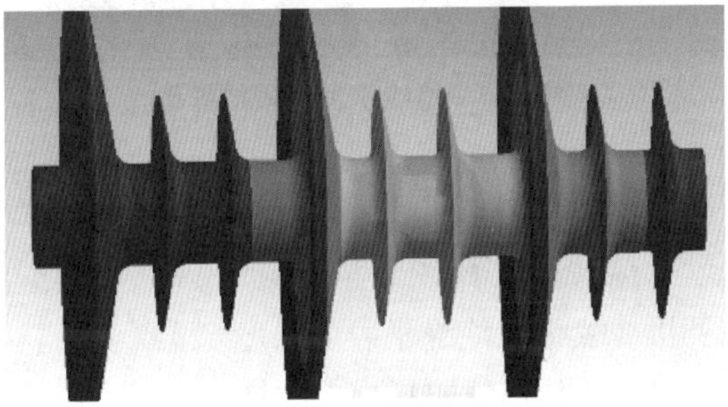

图 4-36　绝缘子表面温度分布

表 4-11　　缺陷温度与外部温度之间的关系

缺陷温度（℃）	表面最高温度（℃）	低压侧小伞裙根部温度（℃）	高压侧小伞裙根部温度（℃）
40	34.172	31.887	32.668
50	40.746	38.116	38.636
60	47.31	45.065	45.209
70	53.893	49.511	50.047
80	60.45	53.899	55.265
90	67.006	58.065	59.801
100	73.54	64.31	64.296
110	80.163	69.206	69.572
120	86.733	76.565	77.859

对于有限大小的复合绝缘子缺陷，当外界温度为23℃时，其外表面最高温度与其内缺陷温度值存在差异，且明显成线性关系。这与无限长、轴对称薄缺陷的计算结果相符，并且根据理论分析的结果，该直线的斜率与绝缘子芯棒半径、护套厚度以及对流换热系数与热传导系数相关。

（2）含内部热源缺陷绝缘子试验分析。为了分析在各种不同条件下，绝缘子的发热情况，制作了内部含可发测探温探头的小缺陷进行分析。其发热尺寸为30mm（长）×5mm（宽）×0.5mm（厚度），即 L_2 为 30mm。在芯棒表面贴覆陶瓷电热片。在电热片上通上电，将接触式温度计的探头紧贴电热片表面，则可通过该温度计测得内部温度，在芯棒上加上护套，如图 4-37 所示。

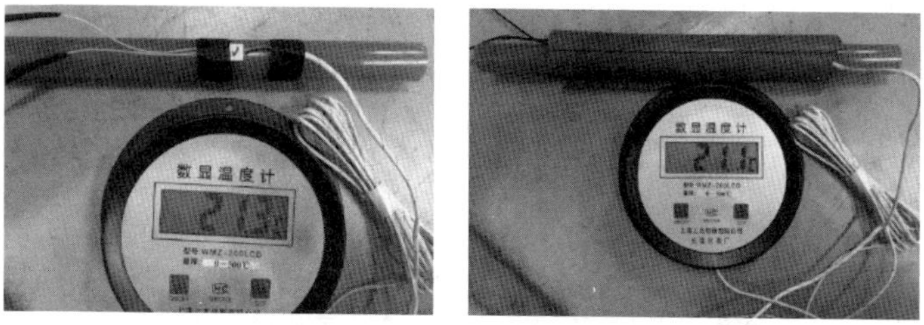

图 4-37　绝缘子发热模拟样品

在内含升温测温探头的复合绝缘子制备完成后，对其供电导线通直流电压，利用电阻丝的发热来模拟复合绝缘子内部缺陷的发热。在试验过程中，记录探头的温度，并使用红外摄像仪记录绝缘子表面温度。

绝缘子内部蚀损时，往往伴随明显的发热现象，但是内部放电产生的热量传导至外部时，由于存在热量损耗，内外温升应有较大的差异。为了分析内外温升的差异性，制作了发热模型，研究内部不同温升时，温差的变化情况。

试验中的发热绝缘子红外图如图 4-38 所示。

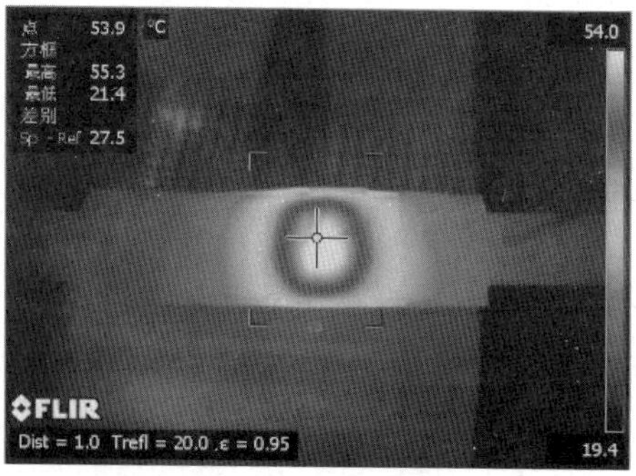

图 4-38　发热绝缘子红外图

为了对理论计算以及模型仿真的结果进行验证，并对湿度以及风速等外界条件对红外测温的影响进行分析，设计进行了热对流试验。对流试验装置示意图如图 4-39 所示。

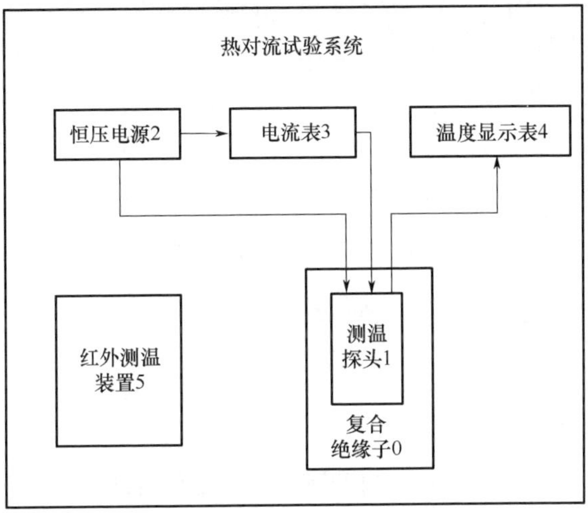

图 4-39　热对流试验装置示意图

在现场绝缘子的测量中，常会受到诸如阳光、空气湿度、风速，在本节中，将对湿度以及风速对红外测温结果的影响进行分析。

利用热对流平台，对不同湿度以及风速下的发热复合绝缘子进行测温。通过试验可以发现，湿度对测温有着较大的影响，随着湿度的上升，其表面散热将加大，因此表面温度将降低，因此曲线的斜率以及截距都将发生变化，具体为随着相对湿度的增高，斜率变大。这主要由于随着湿度变大，对流换热系数也将变大。同时也可以看出，当相对湿度较大（$RH>45\%$），且表面发热温度不高时，湿度对红外测温结果的影响较小，因此在现场应用使用红外设备测温时，无须过多地考虑湿度对结果的影响。不过，对于潮湿气候下，表面出现凝露的绝缘子，其表面散热过程将完全不同于自然对流换热，大部分热量将通过水分蒸发逸走，因此，为了测温结果的准确性以及前后数据的连续性，应避免在清晨等易凝露时段对复合绝缘子进行红外测温。

同时，在微风下，对复合绝缘子进行了红外测温。结果表明，风速对复合绝缘子的温升有一定的影响，在有风环境下，表面对流换热将更加容易，β 将变小，因此曲线斜率将降低，并且随着风速的增大，斜率将逐渐降低，但是当风速较低（小于 3m/s）时，风速对红外测温结果的影响即可忽略不计。但是，有风与无风情况下，绝缘子的红外测温结果相差显著，这一点也可以从迎风与背风的试验结果看出，分别将缺陷位置放于迎风侧与背风侧，测量其表面温度，迎风侧温度将显著低于背风侧。因此，在实际现场测量中，需保证风速在一定范围的同时，也需要考虑迎风背风对测量结果的影响。不同湿度下热对流试验结果如图 4-40 所示，不同风速下热对流试验结果如图 4-41 所示，迎风侧与背风侧热对流试验结果如图 4-42 所示。

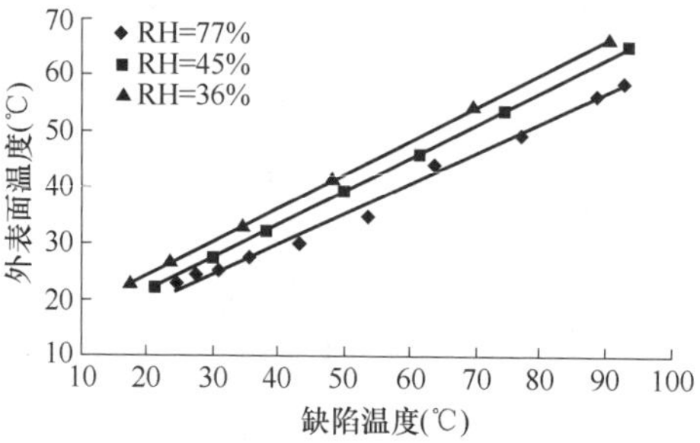

图 4-40　不同湿度下热对流试验结果

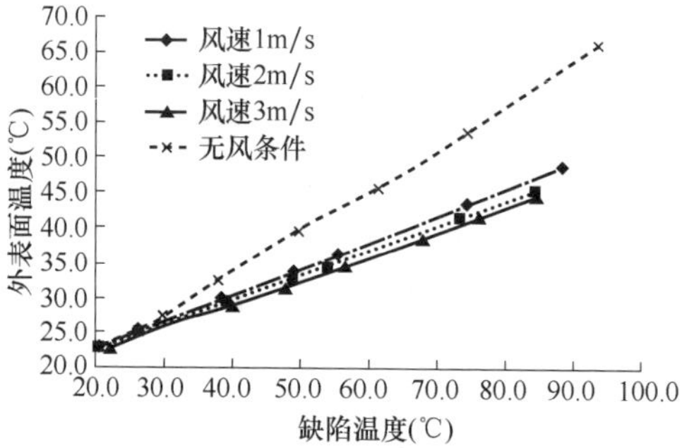

图 4-41　不同风速下热对流试验结果

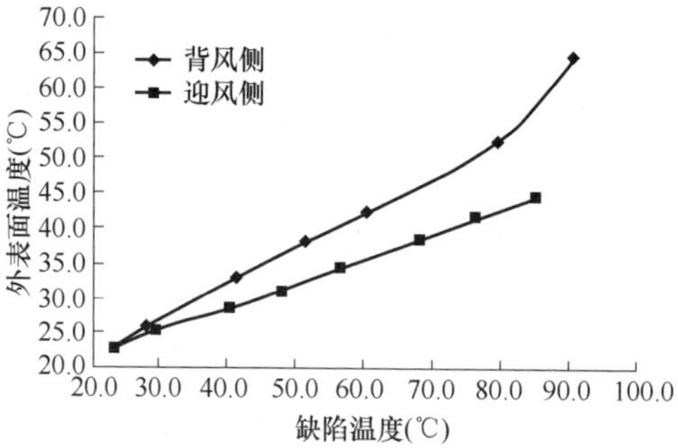

图 4-42　迎风侧与背风侧热对流试验结果

综合以上分析，不同发热类型及特性整理见表 4-12。

表 4-12　　不同温升特点统计

发热类型	温升范围	内部缺陷情况	发热特点	放电现象
高温升	＞10K	高压侧有酥朽缺陷	从高压端向低压侧延伸若干伞	不明显
表层水分导致极化	＜10K	无缺陷	高压端球头附近护套	不明显
表层污秽导致发热	＜10K	无缺陷	高压端球头附近护套	微弱放电
金具放电导致发热	＜10K	无缺陷	高压端球头附近护套	强烈放电
均压环屏蔽深度不够	＜10K	无缺陷	高压端球头附近护套	不明显

其中，高温升类发热的绝缘子有严重的缺陷隐患，需要及时进行更换。对于发热同时伴随强烈放电现象的绝缘子，长期运行后容易对护套造成穿孔缺陷，影响绝缘子稳定运行，因此一旦发现也应当及时更换。对于其他类型的发热现象，应适当加强巡检。

4.2.2　朽断故障检测

本节通过对一些朽断、含酥朽缺陷复合绝缘子的试验研究，分析缺陷特性，逆推朽断发生过程中存在的劣化过程，以期指导试验研究的开展。案例分析从以下几方面开展：

（1）含酥朽缺陷绝缘子试验研究。绝缘子实酥朽际缺陷是研究朽断问题的第一手宝贵资料。通过研究绝缘子酥朽缺陷的宏观、微观、材料理化、电气特性，分析内部缺陷的产生和发展，有助于逆推复合绝缘子的劣化过程。

（2）朽断绝缘子试验研究。朽断绝缘子中的缺陷特征与含酥朽缺陷绝缘子相似，通过研究断裂复合绝缘子的缺陷特性，分析复合绝缘子劣化以致发生断裂的过程。

1. 含酥朽缺陷绝缘子

高温发热的绝缘子界面处芯棒表面常存在酥朽状缺陷，本节结合典型的含酥朽缺陷的绝缘子，通过外部观察、理化分析、电气参数测试等方法，分析该缺陷的劣化特性。

（1）故障绝缘子信息。高温发热的复合绝缘子信息见表 4-13。

表 4-13　　故障绝缘子信息

条目	信息
出厂时间	1997 年 1 月
电压等级	220kV

续表

条目	信息
运行位置	广东省某变电站出线
事故类型	高温发热，现场 22.1K
生产工艺	整体注射分段成型、外楔式、包胶
温升位置	高压端部护套

高温发热的 220kV 复合绝缘子，发热位置主要在高压端部护套和中部靠近低压侧护套处，其中靠近高压端部位置的温升达到了近 90K。

（2）绝缘子外观检测。该支 220kV 复合绝缘子高压侧伞裙老化严重，变硬变脆，弯折伞片 180°轻易能够折断。高压侧从球头端部一直到 11 伞处护套上有击穿孔，部分穿孔如图 4-43 所示。击穿孔越靠近高压端侧，其尺寸越大。击穿孔中有脆化烧蚀物质，击穿孔外形呈现为圆形。

(a)

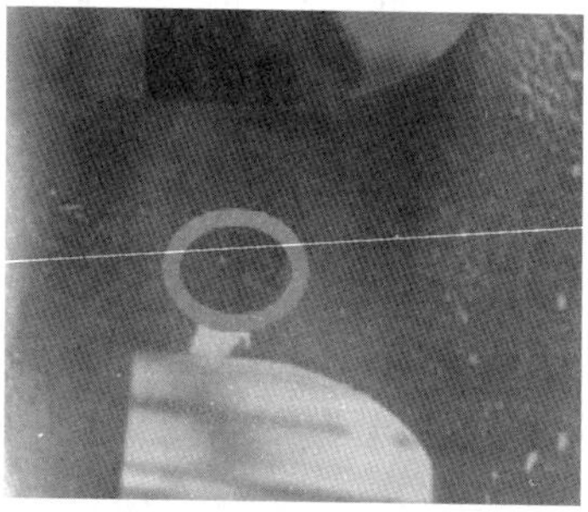

(b)

图 4-43 护套穿孔

（a）高压端第 1～第 2 伞间；（b）第 7～第 8 伞间

（3）端部密封、界面性能。对绝缘子进行密封性能试验，施加 70%额定机械负荷耐受 1min，两端金具包胶密封处浸染品红溶液 20min，然后用乙醇清洗表面后剖检试品，芯棒与绝缘套间未见渗透现象，端部密封性良好。

端部密封性能试验如图 4-44 所示。试验结果排除了缺陷是由于端部密封不良而渗水引发的可能性。

（4）解剖观测。从高压端向低压端削去护套，发现复合绝缘子芯棒表面的缺陷一直延伸到 21 伞处，如图 4-45 所示。

（5）材料理化性能分析。

1）扫描电镜分析。为了观测绝缘子劣化芯棒及硅橡胶表面的微观形貌与未劣化处的差别，使用扫描电子显微镜对劣化处的芯棒进行观测，在相同放大倍率下的对比如图 4-46 所示。

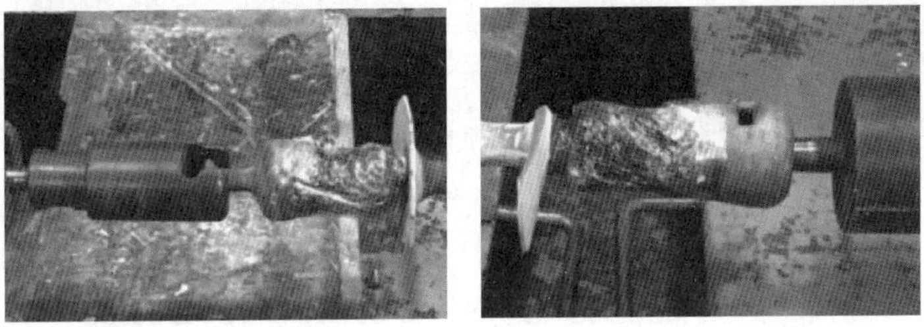

(a)　　(b)

图 4-44　端部密封性能试验

（a）高压侧球头；（b）低压侧球窝

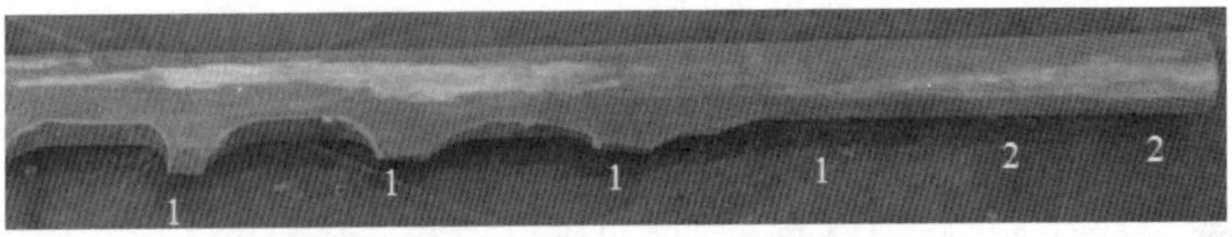

图 4-45　延伸至 21 伞处示意图

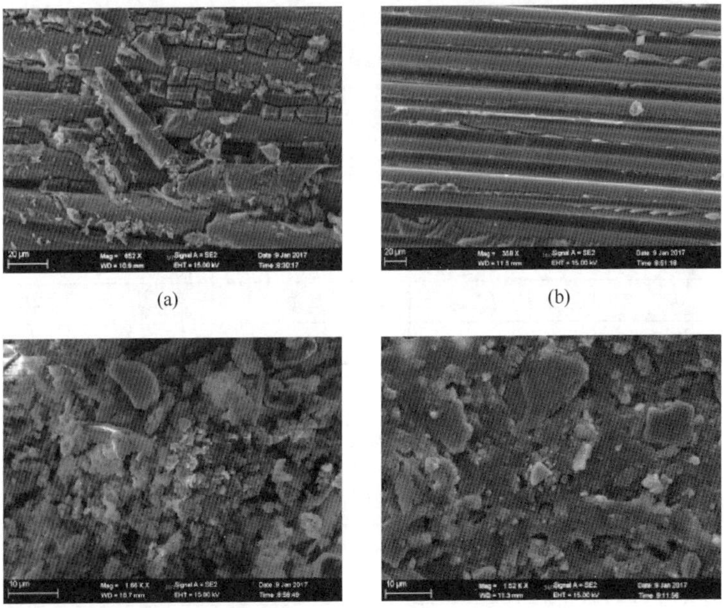

(a)　　(b)

(c)　　(d)

图 4-46　电镜下断口处微观形貌

（a）高压端劣化处芯棒；（b）低压端芯棒；（c）高压端劣化界面处硅橡胶；

（d）低压端界面处硅橡胶

由图 4-46 中看出，在高压端劣化处环氧树脂呈现龟裂状，且出现大面积缺失环氧树脂的情况，芯棒的玻璃纤维都已裸露，大量玻璃纤维出现断裂。在界面劣化处的硅橡胶出现了颗粒状的形貌，相比较下未明显劣化处的硅橡胶其颗粒状物质较少，呈现出较为“平坦”的形貌。推测在局部放电以及局部放电中产生的酸性物质侵蚀下，硅橡胶和芯棒中的环氧树脂分子链不断断裂，网状交联结构不断被破坏，出现了从表面形貌上环氧树脂“龟裂”和硅橡胶“颗粒化”现象。

2）X 射线光电子能谱分析。在绝缘子芯棒存在缺陷处和无缺陷处获取芯棒样品，进行 X 射线光电子能谱法（X-ray photoelectron spectroscopy，XPS）检测，XPS 是用 X 射线去辐射样品，使原子或分子的内层电子或价电子受激发射出来。被光子激发出来的电子称为光电子，可以测量光电子的能量，以光电子的动能为横坐标，相对强度为纵坐标可作出光电子能谱图，从而获得待测物组成。

玻璃钢芯棒由玻璃纤维和环氧树脂基体组成。玻璃纤维含量约为 80%～85%，环氧树脂基体的含量约为 15%～20%。玻璃纤维中最主要成分是 SiO_2、Al_2O_3 和 CaO，SiO_2 四面体、Al_2O_3 三面体组成的三维网状结构构成了玻璃纤维的骨架结构。

环氧树脂是指一个分子中含有 2 个及以上环氧基、在适当化学试剂作用下可以形成三维网络状固化物的化合物的总和，日常使用的环氧树脂主要是双酚 A 缩水甘油醚环氧树脂。在芯棒的制作过程中，还会添加一定量的固化剂和偶联剂。

样品编号、采集位置见表 4-14。

表 4-14 样品采集

位置	编号	样品类型
球头端发热处	1	芯棒
7～8 伞间	2	芯棒
低压端未发热处	3	芯棒

芯棒和硅橡胶样品的元素相对占比见表 4-15，芯棒元素相对占比如图 4-47 所示。

表 4-15 芯棒元素相对占比分析

元素	编号		
	1	2	3
Al	2.4	1.03	2.07
Si	13.26	5.05	6.60
B	4.53	0.67	1.48
C	22.7	69.89	57.97
N	6.12	0.97	1.36
O	51	22.39	30.53

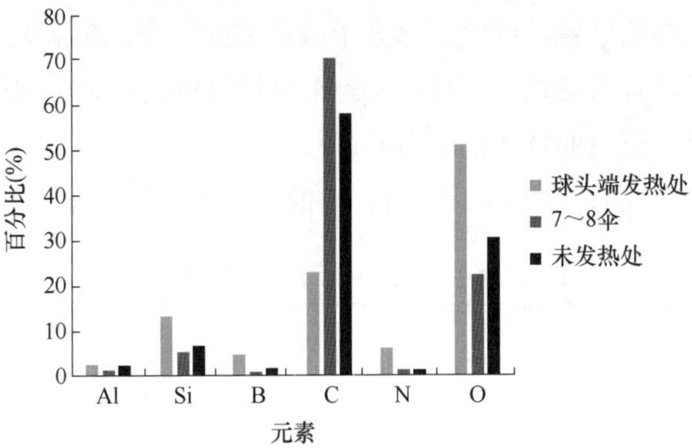

图 4-47　芯棒元素相对占比

从表 4-14、表 4-15 及图 4-47 可以看出，与未发热处芯棒相比，球头端样品的 C 元素含量明显减少，N、O、Si 元素增加。而 2 号样品 C 元素占比多于未发热处。C 元素含量减少是由于存在局部放电导致环氧树脂基体发生氧化反应，分子链断裂，甲基等含 C 元素基团被氧化，C 元素通过 CO_2 形式消散。同时，球头端样品 N 元素含量增多，表明局部放电产生了氮氧化物，结合水产生硝酸，侵蚀芯棒，氮氧化物产生过程如下。

a. 局部放电产生臭氧：

$$3O_2 \longrightarrow 2O_3$$

$$N_2 + O_2 \longrightarrow 2NO$$

$$2NO + O_2 \longrightarrow 2NO_2$$

$$NO + O_3 \longrightarrow NO_2 + O_2$$

b. 吸入水分的影响：

$$2NO_2 + H_2O \longrightarrow HNO_3 + HNO_2$$

$$HNO_2 + O_3 \longrightarrow HNO_3 + O_2$$

在 7～8 伞处芯棒中，C 元素占比反而多于未发热处，这也与解剖时未发现黏接性不良相对应。表明该处的材料劣化并不严重，局部电场畸变可能是导致发热的原因。

芯棒中含有少量 B 元素，玻璃纤维容易受酸性液体侵蚀发生断裂。

3）傅里叶红外光谱分析。FTIR 是一种分析物质化学组分的有效手段。不同的原子或分子可以吸收红外光谱区内（波长 $\lambda=10^{-3}$～1mm）不同特定波长的电磁辐射（例如光），这种吸收即表现为振动-转动光谱特性，而傅里叶红外光谱测量正是利用振动-转动光谱特性来进行分析物质化学组分的。根据测量得到的红外吸收光谱上吸收峰的位置，可以区分分子或基团的种类。在常见基本物质的红外光谱特性后，可以容易地通过 FTIR 实验来分析材料的化合物组分，并分析老化材料内发生化学反应后的物质的组分。

常见官能团与波长倒数 $w=\lambda^{-1}$（cm^{-1}）的对应关系见表 4-16。

表 4-16　FTIR 光谱中常见官能团以及对应吸收峰

波数（cm^{-1}）	官能团
3700～3200	—OH
2962～2960	CH_3 中的 C—H
1735.9	C═O
1640	H_2O 中的 O—H
1508.3	C—C
1440～1410	C—H
1384.8	HNO_3
1270～1255	Si—CH_3 中的 C—H
1100～1000	Si—O—Si 中的 Si—O
870～850	$Si(CH_3)_3$ 中的 Si—O
840～790	$Si(CH_3)_2$ 中的 Si—O
700	$Si(CH_3)_3$

FTIR 吸收峰可以从峰值和波形两方面进行分析，峰值越高，该位置对应的官能团越多，从而可以对比不同样品内官能团的数量，分析可能发生的化学反应过程。在波形上，官能团的变化也体现为吸收峰波形尖锐和平缓程度的变化。

FTIR 检测用样品及编号与 XPS 检测中相同。使用德国耐驰公司的热分析联用系统（型号：X70）进行检测，得到 600～4500cm^{-1} 范围的吸收峰信息。对比不同位置芯棒的傅里叶红外光谱如图 4-48 所示。

根据表 4-16 中波数与官能团的对应关系可知，图 4-48 中 810、1255～1270、2960～2970cm^{-1} 峰位大致对应 $Si(CH_3)_2$ 中的 Si—O 键、Si—CH_3 中的 C—H 键、CH_3 中的 C—H 键。芯棒发热位置样品的 810、1255～1270、2960～2970cm^{-1} 处的吸收峰明显低于未发热位置的，表明发热处芯棒中的芳香族（苯环）结构、Si—CH_3 中的 C—H 键、甲基等基团含量减少，这些基团都在环氧树脂基体中，表明环氧树脂基体发生了严重裂解，结合 XPS 中元素含量的分析，环氧树脂基体在局部放电中受到较高能量带电粒子的冲击、受到电弧烧蚀作用，材料发生熔化、气化、氧化分解等反应，有机分子链断裂，产生的 CO_2 和 H_2O 等产物溢出芯棒。发生的反应如下：

$$(C_xH_{2y}O_z)+O_2\xrightarrow{\text{放电}}xCO_2+yH_2O$$

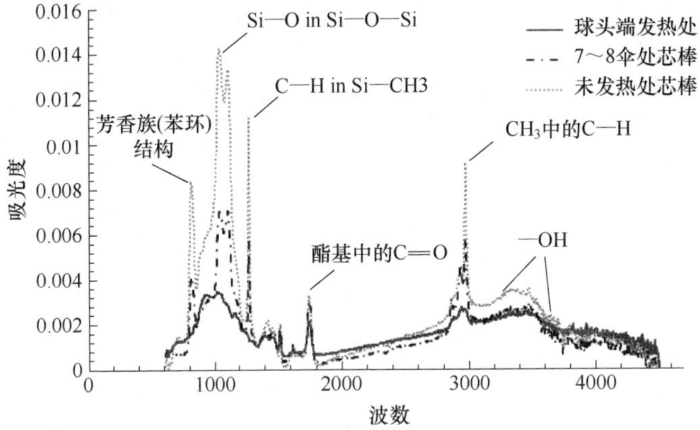

图 4-48　芯棒样品 FTIR 图

发热处芯棒对应 1000cm^{-1} 到 1070cm^{-1} 处吸收峰的降低表明 Si—O—Si 中 Si—O 键含量减少，可能发生了玻璃的离子交换和水解，这两种反应都会使—OH 增加，但同时发热处芯棒在 3700～3200cm^{-1} 的吸收峰强度低于未发热处，说明—OH 含量并未增加，说明玻璃的侵蚀另有原因。

玻璃的侵蚀与 SEM 中观察到玻璃表面的蚀损相对应，这一过程会使玻璃纤维受损断裂，削弱芯棒的机械性能。

发热处芯棒在 1736cm^{-1} 处的吸收峰强度下降，这说明芯棒中的酯基含量下降，发生了裂解，而酯基是芯棒在制作过程中添加固化剂和偶联剂中的官能团。

（6）样品电气参数测试。为了分析复合绝缘子的发热原因，需要从复合绝缘子上发热和未发热处截取样品，测量其电气参数。

1）绝缘电阻测试。从绝缘子上截取带伞片短样品如图 4-49 所示，分别有 5 伞处、23 伞、25 伞处。其中 5 伞处和 25 伞处对应着发热位置，样品长度为 8mm。

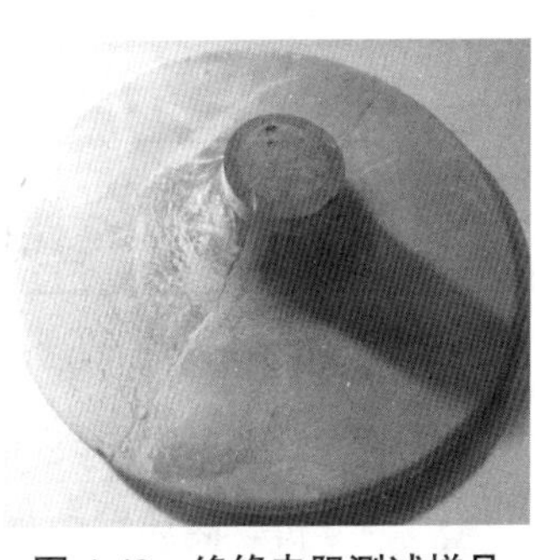

图 4-49　绝缘电阻测试样品

使用 ZC36 高阻计测量样品的绝缘电阻，ZC36 型高阻计是一种直读式的超高电阻和微电流两用仪器。仪器的最高量限 $10^{17}\Omega$ 电阻值和 10^{-14}A 微电流。适用于绝缘材料绝缘电阻测量和高阻值兆欧电阻的测量。

测试电极使用三电极结构，可以屏蔽样品表面电流，只测体电流。测试前对样品进行 24h 烘干处理，不同位置处样品在不同电压下的绝缘电阻测试结构见表 4-17。

表 4-17　　绝缘电阻测试结果

测试电压（V）	样品编号		
	5	23	25
100	1.43×10^8	5.88×10^8	4.17×10^8
250	2.00×10^8	1.67×10^9	2.27×10^9
500	4.55×10^8	4.55×10^9	5.00×10^9

从表 4-17 中看出，5 伞处绝缘电阻值明显小于 23 伞和 25 伞处。结合解剖的结果，推测由于 5 伞处芯棒表面蚀损严重，有发黑碳化现象，而 23 伞和 25 伞接近低压侧，芯棒表面蚀损比高压侧弱，因此流经 5 伞处样品的体电流更多，其绝缘电阻更小。

2）介损值测试。使用西林电桥测试样品的介损值，所用西林电桥型号为 QS37a。高压电容电桥主要用于测量绝缘材料的介质损耗角的正切值及电容量。其采用了西林电桥的经典线路。其测量线路采用“正接法”即测量对地绝缘的试品。

利用西林电桥对发热处 5 伞与未发热处 23 伞样品进行了测试。测试结果见表 4-18。

表 4-18　　西林电桥测试结果

编号	参数	
	C_x	$\tan\delta$
5	1.08～11	0.115
23	4.65～12	0.0911

从表 4-18 中看出，5 号样品的介质损耗角正切值高于没有异常发热的中部第 23 大伞处样品，且 5 号样品的电容值也较大。

（7）分析。高温发热现象与芯棒与硅橡胶护套界面的劣化存在较强的对应关系，结合 4.2.1 中的带电试验发现，在经过改变均压环装设、护套干燥后等处理后，绝缘子发热现象变化不大，即发热位置、温升度数都变化不大，发热位置呈现分散性的特点。

结合界面性能测试、端部密封测试、解剖观测、微观形貌和材料理化分析，发现绝缘子低压侧界面性能良好，推测缺陷是逐渐从高压侧向低压侧发展，该支绝缘子的缺陷尚未贯通两端。且绝缘子端部密封良好，排除了缺陷是由护套端部水分渗入而引发。劣化芯棒的环氧树脂基体存在裂解，本应该起到包覆保护玻璃纤维作用的环氧树脂出现了大范围的龟裂，并且玻璃纤维也出现了蚀损、断裂痕迹。劣化处芯棒、硅橡胶材料的 C 元素减少，O 元素增多，表明局部发生了氧化反应，使得 C 元素以 CO_2 的形式耗散在了空气中。此外，N 元素的增加可能表明产生了酸性物质 HNO_3，目前芯棒的环氧树脂多采用双酚 A 型，其耐酸蚀性能较差，容易被硝酸腐蚀发生主链断裂，以及主链与固化剂之间的化学键断裂。芯棒中少量的 B 元素也表明芯棒的耐酸性能不足。

材料的电气参数测试表明劣化芯棒的介电常数、介质损耗角正切值、电导率等都发生了较大的变化，该变化会直接影响绝缘子交界面的电场分布。已有较多研究表面，内部缺陷的电气参数变化会造成电场严重畸变。

因此综合材料劣化和电场畸变的特性，推测在缺陷产生过程中，局部放电是造成缺陷不断加重的重要原因。由于局部放电本身会产生带电粒子等较高能量的粒子，此外，放电过程中产生 O_3、NO_2 等强氧化性气体，甚至结合水分产生 HNO_3。在带电粒子以及酸性气体、液体的腐蚀下，交界面处的材料会不断劣化，从而导致缺陷不断扩大。随着缺陷扩大，其局部放电进一步严重，从而伴随着发热、放电等外部观察到的现象。该类缺陷绝缘子在运行中表现为高温发热现象（温升大于 5K），并且有发热点不一定在高压端的现象，在运行中存在较大的断裂风险。

（8）小结。

1）均压环装设对绝缘子的高温发热现象改善不明显，表明该类缺陷产生后，均压环对缺陷处电场畸变的改善能力较小。

2）发热绝缘子的芯棒的酥朽位置都是在高压侧到中部之间，同时缺陷呈现从高压端往低压端逐渐减小的趋势，推测芯棒表面酥朽缺陷的产生过程是从高压端逐渐向低压侧推移。高温发热的绝缘子存在较大的断裂风险。此外低压侧剩余部分界面性能良好。

3）结合外观检测、材料性能检测分析，发现绝缘子劣化处芯棒发生严重的酥朽劣化，芯棒环氧树脂本体发生裂解。XPS 检测中发现芯棒的玻璃纤维中含有少量 B 元素，因此表明芯棒耐酸性应力腐蚀能力较差，推测在硝酸侵入时，玻璃纤维受到腐蚀，容易蚀损，进而芯棒机械性能下降。

4）酥朽芯棒样品的电导率、介电常数增大，表明绝缘子酥朽位置局部场强畸变，容易发生局部放电，酥朽芯棒的介质损耗角正切值增大，其极化损耗增大，局部放电及极化损耗都会加速芯棒和硅橡胶材料劣化，最终容易引发发生断裂。

2. 朽断绝缘子试验

复合绝缘子朽断是近年来多次发生的一类对电网影响较大的严重故障，本小节结合事故案例，通过试验分析，研究绝缘子的朽断缺陷特性，分析绝缘子的朽断成因。

（1）朽断故障记录。统计文献记录和运行维护中近几年发现的一些绝缘子界面缺陷引发的故障信息见表 4-19。

表 4-19 已出现复合绝缘子朽断事故统计

时间	地点	线路	电压等级	运行时间	数量/支
1998.02	上海	渡南 5101 线	500 kV	4.2 年	1
2002.06	浙江	北兰 5401 线	500 kV	2.5 年	3
2004.02	浙江	北兰 5403 线	500 kV	5.7 年	1
2008.05	山东	潍崂线	500 kV	7 年	1
2008.07	山东	崂廊 I 线	500 kV	7 年	1
2008.11	广东	北增甲线	500 kV	7 年	1
2010.11	广东	沙广乙线	500 kV	12 年	1
2010.11	广西	罗百 I 线	500 kV	5 年	1
2011.02	山东	东崂 I 线	500 kV	10 年	1
2011.05	山东	潍泽线	500 kV	10 年	1
2011.08	山东	邹川线	500 kV	10 年	1
2012.04	韩国		500 kV	7 年	1
2016.12	广东		500 kV	6 年	1

一些典型的断裂绝缘子的断口形貌如图 4-50 所示。断口处芯棒如同朽木状，有发黄、发黑的颜色，与脆断故障不同之处在于断口不平整。

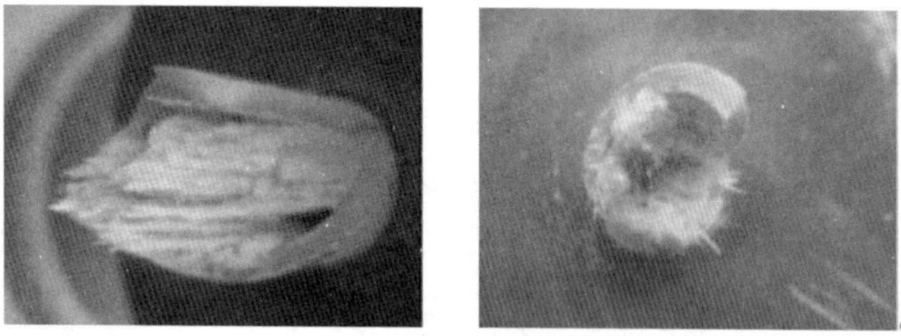

图 4-50 断口形貌

（2）朽断样品情况。以 2016 年 12 月份广东省出现的一起复合绝缘子断裂事故为例，分析朽断复合绝缘子缺陷的材料特性。断裂绝缘子出厂时间为 2010 年，伞形为一大两小。绝缘子在第 1 片大伞与第二片大伞之间发生断裂。断口处芯棒呈现扫帚状，芯棒严重酥朽，护套内部出现烧灼后的脆化、劣化现象，芯棒表面颜色变暗变黑，存在粉末状生成物，如图 4-51 所示。推测绝缘子在断裂前受到电弧的烧蚀，使得芯棒和护套严重劣化。

此外，在绝缘子护套上有击穿孔，如图 4-52 所示，推测是芯棒酥朽劣化后护套内外场强集中，导致护套发生击穿。

图 4-51　绝缘子断口形态

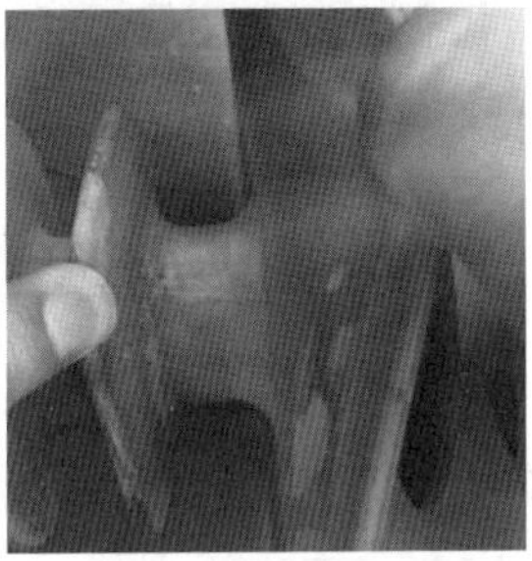

图 4-52　护套表面蚀孔

同时发现绝缘子高压侧伞裙有一定粉化、变硬现象。

（3）解剖分析。为直观观察绝缘子内部芯棒的劣化情况，剖开护套进行观察。发现绝缘子从端口处一直到 15 大伞之间芯棒表面都有明显的劣化，交界面有明显缺陷，如图 4-53 所示。且位置离高压侧越远，内部缺陷严重程度越小。

而在第 15 大伞后护套黏接良好，芯棒表面无明显缺陷，如图 4-54 所示。

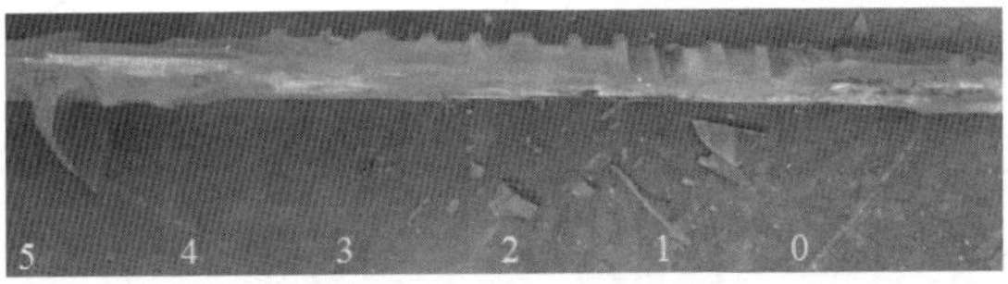

图 4-53　劣化分布位置

图 4-54　15 ~ 16 伞间交界面无明显缺陷

（4）材料理化性能分析。

1）扫描电镜观测。使用扫描电镜观测芯棒缺陷与正常处微观形貌如图 4-55 所示。

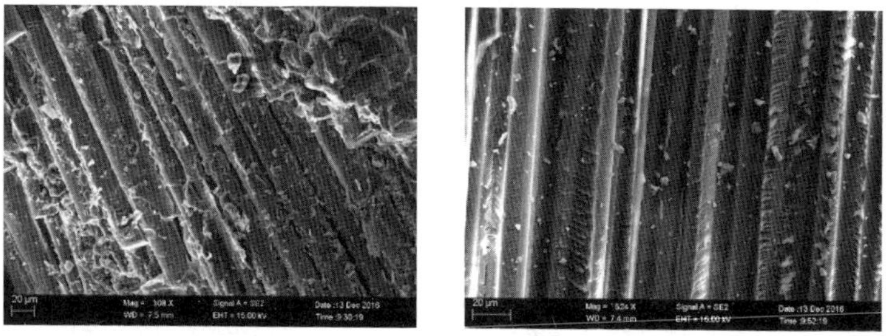

(a) (b)

图 4-55 发热处芯棒微观形貌

（a）缺陷处芯棒；（b）正常处芯棒

图 4-55 中可看出，芯棒缺陷处的玻璃纤维明显裸露，环氧树脂严重缺损，存在许多孔洞，且玻璃纤维表面存在一定的蚀损痕迹。而正常处芯棒的环氧树脂填充较为完整，玻璃纤维基本完好。

缺陷处内部硅橡胶不同放大倍数下的情况如图 4-56 所示。

(a) (b)

图 4-56 发热处硅橡胶微观形貌

（a）缺陷处硅橡胶；（b）进一步放大图像

图 4-56 中可见，硅橡胶表面微观下存在一定的孔洞，直径在几微米左右。环氧树脂的蚀损和气泡等说明芯棒老化过程中经历了化学分解过程，并伴随着热的作用。完好芯棒中环氧树脂对玻璃纤维的包裹性良好，避免了水分侵入。芯棒发热部位环氧树脂的缺损会造成水分、酸性液体侵入，使玻璃纤维受到侵蚀，出现蚀损，同时该批绝缘子的芯棒怀疑为非耐酸芯棒。

硅橡胶上的孔隙和孔洞可能会加剧水分的侵入，使得硅橡胶材料整体的介电常数发生变化，对电场分布产生影响，并可能导致局部介质损耗增大，造成局部温升，加剧硅橡胶和芯棒材料老化。

2）X 射线光电子能谱分析。为分析劣化芯棒处的元素成分变化，在绝缘子芯棒存在缺陷处和无缺陷处获取芯棒和硅橡胶样品，进行 XPS 检测。样品采集位置及编号如下：1 号为酥朽处芯棒、2 号为酥朽处内侧硅橡胶、3 号为 31 伞处芯棒、4 号为 31 伞处硅橡胶。

芯棒样品的元素相对占比如图 4-57 所示。

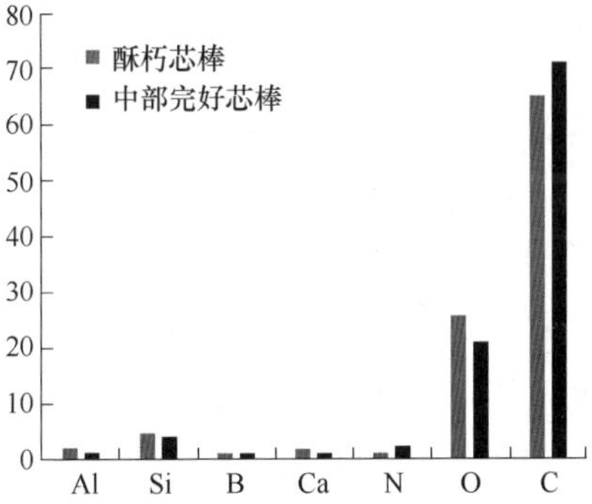

图 4-57　芯棒元素相对占比

从图 4-57 中看出，与未酥朽芯棒相比，酥朽芯棒样品的 C 元素含量明显减少，Al、Si、O 元素增加。C 元素含量减少是由于存在局部放电导致环氧树脂基体发生氧化反应，分子链断裂，甲基等含 C 元素基团被氧化，C 元素通过 CO_2 形式消散。

芯棒中含有少量 B 元素，玻璃纤维容易受酸性液体侵蚀发生断裂。

硅橡胶样品的元素相对占比如图 4-58 所示。

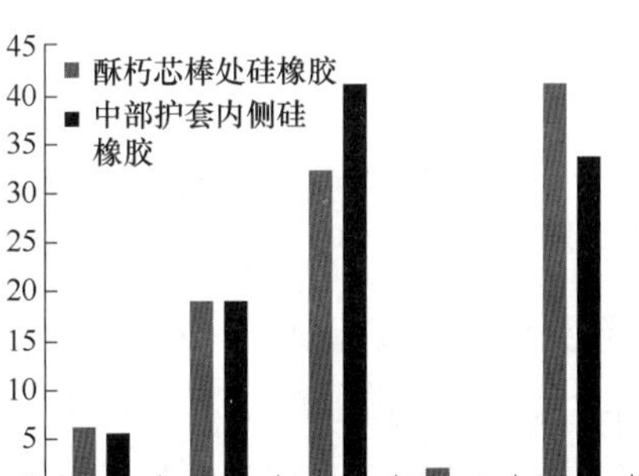

图 4-58　硅橡胶元素相对占比

发现在芯棒酥朽处的硅橡胶内 C 元素占比变少，O、N 元素占比变多。说明在护套和芯棒交界面的局部放电作用下，连接在 Si 元素上的 C 原子在交流电晕的作用下氧化形成 CO_2，逸出样品，导致 C 元素的减少。N 元素的增多可能意味着硝酸的产生，具体反应过程如下。

a．局部放电产生臭氧：

$$3O_2 \longrightarrow 2O_3$$

$$N_2 + O_2 \longrightarrow 2NO$$

$$2NO + O_2 \longrightarrow 2NO_2$$

$$NO + O_3 \longrightarrow NO_2 + O_2$$

b．吸入水分的影响：

$$2NO_2 + H_2O \longrightarrow HNO_3 + HNO_2$$

$$HNO_2 + O_3 \longrightarrow HNO_3 + O_2$$

（5）材料电气性能检测。为分析酥朽芯棒及未劣化芯棒的电气性能的差异，在绝缘子不同位置处采集样品，在宽频介电谱仪上测量其介电常数、电导率、介质损耗角正切等值。检测所使用的宽频介电谱仪由 Novocontrol GmbH 公司生产。

根据测试设备的样品要求，并考虑加工条件，在绝缘子高压侧第 4 片伞、21 片伞、31 片伞处获取芯棒样品，在车床上加工为厚度 5mm 的小圆片。在操作软件中设置电极直径、样品厚度、电压频率范围、所测量电气参数，各种参数测量结果及分析如下。

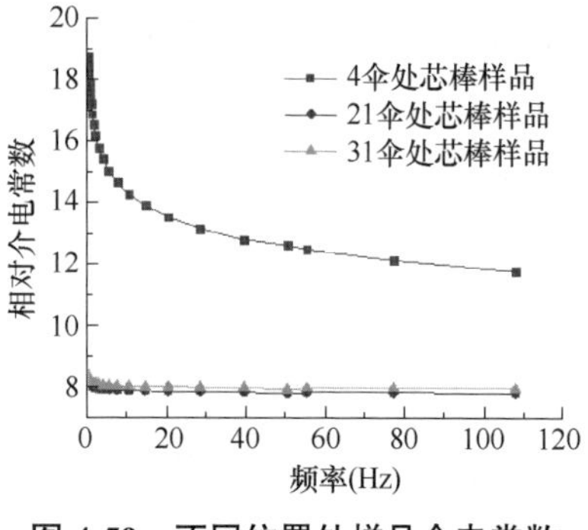

图 4-59　不同位置处样品介电常数

1）介电常数。不同位置处样品介电常数如图 4-59 所示。

在工频电场中，电场分布主要受介电常数的影响，图 4-59 中看出未明显劣化的芯棒样品介电常数在 8 左右，劣化处芯棒样品的介电常数明显变大，在 12～18 范围内，这样在介电常数突变的两种电介质交界处容易出现电场畸变，使得局部场强集中，发生局部放电。

2）电导率。不同位置处样品电导率如图 4-60 所示。

图中看出劣化处芯棒的电导率明显增大，这意味着在高压下，酥朽芯棒段阻值较低，分压较小，使绝缘子剩余段分压偏大，导致局部场强升高，出现局部放电等现象。

3）介质损耗角正切值。不同位置处样品介质损耗角正切值如图 4-61 所示。

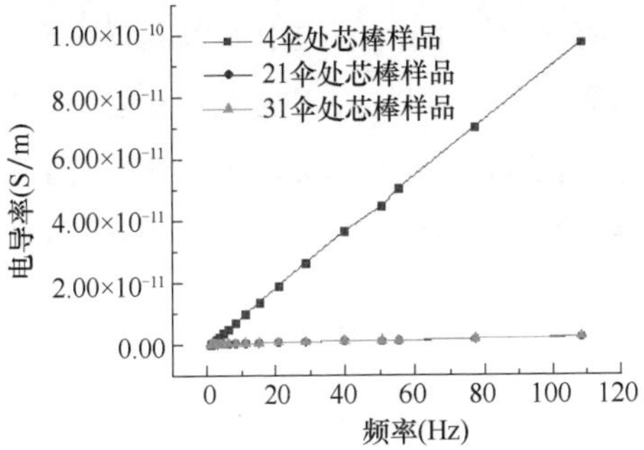

图 4-60 不同位置处样品电导率

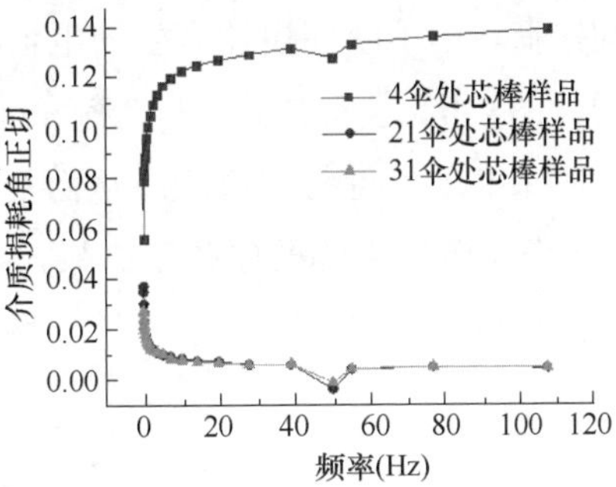

图 4-61 不同位置处样品介质损耗角正切值

介质损耗角正切是指电介质在单位时间内每单位体积中，将电能转化为热能（以发热形式）而消耗的能量。表征电介质材料在施加电场后介质损耗大小的物理量，以 $\tan\delta$ 来表示，δ 是介电损耗角。理论求解公式如下：

$$\tan\delta=\frac{\text{每个周期介质损耗的能量}}{\text{每个周期介质存储的能量}}$$

介质损耗角正切值可反映出电介质材料受潮、劣化变质、存在局部导通通道等问题，图 4-61 中可看出酥朽芯棒的介质损耗角正切值远大于未明显劣化处的值，表明该处材料劣化导致在电压作用下损耗增大。

（6）分析。

1）结合外观检测、加压紫外试验、材料性能检测分析，发现绝缘子断裂处芯棒发生严重的酥朽劣化，芯棒环氧树脂本体发生裂解。酥朽芯棒样品的电导率、介电常数、介质损耗角正切值都增大，表明绝缘子在断裂前酥朽位置局部场强畸变，出现局部放电，使得损耗增大，加速芯棒和硅橡胶材料劣化，最终无法承受机械力发生断裂。

2）XPS 检测中发现芯棒的玻璃纤维中含有少量 B 元素，因此芯棒耐应力腐蚀能力较差，推测在硝酸侵入时，玻璃纤维受到腐蚀，容易蚀损，芯棒机械性能下降。

3）芯棒的酥朽位置分布在高压端到第 15 片伞的位置，绝缘子劣化程度很严重。同时缺陷呈现从高压端往低压端逐渐减小的趋势，推测芯棒表面酥朽缺陷的产生过程是从高压端逐渐向低压侧推移。

4.2.3 朽断实验

1. 气隙尺寸对局部放电影响

根据局部放电相关理论，处于高电场区域的气隙中发生局部放电时，会产生空间电荷，由于空间电荷产生的电场与外电场抵消，因此间隙中的电场强度会被削弱，图 4-62 是考虑了空间电荷和蒲尔-弗朗克效应（Poole-Frenkel effect）电场使陷阱中心的库伦势垒降低，从而使发射载流子数增多的针尖场强，表 4-20 是 10kV 电压下针尖场强的仿真结果，可见空间电荷的存在使电场强度下降了一个数量级，同时针尖曲率半径对针尖场强影响较小。

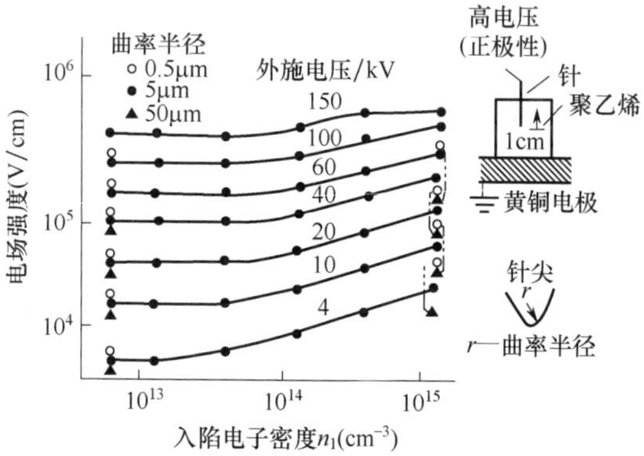

图 4-62 针尖电场受空间电荷影响

表 4-20 10kV 电压下不同针尖曲率下的电场仿真值

针尖曲率（μm）	0.5	5	50
不考虑空间电荷场强（V/cm）	3.6×10^5	1.2×10^5	1.0×10^5
考虑空间电荷场强（V/cm）	3.2×10^4	2.4×10^4	1.4×10^4

上述分析表明，气隙中场强受空间电荷影响很大。而相关研究中发现，局部空间的气隙尺寸对空间电荷、局部放电有较大影响，为此试验分析了不同气隙大小下的局部放电强度。

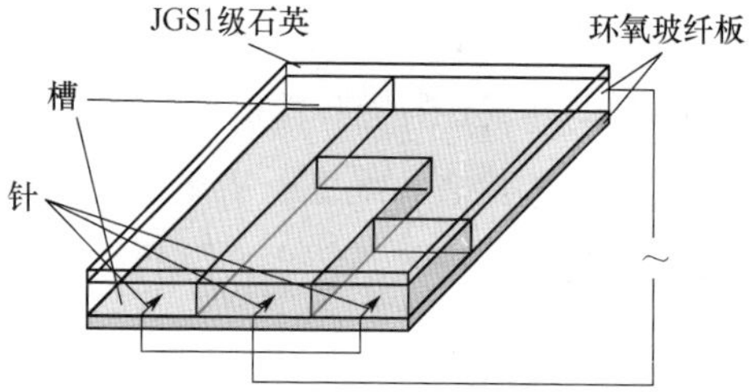

图 4-63 不同间隙尺寸样品及接线示意图

在槽的一边中间放置针，针头超出边沿 5mm，对不同变量的槽施加相同的交流电压，使用紫外仪在相同的增益下观测紫外放电的光子数，比较不同的间隙内的针尖的放电强弱。

图 4-63 为试验时的接线原理图。试验时统一加 15kV 交流高电压，通过改变槽尺寸，记录间隙内局部放电的紫外光子数。

（1）槽厚度对放电的影响。不同槽厚度时，间隙内放电的紫外光子数如图 4-64 所示。

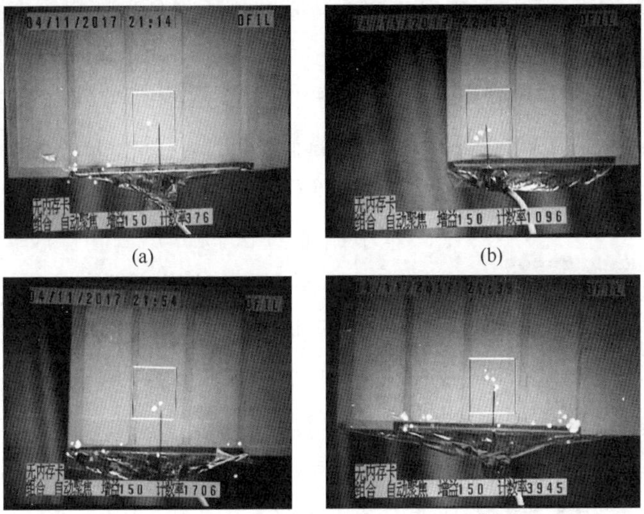

图 4-64　不同槽厚度下的紫外光子数

（a）槽厚度 0.9mm，紫外光子数 376；（b）槽厚度 1.3mm，紫外光子数 1096；（c）槽厚度 1.8mm，紫外光子数 1706；（d）槽厚度 2.4mm，紫外光子数 3945

推测槽厚度越大时，空间电荷入陷阱越不容易，放电程度会变强。

（2）槽深度对放电的影响。不同槽深度下，间隙内放电的紫外光子数如图 4-65 所示。

图 4-65　不同槽深度下的紫外光子数

（a）槽深度 20mm，紫外光子数 103；（b）槽深度 40mm，紫外光子数 493；（c）槽深度 60mm，紫外光子数 902

以上试验现象表明，气隙的尺寸越大，相同电压下局部放电强度越大，空间电荷的影响越小。当气隙厚度小于 1mm 时，紫外光子数小于 1000，此时放电能量较弱，当气隙厚度大于 1mm 时，紫外光子数随气隙厚度的增大迅速增加。参考相关文献中的研究，当气隙尺寸较小时（几十至几百微米级），局部放电主要为电子崩的碰撞电离，当气隙尺寸较大时（毫米甚至厘米级），局部放电中还会存在流注放电，由于流注放电能量较大，会对周围材料造成更大的蚀损。

2. 界面紧密接触时局部放电劣化

当在界面存在缺陷时，局部电场的畸变作用会导致局部放电的产生，从而对交界面产生蚀损缺陷，为了研究局部放电下绝缘子界面的劣化特性，前文模拟了局部放电下界面的劣化特性。前文在试验中对比了不同界面间隙尺寸下界面缺陷的劣化情况。

本小结通过试验研究了硅橡胶护套和芯棒紧密接触时界面内局部放电的影响。

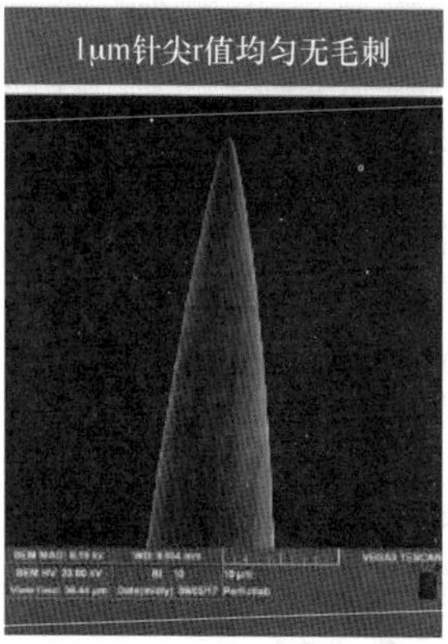

图 4-66 曲率半径 1μm 针尖

（1）样品准备。由于实际运行的绝缘子，如 220kV 或 500kV，其运行电压较高，因此若复合绝缘子内部有缺陷时，局部产生的电场强度畸变也很高，为了在绝缘子内部交界面处产生足够大的电场强度，本文中选取了曲率半径分别为 1μm 的针尖（见图 4-66），放置在绝缘子交界面内部，以使得内部产生足够的电场强度。

针尖的排布位置和方式为双针型，如图 4-67 所示。双针型的采用是为了进一步增大局部场强，先在表面打磨过的芯棒上贴附针尖和导电铜箔，之后芯棒上涂覆偶联剂并在烘热后放入模压机中使用模压硫化工艺加工护套，在 135℃下硫化 12min。

图 4-67 芯棒表面贴覆针

使用导电铜箔将针尖与两端连接起来。同时，为增加局部放电强度，设置了针尖的数量、缩短了针尖距离地电极的距离。此外，为了直观看到界面内的缺陷迹象，设计了不添加填料的硅橡胶护套绝缘子样品。为了确保研究所使用的样品工艺和材料具有一致性，试验中绝缘子样品同一厂家进行制作。制作完成的样品如图 4-68 所示。

图 4-68 模压护套后的样品

（2）高压试验。在实验室中通过工频和高频高电压对预设缺陷的复合绝缘子样品进行带电老化试验，如图 4-69 所示，样品针缺陷包含单个针和多个针的样品，还有透明硅橡胶护套的样品。

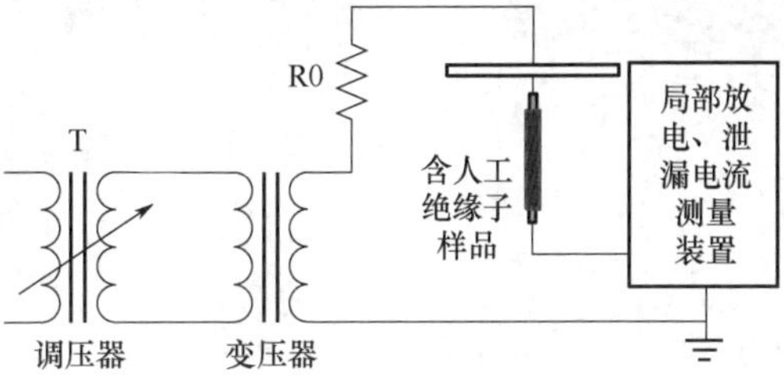

图 4-69　长期工频高压老化试验

在 30kV 交流高压下持续加压，期间观察红外温升现象。图 4-70（a）和图 4-70（b）分别为刚开始试验时的红外图和紫外图，在绝缘子样品中部为针尖位置，未出现很明显的温升和放电现象。

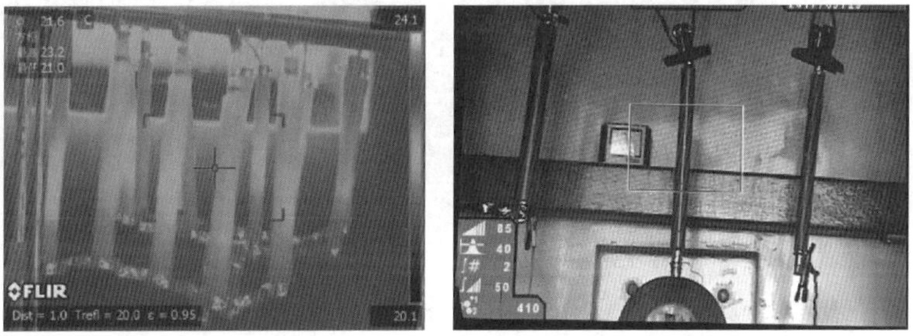

(a)　(b)

图 4-70　开始试验时红外和紫外图

（a）红外图；（b）紫外放电图

绝缘子紫外放电现象如图 4-71 所示。之后经过 30d 高压试验，红外和紫外放电现象如图 4-71 所示。

图 4-71 中可见，对比试验初始时与经过 30d 持续试验时的红外温升与紫外放电图，绝缘子样品表面的温升没有明显变化，初始加压时，样品缺陷处温升 2.6K 左右，经过 30d 加压试验，温升处为 2.5K 左右。对于同一支样品，其紫外光子数变化较小。此后，对绝缘子样品进行了解剖观察。其中，硅橡胶完全贴覆的样品沿轴向切开，从而可以透过芯棒观察界面的缺陷，如图 4-72 所示。

观察侧面切开的样品，如图 4-73 所示。透过芯棒难以看到有明显的界面缺陷现象，一只透明护套样品针尖前方出现破坏通道，但是在 30d 试验后通道没有进一步扩大的迹象。此外，透明护套没有添加白炭黑和阻燃剂，材料机械强度和耐烧蚀性能较差，可能缺陷主要是在护套中产生。

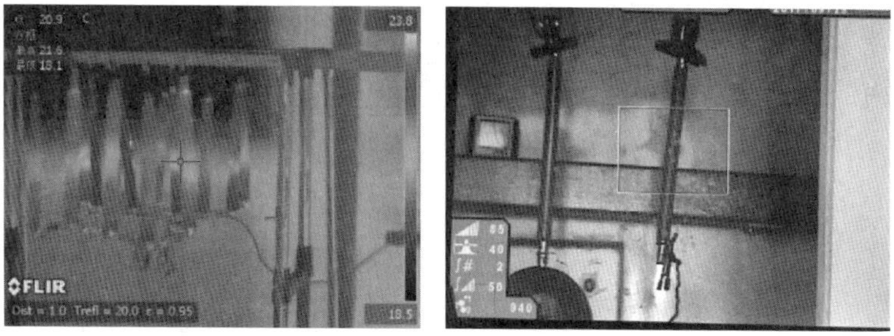

(a) (b)

图 4-71　加压 30d 后红外和紫外放电现象

（a）红外图；（b）紫外放电图

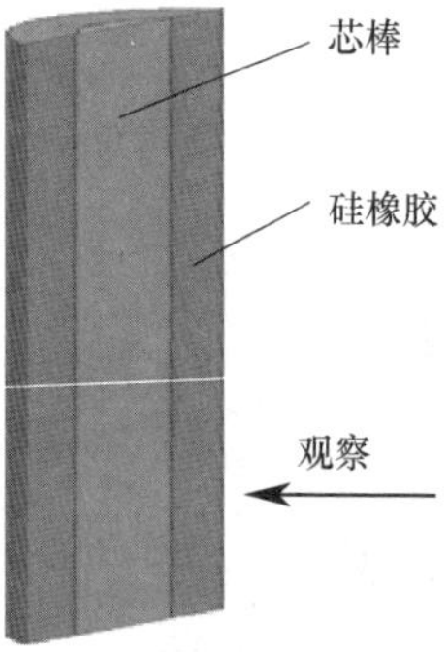

图 4-72　样品轴向切开后观察

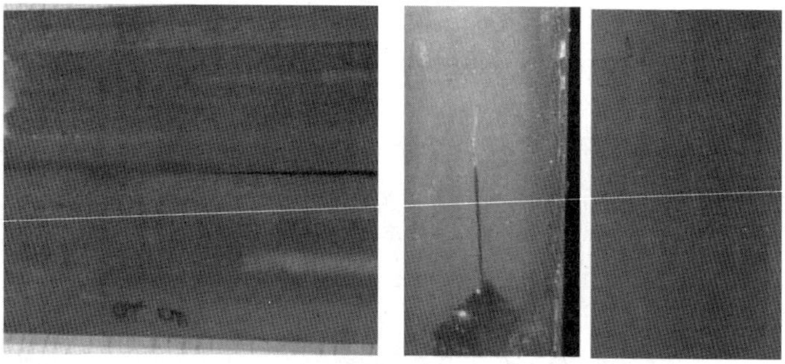

(a) (b)

图 4-73　试验样品图片

（a）绝缘子侧切图；（b）透明护套内部情况

上述试验中，针尖诱导缺陷产生速度较慢，这是因为针尖的局部间隙较小，空间电荷的作用会抑制局部场强畸变程度，从而减弱局部放电强度。

图 4-74　样品的制作示意图

3. 界面存在气隙时局部放电劣化

为了削弱空间电荷的影响，通过芯棒表面挖槽和护套内部挖槽的方式产生内部间隙，使得空间电荷能够快速消散，达到增强局部放电的效果，样品的制作示意图如图 4-74 所示。

（1）工频高压下缺陷模拟。在与 4.4.3 中相同的接线方式下，在 20kV 工频交流高压加压 4d 后，针尖前方出现絮状产物，如图 4-75 和图 4-76 所示，推测是局部强放电导致的芯棒表面材料出现了蚀损。

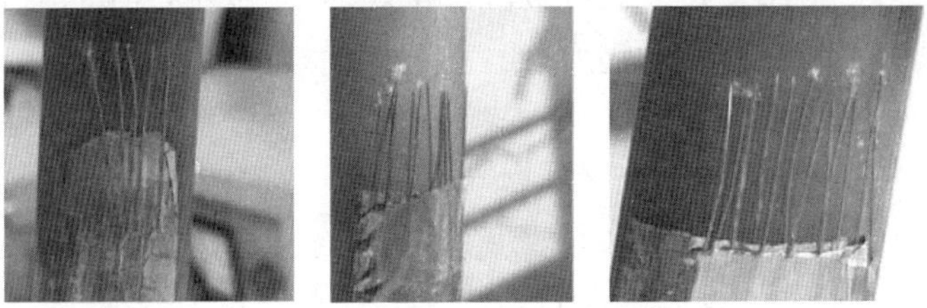

图 4-75　针尖处蚀损图

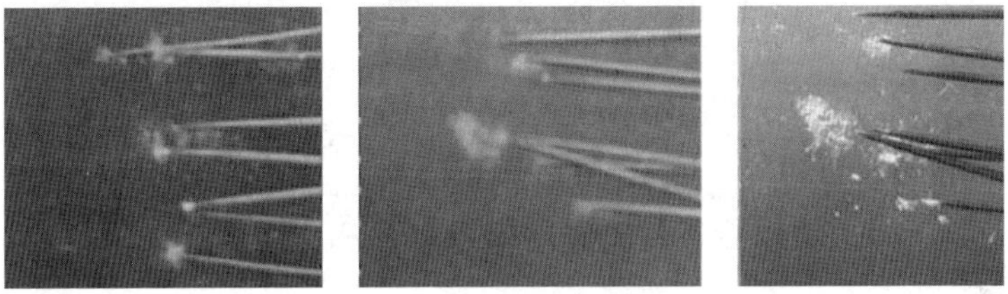

图 4-76　局部放大图

产生的蚀损量很小，需要在缺陷进一步增大后才能细致分析材料特性。为进一步增强局部放电程度，使用护套表面贴铜箔将地电位与针距离缩短至 20mm，如图 4-77 所示。

连续加压 7d 后，经过在电子显微镜放大 40 倍的观察，可见针尖前端产生了白色颗粒物，如图 4-78 所示。

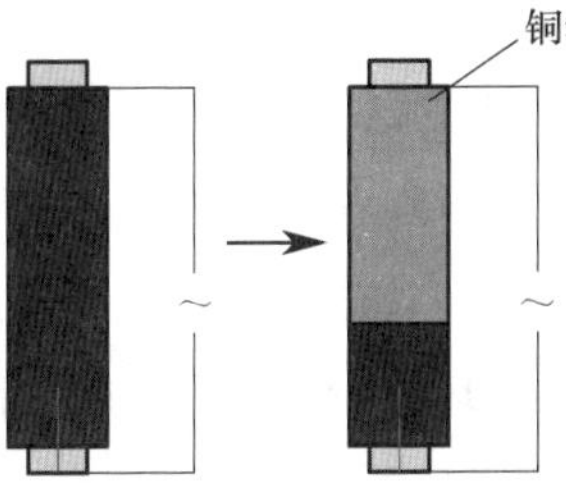

图 4-77　贴放铜箔示意图

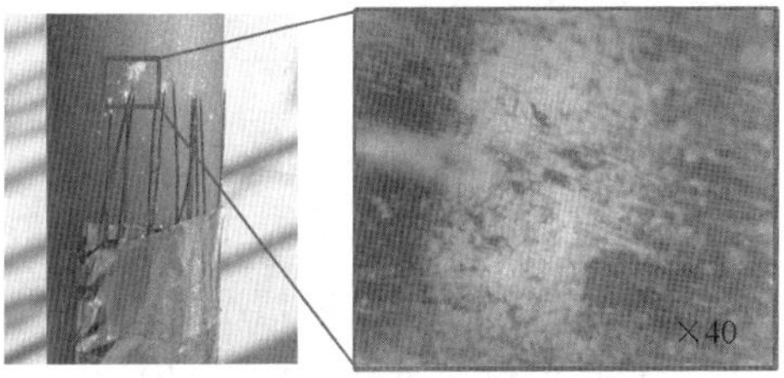

图 4-78　白色颗粒物

为进一步分析放电产生物质的成分，使用（FTIR-ATR）反射式傅里叶红外光谱检测了生成物的吸收峰，如图 4-79 所示。

图 4-79 中可见，脂肪族的 C—C 键、酯基中的 C═O 键在两种对比中有明显差别。缺陷处 C—C 键有增多的现象。此外，缺陷处酯基中的 C═O 减小，推测

环氧树脂中含酯基的偶联剂发生了裂解，缺陷处物质成分发生了变化。同时，蚀损芯棒中 NO_3^-对应的吸收峰明显上升，表明局部放电下导致硝酸的产生，会对环氧树脂基体产生酸蚀分解。环氧树脂的裂解受到酸、放电、活性氧分子等多种因素的影响，不同因素的作用过程如下。

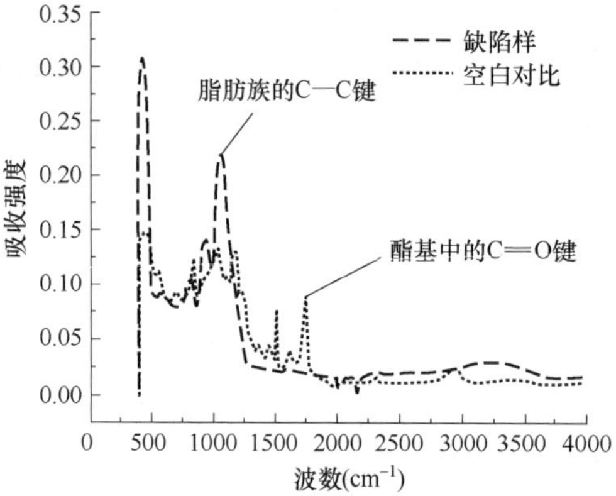

图 4-79 FTIR-ATR 光谱检测

1）硝酸对环氧树脂的影响。

硝酸分解成二氧化氮和羟基根：

$$HNO_3 \longrightarrow \cdot OH + \cdot NO_2$$

羟基根获取氢原子会形成一个有机基：

$$R\text{-}H + \cdot OH \longrightarrow R\cdot + H_2O$$

有机基与氮氧化物反应生成含硝基产物：

$$R\cdot + \cdot NO_2 \longrightarrow R—O—N—O$$

蚀损芯棒出现了波数位于 1630cm^{-1} 处的新的吸收峰，这说明酥朽断裂芯棒中有氨基化合物的形成。本文推测，在酥朽断裂过程中氨基化合物的形成机理可能是：在有 O_2 和 N_2 存在的情况下，芯棒表面放电导致环氧树脂基体与 O_2 和 N_2 发生反应形成氨基化合物，可能的反应过程如下：

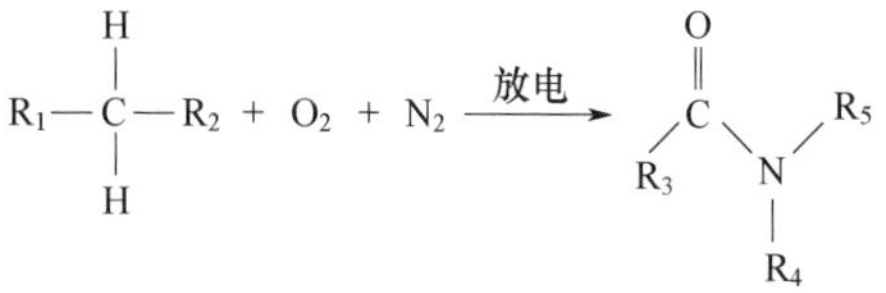

2）活性氧分子对环氧树脂的作用。在空气放电中存在活性碳化合物。活性碳化合物和酸酐的种类由如下过程决定。

活性氧分子与甲基的反应：

$$R—CH_3+O_2 \longrightarrow R—CH_2\cdot+\cdot OOH$$

羟自由基对甲基的攻击：

$$R—CH_3+\cdot OH \rightarrow R—CH_2\cdot+H_2O$$

这两种反应都会在树脂链上产生甲基自由基，与氧气反应会生成醛基：

$$R—CH_2\cdot+O_2 \longrightarrow R—CH_2O_2\cdot \longrightarrow R—(C{=}O)—H+\cdot OH$$

醛基进而与氧气发生如下反应：

$$R—(C{=}O)—H+O_2 \longrightarrow R—C\cdot{=}O+\cdot OOH$$

羟基自由基与醛基相互作用产生另一个自由基：

$$R—(C{=}O)—OH+\cdot OH \longrightarrow R—(C{=}O)—O\cdot+H_2O$$

两个自由基相互作用将产生酸酐，也可以在红外光谱中表征出来。

$$R—(C{=}O)—O\cdot+R—C\cdot{=}O \longrightarrow R—(C{=}O)—O—(C{=}O)—R$$

参与酸酐形成的自由基也会与氧气和树脂发生如下反应：

$$R\cdot+O_2+R—H \rightarrow RO_2\cdot+R—H \longrightarrow RO_2H+R\cdot$$

因此，树脂表面可能形成过氧化物。

此外，自由基 R—、含硝基产物和 R—H 也会发生如下反应：

$$R\cdot+RO_2\cdot \longrightarrow R—O—O—R+hv$$

以上反应中，活性氧的作用使环氧树脂产生了额外的羰基和酯基，在潮湿的环境中，环氧树脂通过与活性氧、羟基和二氧化氮的相互作用而降解，从而产生酸、过氧酸和含硝基产物。

3）放电对环氧树脂的影响。在环氧树脂的裂解中，受放电粒子冲击、酸、热、水分等作用，键能较弱的化学键先发生断裂或变化，如—OH、—CH_2-、—CH_3、ArO—C 等。苯环破坏需要的能量较大，需要在更强的放电能量下发生裂解。

在放电导致的裂解过程中，结合红外光谱图可知，醚键的脂肪部分发生断裂，断裂过程如下：

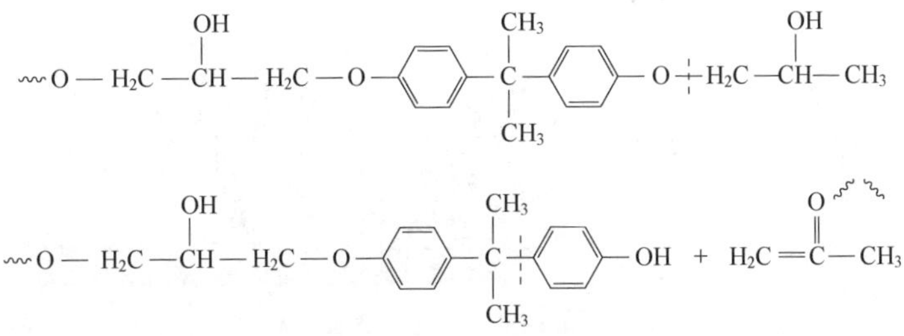

此外，连接苯环的C—C键断裂，此时会有苯酚产生，断裂过程如下：

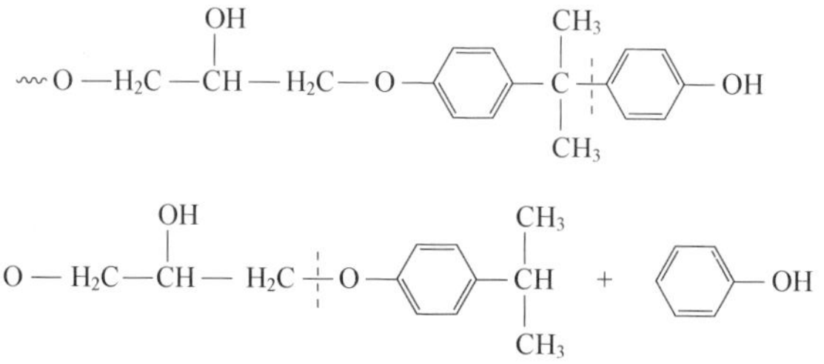

在环氧树脂受放电作用发生裂解的后期，醚键的脂肪部分进一步裂解产生了对异丙基苯酚，产生过程如下：

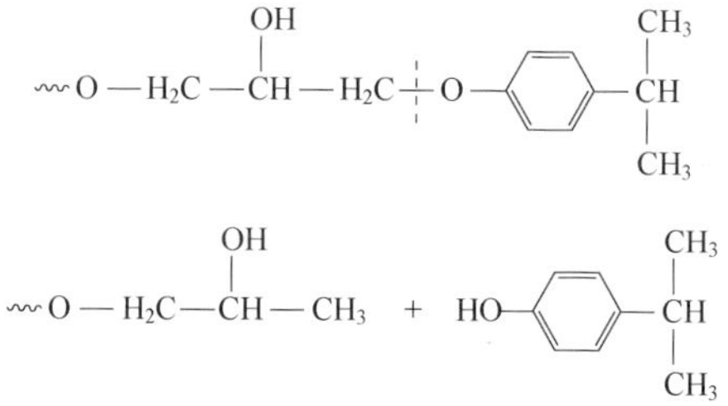

此后持续加压试验中，经过30d的试验，缺陷尺寸无明显的扩大。由于实验室中受限于研究周期，难以模拟长达数年的局部放电过程，但是短期的试验结果表明，界面处在局部放电的作用下会产生局部缺陷。

（2）高频高压下局部放电缺陷模拟（电极和地电位距离50mm）。由于工频高压下局部放电频次少，放电产生缺陷的效率低，为提升缺陷生成速度，加快研究进度，使用高频高压试验电源进行长期带电老化试验。高频电源最高可输出30kHz、峰值30kV的高频正弦高压。

样品类似于前面工频下缺陷的布置方法，图4-80为试验时的放置方式。在20kV的幅值、8kHz下持续进行加压试验。

图4-80 试验放置图

试验中记录的红外温升如图 4-81 所示。

经过 2d 的试验后，观测芯棒表面的情况，发现出现了明显的蚀损痕迹，如图 4-82 所示。此后，经过更长时间的试验（10d），缺陷主要在针尖附近产生，缺陷尺寸缓慢扩大。

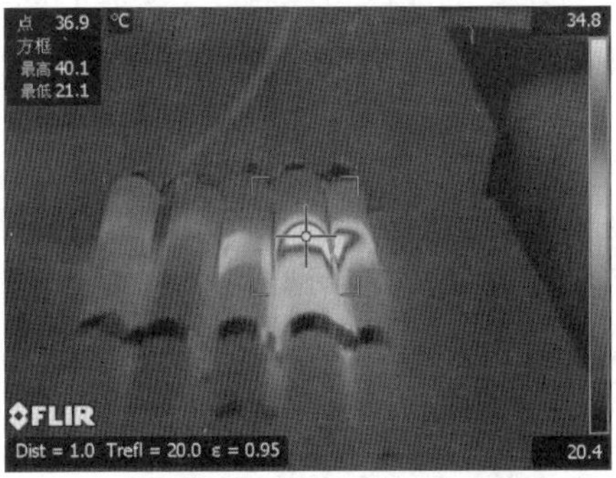

图 4-81　试验中记录的红外温升

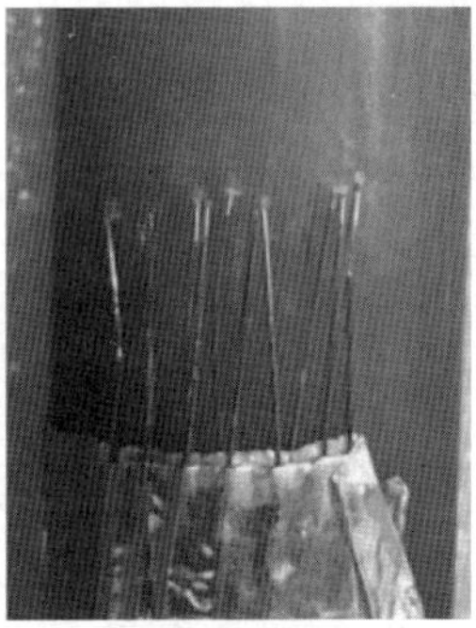

图 4-82　蚀损痕迹（2d）

在继续进行加压 10d 后发现，缺陷面积和程度没有呈现明显的增大和变严重迹象，推测主要是由于针尖锈蚀，影响了放电强度。在获取芯棒表面的蚀损后，为分析其材料裂解特性，通过扫描电镜和傅里叶红外光谱分析测试芯棒劣化位置的材料特性。

1）SEM 劣化处微观形貌如图 4-83 所示。

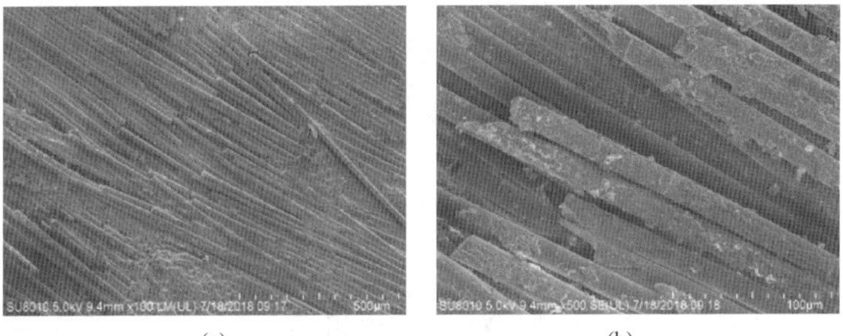

(a)　(b)

图 4-83　劣化处微观形貌

（a）蚀损处微观形貌；（b）蚀损处玻璃纤维微观形貌

作为对比，附上未劣化芯棒的微观形貌和现场蚀损芯棒的微观形貌，如图 4-84 所示。

图 4-84 中可见，玻璃纤维外部包裹的环氧树脂基体大部分脱落，玻璃纤维基本裸露出来，而正常芯棒玻璃纤维外表会包覆完整的环氧树脂基体。进一步观

察玻璃纤维发现，玻璃纤维表面较为平整，无蚀孔或者缺损的痕迹，而实际蚀损的芯棒，其玻璃纤维表面有明显的凹坑和裂解痕迹，并有部分孔洞。当前的芯棒表面的蚀损形貌与正常芯棒及实际蚀损芯棒存在一定区别，分析当前的实验现象表明环氧树脂基体发生了裂解，但是局部放电以及产生的氧化、腐蚀物质尚未对玻璃纤维本身产生足够的劣化作用。造成这一现象的原因可能有：①实验时间较短，玻璃纤维尚未受到侵蚀；②实验样品中的玻璃纤维本身耐蚀损能力强；③放电能量较弱，难以使玻璃纤维产生蚀损。

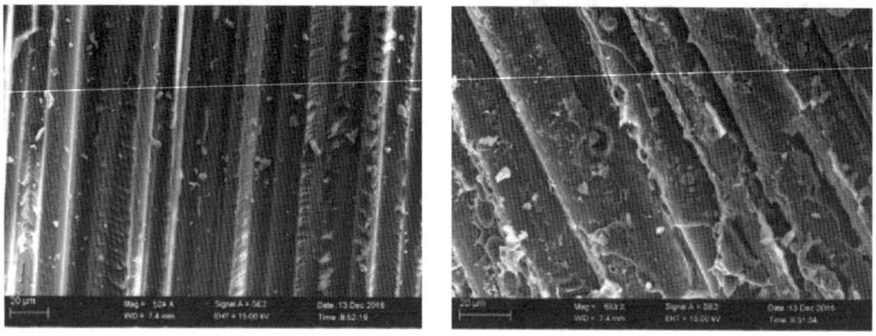

(a)　　(b)

图 4-84　正常芯棒与蚀损芯棒

（a）正常芯棒；（b）实际蚀损芯棒

2）FTIR。为了分析芯棒蚀损位置处的官能团和化学键变化特性，使用小刀从蚀损位置刮取部分粉末状样品，通过与溴化钾压片后测试透射红外光谱，结果如图 4-85 所示。通过查阅文献，标注出玻璃纤维增强环氧树脂基引拔棒中常见的几种吸收峰的位置，如图 4-85 所示。

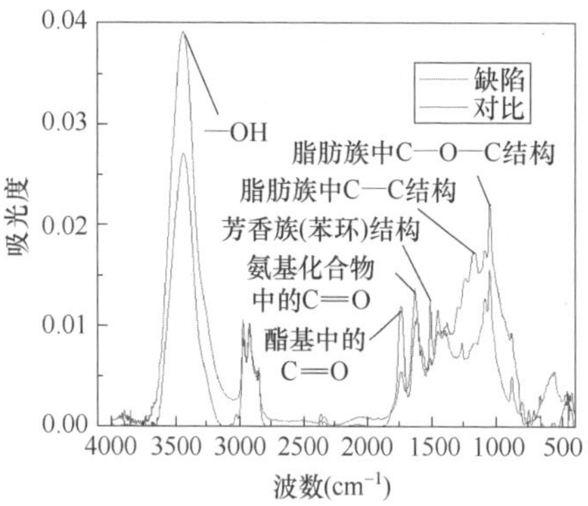

图 4-85　缺陷蚀损处与正常处吸收峰对比

对比蚀损样品和正常样品，其双酚 A 型环氧树脂中的苯环结构、碳链发生了断裂。其化学键具体分解过程与工频下芯棒蚀损中相似。

（3）高频高压下强局部放电缺陷模拟（电极和地电位距离 15mm）。为了加剧局部放电程度，进一步缩小电极和地电位距离至 15mm，为避免击穿，将芯棒放置在玻璃管中，样品设计方法和加压装置如图 4-86 所示。

在加压至 9kV（8kHz）时，针尖放电处可观察到肉眼可见的电火花放电，并且伴随明显的发热现象。放电装置如图 4-87 所示。

试验中通过调节电压大小，改变放电强度，通过示波器记录采样电阻上的电流来记录放电强度，研究不同放电强度下芯棒的裂解特性。

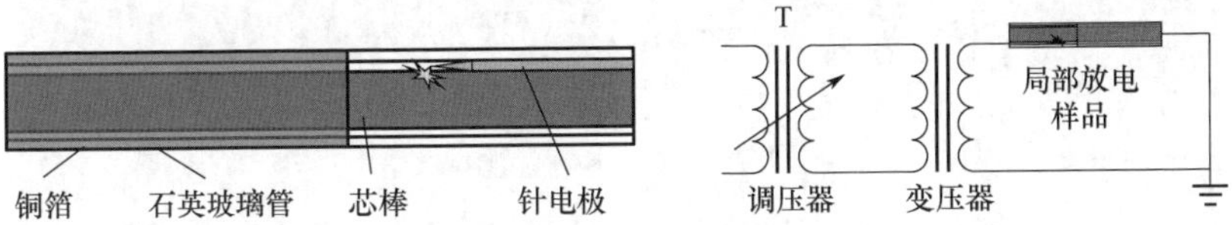

(a)　(b)

图 4-86　玻璃管-芯棒模拟局部放电样品

（a）示意图；（b）实物图

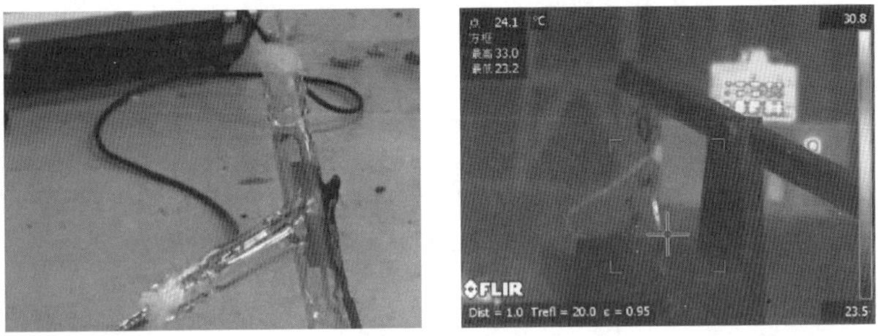

(a)　(b)

图 4-87　放电装置

（a）放电现象；（b）红外发热

放电电流波形记录如图 4-88 所示，从图中可见，当施加电压较低时（<7kV），放电电流脉冲幅值较低、数量较少；当施加电压超过 9kV 时，放电电流脉冲幅值和数量都增加。

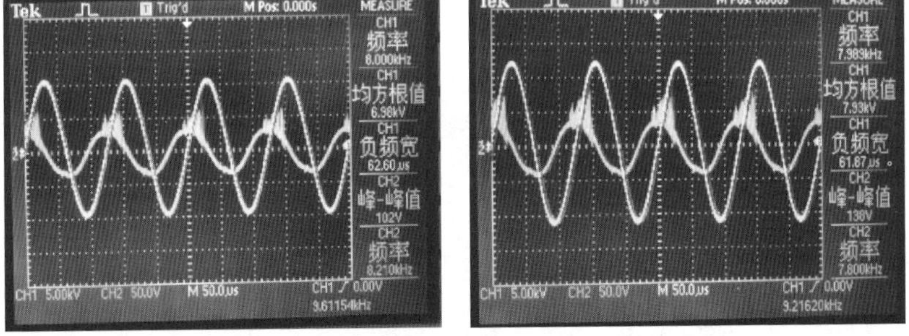

(a)　(b)

图 4-88　放电电流波形记录（一）

（a）7kV；（b）8kV

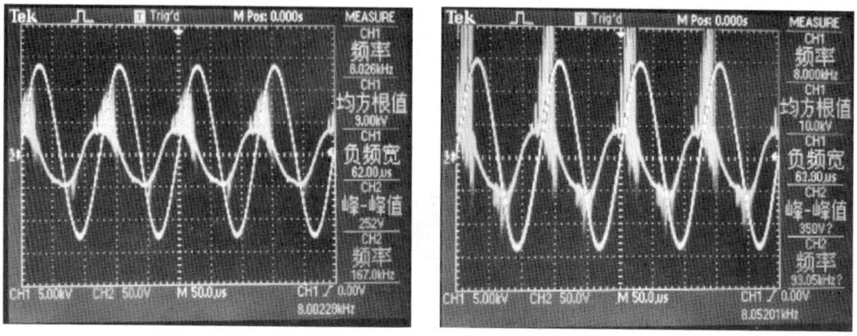

(c)　　　　(d)

图 4-88　放电电流波形记录（二）

（c）9kV；（d）10kV

不同施加电压下，外部红外发热温度变化如图 4-89 所示。

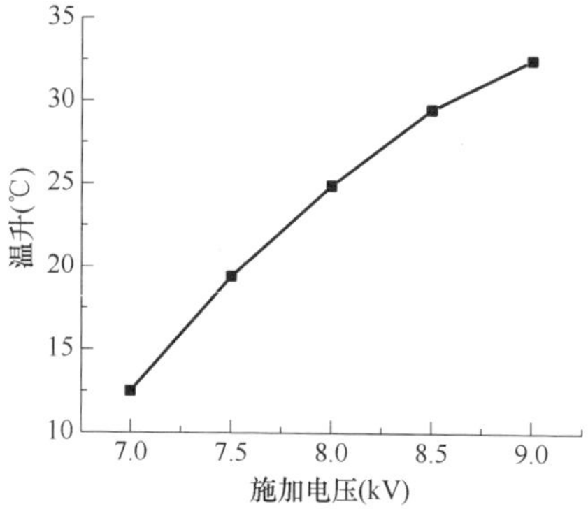

图 4-89　放电温度记录

随着施加电压的增大，局部放电更加强烈，外部温升也越高。在不同施加电压下，经过相同的放电作用时间（100h）后，芯棒蚀损程度不一致，如图 4-90 所示。

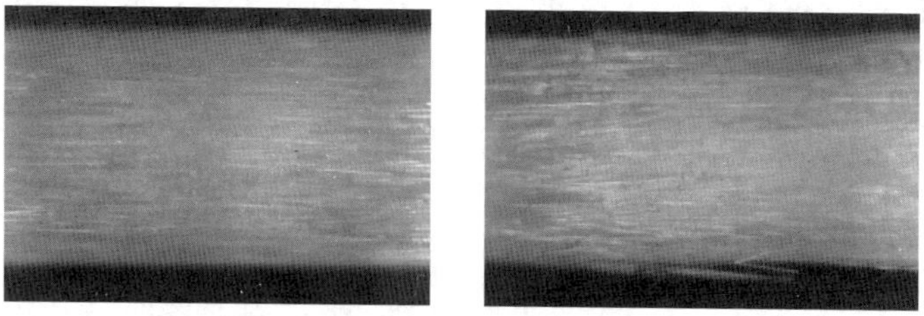

(a)　　　　(b)

图 4-90　放电后芯棒形貌（一）

（a）加压 7kV；（b）加压 8kV

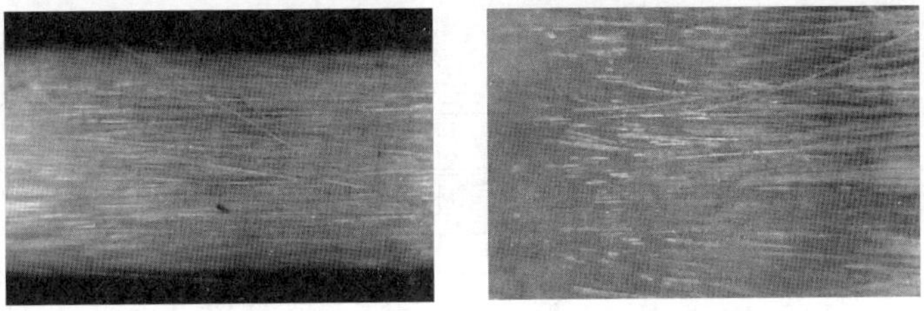

(c)　(d)

图 4-90　放电后芯棒形貌（二）

（c）加压 9kV；（d）加压 10kV

放电强度越大，芯棒表面环氧树脂的裂解越严重，玻璃纤维裸露越多。放电会造成芯棒环氧树脂不断蚀损，使玻璃纤维裸露在外，容易受到损伤，影响芯棒的机械性能。

1）电镜检测。使用 SEM 测试不同施加电压作用下芯棒的形貌，对比 7、10kV 作用下芯棒的形貌，如图 4-91 所示。

当施加 10kV 电压作用后，芯棒基本只剩下玻璃纤维，玻璃纤维完全呈现一根根独立的形貌，放电导致了环氧树脂的消失。

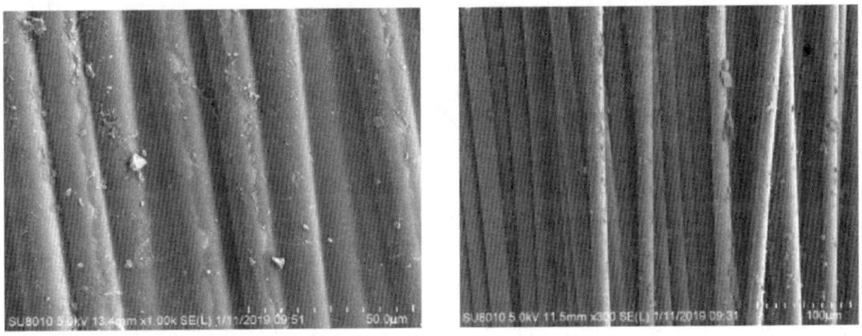

(a)　(b)

图 4-91　施加不同电压等级的芯棒蚀损形貌

（a）加压 7kV；（b）加压 10kV

2）热重测试。通过热失重测试分析之前在不同施加电压下放电作用后芯棒的有机成分变化，汇总数据如图 4-92 所示。

发现随着施加电压升高，被测样品的质量损失越小。强烈的放电过程导致环氧树脂裂解，被氧化成气体挥发，当放电强度足够高时，如加压 10kV 时，芯棒样品几乎只剩下无机成分（二氧化硅）。此时，玻璃纤维完全裸露在外，更容易受到外界水汽、酸性物质、氧化性物质、机械应力等因素的影响，容易发生断裂。

3）FTIR 测试。为了分析放电蚀损芯棒的化学成分变化特性，测试了放电蚀损后芯棒的红外光谱，如图 4-93 所示。

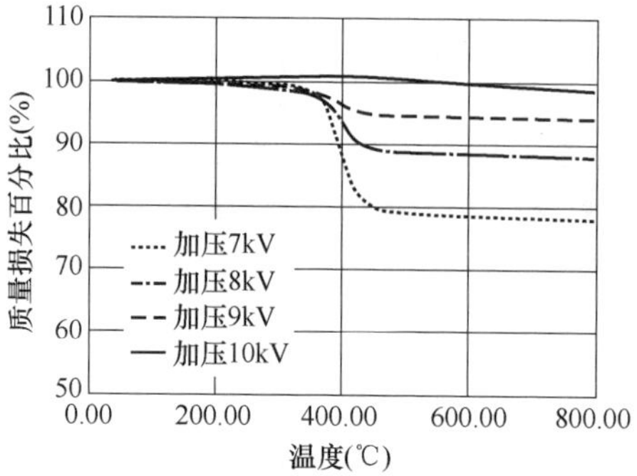

图 4-92　不同放电处理后芯棒形貌

图 4-93 中，样品的红外光谱差异主要集中于波数 1200～350cm^{-1} 范围内，放电蚀损后芯棒材料的吸收峰均高于正常芯棒的。根据吸收峰与化学基团的对应情况，这是由于玻璃纤维中 Si—O—Si 吸收峰位于 1100cm^{-1} 左右，同时玻璃纤维中氧化铝 Al_2O_3、氧化钙 CaO 等的吸收峰位置为 394～322cm^{-1}。由放电蚀损后芯棒的微观形貌可知，由于蚀损芯棒中玻璃纤维基本裸露在外，因此增强了波数 1200～350cm^{-1} 范围内的吸收峰。

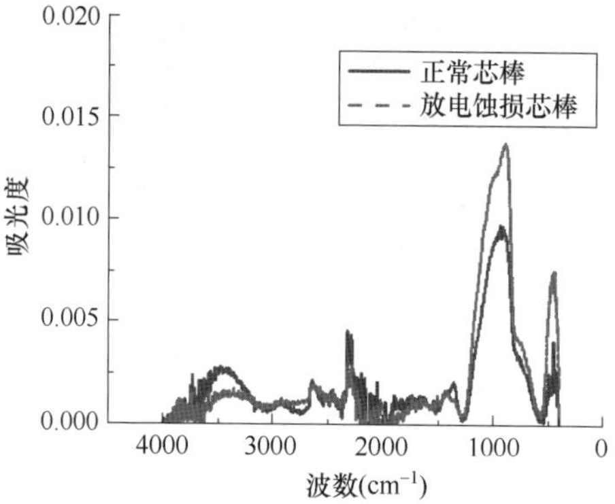

图 4-93　放电处理后芯棒红外光谱

此处由于局部放电能量高，环氧树脂在硝酸、活性氧、放电冲击作用下，除了裂解产生酸、过氧酸、含硝基产物等产物和主链中醚键、C—C 键等断裂外，进一步与氧气作用发生了氧化反应，使环氧树脂彻底分解为水与 CO_2 等产物，具体反应过程如下：

$$C_xH_yO_z+O_2\rightarrow xCO_2+y/2H_2O$$

SEM、FTIR 及热重检测表明，强局部放电过程导致了环氧树脂基体的充分裂解，但是玻璃纤维表明无明显的破损情况，需要进一步结合拉伸应力测试研究玻璃纤维的断裂特性。

4）拉伸应力测试。放电造成芯棒裂解程度不断加剧后，当芯棒的机械强度低于载荷时，容易发生断裂。

对经过 100h 放电蚀损试验之后的芯棒测试拉伸应力，并与未放电处理的芯棒进行对比，测得的拉伸应力如图 4-94 所示。A～D 分别代表高电压 7～10kV 下试验后的芯棒，E 表示未处理的芯棒。

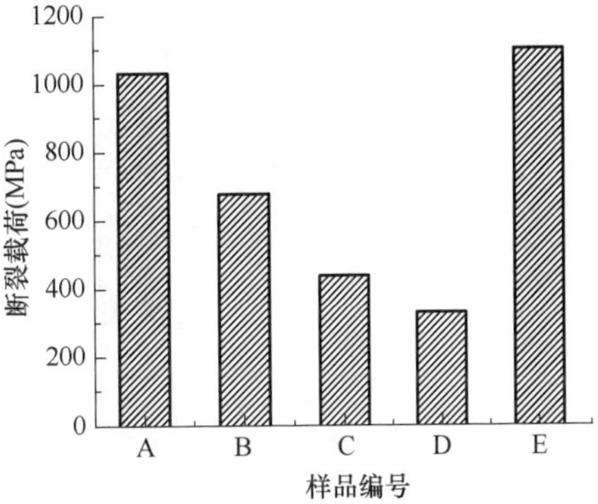

图 4-94　不同放电处理后芯棒拉伸断裂应力

图 4-94 中可见，长时间（100h）局部放电试验中，随着施加电压越大，芯棒放电后断裂应力越小。对于 24mm 直径的芯棒，额定载荷 240kN 时对应的额定机械应力为 530.7MPa，则强烈的局部放电会导致芯棒的机械强度低于额定要求。且试验中芯棒经过局部放电处理后，断口处于发生在放电位置，并且不平整，与酥朽断裂有相似性，放电后芯棒的断口与正常芯棒断口对比如图 4-95 所示。

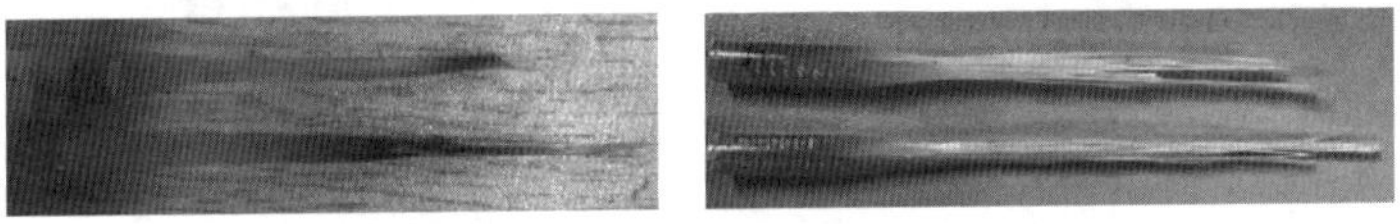

(a)　　(b)

图 4-95　E 样品，未处理样品

（a）放电后芯棒断口；（b）正常芯棒断口

强烈局部放电过程中，较强的放电能量使玻璃纤维的骨架结构出现变性，导致其机械性能出现大幅下降。根据以上试验研究结果，总结局部放电导致的朽断过程见表 4-21。局部放电下芯棒朽断过程如图 4-96 所示。

表 4-21　局部放电导致芯棒老化情况

放电形式	界面情况	试验现象	芯棒劣化情况
局部放电	紧密接触	温升较小，无紫外放电	长期试验后无明显缺陷
	存在气隙	电极与地距离较大（50mm）时，外部温升 10～20℃； 电极与地距离较小（15mm）时，外部温升随电压增大而增大，最大至 32.5℃	电极与地距离 50mm 时，芯棒表面轻微蚀损；电极与地距离 15mm 时，芯棒严重劣化，且电压越高，机械性能降幅越大

续表

放电形式	界面情况	试验现象	芯棒劣化情况
沿面放电	无护套	芯棒表面有明显放电火花	盐雾电导率越高、电压越高，芯棒烧蚀越严重，机械性能越容易发生下降

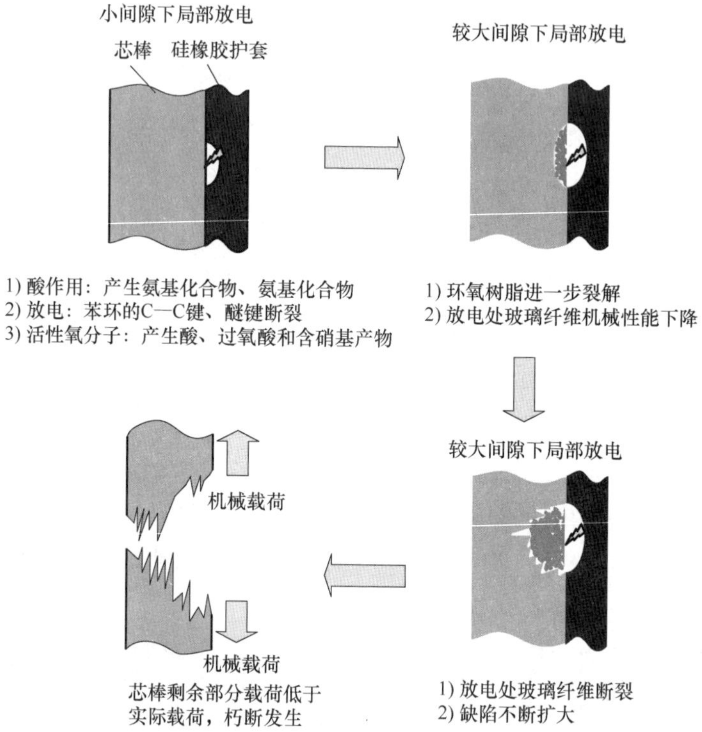

图 4-96 局部放电下芯棒朽断过程

本节从故障分析、朽断模拟两方面对复合绝缘子朽断故障进行分析，故障分析表明，现场朽化断裂的复合绝缘子环氧树脂发生严重劣化蚀损，玻璃纤维存在烧蚀断裂痕迹。

在相同的场强条件下，界面气隙对局部放电能量影响较大，表明实际运行中，在界面缺陷发展初期，界面紧密接触，局部放电能量低，缺陷发展速度较慢。当界面缺陷变严重后，界面内气隙增大，当局部电场强度越高，局部放电能量越大，此时界面缺陷的产生速度更快，使芯棒酥朽劣化，机械性能下降，发生断串。

在局部放电变剧烈后，外部发热随之增大，而实际酥朽劣化的复合绝缘子也存在高温发热现象，因此发热现象可作为评估复合绝缘子内部局部放电程度的重要依据。

对于芯棒沿面放电情形，一般出现在护套大面积破损的情况，其主要是由于外部绝缘性能不足，沿面存在微电流烧蚀导致。

4.3　复合绝缘子脆断机理

目前针对复合绝缘子脆断国内外的研究者一般都认为脆断是承载的绝缘子芯棒受到酸液的腐蚀发生的，并称之为应力腐蚀。用应力腐蚀试验方法已经成功地在实验室中进行了芯棒脆断的模拟，国内外有关单位据此推荐了关于复合绝缘子用芯棒耐应力腐蚀性能的试验方法，DL/T 810—2012 也采用了这样的试验方法。

目前酸性液体的来源仍不够明确，酸性液体的产生有多种途径，如护套渗入、放电产生，为此需要研究不同情形下的酸液的产生和影响大小。本节针对耐酸、非耐酸、脆断芯棒进行应力腐蚀试验，通过在不同应力、不同浓度硝酸浓度以及有无护套等情况下，并开展元素分析、酸性物质成分来源分析，分析试验结果，发展和完善应力腐蚀的理论。通过人为内置缺陷和控制环境因素的方式、样品包括人为控制新产品和现场运行复合绝缘子，在实验室环境下模拟重现脆断过程，研究影响芯棒脆断的关键因素和作用机理。

4.3.1　脆断故障

本节通过一起典型的复合绝缘子脆断事故案例，分析脆断故障的原因，为本章的脆断机理研究提供参考。

220kV 西燕线经巡线发现 57 号塔 B 相（水平排列中相）复合绝缘子发生断裂，断串点位于绝缘子下端第二片伞裙根部，绝缘子均压环随导线掉落地面。经观察，芯棒端口呈现平整断裂面，初步认为此次断串属于典型的复合绝缘子芯棒脆断故障。

（1）试品信息。本次检测绝缘子均为 220 kV 复合棒型悬式绝缘子，试品具体信息见表 4-22。

表 4-22　试品信息表

试验编号	线路名称	型号	投运时间
1	220 kV 西燕线	FXBW4-220/100WQ	1992 年 10 月 19 日

续表

试验编号	线路名称	型号	投运时间
2	220 kV 西燕线	FXBW4-220/100WQ	1992 年 10 月 19 日
3			
4			
5			
6			
7			
8			

（2）故障绝缘子图。故障现场以及绝缘子断口如图 4-97 所示。

图 4-97 故障现场及绝缘子断口

图 4-97 中可以看出，绝缘子断口平齐，无毛刺，同时脆断发生在高压侧。故障外形与典型的脆断外表很接近。对复合绝缘子表面形貌进行观察，绝缘子表面积污较严重，试品伞裙有微小形变，但无破损现象。

1. 酸性应力腐蚀试验

根据 DL/T 810—2012，对复合绝缘子 3～8 号进行芯棒应力腐蚀试验。在试品芯棒露出部分的周围，安装一个耐酸介质的盛酸容器，使酸液可以方便地注入容器，且不与复合绝缘子中的金属附件相接触。盛酸容器保证在试验过程中，包围芯棒的酸液厚度不小于 1cm，高度不小于 4cm，蒸发量不超过 5%。

试验过程中，对复合绝缘子试品施以拉伸负荷，此负荷在 67%SML 和 300MPa 中取较大的一个。该批复合绝缘子的额定机械荷载为 100kN，直径为 18mm，经过计算，该批次复合绝缘子试品应选择 75kN 的拉伸负荷。此拉伸负荷迅速而平稳地从零升至预定负荷。加载后，立即向盛酸容器中注入 1N 浓度的硝酸，维持这个负荷，记录绝缘子维持此负荷的时间，试验结果见表 4-23。部分应力腐蚀试验结果如图 4-98 所示。

表 4-23　试品应力腐蚀试验值

试品编号	耐酸部位	硝酸溶液浓度	额定拉力（kN）	耐受时间（h）	检测结果
3	高压端	1N	75	5	不通过
4	高压端	1N	75	3	不通过
5	中压端	1N	75	4	不通过
6	中压端	1N	75	3	不通过
7	低压端	1N	75	3	不通过
8	低压端	1N	75	3	不通过

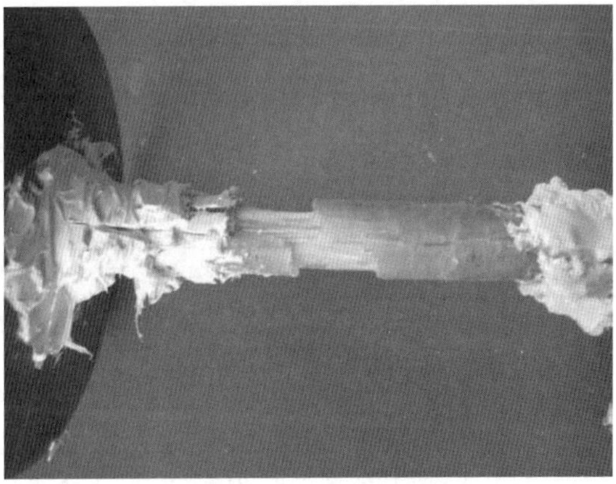

图 4-98　部分应力腐蚀试验结果

通过试验可以发现，该批次复合绝缘子均未达到标准要求的 96h 的耐酸时间，本批次复合绝缘子芯棒的耐酸能力较差，容易发生脆断事故。同时耐酸部位的变化对复合绝缘子耐酸时间的影响较小。

2. 界面性能试验

根据文献记录，部分脆断故障中，故障复合绝缘子的界面性能较差，为分析本次故障中绝缘子的界面性能，对该批绝缘子开展了水扩散和染色渗透试验。

（1）水扩散试验。根据 DL/T 810—2012 标准，对复合绝缘子 2 号进行水扩散试验。分别在绝缘子的高压端、中压端、低压端截取 6 个试品进行试验，其中 3 个试品剥除护套，3 个试品保留护套。水煮前后均对试品加压 12kV，测量其泄漏电流 I_1、I_2。试验结果见表 4-24。

表 4-24　　绝缘子水扩散试验泄漏电流值

绝缘子编号	试样编号	泄漏电流 I_1（μA）	泄漏电流 I_2（μA）	电流比值 I_2/I_1
2 号	H1	62.6	62.2	0.994
	H2	63.0	62.2	0.987
	H3	62.8	62.2	0.99
	H4	64.8	65.0	1.003
	H5	63.2	65.0	1.028
	H6	63.5	72.5	1.142
	M1	62.6	62.2	0.994
	M2	62.8	62.0	0.987
	M3	62.6	62.1	0.992
	M4	63.6	64.0	1.006
	M5	63.7	67.1	1.053
	M6	63.6	67.1	1.055
	L1	62.9	61.6	0.979
	L2	62.5	61.7	0.987
	L3	62.6	62.4	0.997
	L4	63.5	70.6	1.112
	L5	63.6	72.6	1.142
	L6	63.4	68.5	1.08

注　H 为高压端，M 为中压端，L 额低压端；1～3 号为剥除护套，4～6 号为未剥除护套。

试品在水煮后测得的泄漏电流最大值为 72.6μA，小于 1mA，整体试验通过标准要求。

本批次复合绝缘子均通过水扩散试验，经过水煮后，有护套的试验试品的泄漏电流发生了不同幅度的上升，说明绝缘子若再运行一段时间之后，可能出现交界面黏接不良的情况。

（2）染色渗透试验。根据 DL/T 810—2012 标准，对复合绝缘子 3 号、4 号进行染色渗透试验。分别在绝缘子的中压端、低压端截取 6 个试品进行试验，每个试品长度为 10mm，将试品置于一层直径相同的钢球上，将 1%的品红乙醇溶液染料倒入容器中，使品红乙醇溶液的液面比球层的上平面高 2～3mm，染料上升贯通试品的时间应长于 15min，试品测试结果见表 4-25。染色渗透试验部分试品如图 4-99 所示。

表 4-25　试品渗透试验结果

绝缘子编号		试品于绝缘子上位置	试验时间（min）	检测结果
3 号	1	中压端	＞15	通过
	2		＞15	通过
	3		＞15	通过
	4	低压端	＞15	通过
	5		＞15	通过
	6		＞15	通过
4 号	1	中压端	＞15	通过
	2		＞15	通过
	3		＞15	通过
	4	低压端	＞15	通过
	5		＞15	通过
	6		＞15	通过

图 4-99　染色渗透试验部分试品

通过试验可以发现，各个试品均通过标准要求的 15min，本批次复合绝缘子芯棒、界面在耐渗透性能方面合格。

因此，上述试验结果表明，复合绝缘子的界面性能良好，因此造成脆断的还有其他因素。

3. 芯棒 XPS 测试

XPS 是一种材料微观分析的常用技术，它可以准确分析化合物内的元素组成和含量。清华大学梁曦东等人针对耐酸芯棒耐应力腐蚀性能的原因进行了研究，通过 XPS 技术对四种耐酸芯棒的主要元素成分进行了测试。XPS 技术可以反映样品的表面组成成分并能进行相对定量分析。通过试验可以看出，耐酸芯棒的硼元素含量均为 0，而其余元素含量没有什么差异，证实了使用无硼纤维是耐酸芯棒提高耐应力腐蚀性能的主要原因。

本次试验中，针对西燕线断串绝缘子，截取绝缘子芯棒中部分材料进行 XPS 检测，通过对硼元素和碳元素的相对含量检测，得到硼元素的含量为 1.34%～2.01%，可以证明本批复合绝缘子芯棒内并未使用无硼纤维，为非耐酸芯棒。

国内外学者对 E 玻璃纤维（含硼）的酸腐蚀机理研究表明，玻璃纤维中含硼时，硼主要以$[BO_3]$和$[BO_4]$存在于玻璃纤维结构中，其与 Si 共用—O—直接连接形成玻璃骨架结构，硼本身是极易被无机酸侵蚀的。因此在酸液中，硼元素被酸侵蚀后形成了通道，增大了玻璃纤维骨架与酸液的接触面，从而酸液可以进一步侵蚀玻璃纤维的骨架结构，此后酸侵蚀速度不断加快。对于无硼玻璃纤维 ECR，其骨架主要成分为—Si—O—，并含有—Ca—O—、—Al—O—、—Mg—O—等，SiO_2 四面体和 Al_2O_3 三面体组成了玻璃纤维的主要骨架结构，该结构中的硅-金属化学键耐酸性能较强，不易发生腐蚀。

按玻璃的侵蚀机理分，酸性溶液的浸析，主要是由 H^+或 H_3O^+与玻璃中的碱离子或带正电的可移动离子进行交换。按照理论分析，在酸性介质中 H^+的强活动性，可深入到玻璃表面的保护层内部与金属阳离子起交换作用，从而加速金属阳离子向表面的扩散。对于高强系列玻璃纤维，当玻璃纤维在酸液中浸泡时，H^+的侵入将对玻璃纤维产生化学作用，玻璃纤维表面的碱金属或者碱土金属离子类网络修饰体具有可动性，能与 H^+ 进行交换。

对于玻璃纤维中含硼时，BO_4 四面体结构在水，酸中的离子交换反应公式如下：

$$\{[BQ_3O]_2\text{-}Mg\}^{2-}+2H^+ \rightleftharpoons 2\{[BQ_3]\text{-}OH\}^-+Mg^{2+}$$

$$2\{[BQ_3]\ \text{-}OH\}^-+3H_2O \rightleftharpoons 2\{B(OH)_4\}^- \rightleftharpoons 2H_3BO_3+2HO^-$$

$$H_3BO_3+3/2Mg(OH)_2 \rightleftharpoons 1/2Mg_3(BO_3)_2+3H_2O$$

$[B(OH)_4]^-$在酸性条件下是不稳定的，与 H+反应生成 H_3BO_3。此外还要考虑到$[BO_3]$的反应如下：

$$[BO_2O]_2^-Mg+2H^+ \rightleftharpoons 2[BQ_2]\text{-}OH+Mg^{2+}$$

$$[BO_2]\text{-}OH+H^+\text{-}OH^- \rightleftharpoons H_3BO_3$$

各四面体反应的机理，基本相似，但是区别在于最后生成的弱酸盐产物的电离度大小，通过比较 $HAlO_2$、H_3BO_3 和 H_2SiO_3 的解离常数，H_3BO_3 的解离速度远大于其他弱酸盐产物的，这表明，玻璃网络结构中各四面体结构中，与酸中的离子发生交换反应最快的是 BO_4 四面体结构，因此含硼的玻璃纤维在酸腐蚀下会较快地出现离子交换，导致性能下降。

4. 断裂原因分析

本案例中，故障绝缘子断口呈现平整断裂面，属典型的芯棒脆断故障。绝缘子试品均未能通过芯棒应力腐蚀试验，芯棒耐酸性能差，容易引发脆断；同时，绝缘子试品均通过了水扩散试验和染色渗透试验，表明本批绝缘子界面黏接良好，此外，通过 XPS 测试发现芯棒材料含有硼元素，说明本批次复合绝缘子为非耐酸芯棒，是脆断的主要原因。

4.3.2 脆断机理研究

为研究不同来源的酸对芯棒脆断的影响，分别对外界酸渗透导致芯棒蚀损、放电产生酸两种情形开展了试验研究，具体内容如下。

1. 酸渗透研究

为了研究酸渗透因素在脆断事故中起到的作用，研究了带护套的非耐酸芯棒在酸液中长期浸泡后的断裂特性。参照文献中酸雨浓度制备了模拟酸雨溶液，并制备了不同浓度的酸液，将无外层护套和包裹室温硫化硅橡胶护套的芯棒浸泡在酸液中进行长期酸蚀试验，研究芯棒材料在不同浓度的酸性液体下的断裂情况。

（1）酸性溶液制备。参照文献中的关于酸雨降水 pH 值的记载，一般酸雨的 pH 值为 4～5，使用硫酸和硝酸按照 5∶1 的比例制备了 pH=4 的模拟酸雨溶液，制备过程按照使氢离子 H^+浓度 10^{-4} 的目标进行折算，之后使用 pH 试纸测试酸液，pH 值为 4，如图 4-100 所示。

同时，为了研究不同酸液浓度下的芯棒腐蚀情况，制备了 H^+浓度 0.1mol/L、1mol/L、5mol/L 浓度的酸性溶液，三种浓度酸液中 H^+离子分别是模拟酸雨（pH=4）中 H^+离子浓度的 1000、10000、50000 倍，用作对照试验。

（2）样品与试验准备。准备直径 1、6 mm 的芯棒，部分样品表面涂覆室温硫化硅橡胶，涂层厚度为 1mm，之后将芯棒插入塑料水瓶中，使用硅橡胶密封插口，插入芯棒的瓶子如图 4-101 所示。

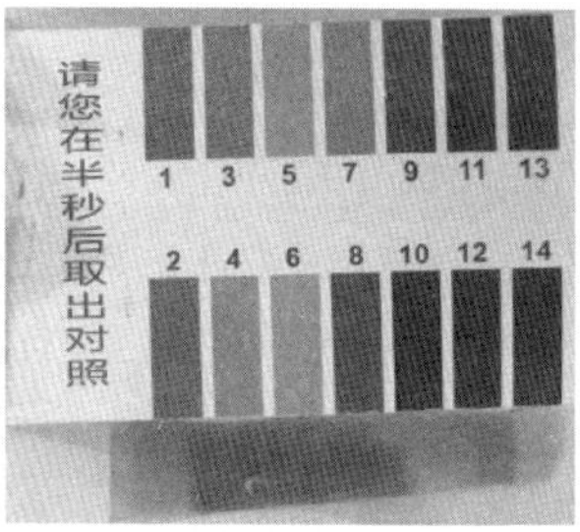

图 4-100　模拟酸雨 pH 试纸对照

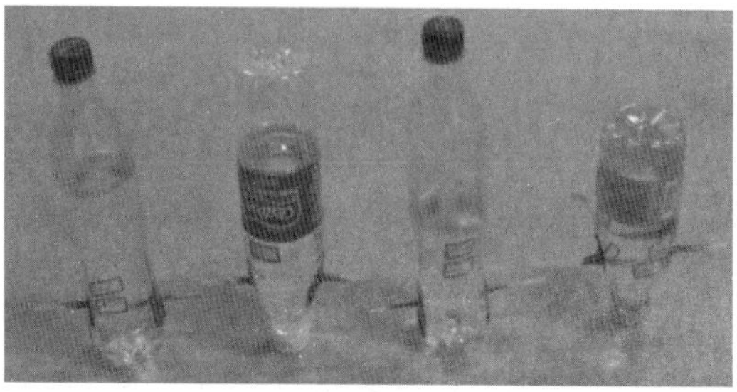

图 4-101　插入芯棒的瓶子

试验样品的配置信息见表 4-26。

表 4-26　　样品配置信息

编号	芯棒直径	是否涂覆硅橡胶	酸液 H^+浓度（mol/L）
1	6mm	√	10^{-4}
2			0.1
3			1
4			5
5	1mm	√	10^{-4}
6			0.1
7			1
8			5
9	6mm	×	10^{-4}
10			0.1
11			1
12			5
13	1mm	×	10^{-4}
14			0.1
15			1
16			5

（3）试验记录。样品浸入酸液中后，经过 5d 时间的放置，在拉力机上对编号为 5、6、7、13、14、15 的 1mm 直径的芯棒进行机械拉断力试验，分析其机械性能的变化。

包覆护套的芯棒未发生明显的机械性能下降现象，其拉力随时间的变化如图 4-102 所示。

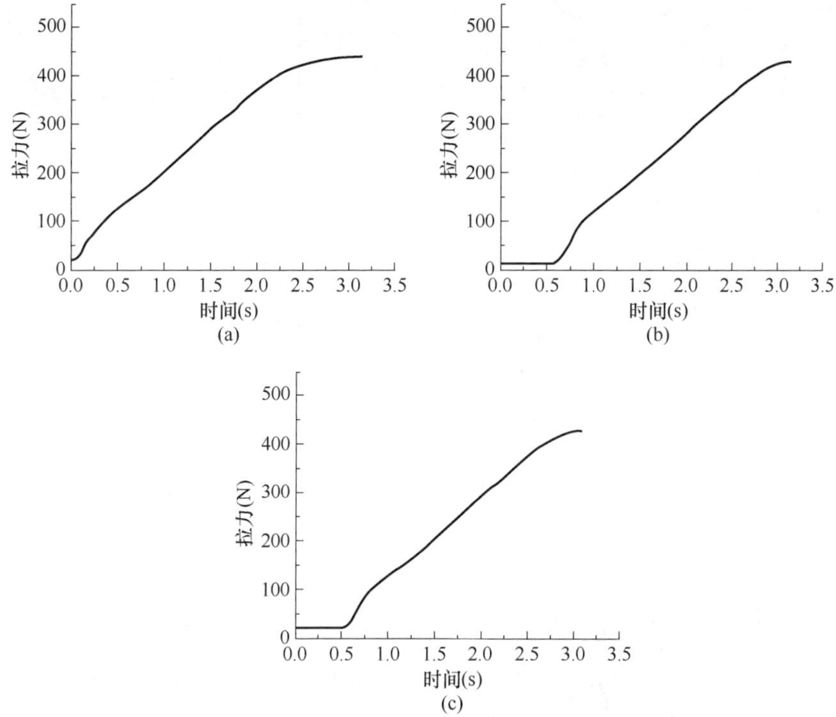

图 4-102　带护套样品的拉力随时间变化

（a）5 号样品；（b）6 号样品；（c）7 号样品

未包覆护套的样品中，13 号、14 号和 15 号样品拉力随时间变化如图 4-103 所示。13 号和 14 号芯棒机械性能无明显下降，15 号芯棒机械性能有明显下降。

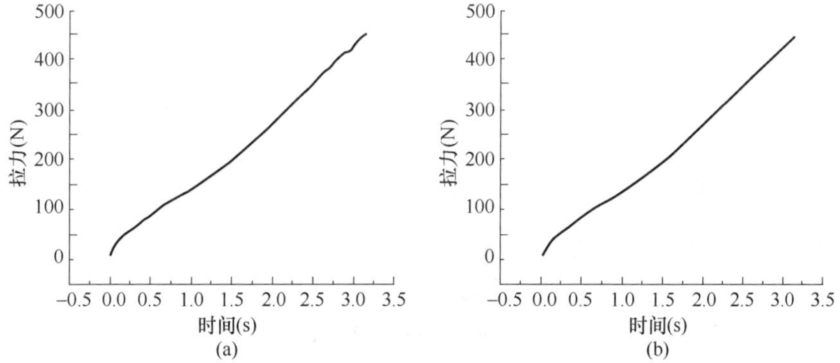

图 4-103　裸露样品的拉力随时间变化（一）

（a）13 号样品；（b）14 号样品

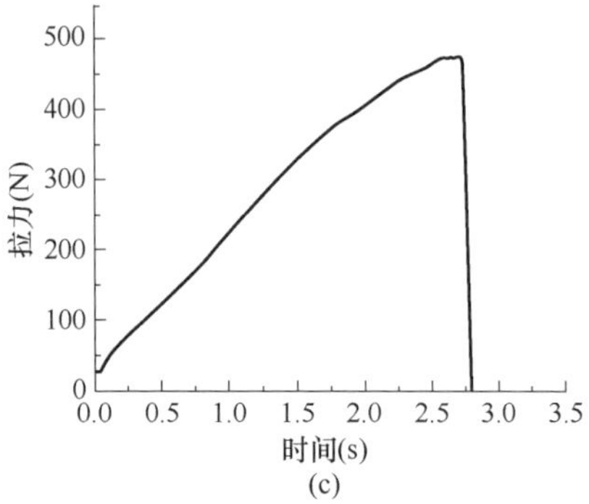

图 4-103　裸露样品的拉力随时间变化（二）

（c）15 号样品

15 号样片芯棒的断口形貌如图 4-104 所示。

可见，芯棒的脆断需要酸液浓度满足一定数值，自然界中的酸雨由于浓度较小，因此复合绝缘子芯棒脆断基本可以排除由酸雨引起。酸液中较高的酸液浓度会对芯棒的环氧和玻璃纤维产生裂解作用，进而导致脆断。此外，包覆芯棒的护套对酸液的渗透起到了阻挡作用。但是由于酸液会腐蚀硅橡胶护套中的 $Al(OH)_3$ 填料，进而产生酸液渗透路径，最终会产生酸蚀芯棒的效果。

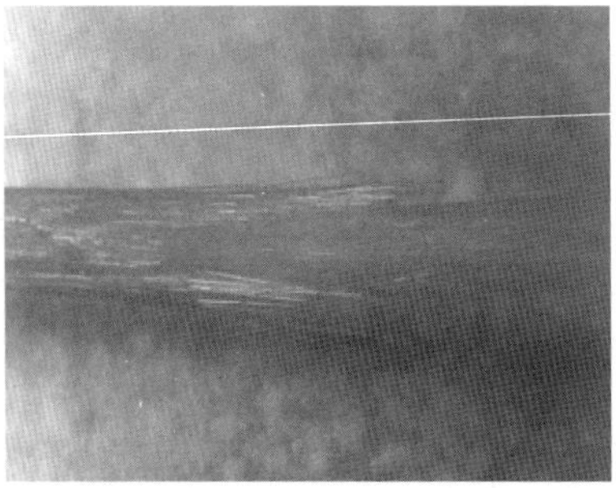

图 4-104　15 号样品芯棒的断口形貌

2. 放电产生酸研究

除了酸雨渗透会对芯棒产生酸蚀作用外，当绝缘子内部存在气隙、破损时，在较高的场强下会发生电晕放电等局部放电，会促使空气中的氮气、氧气、水分反应生成硝酸；在较高的湿度下，产生的硝酸溶液会直接对芯棒产生蚀损作用，严重的甚至引发脆断。因此，需要对放电产生酸的特性开展研究。

放电产生酸的过程如下：

（1）局部放电产生的臭氧。

$$3O_2 \longrightarrow 2O_3$$

$$N_2 + O_2 \longrightarrow 2NO$$

$$2NO + O_2 \longrightarrow 2NO_2$$

$$NO + O_3 \longrightarrow NO_2 + O_2$$

（2）与水分的作用。

$$2NO_2 + H_2O \longrightarrow HNO_3 + HNO_2$$

$$HNO_2 + O_3 \longrightarrow HNO_3 + O_2$$

需要注意的是，以上提到的酸液生成过程中需要水分的参与。

基于以上分析，开展电晕放电、局部放电等过程中产生酸的试验，分析放电导致酸液产生的特性。

（1）电晕放电下酸液产生特性。试验装置示意图如图 4-105 所示。

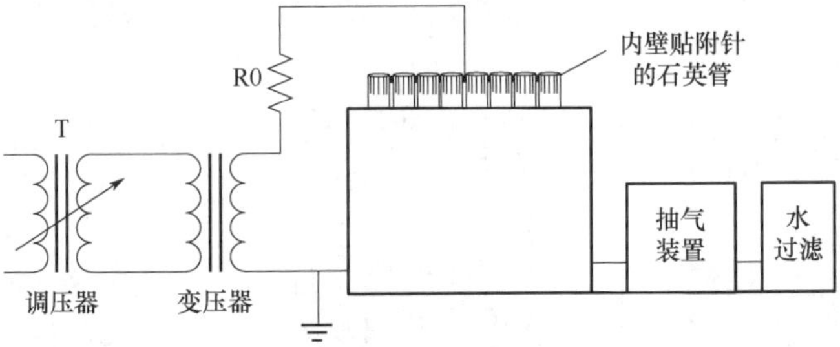

图 4-105　放电产生酸试验装置

装置中，为了增加放电产生酸的速度，在石英管中放置多个针，多个石英管并列放置。钢针接入高电压，通过导气管和气泵，在箱体中形成负压，从而将石英管中的气体能够导入去离子水中，在长时间试验后，测试液体的 pH 值，分析电晕放电产生酸的特性。测试装置如图 4-106 所示。

图 4-106　电晕放电酸性液体产生装置

试验中，所使用针的曲率半径在 50μm 以内，每个石英管内置 10 根针，共在 16 个石英管中使用 160 根针，施加交流电压有效值大小为 10kV。在水瓶中放置 100mL 的去离子水，在试验进行不同时间后，使用 pH 试纸测试水的 pH 值。当

pH 试纸颜色介于两种数值对应的颜色之间时，其数值根据趋近程度进行估算，测试结果见表 4-27。

表 4-27　　不同时刻水的 pH 测试值

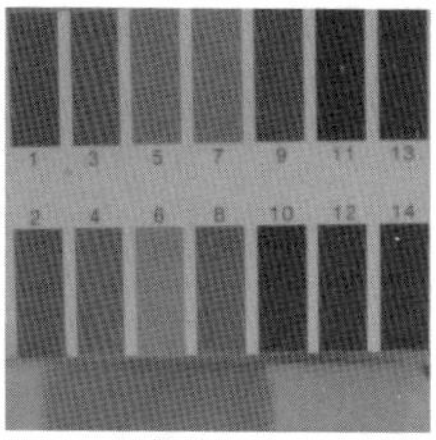	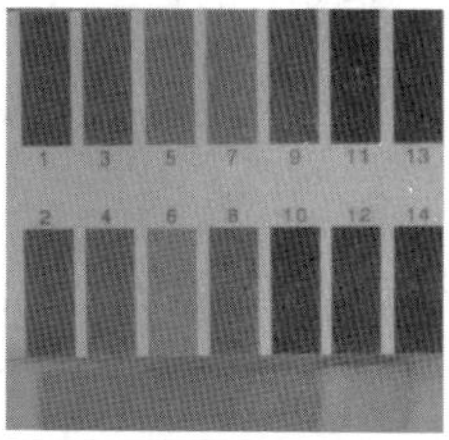	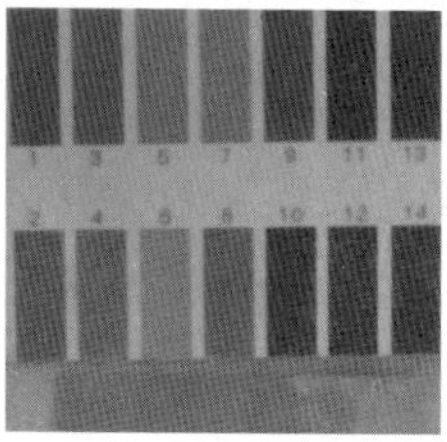
2d，pH=6.9	5d，pH=6.5	7d，pH=5.9
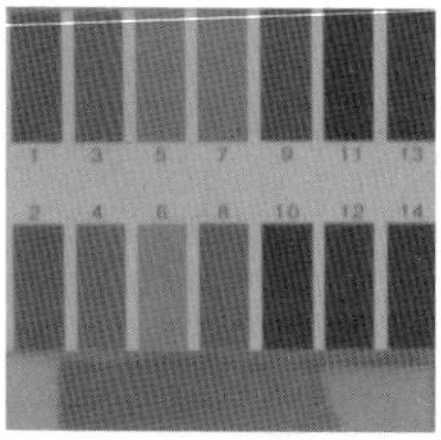	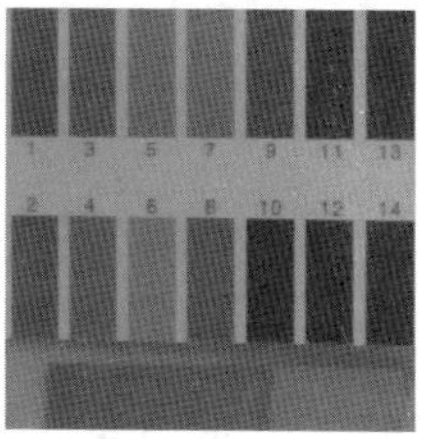	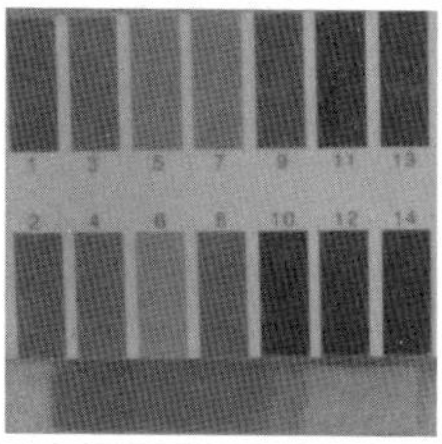
10d，pH=5.8	13d，pH=5.1	15d，pH=4.2
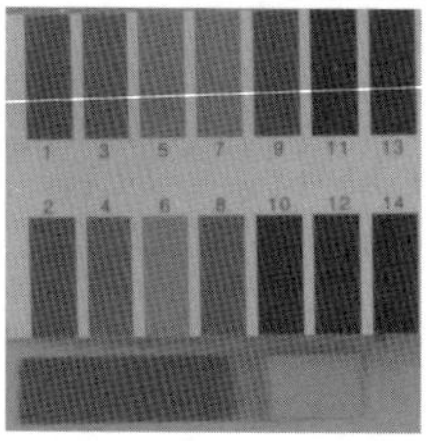	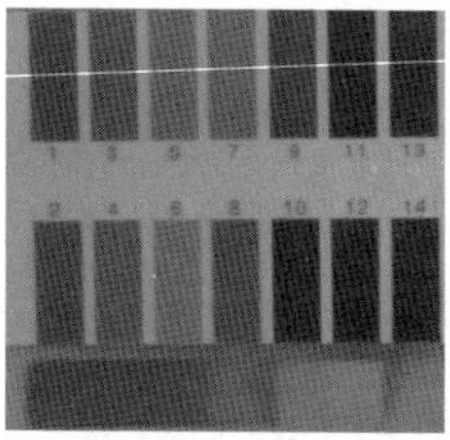	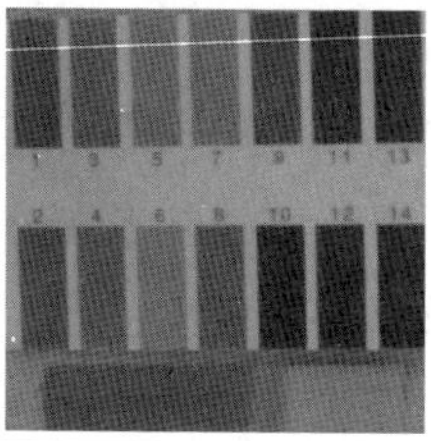
18d，pH=4.1	20d，pH=3.4	25d，pH=3

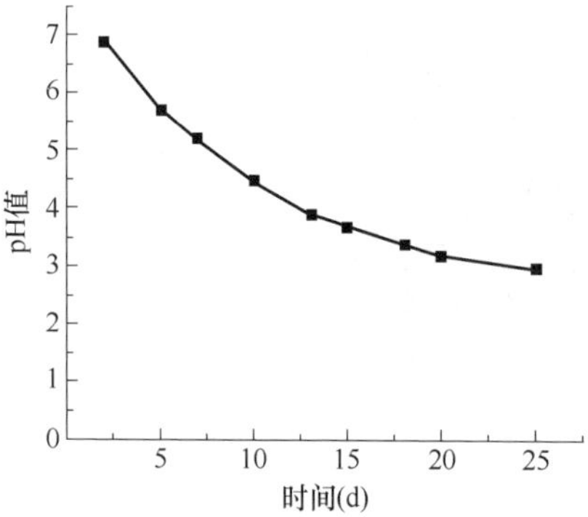

图 4-107　pH 值随时间变化

表 4-27 中，随着加压时间的增长，溶液的 pH 值不断下降，为观察 pH 值下降的速度，绘制 pH 值随时间的变化如图 4-107 所示。

随着时间的增长，pH 值逐渐下降，且有指数型下降的趋势，这是由于 pH 值为 H^+ 浓度的对数，假设 H^+ 的浓度增速基本恒定，当其浓度越高时，对数的增长越慢。从图 4-107 中可以看出，随着时间的增长，酸液浓度会不断变大。由于本实验装置中使用的水量较多，因此 pH 值的产生速度相对较慢。在实际中，当水分较少时，酸液增高速度更快，最终容易引发芯棒的脆断。

（2）局部放电下酸液产生特性。当复合绝缘子界面存在黏接不良导致的气隙时，会存在电场强度较高的情况，同时由于硅橡胶护套具有透水透湿性，绝缘子界面存在间隙时，透过护套的水分会在间隙处积聚，放电产生的臭氧、氮氧化物与水分结合会产生硝酸液体，当局部放电持续发生时，酸液浓度不断增大，对芯棒的腐蚀作用也增大。为了研究局部放电产生酸液的特性，制备了如图 4-108 所示的样品。

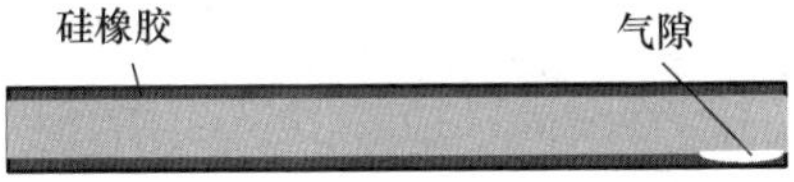

(a)

(b)

图 4-108　界面含气隙样品

（a）界面存在气隙；（b）界面气隙中放置针

图 4-108 中，样品一侧界面中人为制作气隙，如图 4-108（a）所示。为了增强局部放电，在界面中埋入针，如图 4-108（b）所示。在局部放电试验时，样品存在气隙的一侧接高电位，另一侧接地，样品上施加交流高频高电压 20kV、8kHz。试验前在界面间隙中放入微量的去离子水，使间隙充分润湿。试验接线如图 4-109 所示。

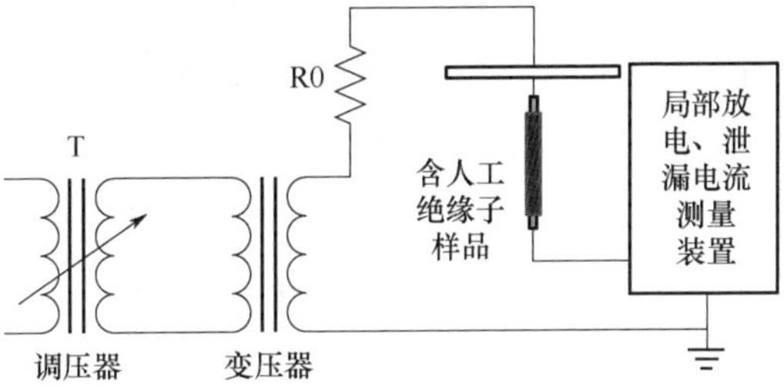

图 4-109　试验接线图

为了减小试验结果的偏差，对三支设置了相同缺陷的复合绝缘子样品进行了试验，编号为 A～C，经过长时间带电试验后，使用 pH 试纸测试不同放电时间下产生酸液的 pH 值，测试结果如图 4-110 所示。可见随着放电时间的增加，酸液的 pH 值不断下降，在持续加压 200h 后，间隙内酸液的 pH 平均值降到了 4.5 左右，对应的 H+离子浓度为 10^{-4}mol/L 左右。随着放电过程的持续进行，酸液的酸性会继续增强。

收集放电 100h 后界面内部的液体，通过离子色谱法测试其中的阴离子浓度，测试结果见表 4-28。其中 D 代表去离子水。

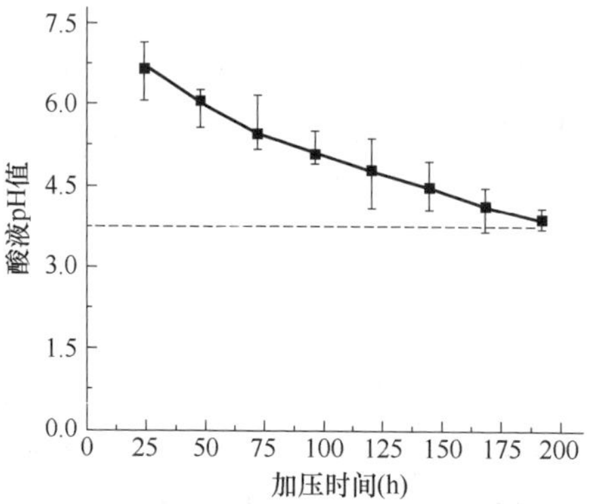

图 4-110 酸液 pH 值随时间变化

表 4-28 试验后液体中阴离子检测

试验组	阴离子浓度（mg/mL）			
	F^-	Cl^-	NO_3^-	SO_4^{2-}
A	0.1143	1.0527	10.3312	—
B	0.1428	1.0981	9.3693	—
C	0.1253	0.5824	16.2582	—
D	0.1321	0.8967	＜0.0583	—

表 4-28 中可见，带缺陷的试验后玻璃管内的 NO^{3-} 明显增多，且浓度远多于别的离子，表明局部放电过程导致了 HNO_3 的产生。

实验室中，由于绝缘子上施加电压低，局部放电过程较弱，因此局部放电的产物氮氧化物生成较慢，而实际运行中，复合绝缘子电压高，缺陷处局部放电强烈，产生氮氧化物的速度快。为了模拟较强的局部放电过程，可以通过缩短绝缘子中缺陷与地电位的距离，但是绝缘子是有机物，容易发生意外击穿。为此使用石英玻璃模拟护套，内部放置芯棒，玻璃石英管外包覆铜箔，如图 4-111 所示；模拟较强的局部放电过程，接线方式如图 4-112 所示。

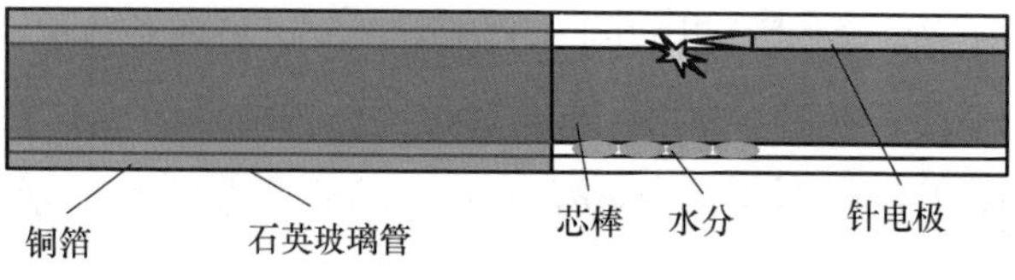

图 4-111 玻璃管-芯棒模拟局部放电样品

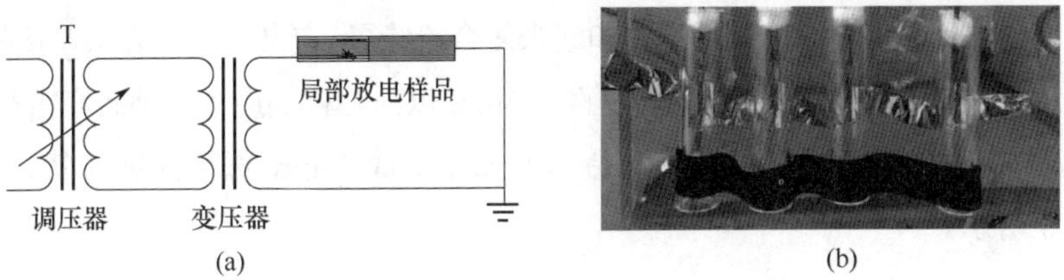

图 4-112　玻璃管-芯棒样品局部放电装置

（a）示意图；（b）实物图

图 4-112 的装置中，使内部针尖与外部包裹的铜箔之间相距 20mm，针尖处施加高频高压，测试不同施加电压强度下产生酸液的 pH 值，测试结果如图 4-113 所示。施加电压越高、局部放电强度越大时，玻璃管内酸液生成速率越高，此时非耐酸芯棒受到酸侵蚀的作用越强。在 6kV 的外加电压下经过 50h 的持续加压后，其 pH 值达到了 1 左右，对应的硝酸浓度为 0.1mol/L 左右。且在长期放电后，芯棒表面只有轻微的水解痕迹，无明显的放电蚀损现象出现，表明该局部放电能量较低，不会造成芯棒的严重裂解。

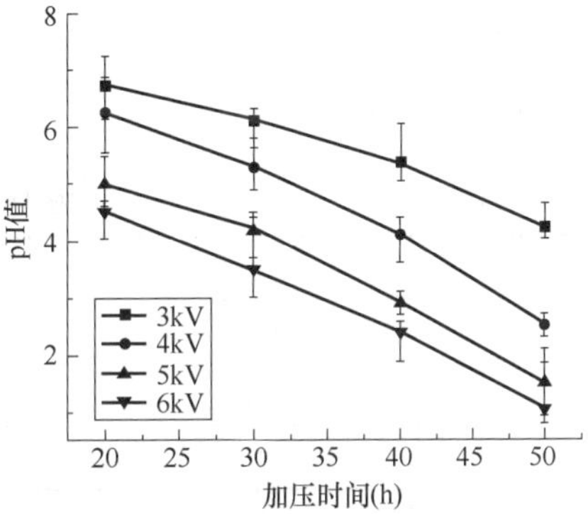

图 4-113　不同施加电压强度下产生酸液的 pH 值

3. 长期应力腐蚀研究

为研究芯棒在长期应力腐蚀下的表现，搭建了应力腐蚀装置，通过杠杆传力装置，实现较大载荷下长期应力腐蚀试验，应力腐蚀杠杆装置如图 4-114 所示，应力腐蚀杠杆装置实物如图 4-115 所示。

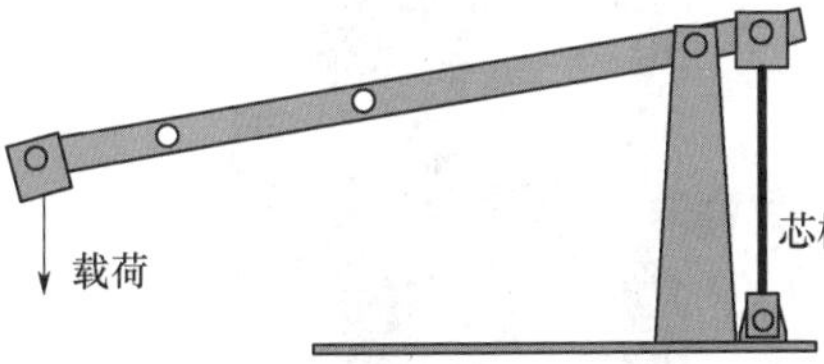

图 4-114　应力腐蚀杠杆装置

图 4-115　应力腐蚀杠杆装置实物

图中杠杆力矩比为 10∶1，预计可输出 10kN 的拉力，根据《架空线路绝缘子 标称电压高于 1000V 交流系统用悬垂和耐张复合绝缘子 定义、试验方法及接收准则》（GB/T 19519—2014）的规定，可满足直径 6mm 以内芯棒的应力腐蚀研究需要。

使用非耐酸芯棒制作芯棒短样品，中部加工成 2mm 直径的细棒状，形状如图 4-116 所示。

图 4-116 芯棒样品

通过 COMSOL 软件分析芯棒中的应力分布特性。求解时，材料模型为线弹性材料，其各项参数为各向同性。芯棒的杨氏模量、泊松比、密度设置参考标准中的数值，见表 4-29。

表 4-29 芯棒材料力学参数设置

参数	数值
杨氏模量	3.9e10Pa
泊松比	0.26
密度	532kg/m^3

在固体力学物理场中使用稳态求解模型求解，得出的中部较细部分的应力分布如图 4-117（a）所示，可见芯棒中部的拉伸应力分布均匀，应力数值为 300MPa 左右。

对芯棒样品进行应力腐蚀试验，如图 4-117（b）所示，通过透明塑料试管盛放 1mol/L 的浓硝酸，使芯棒中部较细的部分浸泡在硝酸中，并在芯棒两端施加拉伸载荷，使中间较细部分的拉伸应力为 300MPa。

(a) (b)

图 4-117 芯棒材料应力仿真及试验装置图

（a）芯棒中部应力分布；（b）应力腐蚀试验装置图

在试验中，透过盛放酸液的透明塑料试管观察芯棒表面，发现芯棒在断裂前，表面产生了肉眼可见的微小裂缝，并且裂缝出现的位置也是芯棒最终断口的位置。试验中不同时刻观察到的两支芯棒表面微小裂缝和最终断口的对应情况如图 4-118 所示。

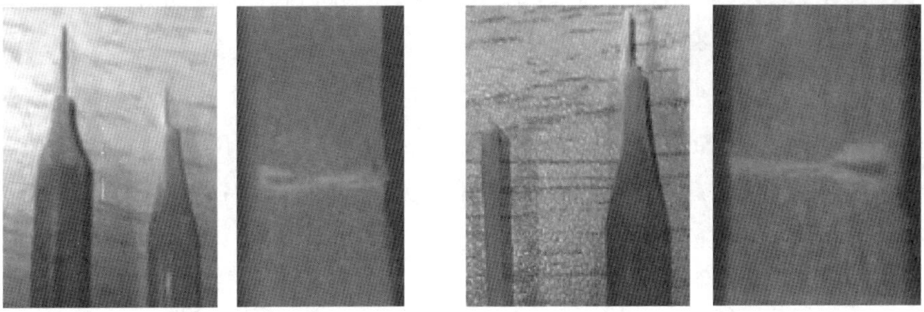

(a)　(b)

图 4-118　芯棒脆断前裂口

（a）芯棒 1 裂缝与断口；（b）芯棒 2 裂缝与断口

由图 4-118 可见，芯棒在脆断前出现了微小裂缝，这是由于酸液对芯棒产生蚀损；同时在应力的作用下，逐渐产生裂缝。最终芯棒的断裂发生在裂缝起始的位置，同时芯棒的断口表现为“齐平”的特征。裂缝处的应力集中是导致脆断在裂缝处发生的原因。

由于芯棒表面裂缝的产生位置和形貌存在随机性，而断口总呈现出齐平性，目前研究中对这一特征的成因研究较少，本处结合芯棒裂缝的应力分布对其进行分析，芯棒表面的裂缝如图 4-119 所示。

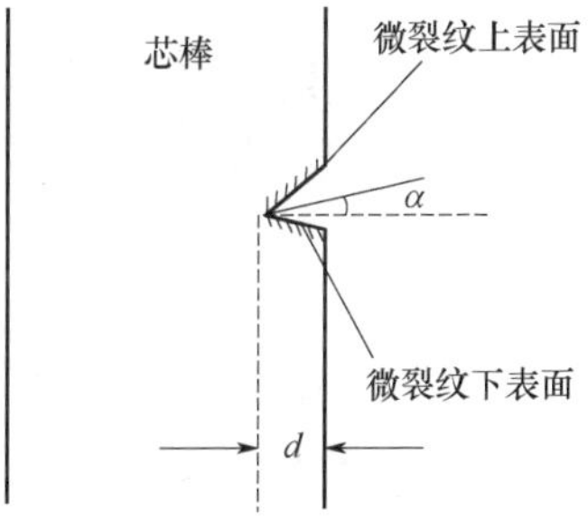

图 4-119　芯棒表面微裂缝示意图

图中 4-119 中 d 为裂缝的深度，α 为裂缝的中心线与水平方向的夹角，由于初始裂缝的形貌具有随机性，裂缝的中心线方向存在变化，应研究不同 α 的数值对裂缝处的应力分布的影响。

在 Soliworks 中建模，芯棒表面绘制深度为 10μm 的裂缝，裂缝尖头角度为 40°，如图 4-120 所示。

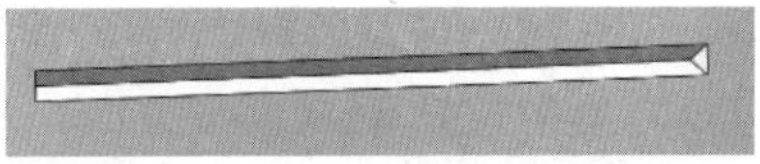

图 4-120　芯棒表面微裂纹示意图

在 COMSOL 中计算芯棒存在裂缝时的局部应力变化情况，对于裂缝深度 10μm，中心线角度数值 α=0°的情形，芯棒裂缝局部的应力情况如图 4-121 所示。

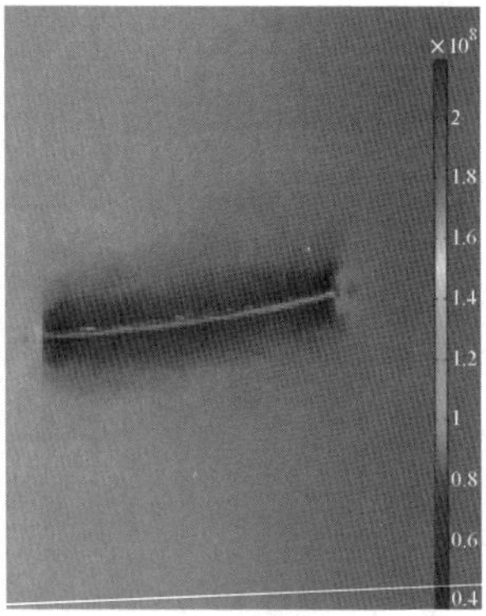

图 4-121　芯棒表面微裂纹附近应力分布

图 4-121 中可见，微裂缝处应力有明显的增大，且应力增大的位置在裂缝的尖头。提取裂缝尖头的应力数值，其应力达到了 534.9MPa。存在微裂缝时，应力畸变会有明显的增大，对应本处裂缝的参数，应力最大处为端部载荷的 1.73 倍。当存在表面微裂缝时，应力的增大会加速局部裂缝的扩展。

对于不同中心线角度的裂缝，其缺陷附近切面的应力分布如图 4-122 所示。

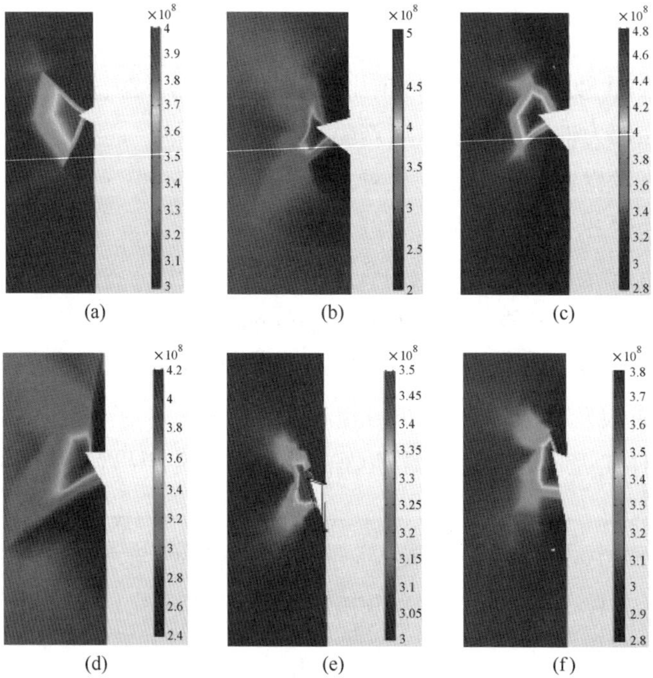

图 4-122　芯棒裂缝切面应力分布图

（a）α=0°；（b）α=－10°；（c）α=－20°；（d）α=－30°；（e）α=－40°；（f）α=－50°

图 4-122 中可见，随着 α 减小，应力值较大的区域逐渐向裂缝下表面移动，这一特性会使裂缝头部的应力集中位置偏向水平方向。为了进一步分析应力分布特性对裂缝发展的影响，统计中心线角度数值不同时裂缝缺陷上下表面的平均应

力及差值如图 4-123 所示。

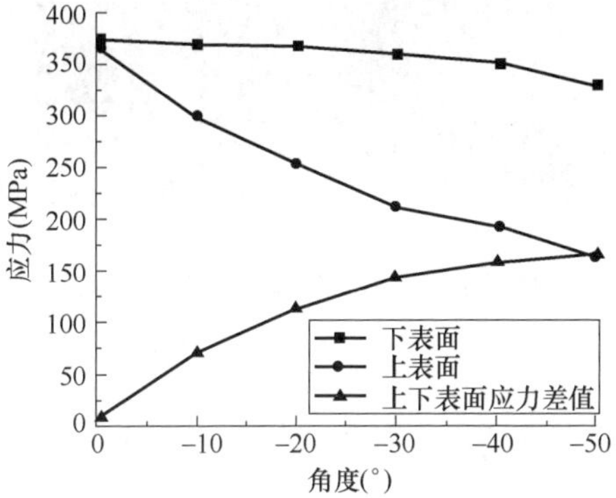

图 4-123　裂缝缺陷上下表面应力特性

图 4-123 中可见，随着 α 角度的减小，上下表面应力的差值增大，使得裂缝缺陷头部的应力薄弱位置远离缺陷中心线，趋近水平方向。因此受应力分布特性的影响，裂缝缺陷更易沿着水平方向不断发展。随着裂缝向深处发展，裂缝头部的应力值越大，使这一过程成为正反馈的加速发展过程。随着芯棒径向裂缝的不断深入，当芯棒的剩余部分承受的机械载荷大于材料本身的机械强度时，芯棒发生断裂。由于裂缝的应力分布特性，因此脆断故障常表现为"齐口"断裂的形式。

为了验证裂缝方向不同时，芯棒的脆断断口形貌是否呈现"齐口形"，分别在芯棒表面使用刀具划出不同角度的微裂缝，如图 4-124 所示。

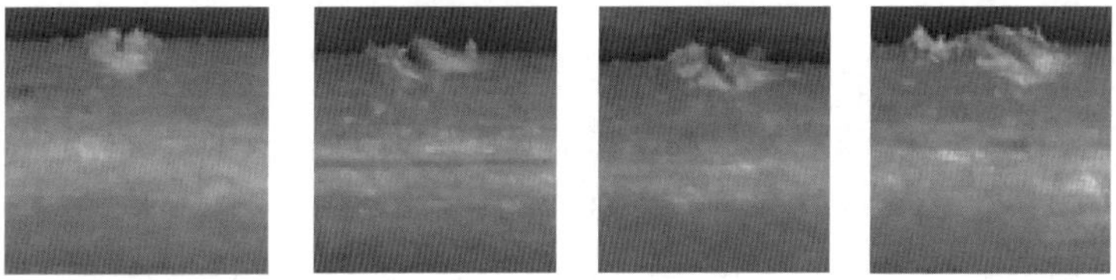

(a)　(b)　(c)　(d)

图 4-124　人为布置的不同裂缝角度

（a）α=0°；（b）～（d）$\alpha \neq 0$。

在上述装置上对样品统一进行 96h 的应力腐蚀试验，之后观测样品的脆断形貌，如图 4-125 所示。

初始微裂缝角度不同时，芯棒的断裂形式最终都趋近于齐口断裂形貌。表明脆断过程是酸蚀和应力协同作用的结果，应力分布特性影响了芯棒脆断中裂缝发展的方向。

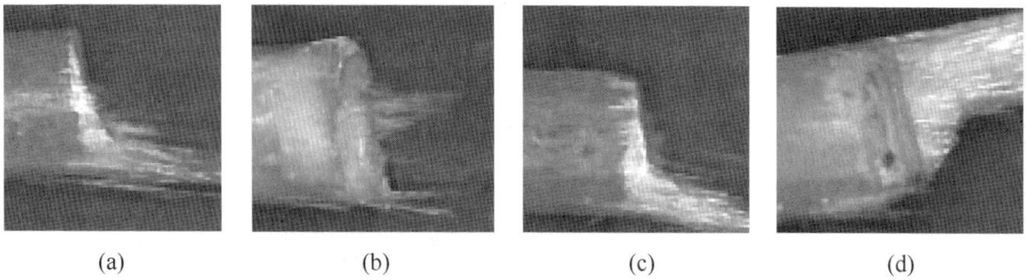

图 4-125 不同裂缝下的芯棒断口

（a）α=0°；（b）～（d）$\alpha \neq 0$。

根据试验研究结果，总结由局部放电产生酸液并导致芯棒发生脆断的过程如图 4-126 所示。

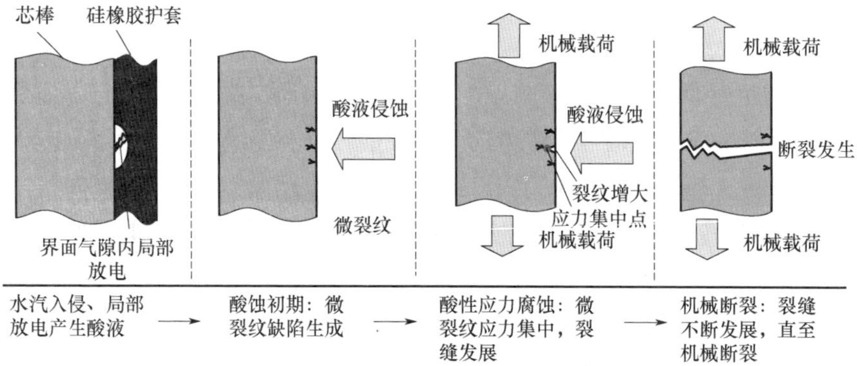

图 4-126 局部放电下芯棒脆断过程

图 4-126 中，由于局部放电导致的脆断主要分为四个阶段：

（1）局部放电产生酸液：当复合绝缘子界面存在黏接不良导致的气隙时，会存在电场强度较高的情况，同时由于硅橡胶护套具有透水透湿性，放电产生的臭氧、氮氧化物与水分结合会产生硝酸液体，当局部放电持续发生时，酸液浓度不断增大，对芯棒的腐蚀作用也增大。

（2）酸蚀初期：由于环氧树脂本身不耐酸，在长期的高浓度酸液侵蚀下，会产生蚀损。同时，当芯棒使用含硼的玻璃纤维时，酸液也会造成玻璃纤维的微观损伤。在酸液的浸泡下，非耐酸芯棒表面会出现一些微小裂纹。

（3）酸性应力腐蚀：根据力学特性，微裂缝处应力较大，进一步促进裂缝沿径向深处发展，随着裂缝向深处发展，裂缝头部的应力值越大，使这一过程成为正反馈的加速发展过程。

（4）机械断裂：随着芯棒径向裂缝的不断深入，当芯棒的剩余部分承受的机械载荷大于材料本身的机械强度时，芯棒发生断裂。由于裂缝的力学特性，因此脆断故障常表现为“齐口”断裂的形式。

4.4　复合绝缘子折断机理

V 形绝缘子串作为紧凑型输电线路设计的一项关键技术，在设计过程中需要研究 V 形绝缘子串的受力状态，但对 V 形绝缘子串的受力分析与传统的 I 串有较大区别，而且目前也没有现成可用的计算公式和方法。一般的工程设计中，对 V 形绝缘子串的受力计算一般都是将绝缘子串当作刚性直杆进行受力分析，而且一般认为，为保证在导线最大风偏下，避免绝缘子串受压导致松弛或脱落，V 形绝缘子串的夹角之半应大于或等于最大风偏角，因此以一串复合绝缘子受压力为零作为临界条件，据此确定导线水平档距和垂直档距的比值，以便在工程中采用。

在一些容易出现大风的地区，该串型的绝缘子容易受风吹出现较大应力的情况，此时需要对其应力分布特点进行分析，并采取措施防范绝缘子的应力超过额定机械强度。

4.4.1　V 形绝缘子串断裂情况

500kV 小和线故障跳闸，重合闸动作不成功。现场检查发现小和线 N46 塔 A、C 相复合绝缘子断裂，断串点分别位于绝缘子中部和近低压端三分之一处，芯棒断面不平整。故障时伴有雷雨大风天气，南涧县气象站实测最大风速为 25.2m/s，设计院根据《电力工程气象勘测技术规程》（DL/T 5158）推算，N46 塔（离地 20m 高处）极大风速（瞬时值）约 39.1m/s。

本次检测绝缘子均为 500kV 复合棒型悬式绝缘子，试品具体信息见表 4-30。

表 4-30　　试品信息表

试验编号	线路名称	型号	绝缘子结构高度	生产厂家	投运时间
1	500 kV 小和线	FXBW-500/300SC1	4888mm±10 mm	B 厂家	2009.9
2					

V 形复合绝缘子串结构图如图 4-127 所示。

500kV 小和线 N43～N49 塔海拔高度处于 2230～2306m。发生事故的 N46 杆塔所处地理位置为山顶鞍部，其具体位置如图 4-128 所示。

由图 4-128 可以看出，500kV 小和线 N43～N49 塔线路呈南边走向，地形呈西低东高之势，为强烈侵蚀深切峡谷地貌，西边有两大峡谷，该区域属典型的微地形、微气象点，且 N46 塔处在垭口，易发生大风灾害。

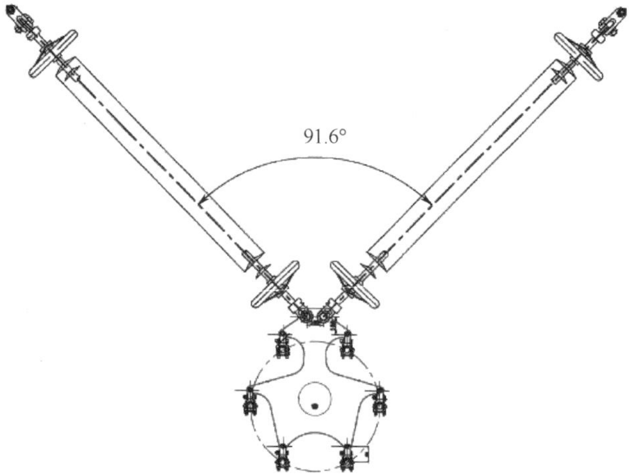

图 4-127 V 形复合绝缘子串结构图

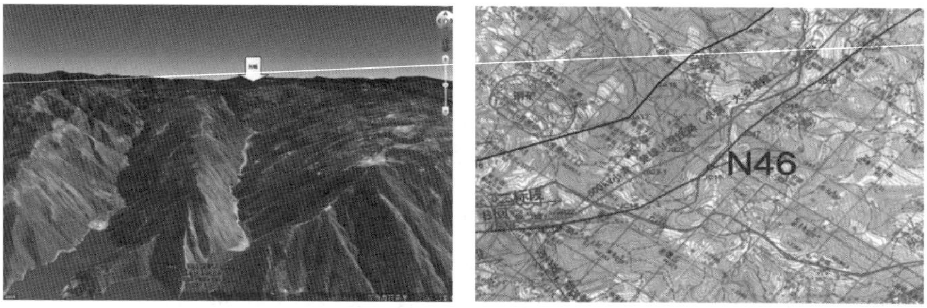

(a) (b)

图 4-128 N46 塔地理位置图

（a）地貌图；（b）等高线图

4.4.2 V 形绝缘子串断裂原因

1. 外观检测

断裂复合绝缘子情况如图 4-129 所示。对断裂复合绝缘子表面形貌进行观察，其主要特征如下：

（1）绝缘子球头挂环和钢脚发生变形。

（2）绝缘子断口处不规则，毛刺较多，无电弧灼伤痕迹，且都是崭新的断口。

2. 芯棒应力腐蚀试验

根据 DL/T 810—2012 标准，对 1 号复合绝缘子进行芯棒应力腐蚀试验。试验结果见表 4-31。

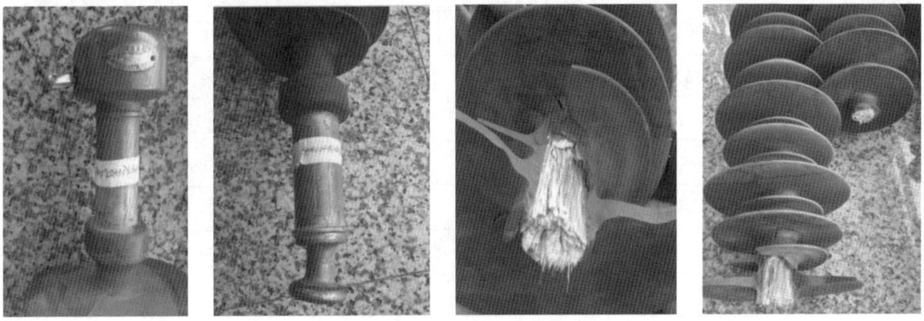

图 4-129 绝缘子外观图片

表 4-31 试品应力腐蚀试验值

绝缘子编号	耐酸部位	硝酸溶液浓度（N）	额定拉力（kN）	耐受时间（h）	检测结果
1	高压端	1	211	>96	通过

试验结果表明，复合绝缘子 96h 内未发生断裂，芯棒的耐应力腐蚀能力达到标准要求。

3. 芯棒材料 FTIR 检测

FTIR 是一种分析物质化学组分的有效手段。不同的原子或分子可以吸收红外光谱区内（波长 λ=0.001～1mm）不同特定波长的电磁辐射（例如光），这种吸收即表现为振动-转动光谱特性，而傅里叶红外光谱测量正是利用振动-转动光谱特性来进行分析物质化学组分的。根据测量得到的红外吸收光谱上吸收峰的位置，可以区分分子或基团的种类。在常见基本物质的红外光谱特性后，可以容易地通过 FTIR 实验来分析材料的化合物组分，并分析老化材料内发生化学反应后的物质的组分。

表 4-32 给出常见官能团与波长倒数 $w=\lambda^{-1}$（cm^{-1}）的对应关系。

表 4-32 FTIR 光谱中常见官能团以及对应吸收峰

波数（cm^{-1}）	官能团
3700～3200	—OH
2962～2960	CH3 中的 C—H
1735.9	C═O

续表

波数（cm^{-1}）	官能团
1640	H_2O 中的 O—H
1508.3	C—C
1440～1410	C—H
1384.8	HNO_3
1270～1255	Si—CH_3 中的 C—H
1100～1000	Si—O—Si 中的 Si—O
870～850	$Si(CH_3)_3$ 中的 Si—O
840～790	$Si(CH_3)_2$ 中的 Si—O
700	$Si(CH_3)_3$

FTIR 吸收峰可以从峰值和波形两方面进行分析，峰值越高，该位置对应的官能团越多，从而可以对比不同样品内官能团的数量，分析可能发生的化学反应过程。在波形上，官能团的变化也体现为吸收峰波形尖锐和平缓程度的变化。

通过研究 Si—O 键、甲基（—CH_3）、芳香族结构、脂肪族结构含量的变化。FTIR 检测用样品及编号与 XPS 检测中相同。使用德国耐驰公司的热分析联用系统（型号为 X70）进行检测。可对 600～4500cm^{-1} 范围的吸收峰进行测试。

对两支断裂绝缘子断口处的芯棒材料进行 FTIR 检测，并与未发生断裂的芯棒材料的 FTIR 检测结果进行对比，如图 4-130 所示。

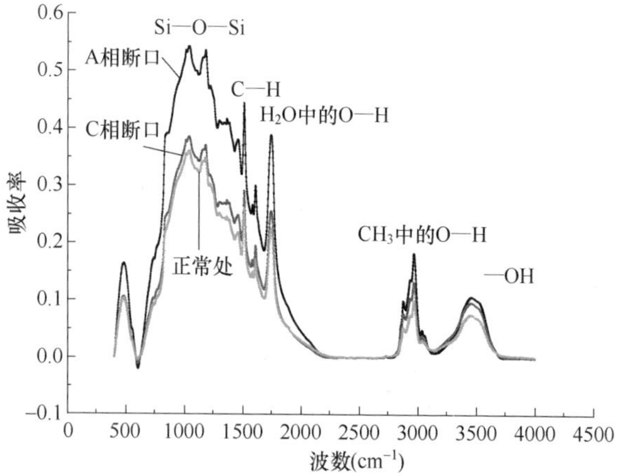

图 4-130 样品 FTIR 图谱图

由图 4-130 可以看出，A、C 相断口的波形与正常处的波形趋势基本一致，三者之间的主要官能团的种类与含量区别不大。

4. 电镜扫描试验

对两支断裂绝缘子断口处的芯棒材料进行电镜扫描试验检测，并与未发生断裂的芯棒材料的电镜扫描检测结果进行对比，试验结果如图 4-131 所示。

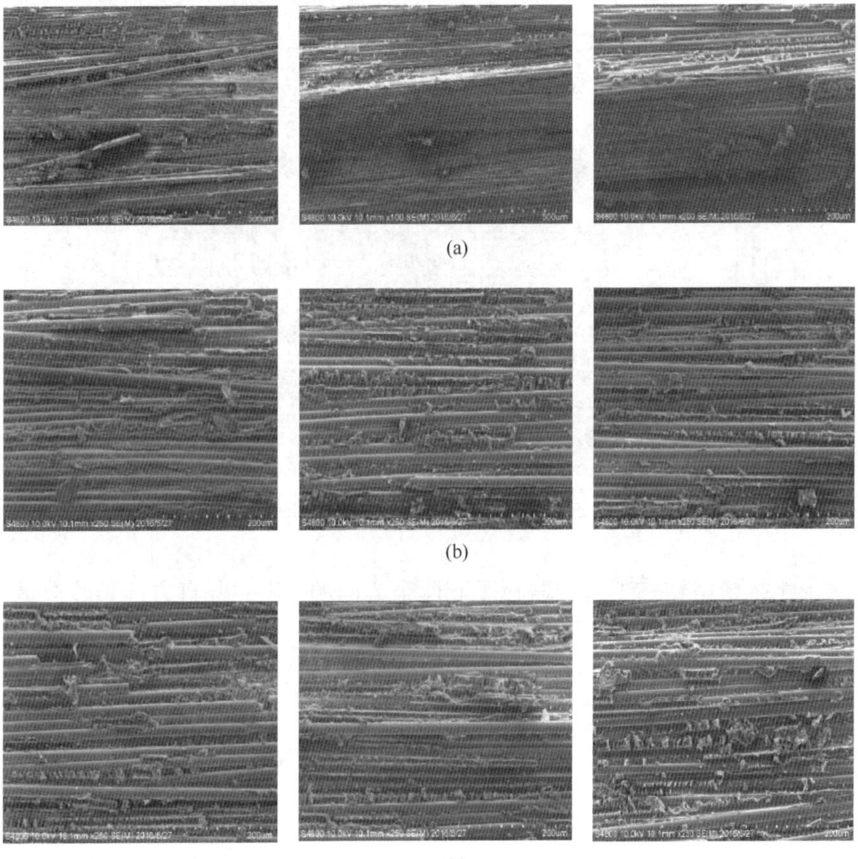

图 4-131　电镜扫描试验结果

（a）A 相断口处；（b）C 相断口处；（c）正常处

由图 4-131 可以看出，A、C 相断口的图形与正常处的图形趋势基本一致，三者之间的区别不大。

4.4.3　V 形绝缘子串折断仿真

1. 最大允许应力试验

对复合绝缘子开展了大挠度屈曲试验，如图 4-132 所示。试验结果表明，绝缘子最大应力在 850～900MPa 范围内会发生折断，因此复合绝缘子的允许应力小于 850MPa。

2. 仿真计算

V 形绝缘子串（仅考虑等串长的对称 V 形）在仅有垂直荷载作用的条件下，两绝缘子串受力对称相等，构成等腰三角形；当同时作用有水平荷载时，两串受力将发生变化，当水平荷载足够大时，V 形绝缘子串的带电部分将在水平和垂直方向上同时产生位移 Δx 和 Δy，如图 4-133（a）所示。

图 4-132　复合绝缘子大挠度屈曲试验及直径 30mm 绝缘子断裂现场图

V 形绝缘子串结构下方的联板受到两个方向的载荷：竖直方向导线自重载荷 P_v，水平方向导线风偏载荷 P_h，受力分析如图 4-133（b）所示。

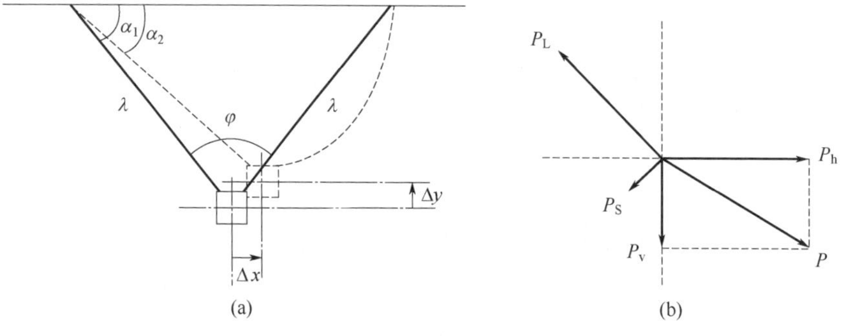

图 4-133　V 形绝缘子受力情况

（a）大风条件下 V 形绝缘子串位移及变形；（b）V 形绝缘子串联板受力分析示意图

线路设计过程中，以静态条件下绝缘子受力情况选择绝缘子参数。以 35m/s 静态风为例（联板与绝缘子控制角为 10°），通过风荷载和导线垂直荷载计算得出：P_v=84910N，P_h=38573N。此时，迎风侧绝缘子与水平夹角 α 为 24.4°，联板与横担最短距离为 2.03m。V 形绝缘子串应力分布如图 4-134 所示。

由静态数值仿真结果可以看出，当迎风侧绝缘子与水平夹角为 24.4°时，背风侧绝缘子最大应力值为 883.21MPa，大于复合绝缘子最大允许应力 850MPa，存在断裂风险。

由于静态风情况下，设计比较保守，未考虑风吹过程中导线摆动时绝缘子的最大应力情况。本处考虑风吹过程中导线摆动时绝缘子的最大应力情况，通过仿真计算得到，风速与最大应力的情况见表 4-33。

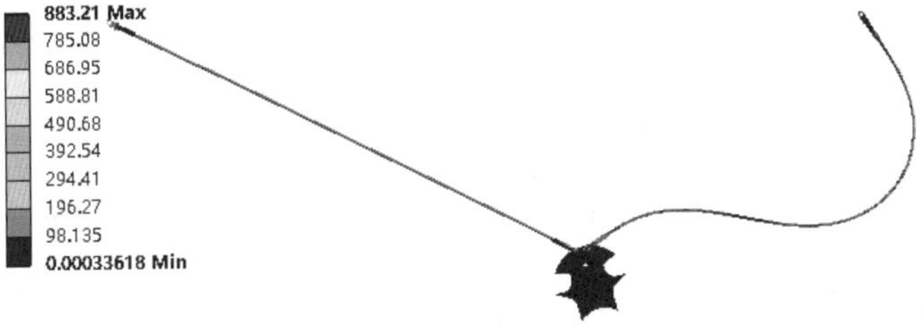

图 4-134　V 形绝缘子串应力分布图

表 4-33　导线动力系统中 V 形绝缘子串绝缘子最大应力

风速（m/s）	绝缘子压缩比	最大应力（MPa）
30	0.47	819
31	0.44	850
32	0.42	870
33	0.41	881

因此，当平均风速为 31m/s 时，N46 塔绝缘子的最大应力达到 850MPa，存在断裂风险。

3. 试验验证

绝缘子试品为 500kV 复合棒型悬式绝缘子，试品具体信息见表 4-34，其中结构高度比小和线断裂绝缘子长 712mm。

表 4-34　试品信息表

试验编号	型号	绝缘子结构高度（mm）	芯棒直径（mm）	生产厂家
1	FXBW-500/300SC1	5600±10	30	B 厂家

为了模拟 V 形绝缘子串受到静态风的受力情形，设计试验如图 4-135 所示。

为模拟此两种载荷，在联板下方悬挂重物模拟竖直的线重载荷，在水平方向通过定滑轮连接重物，模拟水平风偏载荷。保持下方竖直载荷不变，通过改变水平载荷的大小来改变载荷比，测量不同载荷比条件下，背风侧复合绝缘子发生屈曲变形时的压缩比。施加载荷方案见表 4-35。

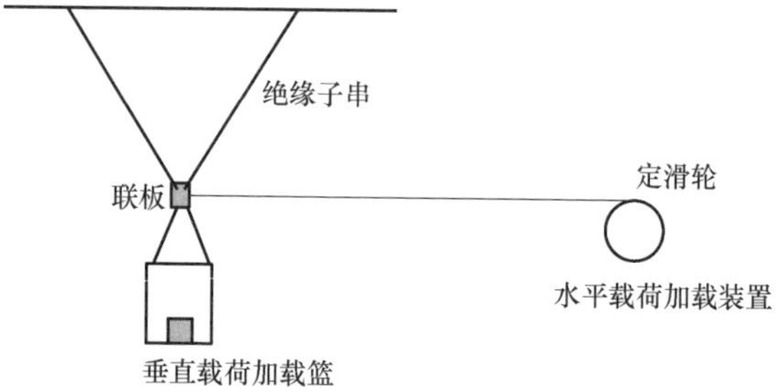

图 4-135　V 形绝缘子串试验设计

表 4-35　施加载荷的方案

水平载荷 P_h（kN）	垂直载荷 P_v（kN）	载荷比
30	38.57	1.28
66	38.57	0.58
75	38.57	0.51
85	38.57	0.45

4. 试验结果及分析

对 V 形绝缘子串施加表 4-35 的载荷方案，得到每组载荷值下联板的水平位移和竖直位移，计算得到背风侧复合绝缘子压缩比，与仿真结果对比情况见表 4-36。不同水平载荷条件下的 V 形绝缘子串载荷形变如图 4-136 所示。

表 4-36　V 形绝缘子串仿真结果与实验结果对比

风速（静态）（m/s）	水平载荷 P_h（kN）	垂直载荷 P_v（kN）	载荷比	水平位移 Δx（cm）	竖直位移 Δy（cm）	压缩比 k	
						理论值	实验值
0	0	38.57	0	0	173	1	1
21.7	30	38.57	1.28	12.5	6	1	0.9752
27.2	52.5	38.57	0.73	82	72	0.8458	0.8263
31.8	70.3	38.57	0.55	124.5	−123.5	0.7223	0.7026
33.7	79.2	38.75	0.49	施力架有异响，停止试验返回初始状态		0.5111	—

由表 4-36 可以看出，试验结果与仿真结果的压缩比误差不大于 3%，因此本报告的仿真结果可以有效地模拟实际情况。

通过绝缘子材料特性分析和仿真计算及力学特性试验结果可以看出，N46 塔背风侧复合绝缘子在极端大风条件下，最大应力超过了允许应力值，从而导致断裂。

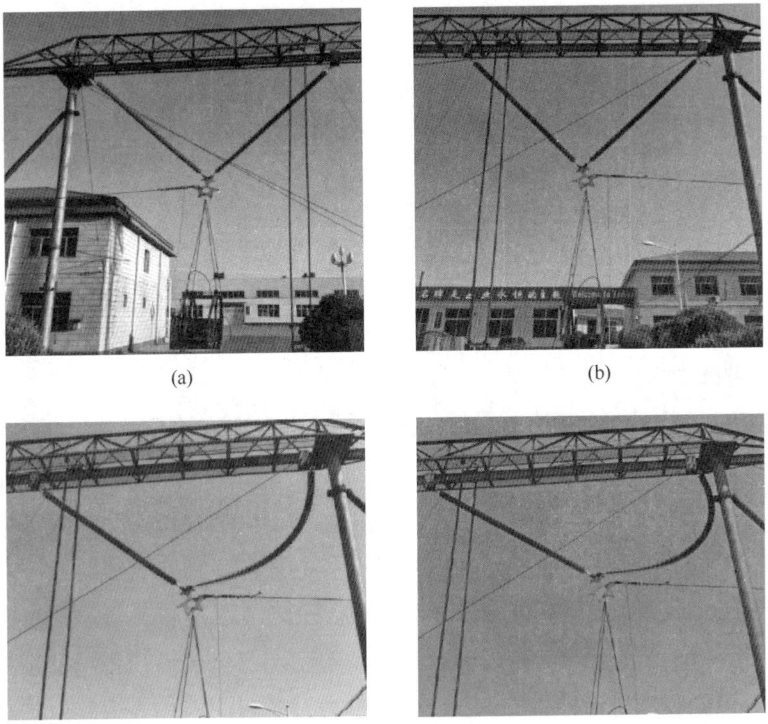

(a)　(b)　(c)　(d)

图 4-136　不同水平载荷条件下的 V 形绝缘子串载荷形变

（a）P_h=0kN；（b）P_h=30kN；（c）P_h=52.5kN；（d）P_h=70.3kN

第5章 复合绝缘子界面动态光热成像无损检测

5.1 复合绝缘子界面动态光热成像无损检测概述

前文对复合绝缘子三种形式的断裂机理开展研究后发现，针对折断、脆断两种断裂可以通过更换耐酸芯棒、优化金具结构等方式进行防治。针对朽断，发现与护套/芯棒界面缺陷、强电场及潮气透入有关。因此，护套/芯棒界面缺陷的检测是防治酥朽断裂的有效手段。

本章重点阐述护套/芯棒界面的无损检测技术，建立动态光热成像检测方法。动态光热成像检测技术是近年来逐渐兴起的一种新型无损检测技术，具备检测速度快、操作安全简单、适用范围广、非接触远距离检测、高精度成像、获取缺陷信息丰富等特点，在复合绝缘子无损检测工作中具有广阔的应用前景。该技术通过外接光热激励源对被检试件施加光热激励，缺陷区域与非缺陷区域的热物理参数的差异影响内部热扰动，通过表面温度场的动态变化传递设备内部结构信息。动态光热成像检测技术采用光学激励源对电力设备表面施加光束照射加热，热量从设备被光照表面吸收并逐渐向设备内部扩散，具有加载方便、可远距离加载的优点。

与热成像法相比，动态光热成像检测技术通过主动加热复合绝缘子，获取试件动态温度变化过程，提取包含试件内部结构热流信号，消除因湿度、污秽等环境因素造成的样品表面发热的影响，提高了缺陷检测的准确率。

5.2 周期激励光热辐射深度分辨成像方法

相较于侧重于瞬态时域分析的非周期激励动态光热辐射方法，周期激励（主要形式为正弦周期热流）侧重于热波的稳态频域分析，更加突出“热波”的概念，周期热波在材料内部的传播深度与其频率的平方根成反比，因此可以通过调节周期激励的频率来控制热波检测的深度，获得比非周期激励的更大的深度检测范围，即通过傅里叶变换提取瞬态热波信号的幅值和相位信息显示出相较于时域热图更大的深度探测范围。但是非周期激励可以提供的低频热波分量的信号强度受到限制，且难以获得较高信噪比的特定频率的热波信号，因此研究周期激励热波检测对探测较大深度的结构信息具有明显的积极意义。

频域动态光热辐射技术的代表是使用正弦周期激励的锁相热成像法，使用单频探测是其主要缺陷，即检测深度范围是确定的。低频热波可以探测更深的深度，但却缺乏所需的深度分辨率；高频热波具有较好的深度分辨率，但由于热扩散长度减小导致探测深度降低，因此必须在探测深度范围和深度分辨率之间做出折中的选择，且在检测结构表面下未知信息时需要对“最佳探测频率”进行多次尝试，同时传统锁相信号处理方法容易受到同步采样精度影响导致图像信噪比降低。本章研究了基于互相关匹配滤波的周期激励热波深度分辨测量技术，通过匹配滤波器提取周期激励热波响应的幅值和相位信号，保持最大信噪比的同时不受图像采样限制；研究了线性调频周期激励热波检测方法，通过互相关相位信号通道实现了发射率和不均匀加热归一化的兼具大探测范围和深度分辨率的样品内部缺陷成像。

5.2.1　基于互相关匹配滤波的信号处理方法

传统的周期激励热波检测方法（锁相热成像法）采用锁相放大器将采集到的热响应信号与同相和正交的参考信号（正弦周期激励信号）混合，经过适当加权和低通滤波后得到周期激励热响应信号的幅值和相位。信号处理过程如下：

$$S^0(x,y)=\sum_{k=1}^{N}\left[T_{x,y}(t_k)\sin(2\pi ft_k)\right]=\sum_{k=1}^{N}\frac{A}{2}\left[\cos(\phi)-\cos(2\pi ft_k+\phi)\right] \tag{5-1}$$

$$S^{90}(x,y)=\sum_{k=1}^{N}\left[T_{x,y}(t_k)\sin\left(2\pi ft_k+\frac{\pi}{2}\right)\right]=\sum_{k=1}^{N}\frac{A}{2}\left[\sin(\phi)+\sin(2\pi ft_k+\phi)\right] \tag{5-2}$$

$$A(x,y)=\frac{1}{N}\sqrt{\left[S^0(x,y)\right]^2+\left[S^{90}(x,y)\right]^2} \tag{5-3}$$

$$\phi(x,y)=\arctan\frac{S^{90}(x,y)}{S^0(x,y)} \tag{5-4}$$

式中　$T_{x,y}(t_k)=A\sin(2\pi ft_k+\phi)$ ——采集到的坐标(x,y)处的周期激励热响应；

t_k ——第 k 个采样时间点；

f ——锁定频率（激励和热响应频率）；

A——热响应幅值；

ϕ——热响应相位；

N——一个锁定周期内的采样帧数。

同步采样条件的锁定频率与采样频率关系为

$$f=\left(m+\frac{1}{N}\right)f_{\mathrm{S}} \tag{5-5}$$

m=0 时发生过采样，而当 $m\geqslant 1$ 时，会触发阶次为 m 的欠采样。对欠采样，一个完整的采样周期在一个以上的锁定周期内完成。在过采样和欠采样模式下，由于无法获得多个所需频率或一个完整的锁定周期所需的较长的采样时间，因此应将采样频率降低到最大可能速率以下，这将导致信噪比降低，但信噪比会随着帧速率的降低而改善。高频下的欠采样对同步提出了更严格要求，尤其是在欠采样次数较高的情况下，同步精度要求会导致信噪比进一步降低。因此，锁相热成像在高频激励条件下的成像效果不佳。

匹配滤波器（matched filter）是具备最大输出信噪比的线性滤波器，其传输特性满足

$$H(\omega)=kS(\omega)\mathrm{e}^{-i\omega t_0} \tag{5-6}$$

式中 $H(\omega)$——匹配滤波器传输函数；

$S(\omega)$——输入信号 $s(t)$的频谱函数；

k——比例系数。

式（5-4）表明，在白噪声（功率谱密度为常数的噪声）干扰的背景下，匹配滤波器在时刻具有最大的输出信号瞬时功率与输出噪声平均功率的比值，该最大输出信噪比为

$$r_{\max}=\frac{2}{n_0}\int_{-\infty}^{\infty}s^2(t)\mathrm{d}t=\frac{1}{n_0\pi}\int_{-\infty}^{\infty}\left|S(\omega)\right|^2\mathrm{d}\omega=\frac{2E}{n_0} \tag{5-7}$$

式中 E——输入信号总能量；

$\frac{2}{n_0}$——输入白噪声功率谱密度。

可见，滤波器信噪比与输入信号波形无关，只取决于信号能量和噪声功率谱密度。

根据式（5-6），具备最大信噪比的线性滤波器的传输特性为输入信号频谱的复共轭，因此称之为匹配滤波器。匹配滤波器是根据已知波形设计的，可以在高噪声信道中检测到已知信号波形。幅频特性方面，匹配滤波器具有与输入信号相

同的幅频特性，输出信号为输入信号按照信号幅频特性的加权，同时由于白噪声具有平坦的功率谱密度，因此频域上理解匹配滤波器可尽可能地通过输入信号而尽量抑制噪声的干扰。相频特性方面，匹配滤波器具有输入信号相反的相频特性，信号所有频率分量经过滤波器后在时域上变为同相信号并在输出端相干叠加形成峰值，与此同时噪声由于相位随机分布在输出端非相干叠加。因此匹配滤波器在时域和频域上均保证了输出信噪比最大。

匹配滤波器的冲激响应为

$$\begin{aligned} h(t) &= \frac{1}{2\pi}\int_{-\infty}^{\infty} H(\omega)\mathrm{e}^{i\omega t}\mathrm{d}\omega = \frac{1}{2\pi}\int_{-\infty}^{\infty} kS^*(\omega)\mathrm{e}^{-i\omega t_0}\mathrm{e}^{i\omega t}\mathrm{d}\omega \\ &= \frac{k}{2\pi}\int_{-\infty}^{\infty}\left[\int_{-\infty}^{\infty} s(\tau)\mathrm{e}^{-i\omega\tau}\mathrm{d}\tau\right]^* \mathrm{e}^{-i\omega(t_0-t)}\mathrm{d}\omega \\ &= k\int_{-\infty}^{\infty}\left[\frac{1}{2\pi}\int_{-\infty}^{\infty}\mathrm{e}^{i\omega(\tau-t_0+t)}\mathrm{d}\omega\right]s(\tau)\mathrm{d}\tau \\ &= k\int_{-\infty}^{\infty} s(\tau)\delta(\tau-t_0+t)\mathrm{d}\tau = ks(t_0-t) \end{aligned} \tag{5-8}$$

因此，匹配滤波器的冲激响应是输入信号 $s(t)$的镜像 $s(-t)$再延时 t_0。

对于物理可实现的匹配滤波器，需满足

$$h(t)=0, t<0 \Rightarrow s(t_0-t)=0, t<0 \Rightarrow s(t)=0, t>t_0 \tag{5-9}$$

式（5-9）表明，匹配滤波器输入信号必须在最大输出信噪比时刻 t_0 之前结束，一般取 t_0 为信号终止时刻。

匹配滤波器的输出信号可以表示为冲激响应与输入信号的卷积，即

$$\begin{aligned} s_o(t) &= \int_{-\infty}^{\infty} s(t-\tau)h(\tau)\mathrm{d}\tau = k\int_{-\infty}^{\infty} s(t-\tau)s(t_0-t)\mathrm{d}\tau \\ &= k\int_{-\infty}^{\infty} s(-\tau')s(-\tau'-t_0+t)\mathrm{d}\tau' = kR(t-t_0) \end{aligned} \tag{5-10}$$

式中　$R(t)$——输入信号 $s(t)$的自相关函数。

式（5-10）表明，匹配滤波器输出信号为输入信号的自相关函数（考虑噪声的情况下，输出为信号的自相关函数以及信号与噪声的互相关函数）。因此，对信号的匹配滤波相当于对信号进行互相关运算。

匹配滤波器输入信号自相关函数与信号频谱具有如下关系：

$$R(t') = \frac{s_o(t)}{k} = \frac{1}{k}\int_{-\infty}^{\infty} s(\tau)s(\tau+t)\mathrm{d}\tau = \frac{1}{2k\pi}\int_{-\infty}^{\infty}\left|S(\omega)\right|^2 \mathrm{e}^{i\omega t}\mathrm{d}\omega \tag{5-11}$$

由式（5-11）可以看出，信号自相关函数是信号功率谱的傅里叶变换，因此信号频谱越宽，匹配滤波器在时域上的输出信号越窄，相应的距离分辨率越高。对于简单矩形脉冲信号，欲增加其作用距离必须增加信号能量，或增加其脉冲功率，或增加其脉冲宽度。表现为缺陷表面温差与激励能量成正相关，增大脉冲激励功率和激励时长均可提高检测能力。由于设备硬件条件的制约，脉冲发射存在一定峰值功率，因此通常采用增大脉宽的方式提高信号能量。脉冲信号的脉宽和带宽 B_W 之积约等于 1，因此增大信号带宽以获取较大作用距离的同时必将降低信号的距离分辨率。为了解决作用距离和距离分辨率的冲突，考虑增加一个调制信号到宽脉冲载波信号上进而增大信号的带宽，调制后的信号通过匹配滤波处理后在输出端脉宽压缩为 $1/B_W$，这种具备大时宽带宽积的信号称为脉冲压缩信号，大时宽保证了足够的能量以提高作用距离，大带宽保证了距离分辨率。综上，匹配滤波器既可以获得最大输出信噪比，还可以实现信号脉冲压缩以同时提高信号作用距离和距离分辨率。

在信号处理中，互相关（cross-correlation）是表示两个信号相似性的一种度量。一个时域信号 $s(t)$和参考信号 $r(t)$的互相关函数可以由式（5-12）定义：

$$s(t)\otimes r(t)=\int_{-\infty}^{\infty}s(\tau)r(\tau+t)\mathrm{d}\tau \tag{5-12}$$

互相关运算时域定义涉及积分运算，较为复杂，可以基于傅里叶变换转换为频域中信号频谱的简单相乘。

$$s(t)\otimes r(t)=\Im^{-1}\left[S(\omega)R^{*}(\omega)\right]=\Im^{-1}\left\{\Im\left[s(t)\right]\bullet\Im\left[r(t)\right]^{*}\right\} \tag{5-13}$$

式中 $S(\omega)$——信号 $s(t)$的频谱；

$R(\omega)$——信号 $r(t)$的频谱。

其中，$\otimes$ 为互相关运算符；$\Im$ 为傅里叶运算符；*为共轭运算符。

互相关信号相位根据式（5-14）计算：

$$\theta_{CC}(t)=\frac{\Im^{-1}\left[S(\omega)R^{*}(\omega)\right]}{\Im^{-1}\left\{S(\omega)\left[-i\,\mathrm{sgn}(\omega)R(\omega)\right]^{*}\right\}} \tag{5-14}$$

式（5-14）中分母中方括号内的表达式是正交参考信号的傅里叶变换，该信号通过希尔伯特变换和傅里叶变换得到。图 5-1 所示为互相关匹配滤波的运算流程图。

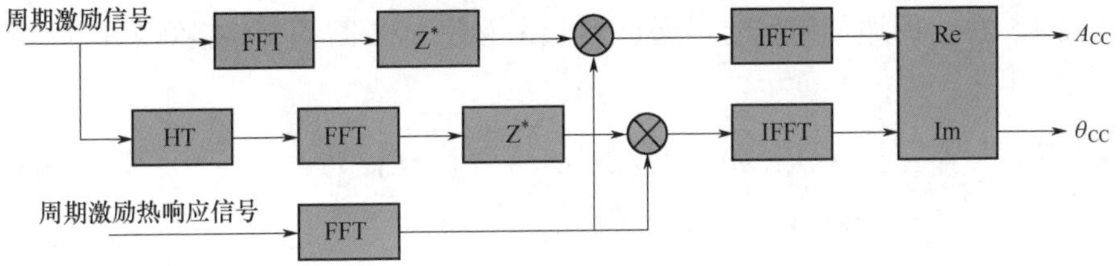

图 5-1　互相关匹配滤波运算流程图

互相关运算可以输出两个信道：

（1）互相关信号峰的高度称为幅值通道。在动态光热辐射测量中，幅值通道显示样品中光吸收的强度。因此，样品深处具有强吸收系数的区域可能会比靠近表面的弱吸收系数区域产生更高的幅值，互相关幅值易受热流强度均匀性和材料表面发射率的影响。

（2）互相关信号的相位可以根据公式计算。与光热作用深度直接相关，而与材料光吸收程度无关，互相关相位是发射率归一化量。

5.2.2　周期激励热响应分析

在本节中，分析了固体材料对线性调频光热激励的瞬态热响应。由于在实验中，样品表面的激励光束直径远大于估计的热扩散长度，因此在分析时采用一维热传导模型是合理的。样品内部不同深度的缺陷可以看作有限厚度固体的一维热传导模型。对于有限厚度固体模型，假设固体后表面即样本与缺陷的交界面为绝热边界条件，固体前表面边界条件为激励热流量（线性调频激励），因此该模型为诺伊曼（Neumann）边界条件下的一维有限厚度模型热传导边值问题求解。

$$\begin{gathered}\frac{\partial^2\Theta(z,\omega)}{\partial z^2}-\sigma^2\Theta(z,\omega)=0\\ \Theta(z,\omega)=T(z,\omega)-T_\infty\end{gathered}\tag{5-15}$$

式中　z——固体内部位置距前表面的深度；

σ——热波阻尼系数；

ω——热波角频率；

T_∞——样品稳态温度。

线性调频激励下的有限厚度固体模型边界条件为

$$\begin{gathered}-\lambda\left.\frac{\partial\Theta(z,\omega)}{\partial z}\right|_{z=0}=\Im[f(t)]=F(\omega)\\ -\lambda\left.\frac{\partial\Theta(z,\omega)}{\partial z}\right|_{z=L}=0\end{gathered}\tag{5-16}$$

式（5-16）的边值问题可以通过 Green 函数方法求解，该齐次微分方程的通解为

$$\Theta(z,\omega)=A_1(\omega,L)\mathrm{e}^{\sigma z}+A_2(\omega,L)\mathrm{e}^{-\sigma z} \tag{5-17}$$

使用上述定解条件代入并联立方程组可以求得

$$\begin{aligned}A_1(\omega,L)&=\frac{F(\omega)}{\lambda\sigma}\frac{\mathrm{e}^{-2\sigma L}}{1-\mathrm{e}^{-2\sigma L}}\\A_2(\omega,l)&=\frac{F(\omega)}{\lambda\sigma}\frac{1}{1-\mathrm{e}^{-2\sigma L}}\end{aligned} \tag{5-18}$$

因此，可得线性调频光热激励下的有限厚度固体模型的热波场

$$\Theta(z,\omega)=\frac{F(\omega)}{\lambda\sigma}\frac{\mathrm{e}^{-2\sigma L}}{1-\mathrm{e}^{-2\sigma L}}\mathrm{e}^{\sigma z}+\frac{F(\omega)}{\lambda\sigma}\frac{1}{1-\mathrm{e}^{-2\sigma L}}\mathrm{e}^{-\sigma z} \tag{5-19}$$

有限厚度样品内部的时域热波场可以通过对上式进行傅里叶逆变换来求解。因此，有限厚度样品在调频脉冲光热激励作用下的表面温度场可以计算为

$$\Theta(0,\omega)=\frac{F(\omega)}{\lambda\sigma}\frac{1+\mathrm{e}^{-2\sigma L}}{1-\mathrm{e}^{-2\sigma L}} \tag{5-20}$$

由于热波的高度衰减特性，有限厚度样品的非缺陷位置可视作半无限大固体传热模型，可得到线性调频激励下半无限大固体的热波场

$$\Theta(z,\omega)=\frac{F(\omega)}{\lambda\sigma}\mathrm{e}^{-\sigma z} \tag{5-21}$$

同样，可以得到半无限大固体在线性调频光热激励作用下的表面温度场

$$\Theta(0,\omega)=\frac{F(\omega)}{\lambda\sigma} \tag{5-22}$$

将以上推导结果的输入信号 $S(\omega)$，并将参考信号 $R(\omega)$替换为线性调频激励信号的频谱，即可得到有限厚度固体（缺陷位置）和半无限大固体（非缺陷位置）的匹配滤波器输出

$$CC(t)_{\text{finite}}=\mathfrak{I}^{-1}\left[\frac{F(\omega)}{\lambda\sigma}\frac{1+\mathrm{e}^{-2\sigma L}}{1-\mathrm{e}^{-2\sigma L}}F(\omega)\right] \tag{5-23}$$

$$CC(t)_{\text{semi-infinite}}=\mathfrak{I}^{-1}\left[\frac{F(\omega)}{\lambda\sigma}F(\omega)\right] \tag{5-24}$$

5.2.3 周期激励光热辐射检测的匹配滤波输出

线性调频（linear frequency modulated）信号是一种典型的大时宽带宽积信号，也称之为 chirp 信号或啁啾信号，其数学形式可以表示为

$$s_i(t) = Q_0 \mathrm{rect}\left(\frac{t}{\tau}\right)\sin\left[2\pi(f_\mathrm{s} + Bt)t\right] \tag{5-25}$$

式中　Q_0 ——信号幅值；

f_s ——线性调频起始频率；

t——时间；

B ——调频扫描速率。

B 的定义如下：

$$B = \frac{f_\mathrm{e} - f_\mathrm{s}}{2T} \tag{5-26}$$

式中　T——调频周期；

f_e ——线性调频终止频率。

线性调频信号的包络为一宽度为　的方波，定义为

$$\mathrm{rect}\left(\frac{t}{\tau}\right) = \begin{cases} 1 & \left|\dfrac{t}{\tau}\right| \leqslant \dfrac{1}{2} \\ 0 & \left|\dfrac{t}{\tau}\right| > \dfrac{1}{2} \end{cases} \tag{5-27}$$

该线性调频信号的瞬时频率为

$$f_i(t) = \frac{\partial\left[(f_\mathrm{s} + Bt)t\right]}{\partial t} = f_\mathrm{s} + 2Bt = f_\mathrm{s} + \frac{f_\mathrm{e} - f_\mathrm{s}}{T}t \tag{5-28}$$

线性调频周期激励信号的匹配滤波输出为

$$s_{\mathrm{chirp}}(t) = \frac{kQ_0^2\tau}{2} \bullet \frac{\sin\left[2\pi\tau Bt\left(1 - \dfrac{|t|}{\tau}\right)\right]}{2\pi\tau Bt} \bullet \sin\left[\pi(f_\mathrm{s} + f_\mathrm{e})t\right] \tag{5-29}$$

当 $t \ll \tau$ 时，输出信号包络近似为 sinc 函数，即输出近似为

$$s_{\mathrm{chirp}}(t) = \frac{kQ_0^2\tau}{2} \bullet \frac{\sin(2\pi\tau Bt)}{2\pi\tau Bt} \bullet \sin\left[\pi(f_\mathrm{s} + f_\mathrm{e})t\right] \tag{5-30}$$

图 5-2 所示为一线性调频信号与其经过匹配滤波器的输出信号。模拟参数设置如下：$f_\mathrm{s} = 1\mathrm{Hz}, f_\mathrm{e} = 3\mathrm{Hz}, T = 4\mathrm{s}$。调频信号经匹配滤波后的输出信号脉宽被压缩为 $1/B_\mathrm{M}$，B_M 为信号的调频宽度。与脉冲信号相比，线性调频信号在长占空比内以较低的强度发射更高的能量保证了更高的作用距离和信噪比，并在进行匹配滤波之后，信号能量在匹配滤波器输出的主瓣（即 sinc 函数）下被压缩以获得更高的距离分辨率。

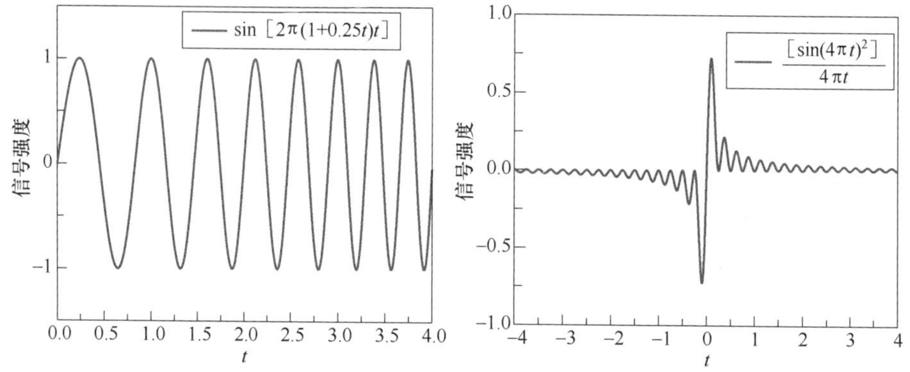

图 5-2 线性调频信号及其匹配滤波输出

5.3 单频周期激励光热辐射成像

本节通过检测试验研究单频周期激励热波检测激励参数设置对检测结果的影响，检测样品为一具有不同深度和尺寸平底孔缺陷的玻璃纤维环氧树脂平板，其结构参数如图 5-3 所示。

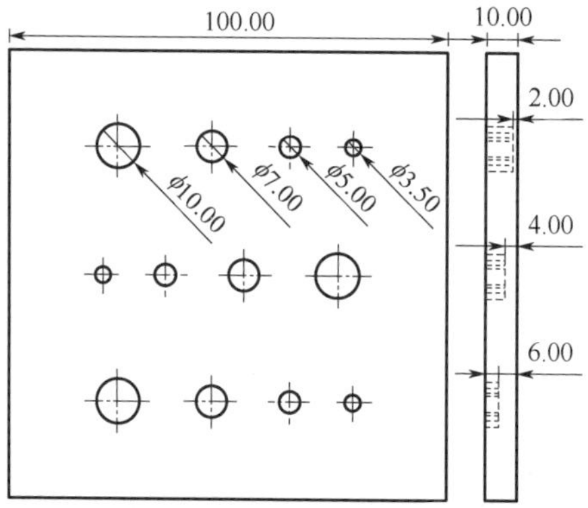

图 5-3 玻璃纤维环氧树脂平板缺陷试件（单位：mm）

5.3.1 采样频率影响

根据奈奎斯特（Nyquist）采样定理，对连续信号进行采样的频率需要至少为被采样信号最高频率的 2 倍，以保证不失真地恢复出完整的初始信息。在外绝缘材料动态光热辐射检测试验中，外绝缘材料的热扩散率一般较低，因此使用的单频周期激励频率一般远小于红外热像仪的最高采集频率，即试验系统性能具有充分裕量。本节研究在采样频率在充分满足 Nyquist 采样定理的前提下对单频周期激励热波检测结果的影响。

试验采用的单频周期激光激励的调制频率为 0.02Hz，激励时长为一个热波周期即 50s，热像仪采集时间与激光激励时间相同，热像仪采样频率分别设置为 2.5、5、7.5、10Hz。采集得到的红外热图序列代表视场每一个像素点的周期瞬态热响应，经互相关匹配滤波运算后得到每一个像素点周期瞬态热响应的幅值和相位，各采样频率对应的幅值图和相位图如图 5-4 所示。

由图 5-4 可以看出，幅值图相对于相位图具有明显的加热不均匀效应，受加热不均匀的影响，幅值图中深度为 4mm 的缺陷显示出了相比深度为 2mm 的缺陷明显的识别效果，这是由于不均匀加热使得该处的缺陷获得了与非缺陷位置更大的温差，还可以看到，深度 4mm 的缺陷中，尺寸为 7mm 的缺陷显示出了相比于 10mm 缺陷更大的温度轮廓。在相位图中，所有缺陷均可以较好地被识别，且不均匀加热影响被明显消除，相位图缺陷轮廓明显与实际缺陷一致。

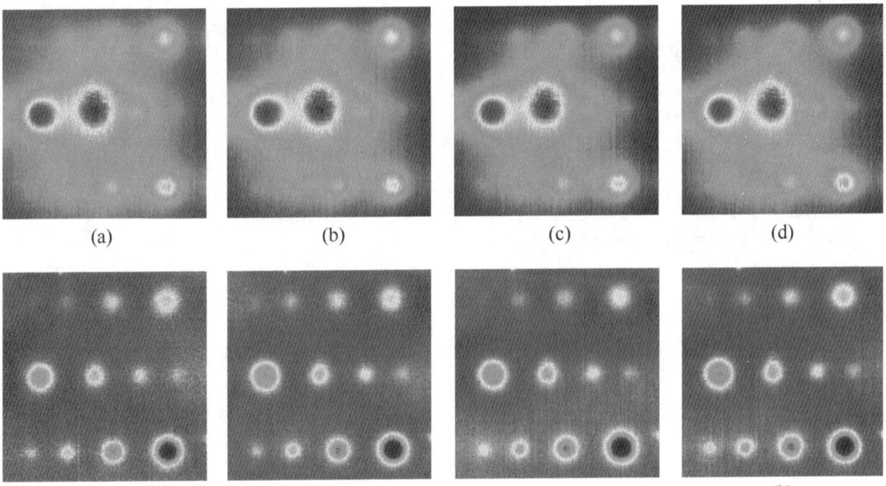

图 5-4　不同采样频率下单频周期激励的幅值图和相位图

（a）幅值图 $f_s = 2.5$Hz；（b）幅值图 $f_s = 5$Hz；（c）幅值图 $f_s = 7.5$Hz；（d）幅值图 $f_s = 10$Hz；（e）相位图 $f_s = 2.5$Hz；（f）相位图 $f_s = 5$Hz；（g）相位图 $f_s = 7.5$Hz；（h）相位图 $f_s = 10$Hz

观察图 5-4 中不同采样频率下的幅值图和相位图，可以看到不同采样频率的幅值图和相位图之间的没有明显的差异。为了定量说明采样频率对单频周期激励热响应幅值和相位的影响，对幅值图和相位图每排同样深度的缺陷中心点连线做一条轮廓剖线，如图 5-5 所示。从图 5-5 中可以看到，不同采样频率下的缺陷幅值和相位轮廓线差异较小，同时可以看出幅值轮廓线中明显的加热不均匀的影响，相位图提供了一种加热均匀化的模态。因此，在采样频率充分满足 Nyquist 采样定理的前提下，采样频率改变对周期激励热响应的幅值和相位特征不具有明显影响。

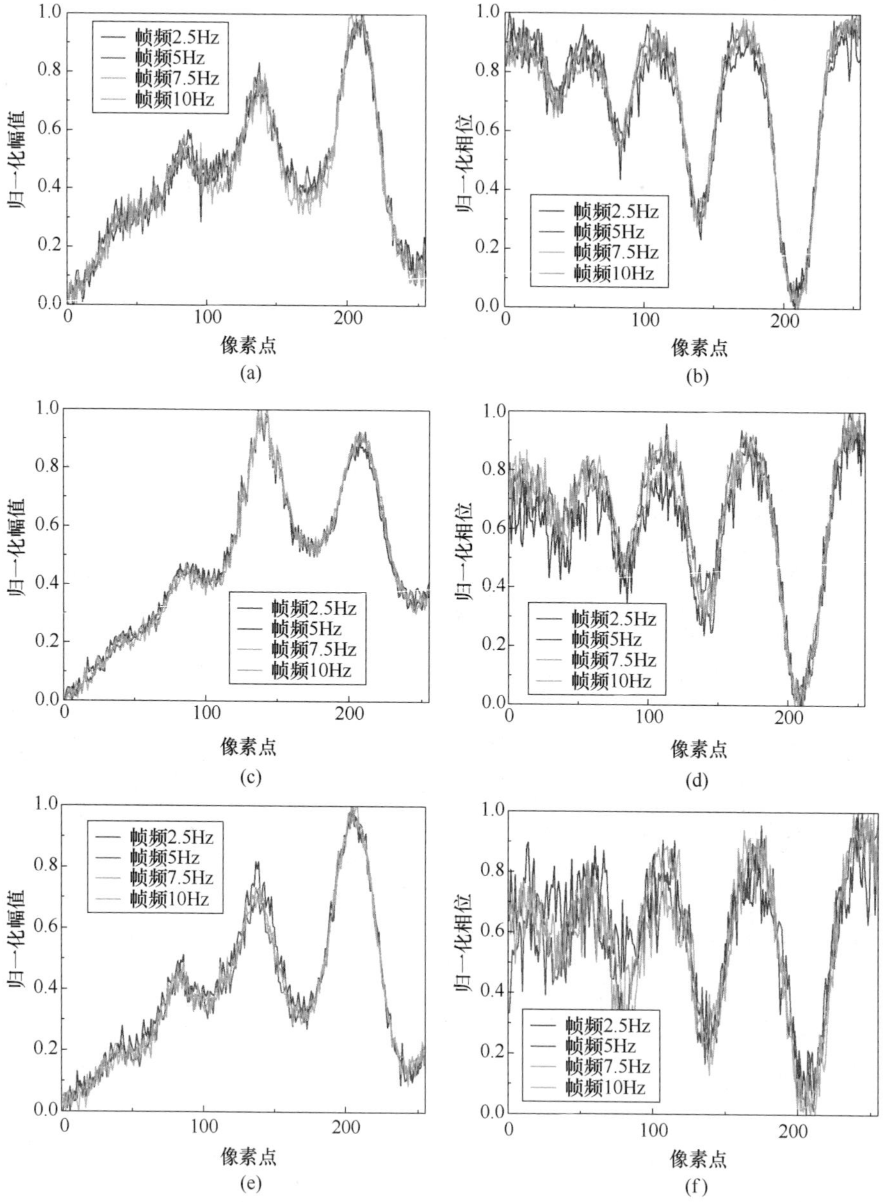

图 5-5 不同采样频率下单频周期激励的缺陷幅值和相位剖线

（a）深度 2mm 缺陷幅值图水平剖线；（b）深度 2mm 缺陷相位图水平剖线；
（c）深度 4mm 缺陷幅值图水平剖线；（d）深度 4mm 缺陷相位图水平剖线；
（e）深度 6mm 缺陷幅值图水平剖线；（f）深度 6mm 缺陷相位图水平剖线

5.3.2　激励时长影响

本节研究单频周期激励时长对热响应幅值和相位以及检测结果的影响，在周期激励光热辐射检测中，热像仪采集时长等于周期激励时长。试验采用的单频周期激光激励的调制频率为 0.02Hz，热像仪采样频率为 10Hz，激励一个热波周期为 50s，激励时长分别设置为热波周期的 0.5、0.8、1、1.5、2 倍，即 25、40、50、75、100s，热像仪采集时间与激光激励时间相同。经互相关匹配滤波运算后得到每一个像素点周期瞬态热响应的幅值和相位，各激励时长对应的幅值图和相位图如图 5-6 所示。同样地，为了定量说明激励时长对单频周期激励热响应幅值和相位的影响，对幅值图和相位图每排同样深度的缺陷中心点连线做一条轮廓剖线，如图 5-7 所示。

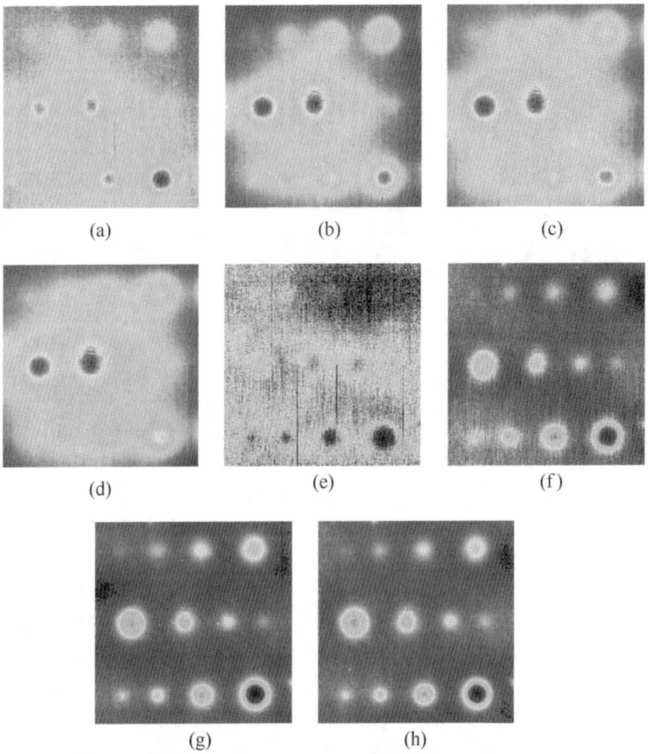

图 5-6　不同激励时长下单频周期激励的幅值图和相位图

（a）幅值图 $t_s = 25s$；（b）幅值图 $t_s = 40s$；（c）幅值图 $t_s = 50s$；（d）幅值图 $t_s = 75s$；（e）相位图 $t_s = 25s$；（f）相位图 $t_s = 40s$；（g）相位图 $t_s = 50s$；（h）相位图 $t_s = 75s$

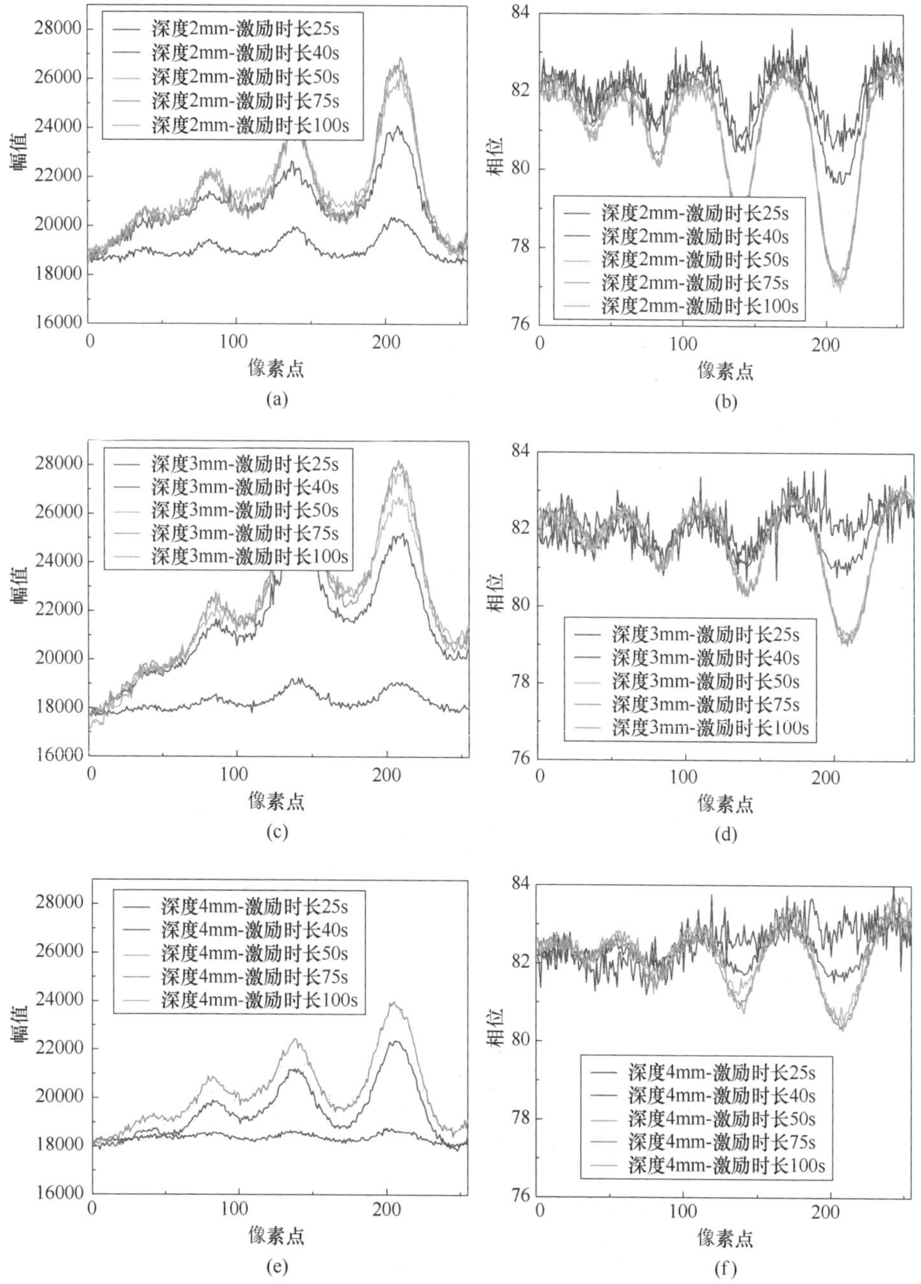

图 5-7 不同激励时长下单频周期激励的缺陷幅值和相位剖线

（a）深度 2mm 缺陷幅值图水平剖线；（b）深度 2mm 缺陷相位图水平剖线；（c）深度 4mm 缺陷幅值图水平剖线；（d）深度 4mm 缺陷相位图水平剖线；（e）深度 6mm 缺陷幅值图水平剖线；（f）深度 6mm 缺陷相位图水平剖线

从图 5-6 和图 5-7 中可以看出，当激励时长小于一个热波周期时，检测输出的幅值图和相位图中缺陷的识别效果明显降低，激励时长越小，图像中缺陷显示越不明显且噪声越大，体现在缺陷的幅值和相位轮廓线上表现为缺陷与非缺陷位置的幅值差和相位差减小，这是由于采集到的数据不足一个完整的热波周期，无法从中有效恢复足够的热波信息；当激励时长大于等于一个热波周期时，增大激励时长对图像检测效果以及信噪比没有明显提升，体现在缺陷的幅值和相位轮廓线上表现为缺陷与非缺陷位置的幅值差和相位差没有明显变化，这是由于一个热波周期数据足够完整地恢复响应的热响应特征，单频周期激励热波检测中大于一个热波周期的数据可以视作冗余信息。

因此，在单频周期激励热波检测中，为了完整地提取材料周期热响应信息，同时节省数据存储空间和处理时间，宜将激励周期设置为激励频率对应的一个热波周期即可。

5.3.3　激励频率影响

衡量热波在传播方向上衰减程度的参数定义为热扩散长度，热扩散长度与热波的频率和材料的热扩散系数有关，显然频率越高的热波在传播方向上传播单位距离的衰减越大，这意味着低频热波具有更大的探测范围。

本节研究单频周期激励频率对热响应幅值和相位以及检测结果的影响。试验采用的单频周期激光激励的调制频率分别设置为 0.005、0.01、0.02、0.04、0.08、0.1、0.2、0.4Hz，激励时长分别设置为对应的热波周期，即 200、100、50、25、12.5、10、5、2.5s，热像仪采集时间与激光激励时间相同，热像仪采样频率设置为 50Hz。经互相关匹配滤波运算后得到每一个像素点周期瞬态热响应的幅值和相位，各激励频率对应的幅值图和相位图如图 5-8 所示。同样地，为了定量说明激励频率对热响应幅值和相位的影响，对幅值图和相位图每排同样深度的缺陷中心点连线做一条轮廓剖线，分别如图 5-9 和图 5-10 所示。

从图 5-8（a）～图 5-8（h）的幅值图可以看出，周期激励频率越低，热波传播深度越深，体现在图 5-9（e）～图 5-9（h）的幅值图中即激励频率较低的幅值图对深层缺陷的显示效果越好。但与此同时，低频激励下的幅值图受不均匀加热的影响更大，如图 5-8（a）～图 5-8（d）所示，不均匀加热影响抵消了低频热波更深的传播深度，掩盖了缺陷本身的轮廓。激励频率对周期激励热响应幅值的影响同样可以从图 5-9 中得出，在一定范围内，激励频率降低将增大缺陷与非缺陷位置的幅值差，但频率过低时，不均匀加热对幅值的影响更大，掩盖了缺陷与非缺陷位置的幅值差异。

从图 5-8（i）～图 5-8（p）的相位图和图 5-10 的相位轮廓线图中可以看出，随着周期激励频率的降低，深度为 2、4、6mm 的缺陷依次显现，这是由于低频热波具有更深的传播深度。但当激励频率过低时，热波的深度分辨率将会降低，热波在材料中传播的扩散现象将更加明显，导致缺陷轮廓变得模糊。如图 5-8（i）激励频率为 0.005Hz 下的相位图，缺陷的边缘清晰度下降，且不同缺陷的深度分辨率降低，如尺寸为 10mm、深度为 2mm 和 4mm 的两个缺陷之间的差异降低。

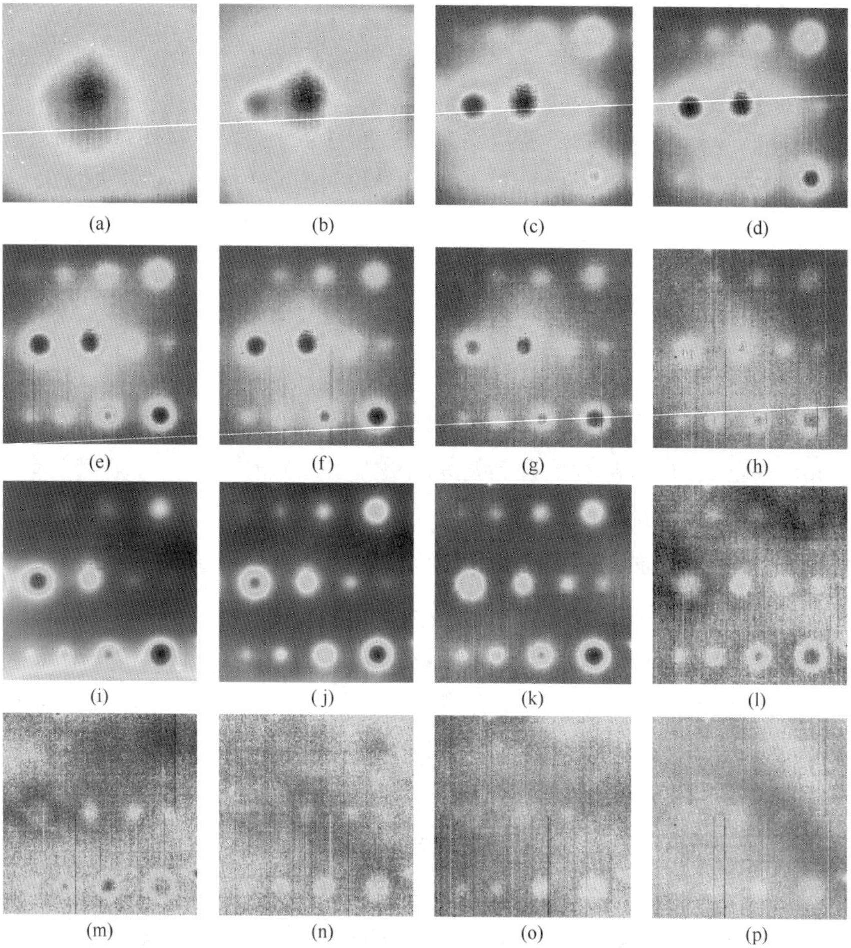

图 5-8　不同激励频率下单频周期激励的幅值图和相位图

（a）幅值图 f=0.005Hz；（b）幅值图 f=0.01Hz；（c）幅值图 f=0.02Hz；（d）幅值图 f=0.04Hz；（e）幅值图 f=0.08Hz；（f）幅值图 f= 0.1Hz；（g）幅值图 f = 0.2Hz；（h）幅值图 f = 0.4Hz；（i）相位图 f=0.005Hz；（j）相位图 f=0.01Hz；（k）相位图 f=0.02Hz；（l）相位图 f=0.04Hz；（m）相位图 f=0.08Hz；（n）相位图 f= 0.1Hz；（o）相位图 f= 0.2Hz；（p）相位图 f= 0.4Hz

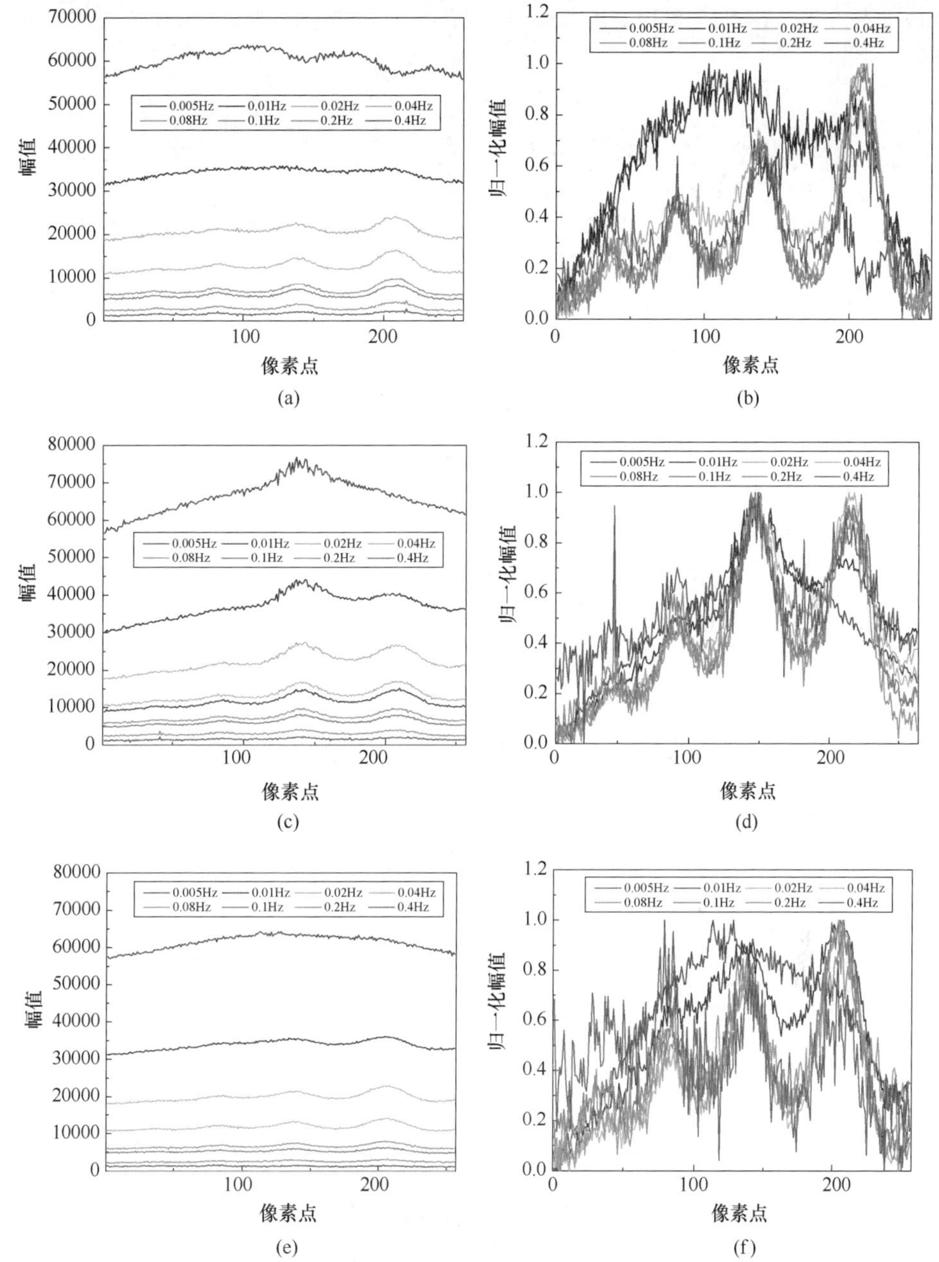

图 5-9　不同激励频率下单频周期激励的缺陷幅值轮廓线

（a）深度 2mm 缺陷幅值图水平剖线；（b）深度 2mm 缺陷幅值图归一化剖线；（c）深度 4mm 缺陷幅值图水平剖线；（d）深度 4mm 缺陷幅值图归一化剖线；（e）深度 6mm 缺陷幅值图水平剖线；（f）深度 6mm 缺陷幅值图归一化剖线

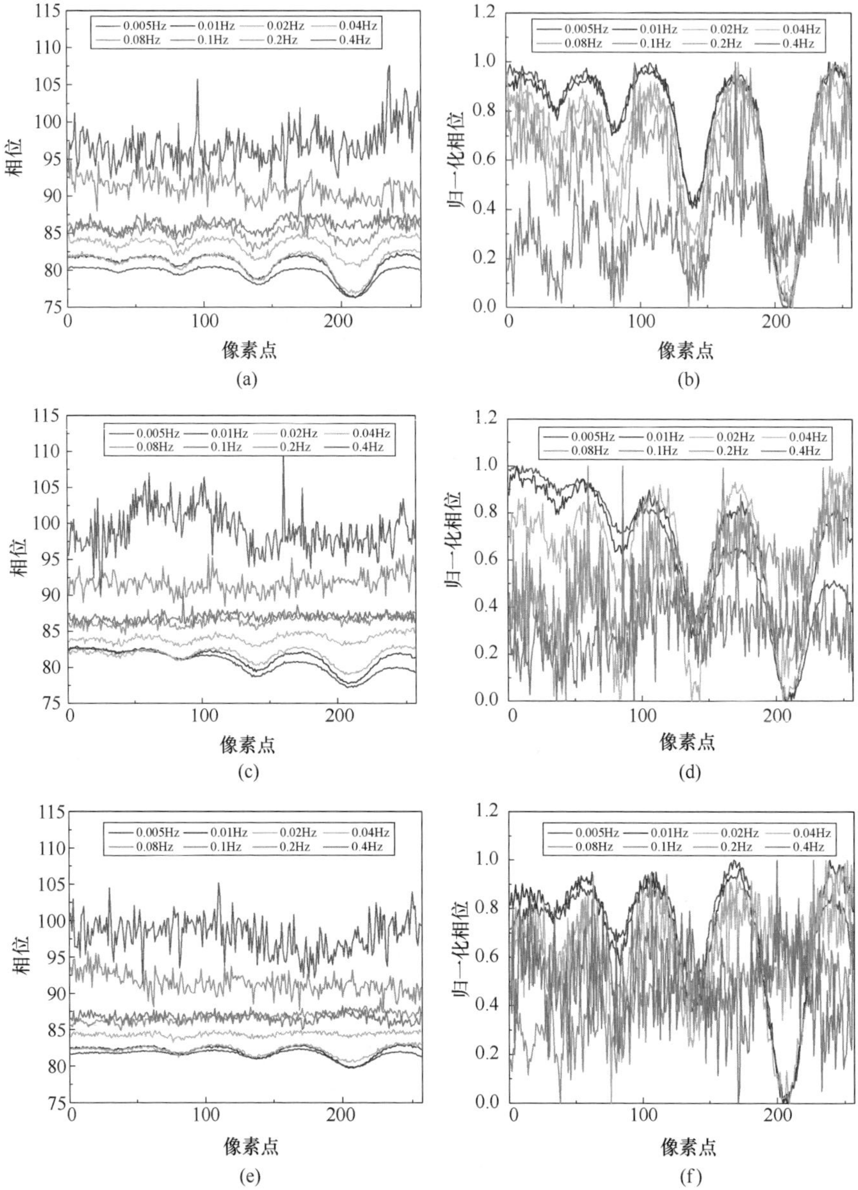

图 5-10　不同激励频率下单频周期激励的缺陷相位轮廓线

（a）深度 2mm 缺陷相位图水平剖线；（b）深度 2mm 缺陷相位图归一化剖线；（c）深度 4mm 缺陷相位图水平剖线；（d）深度 4mm 缺陷相位图归一化剖线；（e）深度 6mm 缺陷相位图水平剖线；（f）深度 6mm 缺陷相位图归一化剖线

对比周期激励热响应的幅值图和相位图，可以看到相位图直接反映了热波传播深度信息，且不受表面加热不均匀的影响。因此相位图具有更佳检测效果，但同时在实际检测中幅值图也具有较大的参考价值。

为了定量比较不同激励频率下的检测深度和深度分辨率，图 5-11 给出了激励频率分别为 0.005、0.01、0.02、0.04Hz 的周期激励下的不同深度缺陷的相位轮廓线。从图中可以看出高频激励对深度较深的缺陷不敏感，但不同深度缺陷在该频率下的热响应相位差异明显；低频激励下深度较深缺陷仍具有明显的响应相位，但不同深度缺陷的响应相位的差异降低。因此单频周期激励由于其单一的激励频率，须在探测深度范围和深度分辨率之间做出折中的选择。

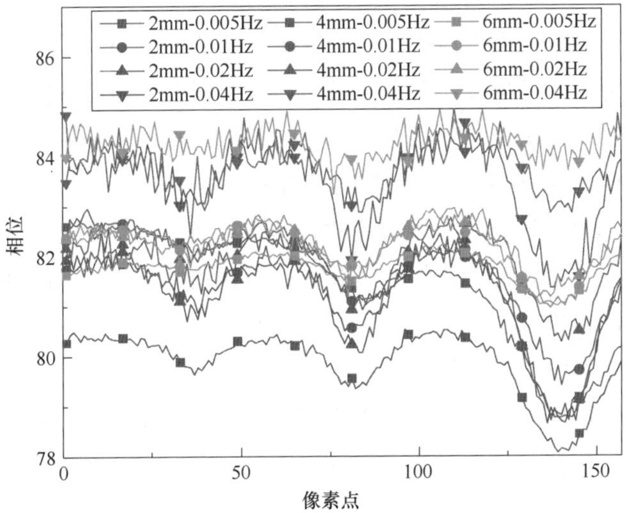

图 5-11　不同激励频率下的单频周期激励检测深度和深度分辨率

5.4　线性调频周期激励光热辐射成像

本节研究线性调频周期激励参数设置对热波检测结果的影响，同样地，热像仪采样频率通常充分满足 Nyquist 采样定理，因此采样频率改变对线性调频周期激励热响应的幅值和相位特征不具有明显影响。

5.4.1　调频周期及调频速率影响

本节研究调频周期对线性调频周期激励热响应幅值和相位以及检测结果的影响，在线性调频周期激励光热辐射检测中，热像仪采集时长等于调频周期。试验采用的线性调频周期激光激励的起始频率为 0.01Hz，终止频率设置为 0.03Hz，热像仪采样频率为 10Hz，调频周期分别设置为起始频率热波周期的 0.25、0.5、1、

1.5 倍，即 25、50、100、150s，热像仪采集时间与调频周期相同。经互相关匹配滤波运算后得到每一个像素点周期瞬态热响应的幅值和相位，各激励时长对应的幅值图和相位图如图 5-12 所示。

从图 5-12 中可以看出，当调频周期小于线性调频起始频率对应的一个热波周期时，检测输出的幅值图和相位图中缺陷的识别效果明显降低，调频周期越小，图像中缺陷显示越不明显且噪声越大。当调频周期继续减少到不足终止频率对应的一个热波周期时，检测输出的幅值图和相位图中缺陷与非缺陷位置差异进一步降低，同时噪声进一步增大。这是由于采集到的数据不足调频范围内所有频率的一个完整的热波周期，无法从中有效恢复足够的热波信息。当调频周期大于等于线性调频起始频率对应的一个热波周期时，增大调频周期对图像检测效果以及信噪比没有明显提升，此时调频范围内所有频率对应的热波周期均小于此时的调频周期，因此数据足够完整地恢复响应的热响应特征，线性调频周期激励热波检测中大于起始频率对应的一个热波周期的数据可视作冗余信息。因此，在线性调频周期激励热波检测中，为了完整地提取材料周期热响应信息，同时节省数据存储空间和处理时间，宜将调频周期设置为调频起始频率对应的一个热波周期即可。

另外，线性调频起始和终止频率确定时，改变调频周期相当于改变线性调频扫描速率。因此可以得出结论：当调频周期大于起始频率对应的一个热波周期时，调频速率对图像检测效果以及信噪比没有明显影响。

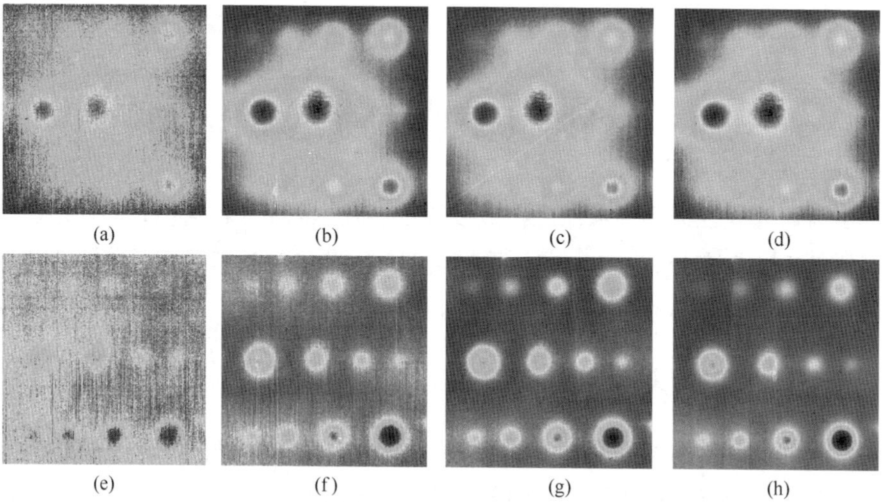

图 5-12 不同激励时长调频激励下的幅值图和相位图

（a）幅值图 $t_s = 25s$；（b）幅值图 $t_s = 50s$；（c）幅值图 $t_s = 100s$；（d）幅值图 $t_s = 150s$；（e）相位图 $t_s = 25s$；（f）相位图 $t_s = 50s$；（g）相位图 $t_s = 100s$；（h）相位图 $t_s = 150s$

5.4.2　调频带宽影响

在前述的分析中，已经明确了激励频率与检测深度和热波深度分辨率之间的对应关系。本节研究线性调频周期激励下，起始频率和调频周期确定的条件下，改变终止频率即改变调频带宽对热响应幅值和相位以及检测结果的影响。改变调频带宽相当于改变了激励所包含的热波频率分量。

试验采用的线性调频周期激光激励的起始频率设置为 0.005Hz，终止频率分别设置为 0.006、0.015、0.035、0.075、0.155、0.195、0.395、0.795Hz，调频周期设置为起始频率对应的热波周期，即 200s，热像仪采集时间与调频周期相同，热像仪采样频率设置为 50Hz。经互相关匹配滤波运算后得到每一个像素点周期瞬态热响应的幅值和相位，各激励频率对应的幅值图和相位图如图 5-13 和图 5-14 所示。同样地，为了定量说明调频带宽对线性调频周期激励热响应幅值和相位的影响，对幅值图和相位图每排同样深度的缺陷中心点连线做一条轮廓剖线，分别如图 5-15 和图 5-16 所示。

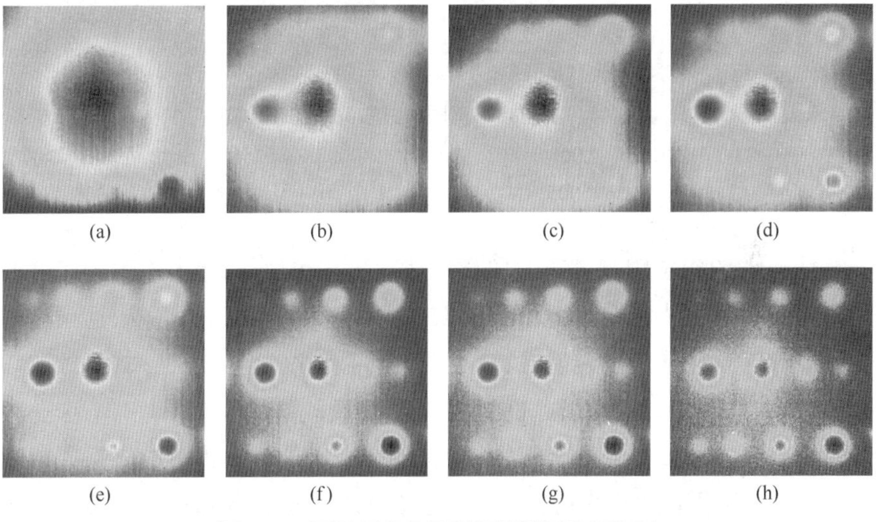

图 5-13　不同频率范围调频激励下的幅值图

(a) f=0.005 ~ 0.006Hz；(b) f=0.005 ~ 0.015Hz；(c) f=0.005 ~ 0.035Hz；(d) f=0.005 ~ 0.075Hz；(e) f=0.005 ~ 0.155Hz；(f) f=0.005 ~ 0.195Hz；(g) f=0.005 ~ 0.395Hz；(h) f=0.005 ~ 0.795Hz

从图 5-13（e）～图 5-13（h）的幅值图可以看出，线性调频带宽越窄，激励扫频范围内的低频分量比例越大，幅值图对深度较大的缺陷的显示效果将会提升。但与此同时，低频分量较多的幅值图受不均匀加热的影响更大，如图 5-13

（a）～图 5-13（d）所示，不均匀加热影响抵消了低频热波更深的传播深度，掩盖了缺陷本身的轮廓。线性调频带宽对周期激励热响应幅值的影响同样可以从图 5-15 中得出，在一定范围内，激励频带宽度降低将增大缺陷与非缺陷位置的幅值差，但带宽过窄时，不均匀加热对幅值的影响更大，掩盖了缺陷与非缺陷位置的幅值差异。

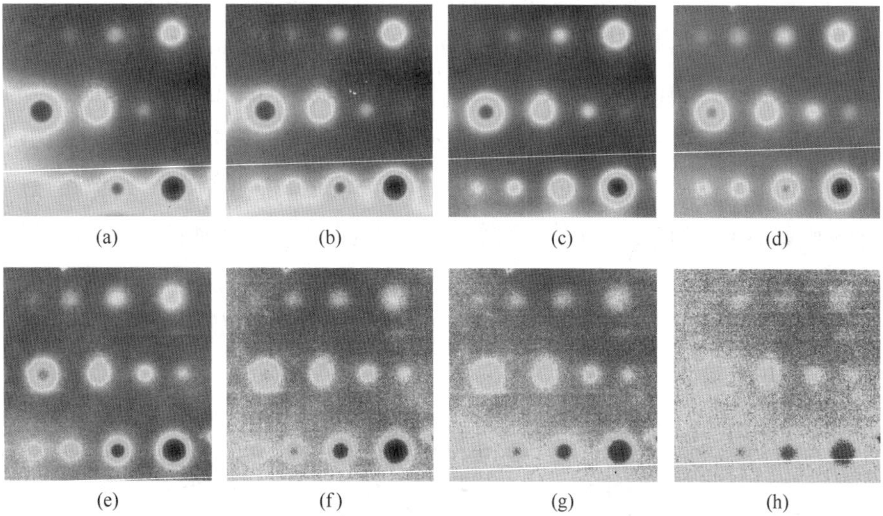

图 5-14　不同频率范围调频激励下的相位图

（a）f=0.005～0.006Hz；（b）f=0.005～0.015Hz；（c）f=0.005～0.035Hz；（d）f=0.005～0.075Hz；（e）f=0.005～0.155Hz；（f）f=0.005～0.195Hz；（g）f=0.005～0.395Hz；（h）f=0.005～0.795Hz

从图 5-14 的相位图和图 5-16 的相位轮廓线图中可以看出，随着线性调频带宽的降低，相位图对深度较大的缺陷的显示效果得到了增强，激励频段内包含了较多的低频分量，低频热波具有更深的传播深度。但当线性调频带过窄时，相位图中热波传播的扩散现象将更加明显，导致缺陷轮廓变得模糊，这是由于此时调频范围内的频率分量全部为低频分量，近似于单一频率的低频周期激励检测。当线性调频带宽增大时，带宽内包含了宽频热波频谱，可以覆盖广泛的热波探测范围，此时即使热波调频终止频率设置得较高，依然可以检测出较深的缺陷，且不同深度的缺陷之间具有明显的区分，即热波探测的深度分辨率得到了提高。

对比线性调频激励热响应的幅值图（见图 5-13）和相位图（见图 5-14），可以看到相位图直接反映了热波传播深度信息，且不受表面加热不均匀的影响。因此相位图具有更佳检测效果，但同时在实际检测中幅值图也具有较大的参考价值。

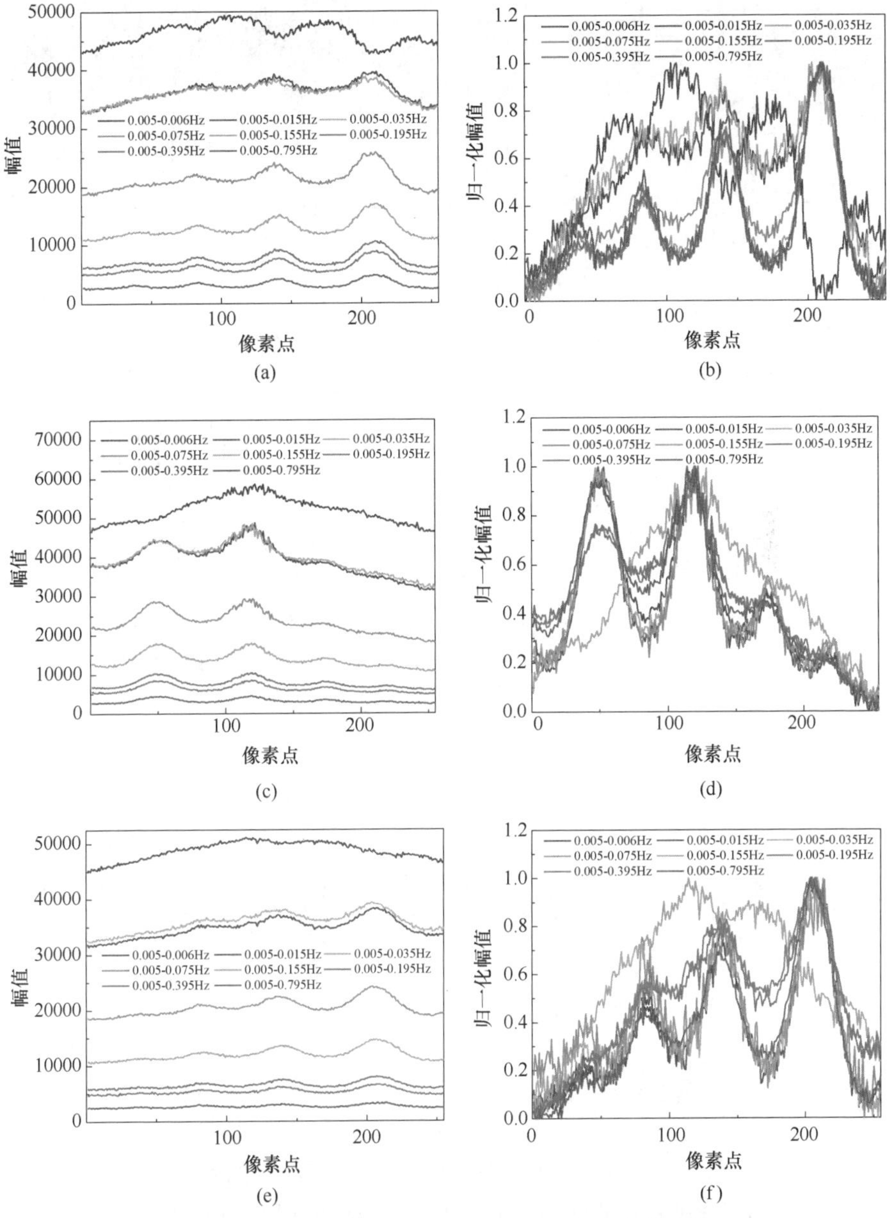

图 5-15　不同扫频范围调频激励下的缺陷幅值轮廓线

（a）深度 2mm 缺陷幅值图水平剖线；（b）深度 2mm 缺陷幅值图归一化剖线；（c）深度 4mm 缺陷幅值图水平剖线；（d）深度 4mm 缺陷幅值图归一化剖线；（e）深度 6mm 缺陷幅值图水平剖线；（f）深度 6mm 缺陷幅值图归一化剖线

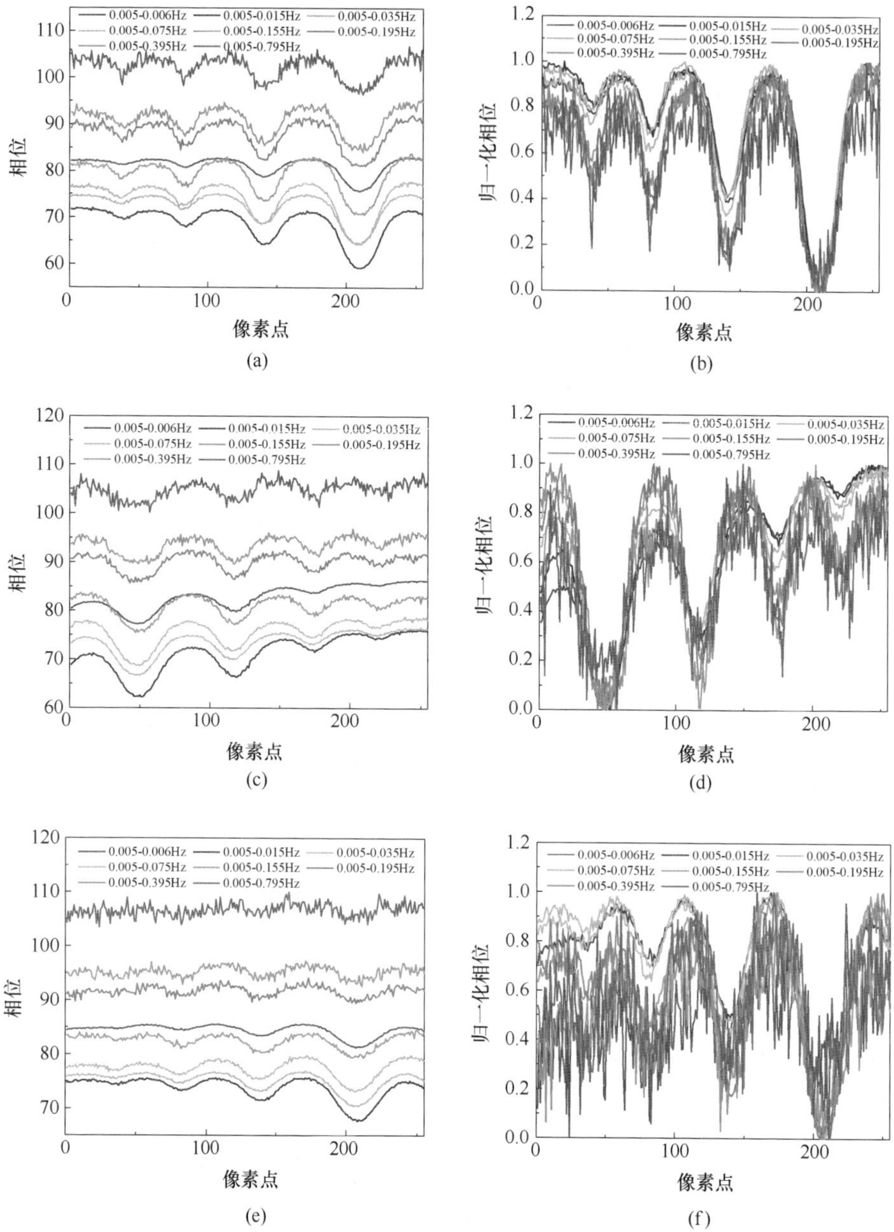

图 5-16 不同扫频范围调频激励下的缺陷相位轮廓线

（a）深度 2mm 缺陷相位图水平剖线；（b）深度 2mm 缺陷相位图归一化剖线；（c）深度 4mm 缺陷相位图水平剖线；（d）深度 4mm 缺陷相位图归一化剖线；（e）深度 6mm 缺陷相位图水平剖线；（f）深度 6mm 缺陷相位图归一化剖线

线性调频周期激励相对于单一频率的周期激励，其频带范围内包含了宽谱的频率分量，因此可以覆盖较为广泛的热波探测范围。从图 5-13 中可以看出高频激励对深度较深的缺陷不敏感，但不同深度缺陷在该频率下的热响应相位差异明显；低频激励下深度较深缺陷仍具有明显的响应相位，但不同深度缺陷的响应相位的差异降低。因此线性调频周期激励检测在保证较大的深度检测范围的同时也可以保证令人满意的深度分辨率。

互相关相位的加热均一性和发射率归一化特性：在前述试验中，互相关相位对加热不均匀的均一化特性得到了验证，本节通过试验证明了互相关的相位通道对表面发射率的归一化特性，表面发射率不同会造成表面瞬态热响应信号的变化，这种非结构信息引起的热响应信号变化会对结构检测造成干扰。在硅橡胶平底孔缺陷试件（5mm 厚度硅橡胶与平底孔环氧树脂平板试件进行黏合，环氧树脂平板打孔一侧为黏接面）表面用颜料笔涂写上“IE”字样，然后对试件进行周期激励热波检测。线性调频起始频率设置为 0.05Hz，终止频率设置为 0.15Hz，调频周期为 20s。经互相关匹配滤波运算后得到每一个像素点周期热响应的幅值和相位，如图 5-17 所示。从图 5-17 中可以看出，幅值图可以明显看出涂写的“IE”字样，这是由于涂写的位置与其他表面位置发射率不同；相位图中则不存在涂写的痕迹，因此，互相关相位对表面发射率具有归一化特性。同时，相位图中不存在幅值图中的不均匀加热热斑，互相关相位通道的加热均一性再次得到证明。

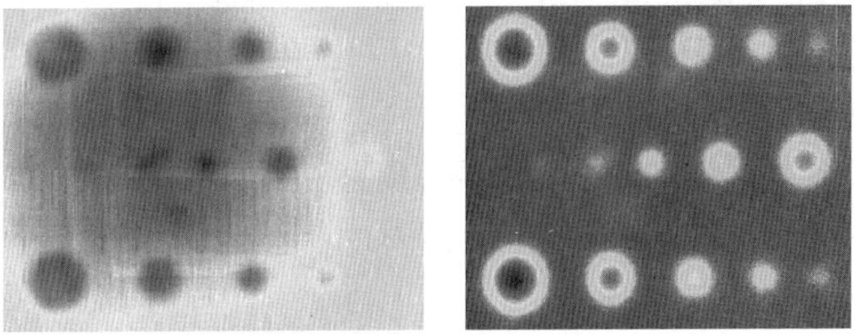

(a)　(b)

图 5-17　不均一表面发射率样品线性调频周期激励光热辐射检测结果

（a）幅值图；（b）相位图

5.5　材料表面下结构三维重建成像

热波能量局部定位方法：热波的反射系数概念，用于求解界面和多层介质的热波场，类似于双曲线波的反射定义给热波场建模求解问题带来了极大的便利并可以给出与实际保持一致的数学解。但与用双曲线型微分方程描述的电磁波或声波不同，抛物线型热扩散波没有波阵面，因此本质上是无反射和无折射的。不同于双曲线波场可以对能量进行局部定位的特点，热扩散波场探测的是距离积分的能量分布。无论是稳态还是瞬态热扩散波场，热波能量在空间的分布都具有较大的衰减特性，热波场的高度衰减特性限制了热波检测信号的深度探测范围和轴向分辨率，进而妨碍了材料内部结构特征的三维可视化。

对于光热辐射检测三维重建成像，调频周期激励的有限频谱带宽则无法覆盖对应于材料结构深度的广泛频谱信息。为了实现缺陷结构的光热辐射检测三维重建成像，需要在此基础上进一步拓宽信号的频谱范围并保持平坦的功率谱，与此同时为保证调频激励热响应信号的信噪比需要尽可能减小热响应信号的直流分量。因此，在这里考虑采用线性调频脉冲光热激励，与周期谐波信号相比，短脉冲可以在非常宽的带宽上保持平坦的功率谱，且在一个循环周期中的激励为零的时间段内，热响应信号处于下降阶段，保证了整个检测过程中的试件温升和热响应信号直流分量处在较低的水平，提供了改善信噪比和深度分辨能力的基础。

脉冲激励的热响应信号具有连续的频谱，因此包含了材料内部结构的高精度深度分辨信息。脉冲激励瞬态热响应信号早期阶段的瞬态信号对应于浅区域的结构信息，而后期阶段的部分对应于较深区域的结构信息。因此可以采用一系列具有递增延时的调频脉冲参考信号与调频脉冲激励热响应信号进行互相关用以生成材料分层结构的深度分辨成像，该方法通过延时脉冲互相关运算在抛物线形扩散波场中实现热波能量的局部定位，以克服热波衰减性导致的深度积分特性和有限的深度探测范围。

线性调频脉冲激励在试件表面产生周期瞬态热响应信号如图 5-18 所示，可以从信号发生器中合成出截断的线性调频脉冲参考信号，截断的脉冲持续时间越短，能量定位的深度范围越集中，热波检测的深度分辨率越高。延时调频截断脉冲参考信号的延时增量步长确定深度的采样间隔，设置为与截断脉冲宽度相同，因此最后一个延时截断脉冲参考信号的累计延时决定了深度探测范围，一系列递增延时调频截断脉冲参考信号对探测范围内的深度依次进行分层编码，从而经过与瞬态热响应信号的互相关运算产生深度方向的层析成像，将深度层析成像进行堆叠即可生成材料内部结构的三维重建成像。在基于延时调频截断脉冲互相关运算的光热辐射检测深度层析成像中，总时延决定了深度探测范围，截断的参考脉冲宽度决定了能量的局限程度即光热辐射检测的深度分辨率。因此，光热辐射检测的深度分辨率随着截断参考脉冲宽度的减小而增加，但需要注意的是，截断参考脉冲宽度不得小于红外热像仪的采样时间间隔，否则不能从采集信号中恢复出原始信号信息。考虑到采集的瞬态热响应信号的完整性，调频脉冲激励信号中最后一个脉冲产生的瞬态热响应不参与互相关运算，因此截断参考脉冲宽度的上限为调频脉冲激励信号最后两个脉冲之间的时间间隔。为了获得最大深度探测范围，将截断脉冲参考信号的总累计时延设置为调频脉冲激励信号最后两个脉冲之间的时间间隔，因此截断脉冲参考信号的宽度越小，光热辐射检测的深度分辨率越高，层析成像的分层数目越多，但同时截断距离内定位的能量也越低，导致成像的信噪比较低；相反地，选择较大的截断脉冲参考信号脉宽会导致较低的深度分辨率，但同时意味着在截断距离内定位了更多的热波能量，从而获得较高的信噪比。

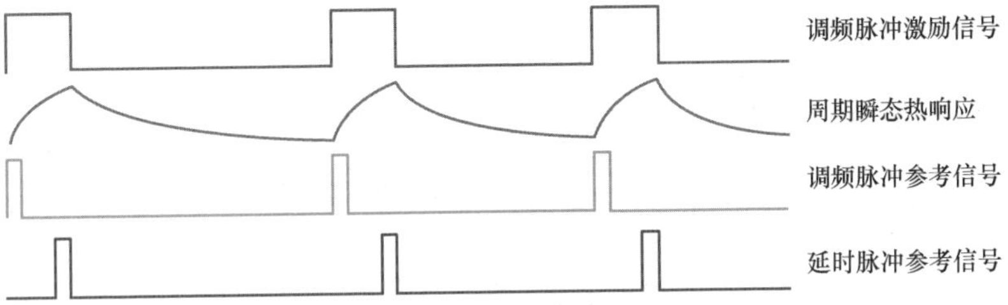

图 5-18　调频脉冲激励光热辐射检测与延时截断脉冲参考信号

5.5.1　线性调频脉冲激励热响应分析

在本节中，分析了固体材料对线性调频脉冲光热激励的瞬态热响应，采用罗宾（Robin）边界条件下的一维有限厚度热传导模型求解该边值问题。通常有限厚度固体模型的 Green 函数如下：

$$G(z|0;\omega)=\frac{1}{2\alpha\sigma(\omega)}\cdot\frac{(1+R)\left[\mathrm{e}^{-\sigma(\omega)z}+R\,\mathrm{e}^{-\sigma(\omega)(2L-z)}\right]}{1-R^2\mathrm{e}^{-2\sigma(\omega)L}} \tag{5-31}$$

式中　L——固体材料的厚度；

R——固体前后表面的换热系数。

在瞬时脉冲激励下，可以利用傅里叶逆变换求得材料表面的瞬态温度场：

$$T_{\mathrm{p}}(0,t)=\frac{1}{2\pi}\int_{-\infty}^{\infty}G(0|0;\omega)\mathrm{e}^{i\omega t}\mathrm{d}\omega=\frac{1}{4\pi\alpha}\int_{-\infty}^{\infty}\frac{(1+R)\left[1+R\,\mathrm{e}^{-2\sigma(\omega)L}\right]}{\sigma(\omega)(1-R^2\mathrm{e}^{-2\sigma(\omega)L})}\mathrm{e}^{i\omega t}\mathrm{d}\omega \tag{5-32}$$

显然可以通过激励信号与脉冲响应的卷积求得材料在任意激励 $f(t)$下的瞬态热响应：

$$T_{\mathrm{a}}(t)=f(t)\cdot T_{\mathrm{p}}(0,t) \tag{5-33}$$

使用线性调频脉冲信号作为激励，其数学形式如下：

$$f(t)=I_0\sum_{n=0}^{p}\delta\left[t-\frac{1}{2r}\left(-f_s+\sqrt{f_s^2+r(4n+1)}\right)\right] \tag{5-34}$$

式中 I_0——信号幅值；

f_s——脉冲调频起始频率；

t ——时间，n=0，1，2，…，p（p+1 为产生的脉冲个数）；

r ——调频扫描速率。

r 的定义如下：

$$r=\frac{f_e-f_s}{T} \tag{5-35}$$

式中 T——调频周期；

f_e——脉冲调频终止频率。

因此，线性调频脉冲光热激励下的材料表面瞬态温度场可以表示为

$$T_{\text{chirp-p}}(t)=\left\{I_0\sum_{n=0}^{p}\delta\left[t-\frac{1}{2r}\left(-f_s+\sqrt{f_s^2+r(4n+1)}\right)\right]\right\}*\left\{\frac{1}{4\pi\alpha}\int_{-\infty}^{\infty}\frac{(1+R)\left[1+R\mathrm{e}^{-2\sigma(\omega)L}\right]}{\sigma(\omega)(1-R^2\mathrm{e}^{-2\sigma(\omega)L})}\mathrm{e}^{i\omega t}\mathrm{d}\omega\right\} \tag{5-36}$$

5.5.2 延时调频截断脉冲信号调制及互相关运算输出

在调频脉冲激励热波层析成像中，函数发生器产生控制激光束的线性调频脉冲信号，并由数据采集模块记录，用于合成截断的线性调频脉冲参考信号。从记录的线性调频脉冲激励信号中生成同相参考截断信号 $R_0(t)$及其正交信号 $R_{90}(t)$：

$$R_0(t)=\sum_{n=0}^{p}\int_{n}^{n+W_T}\delta\left[t-\frac{1}{2r}\left(-f_s+\sqrt{f_s^2+r(4n+1)}\right)-W_T\right]\mathrm{d}W_T \tag{5-37}$$

$$R_{90}(t)=\sum_{n=0}^{p}\int_{n}^{n+W_T}\delta\left[t-\frac{1}{2r}\left(-f_s+\sqrt{f_s^2+4nr}\right)-W_T\right]\mathrm{d}W_T \tag{5-38}$$

式中 W_T——截断脉冲参考信号的脉宽。

样品的调频脉冲激励光热辐射层析成像及其三维重建图像中的深度分辨率取决于上式中的截断脉冲参考信号脉宽 W_T 和材料的热扩散率。截断脉冲参考信号脉宽的最小值受限于热像仪的最大帧速率，最大值受线性调频脉冲激励信号中最后两个脉冲之间的时间间隔限制。选截断脉冲参考信号的宽度越小，光热辐射

检测的深度分辨率越高，层析成像的分层数目越多，但同时截断距离内定位的能量也越少，导致成像的信噪比较低；相反地，选择较大的截断脉冲参考信号脉宽会导致较低的深度分辨率，但同时意味着在截断距离内定位了更多的热波能量，从而获得较高的信噪比。

基于延时调频截断脉冲互相关运算的调频脉冲激励热波层析成像方法的信号流程图如图 5-19 所示。该过程将激励波形转换为线性调频脉冲，然后将输出通过延迟增量单元；之后，延迟增加的脉冲通过倍频器；接下来，对延迟递增的线性调频脉冲及其倍频波形进行二进制异或操作，以生成正交线性调频脉冲。然后分别从同相参考信号和正交参考信号合成截断的参考 R_0 及其正交 R_{90}。

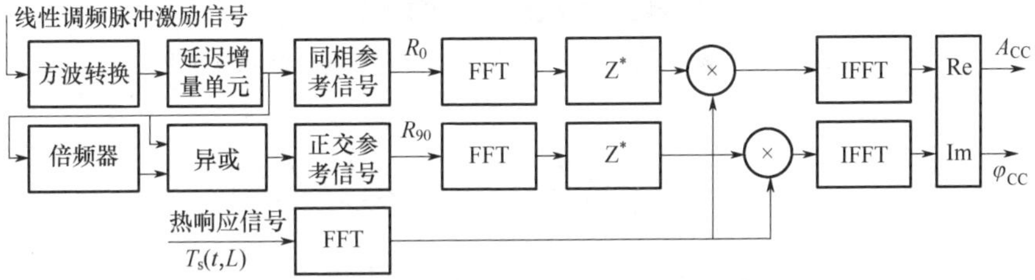

图 5-19　截断延时脉冲参考互相关运算信号流程图

得到的热响应信号的特征提取采取互相关匹配滤波方法，将延时调频截断脉冲信号的同相和正交与红外热像仪采集到的热响应信号进行互相关运算。

$$CC_{n;0/90}(t) = \int_{-\infty}^{\infty} R^{*}_{n;0/90}(t+\tau) T_{\text{chirp-pulse}}(\tau)\mathrm{d}\tau \tag{5-39}$$

为了快速计算，互相关过程在频域中执行，可以从以下公式计算互相关幅值和相位：

$$A_{\text{CC},n} = \sqrt{CC_{n,0}^2 + CC_{n,90}^2} \tag{5-40}$$

$$\phi_{\text{CC},n} = \arctan\frac{CC_{n,90}}{CC_{n,0}} \tag{5-41}$$

互相关相位通道具有发射率归一化特性，在接下来的调频脉冲激励光热辐射检测的层析成像中采用互相关相位信号进行图像重建。

为了验证基于延时调频截断脉冲互相关运算的线性调频脉冲激励光热辐射检测的层析成像和三维重建的可行性，对环氧树脂平底孔缺陷试件进行线性调频脉冲激励并进行延时调频截断脉冲互相关运算，由于计算量较大，因此仅选择试件右上方区域（包含 2mm 深缺陷 3 个、4mm 深缺陷 2 个）进行数据处理，将得到的相位特征图像进行堆叠成像，如图 5-20 所示，从图 5-20 中可以看到，三维重建图像轴向和横向分辨率均得到了极大的提升。

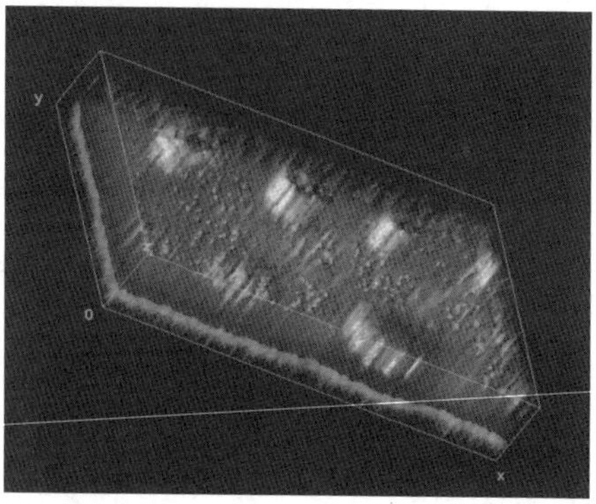

图 5-20 基于调频截断脉冲互相关的缺陷结构三维重建成像

5.6 复合绝缘子动态光热检测

电力外绝缘材料及设备的缺陷检测工作与其他工业领域中的缺陷检测工作相比，存在一个独特检测作业需求——电力设备带电检测，不同电压等级电力设备不停电安全距离规定见表 5-1。

表 5-1 不同电压等级电力设备不停电状态下的安全距离

电压等级（kV）	安全距离（m）	电压等级（kV）	安全距离（m）
10AC	0.70	750AC	7.20
20，35AC	1.00	1000AC	8.70
66，110AC	1.50	±50DC	1.50
220AC	3.00	±500DC	6.00
330AC	4.00	±660DC	8.40
500AC	5.00	±800DC	9.30

因此，电力设备缺陷带电检测需求迫切需要开发一种远距离非接触的缺陷检测方法，传统的超声、射线等缺陷检测方法难以满足高压绝缘设备远距离非接触的检测需求，而动态光热辐射检测方法则在远距离非接触检测工作中具有明显的潜力。本章首先搭建了远程动态光热辐射检测系统，并证实了系统在满足带电检测安全距离要求前提下的检测有效性，为高压绝缘设备缺陷现场不停电检测难题提供了一种解决思路。基于光热辐射热响应特征提取和光热辐射结构反演成像的

研究结果，对绝缘子这一典型外绝缘设备进行了检测试验。

5.6.1 远程动态光热辐射检测系统

为了研究利用动态光热辐射方法检测外绝缘材料及设备缺陷的应用效果，并考虑电力高压外绝缘设备远距离带电检测的需求，设计并开发了一种远程动态光热辐射检测系统，该系统如图 5-21 所示，包含四个模块：远程光学热激励模块、多焦距视场红外热辐射成像采集模块、控制和数据处理模块，以及可移动的升降搭载平台。

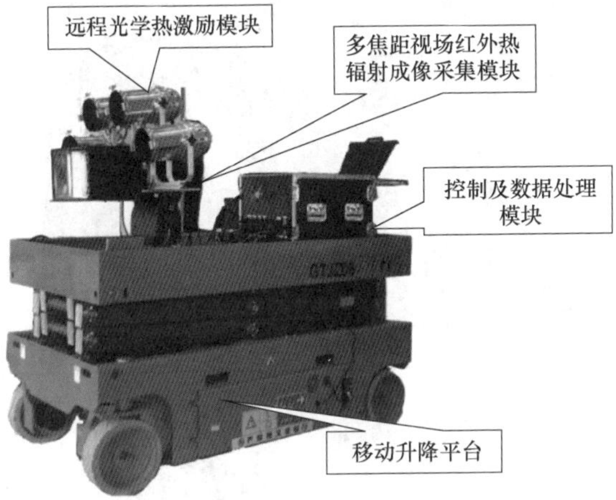

图 5-21　远程动态光热辐射检测系统

1. 远程光学热激励模块

远程光学热激励模块由四支大功率抛物面镀铝反射灯（parabolic aluminum reflector，PAR）和辅助机械组件组成，如图 5-22 所示，用于在实验室及现场检测条件下对相隔一定检测距离的被检测对象施加可控的有效热激励。四支激励光源在使用时需对称地安装在红外热辐射成像采集模块两侧，以保证激励均匀性。激励光源的触发信号通道连接到控制和数据处理模块，可以通过控制和数据处理模块调节光源的激励参数，以在被测物体表面上施加理想的热流。每个 PAR 灯的最大功率为 1.5kW，电源电压为 380V，PAR 灯的有效加热距离经试验验证大于 10m。可以通过控制和数据处理模块调节 PAR 灯的激励功率和时间。

2. 多焦距视场红外热辐射成像采集模块

多焦距视场红外热辐射成像采集模块的核心组件是高性能红外热像仪 Telops FAST-IR M200，如图 5-23 所示，用于采集试件表面瞬态温度信息，利用先进的量子阱红外光电探测器和高度可靠的内部循环制冷机来减少噪声，同时提供 640×512 像素的高分辨率图像。它具有高达 210Hz 的全窗口帧频，可检测最小 18mK 的温度差异。它的高频采集和高分辨率成像为高保真解释热波信息和准确检测缺陷奠定了基础。热像仪配备有 25mm 焦距和 100mm 焦距两支镜头，可供在大范围检测距离内调节成像焦距和检测视场。热像仪与数据处理分析系统连接并实时传输和存储采集的瞬态热图序列数据。热图数据经过一系列处理分析后即可输出检测结果。控制与数据处理模块如图 5-24 所示。

图 5-22 远程光学热激励模块

(a) (b)

图 5-23 多焦距视场红外热辐射成像采集模块

（a）Telops 热像仪（配 25mm 镜头）；（b）100mm 焦距镜头

3. 控制与数据处理模块

控制和数据处理模块由 V6 6CHX6KW 数字调光硅箱、Dongtintech IPC-610L 工控机、抽屉式键盘及显示屏，以及操作控制和数据处理软件组成。当用于现场检测时，控制与数据处理模块与装备在移动升降搭载平台上，这时在升降平台地面一侧装配一套远程连接的显示屏及键盘鼠标等设备，用于在地面进行控制与数据处理模块的操作。控制和数据处理模块用于实现远程光学热机理模块、多焦距视场红外热辐射成像采集模块和移动升降搭载平台的运行控制。记录的红外热图像序列可以在此模块中存储、读取、显示和分析。

(a)　(b)

图 5-24　控制与数据处理模块

（a）实验室检测配置；（b）现场检测配置

4. 移动升降搭载平台

移动升降搭载平台由移动剪叉液压升降机和载重云台组成。该移动升降机由 24V/210Ah 电池驱动。升降平台的最大负载为 380kg，最大上升高度为 6m，云台的最大负载为 30kg。云台的水平旋转角度范围为±90°，俯仰角度范围为±40°。远程光学热激励模块和多焦距视场红外热辐射成像采集模块安装在云台上，云台以及控制和数据处理模块固定在升降平台上。移动升降机停稳后，检测系统具有三个自由度，从而保证了检测区域的灵活性。移动升降搭载平台配备了激光测距传感器和三级紧急停止开关，以确保操作期间的安全。可以通过控制和数据处理模块或控制手柄来控制移动、升降、旋转和俯仰的操作。

远程动态光热辐射检测系统结构紧凑，易于操作，可对带电电气设备进行自动化的远程无损检测，可有助于电力设备缺陷的早期发现和定量分析，从而提高电力设备检查和维护操作的水平，减少设备事故并确保电网安全稳定运行。

5.6.2　复合绝缘子光热辐射检测

为了验证动态光热辐射检测方法对复合绝缘子缺陷检测的有效性，本小节分别进行人工模拟缺陷和现场异常温升绝缘子的检测试验。

在一支 500kV 复合绝缘子交界面处打孔以模拟气隙缺陷，在复合绝缘子交界面处插入一根钢针以模拟界面导通性缺陷，对制备的复合绝缘子气隙缺陷和导通性缺陷分别施加一恒定热流激励，激励时长为 15s，在激励结束后开始对复合绝缘子试件表面瞬态温度场进行采集，采集时长为 30s，采集频率为 60Hz。导通性缺陷和气隙缺陷试件非周期激励瞬态热响应图像及其一阶微分图像如图 5-25 和图 5-26 所示，光热辐射检测的对数温度-试件曲线如图 5-27 所示。

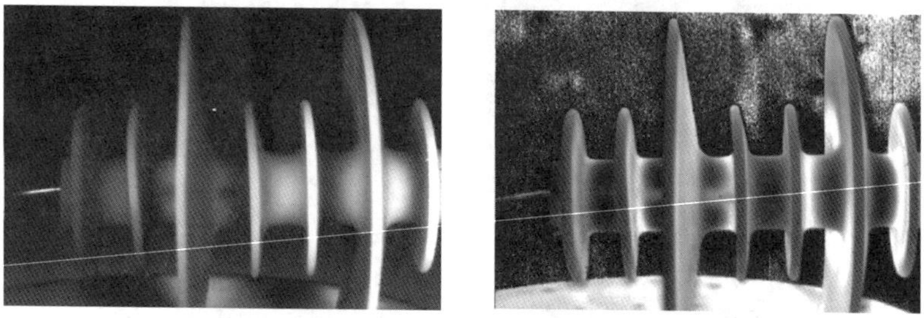

(a)　　(b)

图 5-25　复合绝缘子导通性缺陷动态光热辐射检测结果

（a）原始热图；（b）一阶微分热图

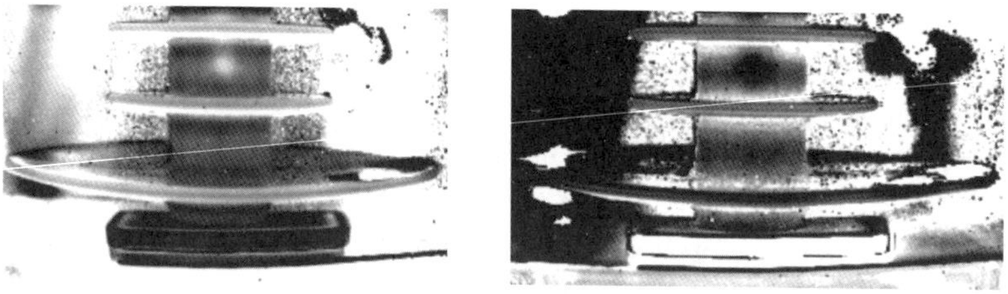

(a)　　(b)

图 5-26　复合绝缘子气隙缺陷动态光热辐射检测结果

（a）原始热图；（b）一阶微分热图

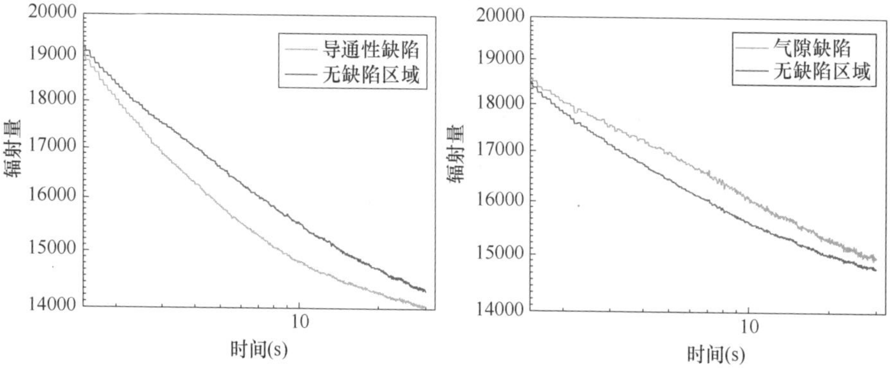

(a)　　(b)

图 5-27　复合绝缘子缺陷动态光热辐射检测对数温度-时间曲线

（a）导通性缺陷；（b）气隙缺陷

现场运行复合绝缘子异常温升被认为是其缺陷状态的一种表现形式，图 5-28 所示为某运行复合绝缘子异常发热的巡检红外热图像。从红外热像上可以看出，该复合绝缘子高压端、第 5～8 大伞裙段、第 20～23 大伞裙段均表现出明显的异常温升。将该支绝缘子取下，对上述发热区域进行动态光热辐射检测，对绝缘子表面施加一恒定热流激励，激励时长为 5s，在激励结束后开始对复合绝缘子表面瞬态温度场进行采集，采集时长为 30s，采集频率为 60Hz。非周期激励瞬态热响应图像及其一阶微分图像如图 5-29 所示。

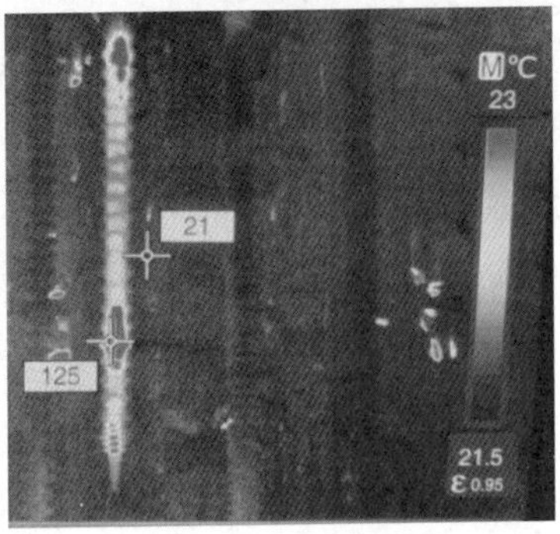

图 5-28　运行复合绝缘子异常发热

从图 5-29 中可以看出，复合绝缘子出现异常温升的区域在动态光热辐射检测原始热图结果中可以发现其护套上呈现明显的破损裂纹，而在一阶微分热图中，裂纹缺陷呈现高于护套位置的灰度值，且裂纹紧邻位置呈现低于护套位置的灰度值，因此认为在一阶微分热图中的灰度值低值区域为潜在的缺陷区域。

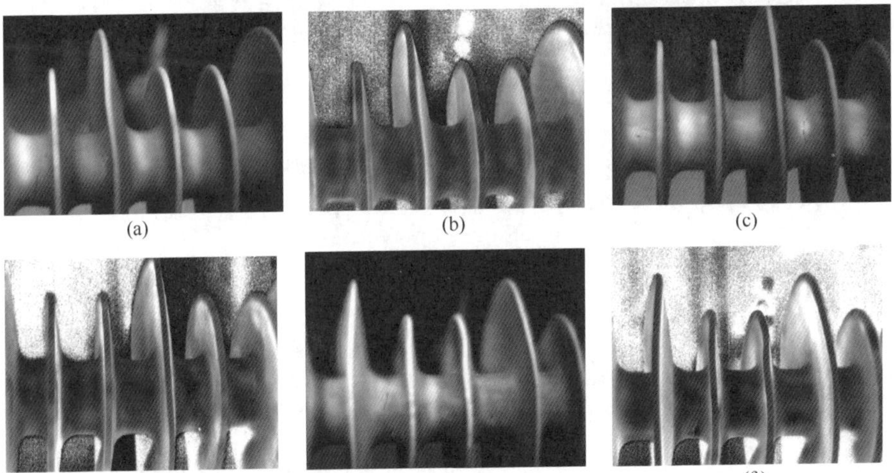

(a)　(b)　(c)

(d)　(e)　(f)

图 5-29　现场异常温升复合绝缘子光热辐射检测试验结果

（a）高压端异常温升区域原始热图；（b）高压端异常温升区域一阶微分热图；（c）第 5 ~ 8 大伞裙区域原始热图；（d）第 5 ~ 8 大伞裙区域一阶微分热图；（e）第 20 ~ 23 大伞裙区域原始热图；（f）第 20 ~ 23 大伞裙区域一阶微分热图

5.6.3 远距离检测验证

为了研究检测距离对动态光热辐射检测的影响，同时验证动态光热辐射检测在远距离检测条件下的有效性，本节以含有界面深度缺陷的复合绝缘子试件为检测对象，采用搭建的远程动态光热辐射检测系统在不同检测距离处对试件施加热激励，检测时远程光学热激励模块与红外热辐射成像采集模块处于同一竖直平面上，即与被检测对象的间隔距离相同。初始检测距离设置为 1m，每次试验检测距离增加 1m，最远检测距离为 10m，图 5-30 所示为检测距离为 10m 时的试验现场照片。由于视场和焦距调整的需要，检测距离为 1m 和 2m 的试验采用 25mm 焦距镜头进行热图数据采集，检测距离为 3～10m 的试验采用 100mm 焦距镜头进行热图数据采集。

(a) (b)

图 5-30 检测距离为 10m 时的试验现场照片

（a）检测距离为 10m 时实验室照片；（b）含缺陷的复合绝缘子外观

对复合绝缘子试件表面施加一恒定热流激励，激励时长为 20s，在激励结束后开始对复合绝缘子表面瞬态温度场进行采集，采集时长为 45s，采集频率为 60Hz。图 5-31 所示为复合绝缘子缺陷试件在 1～10m 检测距离条件下的动态光热辐射检测的原始热图和一阶微分热图。

从检测结果中可以看出，一阶微分处理对光热辐射检测结果具有显著增强，搭建的远程动态光热辐射检测系统的远程光学热激励模块的有效热加载距离大于 10m，可以检测出 10m 检测距离处的复合绝缘子试件缺陷。随着检测距离的增加，被检测试件及缺陷在视场中占据的像素点逐渐减少，即动态光热辐射检测的空间分辨率随着检测距离的增加而降低，这会导致检测精度的降低，难以检测到尺寸较小的缺陷。当检测距离进一步增加时，需要配备更大焦距的镜头，以保证在远距离视场中的空间分辨率。

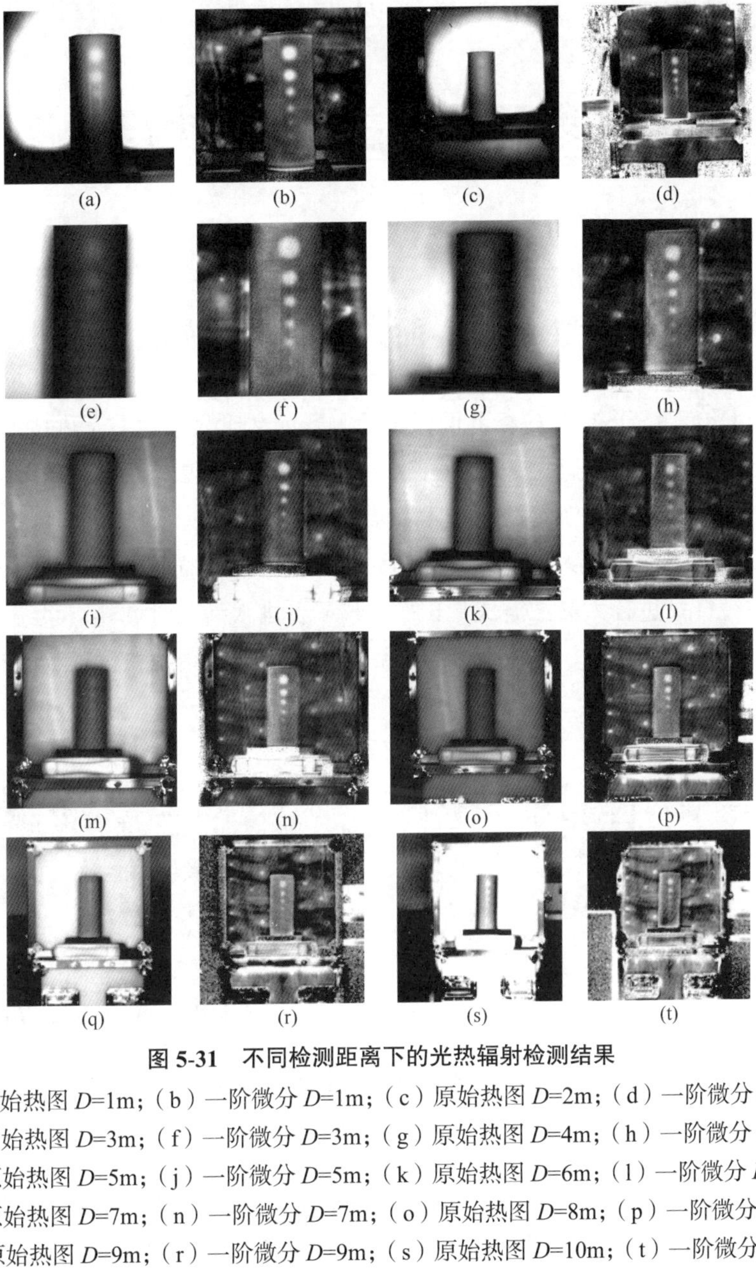

图 5-31　不同检测距离下的光热辐射检测结果

（a）原始热图 D=1m；（b）一阶微分 D=1m；（c）原始热图 D=2m；（d）一阶微分 D=2m；（e）原始热图 D=3m；（f）一阶微分 D=3m；（g）原始热图 D=4m；（h）一阶微分 D=4m；（i）原始热图 D=5m；（j）一阶微分 D=5m；（k）原始热图 D=6m；（l）一阶微分 D=6m；（m）原始热图 D=7m；（n）一阶微分 D=7m；（o）原始热图 D=8m；（p）一阶微分 D=8m；（q）原始热图 D=9m；（r）一阶微分 D=9m；（s）原始热图 D=10m；（t）一阶微分 D=10m

第 6 章

复合绝缘子界面太赫兹波无损检测

6.1 复合绝缘子界面太赫兹波无损检测概述

针对复合绝缘子护套/芯棒界面无损检测，前文研究了动态光热技术的应用，该方法是一种需要热激励源的检测方法，属于有源检测法。而太赫兹波无损检测技术，是一种不依赖热源的检测技术。

本章搭建了能实现太赫兹波发生和采集以及样品扫描的检测系统，可以对平板和圆柱短样品进行太赫兹波成像试验。该平台由太赫兹时域光谱系统、光学隔振平台、四轴扫描系统、控制平台和计算机组合而成，系统整体示意图和实物图如图 6-1 所示。

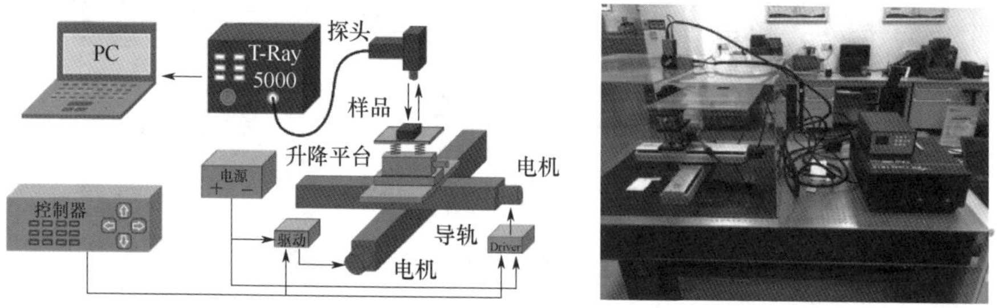

(a) (b)

图 6-1 太赫兹波扫描与检测系统

（a）示意图；（b）实物图

该系统中，太赫兹时域光谱系统用于实现太赫兹波的发射及反射波的采集，终端的信号发射和接收分别由两个探头完成。光学隔振平台可以保证采集信号的准确性，避免因为外界微小振动导致检测出现误差。四轴扫描系统可以实现样品的高精度移动，实现太赫兹时域光谱仪对样品不同位置的太赫兹反射波采集。控制平台可以对扫描平台进行控制，检测人员在计算机端进行数据的分析和查看诊断结果。

6.2　太赫兹波检测系统研制

6.2.1　太赫兹波时域光谱仪

由美国 PICOMETRIX 公司生产的 T-Ray 5000 系列产品，可以实现 0.1～5THz 电磁波的发射与接收。系统内部的激光器可以产生飞秒激光，激光在偏振分光镜和二分之一玻片的作用下被分成不同光路的泵浦光和探测光，分别用于太赫兹波的产生与检测。

泵浦光经过光路的调整，入射到由低温生长的 GaAs 半导体衬底和平行电极组成的光电导天线上。由于泵浦光的光子能量大于半导体基底材料的能隙宽度，因此会在电极之间的间隙中产生自由电子和空穴对，即光生载流子。这些自由的载流子在电极之间的静态偏置电场作用下加速运动，产生瞬态光电流。同时，载流子会在寿命时间尺度下湮灭。在自由载流子加速运动和湮灭动态平衡下，产生脉冲电流，向外辐射亚皮秒时间尺度的电磁辐射。施加偏置电压的电极只有几微米间隙，偏置电压可达 40V。通过调整飞秒激光器产生脉冲宽度，可实现辐射电磁波频段的调整，最终实现太赫兹频段电磁波的调制。

太赫兹波检测原理与发射过程类似。终端探头接收外界采集得到太赫兹波信号，作用于没有外加偏置电场的光电导天线衬底上。半导体衬底在前端探测光作用下产生不规则运动的光生载流子，在外界接收的太赫兹波作用下产生正比于电场强度的微弱电流信号。由于太赫兹频段的信号在时间尺度上是皮秒量级的，常用的信号采集模块采集速度无法满足，因此设备采用等效时间采样的方法，对完整的时域信号进行采集。对信号采集周期的固定样品，反射信号是周期重复的，且工程上信号采集周期的时间尺度远大于波形本身的时间宽度，因此会存在若干形状一样的待采集波形。将对信号的采样间隔设置为 $T_f=nT_1+t_1$。其中，T_1 为波形时间范围，即 7000ps，t_1 为信号的时间分辨率，即 0.1ps；n 为任意正整数，根据使用的信号采集模块分辨率进行设置，满足 T_f 小于使用模块的时间分辨率即可。

采集到的信号往往强度较弱，需要进行放大，否则会淹没在背景噪声中。设备采用锁相放大技术对微弱的太赫兹波信号进行放大。锁相放大技术基于正弦函数的正交性原理，对噪声中的有效信号进行筛选。由信号处理理论知识可知，两个不同频率的正弦信号相乘后，对其进行远大于周期时间尺度上的积分，得到的结果为 0。但是频率相同的两个信号，相乘后做相同的积分处理，得到的结果大于 0。根据这一规律，锁相放大器输入不同频率的正弦信号，与检测到的微弱信号进行积分，当积分结果大于 0，则说明待检测信号频率与输入信号频率相同，通过这样的方法可以从噪声中检测到太赫兹光谱仪接收到的信号。经过放大器进行放大，得到信噪比达标的太赫兹波时域信号，经过模数转换后传输到用户终端。上述原理如图 6-2 所示。

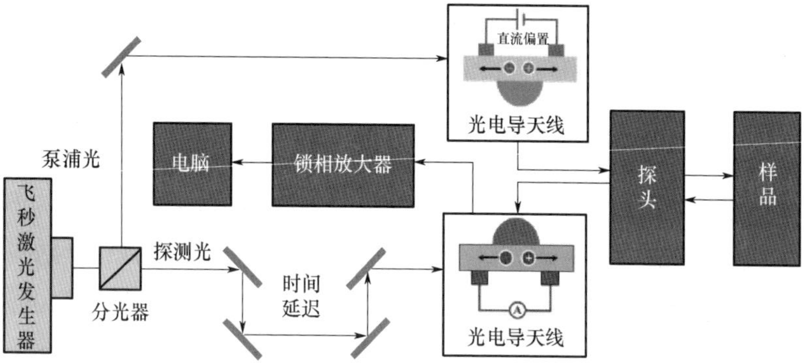

图 6-2 太赫兹时域光谱仪原理示意图

太赫兹时域光谱仪每次采集信号范围为 700ps，时间分辨率为 0.1ps。配套了 T-Ray Explorer 软件进行波形的观察和处理，操作人员可以在客户端对波形数据进行保存，也可以在软件上用现成的工具进行波形处理。试验过程中，可以设置波形的采集频率，最快可设置为 100Hz。

6.2.2 样品扫描系统

本文使用的扫描平台由北京江云聚力科技有限公司生产，可以实现样品在 *X*、*Y*、*Z* 以及 *R* 轴四个维度上的移动，扫描平台设计图和实物图如图 6-3 所示。

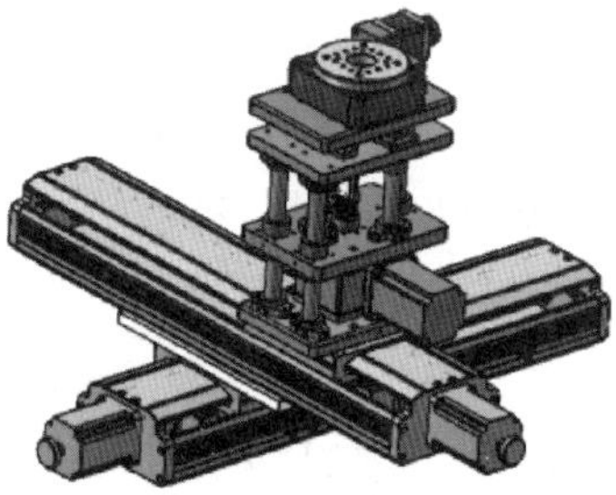

(a)

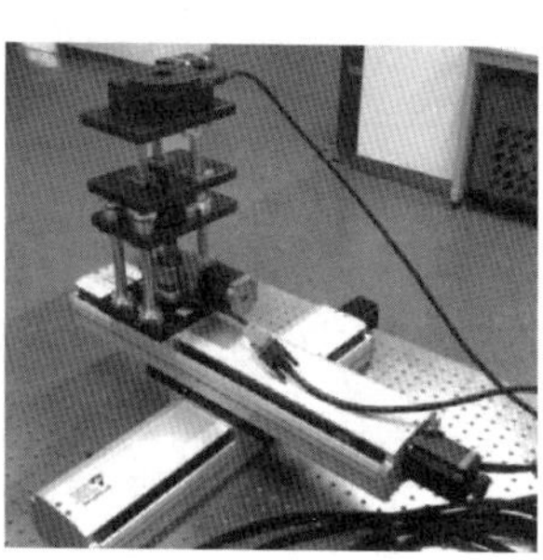

(b)

图 6-3 样品扫描平台

（a）设计图；（b）实物图

平台底部使用了两个 HT136S50 机械臂平移台，导轨末端各装配了一个 HT57BJB 型号的 57mm 步进电机，实现导轨在 *X*、*Y* 轴两个维度重复定位精度 10μm 的移动。导轨的最大速度为 100mm/s，最大行程为 1800mm。在两个机械平移台上使用了 DZHT200 VA50 导柱式电动升降台，可以实现样品在 *Z* 轴上的移动，从而使得样品处于太赫兹探头的焦距上。升降台采用正交换向机构，多轴导向杆保证了升降的直线度，使得平台可以承受较大质量的样品。采用两相步进电机进行传动，和精密滚珠丝杆通过减速机连接，具有较好的消偏性能和较大扭矩。平台在 *Z* 轴上的最大速度为 2mm/s，重复定位精度为 5μm，最大行程为 50mm。升降机具有零位和限位功能，可以根据工程的实际需求进行设定。最上面安装了 HT03RA100 型号的电动旋转台，可以实现在 *R* 轴 360°的旋转，从而使太赫兹时域光谱仪能够接收到圆柱短样品不同位置的太赫兹波反射信号。旋转台采用蜗轮蜗杆传动模式，具有较高的精度，且相较于其他传动方式有效提高了耐磨性，使得平台寿命更长。不同于 *X*、*Y*、*Z* 轴平台，旋转台运动轨迹是轴对称的，因此在外圈安装了刻度圈，方便试验人员初始的定位和试验过程中进行读数。配置 42mm 步进电机，步距角为 1.8°。旋转台最大速度为 25°/s，重复定位精度为 0.005°，端跳精度为 15μm。外圈加装刻度圈，方便初始定位和读数。机械臂平移台主体采用铝合金进行制造，机械硬度较高，整体平台能够承载最大 45kg 质量的样品。为了满足复杂的工程运行环境，平台经过了标准的测试流程，具有良好的机械性能，能满足多种尺寸的圆柱、平板样品的检测试验。

平台采用 HT100SC06 运动控制器对扫描平台进行控制。操作人员可以采用计算机客户端或控制面板进行操作。电机由步进电机驱动器驱动，驱动器输出脉冲信号控制步进电机运转，并通过调整运行电流调节转速，改变噪声与发热的大小。驱动器控制信号由操作人员在终端的可编程运动控制器进行输入。控制器可以通过编程实现导轨不同运动速度与载物平台位置的控制。

控制平台采用串口进行通信。通过设置不同的参数，可以改变运动平台的扫描步长、扫描速度及扫描顺序。通过设置扫描路径可以实现自动、快速的数据采集，实现高性能的太赫兹波成像。运动平台控制软件界面图如图 6-4 所示。

试验时，首先将控制台 *X* 轴、*Y* 轴、*Z* 轴和 *R* 轴的电动位移台接口与四个电机驱动模块接口相连，确保控制信号的有效传输。接着将 USB 通信接口和计算机接口相连，确保操作人员能远程通过客户端对平台进行控制。对拨码开关进行设置，调整平台移动的细分数。扫描平台的载物台移动距离分辨率由拨码开关设置的细分数决定，满足各轴载物台移动分辨率（单位为 mm）=丝杠导程（单位为 mm）×步距角/（360×细分数）。

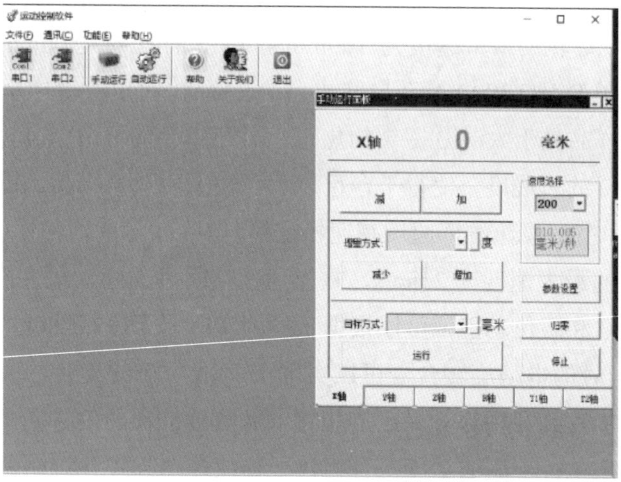

图 6-4　运动平台控制软件界面图

最后接通电源，安装驱动后，选择对应的串口进行通信连接。在计算机客户端上进行平台设置与操作，将扫描的控制模式设置为手动或自动。手动模式下，需要对每一个电动位移台，依次设置电移台类型、运行单位、每次移动的分辨率倍数、丝杆导程、传动比以及移动速度。自动模式下，可以根据之前设计好的运动方案进行自动扫描。试验过程中，可以进行运行、暂停、停止以及归零的操作。

6.3　太赫兹波在界面的传播特性

6.3.1　在多层界面模型中传播规律

试验采用的太赫兹时域光谱仪发射的太赫兹波光斑实测直径为毫米量级，相比常见的复合绝缘子直径很小，因此太赫兹波在复合绝缘子中的传播过程可以等效成平板模型中的传播过程。太赫兹脉冲作用于复合绝缘材料界面，反射回具有不同时域、频域信息的反射脉冲波。在偏振镜作用下，发射的太赫兹波为水平偏振光。太赫兹波折射与反射的示意图如图 6-5 所示。

在图 6-5 中，μ 和 ε 分别是介质的磁导率和介电常数，下标 1 和 2 表示两种不同的介质。在两种介质的界面处，入射波、反射波和透射波之间的关系遵循菲涅耳公式。

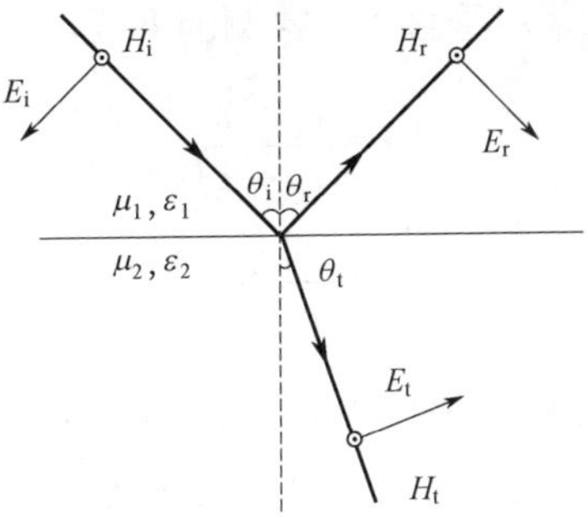

图 6-5　垂直极化波在介质界面传播示意图

由于在两种介质交界处，电场强度和磁场强度的切向方向上均为连续的，因此可得

$$\begin{cases} H_i + H_r = H_t \\ E_i \cos\theta_i = E_r \cos\theta_r + E_t \cos\theta_t \end{cases} \tag{6-1}$$

式中　E——入射的电场向量；

E——入射的磁场向量；

θ_i——入射角；

θ_r——反射角；

θ_t——折射角。

令 n 表示介质折射率。由于 $\theta_i=\theta_r$，且电场强度和磁场强度各分量有如下关系：

$$\begin{cases} H_i = \dfrac{E_i}{Z_1}, H_r = \dfrac{E_r}{Z_1}, H_t = \dfrac{E_t}{Z_2} \\ Z_1 = \sqrt{\dfrac{\mu_1}{\varepsilon_1}}, Z_2 = \sqrt{\dfrac{\mu_2}{\varepsilon_2}} \\ \mu_1 \approx \mu_2 \approx \mu_0 \\ n_1 = \sqrt{\varepsilon_1}, n_2 = \sqrt{\varepsilon_2} \end{cases} \tag{6-2}$$

代入第一个式子，可得

$$\begin{cases} r = \dfrac{E_r}{E_i} = \dfrac{n_2\cos\theta_i - n_1\cos\theta_t}{n_2\cos\theta_i + n_1\cos\theta_t} \\ t = \dfrac{E_t}{E_i} = \dfrac{2n_1\cos\theta_i}{n_2\cos\theta_i + n_1\cos\theta_t} \end{cases} \tag{6-3}$$

式中　r——反射系数；

t——透射系数。

考虑到实际试验一般采用垂直入射检测的方式，式（6-3）可以简化为

$$\begin{cases} r = \dfrac{n_2 - n_1}{n_2 + n_1} \\ t = \dfrac{2n_1}{n_2 + n_1} \end{cases} \tag{6-4}$$

可以看到，绝缘材料折射率的不同，太赫兹波反射脉冲会呈现不同的幅值和相位。当太赫兹波从电介质材料入射至理想金属材料，金属波阻抗满足式（6-5）。

由于金属具有导电性，因此金属导电率可被视为无穷大，即金属波阻抗 Z 接近 0S/m。

$$Z = \sqrt{\frac{\mu}{\varepsilon - j\dfrac{\sigma}{\omega}}} \tag{6-5}$$

式中 σ——太赫兹波穿过介质的电导率。

当太赫兹波从介电材料入射到理想金属材料时，式（6-5）中的 Z 等于 0S/m。由于磁场的大小不能无限大，因此透射到金属内部的信号电场强度 E_t 等于 0。在这种情况下，r 和 t 可以表示为

$$\begin{cases} r = 1 \\ t = 0 \end{cases} \tag{6-6}$$

由以上分析可知，若太赫兹波入射到金属材料，则会发生全反射，即反射回幅值和相位相同的太赫兹波。在对太赫兹波检测结果进行分析时，常需要使用到太赫兹入射波的数据。但是由于太赫兹波信号频率较高，信号采集模块成本较高，因此太赫兹时域光谱仪往往只能采集到接收探头得到的太赫兹波信号，无法获得发射探头发射出去的太赫兹波信号。结合以上分析可知，若忽略空气中水分对太赫兹波衰减作用及系统误差，可以认为金属反射的太赫兹波波形与入射波相同，可以使用金属板的太赫兹反射波等效代替入射波。

同时，太赫兹波在介电材料内部存在一定程度的损耗，包括电阻型损耗、电介质损耗和磁损耗。电阻型损耗和介电材料的电导率有关，太赫兹波作为一种时变电磁波，在介电材料中会产生电流，进而产生热损耗。因此，介电材料的电导率越大，导致反射的太赫兹波的电阻型损耗越大。电介质损耗是电介质材料在电场作用下的极化过程中产生的能量损耗，损耗的大小由材料的介电常数决定。磁损耗是磁性材料在电磁波作用下磁化和反磁化过程中产生的损耗，包括磁滞、涡

流和剩余损耗。

由于复合绝缘子常使用的硅橡胶、环氧树脂、聚氨酯等高分子有机材料均不是磁性材料，因此在试验中可以不考虑磁性损耗造成的影响。对于复合绝缘子，电介质损耗是占比最大的损耗。太赫兹波在检测的样品内部传播的距离越长，信号的损耗越严重。因此，当待检测的样品护套厚度较大时，检测到的信号脉冲幅值较小，需要采用有效的信号处理技术提取有效信息进行分析。从以上分析可得，透射模式下需要入射的太赫兹波信号穿过整个样品，导致损耗较大，且接收到的透射信号没有在样品固有界面和缺陷界面的反射信息。综上所述，对于复合绝缘子的缺陷，反射模式下的检测方法更加适合。

6.3.2　在复合绝缘子中的响应特性

以含气隙缺陷的复合绝缘子为例，将试验时太赫兹波在样品中传播模型绘制如图 6-6 所示。当绝缘材料出现缺陷，相当于在内部多了一层介质。根据式（6-4），缺陷种类不同，缺陷组成成分的反射系数不同，太赫兹反射波特征参数也会发生变化。

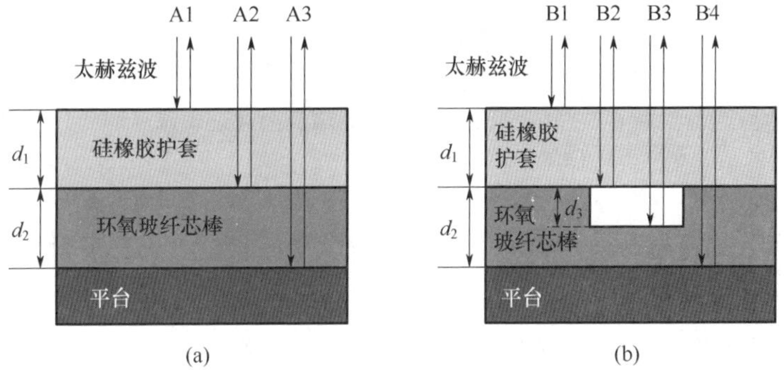

图 6-6　太赫兹波在复合绝缘材料中传播模型

（a）无缺陷；（b）有缺陷

图 6-7 为图 6-6 中模型理想情况下的太赫兹反射波时域波形。结合理论内容，可以解释脉冲与界面的对应关系。在图 6-7 中，除了 A4 和 B5 是系统回波，其他虚线框内的脉冲分别与图 6-6 中样品示意图内部界面的反射脉冲一一对应。系统脉冲的产生原因与太赫兹时域光谱仪的硬件设计有关，主要是由天线基地反射造成的，由于其时域位置在其他反射脉冲之后，因此不影响其余脉冲的分析。

脉冲 A1 和 B1 通常被称为主脉冲，是样品表面的反射脉冲，在时域位置上处于最前面。由于信号在样品表面反射时，没有发生样品内部传播过程出现的各类损耗，因此主脉冲幅值往往较大。内部当样品有缺陷时，反射脉冲的数量和形状将不同。例如，如图 6-6（b）所示，当环氧树脂层中存在气隙缺陷时，可以在反射波形中观察到五个反射脉冲，脉冲 B1、B4 和 B5 的形状与脉冲 A1、A3 和 A4 相似，如图 6-7（b）所示。它们分别是样品表面、平台底部和系统回波的反射脉冲。而脉冲 B2 和 B3 分别是气隙缺陷上表面和下表面反射回去的脉冲。由于硅橡胶，环氧树脂以及空气的折射率分别约为 1.9、2.2 和 1，根据公式，硅橡胶-环氧树脂界面比硅橡胶-空气和空气-环氧树脂交界面的反射系数小得多，B2 和 B3 对应脉冲的幅值将比 A2 大得多，可以被很容易区分开。因此，脉冲 B2 和 B3 可被视为缺陷特征脉冲。

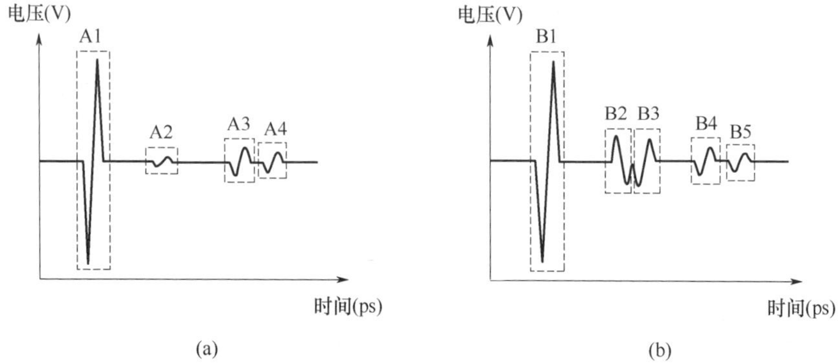

图 6-7　复合绝缘子太赫兹时域反射波理想波形

（a）无缺陷；（b）有缺陷

反射系数的符号，决定该界面对应反射脉冲的相位；界面反射系数的大小，决定了反射脉冲的幅值。折射率是介质的固有属性，可以通过查阅资料或通过试验测得，根据材料的折射率可以求得每个界面反射系数。本章所使用的太赫兹时域光谱仪发射的太赫兹波形负周期先于正周期。由于空气、硅橡胶和环氧玻纤的折射率依次增大，因此当太赫兹波从样品表面反射时（脉冲 B1），反射系数 r 为正，反射脉冲的相位不变。当太赫兹波从气隙上表面反射时（脉冲 B2），反射系数 r 为负值，脉冲相位为先出现正周期脉冲，后出现负周期脉冲。其他脉冲的相位也可以根据类似的方法推断。

反射太赫兹波形中的脉冲数及其脉冲飞行时间反映了样品中界面的数量和每个介质的厚度。通过提取反射脉冲的时域参数，可以评估样品的内部缺陷信息。但是，当缺陷太小时，脉冲会发生重叠，导致波形畸变，影响检测精度。为了缓解脉冲的重叠现象，将在后面介绍基于反卷积计算的缺陷检测方法。

6.4　复合绝缘子界面缺陷检测应用

6.4.1　基于太赫兹波形包络面积差值的缺陷识别

由前文所介绍的太赫兹波传播理论和太赫兹波在复合绝缘子内部折反射情况的分析可知，当样品内部存在缺陷时，太赫兹波的时域特性会发生一定的变化，主要体现在反射脉冲的形状及数量上的差异。因此，可以对没有缺陷的标准样品进行太赫兹反射波的采集，并作为该样品的标准波形。通过对比检测得到的太赫兹时域波形包络面积和标准波形的包络面积，可以对检测处是否存在缺陷做出判断。复合绝缘子的材料特性和结构是以轴心均匀对称的，但可能由于误差导致标准样品不同位置的太赫兹反射波存在差异。误差的原因有很多，可能是由于生产过程中的轻微偏心导致，测量过程中探头没有严格垂直于样品也会导致误差。另外，太赫兹时域光谱仪本身对于接收得到的太赫兹波的采集也存在误差。但是系统误差导致的波形差异远比由于存在内部缺陷导致的波形差异小。由于系统误差的随机性，认为太赫兹反射波的误差成正态分布。设采集的标准样品的太赫兹波特征参数平均值和标准差分别为 μ_1 和 σ_1。那么根据正态分布的特性可知，当检测得到的数据落在($\mu_1-3.89\sigma_1$，$\mu_1+3.89\sigma_1$)时，该检测点内部无缺陷的概率为 99.99%。因此，当检测得到的数据落在该区间外时，可以认为该点内部存在缺陷。

对图 6-6 所示样品进行太赫兹反射波的采集，X 轴和 Y 轴的扫描步长均为 0.1mm，总共进行 82×134 个位置的检测。分别计算复合绝缘子无缺陷界面处反射脉冲的包络面积，得到数据的平均值和标准差分别为 0.708 和 0.042。对每个检测点分别界面处反射脉冲的包络面积，并判断是否落在符合无缺陷评判标准的区间内，得到的结果如图 6-8 所示。图 6-8 中，标为蓝色的像素点为判定结果是无缺陷的检测点，黄色的点为有缺陷。可以看到，15 个气隙缺陷都能被检测出来。但是方法检测得到的缺陷面积误差较大。

对圆柱样品进行试验，进一步验证方法的有效性。在 Z 轴方向每次移动 0.3mm，在 R 轴方向上每次移动 1°，一共采集 61×27 个反射波形，得到的试验判定结果如图 6-9 所示。

界面处反射脉冲的包络面积平均值和标准差分别为 0.5246 和 0.0446。图中检测到有缺陷的区域长度为 3.9mm，深度为 3.0mm。相比于缺陷的实际尺寸，R 轴方向误差为 15.2%，而 Z 轴误差较大。

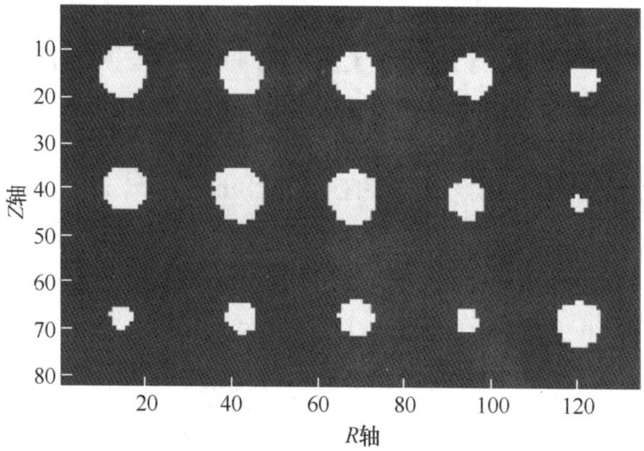

图 6-8　含气隙缺陷平板样品检测结果

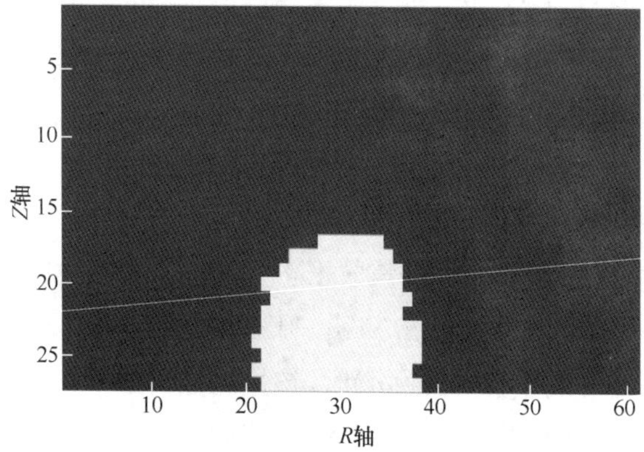

图 6-9　含气隙缺陷圆柱样品检测结果

综合以上试验结果，可以验证基于波形包络面积差值的缺陷判定方法是可行的，能够有效判定出平板和圆柱内部的缺陷。但是方法无法准确测量出缺陷尺寸和形貌，仅能定性地评估复合绝缘子内部缺陷的有无。因此，当工程中对缺陷信息要求不高，且需要快速对缺陷进行筛查时，可以采用该方法进行缺陷的判定。当需要进一步测量缺陷的尺寸及形貌重构，需要采用其他方法处理反射太赫兹波，提取更多参数信息，进行更高精度的内部缺陷信息还原。

6.4.2　基于脉冲飞行时间的缺陷识别方法

由前文理论介绍，可以对复合结构中的各层介质厚度进行计算。通过电磁波传播原理可知，找到缺陷对应的上下界面反射脉冲，计算脉冲的飞行时间，即可获得该位置的缺陷深度。当采样点位置内部存在缺陷时，太赫兹波经过多次反射和折射后，反射脉冲将出现衰减，且存在脉冲重叠的现象。因此，采用所介绍的反卷积方法对波形进行处理可以更准确地锁定缺陷位置的反射脉冲。

以结构较为复杂的复合绝缘子为例，阐述不同反射脉冲的识别方法。图 6-10 为含有双层气隙缺陷的复合绝缘子样品示意图。两层气隙缺陷分别位于硅橡胶外护套-环氧树脂芯棒和环氧树脂芯棒-聚氨酯内芯的界面处。因此，样品内部存在四个反射界面，加上样品表面与空气形成的界面，波形中将出现 5 个反射脉冲。

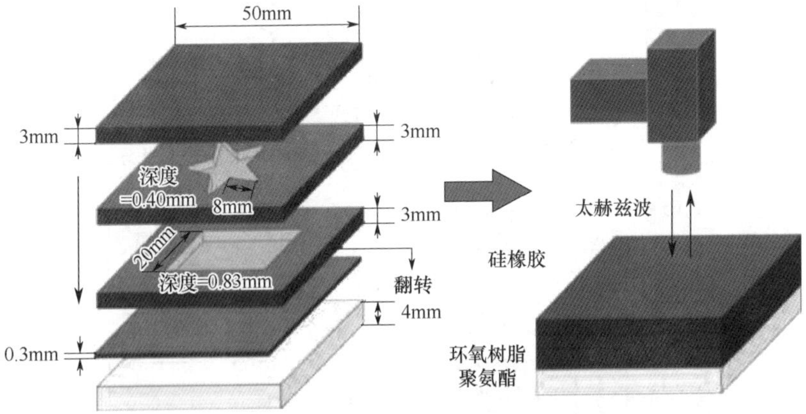

图 6-10　含双层气隙缺陷的绝缘子平板样品示意图

由于第一层的星形缺陷在方形缺陷的范围内，因此当太赫兹探头对样品进行扫描时，光路所在直线上存在三种样品内部结构，分别为无缺陷、存在方形缺陷和存在两种缺陷。分别采集这三种位置的太赫兹反射波，得到结果如图 6-11 所示。从试验结果可以看到，很难找到太赫兹波反射脉冲与样品内部界面的对应关系。反卷积处理后的传递函数波形如图 6-12 所示。从结果可以看出，脉冲宽度减小，波形的信噪比显著增加。根据界面的物理位置和脉冲的时域位置，可以更容易地匹配对应关系，对应关系标注在图 6-12 中。由于环氧树脂、聚氨酯和硅橡胶的折射率数值差异较小，和空气的折射率差别较大，缺陷处的反射脉冲幅值将显著大于正常界面处的反射脉冲。例如，B 位置处的黄色波形脉冲幅值显著大于另外两个波形。将采样波形和待检测样品的无缺陷标准波形进行对比，若出现幅值较大的脉冲，则该位置可能存在内部缺陷，可以采用基于波形包络面积差值的缺陷判定方法进行判断。当识别出缺陷处反射脉冲后，可以根据对缺陷上下界面反射脉冲进行飞行时间提取，计算缺陷深度。

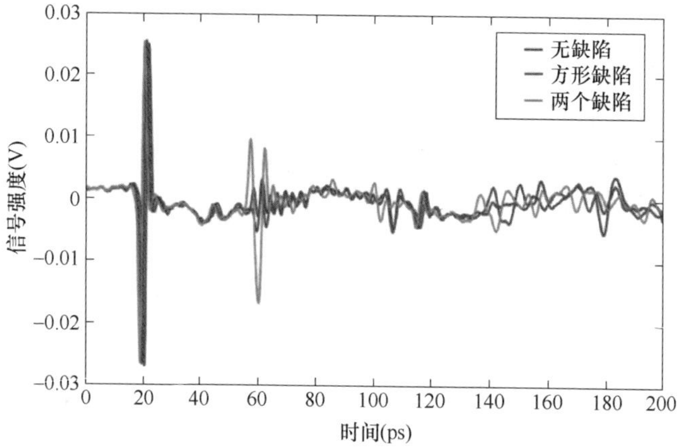

图 6-11 所示样品的太赫兹反射波

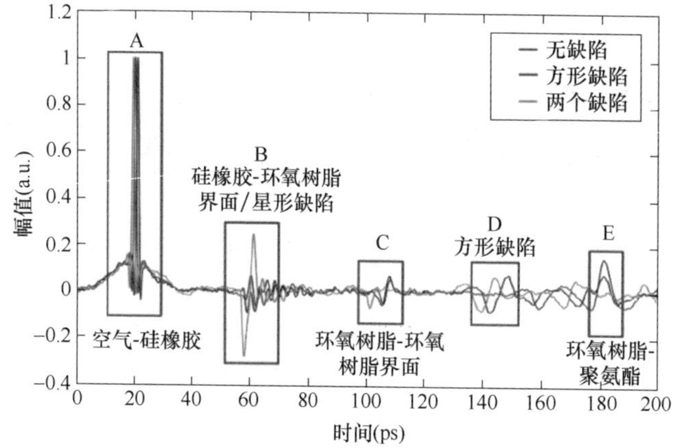

图 6-12 反卷积处理后的传递函数波形

由上述分析可知，图 6-12 中黄色波形 B、D 位置处脉冲分别为两个气隙缺陷上下界面的反射脉冲，可以与图 6-11 中对应位置的脉冲相对应。提取脉冲飞行时间，分别为 2.8、5.4ps。代入计算可得，两个缺陷深度分别为 0.45、0.81mm。试验前用测厚仪测量得到的第一层和第二层气隙缺陷分别为 0.42mm 和 0.83mm，因此试验得到的缺陷尺寸误差分别为 5%和−2.4%。

为了更近一步探究基于脉冲飞行时间的介质深度计算方法对于不同尺寸缺陷的精度，使用含有不同深度槽口的环氧玻纤板与硅橡胶平板紧贴在一起，模拟含气隙缺陷的复合绝缘子进行试验。环氧树脂板的实际缺陷深度和检测深度见表 6-1。

表 6-1　环氧玻纤板缺陷深度及误差

样品编号	实际缺陷深度	缺陷检测深度	误差
1	0.173	0.24	38.73%
2	0.392	0.36	−8.16%
3	0.558	0.51	−8.60%
4	0.598	0.555	−7.19%
5	0.68	0.63	−7.35%
6	1.142	1.14	−0.18%

提取不同尺寸缺陷样品太赫兹反射波的缺陷反射脉冲，得到脉冲飞行时间与实际缺陷深度数据点关系如图 6-13 所示。

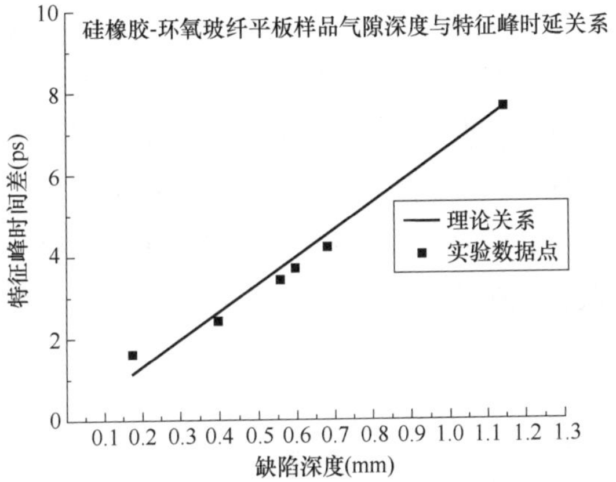

图 6-13　含气隙缺陷硅橡胶-环氧波形样品气隙深度与特征峰时延关系

使用含有不同深度槽口的环氧树脂板进行同样的试验，环氧树脂板的实际缺陷深度和检测深度见表 6-2。硅橡胶样品脉冲飞行时间与实际缺陷深度关系如图 6-14 所示。

表 6-2　环氧树脂板缺陷深度及误差

样品编号	实际缺陷深度	缺陷检测深度	误差
1	1.073	1.068	-0.47
2	1.152	1.155	0.26
3	1.176	1.178	0.17
4	1.196	1.230	2.84
5	1.075	1.265	17.67
6	0.627	0.728	16.11

续表

样品编号	实际缺陷深度	缺陷检测深度	误差
7	0.85	0.827	−2.71
8	1.003	0.952	−5.08
9	1.089	1.083	−0.55
10	1.078	1.227	13.82
11	0.160	0.240	50.00
12	0.339	0.325	−4.13
13	0.511	0.476	−6.85
14	0.592	0.564	−4.73
15	0.573	0.674	17.63

理论上，缺陷深度与脉冲飞行时间成正比例关系。从试验结果可以看到，方法对深度在 0.3mm 以上的气隙缺陷具有良好的检测效果。缺陷深度小于 0.3mm 时，由于缺陷上下界面的脉冲发生重叠，导致脉冲畸变，缺陷深度检测精度变差。在环氧树脂样品的检测数据中，存在四个缺陷尺寸在 0.3mm 以上的采样点，深度检测缺陷误差超过 10%。造成误差的原因是样品在制备过程中，需要在样品边缘涂抹黏合剂将硅橡胶黏合在环氧树脂板上，导致样品边缘缺陷实际深度比黏合前测量值大。

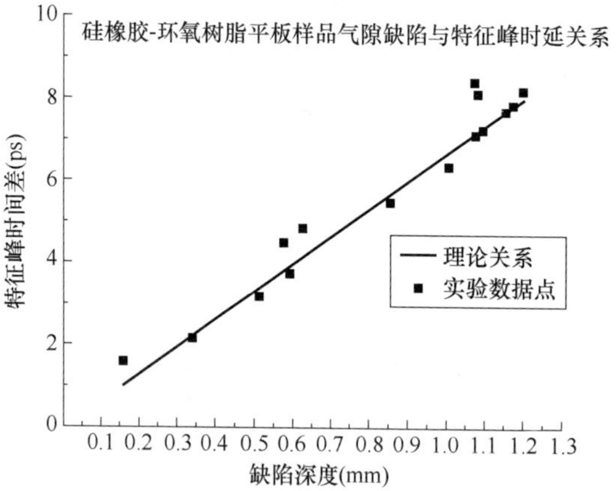

图 6-14　含气隙缺陷硅橡胶-环氧树脂样品气隙深度与特征峰时延关系

本节主要研究基于太赫兹时域光谱技术的复合绝缘子缺陷检测方法，包括基于太赫兹波形包络面积差值的缺陷判定方法、太赫兹反射波的反卷积处理方法和基于脉冲飞行时间的缺陷尺寸计算方法，具体内容如下：

（1）太赫兹波信号在缺陷界面处会反射回和正常界面处反射脉冲形状不一样的脉冲，因此当复合绝缘子内部存在缺陷时，反射波形与无缺陷时的反射波形存在差异。通过计算试验得到的波形中反射脉冲的包络面积，并和无缺陷样品反射的标准波形进行比对，可以对缺陷的有无进行判断。基于太赫兹反射波的误差呈正态分布的特点，可以根据误检率要求划定试验反射波与标准反射波的差异阈值。按照误检率不超过0.01%的情况下设定阈值，可以检测出平板样品内部的15个尺寸不一的气隙缺陷和圆柱样品界面处的气隙缺陷，但是对缺陷的面积计算结果存在较大误差。方法适合用于缺陷有无和缺陷数量的快速检测。

（2）根据太赫兹波在典型复合绝缘子模型内部的传播理论，分析了复合绝缘子内部缺陷特征反射脉冲的识别方法。通过计算脉冲飞行时间，对样品内部潜在缺陷的尺寸进行计算。对含单层和双层气隙缺陷的样品进行试验，缺陷尺寸分布在0.1～1.0mm范围内。除了少部分因为样品制备过程在边缘注入胶水导致试验结果不准确的情况，针对0.3mm以上缺陷，大部分试验结果误差大小在10%以内。

6.4.3 基于太赫兹波成像的缺陷识别方法

前文介绍了太赫兹波反射信号的处理方法和复合绝缘子缺陷检测方法，可以实现对复合绝缘子内部缺陷的判别和尺寸计算。但是，工程中常常需要获得内部缺陷的图像信息，进而对设备是否需要更换进行判断。因此，采用有效的成像方法获得缺陷的形貌特征，对提高太赫兹波技术的复合绝缘子检测性能非常重要。

在这基础上，本章对太赫兹波成像方法及太赫兹波图像的处理方法进行研究，将单一检测点的试验推广到二维平面，利用太赫兹波技术实现缺陷的形貌重构。本章分别阐述传统的单一参量成像方法、基于主成分分析的融合参数成像方法和缺陷边缘检测方法，并进行相应的试验进行验证。

具有不同反射系数的界面将反射具有不同幅值和形状的太赫兹脉冲。因此从太赫兹波形中提取的时域、频域参数都将存在差异。将待检测样品不同位置的特征参数转化为像素矩阵，可以实现对样品内部结构的成像。常用于太赫兹波成像的时域参数包括脉冲最大值、波形包络面积和信号功率，信号功率和波形包络面积的计算公式如下式所示，T_{n}为选取的波形时域范围。

$$E_{1(x,y)}(T_{\mathrm{n}})=\frac{1}{T_{\mathrm{n}}}\sum_{T_{\mathrm{n}}}\left|F^{2}{}_{(x,y)}(t)\right| \tag{6-7}$$

$$E_{2(x,y)}(T_n)=\sum_{T_n}\left|F_{(x,y)}(t)\right| \quad (6\text{-}8)$$

时域波形的差异将导致频域参数的不同。根据式（6-9）将太赫兹时域波形做傅里叶变换：

$$F(\omega)=\int_{-\infty}^{\infty}f(t)\mathrm{e}^{-i\omega t}\mathrm{d}t \quad (6\text{-}9)$$

通过将一定间隔的特征参数转换为像素矩阵，可以实现对样品截面太赫兹波图像的识别。

成像结果一般采用图像信噪比、标准差、平均梯度、信息熵等参数指标进行定量评估。其中，图像信噪比表征图像噪声的相对大小，信噪比越高，图像的噪声越小，有效信息强度越大。标准差表征图像灰度值的离散程度，图像标准差越高，则图像对比度越高，质量越好。图像平均梯度值表征融合图像的纹理细节变化情况，平均梯度值越高，则说明图像越清晰。图像信息熵反映了图像中平均信息量的多少，信息熵越高，说明图像中信息量越丰富。

$$SNR=20\log_{10}\left[\frac{\mathrm{abs}(\mu_{\mathrm{def}}-\mu_{\mathrm{norm}})}{\sigma_{\mathrm{norm}}}\right] \quad (6\text{-}10)$$

图像信噪比计算公式如式（6-10）所示，其中 SNR 为图像信噪比，μ_{def} 和 μ_{norm} 分别是缺陷区域和非缺陷区域的平均像素值，σ_{norm} 是非缺陷区域像素值的标准偏差。

$$Ave=\frac{1}{m\times n}\sum_{i=1}^{m}\sum_{j=1}^{n}I(i,j) \quad (6\text{-}11)$$

$$SD=\sqrt{\frac{1}{m\times n}\sum_{i=1}^{m}\sum_{j=1}^{n}[I(i,j)-Ave]^2} \quad (6\text{-}12)$$

图像标准差计算如式（6-11）和式（6-12）所示。其中，I 为图像像素点的像素值，i 和 j 分别是像素点在图像水平与垂直方向的索引值，m 和 n 是图像在水平和垂直方向的像素点个数，Ave 为图像的像素均值，SD 为图像标准差。

$$G_x(i,j)=I(i,j)-I(i+1,j) \quad (6\text{-}13)$$

$$G_y(i,j)=I(i,j)-I(i,j+1) \quad (6\text{-}14)$$

$$AG=\frac{1}{(m-1)(n-1)}\sum_{i=1}^{m-1}\sum_{j=1}^{n-1}\sqrt{\frac{1}{2}[G_x^2+G_y^2]} \quad (6\text{-}15)$$

图像平均梯度计算如式（6-13）～式（6-15）所示。G 为图像的像素值梯度，AG 为图像平均梯度值。

$$p_i = \frac{N(i)}{N} \tag{6-16}$$

$$IE = -\sum_{i=0}^{L-i} p_i \log p_i \tag{6-17}$$

图像信息熵计算如式（6-16）和式（6-17）所示，N 为图像总的像素点个数，$N(i)$像素值为 i 的像素点个数，IE 为信息熵。

不同于其他领域的成像，缺陷检测还需要评估对缺陷的检测精度。实际工程中往往需要知道缺陷的面积，若缺陷面积较小，不影响复合绝缘子的正常工作，则不会对设备进行更换，以节约线路的运营成本。若缺陷面积已经较大，导致复合绝缘子的绝缘性能下降，则需要尽快更换设备。因此，对样品的成像结果还需要计算面积误差率，以评估成像方法的有效性。

试验首先对样品进行缺陷界面反射脉冲间隔成像。由于当缺陷附近的非缺陷区域因为检测光斑覆盖到了缺陷区域，也会检测到幅值较小的缺陷界面反射脉冲。因此需要设置脉冲幅值阈值，将缺陷附近被误诊为缺陷的检测点排除。以样品表面脉冲幅值为基准将检测得到的脉冲幅值转化为标幺值，若检测到的缺陷脉冲幅值小于阈值则认为对应位置是无缺陷检测点。不同阈值设定的成像结果如图 6-15 所示。

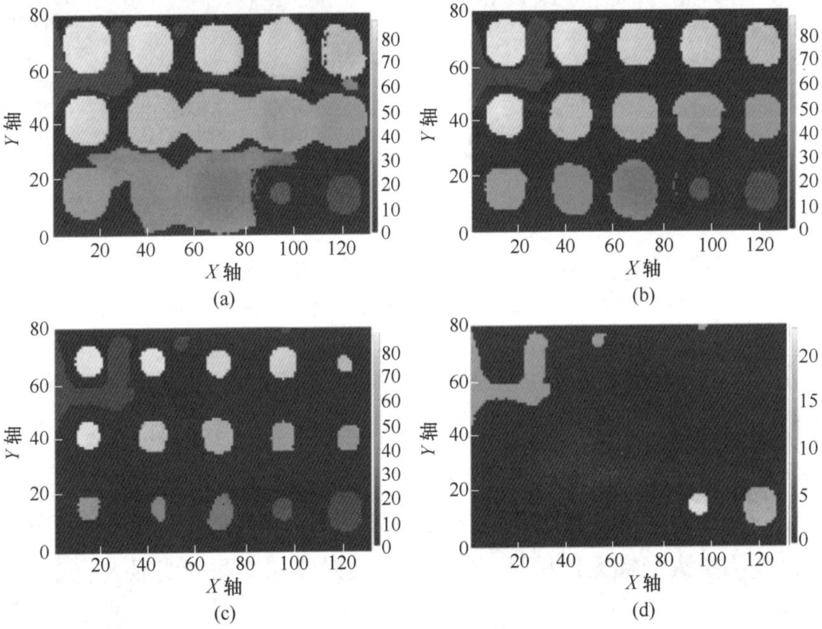

图 6-15　脉冲间隔成像结果

（a）阈值为 0.2；（b）阈值为 0.3；（c）阈值为 0.5；（d）阈值为 0.7

由成像结果可以看到，不同的阈值设置将导致成像结果有很大的区别，且检测得到的缺陷区域大小对阈值变化非常敏感，实际工程上需要检测的样品差异性较大。缺陷位置的不同，将导致太赫兹波在到达缺陷界面前衰减程度不同。当材料厚度较大时，绝缘设备固有的界面与缺陷界面反射回的脉冲幅值较小，更加难以分辨。另外，不同的绝缘材料、不同缺陷类型的折射率各不相同，在界面处的反射系数也不同，最终将导致缺陷对应的反射脉冲幅值不同，检测脉冲阈值难以确定。因此，虽然直接提取所有检测点反射波中的脉冲间隔进行缺陷成像物理意义较直观，但是这样的成像方式容错率较低，通用性较差。

采用基于波形包络面积的成像方式进行试验。分别对全波形和截取的硅橡胶-环氧玻纤界面反射脉冲进行信号包络面积的计算，将计算结果转化为 RGB 值矩阵，得到成像结果如图 6-16 所示。虽然 15 个气隙缺陷均能分辨，但是全波形成像结果较模糊。用截取样品内部对应时域区间波形计算得到的包络面积进行成像可以避免平台反射脉冲对检测结果产生干扰，从而获得更好的成像结果，同时可以减少计算量，提高检测速度。

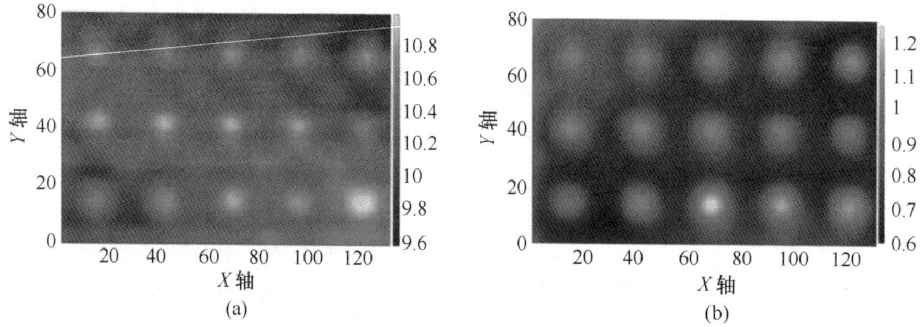

图 6-16 波形包络面积成像结果

（a）全波形包络面积成像；（b）缺陷区域反射脉冲包络面积成像

分别对图 6-16（b）的成像结果中取 y=15，y=27，y=42 和 y=66 四条水平线，将水平线上的像素值绘制成关于 X 轴坐标的曲线，得到结果如图 6-17 所示。其中，y=27 为没有经过缺陷的水平线，其余三条水平线均穿过 5 个缺陷。可以看到，穿过 5 个缺陷水平线上的像素值变化趋势均有五个明显峰值，峰值所在的 X 轴坐标与实际缺陷中央坐标大致相符，缺陷处的反射波包络面积明显大于无缺陷处的波形包络面积。

脉冲的幅值和界面的反射系数以及介质对太赫兹波的衰减程度有关。因此，当样品内部界面特性存在差异时，脉冲的幅值也会出现不同。选取波形缺陷反射脉冲最大值作为像素值，得到的成像结果如图 6-18 所示。

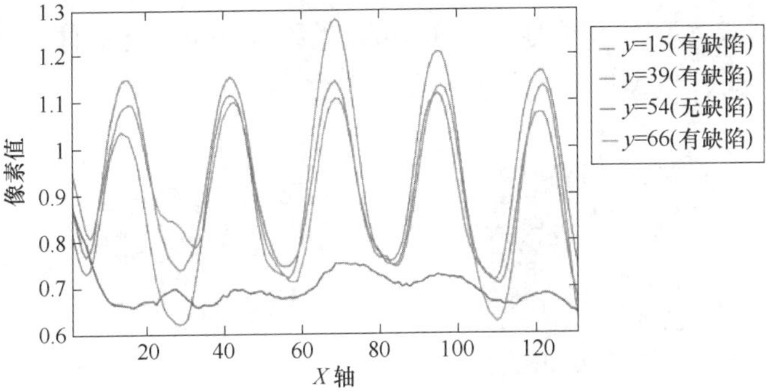

图 6-17　不同区域沿 X 轴像素值变化曲线

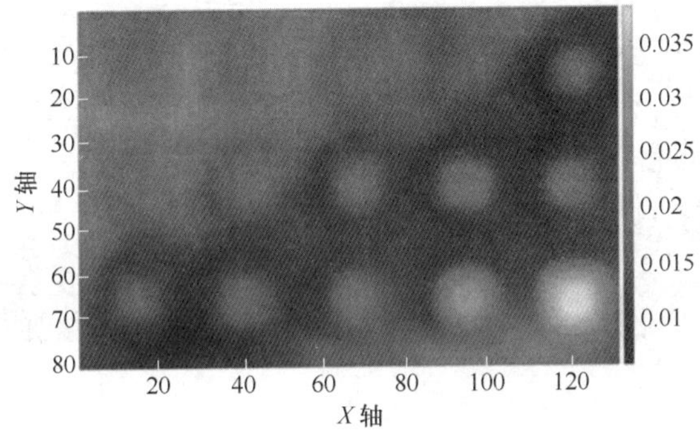

图 6-18　脉冲幅值成像

从结果来看，15 个缺陷均能分辨出。为了评判成像方法对缺陷筛查的能力，按照计算成像结果的信噪比，得到全波形包络面积成像、截取波形包络面积成像和脉冲幅值成像结果的信噪比分别为 7.76、1.51 和−4.63。从结果来看，截取波形的包络面积成像结果在信噪比方面具有更高的性能。因此，综合考虑成像结果的稳定性和缺陷成像的信噪比，截取波形的包络面积成像方法更适合对缺陷进行成像。

图 6-19 为含有星形气隙缺陷的平板。以 0.3mm 为步进长度，共采集 73×73 个太赫兹反射波时域信号。分别计算各采样波形的脉冲最大值、信号功率和波形包络面积。将计算得到的时域特征参数矩阵转化为像素矩阵，得到如图 6-20 所示的结果。

除了气隙缺陷，现场复合绝缘子还常出现裂纹、电树枝等形状更复杂缺陷类型。裂纹缺陷是另一种常见缺陷。与气隙缺陷相比，裂纹缺陷更窄，通常小于 1mm，且形状更复杂。由于裂纹宽度与太赫兹波的波长相当，入射的太赫兹波将在缺陷处发生严重衍射。制备含有人工裂纹缺陷的硅橡胶板，如图 6-21 所示。在硅橡胶板上人工制造宽度在范围为 0.2～0.7mm 的裂纹缺陷，将硅橡胶板与环氧玻璃纤维板黏在一起，以模拟含裂纹缺陷复合绝缘子。

图 6-19 含星形缺陷样品

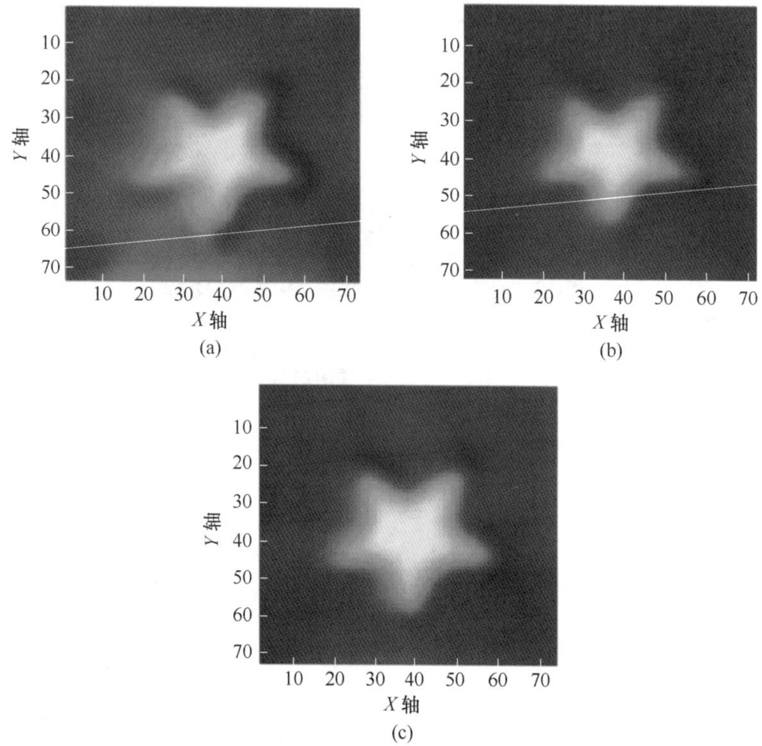

图 6-20 含星形气隙缺陷平板样品的时域参量成像结果

（a）最大值成像；（b）信号功率成像；（c）波形包洛面积成像

采用截取波形包络面积成像方法，得到结果如图 6-22 所示。从试验结果可以看到，裂纹缺陷能通过波形包络面积成像方法有效地检测出来。

进一步将该方法在圆柱复合绝缘子样品上进行验证。基于前文介绍的成像方法，计算缺陷界面反射脉冲的包络面积，并将其转换为图像。成像结果如图 6-23 所示，可以看出样品内部的气隙缺陷能被有效成像。

图 6-21　含裂纹缺陷复合绝缘子样品

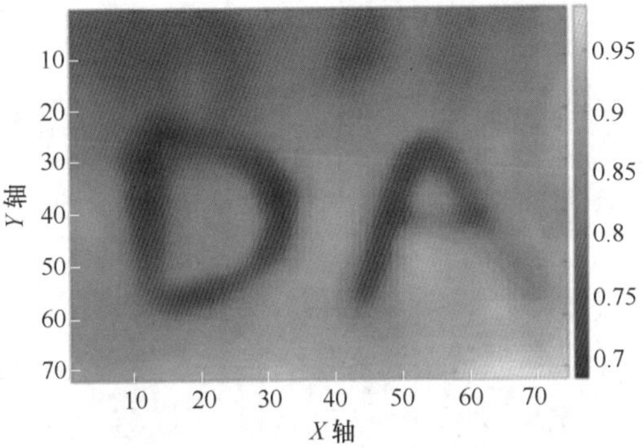

图 6-22　裂纹缺陷的包络面积成像结果

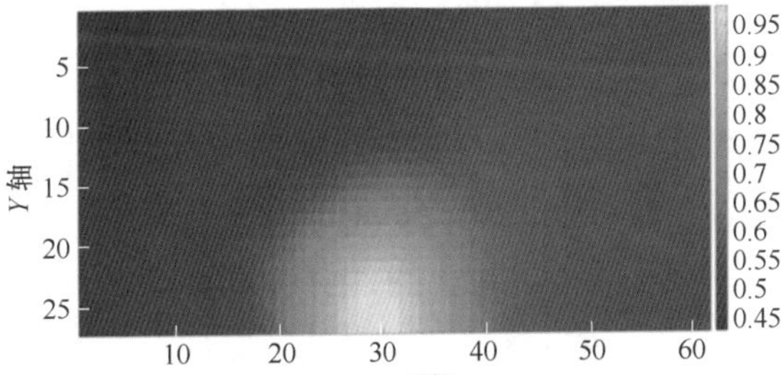

图 6-23　圆柱样品气隙缺陷的包络面积成像结果

对含 15 个气隙缺陷的平板样品进行频域参量成像试验。将反射时域波形做傅里叶变换，选取不同频段的频谱幅值均值作为特征参量进行成像。经过试验，发现 0.5THz 以下低频段参数成像效果较好。选取 0.193～0.336THz 频谱，并平均分为 10 段，取其幅值均值作为特征参数成像，得到结果如图 6-24 所示。

对采集到的含星形缺陷样品的太赫兹波形进行处理，进行频域成像试验，得到结果如图 6-25 所示。虽然能检测出缺陷，但是不同频谱幅值均值的成像结果图像质量差别较大，部分频谱幅值均值成像结果信噪比较差。

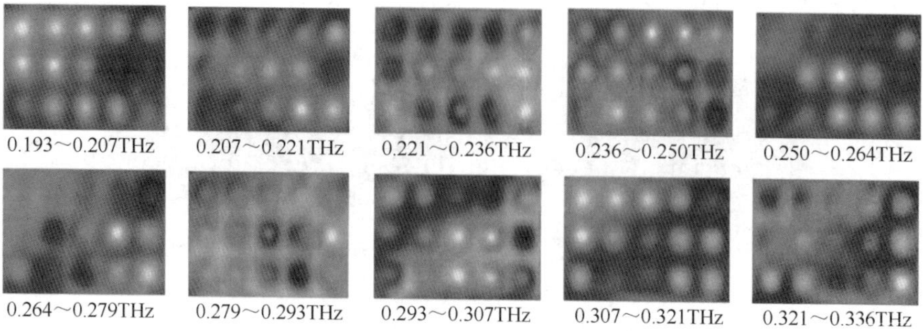

图 6-24　含 15 个气隙缺陷样品的频域参量成像结果

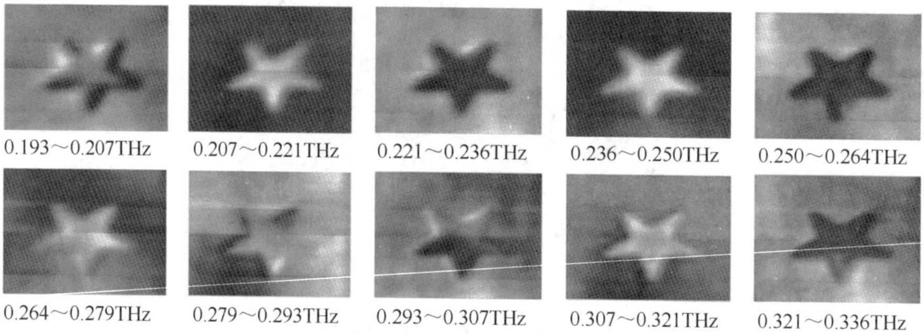

图 6-25　含星形气隙缺陷样品的频域参量成像结果

对含裂纹缺陷的平板样品进行频域成像试验，发现 0.3THz 以上频段的频谱幅值均值成像效果较好，说明裂纹缺陷对低频信号响应特性更好。因此选取 0.307～0.450THz 频段，平均分成 10 个区间分别进行成像，得到的结果如图 6-26 所示。可以看到，虽然裂纹缺陷都能在成像结果中被检出，但是成像质量比时域波形包络面积的成像结果更差。对含气隙缺陷的圆柱样品进行频域成像试验，结果如图 6-27 所示。从试验结果可以看到，虽然频谱幅度均值成像方法能检测出平板样品的内部气隙缺陷，但是成像效果不如包络面积成像。不同频段的频谱幅度均值成像效果差异较大，成像效果不稳定。实际检测时，难以对所有检测对象选定统一的成像频段，因此方法实用性较差。另外，试验结果可以发现，当检测对象内部存在不止一个缺陷时，单一频段的频谱幅值均值成像可能无法将所有的缺陷相貌清晰成像。

综上所述，若采用单一参量进行成像并作为缺陷的检测依据，包络面积成像在试验结果稳定性和图像质量上都更好，因此在工程上更加实用。

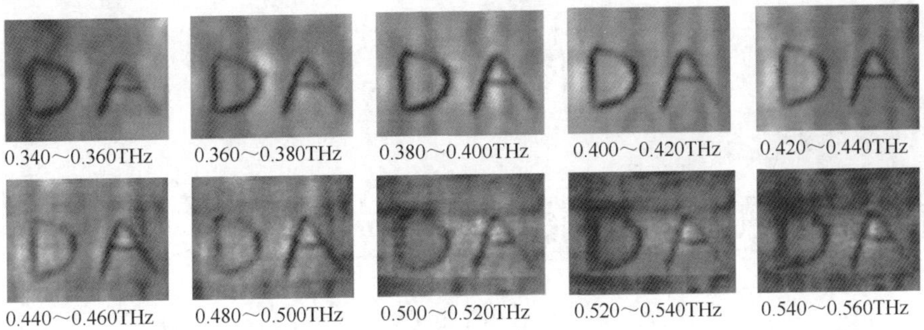

图 6-26　含裂纹缺陷样品的频域参量成像结果

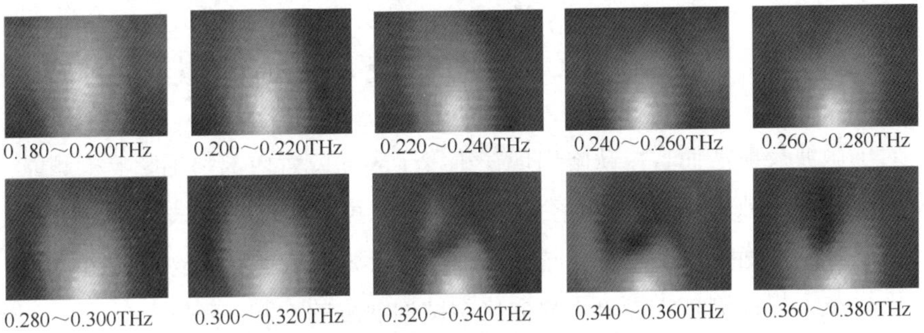

图 6-27　圆柱样品频域参量成像结果

本节将检测方法拓展到二维和三维空间，研究了基于太赫兹波技术的复合绝缘子缺陷成像方法和成像结果的图像处理技术，包括传统单一参量成像方法、基于主成分分析的融合参数成像方法和缺陷边缘检测方法，并采用定量指标对成像结果进行评估，采用太赫兹波时、频域特征参量，包括时域波形最大值、脉冲飞行时间、波形包络面积和频谱幅度均值，可以对复合绝缘子的内部气隙和裂纹缺陷有效成像。波形包络面积成像效果最佳，且具有较好的稳定性。

第7章

复合绝缘子界面微波无损检测

7.1 复合绝缘子界面微波无损检测概述

对于微波反射法而言，缺陷出现在绝缘子表面或者内部都不影响检测能力，只要出现介电常数变化的区域具有足够的体积。可以与前文的太赫兹波法形成互补，拓展对复合绝缘子的无损检测能力。太赫兹波侧重于界面物理结构缺陷的检测，而微波无损检测技术侧重于界面化学结构缺陷的检测。

微波指频率在 300MHz～300GHz 之间的电磁波。微波与材料的相互作用，受到材料的电导率、介电常数、磁导率等特性的影响，宏观表现出反射、折射、衍射、散射等效应。微波能够穿透到大部分非导体材料的内部。

微波检测不需要耦合介质，通过空气就可以直接实现探头到试件的有效耦合，甚至不需要探头和试件之间有接触；微波的相位幅值容易获得，且信号容易处理；微波系统可以由固态器件组成，可以做到便携、坚固、可靠等品质。由于以上这些性质，微波被应用于无损检测领域。

微波检测主要有以下几种原理：

1. 透射技术

微波发生器发出微波信号，被定向耦合器拆分成两部分信号，一部分直接接收并检测，一部分透射过样品。两部分信号通过传感器检测，用计算机比较其电压幅值，在样品尺寸较小检测要求较高的时候还可以比较相位，来确定样品的厚度、密度等物理参数或者有无杂质、气孔等内部缺陷。

2. 反射技术

反射法是通过检测微波在样品上产生的反射波进行分析，得到样品表面和内部信息的方法。微波的反射波与样品的电磁性质分布有关，通过幅值和相位甚至更详细的信息，就能判断出非导体样品的很多性质。反射法主要包括连续波反射法、扫频波反射法、脉冲调制波反射法。

3. 驻波技术

驻波是由两列频率相同反向传播的行波干涉形成。

在检测非金属材料的内部缺陷时，在样品后面放置金属板，调整距离，形成驻波状态。样品内部有缺陷时改变微波波程，改变驻波状态，驻波的相位和幅值都会发生变化。

4. 微波涡流技术

交变磁场在试件的金属部分产生涡流。涡流产生一个与原电磁场相反的场，从而引起线圈阻抗的变化。涡流检测的主要优点是检测速度快、探头和样品不需要直接接触且不需要耦合剂。微波涡流是用微波产生涡流进行检测的方法，与常规涡流检测方法相比，微波涡流的主要特点是：微波频率高、趋肤效应明显，所以缺陷必须在样品金属层表面或者非金属样品中的小尺寸金属缺陷；可以选用辐射或者非辐射两种探头；对裂缝缺陷尤其敏感。

目前我国的微波无损检测主要研究集中在军用或航天领域，民用工农业领域主要集中在形状较为简单的板材的表面或内部缺陷的检测。微波检测的范畴下有很多不同的具体检测方法，其原理和适用领域不尽相同。取其中一部分可能与复合绝缘子检测有参考价值的应用，见表 7-1。

表 7-1　　微波无损检测应用简况

序号	检测对象	仪器类别	检测内容
1	有机泡沫材料防热罩	微波辐射计	脱黏
2	绝缘材料塑料、玻璃钢	微波探伤仪	金属夹杂分层、脱黏
3	玻璃纤维复合烧蚀喷管	微波扫频反射计	脱黏
4	火箭壳体	网络分析仪	界面脱黏、表面缺陷
5	发动机热障涂层	网络分析仪	裂缝、脱黏

目前检测精度在毫米量级的表面缺陷，通过目视、憎水性检测等已有方法可以更加方便直观地检测出来。因此介绍复合绝缘子内部隐蔽性缺陷检测。

微波反射法的基本原理是基于微波的传播过程会受到传播路径上介质介电常数分布的影响，因此当绝缘子表面或者内部出现缺陷时，其介电常数的变化会被微波反射法检测到。

7.2 微波无损检测物理基础

7.2.1 时变电磁场中的媒介特性

媒介的电磁特性用介电常数，磁导率和电导率来描述。媒介的微观带电粒子和电磁场相互作用，对外表现出其电磁特性。微波的频率较高，在微波的作用下，带电粒子有可能跟不上电磁场的变化，这时将其用复数表示，则为

$$\tilde{\varepsilon}=\varepsilon'(\omega)-\mathrm{j}\varepsilon''(\omega)$$

$$\tilde{\mu}=\mu'(\omega)-\mathrm{j}\mu''(\omega)$$

$$\tilde{\sigma}=\sigma'(\omega)-\mathrm{j}\sigma''(\omega)$$

通常，粒子滞后效应只对介电常数影响较大，所以接下来只讨论介电常数的变化。

通过查表可以得到与组成复合绝缘子材料相似的几种材料的复介电常数，见表 7-2。

表 7-2 复介电常数

材料	频率（Hz）		
	3.00×10^{8}	3.00×10^{9}	1.00×10^{10}
玻璃纤维	4.54	4.4	4.37
	0.1	0.13	0.16
聚苯乙烯	2.55	2.55	2.54
	9.00×10^{-4}	0.00085	0.0011
四氟乙烯塑料	2.1	2.1	2.08
	3.00×10^{-4}	3.00×10^{-4}	8.00×10^{-4}

项目组拟采用的设备微波频率为 24GHz，由表 7-2 可知，对于几种材料，都小于百分之一，推导只是做定性计算，可以忽略，可将介电常数当作实数使用。

对于电磁场来说，通常的物质并不能简单归类为电介质或者导体。物质表现出绝缘体和导体的性能取决于复介电常数中实部和虚部的比例。实部反应媒质的极化程度，虚部反应媒质的损耗程度。在时变电磁场中损耗能量是导体的性质。严格来说，现实中的材料具有电介质和导体两方面的特性，不同类型的材料表现出的电介质特性和导体特性的强弱不同。

媒质随频率变化的变化是缓慢且微小的，而随频率的变化有可能表现出较复

杂的性质，不是单调增或减的变化，所以媒质的电磁特性变化难以一言蔽之。很多材料也不能简单归类为介质或者导体。由已知的微波频率查表得到工作介质的复介电常数所处的数量级，可以判断出在所讨论的微波环境下实验材料主要表现出介质的特性。

7.2.2　微波在均匀介质中传播过程

由麦克斯韦方程组，真空（或线性、均匀、各向同性理想介质）中电磁波的方程为

$$\nabla^2 E - \mu\varepsilon \frac{\partial^2 E}{\partial t^2} = 0$$

$$\nabla^2 H - \mu\varepsilon \frac{\partial^2 H}{\partial t^2} = 0$$

式中　E——电场强度；

H——磁感应强度；

ε——介质介电常数；

μ——介质磁导率。

对于正弦电磁场，采用相量形式简化公式：

$$\nabla^2 \dot{E} + k^2 \dot{E} = 0$$

$$\nabla^2 \dot{H} + k^2 \dot{H} = 0$$

式中　ω——电磁波频率。

其中，$k = \omega\sqrt{\mu\varepsilon}$ 。

考虑在单一维度上传播的波。设均匀平面波沿 z 轴正方向传播，则

$$\frac{\partial E}{\partial x} = 0, \frac{\partial E}{\partial y} = 0$$

则在直角坐标系中简化为

$$\frac{\mathrm{d}^2 \dot{E}}{\mathrm{d}z^2} + k^2 \dot{E} = 0$$

其一般解为

$$\dot{E} = E_{1\mathrm{m}} \mathrm{e}^{-\mathrm{j}kz} + E_{2\mathrm{m}} \mathrm{e}^{\mathrm{j}kz}$$

其中第一项（加号左边的项）代表沿 z 轴正方向传播的入射波，$E_{1\mathrm{m}}$ 是其最大值，第二项（加号右边的项）表示沿负向传播的波，$E_{2\mathrm{m}}$ 是其最大值。在本实

验中探测波只有入射波，反向传播的波是由样品反射回来的波，所以波动方程的解表示为

$$\dot{E} = E_{1m} e^{-jkz}$$

其瞬时值为

$$E(z \cdot t) = \mathrm{Re}\left(\dot{E} e^{j\omega t}\right) = E_m \cos(\omega t - kz)$$

类似的推导可以得到

$$\dot{H} = H_{1m} e^{-jkz}$$

$$H(z \cdot t) = H_m \cos(\omega t - kz)$$

可以得到平面电磁波的特点：

（1）平面电磁波是横波。

（2）E 和 H 在空间上互相垂直。且有对应关系：

$$\dot{H} = \frac{k}{\mu\omega} e_z \times \dot{E}$$

（3）E 和 H 在时间上同相位。意味着 E 和 H 在每一瞬间的大小的比值是恒定值。求得比值为

$$\eta = \frac{\dot{E}_x}{\dot{H}_y} = \sqrt{\frac{\mu}{\varepsilon}}$$

将这个比值 η 定义为波阻抗。波阻抗这个物理量反应了材料传播电磁场的性质，可以用来描述微波在介质中传播的情况。

7.2.3 微波在多层介质中折射和反射

项目组采用波阻抗模型来计算反射率。将微波检测复合绝缘子的过程简化为图 7-1 的结构，这样简化与实际情境的异同点将在后文中讨论。

图 7-1 中将复合绝缘子的护套和芯棒简化成平面形状的硅橡胶薄层和环氧树脂薄层，对于有气隙的情况，将气隙简化成介质为空气的薄层。探头是横截面为矩形空腔的金属波导管。各介质薄层介电常数 ε、磁导率 μ 和厚度 d 见图 7-1 中的标注。

波阻抗表征了介质传播电磁波的能力，电磁波在两层介质交界面处的折反射系数可以由两种介质的波阻抗计算得到。由传输线理论，对于两层平面介质，其传输线表现可以等效为新的一层介质，新的波阻抗定义为等效波阻抗：

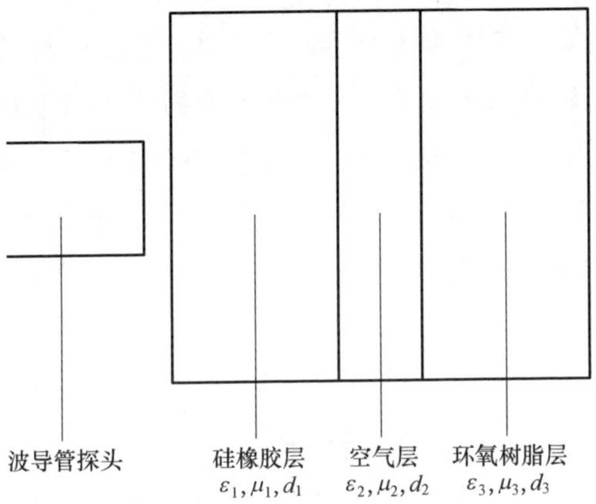

图 7-1　微波检测复合绝缘子理论推导模型示意图

$$\eta_{\mathrm{ef}} = \eta_1 \frac{\eta_2 - \mathrm{j}\eta_1 \tan(k_1 d)}{\eta_1 - \mathrm{j}\eta_2 \tan(k_1 d)}$$

式中　μ——介质的磁导率；

ε——介质的介电常数；

d——入射侧介质厚度；

η_1——入射侧介质的材料波阻抗；

η_2——透射侧介质的材料波阻抗。

其中，$k = \omega\sqrt{\mu\varepsilon}$，$\eta = \sqrt{\mu/\varepsilon}$。

对于多层介质，最右边的两层介质等效成一层波阻抗之后，总的介质层数相当于减少一层，也就是说，反复使用公式，从透射端依次计算到入射端，能够得到总体的波阻抗。

矩形波导管也是电磁波的一种传输线，由微波技术可知其波阻抗为

$$\eta_{\mathrm{rw}} = 2\frac{b}{a}\sqrt{\frac{\mu}{\varepsilon}}\frac{1}{\sqrt{1-(\lambda/2a)^2}}$$

式中　a——矩形波导内截面的长；

b——矩形波导内截面的宽；

λ——工作微波频率。

根据波阻抗理论，将波导管和试样介质分别视作两段传输线，两段传输线交界处的反射率 R 为

$$R = \frac{\eta_{\mathrm{rw}} - \eta_{\mathrm{ef}}}{\eta_{\mathrm{rw}} + \eta_{\mathrm{ef}}}$$

可以计算出矩形波导管发射微波到多层平面介质的反射率。应用到复合绝缘子的微波检测，可以计算出微波在样品表面的反射系数。绝缘子内部没有缺陷时，介质层 2 不存在，或者说介质层 2 的介电常数与介质层 3 相同，为 ε_3，内部出现缺陷时，介质层 2 的介电常数从 ε_3 变化为 ε_2，随着缺陷变得严重，ε_2 逐渐变小至 ε_0（空气）、d_2 逐渐变大。有无缺陷处的微波反射波的强度不同，通过检波器检测出反射波强度，反映出绝缘子内部情况。

试代入一组数据进行计算：硅橡胶 ε=3，硅橡胶 d=4mm，环氧树脂 ε=5，环氧树脂 d=4mm，计算得：R_1=0.6561；若交界面上有一层 1mm 厚的空气，则 R_2=0.5336。两者相差约 20%，即在此模型下，样品内部交界面处有 1mm 缺陷将导致微波反射信号强度发生 20%的变化。说明在平面介质层的简化模型中，微波反射法检测复合绝缘子缺陷在理论上是可行的。

7.2.4 微波检测简化物理模型

微波无损检测技术是基于微波在介质中的传播特性。微波在复合绝缘子内部传播时，经过不同材料的波阻抗不相同，因此会在不同的交界面比如空气-护套交界面、护套-芯棒交界面等产生折反射，反射波的强度取决于内部各层介质的介电常数的分布，通过检测分析反射波可以判明复合绝缘子的内部缺陷。

实际绝缘子的介质分布情况比平面介质层模型复杂，主要有以下几个方面因素：

（1）不同的绝缘子生产流程和不完全相同的配方工艺生产得到的材料的介电性能不完全一样。在实际检测中，如果这一项因素的影响较大，需要预先对同一批次甚至同一根绝缘子进行预检测，统计其自身的数据分布规律。

（2）实际绝缘子不是理想介质，不能达到线性、均匀、各项同性。介质不均匀带来的影响在后文通过实验有进一步的讨论。

（3）实际绝缘子的形状不够理想，比如有偏心现象，比如某些位置厚度有偏差。在后文实验部分可以看到这个现象很普遍。所以很高精确度的理论计算估计本身已经难以和实际样品的精确度相适应，没有必要采用。

（4）实际绝缘子不是平面，也不是无限大。对于波导管探头（约 4mm）和绝缘子样品（约 42mm）的尺寸，探头比样品尺寸尺度要小一个数量级，按照物理估算的惯例，可以近似当作平面。

由于以上讨论的因素确实会引进一定的误差，所以本节中理论计算只用于定性分析，即大致计算有无缺陷带来的反射波强度变化是否足以在实验中检测到。

事实上，本实验作为初步的可行性探究及方案探索实验，现有的理论计算已经足够提供对实验的指导。在实际实验中可以看到，由于绝缘子样品本身的材料不均匀分布，实验误差已经达到理论推导误差的精度，所以采用平面介质层的模型进行定性理论分析以指导实验是可行的。

7.3 微波检测仿真

为了更准确、方便地计算微波在实验环境中的表现，采用软件仿真的方法来大量计算不同情境下的微波反射系数，辅助实验研究。

微波设备尺寸较小，部分元件尺寸甚至小于微波的波长，导致微波的传播受到元件尺寸的影响较大，传播表现出的特征也较复杂。因此在微波产业中对计算机仿真有重大的需求，也导致近年来能够计算电磁场和微波电路仿真的软件大量出现。在这些软件中，大多数属于准三维或称之为 2.5 维的电磁场仿真软件，真正能够做到任意三维仿真的只有个别几款，其中又以 Ansoft 公司的 HFSS 软件和 CST 公司的 CST Microwave Studio 最为经典。选用 CST Microwave Studio 进行仿真。

CST 公司是全球最大的纯电磁场仿真软件公司，其软件产品覆盖静场、简谐场、瞬态场、微波毫米波、米波甚至高能带电粒子，做到全频段的时域频域仿真。CST Microwave Studio（中文名称为“CST 微波工作室”）是 CST 公司开发的三维电磁场仿真软件套装中的一部分，具有完备的时域频域全波算法和高频算法。

CST Microwave Studio 采用有限积分法，对麦克斯韦方程组进行离散化，同时采用 CST 专有技术理想边界拟合（perfect boundary approximation，PBA）和薄片技术（thin sheet technology，TST），相比于有限元方法，降低算法复杂度，提升计算速度。

有限积分法早在 1977 年由 Thomas Weiland 提出，后来成为电磁仿真领域中一个重要算法以及发展新算法的基础理论。有限积分法通过建立在 Yee 网格基础上的空间离散化，将麦克斯韦方程组的积分形式方程转化为线形方程组来求解。

由有限积分法导出的方程组保持了麦克斯韦方程组的原有特性，同时在数值计算中具有良好的收敛性。有限积分法的另一个巨大优势是它可以应用于所有频段的电磁仿真。

在仿真过程中，基本设定结构如图 7-2 所示。

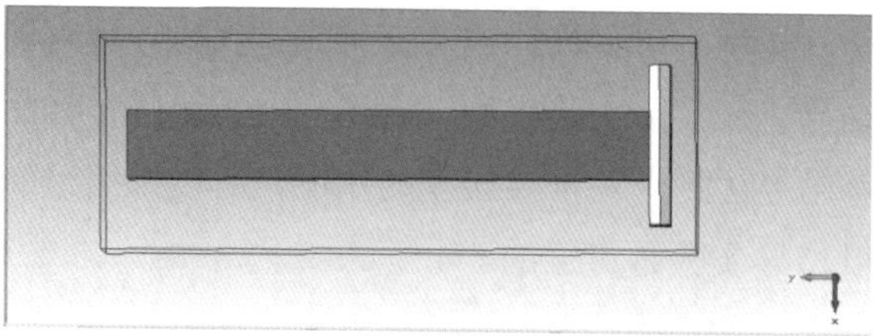

图 7-2 CST 微波仿真对象结构示意图

图 7-2 中，图像中部方框内为设定的将要仿真的元件，左半边的长条是波导管，右边的两层介质对应硅橡胶-环氧树脂两层，在仿真过程中分别对平板形状和圆柱形状样品进行仿真。设定微波源在波导管左端口处，仿真反射波幅值强度。在 CST 软件中，按照实际情况，不能出现单频率的微波，应设定为一个范围。仿真过程也是仿真出不同的频率对应的情况，从图线中读取主频率 24GHz 对应的反射系数，如图 7-3 所示。

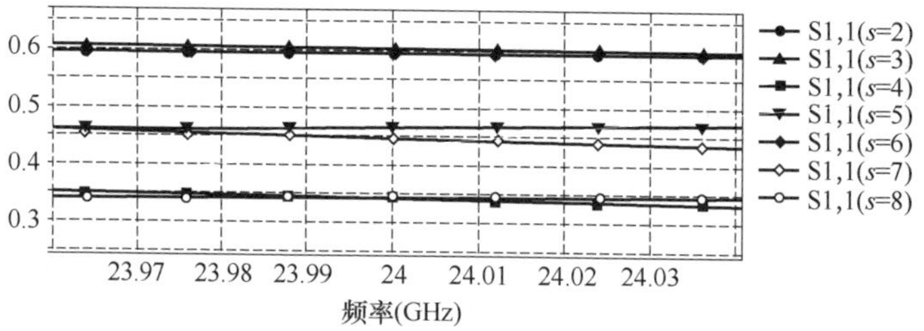

图 7-3 CST 微波仿真读数过程示意图

图 7-3 中的例子是对平板样品不同硅橡胶厚度的仿真结果，横坐标是不同频率，纵坐标是反射系数。在 24GHz 对应的位置读取不同厚度的反射系数，记录数据，以备后续分析。

使用 CST 仿真计算的情境本质上只应用了这一种情况，在样品设置上做了各个参数的改变，但是仿真总的方法没有变化。以此作为基础可以计算出不同样品情况下的微波反射系数。

7.4 微波检测系统

复合绝缘子微波检测方法的实现包括检测系统和检测结果判断方法两部分，检测系统由硬件设备和软件程序组成。在实验过程中结合检测情况不断对检测系统和检测方法进行调整。

检测系统硬件部分原理结构图如图 7-4 所示。

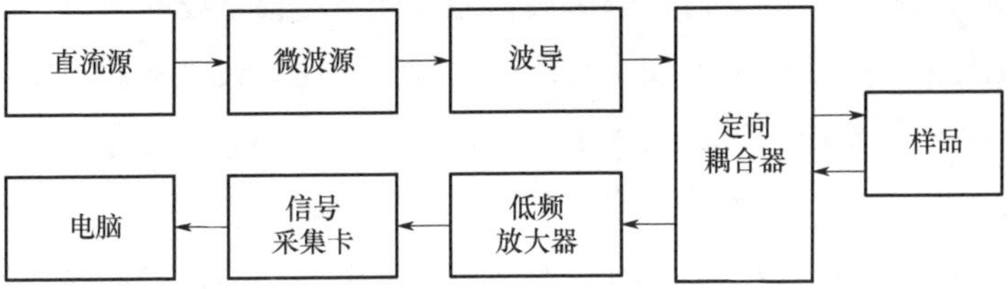

图 7-4　实验系统硬件部分原理结构图

图 7-4 展示了微波检测实验平台硬件部分的基本结构。其中，直流电源提供满足微波源工作的电压，微波源采用耿氏振荡器，产生 24GHz 的微波。通过软波导和矩形金属波导管两段波导管将微波传递到试样表面或者附近，微波从波导管的开口端发射出来，在试样的各个表面发生折射反射，反射波的一部分传播回波导管（与发射端是同一根波导管），在波导管中经过定向耦合器，将负向传播的波即反射波分离提取出来，经过微波检波器转换成电压强度模拟电路信号，在低频放大器中滤波、低频放大，进入数据采集卡转换成数字信号，输入计算机被读数并处理。

软件部分最核心的功能是读取并显示电压值，采用 LabVIEW 软件编程，实现采样频率调节、信号降噪等采集处理过程，并对采集到的数据进行绘图显示、计算、储存等操作。

7.4.1　硬件设备

1. *微波源*

微波源用来产生微波振荡，传统的微波振荡器包括电真空器件和固态器件两部分。随着技术的发展，近年来出现了全固态化的微波源。全固态化微波源的优点是体积、重量、功耗大幅度减小，寿命和可靠性都大大提高。4GHz 以上频率的固态器件有体效应二极管和碰撞雪崩渡越时间二极管。体效应管也叫耿氏二极管。雪崩二极管的原理是将二极管的反向电压加到雪崩区间，因为载流子存在的渡越时间，使得交流电压和交流电流反相，则二极管两端对外特性呈现交流负阻，产生微波振荡。

项目组采用的微波源输入电压 6～9V，输出功率 100mW。产生微波频率 24GHz，可微调，约±0.5GHz。工作频率 24GHz 的确定是由检测所需精度结合微波工程技术决定的，由于和波导管的选择有密切关系，在波导管的讨论中详细阐述。

2. 波导管

微波相关的技术中，如何传输微波信号与能量是很重要的一部分问题。微波属于高频电磁波，不能简单地使用导线来传播，而使用天线发射和接收、通过空间传播的话，由于微波的传播受到空间中媒质分布的影响，又容易损失掉很大一部分能量，所以需要特制的元件来传输，即微波传输线。

微波传输线是传输微波的元件的总称，大致分三类。第一类是双导体传输线，如平行双线、同轴线等；第二类是金属波导管，即金属制的管子，其形状需要适应电磁波的传递，常用的有矩形波导、圆或椭圆波导、脊形波导，这类传输线中传递微波的波速与频率有关，即广义的色散现象，因此特定金属波导只有在传递特定频率的微波时才能体现出理想的效果；第三类是介质波导，如镜像线、介质线等，这种传输线上的微波由于趋肤效应是沿着传输线的表面传播的。

传输线的选择过程是先确定传输线类型，再确定传输线尺寸。传输线的类型主要根据所传导的微波的频率，以及传输环境的要求。传输环境没有特殊要求，微波的频率主要由检测精度决定。绝缘子内部的缺陷的尺寸是毫米量级，采用的微波波长应在 1cm 左右，属于厘米波。在厘米波的频段中，如果使用双导体会有以下问题：

（1）趋肤效应严重。趋肤效应随频率升高而增强，趋肤效应严重导致金属有效传输面积减小，焦耳热增加。

（2）介质损耗增加。支持双导体传输线需要有介质支架，高频电磁波在介质上损耗更多。

（3）辐射损耗增加。平行双线会有向外界的辐射，频率升高辐射增强。

（4）加工难度加大。同轴线传输电磁波随频率增大需要的内外径变小，需要更高的加工成本。

综合以上考虑，本实验选用金属波导管。金属波导管中应用最广泛的是矩形波导管，本实验则选用矩形波导管。

考虑到检测过程中探头需要有位置的移动，而微波源及其电源以不需要移动或者至少不需要频繁做位置微调为宜，实验装置中采用将一段软波导连接在微波源和矩形金属波导管之间的方式来达到兼顾微波传输和探头移动两项功能的目的。软波导的内部结构与矩形金属波导管相似，也是矩形金属空腔，通过特殊工艺形成金属软管，外部用橡胶保护。

波导管尺寸的选取和微波频率的选取如下：

波导管内部是一段矩形的通孔，振荡器发出的电磁波可以认为两个方向上的平面波的合成，在横截面的直角坐标分解中，微波在矩形管道中的传播方式可以分解成在各自方向上的相对平面间不断反射。由麦克斯韦方程组推导矩形金属腔内的电磁波场，可以得到以下性质：

（1）截止波长。只有波长小于 $2a$（a 为金属腔横截面的矩形长边）的微波才能在波导内形成稳定的传输波形。也就是说波导的尺寸会对微波的频率进行限制。

（2）不同型波。微波在矩形的两个方向上的波峰数量不同就对应着空间电磁场的分布样式不同，在微波中被称为不同型波。以通常矩形波导内传播的主要型波 TE10 型波为例，型波代号具有特定含义，以区分不同型波。波导中的电磁波主要有三大类：横电磁波（transverse electromagnetic wave，TEM wave）、横电波（transverse electric wave，TE wave）和横磁波（transverse magnetic wave，TM wave），矩形波导由于其自身特性，不存在 TEM 波，其主要型波 TE10 指的就是横电波，角标的两个数字分别是在矩形长边和短边上横波的半波数，10 就是其中最小的一个。不同型波指的是半波数不同的波，也就是说在两个方向上各自存在几组峰谷。对于一个确定形状的矩形波导，其内部可能存在一系列的型波，不同型波各自对应有各自的截止区，大于特定波长的微波将不能以这个型波的形态在波导中传播，即位于这个型波的截止区。大于 TE10 型波波长的微波将不能以任何型波在这个波导中传播，这个范围在波长谱中称为全部截止区。

对于某一矩形波导，不同型波的分布如图 7-5 所示。

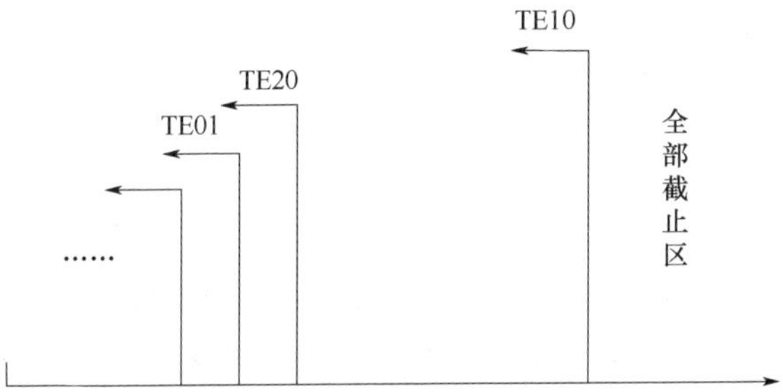

图 7-5　矩形波导型波分布示意图

可见对于确定尺寸的波导，通过使用不同工作频率的微波可以限制波导内传播的型波的类型，如果波长（频率）处于 TE10 型波和 TE20 型波之间，就能够保证波导内只有 TE10 型波这种传播形态。反之，对于确定的频率（或者大致确定频率范围），选择合适的波导尺寸也可以使得波导内传播的微波只有一种型波。

由于单一型波有利于实验操作与分析，本实验中选择单一型波设计。

由电磁波理论可知，对于确定的波导尺寸，不同频率的微波所传输的功率不同，则其中将必然有最大传输功率的存在。在保证其他条件的前提下，选用最大传输功率对应的频率可以使得能量利用率更高，即最大传输功率对应的频率就是使用该波导进行传输的最有效率的频率。

综合以上三点因素，得到选择矩形金属波导的原则：先根据使用需要（本实验中即测量精度）选择大致的微波频率范围，再根据不同型波截止频率选择能够滤出唯一型波的波导尺寸范围，在这个范围内根据国家标准选取合适的标准化的波导尺寸，最后根据最大传输功率的要求由波导尺寸确定工作频率。

表 7-3 列举了国内标准矩形波导的参数（部分规格），考虑到本实验要求的波长在厘米量级，由 Rockwitz 公式计算可知所需频率的范围在 3GHz 左右，可以看出最适合本实验的频率范围的波导是（10.67mm×4.32mm）的，则可以进一步确定实验使用的工作频率为 24GHz。对应的分辨能力为 2mm 左右。

表 7-3 国内标准矩形波导参数（部分）

型号	内截面尺寸（mm）	波导壁厚（mm）	最大传输功率对应的频率（MHz）
BJ-32	72.14×34.04	2	3000
BJ-48	47.55×22.15	1.5	4600
BJ-70	34.85×15.80	1.5	6000
BJ-84	28.50×12.60	1.5	9400
BJ-100	22.86×10.16	1	9400
BJ-220	10.67×4.32	1	24000

（3）定向耦合器。定向耦合器是一种具有方向性的功率分配元件，可以将主传输系统中的正向传输的微波信号按一定比例进行功率分配提取，并能够做到基本不从反向波中分配提取功率。定向耦合器的种类和形式很多，结构和工作原理不尽相同，大部分定向耦合器是在主传输线上添加形成。大部分传输线都有其对应的定向耦合实现方式，且不止一种。

本实验使用定向耦合器将波导内的反射波提取出来，以便进行测量。使用的耦合原理是双孔定向耦合。在平行相邻的波导的公共金属壁上开两个小孔，距离为四分之一波长，这样主波导中正向传播的波从两个孔中漏出的波如果向正向传播两列波正好相位相同，如果向反向传播相位正好相反，即不能传播。其原理图如图 7-6 所示。

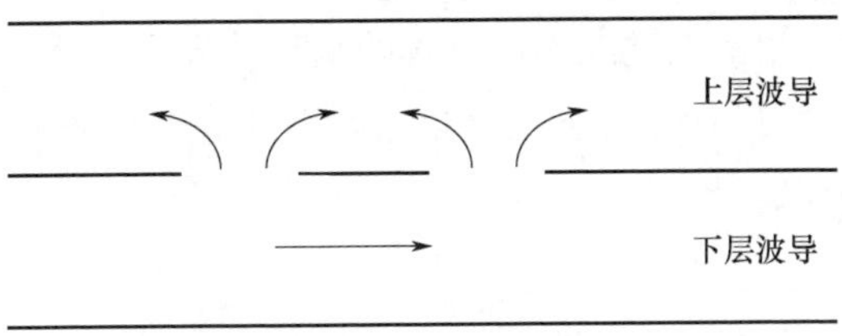

图 7-6　定向耦合器原理图

图 7-6 展示了本实验采用的定向耦合器的原理示意图。上下两层波导的交界壁上有两个孔，下方的波导传播主波，上方波导中的四个箭头示意四列子波，由于相位原因，其中只有两列子波合成之后能够传播。简而言之，在本实验中，定向耦合器的作用就是使得副波导的出口只有反射波。从而可以使得测量过程不受入射波的影响。

（4）设备成型。将除电源线、通信线、检测探头之外的其他模块进行封装，各部分接线被外壳保护起来。系统的便携性和易操作性得到了保障。最终的设备如图 7-7 所示。

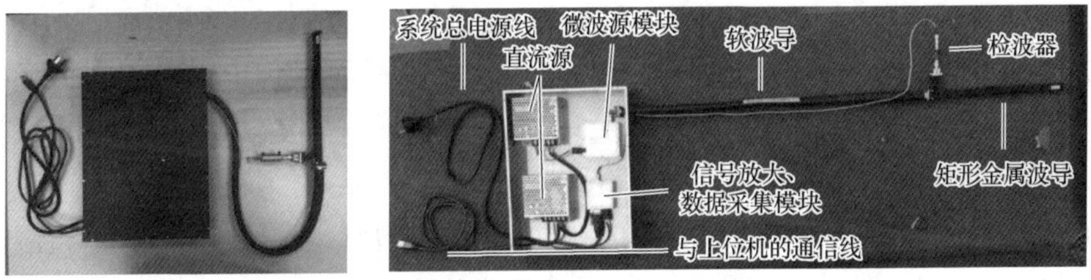

(a)　(b)

图 7-7　设备实物图及内部布线图

（a）设备实物图；（b）设备实物图内部布线图

7.4.2　软件部分

软件采用 C 语言实现，支持对大部分实验参数的手动设定，便于适应更多使用情境；在程序判断检测数据对应存在缺陷时，通过变色曲线显示；测量的数据后台保存。软件示意图如图 7-8 所示。

（1）程序中关键参数的确定。为了减小数据的波动，采用分组取平均数的方法对采用数据进行处理。大量实验设定不同的参数，多次实验，目的是找出最合适的参数。其选择原则是：

1）数据稳定度高。需要实现的效果是：在完全相同的检测环境中，对同一个测量位置的测量结果的波动比不同位置的测量结果要小至少一个数量级，这样才能保证检测结果的可信度，以便后续对于数据的处理和分析。为了实现这一点，需要分组长度不能太短。

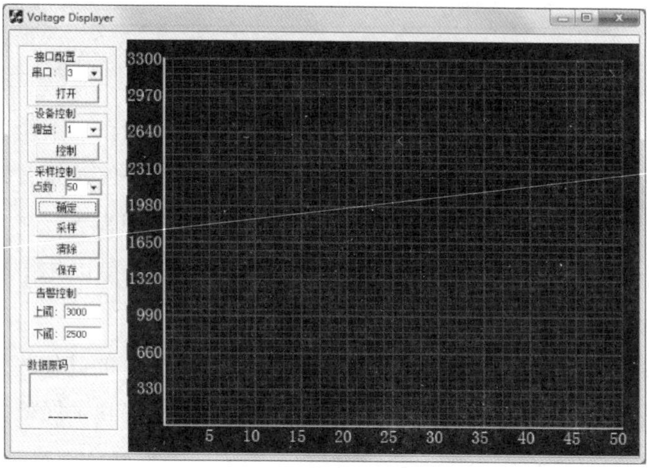

图 7-8 软件示意图

2）响应时间尽量短。本实验的检测方法是基于对绝缘子的不同位置的检测结果的比较，其中一个圆周就要检测至少 24 个位置，实际检测中如果有更精细的要求，检测次数还要增加。因此需要尽量将时间留给不同位置检测定位所需，而不是对于同一个位置的检测。考虑到实际操作的过程，将同一个位置的检测时间缩短到 1s 以内则可以保证不影响检测操作的流畅性。为了实现检测的响应时间尽量短，对参数的要求是：采样频率高、分组长度短。

3）对硬件的依赖低。采用频率太高需要更高性能的采集卡，为了降低后续版本的硬件装置的成本，尽量不采用太高的采用频率。

以上三点的优先级排序是：数据稳定性高＞响应时间短＞对硬件的依赖低。

根据以上三条原则，通过充分的实验，找到理想的参数设置，为 100kHz 采样频率，2000 分组长度。合适的参数设置使得数据的波动范围降低的一个数量级，如图 7-9 所示。

图 7-9 中，左半边数据是参数调整前的读数，数据波动在 0.01V 左右，右半边是调整之后的读数，数据波动在 0.001V 左右，已经足够稳定。程序每 0.2s 得到一个读数，以波形图的形式显示在程序前面板上，同时将数据记录在文件中，便于后期查看和处理。

（2）采样信号频率分析。在试验过程中，观察到采样频率和分组长度的最优组合对应的读数周期是 50 次/s，怀疑读数中的一部分信号波动具有周期性，周期为 50Hz，因此编写高频率采样程序，对程序读数进行频率分析，验证是否有周期性规律。

关闭微波发生器，检测波导管中剩余的强度很小的来源于环境空间基底辐射的信号。编写程序记录下分组之前的原始数据，用 FFT 进行频率分析，如图 7-10 所示。

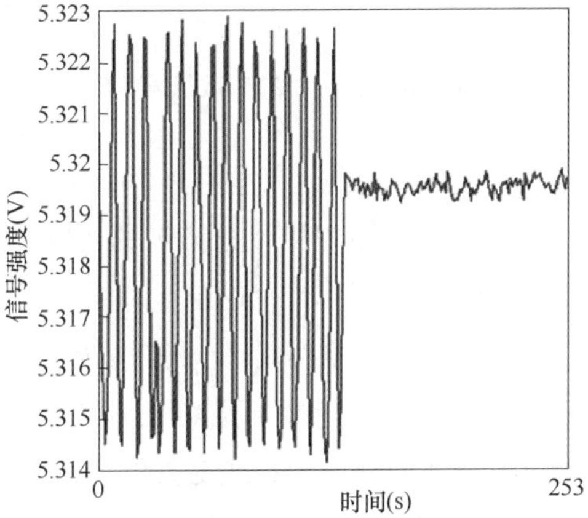

图 7-9　程序参数调整前后的检测结果差异

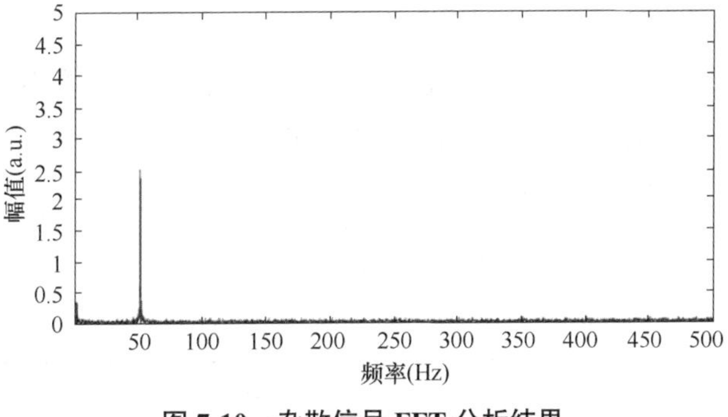

图 7-10　杂散信号 FFT 分析结果

从图 7-10 的频率分析中可以看出，杂散信号中大部分都是非周期性的，周期性的信号只有 50Hz 的比较明显。这一结果与之前的参数选择互相佐证。同时说明杂散干扰信号主要来自电源带来的轻微电磁辐射。

为了检验微波通路的电磁密封情况，用金箔（导体）将系统中除了探头入口之外的地方包裹起来，着重包裹了各接缝位置，起到一定的屏蔽电磁波的效果，再次重复上述实验并进行频率分析。如图 7-11 所示。

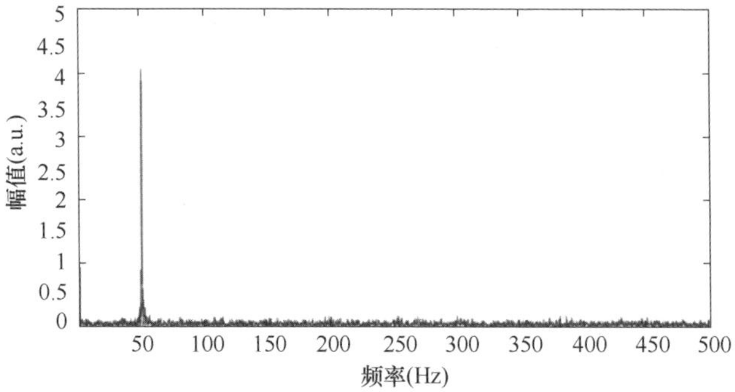

图 7-11 增加电磁屏蔽之后的杂散信号 FFT 分析结果

将图 7-10 和图 7-11 进行对比发现，其他频率的杂散信号依然较小，50Hz 频率的信号幅值有大约 20%的减小，即增加了金箔包裹之后对杂散信号的减弱效果不是很明显，这一现象证明了杂散信号中 50Hz 频率的信号主要来自波导管探头侧开口处，说明本实验所使用的微波传输系统严密性较好，微波泄漏较少，除了探头开口，基本不存在其他接收外界电磁干扰的部位。考虑到软件部分已经可以消除 50Hz 的信号，即不再需要额外增加各接缝处的密封性。

至此，杂散信号中的周期性信号、非周期性信号都经过处理，大幅度减小，实验测到的电压信号可以确保一个比较高的稳定性，从而有高的可信度。表 7-4 是任取实验中的几组数据，展示数据的波动范围。

每个检测点对应同一个检测位置，设备和样品的相对位置不变，连续测量十个数据，计算其平均值、极差、相对误差。相对误差在 0.1%以下，设备本身的数据波动已经很小了，不影响检测。

表 7-4 实验测量数据波动程度展示

检测点序号	平均值（V）	极差（V）	相对误差（%）
1	5.88496	0.001194	0.02029
2	5.692852	0.001209	0.02124
3	5.690367	0.001484	0.02608
4	5.4330992	0.003704	0.06817
5	5.5672302	0.001535	0.02757
6	5.3719756	0.00088	0.01638

7.5　护套/芯棒界面微波检测应用

首先研究存在缺陷和不存在缺陷的复合绝缘子在本检测系统中的表现，通过对比分析其区别，找出初步的对缺陷的检测判断方法，归纳初步的检测方法和缺陷判断方法，最后通过对多组不同的内含缺陷的实际绝缘子样品的实验验证缺陷检测方法的可行性。

具体来说，首先通过无缺陷的样品检测归纳本实验系统对无缺陷部位检测的检测效果，再通过不同特点的含有缺陷的样品研究本系统对不同尺寸、不同电磁性质的缺陷的检测效果，与无缺陷检测实验对比，归纳初步的检测方法和缺陷判断方法，最后通过对多组不同的内含缺陷的实际绝缘子样品的实验验证缺陷检测方法的可行性。存在缺陷和不存在缺陷的复合绝缘子在本检测系统中的表现，通过对比分析其区别，找出初步的对缺陷的检测判断方法。

研究过程中使用的样品主要有三种：±800 kV 复合绝缘子短样、实际缺陷绝缘子、平板形状样品。实验的最终目标是要检测实际绝缘子样品，实际绝缘子的形状比较复杂，伞裙部位并不能使用本方法检测，因此作为简化，在一部分实验中使用特高压直流绝缘子短样，相当于实际绝缘子的无伞裙部位。另外为了对样品检测结果进行进一步分析，所以将绝缘子的硅橡胶-环氧树脂同轴圆柱结构简化，制成平板形状的硅橡胶-环氧树脂结构，方便研究。

上述三种样品只是大致分类，在实际实验中，根据实验具体要求，在样品原有基础上增加各种改动。三类样品的基本样式如图 7-12 所示。

(a)

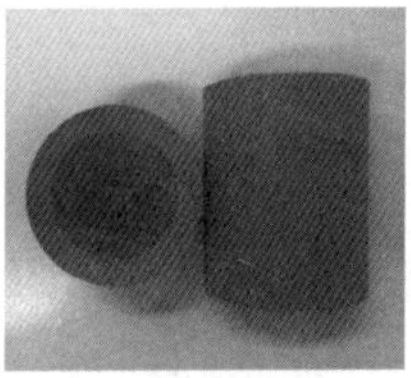
(b)

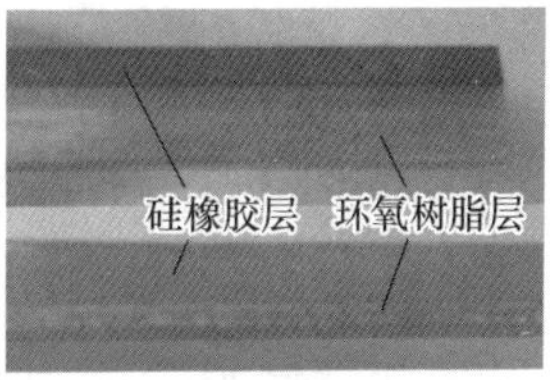

(c)

图 7-12　实验样品

（a）实际含缺陷绝缘子样品；（b）±800kV 绝缘子短样；（c）平板形状样品

7.5.1　无缺陷部位检测实验

本检测方法通过微波在样品表面和内部形成的反射波的强弱来判断内部缺

陷的情况，将反射波通过检波管转化成电压值，在绝缘子的不同部位检测得到对应的一系列的电压值，通过电压值的变化判断绝缘子内部情况。则首先需要确定无缺陷部位在检测中的表现。

理论上说，在无缺陷部位的检测结果电压值（实验结果处理中称其为“反射信号强度”）应该完全相同，但是实际中反射信号强度会表现出一定的波动，主要有以下几方面原因：

（1）系统本身在时间变化中产生的随机波动，表现为固定同一个样品的同一个位置，几分钟之内多次检测，其结果有一定的变化。

（2）夹持样品带来的检测距离和角度的微小变化，表现为对于同一个样品的同一个位置，反复检测，每次检测后将样品取下再重新安装上，多次检测的结果变化。

（3）宏观表现出同样尺寸、同样材质、同样均匀的样品，对不同位置检测，其结果的变化，这种变化不属于实验设备本身的系统误差，但是由于在实际检测中我们不能分辨出这种因素的变化规律，不能加以控制和规避，所以应归为本方法的系统误差。

（4）实际绝缘子不同部位的尺寸、材质不完全一致导致的反射信号强度的变化，这一因素可以通过对可测量的物理量（如绝缘子护套厚度）进一步研究来减弱一部分其影响，但是由于在实际检测过程中，绝缘子内部的尺寸和材质分布不易测量，所以这个因素的影响不能完全消除，详细的研究在后文中进行展开。

以上因素中，前三项属于本实验方法的系统误差，通常在检测过程中这三个因素的影响会同时出现，且不易单独消除某项的影响。出于考察其导致的系统误差的大小的目的，不需要将这几个因素分开单独测试。采用厚度、材质均匀程度较高的平板样品进行实验，研究这三个因素的共同作用下会导致多大的误差。

（1）平板样品。平板形状样品从材料和结构上仿照实际绝缘子进行设计，采用平板薄片形状的硅橡胶片和环氧树脂片构成，对应模拟绝缘子的护套和芯棒。平板形状的样品比较容易加工，更容易保证形状精度、材质分布均匀和夹持效果相似，有利于控制变量实验分析。样品如图 7-13 所示。

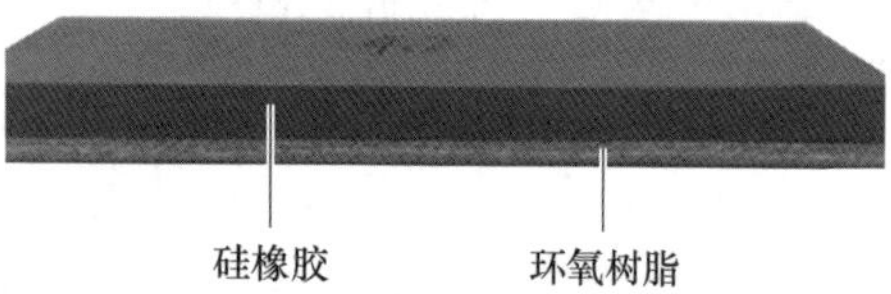

图 7-13 无缺陷平板样品

取多片平板样品，用铣床对样品厚度

进行进一步处理，经过用厚度计在每片样品的多个位置的测量，确保所使用的硅橡胶片的厚度基本均匀，每一片硅橡胶自身厚度偏差在 0.2mm 以内。对于每一片样品，使用本检测方法在不同位置测量多次，计算其读数的极差（最大值减最小值），如图 7-14 所示。

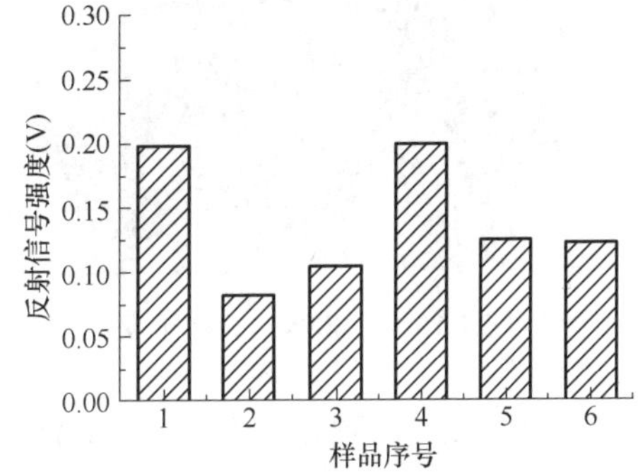

图 7-14　无缺陷平板样品检测读数的极差

横坐标是不同样品的序号，每一条柱状图代表一个平板样品的检测结果的极差（最大值减最小值）。可以看出，对于厚度、材质基本均匀的硅橡胶-环氧树脂平板，使用本方法检测，反射信号强度会有一定的波动，波动范围在 0.2V 以内。即考虑实验装置本身的检测数据波动、对同一个平板样品多次固定带来的相对探头的微小位置变动，硅橡胶厚度不完全一致（0.2mm 以内），宏观表现为同样厚度、同样材质的平板样品，本系统检测的误差在 0.2V 以内。这个误差可以认为是考虑入实验设备和实验方法的系统误差。

（2）±800kV 绝缘子。复合绝缘子表面由圆盘状的伞裙部位和圆柱状的伞间护套交替组成。其中，伞裙部分半径较大，难以将微波入射波垂直照射到内部的硅橡胶-环氧树脂交界面上，所以本检测方法尚不能检测伞裙对应内部位置的交界面缺陷。而伞间护套的位置由近似于均匀圆柱的形状构成，其硅橡胶厚度比较均匀，没有明显突变，厚度在几毫米的数量级，可以近似看作薄平面层或者小曲率的薄曲面层，实验表明微波对该薄层的穿透效果良好，所以伞裙间护套的位置对应的内部缺陷可以用本方法检测。

从±800kV 复合绝缘子上截取短样进行试验，样品芯棒直径为 30mm，护套厚度为 6mm。由于微波探头贴近样品表面，微波主要在圆柱部位内部传播，所以检测截取下的短样的反射信号强度基本能够反映直接检测实际复合绝缘子的无伞裙部分的效果。±800kV 绝缘子短样如图 7-15 所示。

实际检测中，将探头在绝缘子的每个伞间护套的圆柱上环绕一周，测量圆周上不同位置的微波反射情况，记录各检测点的反射信号强度，得到一条描述该圆周位置的对应内部交界面的测量读数曲线。以图 7-15 中的 3 号样品为例，展示对于±800kV 绝缘子短样的检测读数曲线，如图 7-16 所示。

图 7-15 ±800kV 绝缘子短样

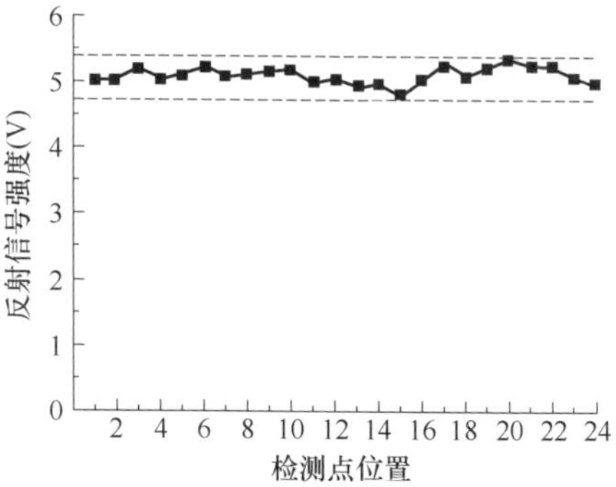

图 7-16 检测读数曲线（3 号样品）

图 7-16 中，横坐标是环绕±800kV 绝缘子短样一周的不同的检测位置，本实验中在一周上取 24 等分点，即每隔 15°左右检测一次，将每个圆周的 24 次检测结果的反射信号强度绘制成一条曲线。在沿圆周检测一周的过程中，如果出现内部有缺陷的情况，检测读数曲线将会出现波动。理论上说，绝缘子内部有无缺陷，从物理模型上属于完全不同的两种情况，对应的检测读数也会有明显的不一样。实际上，由于复合绝缘子的生产和使用并不需要绝缘子的各个部位的尺寸、材料等特性达到特别严苛的相同，因此实际绝缘子护套、芯棒并不是完全均匀的材料分布，甚至护套厚度也不是各个部位完全一致，所以在内部并无缺陷的样品上检测的时候，这些理论上应该读数高度一致的部位会表现出一定差异，所得到的读数曲线具有一定的波动。这一来源的数据波动难以消除，因为实际绝缘子的材料分布细微差异是现实情况。另外，由于对于实际检测复合绝缘子的应用情境来说，复合绝缘子内部的介质分布情况是不能事先知道的，所以由此带来的读数曲线波动变化属于该方法下的系统误差。为了研究通过本方法检测绝缘子内部缺陷的可行性，首先需要统计正常情况（无内部缺陷）的样品的波动情况。为此，统计 5 只无缺陷样品的测量读数缺陷的波动范围。图 7-17 中每一条柱状图是在一个±800kV 绝缘子短样上检测得到的 24 个反射信号强度的统计极差，可以看到同一样品的无缺陷检测读数的

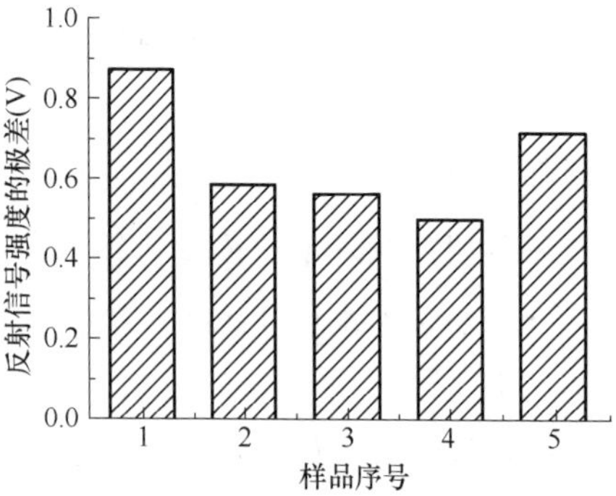

图 7-17 无缺陷±800kV 绝缘子短样读数极差范围

波动范围在 0.9V 左右，这是由检测系统自身误差、样品摆放距离角度误差、样品本身不均匀性等因素共同作用导致的误差范围。

图 7-17 中使用的样品来自某厂商生产的±800kV 绝缘子（护套外径 40mm）。考虑到复合绝缘子生产厂家众多，生产工艺、原料不尽相同，在足够大量实验之前选定 0.9V 范围作为有无缺陷的判据并不严谨，只能认为本方法对于不同绝缘子的误差范围大致在这个值附近。实际检测时应用本方法的思路如下：同一只绝缘子的读数波动范围应该有其相似性，由于实际绝缘子中内部缺陷不会大量存在，所以在实际检测缺陷前先对同一只或者同一批绝缘子进行检测，经过几十甚至几百个点的检测之后，就能够得到本批检测的无缺陷读数范围。如果测量读数曲线有一个明显地超出无缺陷读数范围的尖峰出现，即可怀疑其对应位置内部存在缺陷。

7.5.2　内部缺陷部位检测试验

1. 不同尺寸缺陷的检测

实际绝缘子存在护套厚度不完全相同的情况，使用相似程度更高的样品有利于研究实验系统自身的检测能力。另外，在已经制造成型的绝缘子的护套芯棒交界面处制造指定尺寸的缺陷的难度比较大，使用平板形状的模仿绝缘子结构的样品更有利于方便地控制缺陷的不同尺寸。因此使用平板样品研究缺陷的尺寸对检测效果的影响。

在环氧树脂平板的一面上铣出一个凹槽，将硅橡胶平板贴上去，制作出模拟实际有缺陷的绝缘子样品的平板样品。在样品的不同位置测 7 个点，且中间一个点为内有缺陷的位置。以缺陷尺寸为 12mm 长、8mm 宽、1mm 深的样品为例，检测所得到的曲线如图 7-18 所示。

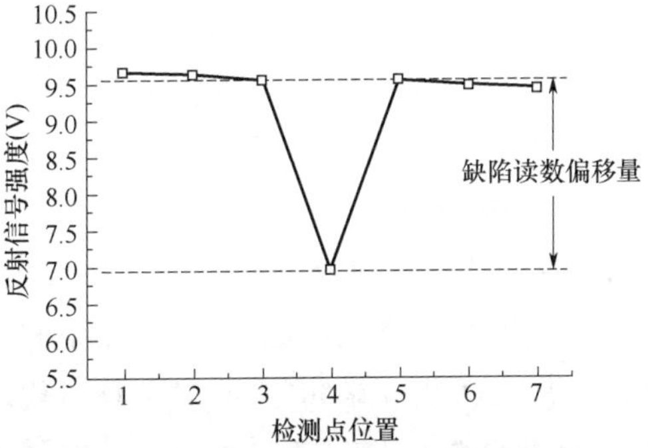

图 7-18　含缺陷平板样品检测结果

图 7-18 中，横坐标 4 对应内部缺陷所在位置，其他 6 个数据点是无缺陷部位的反射信号强度。为了观察不同缺陷所导致的反射信号强度变化情况，定义“缺陷读数偏移量”为“缺陷部位读数”减去“无缺陷部位读数的平均值”的绝对值。

以图 7-18 中样品检测结果为例，计算无缺陷部位的 6 个信号强度的平均值，与缺陷部位读数值相减，取绝对值，得到该样品的缺陷读数偏移量。

同时，制作不同尺寸的缺陷，分别如图 7-18 中的方式检测并计算缺陷读数偏移量。缺陷尺寸分别为：深度 0.3、0.6、1mm；宽度 4、6、8mm；长度 12mm（由于探头截面为长方形，缺陷长边对应的方向上探头的长度远小于 12mm，可以认为相对于探头足够长，所以这个方向上的尺寸不需要变化）。检测结果如图 7-19 所示。

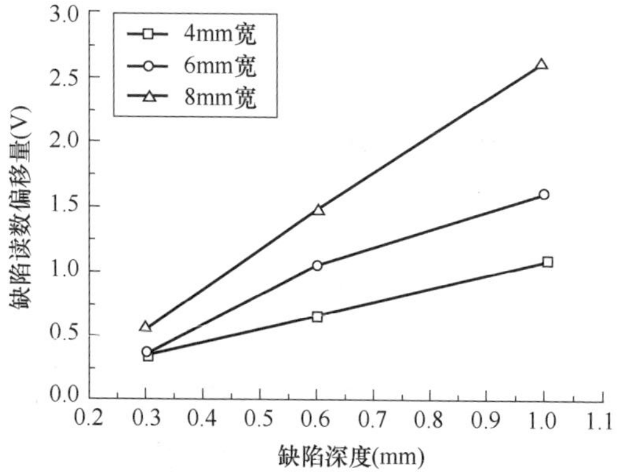

图 7-19 缺陷尺寸对缺陷读数偏移量的影响

图 7-19 中，同一条曲线是同样宽度不同深度的缺陷，可见缺陷越深，缺陷读数的偏移越多；不同曲线是不同宽度的缺陷，可见缺陷宽度变大，缺陷处的读数偏移更多。两者结合起来，则缺陷读数偏移量与缺陷的宽度和深度都呈正相关，简而言之，缺陷尺寸越大，检测效果越明显。

缺陷的辨识度一方面与缺陷位置读数偏移量有关，另一方面与无缺陷位置的读数的波动幅度有关，两者的比值反映了缺陷的辨识度。对于平板样品来说，无缺陷部位的读数波动范围在 0.2V 以内，即所试验的最小尺寸缺陷（4mm 宽，0.3mm 深）都能够在平板样品上明显检测出。

对于实际检测应用场合，要检测圆柱形状的绝缘子内部缺陷。由于缺陷尺寸相对于绝缘子整体而言比较微小，经过上文的论证，较小的缺陷可以通过平板样品进行模拟，所以在此用平板样品测得的缺陷读数偏移量代表±800kV 绝缘子短样中的同样尺寸的缺陷的读数偏移量。但是±800kV 绝缘子短样的无缺陷部位读数波动范围较大，以上文的结果为例，波动范围达到 0.9V，所以需要按照±800kV 绝缘子短样的无缺陷波动范围来考察实际±800kV 绝缘子短样的缺陷识别能力。

为了表示缺陷读数偏移量和无缺陷读数波动范围的比较，将两者的比值定义为缺陷读数偏移量的相对值。相对值超过 100%即表示缺陷读数偏移量超过无缺陷读数范围 1 倍之多，在检测曲线中呈现出一个较明显的数据异常波动，可以由此判断缺陷的存在。将数据除以无缺陷波动范围 0.9V，得到缺陷偏移量相对值，如图 7-20 所示。

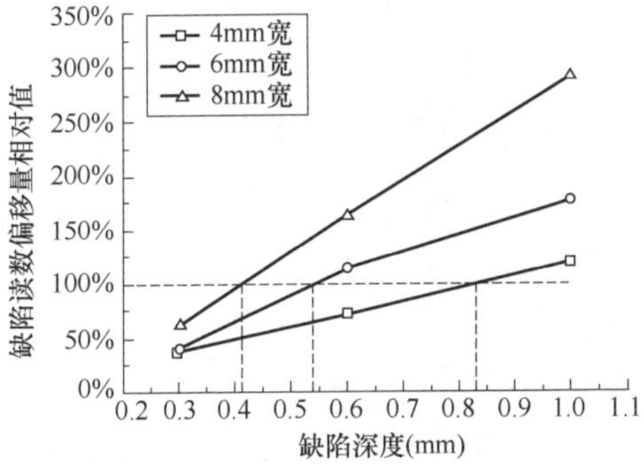

图 7-20　缺陷尺寸对缺陷读数偏移量相对值的影响

根据经验，当偏移量相对值达到 100%时，就能够比较有效地根据检测曲线分辨出内部缺陷的存在。根据这个标准在图 7-20 中用横虚线与三条图线相交出三个交点的位置，对应的横坐标反映了三种宽度的缺陷对应的能够检测出的缺陷深度，分别是：8mm 宽、0.4mm 深，6mm 宽、0.6mm 深，4mm 宽、0.9mm 深。即对检测精度的表述应通过缺陷宽度和缺陷深度两个尺寸来描述，通过本实验初步得到对检测精度的大小的了解，大约是宽度与深度的乘积为 $3mm^2$ 的尺寸。

在实际检测过程中，应先对同一型号（最好是同一批次）的绝缘子进行检测，基于检测到的大部分位置都应该是无缺陷的这一原因，通过较大量的预检测就可以得到该批绝缘子的正常部位读数范围，从而使用这一范围作为基准值，来判断读数偏移量相对值。将读数偏移量相对值超过 100%设定为该读数对应位置存在内部缺陷的判据。

2. 不同种类缺陷的检测

复合绝缘子内部交界面缺陷通常表现为空气间隙的形式，在放电电流较大的情况下，缺陷处的芯棒表面会有烧蚀形成的碳。考虑到碳具有导电性，会对微波的反射有影响，所以对完全由绝缘材料构成和含有少量导电颗粒两种类型的缺陷进行研究。

使用平板样品，厚度为4.8mm的硅橡胶片，环氧树脂上铣出长宽均为1cm、深度为1mm的缺陷，在缺陷的底部用铅笔涂一层，用来初步模拟碳化痕迹。实验样品如图7-21所示。

缺陷底部用铅笔涂一层（铅笔芯的主要成分是石墨和黏土，其中石墨是碳单质），用来模拟放电碳化通道，检测结果如图7-22所示。

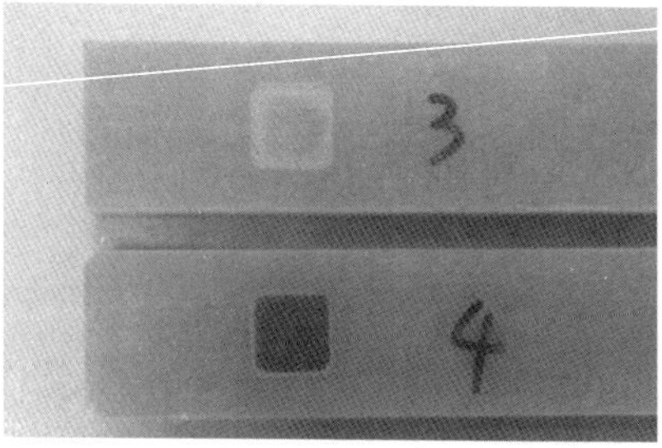

图7-21 涂铅笔缺陷样品示意图

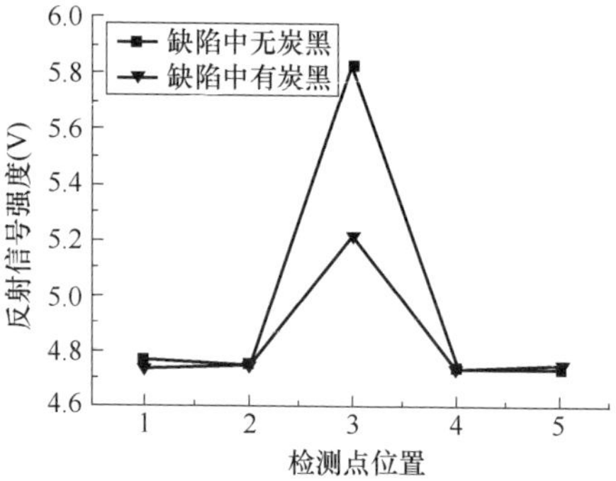

图7-22 缺陷底部有无石墨的检测结果

图7-22中，横坐标是检测位置，纵坐标是反射信号强度，可见有碳化痕迹时检测缺陷读数偏移量变小。为了验证环氧树脂被电流烧蚀后形成的碳化痕迹是否在本检测方法中表现出与铅笔石墨相似的性质，取环氧树脂材料在高温中加热，使其产生一定量的碳。

图7-23 环氧树脂材料经过高温处理后的样品

环氧树脂材料经过高温处理后的样品如图7-23所示，其中，右边是没有经过高温处理的环氧树脂材料，左边是取下一部分经过高温处理的环氧树脂。

碳单质在高于400℃时会与氧气反应，生成气体，在实际绝缘子中，部分烧蚀通道会留下碳是因为放电时间短温度高，以及硅橡胶护套对空气的阻隔，使得放电烧蚀产生的碳没有充分与氧气反应，从而有部分碳留下。在本样品的制作过程中，为了保留下高温产生的碳，将加热炉中通入氮气保护。加热温度在650℃左右，加热时间为1h。加热之后的样品保持了原本环氧树脂板的形状，没有液化，没有明显的体积减小。用万用表检测表面不相邻的任意两点之间的电阻，电阻超出最大量程，这是因为生成的碳没有连续覆盖样品表面。

将高温处理过的样品夹在硅橡胶和环氧树脂之间，形成类似烧蚀缺陷处复合绝缘子的结构，使用微波检测，反射信号强度约为5.22V，与图7-21中涂有铅笔石墨的样品的检测结果相近。

为了进一步验证缺陷中炭黑对检测结果的影响效果，用改变所涂的铅笔石墨的量，作为对铅笔石墨的浓度大小的简单表征，用缺陷底部的1cm方格的对角两点之间的电阻来描述石墨的多少，电阻越小，石墨越多。实验结果如图7-24所示。

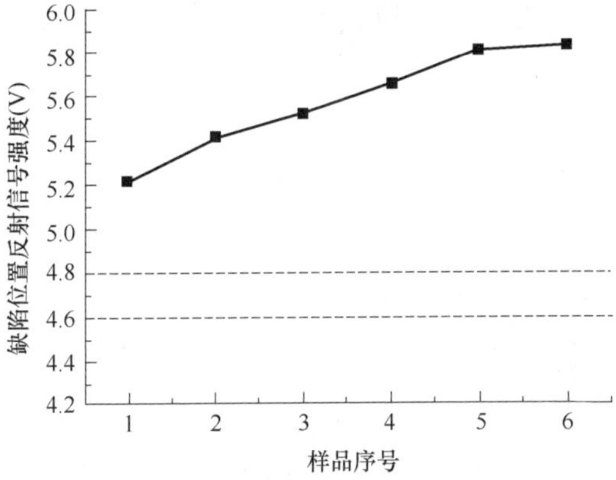

图7-24　缺陷中含有不同程度的碳的检测结果

图7-24中，纵坐标为缺陷部位的反射信号强度，横坐标为样品序号，共有三种样品：缺陷处为高温烧出碳单质的环氧树脂；缺陷处用铅笔涂了石墨（四种不同浓度）；缺陷处无导电物质。图7-24中双横虚线之间的区域是无缺陷部位的读数分布范围。

表7-5中列出不同样品的含有导电物质的情况，对比可以看出，缺陷处（石墨）导电物质增多，反射信号强度下降，而高温处理的环氧树脂由于加热时间长、隔绝空气程度高，表面的碳的积累较多，所以反射信号进一步下降。从图7-24中的整体趋势看，用铅笔涂黑的方法来模拟不同程度的芯棒碳化，在研究微波反射上有一定的可行性。

表7-5　各样品缺陷处导电物质情况

序号	缺陷类型	缺陷位置反射信号强度（V）	缺陷读数偏移量相对值（%）
1	高温处理的环氧树脂	5.221	57.9
2	石墨较多（电阻为10kΩ）	5.419	79.9
3	石墨适中（电阻为13kΩ）	5.525	91.6

续表

序号	缺陷类型	缺陷位置反射信号强度（V）	缺陷读数偏移量相对值（%）
4	石墨较少（电阻为 1MΩ）	5.659	106.6
5	石墨很（电阻为 20MΩ）	5.814	123.8
6	缺陷中无石墨	5.836	126.2

缺陷处的导电物质越多，反射信号强度越下降，偏向于正常读数范围的趋势。为了研究在实际情况下的检测是否会受到缺陷处导电物质的影响，以圆柱形样品的正常波动范围 0.9V 对数据进行相对化处理，如图 7-25 所示。

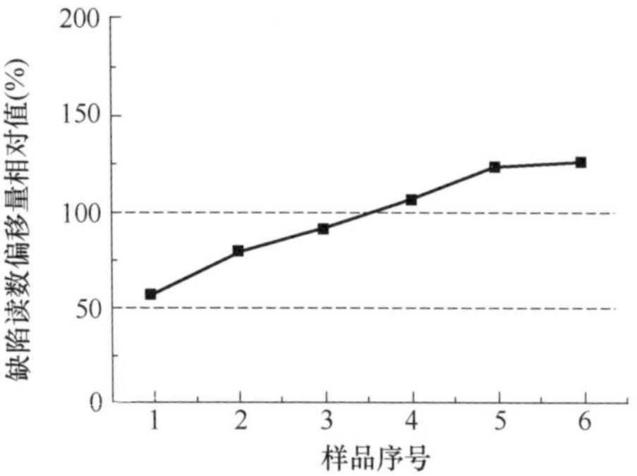

图 7-25 缺陷中含有不同程度的碳的读数偏移量相对值

缺陷中含有不同量的导体物质对检测读数偏移量的影响，图中各序号样品对应的缺陷情况如表所列。50%以内是正常读数所在的范围，100%以下是便于识别的缺陷强度。图中样品 1 是完全使用高温处理过的碳化环氧树脂作为缺陷的情况，从样品 2 至样品 6 是缺陷处的导电材料（石墨）依次减少。由图 7-25 可见，缺陷处含有一定量是烧蚀碳化对检测会有一定的影响。进一步从图 7-25 中看到，除非碳化情况严重到接近隔绝氧气高温烘烤导致完全碳化的程度，缺陷处含碳只是减弱对缺陷的识别能力，不会完全导致缺陷无法识别。

本实验的结论是，电流烧蚀碳化会对检测结果有一定的影响，影响的表现是检测信号的强度变小。碳化程度越严重，对检测的影响越大，对于碳化程度并不非常严重的情况（极端严重的情况在本实验中以隔绝氧气高温烘烤环氧树脂为例）检测信号偏移正常范围大于 80%，不会导致缺陷无法识别。

7.5.3 实际绝缘子检测

对于使用硅橡胶材料以及玻璃纤维增强环氧树脂芯棒制造的复合绝缘子，其运行电压等级并不会对微波检测结果造成影响。这是因为在检测时，我们沿圆周对绝缘子进行测量，通过比较各个点的差异来进行缺陷识别，不同电压等级的复合绝缘子，其均是圆柱形结构，圆周上各点的硅橡胶厚度以及芯棒尺寸均一致，因此测量结果与电压等级无关。

限于±800kV 绝缘子数量较少且运行时间较短，项目组未能获取内部存在缺陷的±800kV 绝缘子，在本节中，项目组将对实际运行中发现的，可能含内部缺陷的 500kV 绝缘子进行检测。该绝缘子芯棒直径为 24mm，硅橡胶厚度为 6mm，而对于±800kV 绝缘子，其硅橡胶材料以及芯棒材料与 500kV 绝缘子相同，硅橡胶厚度大于等于 6mm，与样品 500kV 绝缘子一致。

1. 绝缘子样品一

实际绝缘子中的交界面缺陷通常是由护套-芯棒之间脱黏形成的薄层发展而成，在漏电流的烧蚀下形成孔隙。通常气隙的形状在沿半径方向深度较小，沿交界面方向的宽度相对较大，即表现在横截面上是长条形状。为模拟实际缺陷的形状，采用 1mm 直径的钻头在绝缘子样品上多次打孔，形成一个约 1mm 厚、8mm 宽的气隙。

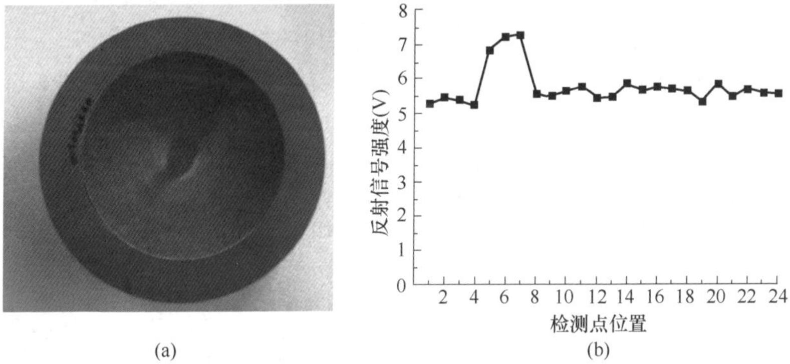

图 7-26　含气隙缺陷±800kV 绝缘子短样及其检测结果

（a）待测试样；（b）微波检测数据结果

沿圆周的一周取 24 个检测点进行测量，得到一条读数曲线，如图 7-26（b）所示。横坐标 5、6、7 的位置是样品中内部有气隙的部位，该位置读数的最大值约为 7.5V，相对于无缺陷位置的平均值 5.5V 偏移了大约 2V。作为更进一步的判断，以无缺陷部位的波动幅度 0.65V 为标准范围，对图进行相对值化。

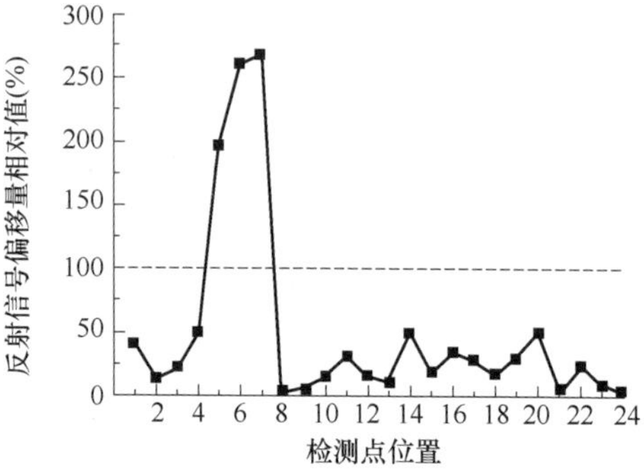

图 7-27 含气隙缺陷±800kV 绝缘子短样检测结果相对值

图 7-27 中，在横坐标为 5、6、7 的位置，读数偏移量相对值明显超出 100%，具有明显的内部存在缺陷的数据特征。由于本样品的正常读数波动范围较小，导致缺陷部位读数更加明显，识别效果更好。

本例中，缺陷来自人为通过机械方式制作，缺陷的性质只是大致模拟实际绝缘子中缺陷的整体性质，其内部结构和实际缺陷并不相同，是由多个圆孔拼接而成，并不是像实际缺陷一样连通在一起形成一个扁长形状气孔。这是加工能力的限制导致的，由于硅橡胶较软，钻孔时存在退刀现象，而环氧树脂硬度很大，会对钻头施加侧向推力，导致难以做到沿硅橡胶和环氧树脂的交界面加工出与实际缺陷相似程度较高的缺陷。这也是选用平板样品来研究交界面缺陷尺寸对检测效果的影响的原因。

2. 绝缘子样品二

上例中是绝缘子切断之后从断面打孔得到的交界面缺陷，在本例中，使用完整的绝缘子进行检测。内部缺陷的制作方法如下：在待注胶的芯棒上固定一根铁丝，然后注胶，注胶后将铁丝抽出，在绝缘子内部留下约 2mm 直径的圆孔，在同一方法制作的样品中，一根解剖开观察缺陷形状，如图 7-28 所示；一根不解剖，保持完整，用来检测，如图 7-29 所示。

图 7-28 内含缺陷的绝缘子解剖图

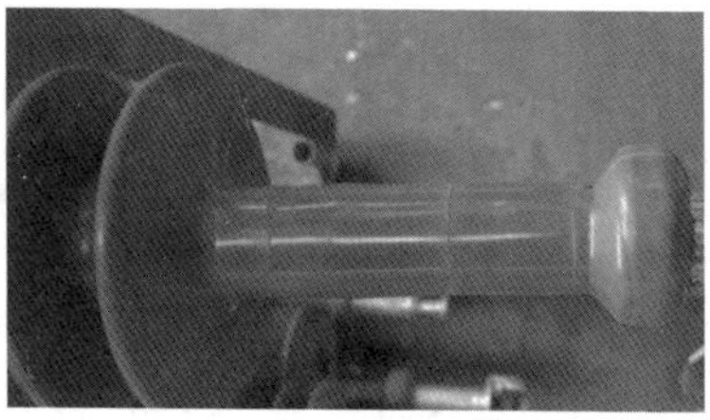

图 7-29 内含缺陷的绝缘子

在绝缘子的表面按照本实验的方法检测其读数曲线，取反射信号偏移量相对值并作图，如图 7-30 所示。图 7-30 中，横坐标 8 的位置有明显数据波动，超出 100%，约为 127%，认为该部位有内部缺陷的存在。本例中缺陷识别较为明显，超出 100%较多，可能的原因是内部缺陷是一个圆柱形状的孔，意味着缺陷距离探头最近的部位比上例样品中的缺陷更近了 1mm，导致检测效果较为明显。

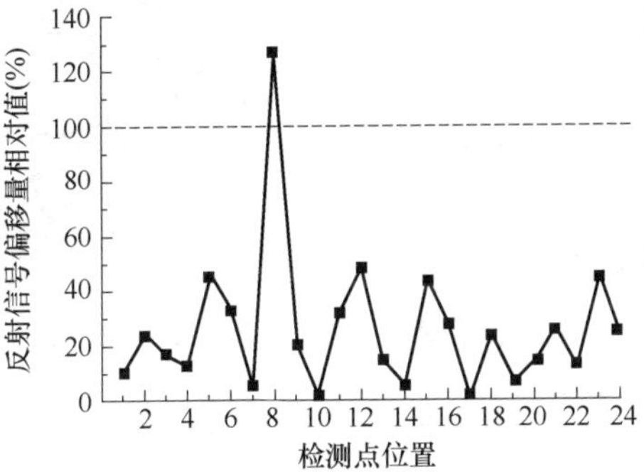

图 7-30　内含缺陷绝缘子样品检测结果相对值

在针对实际绝缘子的检测中，发现探头和绝缘子样品的定位是一个很重要的控制因素。实际绝缘子相比于短圆柱或者平板绝缘子，重量更大，长度更长，伞裙的存在也一定程度上增加了对样品的固定的难度。对实际绝缘子的检测需要更加细致的操作，保证探头和绝缘子表面的紧密稳定接触，才能保证读数的可靠。

3. 绝缘子样品三

上例中的缺陷依然是通过钻孔实现的，与实际绝缘子内部交界面缺陷有一区别。本例中，使用实际绝缘子被放电烧蚀形成的样品进行检测研究。

本例绝缘子取自 500kV 碟甲五线，2005 年出厂，运行约 7 年后送生产厂家进行检测。在水煮后加压实验中，加压 289kV 出现放电现象，红外拍摄显示高压端温度最高处温升超过 50K。

对该绝缘子进行检测，在高压端附近发现检测读数偏移最大的曲线如图 7-31 所示。图 7-31 中，横坐标 10 的位置对应的读数有明显偏移，相对值超过其他位置约为 100%，按照本缺陷判断方法，该位置刚刚满足有缺陷的判据，或者说只是有缺陷的可能性较大。

解剖本例中的绝缘子，如图 7-32 所示。

由图 7-32 可以看到，在绝缘子的芯棒和护套的交界面处存在电流烧蚀的痕迹，宽度不等，最宽处超过 1mm，另有若干分岔的放电支路。另外，在解剖过程中发现该处交界面的芯棒和护套之间已经完全失去黏接效果，也因此在加压实验中出现明显放电和发热现象。

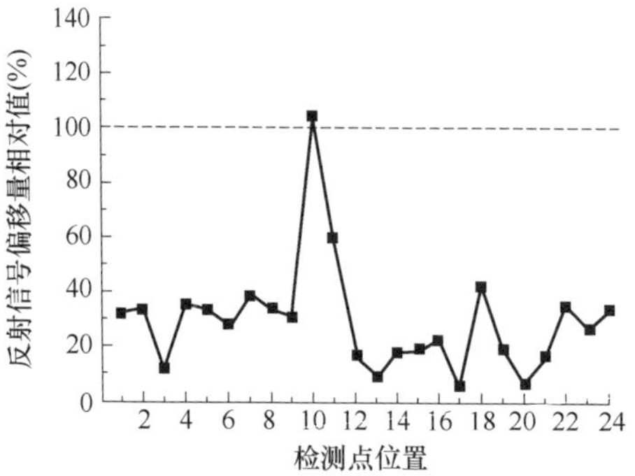

图 7-31　实验加压温升绝缘子检测结果

图 7-32　实验加压温升绝缘子解剖结果

4. 绝缘子样品四

本例中，取一只实际运行中在低湿度环境下出现明显温升的绝缘子进行研究。现场温升绝缘子取自岭深乙线 N46 塔，中相后串，现场温升 8.6℃。绝缘子取回后进行加压实验，施加电压 318kV（AC），即 1.1 倍运行电压，加压时间 2h。通过 FTIR SC600 红外摄像仪观察，高压端出现了明显的发热，发热部位处于第 1 个与第 3 个大伞裙之间。加压实验红外拍摄照片如图 7-33 所示。

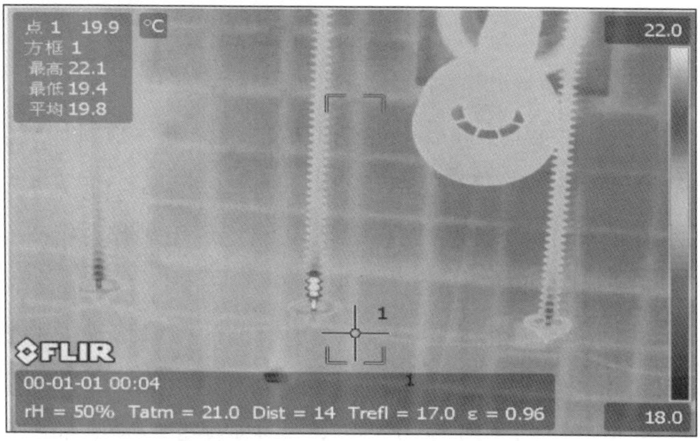

图 7-33　加压实验红外拍摄照片

在样品表面同一个圆周上的 24 等分点位置进行测量，得到该圆周的测试结果曲线。同样方法测试不同位置的圆周，可以得到对应位置的测试结果曲线。其中表现出缺陷的曲线如图 7-34 所示。

图 7-34 中，不同位置的反射信号强度主要集中在 6.5～7.3V，而在位置坐标 16、17 的位置反射信号强度有明显的大幅度变化，表现出较为明显的读数偏移。根据数据特征判断，内部存在缺陷的可能性较大。作为比较，提供两组在同一绝缘子不同部位的检测曲线。

图 7-35 中，反射信号强度主要在 6.6～7.3V 之间变化，没有某个部位的读数相对于曲线其他部位有明显变化，最多不超过 20%，没有表现出内部存在缺陷的数据特征。

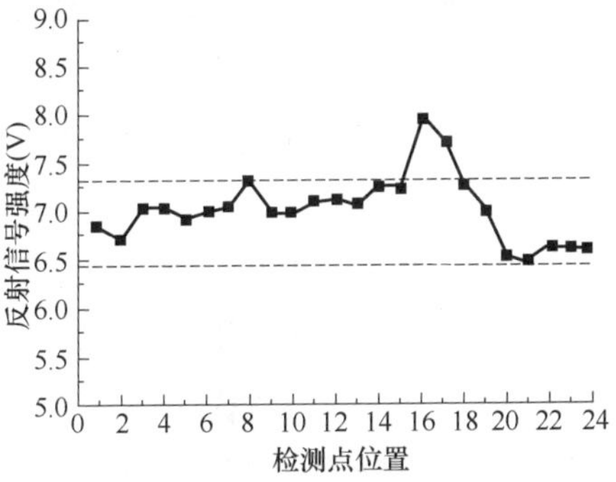

图 7-34　现场温升绝缘子检测结果（表现出有缺陷）

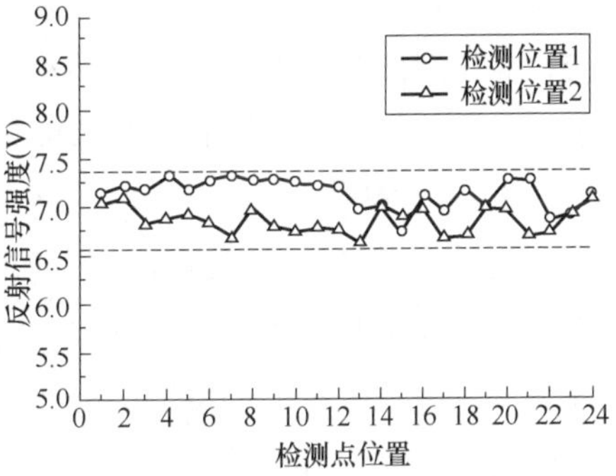

图 7-35　现场温升绝缘子检测结果（表现出无缺陷）

综上，将两组曲线放到一张图上，做相对值化处理，如图 7-36 所示。

图 7-36 中，黑色实线表示的曲线显示出内部存在缺陷的数据特征，有一处数据点超出其他位置数据范围的幅度超过 100%。深灰色和浅灰色两条曲线没有表现出内部存在缺陷的特征。

将发热绝缘子解剖，在检测数据对应的位置的横截面如图 7-37 所示。

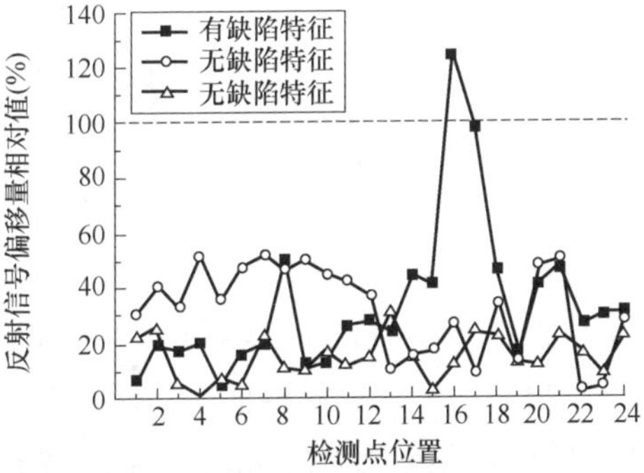

图 7-36　不同部位检测相对值曲线比较

图 7-37　现场温升绝缘子检测数据对应的位置的横截面

图 7-37 中箭头标注的位置可以看到气隙缺陷的存在。经过测量，该缺陷的尺寸约为 8mm 宽、0.4mm 深。参照前文中对缺陷尺寸与检测识别能力的关系的研究进行比较，本实际绝缘子的缺陷尺寸与前文研究结果相近。

本节使用几种不同形状的样品（平板形状、圆柱形状、实际绝缘子）进行实验。研究了微波检测系统检测无缺陷样品的表现，以及检测缺陷部位的表现。主要内容如下：

使用本方法检测形状简单的无缺陷平板形状硅橡胶-环氧树脂样品的不同位置，其检测结果波动包括以下几个来源：系统随时间变化导致的波动、样品与探头的相对位置的微小改变导致的波动、硅橡胶厚度在测量误差范围内波动（0.1mm 数量级）导致的波动、样品不同部位具有的其他不可控因素导致的波动，以上原因统归于系统误差，其检测读数的波动在 0.2V 以内。

使用本系统对绝缘子进行检测的思路是检测护套外壁上的反射微波强度，由强度出现异常来判断内部存在缺陷。根据在圆柱形状样品和实际绝缘子样品上的实验数据，无缺陷样品的反射信号强度的波动范围约为 0.9V 以内。由此提出适用范围更广的检测方案：在实际检测缺陷前先对同一批绝缘子进行检测，经过几十甚至几百个点的检测之后，就能够得到本批检测的无缺陷读数范围。计算测量读数偏离无缺陷读数范围的相对值，如果超出程度较多（通常定为 100%），即怀疑其内部有缺陷存在。

检测的精度：将缺陷尺寸用缺陷宽度和缺陷深度两个参数描述，实验发现，宽度越宽、深度越深，都会导致缺陷读数偏移量更大。以缺陷读数偏移量相对值超过 100%为判据，通过实验得到能够检出的缺陷尺寸的几组参数组合，分别是：8mm 宽、0.4mm 深，6mm 宽、0.6mm 深，4mm 宽、0.9mm 深。即缺陷宽度与缺陷深度的乘积约为 $3mm^2$ 的尺寸。

缺陷中存在电流烧蚀形成的碳（导体）会对检测结果有一定的影响，影响的表现是检测信号的强度变小。碳化程度越严重，对检测的影响越大。对于碳化程度并不非常严重的情况（极端严重的情况在本实验中以隔绝氧气高温烘烤环氧树脂为例）检测信号偏移正常范围大于 80%，不会导致对缺陷的检测无法进行。

使用人为制造内部交界面气孔缺陷的实际绝缘子检测，对缺陷的识别效果明显。在对实际运行中出现异常温升的绝缘子的检测实验中，检测曲线表现出存在缺陷数据特征所对应位置的解剖情况显示绝缘子内部存在约 8mm 宽、0.4mm 深的气隙缺陷。即使用本方法成功检出一例存在内部气隙缺陷的实际绝缘子。

7.6　缺陷检测影响因素

在使用微波反射法检测复合绝缘子的过程中，影响系统检测读数的因素并不是只有样品内部存在缺陷与否。实际绝缘子的复杂性、环境因素的复杂性，都有可能影响读数，进而影响对缺陷的识别。因此需要研究各因素对检测的影响，讨论其影响程度，提出相应的规避影响的方法。本节研究绝缘子护套厚度、表面污秽、检测距离、检测角度、环境电磁场对检测的影响。

1. 护套厚度对检测的影响

复合绝缘子生产过程中，由于芯棒安装偏差、模具安装偏差、芯棒自重导致的弯曲等原因，会导致绝缘子成品的护套厚度不是完全一致，即芯棒和护套的圆心不完全重合。在国家标准中对复合绝缘子护套厚度的一致性没有严格的规定，只有护套厚度下限的规定。

本检测方法应用的原理是微波在绝缘子的各层表面进行折反射，则硅橡胶的厚度会对反射波的强度造成影响，为了保证检测效果，需要研究硅橡胶厚度对微波反射的影响情况。由于复合绝缘子生产工艺所限，无法做到在生产过程中事先精确设定除了已有型号之外的其他尺寸的护套厚度，更难以人为控制偏心现象的尺度，所以本节实验采取的思路是先在容易加工的平板形状样品上寻找规律，再推广到圆柱形状样品上。实际上，硅橡胶的机械性能（有一定强度，有一定弹性）导致对成型硅橡胶进行细微加工的难度较高，不易得到任意尺寸的实验样品，所以在采用多组不同厚度的硅橡胶进行实验的同时，使用软件仿真计算对实验结果进行验证和补充。

选用平板形状样品，采用不同厚度的硅橡胶平板，厚度从 2mm 到 8mm，每隔 1mm 制作一次样品，共 7 个样品，每个样品取 7 个不同位置测量该点的厚度和反射信号强度，取平均值。测量结果如图 7-38 所示。

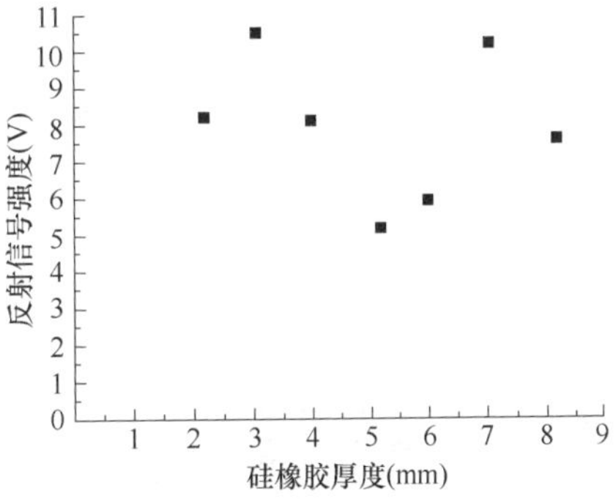

图 7-38　硅橡胶厚度对反射信号强度影响的实验结果

从图 7-38 的实验结果可以看出，平板样品中硅橡胶厚度变化会引起反射信号强度的变化，但是这个变化不是简单的线性关系。近似看出是一个波动起伏的曲线形式。为了得到步长更细致的厚度变化，使用软件仿真进行计算，将仿真结果和图 7-38 的实验结果相互验证、补充。

使用 CST MICROWAVE STUDIO 仿真，仿真的情境如图 7-39 所示。

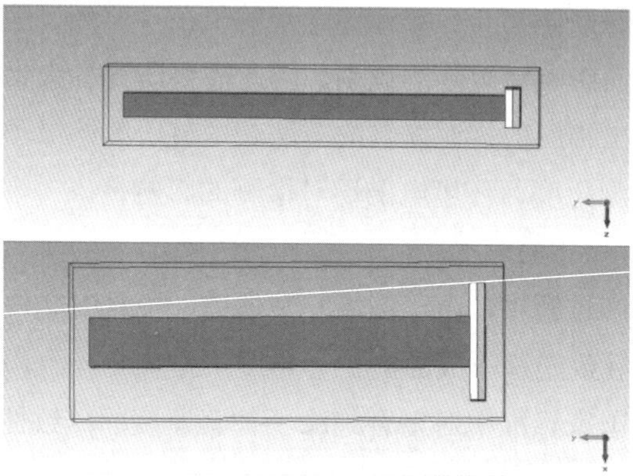

图 7-39 CST 仿真情境（平板样品反射系数）

图 7-39 中展示了仿真情境的两个不同角度的视图，图中灰色矩形是矩形金属波导，波导管右侧紧贴着的白色和浅蓝色平板分别是硅橡胶和环氧树脂材质。在波导的入口端（图中左端）采用软件自带模型设置上微波的发射源和接收端（入口端的截面平面），微波通过矩形波导传播到硅橡胶和环氧树脂平板上，软件仿真计算在波导入口端将会接收到的反射波的强度（相对于入射波的比值）。设定硅橡胶厚度从 1～9mm 变化，每隔 0.1mm 仿真一次。仿真计算结果如图 7-40 所示。

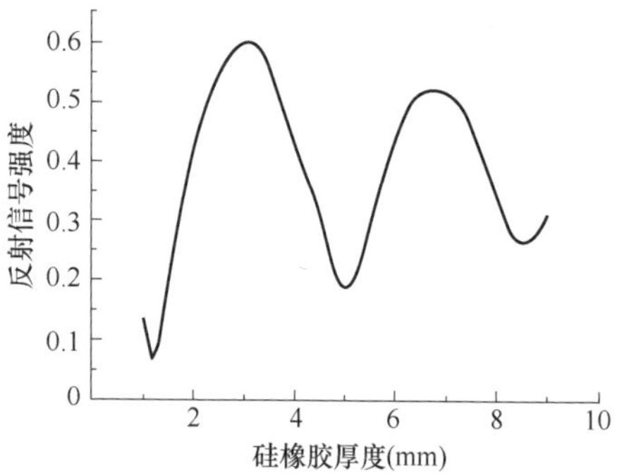

图 7-40 硅橡胶厚度对反射信号强度影响的仿真结果

图 7-40 中的仿真结果显示，硅橡胶厚度变化对反射信号强度的影响不是单调变化的，其他参数不变的条件下，反射信号强度近似呈现幅度衰减的周期性变化。微波是周期性变化的电磁波，本实验装置采用的微波频率是 24GHz，在真空中的波长是 1.25cm，在介质中相应缩短一些。考虑到微波的周期性空间分布的特征，这个仿真结果是合理的。

进一步，将仿真结果与实验结果进行对比。初步观察可以看到两者具有同样规律的趋势。直接将仿真和实测的数据图对比，并不重合，其原因和调整方法如下：

放大倍数不一样。对于仿真计算，选取电压大小没有影响，但是在实际测量中因为精确度和信号采集模块的性能的考虑，加入的信号放大模块，导致两图的纵坐标尺度不同。这个因素带来的差别可以通过对图像的纵向拉伸和平移消除掉，表现在图像中即是改变纵坐标刻度。

仿真参数与实际材料参数的区别。仿真计算中设定了各部分材料的电磁参数，但是事实上并不知道实际采用的硅橡胶和环氧树脂的介电性能参数，而实际测量材料的高频介电常数（此处工作频率是 24GHz）并不是很方便。所以这里采用的思路是，先用一个近似的介电常数去代入仿真，然后比较仿真结果和实测结果是不是在不同厚度都相差同样一个比例系数。这是因为在电磁波问题的计算中，光程（传播距离与折射率的乘积）是作为一个整体出现的，所以仿真与实测结果之间的差异应体现为一个比例系数，即两者的自变量之间有正比例函数关系。考虑到计算对象不只是厚度变化的硅橡胶材料，还有背景空气和环氧树脂板，所以在正比例函数的基础上将多出一个常数项。综上所述，两者的自变量之间呈线性函数关系。体现在图像中，这个因素带来的差别可以通过对图像数据点的横坐标的缩放和平移来消除掉。

综合上述分析，结论是仿真图像和实测图像经过横纵坐标刻度设置即可消除方法不同带来的数值差别，以便进行对比。图 7-41 是经过拉伸平移变化之后两幅图的重合情况。左、下坐标轴为仿真数据曲线，右、上坐标轴为实测数据点。

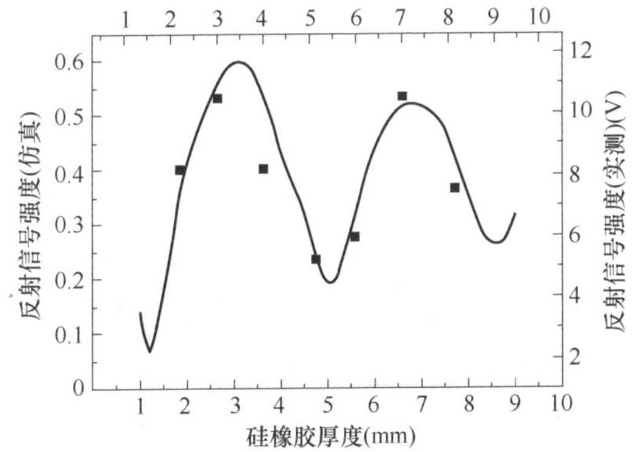

图 7-41　硅橡胶厚度变化问题仿真与实测结果对比

由图 7-41 中可以看出，实测数据点明显是分布在仿真数据曲线的附近，符合情况较好。因此可以认为仿真和实测数据能够互相支持，仿真数据可以为实测数据提供补充。所以，实验和仿真结果表现出同样的规律，即硅橡胶厚度变化对反射信号强度的影响是幅度衰减的周期性变化。

更进一步地观察可以看到，仿真和实测图像的横坐标相差很小，约为 5%，说明本组仿真中所使用的硅橡胶介电性能参数与实验样品的实际值较为接近。

由得到的关系曲线可知：硅橡胶厚度变化可以导致反射信号强度较大的变化；对于不同材质不同厚度区间变化斜率不相同。因此对实际绝缘子进行检测的时候需要考虑绝缘子厚度不均匀的影响。下面采用绝缘子短样进一步分析这个问题。

2. 圆柱样品实验

取用一支绝缘子短样进行测量，护套厚度分布在 5mm 左右，在绝缘子上不同位置进行 100 多次测量，记录每个测量位置的护套厚度和微波检测反射信号强度，作图进行对比。如图 7-42 所示。

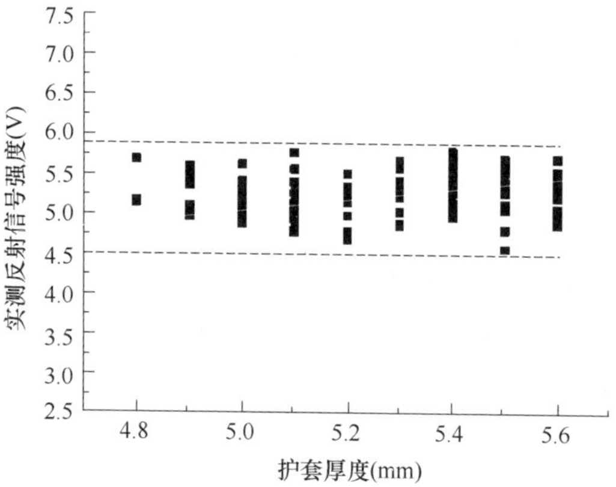

图 7-42 护套厚度和实测信号强度的关系

图 7-42 中，横坐标是不同的护套厚度，单位是 mm，分度值是 0.1mm，由于硅橡胶本身具有一定的弹性，以及圆柱形状在测量时难以确定准确测量位置，因此测量硅橡胶的厚度时测量精度达到 0.1mm 已经接近极限。在不同的位置测到微波反射信号强度和护套厚度，作图之后发现不存在明显的函数关系，当护套厚度在 4.8～5.6mm 范围内时，反射信号强度都大约分布在 4.5～5.8V，同一个厚度对应的反射信号强度部分并不是很集中。

将圆柱样品检测结果和平板样品仿真、实测结果进行对比验证，如图 7-43 所示，图中是利用平板样品模型通过仿真和实测测到的反射信号强度和硅橡胶厚度的对应关系。按照图 7-42 的数据，圆柱样品所测到的硅橡胶厚度分布在 4.8～5.6mm，按照图线投影到纵坐标，为 4.5～6.2V，与圆柱样品中的测量结果

（4.5～5.8V）基本一致。说明在这个厚度范围附近时，平板样品的仿真和实测结果与圆柱样品的实测结果相符较好。

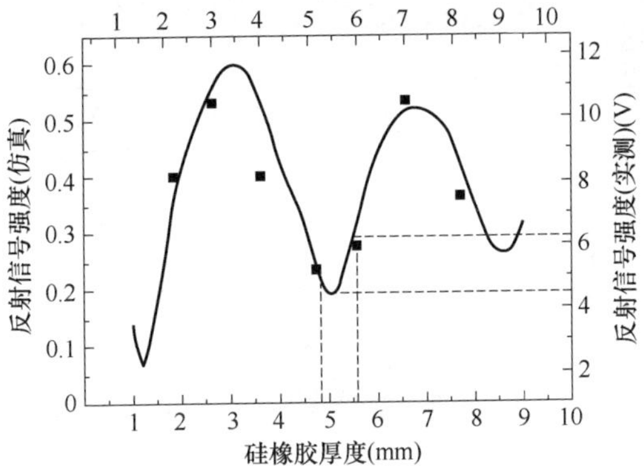

图 7-43　硅橡胶厚度在 5mm 附近时的仿真结果

由实验和仿真可以得到结论：护套厚度 5mm 属于厚度变化导致微波反射信号强度变化较为缓慢的部位，即在这个厚度范围附近，微波检测方法受护套厚度因素的干扰较小。

严重偏心圆柱样品：在实验收集到的样品中，没有发现绝缘子护套厚度变化超过 1.5mm 的样品。目前各绝缘子生产厂家的工艺技术也在不断提高，但是考虑到国家标准中并没有对绝缘子护套厚度偏差程度的规定（只有对厚度下限的规定），为了预防在后续研究和实际检测过程中出现护套厚度变化较大导致检测难度加大的情况，针对此问题进行讨论。

复合绝缘子轻微护套不均匀问题可能是生产工艺要求不够精密导致的，在现有行业要求中，并非需要改正的问题。但是严重的护套厚度不均匀（超过 2mm），则属于生产过程中出现不应有的问题导致，可能的原因有：模具销松动或没有顶到位、接头不平衡、胶料调整不平衡等，从而产生偏心的问题，即护套厚度严重不均匀（由于模具和芯棒形状已经确定，严重的护套厚度不均匀只能是偏心问题，不存在不偏心却厚度不一致的情况）。由于上述产生偏心现象的原因是作用于整只绝缘子的，所以同一只绝缘子沿轴向的不同位置上的厚度分布应该是类似的。由此提出一个猜想：在不同位置测量一个圆周的反射读数，由于护套厚度不均匀带来的曲线变化趋势具有一定程度的相似性。

为验证上述猜想，人为制造一根存在严重偏心情况的复合绝缘子，在其不同部位测量各个圆周的读数曲线，如图 7-44 所示。

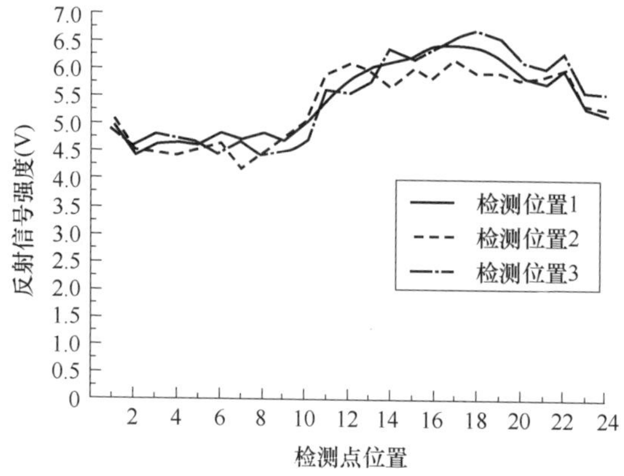

图 7-44　严重偏心绝缘子不同部位检测曲线

图 7-44 中，三条检测曲线表现出一定程度的相似趋势，因此在后续检测过程中，遇到数据曲线出现较明显的一半高一半低的情况时，应考虑严重偏心的可能性。这种情况下，通过统计不同曲线的分布规律共性，可以减少严重偏心因素带来的影响，增加检测识别缺陷的能力。

7.6.1　表面污秽对检测的影响

实际运行中的绝缘子表面会有污秽，在闪络问题中，绝缘子表面污秽是一个重要的影响因素。对于内部缺陷来说，表面污秽的影响要小得多。微波检测法使用微波穿透绝缘子来检测绝缘子内部情况，并不涉及表面放电。对于微波检测来说，表面污秽的主要影响是作为一层介质影响了微波的传播。由于本方法是采用不同位置的反射信号强度的对比来检测缺陷，所以表面污秽对检测效果的影响主要体现在不同位置的表面污秽分布不均匀而导致的对反射波的影响不同。为了研究表面污秽的不均匀分布是否会影响微波方法检测内部缺陷，取平板样品涂污，研究有污秽和无污秽部位的反射信号强度是否有明显差别。涂污样品如图 7-45 所示，取平板试片进行涂污，使用高岭土，灰密 1.0mg/cm^2，盐灰比 1∶10，在样品的一半部位涂污。

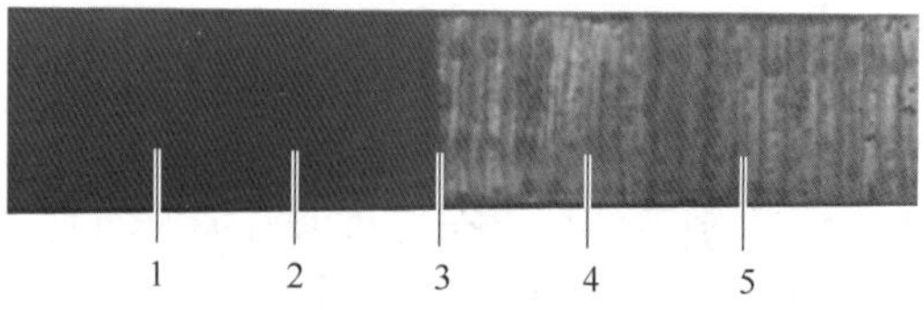

图 7-45　平板涂污样品

因为本节实验是要研究表面污秽的不均匀程度对微波检测的影响，所以采用了不均匀程度最大的情况，即有污秽和无污秽之间的对比。检测点的位置见图 7-45 中的标注，由于涂污试片面积较小，污秽的分布不是很均匀，为了判断检测结果的有效性，在大致相同的位置反复检测 3 次。检测结果如图 7-46 所示。

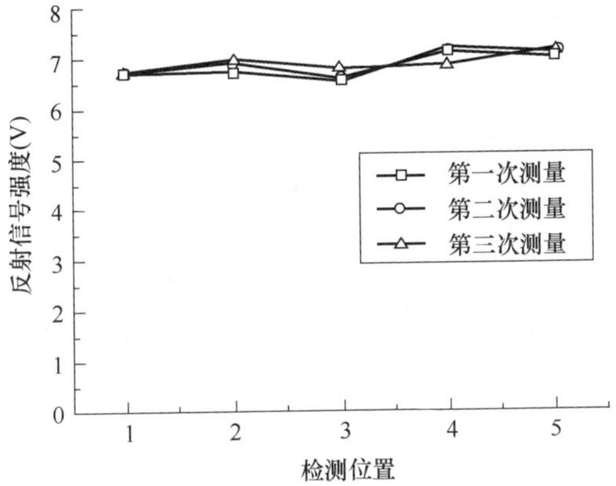

图 7-46　涂污试片检测结果

图 7-46 中，横坐标 1、2 对应的位置是没有污秽的，3 对应于少量污秽，4、5 对应于较大量的污秽。在图 7-46 中看不出有无污秽对应的明显数据变化。更大量的实验数据反映出相同的规律，即表面污秽的存在以及其不均匀分布对微波反射的影响很小。这个结论从理论上是成立的，因为对于微波来说，干污秽对其影响只是相当于多了一层厚度很薄的非导体介质，由上文可知，介质层的厚度的微小改变对微波反射波的强度的影响很小。

以上实验研究的是干污秽对微波检测的影响，干污秽作为非导体的介质，对微波的影响并不大。但是污秽有受潮的可能，实际运行中会出现湿度较大的情况。水对微波的影响主要有两方面：溶有离子的水是导体，导体对电磁波的传播有阻碍作用；水分子作为极性分子，对微波有较强的吸收作用。因此总的效果是受潮的污秽会对微波反射波的强度有削弱影响。因此设计实验研究污秽受潮之后对微波检测的影响。

将一半表面涂污的试片置于装有水的密封容器中，试片高于水面，不接触水面。容器中水蒸气达到动态平衡之后即为 100%相对湿度的环境。待试片上的污层充分受潮，在试片表面的 7 个不同位置测量微波反射信号强度。然后将全部表面污秽擦除掉，再次在同样的位置测量；将两次测量结果对应相减，得到有污秽和无污秽两种情况对应的反射读数变化，如图 7-47 所示。

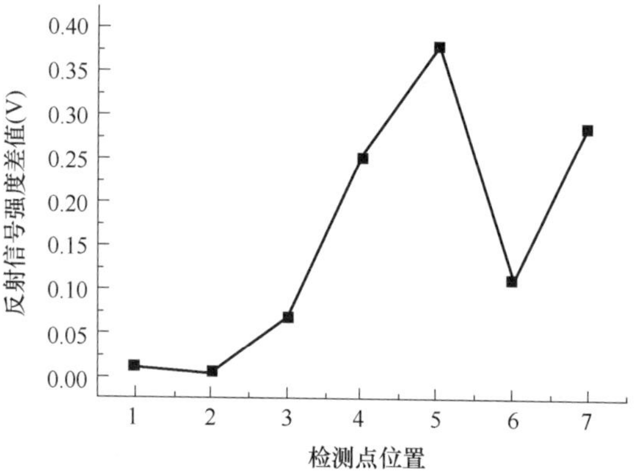

图 7-47　有无受潮污秽的检测结果之差

图 7-47 的横坐标是不同检测位置，其中 1、2、3 是在两种情况下都没有污秽的，可以看到两次的检测读数变化很小；4、5、6、7 四个位置对应的纵坐标是有无受潮污秽的检测读数的变化，有受潮污秽的情况的反射信号强度较小，为了在图 7-47 中用正值显示，图中数据使用无污秽情况的数据减有污秽情况的数据。污秽受潮之后反射信号强度的变化较大，为了进一步研究变化幅度和污秽的灰密之间的关系，将图 7-47 与检测点的位置对应起来，如图 7-48 所示。

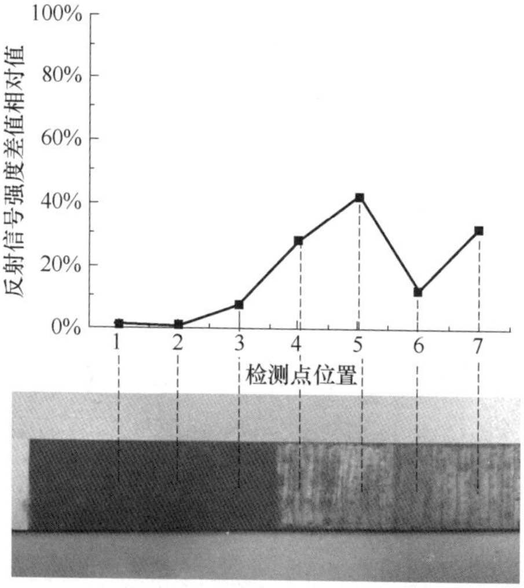

图 7-48　有无受潮污秽检测结果之差与污秽灰密关系对比

为了直观比较污秽影响与绝缘子自身读数波动的大小关系，图 7-48 中已经对检测读数取相对值。

如图 7-48 所示，由于在小试片上涂上指定灰密的污秽，或者测小区域（几毫米长度）内的灰密都很难做到，所以本实验中难以定量确定试片上的污秽灰密，只能通过污秽的颜色大致判断不同小区域的污秽的多少。在图 7-48 中可以看出，污秽的白色更严重的区域，对应的反射信号强度差值就较大，基本呈现正相关的关系。这一现象通过理论分析是合理的，因为更多的污秽可以吸收更多的水分，水分对于削减微波反射波强度具有比较明显的效果，所以在相对湿度很大的环境中，反射信号强度的变化量就和灰密具有较明显的正相关性。

从实验中得到的结论是，表面污秽相差 1.0mg/cm^2 灰密（盐灰比 1∶10），在吸收水蒸气至饱和的情况下（即污秽不均匀程度的影响达到最大），导致的反射信号强度的变化约为 0.4V，相比于第 3 章研究得到的无缺陷圆柱样品读数波动范围 0.9V，相对值约为小于 50%，所以表面污秽对微波检测绝缘子内部缺陷的过程影响较小。

50%的波动对检测也会造成一定的影响，减弱缺陷识别能力。因此在条件允许的情况下应该对此项因素进行针对性处理。即在对实际绝缘子检测的过程中，如果遇到表面污秽较严重，特别是污秽分布很不均匀的情况，建议先对绝缘子表面污秽进行清洗，能够提高检测内部缺陷的准确度。

7.6.2　检测距离对检测的影响

微波检测相比于超声波检测的一个重要的优点是微波在传播到介质的过程中不需要偶联剂，也不需要表面接触。本节研究检测探头到样品表面不同距离时的检测效果。

由于相距一段距离之后圆柱形状绝缘子不能再近似视为平面，所以本节实验不采用平面样品，采用圆柱样品。将同一个圆柱样品（内含缺陷）放置到距离探头不同位置，测量圆周各位置的反射信号强度，统计无缺陷位置的读数分布范围（平均值和极差）和缺陷读数偏移量相对值。

图 7-49 中，横坐标是探头到样品表面的距离，纵坐标是不同检测距离下样品无缺陷部位反射信号强度的平均值。可见对于不同的检测距离，反射信号强度有幅度较大的变化，远远超出同一距离下有无缺陷导致的读数变化。另外，从图 7-49 中可以看出，随着距离的增加，反射信号强度的变化并不是单调减小的，具有波动性变化的特点。考虑到微波的空间周期性分布的规律，可以猜想检测距离对反射信号强度的影响可能具有类似周期性波动的特点，即与上文的护套厚度影响具有类似的规律。这个规律在下文中结合仿真做进一步研究。

图 7-50 是不同检测距离下无缺陷样品的读数波动范围（最大值减最小值）。

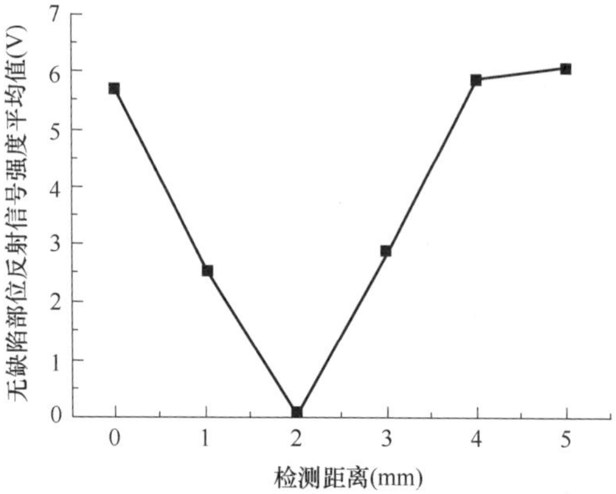

图 7-49 不同检测距离下无缺陷部位检测读数平均值

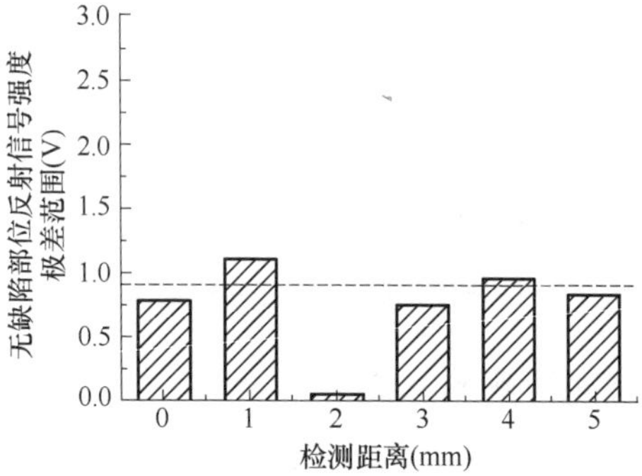

图 7-50 不同检测距离下无缺陷部位检测读数极差范围

图 7-50 中，横坐标是检测距离，不同柱状图表示不同检测距离下无缺陷部位的波动范围，可见不同的检测距离对应的波动范围都不大，除 2mm 距离对应的读数波动范围特别小之外，其他检测距离的读数波动范围都在 1V 左右，相比于前文研究的 0.9V 相当接近，也就是说，通过归纳无缺陷读数波动范围的方式判断缺陷存在与否的思路可以推广到不同检测距离。至于其中的特例 2mm 检测距离，结合图 7-49 可以发现，其波动范围极其小是因为其读数的平均值极其小，即这个检测距离下的反射信号强度极弱，不利于检测。

图 7-51 是不同检测距离下的缺陷读数偏移量相对值。表征了各个检测距离下的缺陷识别能力。

图 7-51 中，横坐标是探头到样品表面的距离，纵坐标是缺陷部位读数偏移量相对值。图中显示，0～5 mm 的距离区间内，缺陷读数偏移量相对值都超过 100%，其中 2mm 极高，达到 800%；而 0mm 和 3mm 的偏移量相对值也超过 200%。结合前文研究作进一步的讨论：

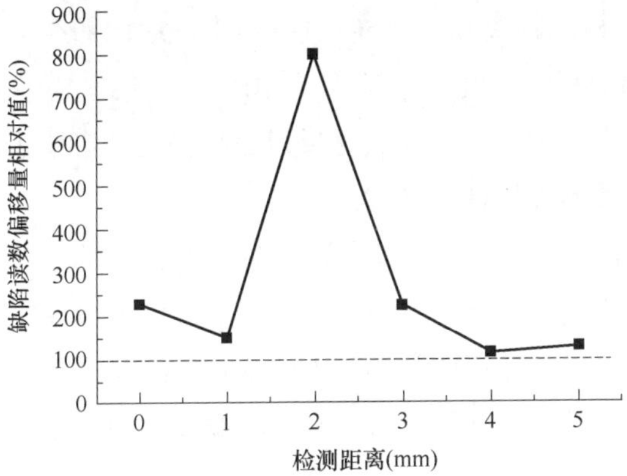

图 7-51　不同检测距离下的缺陷读数偏移量相对值

检测距离为 2mm 的偏移量相对值很高，这是由于其反射信号强度普遍很小，数据显示，检测距离为 2mm 时，无缺陷部位的反射信号强度均在 0.1V 以下，考虑到实际检测中难以保证操作误差小于 0.1V，因此虽然 2mm 检测距离具有很明显的偏移量相对值，也不建议使用这个检测距离。

检测距离为 0mm 和 3mm 的偏移量相对值超过 200%，相比于 1、4、5mm 要更高一些。考虑到前文中的检测标准是根据检测距离为 0mm 的实验确定出来的，所以本实验中 0mm 检测到的偏移量相对值超过 200%应理解为采用的样品缺陷较明显，也就是说，如果某一样品在 0mm 检测距离下的检测偏移量相对值为 100%左右时，在 1、4、5mm 检测距离下就将会小于 100%，不能判断出缺陷。因此，更优秀的检测距离为 0 mm 和 3 mm。

考虑到增加检测距离的实验难度增加，为了验证本节测量到的数据的可靠性，对反射信号强度随检测距离的变化这一情境进行软件仿真。仿真结果如图 7-52 所示。

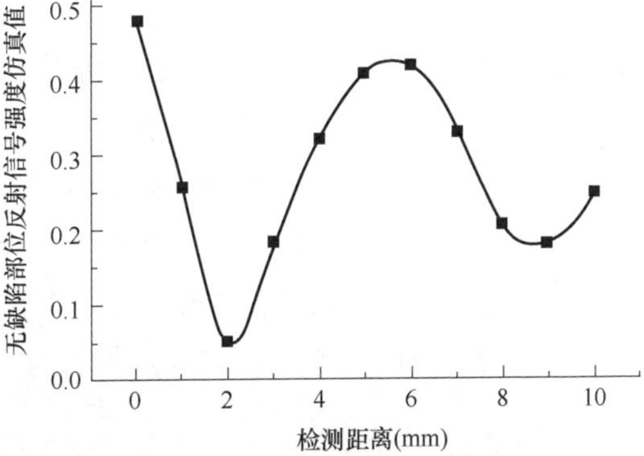

图 7-52　不同检测距离下无缺陷部位反射信号强度仿真值

图 7-52 中，对检测距离 0～10mm 进行仿真，对比图 7-51 中 0～5 mm 的检测结果，两者曲线趋势相符，由此证明本节中改变检测距离测量读数具有可靠性。另外，检测距离因素和护套厚度因素对反射信号强度的影响表现出相似的规律，都是近似呈幅度衰减的周期性波动。

进一步观察，发现检测距离的变化对反射信号强度的变化有较大的影响，也是就说，在同一条曲线的检测过程中，如果由于操作不当导致探头到样品表面的距离有微小的变化，就会导致读数有较大的变化。因此得到一条检测操作注意事项：在检测过程中，确定检测距离后就应当尽量保证检测距离不变，以防距离变动引入不必要的误差。对于这个问题，有以下三种解决办法：

（1）将检测距离确定为 0mm，紧贴样品，这个要求比较容易满足，不易出现距离变化。

（2）使用稳定性高的夹持装置将探头和样品都固定住，保证相对距离不变，则可以使用不同的检测距离。

（3）在探头上加装测距装置，检测探头到样品表面的距离，在后期数据处理中将距离变化带来的影响减掉，这个方法同时适合于拓展到远场检测的情境。这里采用了第 1 种和第 2 种方案。

本节实验表明，微波检测在不需要偶联剂的同时，也不需要表面接触。后续研究中进一步加大检测距离主要需要从以下几个方面加以改进：

（1）提高设备的功率，保证发生波和反射波有足够的强度。

（2）使用收发远场微波的天线，提高微波的利用率。

（3）加装测距装置，监控距离微小变化对检测的影响。

7.6.3 检测角度对检测的影响

本方法利用反射微波的强度进行检测，在检测过程中样品的角度变化会导致探头接收到的反射波发生变化，对检测判断造成干扰。因此需要研究样品与探头接触的平面形成的角度（简称检测角度）与微波反射信号强度的关系。

一个三维几何图形有三个平动自由度和两个转动自由度，对于整体成轴对称的绝缘子样品，当检测距离确定之后，其转动角度如图 7-53 所示，其中 B 轴的旋转对于轴对称的绝缘子样品并无相对形状的变化，在实验中 B 轴旋转对应着检测曲线的不同位置，因此本节研究的检测角度专指如图 7-53 中 A 轴的旋转导致的角度变化。

由于留有角度时，平板样品和圆柱样品不再能够很好地等效，所以本节实验采用圆柱样品。取一只无缺陷的圆柱样品，将样品与探头端部平面分开一定角度放置，如图 7-54 所示。

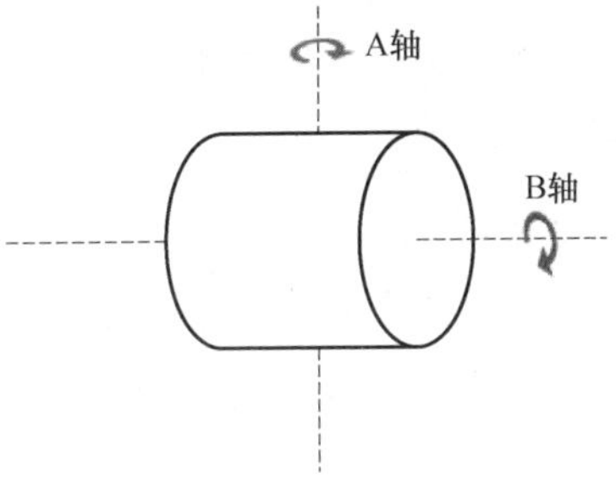

图 7-53　圆柱形状样品旋转角度示意图

图 7-54　检测角度对微波检测的影响的实验过程

将样品在纸面平面内旋转一定角度，通过底部垫纸上绘制的角度对齐，如图 7-54 所示。将样品与探头的距离保持在有一个点接触的程度，以控制检测距离的变量。检测角度为零即为前文所使用的标准检测形式，样品和探头紧贴。将检测角度不为零时的反射信号强度与标准形式进行比较，计算其差值，用 0.9V 为参考取相对值，如图 7-55 所示。

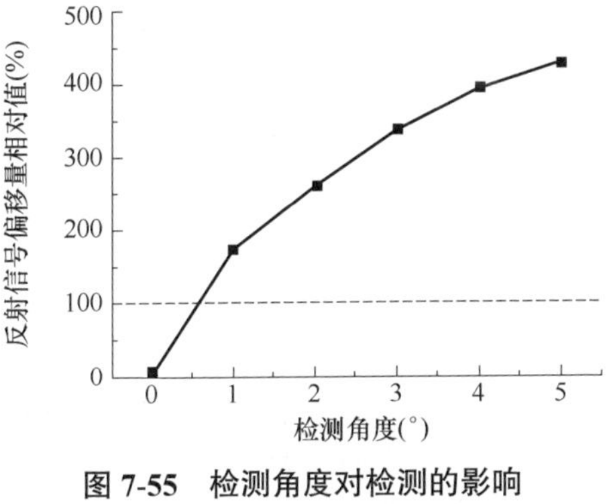

图 7-55　检测角度对检测的影响

图 7-55 中，横坐标是样品圆柱表面切面与探头端部平面之间的角度，纵坐标为在该角度下的检测结果偏离标准检测形式（检测角度为零）的相对值。可以看到检测角度改变 1°时带来的影响已经超过 100%，因此在检测距离为零的情况下，应该将样品紧贴探头测量，保证检测角度为零，以保证检测效果。

本实验目前没有高精度测距装置，在检测距离不为零（约为几毫米距离）的情况下，难以保证实验中控制检测角度有 1°量级的微小变化，因此本节没有检测距离不为零时的检测角度的实验研究。另外，考虑到在上一节改变检测角度进行实验的过程中，检测角度不可避免的微小变化并没有导致检测读数与仿真结果出现明显偏差，因此推测在检测距离不为零时，检测角度的微小变化对检测的影响减小。这一现象是有一定的道理的，因为检测距离为零时，检测角度的变化会导致检测距离由零变为非零，相当于检测角度变化对检测的影响有一部分来自检测距离变化对检测的影响，从而导致一定的读数变化。

在检测距离为零的情况下，检测角度变化对检测的影响严重，因此应该保证操作过程中检测角度为零，以保证检测效果。对于检测角度不为零的情况，尚需要通过设备进一步改进后的实验来研究。

7.6.4 环境电磁对检测的影响

通过测量反射微波的强度检测复合绝缘子缺陷，微波属于电磁波，环境中的其他因素带来的电磁场、导体的分布会影响仪器接收到的微波，因此环境中的电磁因素可能会对本方法的检测造成影响。本节研究几种在绝缘子实验过程中常见的可能导致结果干扰的因素。

设置不同的环境影响因素，分为附近有人体、附近有通话中的手机、附近有电机三种情况，试验不同距离的影响，结果见图 7-56 和表 7-6。

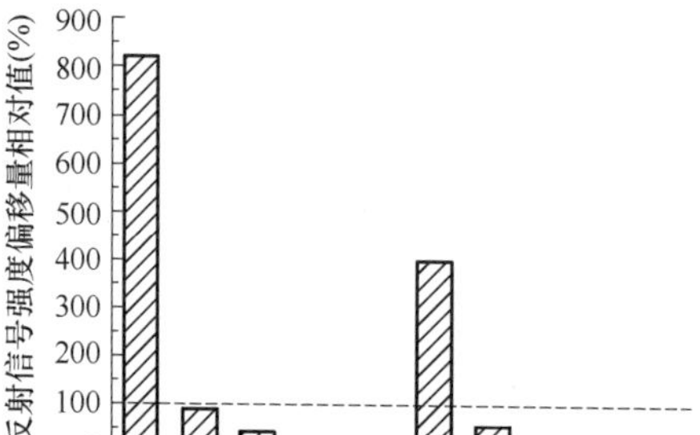

图 7-56 环境电磁因素对微波检测的干扰程度相对值

表 7-6 不同环境电磁因素对检测的影响

实验序号	环境影响因素	反射信号强度变化量相对值
1	人体在探头前方 0cm	821.73%
2	人体在探头前方 5cm	89.80%
3	人体在探头前方 10cm	43.51%
4	人体在探头前方 20cm	23.47%

续表

实验序号	环境影响因素	反射信号强度变化量相对值
5	人体接触波导管外壁	0.90%
6	通话中的手机在探头前方 0cm	400.51%
7	通话中的手机在探头前方 5cm	56.48%
8	通话中的手机在探头前方 15cm	19.03%
9	波导管侧面紧贴有通话中的手机	1.21%
10	1100W 空气压缩机在探头前方 2m	7.42%

表 7-6 中，不同实验序号的实验是采用相同情况的检测样品，每次改变一项环境中的电磁影响因素，包括不同的环境因素和相对于检测装置的不同位置，计算测量到的反射信号强度的变化量，按照绝缘子正常读数波动范围为 0.9V 的标准将示数变化转化为相对值，以此表征不同环境影响因素对检测的影响。将表 7-6 中的数据作图表示，如图 7-56 所示。

图 7-56 直观地展示出不同环境电磁因素对微波检测的干扰的程度，横坐标各实验序号对应的环境电磁因素见表 7-6，其中超过 100%相对值的有 2 项：实验 1 表示人体在探头正前方接触探头，实验 6 表示通话中的手机在探头前方接触探头；影响程度在 50%相对值至 100%相对值之间的有两项，分别是人体和通话中的手机在探头前方 5cm 处。

从图 7-56 中可以看出以下信息。

波导管具有良好的电磁屏蔽能力，在波导管侧面的通话中的手机即使处于零距离也不会对检测造成影响，具有导电能力的人体直接接触到波导管外壁也不会对检测有影响。由此得到两个结论：①检测过程中可以手持波导管；②在能够确定电磁干扰来源的情况下将波导管的侧面甚至背面朝向电磁干扰源，能够有效减少干扰。

对于波导管正面的干扰源，延长干扰源到检测装置的距离可以有效降低环境因素对检测的干扰，以干扰读数相对值小于 20%为例，需要将人体离开探头 20cm、通话中的手机离开探头 15cm，电机（以实验室中已有的 1100W 空气压缩机为例）离开 2m。根据这个距离可以知道除实验操作人员外，无关人员通常不会对实验造成干扰（通常不会接近到几十厘米的距离），其他实验区域的电机也不会有显著干扰（通常无关的两个实验不会相距几米以内）。因此更重要的排除干扰的注意事项是操作人员在设备正在检测的过程中不要将身体或者其他物体放置在探头前方几十厘米以内，夹持和固定样品的工具在实验过程中要保持不变。

7.6.5 检测关键点影响因素

本节研究除了内部缺陷之外的其他因素对检测结果的影响，主要包括护套厚度、表面污秽、检测距离、检测角度、环境电磁场。检测关键点影响因素分析如下：

（1）复合绝缘子护套厚度并不完全一致，有大约 1mm 的波动，因此需要研究护套厚度变化对微波检测的影响。采用仿真和实验结合的方式对护套厚度问题进行研究。经过对比分析，仿真结果和实测结果相似程度较高，能够互相支持。得到护套厚度变化导致反射信号强度的变化规律是幅度衰减的周期性变化。对圆柱样品的测量结果显示护套厚度在 5mm 左右时反射信号强度变化较为平缓，即微波检测方法受护套厚度因素的干扰较小。

（2）绝缘子表面的干污秽在微波检测问题中相当于一层极薄的介质层，对微波检测的影响较小。考虑到水溶液对微波的影响更明显，使用受潮污秽来研究表面污秽对微波的影响程度。由于吸水量更多，灰密大的地方对反射信号强度影响更大。具体来说，表面污秽相差 1.0mg/cm^2 灰密（盐灰比为 1∶10），在吸收水蒸气至饱和的情况下（即污秽不均匀程度的影响达到最大），导致的反射信号强度的变化约为 0.4V，相对值约为 45%。因此表面污秽不会导致内部缺陷的检测无法进行，但会导致一定程度影响，对表面污秽严重且分布不均匀的绝缘子，建议在有条件的情况下先清洗再检测，能够提高检测内部缺陷准确度。

（3）微波检测可以在探头和样品表面相距一定距离的情况下实现，但是探头距离的变化会导致反射信号强度的明显变化。可以采用探头紧贴表面样品或者加装测距装置两种方案解决距离因素的影响，这里采用前者，后者的思路有待后续研究。即将探头紧贴样品表面可以保证更好的检测效果。

（4）检测过程中样品与探头所成的角度有微小改变（1°数量级）会导致检测结果有明显变化，所以检测中应保证样品和探头的相对角度不变，以保证检测效果。

（5）关于人体或者环境中电磁因素的干扰：在波导侧面和背面的人体和电磁波源都不会对波导有明显的影响，因此检测过程中可以手持波导管，在能够确定环境电磁干扰来源时将波导管的侧面甚至背面朝向电磁干扰源可以有效减少干扰；对于波导管正面的干扰源，延长干扰源到检测装置的距离可以有效降低环境因素对检测的干扰，几十厘米之外的人体不会对检测判断有明显影响；操作人员在检测过程中不要将身体或者其他物体放置在探头前方几十厘米以内，夹持和固定样品的工具在实验过程中要保持不变。

（6）可以采用固定机械装置，对样品进行固定与旋转，以保证样品与探头间相对角度不发生改变。或将探头改为圆弧形，使探头紧贴样品表面进行测量。同时，避免探头正前方 0.5m 内出现操作人员以及手机等小型电子设备。

综上，微波检测作为直流线路复合绝缘子无损检测的一种技术手段，是切实可行的，利用电磁波在不同介质中的折反射特性，实现了对绝缘子内部缺陷的无损检测。研发了应用于直流线路复合绝缘子缺陷检测的便携式微波检测设备，以反射电磁波幅值为判断依据，实现了对直流线路复合绝缘子内部气隙、气孔和导通型缺陷的检测。同时，研究了污秽、护套厚度、电磁干扰以及检测距离对微波检测结果的影响，给出了现场的操作指导规范。

微波无损检测方法探测复合绝缘子内部缺陷时，在每两个相邻伞裙间检测 1～3 组数据，每组数据为使用微波检测仪器检测一个圆周位置上的结果。每个圆周上取 24 个位置点（或者更多），依次测量每个位置点。将探头垂直紧贴于样品表面，采集该位置读数。通过大部分位置的检测数据归纳该绝缘子的无缺陷部位读数分布范围，对于读数超出无缺陷读数范围达到 100%相对值的部位，判断其内部缺陷是否存在。

第8章 新型界面友好硬质复合绝缘子

8.1　新型界面友好硬质复合绝缘子概述

复合绝缘子是近几十年发展起来的一类新型材料的绝缘子，复合绝缘子结构紧凑，体积小，重量轻（为同级瓷绝缘子串的1/7～1/10），具有良好的弹性，不需定期清扫。因而不仅给运输、安装带来极大方便，而且大大减轻维护量及节约大量维护费用，减轻工人的劳动强度，也为事故检修及紧凑型线路提供了良好的条件。

现在绝大部分复合绝缘子的伞套材料是基于硅橡胶材料制备。硅橡胶材料具有优异的耐污闪性能，但是其力学强度不足，具有一定的透水、透气性；同时伞套与芯棒的界面耐老化性能欠佳，由此带来的局部放电现象较为突出。脂环族环氧树脂也是一种户外绝缘材料。它的化学结构不含苯环，因此具有良好的抗紫外线能力和耐候性能，同时也具有普通环氧树脂所具有的优良黏接性、机械、绝缘与耐化学性能。脂环族环氧树脂固化物交联密度高，具有很高的耐热性，可耐热190℃以上，热分解温度达360℃以上。由于脂环族环氧树脂固化体系不含Na^+、Cl^-离子，所以具有优良的耐电弧性和耐漏电起痕性能。

采用共聚共混技术对脂环族环氧树脂基体改性，在此基础上开发新型脂环族环氧硬质材料，并进一步研发硬质绝缘子，相比于传统的硬质复合材料，具有高韧性，同时在其他机电性能上满足户外使用能力。

新型硬质复合绝缘子与硅橡胶复合绝缘子比较，其硬质伞套材料与芯棒同属环氧树脂材料体系，黏接牢靠。因此，界面黏接性能优异，界面耐老化性能显著，可有效防止复合绝缘子界面故障发生。

8.2　新型脂环族环氧树脂硬质材料

8.2.1　力学韧性

为提高脂环族环氧树脂基体的韧性，采用活性端基的高韧性链段对脂环族环氧树脂进行共聚共混改性，通过对交联网络的合理调控，获得均匀并具有一定活动能力的三维交联网络，进而显著提高脂环族环氧树脂的韧性。

图 8-1 为改性后的脂环族环氧树脂基体的拉伸性能。可以看出，随着改性程度的提高，环氧树脂的拉伸断裂由脆性断裂转变为韧性断裂，断裂能也显著增加。断裂伸长率明显提高，出现一定的塑性形变。图 8-1 中断裂伸长率最高提高了近 400%。从图 8-2 的拉伸断面形貌也可以看出，断面从平整到沟壑纵横，说明断裂过程中吸收的能量明显增加，树脂基体从脆性转变为韧性。

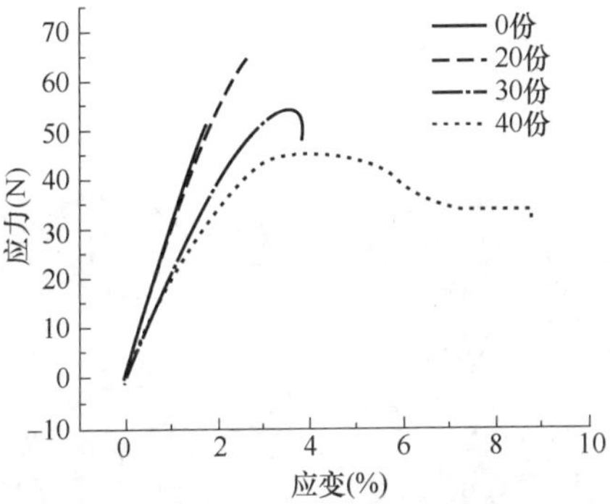

图 8-1　脂环族环氧树脂改性效果

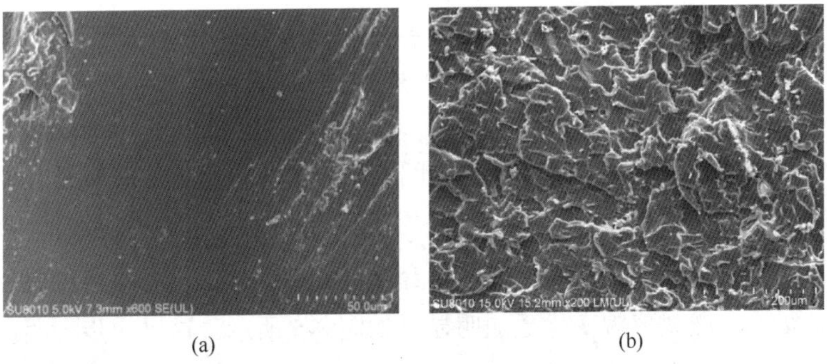

(a)　(b)

图 8-2　脂环族环氧树脂改性前后拉伸断面

（a）脂环族环氧树脂改性前；（b）脂环族环氧树脂改性后

8.2.2　耐候性能

通过对无机填料表面化学状态、粒径等参数优选，研制开发了新型脂环族环氧硬质材料。为验证其户外使用性能，这里对新型脂环族环氧硬质材料进行紫外人工加速老化试验，并同硅橡胶复合材料对比，如图 8-3 所示。紫外辐照度设定为 0.76W/m^2，8h 干燥照射，4h 凝露黑暗，照射过程中温度为 60℃，凝露过程中温度 50℃，1000h 相当于在广东省 4 年的自然紫外辐照量。

图 8-3　紫外老化平台图片

首先，从外观变化来看，随着紫外老化时间的增加，新型脂环族硬质复合材料与硅橡胶材料外观颜色无明显变化。紫外老化 1000h 后两种材料均未出现表面龟裂、粉化等严重的外观损坏现象，如图 8-4 所示。这表明新型脂环族硬质复合材料具有良好的耐紫外性能。

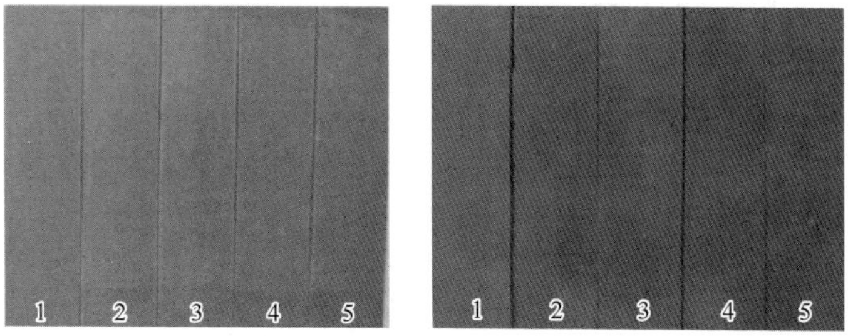

(a)　(b)

图 8-4　紫外老化平台示意图

（a）硅橡胶材料；（b）新型脂环族硬质复合材料

从微观形貌分析，随着紫外老化时间的增加，新型脂环族硬质复合材料和硅橡胶材料的表面均逐渐出现了大小不一的孔洞和裂纹，表面粗糙度逐渐增加。值得注意的是，相比于新型脂环族硬质复合材料，硅橡胶材料表面出现更加明显的孔洞和微裂纹，微观形貌变化更加明显，如图 8-5 所示。这进一步表明新型脂环族硬质复合材料具有不亚于硅橡胶复合材料的耐紫外老化的能力。

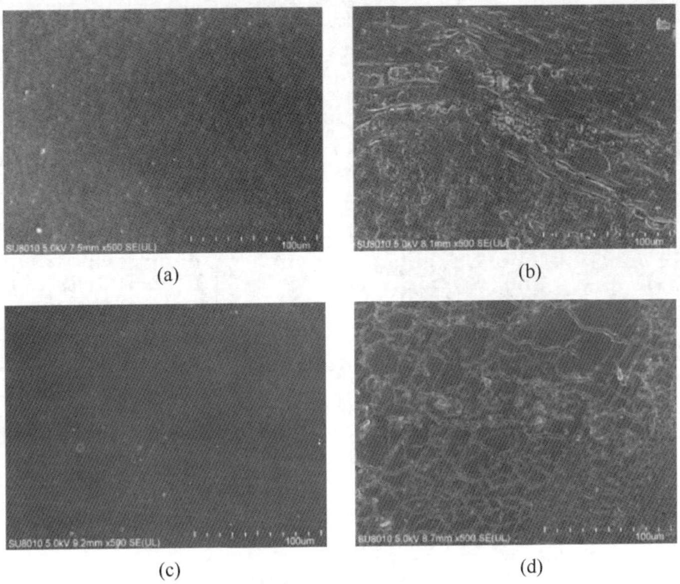

图 8-5　紫外老化前后微观形貌变化

（a）硬质 0h；（b）硬质 1000h；（c）硅橡胶 0h；（d）硅橡胶 1000h

8.2.3　憎水特性

测量试片表面的憎水角，新型脂环族环氧硬质材料试品尺寸为 100mm×50mm×6mm，数量为 5 片，每次测量取 5 片试品的水珠静态接触角的平均值，以保证结果的准确性。从图 8-6 可以看出，洁净的硬质复合材料试片的憎水性能与硅橡胶材料相当，均可达到 HC1 级。

为测试新型脂环族环氧硬质材料的憎水迁移性，试品表面的污秽使用硅藻土和 NaCl 模拟，盐密为 0.1mg/cm^2，灰密分别为 0.5、1.0、1.5mg/cm^2。憎水性迁移试验环境温度为 22℃，环境相对湿度为 50%～60%。从图 8-7 可以看出，经过优化的硬质复合试片同样具有憎水迁移性，迁移速度略低于硅橡胶材料，污染后的憎水性略差于硅橡胶材料。

为测试新型脂环族环氧硬质材料的憎水恢复特性，利用去离子水浸泡试品的方法模拟高湿环境，选取 5 片试品，在容器中浸泡 96h 后取出，在 10min 内完成第一次静态接触角的测量。从图 8-8 可以看出，经过 96h 的去离子水浸泡，新型脂环族环氧硬质材料表面的憎水角平均值下降了约 5℃。脱离高湿环境后，经过 6h，材料憎水性恢复至初始水平。

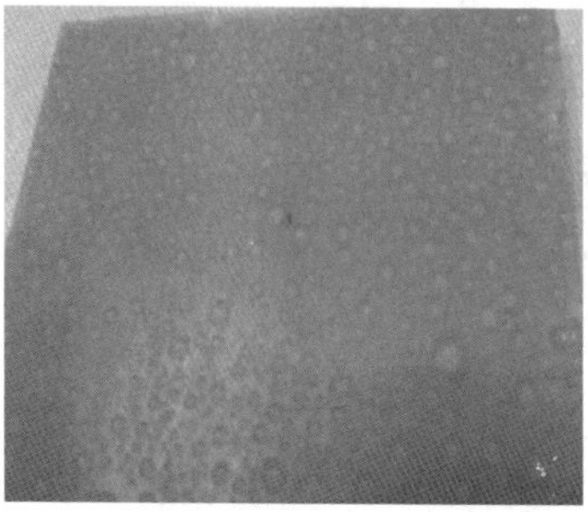

图 8-6 新型脂环族环氧硬质材料憎水性测试结果

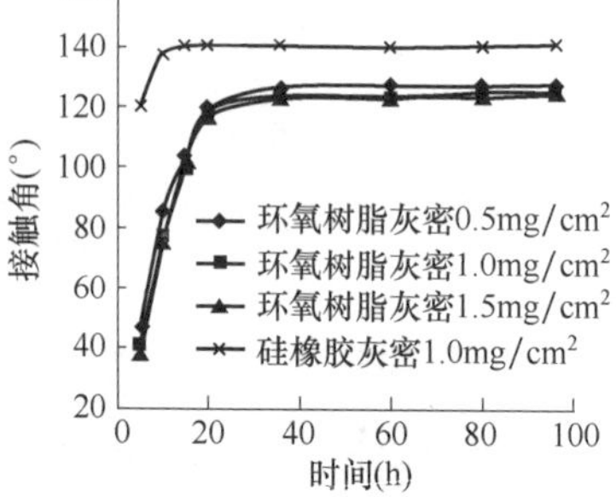

图 8-7 新型脂环族环氧硬质材料憎水迁移特性测试结果

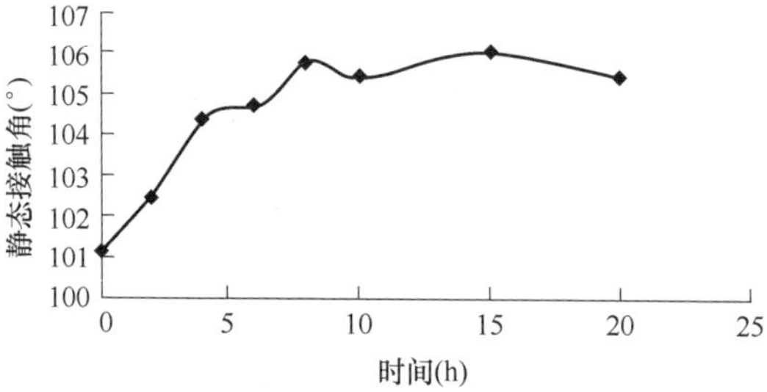

图 8-8 憎水性恢复特性测试结果

8.2.4 耐漏电起痕和电蚀损特性

按照 GB/T 19519—2014 进行试验，实验装置如图 8-9 所示，实验结果如图 8-10 所示。

图 8-9 耐漏电起痕试验装置

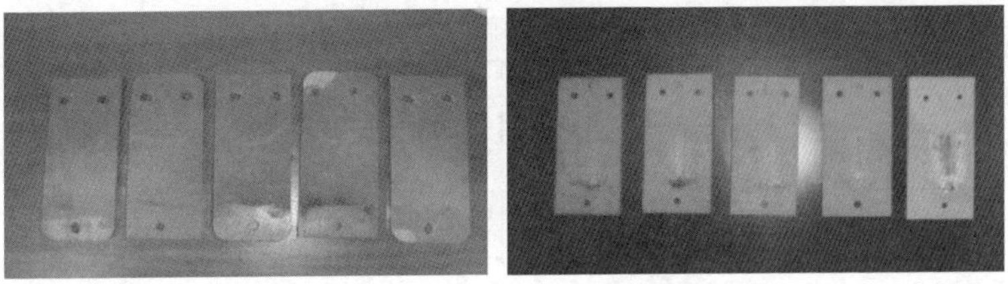

(a)

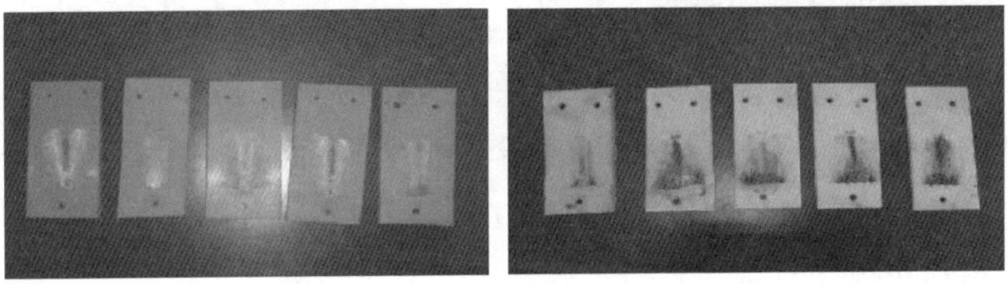

(b)

图 8-10　耐漏电起痕试验结果

（a）新型脂环族环氧硬质复合材料；（b）硅橡胶材料

从图 8-10 可以看出，新型脂环族环氧硬质复合材料表面只有微小的烧蚀痕迹，烧蚀深度无法用游标卡尺测量出来，用手在烧蚀处接触只能感觉到微微的粗糙感。相比之下，普通的硅橡胶材料烧蚀的程度大大超过硬质复合材料，部分试品表面甚至出现 2mm 左右的烧蚀深度。脂环族环氧树脂材料耐电蚀性能明显优于普通的硅橡胶材料。

为进一步验证材料的耐电蚀损性能，对新型脂环族环氧硬质复合材料进行了严酷的 1000h 盐雾试验。表 8-1 为盐雾试验具体参数，图 8-11 为 1000h 试验后的样品外观，从试验结果可知，试验样品一次性通过，表面无起痕、无蚀损，未出现断流，再次证明了新型脂环族环氧硬质复合材料具有优异的耐盐雾、耐电蚀损性能。

图 8-11　1000h 盐雾试验

表 8-1 **1000h 盐雾老化试验参数**

试验条件	范围
施加电压（kV）	15.7
持续时间（h）	1000

8.2.5 阻燃与绝缘性能

新型脂环族环氧硬质复合材料的阻燃与绝缘性见表 8-2，从表中可以看出，硬质材料的阻燃性和绝缘性能满足《聚合物绝缘子伞裙和护套用绝缘材料通用技术条件》（DL/T 376—2019）和 GB/T 22079—2019 等标准要求，其性能与硅橡胶复合绝缘材料相当。

表 8-2 **阻燃与绝缘性能测试结果**

序号	试验项目	标准规定值	测试值
1	阻燃性（3 mm）	FV-0 级	FV-0 级
2	体积电阻率（Ω • m）	$\geqslant 1.0\times10^{10}$	$2.2\sim2.7\times10^{14}$
3	交流击穿强度（kV/mm）	≥20	20.3～22.6

本节主要讨论了新型脂环族环氧硬质材料的材料特性，小结如下：

（1）通过对脂环族环氧树脂交联网络的合理调控，获得均匀并具有一定活动能力的三维交联网络，进而显著提高脂环族环氧树脂的韧性。

（2）从外观、微观形貌上可以看出，新型脂环族环氧硬质材料具有不低于硅橡胶复合绝缘材料的耐户外老化性能。

（3）新型脂环族环氧硬质材料具有出色的耐漏电起痕、耐电蚀损、阻燃和绝缘性能，满足相关电力行业标准和户外绝缘使用条件。

8.3 新型硬质复合绝缘子界面特性

复合绝缘子的界面包括护套内部填料和基体之间的界面、芯棒内部玻璃纤维和基体之间的界面、护套和空气之间的界面以及护套和芯棒之间的界面，本章的研究界面特指护套和芯棒之间的界面。

同时针对复合绝缘子的界面研究可以分为不同运行时间的复合绝缘子界面检测、实际故障复合绝缘子的界面检测、新出厂复合绝缘子的界面状态评价和界面老化特性测试。由于试验条件的限制和准确性，本章主要采用了人工加速老化后测试界面状态的评价方法，通过人工加速老化模拟复合绝缘子在不同环境下的自然老化，并以电阻率或者电流等界面物理量指示界面状态。依据 GB/T 22079—2019 中的水扩散试验，对复合绝缘子短样进行高湿热环境下的人工加速老化，后测量试样品的泄漏电流作为复合绝缘子性能的评价指标，在此基础上进行改进，引入了四电极测试装置和新型评价指标，完整对比脂环族环氧树脂和硅橡胶复合绝缘子的界面老化过程。

8.3.1　样品及实验平台

实验样品选用来自 A 厂家和 B 厂家生产的两种 110kV 电压等级的硅橡胶复合绝缘子以及 E 厂家生产的 110kV 电压等级的脂环族环氧树脂复合绝缘子，依据水扩散的测试方法，对以上两类硅橡胶样品和脂环族环氧树脂样品进行加工，得到高度为 30mm，上下两面平行的短圆柱样品，如图 8-12 所示。为了叙述方便，下文中的提到的相关环氧树脂样品特指脂环族环氧树脂，并且用硅橡胶样品 A、B 和环氧树脂样品 E 表示加工后的三种复合绝缘子样品，每组都包括从复合绝缘子不同部位截取的 3 个样品，后续的实验结果取的是 3 个样品的平均值。

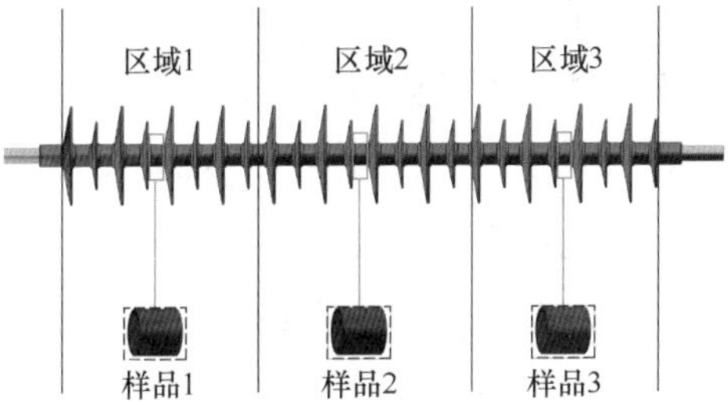

图 8-12　复合绝缘子样品

复合绝缘子样品的实验平台主要分为两部分，首先是样品的人工加速老化平台，主要包括水浴锅及相关质量检测装置，其次是样品的泄漏电流测试图 8-13 所示，包括高压电源、测试电极、保护电路、数据采集和数据处理装置。

1. 装置设计

相较于传统的水扩散试验后测试泄漏电流的方法，本节采用了新型的四电极，如图 8-14 所示，复合绝缘子短样包括芯棒、护套和界面三部分，其中传统方法采用的是双圆台电极，测试得到的泄漏电流是流经整个短样的电流，四电极装置利用等电位屏蔽的原理，分开测量样品的护套、界面和芯棒处的泄漏电流，可以更准确地指示复合绝缘子的界面状态。

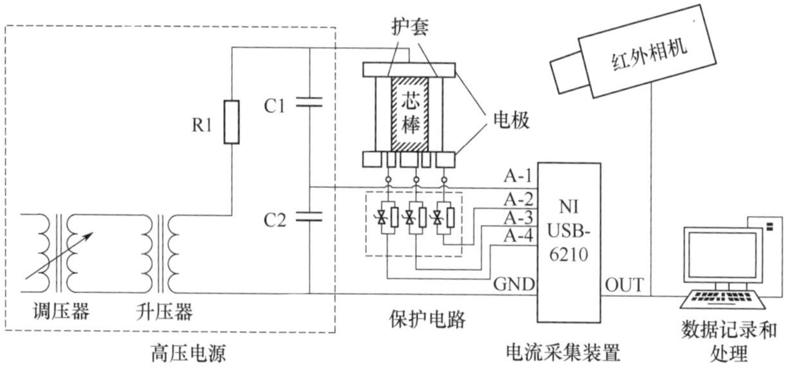

图 8-13 泄漏电流测试平台

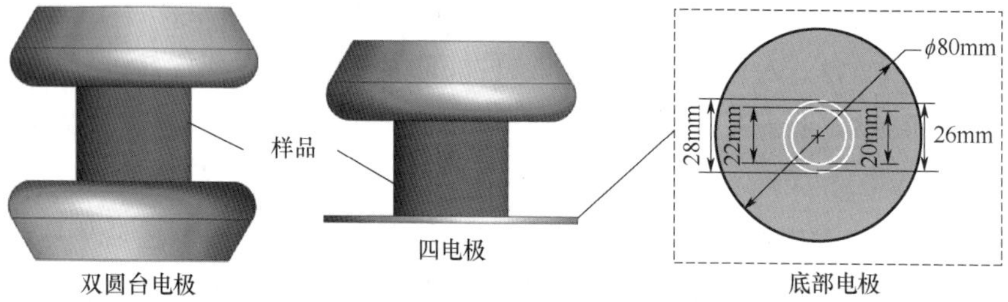

图 8-14 试验电极

为了验证四电极的有效性，首先采用了仿真验证的方式，建立了四电极测量短样的 1/2 二维仿真模型，设置与实际相符的材料参数和边界条件，最终得到的护套、界面和芯棒处的电场电流方向，如图 8-15 所示。电流方向基本与样品轴向平行，说明四电极可以很好地将整体的泄漏电流按照位置分为护套、界面和芯棒泄漏电流三个部分。

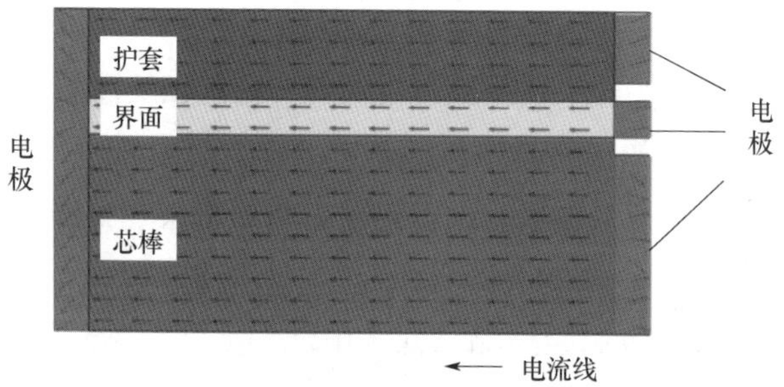

图 8-15 四电极仿真验证

利用四电极装置测量得到了工频下样品的护套电流、界面电流和芯棒电流，这里分别用 I_{sheath}、$I_{\text{interface}}$、I_{core} 表示，然后利用双圆台电极测量流经样品的总电流，用 I_{total} 表示，此外对 I_{sheath}、$I_{interface}$、I_{core} 进行矢量和作为利用四电极测量得到的总电流，用 I'_{total} 表示，最后根据式（8-1）计算得到 I_{total} 和 I'_{total} 的误差 α，间接作为四电极准确性的指标。其中表 8-3 是不同样品测试得到的误差值，结果表明四电极测量得到的泄漏电流和实际的泄漏电流平均误差小于 5%，适合采用作为界面泄漏电流的测量装置，进行下一步的实验。

$$\alpha = \left| I_{total} - I'_{total} \right| / I_{total} \times 100\% = \left| I_{total} - I_{sheath} - I_{interface} - I_{core} \right| / I_{total} \times 100\% \quad (8\text{-}1)$$

表 8-3　四电极的实验误差

样品/老化时间	A/24h	E/66h	E/254h	平均值
误差	6.0%	4.9%	1.1%	4%

2. 试验过程

首先用干净滤纸和乙醇擦干复合绝缘子短样表面（用防水材料封闭上下表面裸露的界面），为了防止水分从上下表面直接破坏界面，绝缘子短样上下表面采用了防水涂层（厚度薄，重量轻，耐热，不会影响复合绝缘子的性能），后置于水浴锅中，锅中加入含 1%NaCl 的去离子水并煮沸，进行模拟高湿热环境下的人工加速老化试验。在老化试验进行的同时，每隔一段时间取出样品，置于 30℃的冷水中冷却至室温后加压进行泄漏电流的测量，并保证在样品取出的 3h 内完成测试。

泄漏电流测量的过程如下：将样品放在测试电极之间，施加 12kV 的试验电压（升压速率为 1kV/s）并保持 1min 后的 5s 内记录电信号数据，共计约 20000 个实时电流数据点和相同数量的电压数据，然后降压至零。测试电极的不同，采集到的电流信号也是不一样的，通过双圆台电极我们采集到了流经样品的总的泄漏电流，而通过四电极我们可以利用采集卡的三个信号通道同时采集到流经绝缘子短样护套、界面和芯棒处的泄漏电流。

3. 测量结果分析

计算得到样品的泄漏电流有效值，各样品总泄漏电流与老化时间的关系如图 8-16 所示，在试验过程中，硅橡胶样品 A 和 B、环氧树脂样品 E 出现了不同程度的劣化，主要反映在三者泄漏电流在试验中上升的幅度、速度、稳定值以及主要发生变化的时间段。根据总泄漏电流的测试结果，硅橡胶样品 A 的泄漏电流在前 50h 内保持在 0.3mA 左右，而在试验 50～200h 的过程中，泄漏电流迅速增大，增长了约 0.4mA，之后电流在 0.4mA 上下浮动，因此硅橡胶样品 A 的总泄漏电流经历了稳定-增长-稳定的阶段，而反映到实际的表现中，硅橡胶样品 A 的绝缘特性先保持稳定，后迅速劣化，最终绝缘特性遭到一定程度的破坏。硅橡胶样品B总泄漏电流的变化趋势与A相似，在前200h，泄漏电流维持初值基本不变，后在试验的200～600h，电流迅速增大，上升到了0.75mA左右，后开始稳定，同样经历了稳定-增长-稳定的阶段，但是与硅橡胶样品A相比，硅橡胶样品B处于第一稳定阶段和第二增长阶段的时间更长，上升的幅度更大，而反映到实际的表现，硅橡胶样品B绝缘劣化的速度要满足硅橡胶样品A，但是最终硅橡胶样品B绝缘受到破坏的程度要更大。环氧树脂样品E总泄漏电流的变化与前两者存在明显的区别，首先在前500h内，电流一直保持着稳定，随后电流开始上升，但是上升的速度明显比前两者小，经过300h后，电流上升到了0.35mA左右，并且电流仍然保持着上升的趋势，由于试验设备工作时间的限制，试验进行到了820h后结束。标准中水扩散试验关于总泄漏电流值的规定是100h内不超过0.1mA，而三者总泄漏电流达到0.1mA的时间分别为75、270、610h，并且观察三者在电流上升阶段的增长速率，按大小排序为硅橡胶样品A＞硅橡胶样品B＞环氧树脂样品E。因此，与硅橡胶样品相比，环氧树脂样品E绝缘劣化速度更加缓慢，整体的抗老化特性更好。

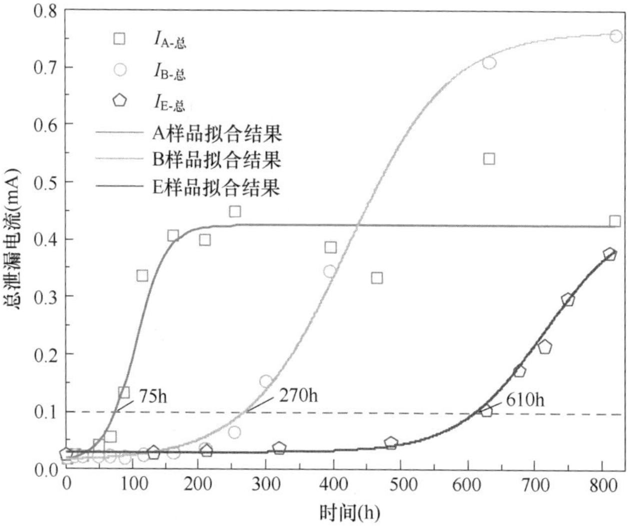

图 8-16 复合绝缘子总泄漏电流变化过程

图8-17是利用四电极装置测量得到的复合绝缘子护套泄漏电流数据，三种复合绝缘子的护套泄漏电流发生了不同程度的变化。首先，硅橡胶样品A的护套

泄漏电流在试验初期增大，但是变化幅度较小，从最初的 0.01mA 增加到了 0.03mA 左右，并且在此后一直未出现明显的变化。与硅橡胶样品 A 相似，硅橡胶样品 B 的护套泄漏电流在整个试验过程中的变化幅度不大，从初始的 0.01mA 增大到了 0.03mA，主要的区别在于硅橡胶样品B的护套泄漏电流在试验前期（0～300h）基本不变，并且在此后电流的增长速度也更为缓慢。而通过整个试验过程的对比，环氧树脂样品 E 和前两个硅橡胶样品存在明显的差异，在试验的 0～500h，环氧树脂样品 E 的护套泄漏电流变化幅度较小，后发生明显增加，试验结束时，仍保持着上升的趋势，护套泄漏电流达到了 0.25mA。因此硅橡胶样品的护套绝缘特性在试验过程中保持良好，但环氧树脂样品的护套在试验条件下出现了明显的劣化。

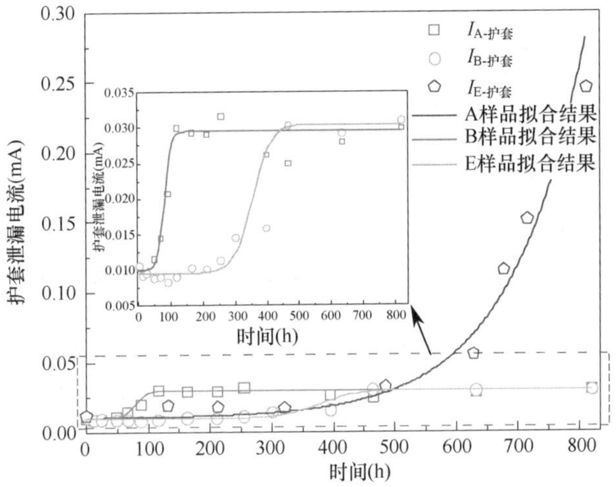

图 8-17　复合绝缘子护套泄漏电流的变化过程

在试验过程中，硅橡胶样品 A、B 和环氧树脂样品 E 的界面泄漏电流变化如图 8-18 所示。硅橡胶样品 A 的界面泄漏电流变化与其总泄漏电流变化十分相似，在前 50h，电流值维持不变，在 50～200h 迅速增大至 0.40mA 左右，后在 0.40mA 上下浮动。硅橡胶样品 B 的界面泄漏电流的变化也同样与其总泄漏电流变化相似，在前 200h，电流在初值附近保持稳定，在 200～600h，界面泄漏电流迅速增大至 0.60mA 左右，后又逐渐保持稳定。但是环氧树脂样品 E 界面泄漏电流在整个试验过程中未出现较大幅度的变化，在前 500h 基本保持不变，后出现了增大的趋势，但是变化缓慢，在试验结束时电流值仍保持在 0.10mA 以下，同时考虑到界面电极有一部分在护套和芯棒处，测量得到的界面泄漏电流含有一部分护套和芯棒电流，因此实际界面泄漏电流在试验过程中变化幅度很小，可以认为环氧树脂样品的界面一直保持良好状态，具有优异的抗老化特性，与之相反的是，两种硅橡胶样品界面在试验过程中都出现了明显的劣化。根据这一现象，可以得出：相较于传统的硅橡胶复合绝缘子，脂环族环氧树脂复合绝缘子的界面具有更好的耐湿热老化性能。

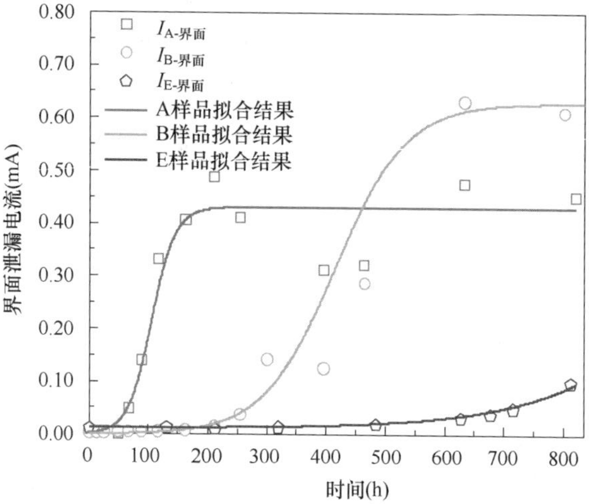

图 8-18　复合绝缘子界面泄漏电流的变化过程

在试验过程中，三种复合绝缘子的芯棒均保持了良好的绝缘特性，初始的泄漏电流在 0.01mA 以下，在试验过程中，三者的芯棒泄漏电流均未超过 0.03mA，因此在本实验中，芯棒处的相关劣化现象不明显，可以被忽略。

为了研究试验中引起复合绝缘子劣化的主要原因，分别选择了硅橡胶样品 A、B 和环氧树脂样品 E 的一组泄漏电流数据展开了分析。其中硅橡胶样品的泄漏电流在试验过程中都经历了稳定—增长—稳定的阶段，在它们的第三阶段，各泄漏电流基本保持了稳定，此时它们的劣化程度最严重，因此选择了这一阶段的数据（硅橡胶样品 A 选择了 464h 的数据，硅橡胶样品 B 选择了 632h 的数据）。而环氧树脂样品 E 的泄漏电流在试验过程中先稳定后增长，在试验结束时，样品的劣化程度最严重，因此选择了试验结束时刻（812h）的数据。随后对复合绝缘子样品的泄漏电流各部分组成进行了分析，如图 8-19 所示。可以发现，硅橡胶样品 A 和 B 泄漏电流中绝大部分来自界面泄漏电流，分别占据了 85.89%和 91.45%，而环氧树脂样品 E 泄漏电流中大部分来自护套泄漏电流，占据了 67.47%。同时三种样品初始泄漏电流都很小，因此界面是引起硅橡胶样品 A 和 B 绝缘劣化的主要原因，而护套是环氧树脂样品 E 泄漏电流增大的主要原因。《户内和户外用高压聚合物绝缘子一般定义、试验方法和接收准则》（GB/T 22079—2019）中的水扩散试验只是根据短样总的泄漏电流来判断复合绝缘子的界面好坏，确实这样对于硅橡胶复合绝缘子是十分有效的，由于它的电流大部分都来自界面，但是对于脂环族环氧树脂复合绝缘子，无法忽略护套的影响，这种判断方法是不适用的，利用四电极直接测量界面泄漏电流是有必要的。

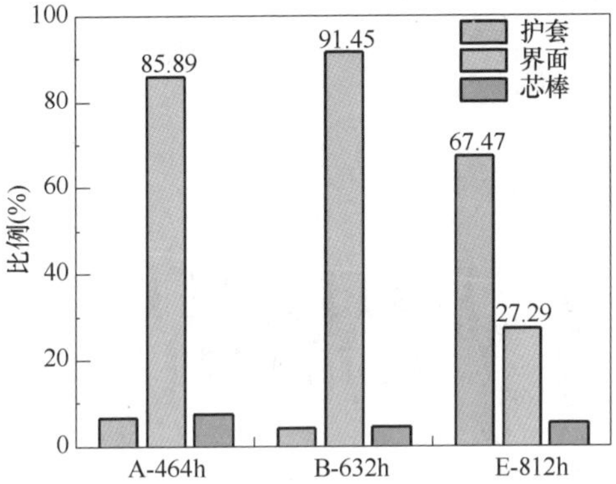

图 8-19　试验后期复合绝缘子样品的泄漏电流组成

除了样品的泄漏电流幅值，还观察比较了样品泄漏电流波形的变化，以环氧树脂样品 E 总泄漏电流数据为代表，研究复合绝缘子劣化前后的波形区别。电流波形的变化如图 8-20 所示，施加电压的波形是完美的正弦，峰值接近 10kV，频率接近 50Hz，同时样品的初始泄漏电流波形也是接近正弦的，但是随着试验的进行，样品的泄漏电流逐渐发生了畸变，首先波形由正弦向三角波、锯齿波演变，幅值不断增大，但是周期未发生明显变化，另外波形中出现了许多“毛刺”，推测可能是由放电引起的。

为了定性的描述这种变化，对电流和电压数据用三角函数拟合得到电流和电压的相位差。

复合绝缘子样品护套电流-电压相位差如图 8-21 所示，三种复合绝缘子样品的初始总泄漏电流与施加电压之间的相位差接近 90°，说明样品整体刚开始呈现容性。但是随着样品人工加速老化试验的进行，泄漏电流与施加电压之间的相位差出现了变化，样品从容性逐渐向阻性转变，其中硅橡胶样品 A 的总电流-电压相位差在试验刚开始就迅速下降至 0°左右，后保持稳定。硅橡胶样品 B 的总电流-电压相位差在前 150h 保持在 80°左右，后迅速下降至 0°，最终维持不变。而环氧树脂样品 E 的变化相对缓慢，在前 300h，总电流-电压相位差维持在 70°以上，后逐渐下降，在试验进行到 700h 时，其相位差为 14.4°。

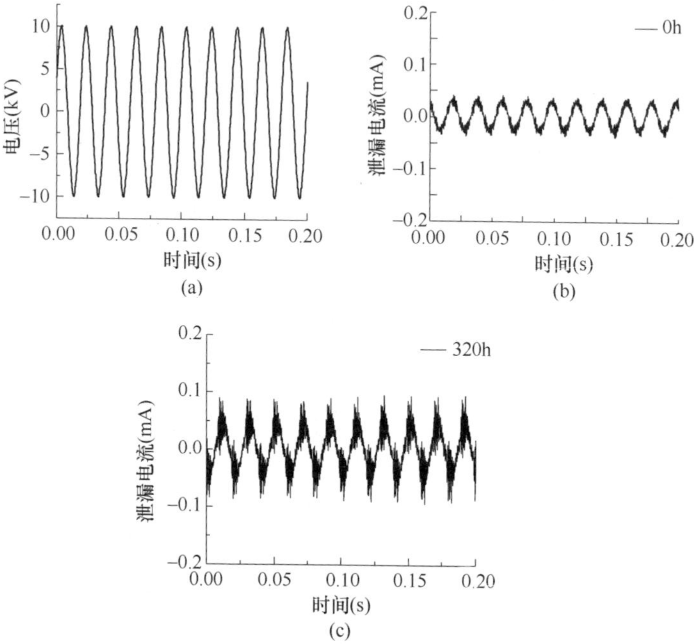

图 8-20 电流波形的变化

（a）电压波形；（b）初始电流波形；（c）320h 电流波形

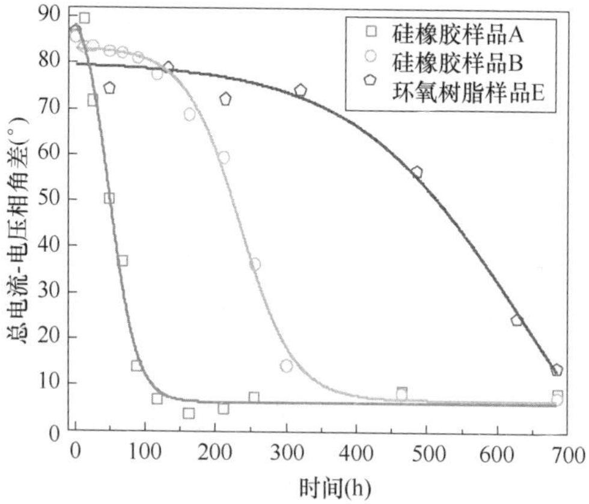

图 8-21 复合绝缘子样品总电流-电压相位差

图 8-22 显示了复合绝缘子样品的护套泄漏电流与施加电压之间的相位差，可以发现，硅橡胶样品 B 在试验过程中的护套电流-电压相位差下降幅度较小，基本保持在 75°以上；同时硅橡胶样品 A 的护套电流-电压相位差出现了一定程度

的下降，但是整体数据基本保持在 50°以上，说明两种硅橡胶样品的护套在试验过程中并没有发现严重的劣化。而环氧树脂样品 E 的护套电流-电压相位差出现了明显了下降，说明了环氧树脂样品 E 的护套出现了较严重的劣化，以上的表现均与之前的泄漏电流幅值测试结果保持了一致。

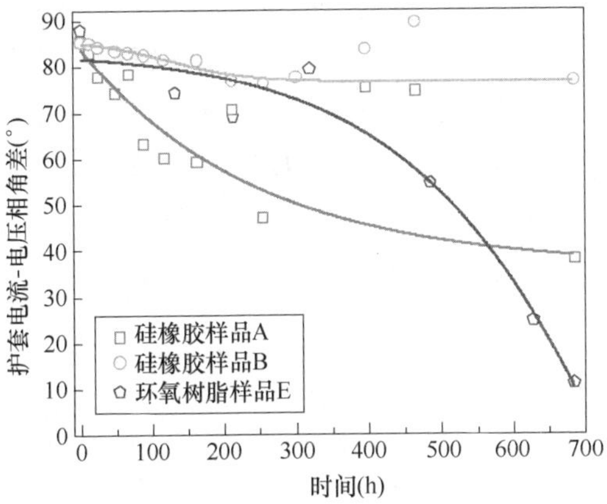

图 8-22　复合绝缘子样品护套电流-电压相位差

图 8-23 显示了复合绝缘子样品的界面泄漏电流与施加电压之间的相位差，硅橡胶样品 A 的界面电流-电压相位差在试验前期迅速减小至 0°，硅橡胶样品 B 的界面电流-电压相位差同样也在试验前期出现了下降，但是下降幅度稍缓，在 300h 后降至 0°左右，环氧树脂样品 E 的界面电流-电压相位差在试验过程中不断减小，但是变化速度缓慢，变化幅度较小，最终的相位差在 30°左右。

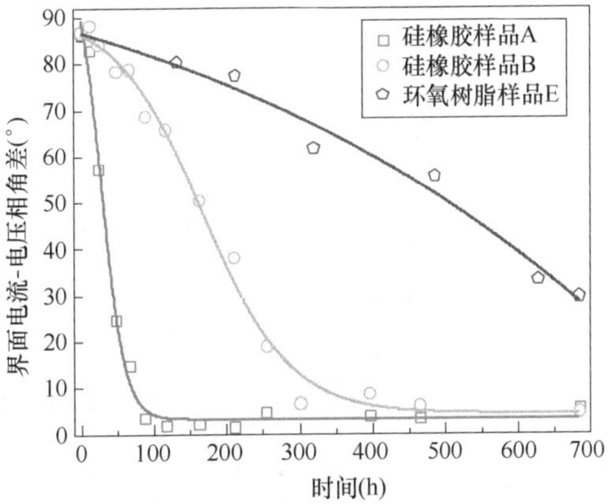

图 8-23　复合绝缘子样品界面电流-电压相位差

对比样品的泄漏电流幅值和电流-电压相位差可以发现，两者之间的变化基本保持了一致，说明样品的绝缘特性下降的同时伴随着阻抗特性的变化。

8.3.2 短样界面电流

在水扩散试验中，样品主要处于一个高湿热的环境当中，可能出现的变化包括高温、水分导致绝缘子材料发生的水解、劣化等不可逆变化，还有由于稀物质（主要是水分）传递引起的可逆变化。对水煮一定时间的绝缘子短样进行了充分干燥，并对处理后的样品重新进行了泄漏电流的测试，结果见表 8-4，可以发现，干燥后样品的泄漏电流十分接近未水煮的新样品，因此认为在水扩散试验中水分进入绝缘子后发生的可逆变化是引起绝缘子泄漏电流增大的主要原因，同时也是造成硅橡胶和脂环族环氧树脂绝缘子短样表现差异的重要原因。

表 8-4　干燥前后样品的泄漏电流值

泄漏电流	硅橡胶样品 A（mA）			环氧树脂样品 E（mA）		
	初值	干燥前	干燥后	初值	干燥前	干燥后
总电流	0.020	0.450	0.025	0.021	0.290	0.033
护套电流	0.010	0.031	0.010	0.011	0.190	0.018
界面电流	0.006	0.412	0.006	0.005	0.093	0.008
芯棒电流	0.005	0.024	0.008	0.006	0.013	0.006

根据这一现象，对水分进入复合绝缘子短样的过程以及水分进入短样后的分布进行了进一步的讨论。水分主要是通过透过护套的方式进入短样到达界面，芯棒的吸水率很低，同时试验过程中芯棒的泄漏电流未发生明显变化，因此认为水分很难进入芯棒，水分主要存在于绝缘子的护套和界面处。依据图 8-24 的水壳理论，护套中的水分子主要分布在填料分子周围，形成水壳，依据与填料之间的远近关系，将水壳分为三层，在第一层中，水的厚度约为 5～10 个分子，可以通过氢键与填料颗粒牢固结合。通常，第二层的厚度约为 10nm，可以通过范德华力结合。在第二层之外，水将相对“自由”并且存在于剩余的自由体积中。水分在护套中的渗透过程可以用水分子从一个填料的水壳“跳跃”到另一个填料附近形成水壳来描述，由于护套不同区域中填料的种类、粒径和分布情况不同，所以水分在护套不同位置的渗透路径不尽相同，最终到达界面的时间也是不一样的，因此界面处水分存在一个变化的过程。

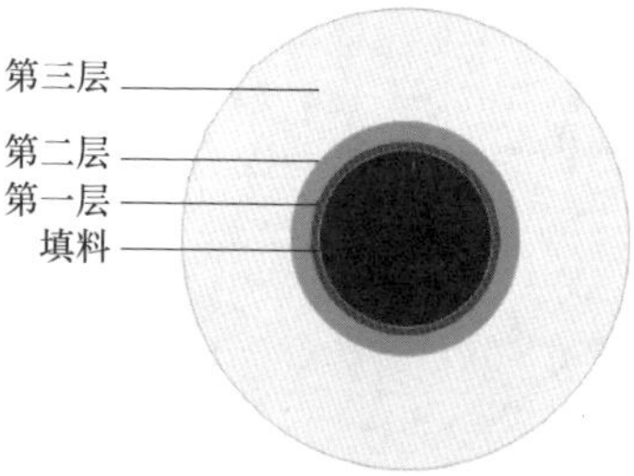

图 8-24　水壳模型

基于上述分析，对试验过程中复合绝缘子样品的变化过程进行了分析。外界的水分通过护套进入复合绝缘子主要经历了三个阶段，如图 8-25 所示。首先第一阶段是水分在护套中的渗透过程，由于护套内外水分浓度的差异，水分子会不断进入直至饱和，一部分水分子会与填料结合形成水壳，同时也有一部分水分子从外部填料周围运动到内部填料，在这一阶段，水分子尚未到达界面，因此界面的泄漏电流在这一阶段并不会发生明显的增长。第二阶段是水分在界面处积累的阶段，由于芯棒良好的防水性能，水分子在达到界面后很难继续向内渗入，会在界面处不断积累，同时水分子沿护套不同位置达到界面的时间不同，因此界面处水分存在一个增长的过程，同时界面泄漏电流在这一阶段也会不断增加。第三阶段是界面和护套处水分饱和的阶段，界面区域狭窄，水分在达到一定的量后就不会继续增长，界面泄漏电流不会再继续增长，而在一阶段界面处的水分很可能相互连接，形成导电通道，造成较大的界面泄漏电流。

水分的存在会引起泄漏电流的增长，界面处的在试验初期保持干燥，后含水量不断增加至饱和，图 8-25 中的硅橡胶样品 A、B 的界面泄漏电流符合这一变化规律，也验证了这一过程。

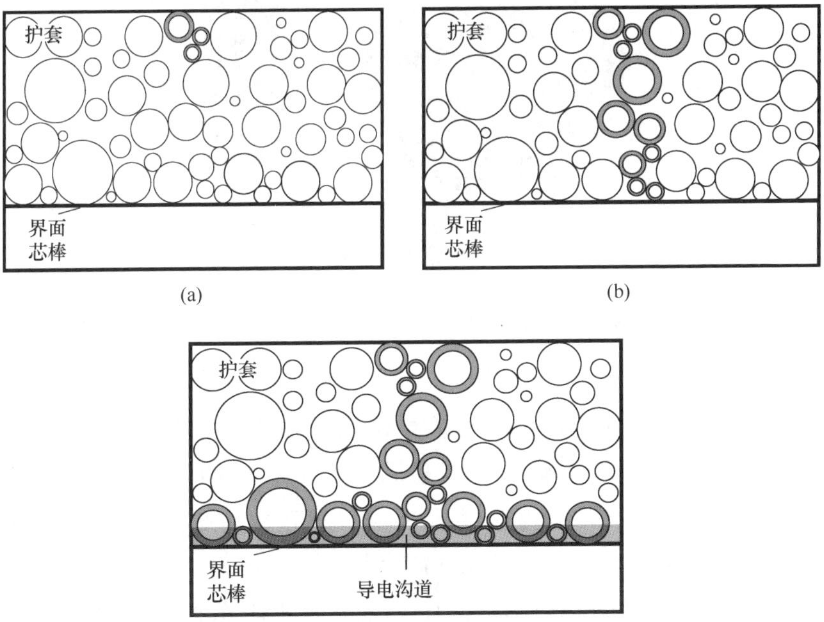

图 8-25 复合绝缘子的劣化过程

（a）阶段 1；（b）阶段 2；（c）阶段 3

○—干燥；◎—水分饱和

水分含量和分布影响着复合绝缘子的试验表现。水分在护套中的扩散速率越大，水分越容易达到界面，样品处于第一阶段的时间就越短，同时在第二阶段样品界面处水分的积聚过程也会加快，界面泄漏电流的上升速度变大，而最终样品的泄漏电流稳定值取决于样品的水分积累量，即饱和吸水量。根据三者的试验表现，硅橡胶样品 A 处于第一阶段的时间最短，第二阶段的泄漏电流上升速率最大，硅橡胶样品 B 次之，环氧树脂样品 E 与之相反，同时硅橡胶样品 A 最终稳定的泄漏电流小于硅橡胶样品，认为水分在样品中的扩散速率排序为硅橡胶样品 A 大于硅橡胶样品 B 大于环氧树脂样品 E，同时硅橡胶样品 A 的饱和吸水率小于硅橡胶样品 B，为了验证这一推断，对三者的护套吸湿特性进行了测试，其中试验样品从原复合绝缘子样品加工而来，尺寸为 1mm×30mm×20mm，如图 8-26 所示。将各样品对应的护套薄片置于烘箱（温度设置为 50℃）中完全干燥，后将护套薄片放入水浴锅中，保证与人工加速老化的试验条件相同。

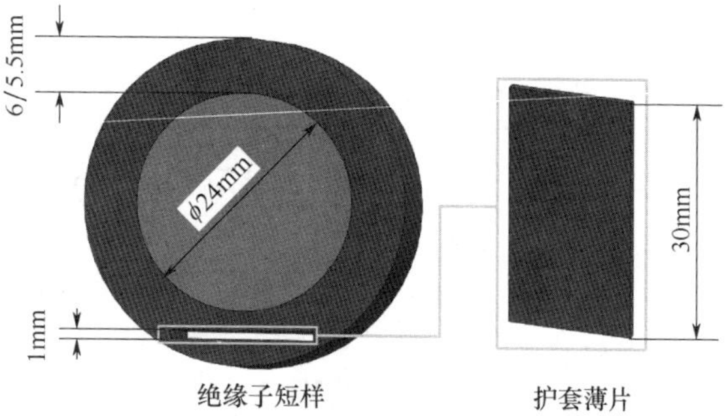

图 8-26 复合绝缘子护套薄片样品

三种复合绝缘子样品的吸湿试验结果如图 8-27～图 8-29 所示，利用菲克（Fick）和朗缪尔（Langmuir）模型对数据进行拟合，得到三者的扩散系数和饱和吸水率，指示水分在样品中的扩散速率和最终吸水量大小，见表 8-5。依据 Fick 模型，硅橡胶样品 A 的扩散系数为 $22.15\times10^{-11}m^2s^{-1}$，明显大于其他两种复合绝缘子样品，硅橡胶样品 B 的扩散系数为 $2.30\times10^{-11}m^2s^{-1}$，环氧树脂样品 E 的扩散系数最小，为 $0.70\times10^{-11}m^2s^{-1}$，同时硅橡胶样品 A 的饱和吸水率为 0.37%，小于硅橡胶样品 B 的饱和吸水率 0.82%，利用 Langmuir 得到的结果也是类似的，这一结果验证了上述关于吸水特性对复合绝缘子性能影响的推断。

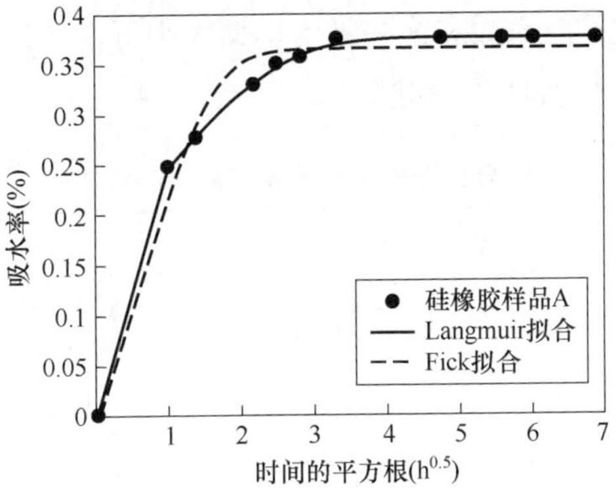

图 8-27　硅橡胶样品 A 的吸湿试验结果

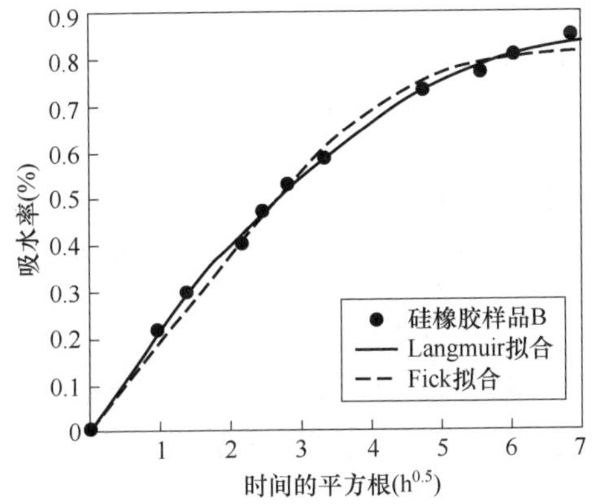

图 8-28　硅橡胶样品 B 的吸湿试验结果

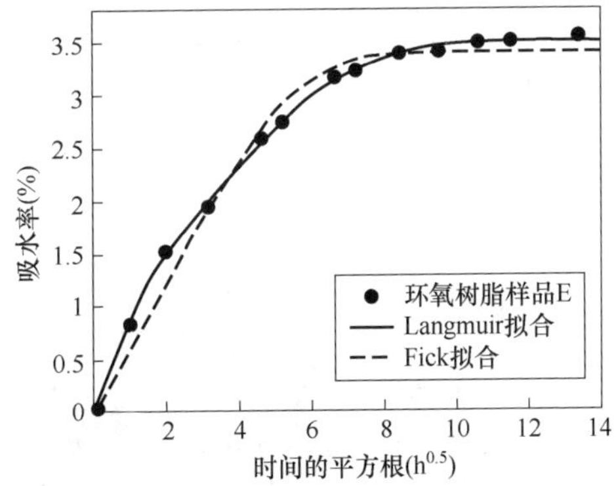

图 8-29　环氧树脂样品 E 的吸湿试验结果

根据以上分析和试验，明确了在高湿热条件下影响复合绝缘子性能的主要因素，即水分。复合绝缘子劣化的各个阶段与水分侵入样品的过程有很好的对应关系，同时硅橡胶样品 A、B 与环氧树脂样品 E 的表现差异和三者吸湿特性之间的差异一致，因此通过扩散系数和饱和吸水率的大小可以作为判断复合绝缘子在高湿热环境下的界面老化特性的关键指标。

表 8-5 复合绝缘子样品的模型拟合参数

样品	Langmuir 模型拟合		Fick 模型拟合	
	饱和吸水率（%）	扩散系数（$10^{-10}m^2s^{-1}$）	饱和吸水率（%）	扩散系数（$10^{-11}m^2s^{-1}$）
硅橡胶样品 A	0.38	26.15	0.37	22.15
硅橡胶样品 B	0.86	1.62	0.82	2.30
环氧树脂样品 E	3.51	0.76	3.44	0.70

8.3.3 短样发热特性

1. 试验过程

发热特性试验采用的复合绝缘子样品来源、尺寸、形状上文相同，同样将两种硅橡胶复合绝缘子样品命名为硅橡胶样品 A 和硅橡胶样品 B，将脂环族环氧树脂复合绝缘子样品命名为环氧树脂样品 E。

同时整个试验过程主要分为老化试验和测试过程两部分，老化试验处理为高湿热环境下的人工加速老化。取出老化不同时间的样品进行加压温升测试，复合绝缘子红外温度监测如图 8-30 所示，将各组复合绝缘子样品划分为两部分，通过高压电源对一部分复合绝缘子样品施加 12kV 的工频交流电压，通过红外相机从样品侧面观察样品温度变化，在样品表面温度稳定后记录样品的最大温度和当时的环境温度，将两者之间的差值作为样品的温升。此外，为了观察样品的温度在各个位置的分布以及样品的发热源，对另一部分样品进行加压，但是施加电压的时间控制在 30s，后将电压降至 0 后关闭电源取下样品，利用红外相机拍摄样品上下表面的温度分布。

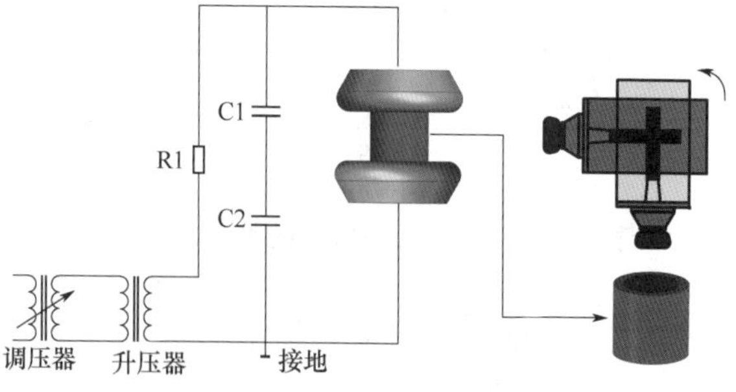

图 8-30 复合绝缘子红外温度监测

2. 试验结果

图 8-31 为环氧树脂和硅橡胶材料吸水试验结果对比，给出了试验过程中三种复合绝缘子样品的温升变化。在 0～100h，硅橡胶样品 A 温升变化缓慢，接近于 0℃，随后温升迅速增大，在试验进行了 200h 后，温升增长速率放缓，最终稳定在 20℃左右；同样，硅橡胶样品 B 在 0～300h 的温升变化缓慢，随后温升迅速增大至 30℃，在 600h 后温升增长逐渐放缓，趋于稳定；而环氧树脂样品 E 的温升在试验前 500h 没有发生明显变化，随后逐渐增长，在试验结束时仍保持着增长的趋势，最终的温升在 15℃左右。根据实验结果，硅橡胶样品 A 的温升特性最差，试验初期就出现了明显的劣化，而环氧树脂样品 E 的表现最好，在试验中的大部分时间里，样品的温升都保持在 5℃以下。

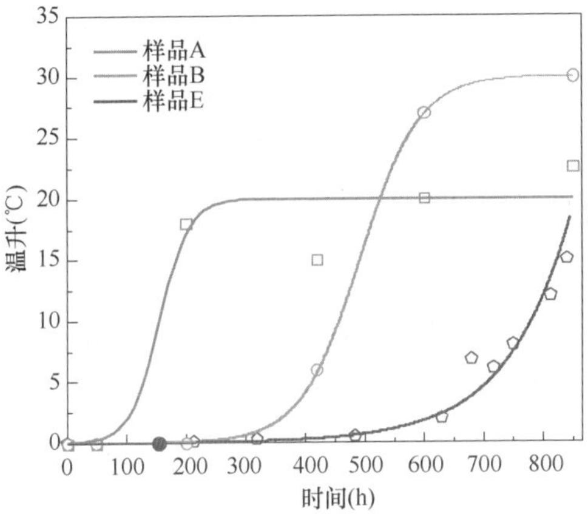

图 8-31　环氧树脂和硅橡胶材料吸水试验结果对比

对比复合绝缘子样品整体的温升数据和第 3 章中总泄漏电流数据，可以发现，各样品的温升变化和泄漏电流变化的相对幅度、相对速率以及趋势都是一致的，因此推测样品整体的温升是泄漏电流引起的，通过温升也可以判断样品的绝缘特性。

此外为了研究复合绝缘子样品护套、界面和芯棒处的发热情况，利用红外相机对加压一定时间的样品进行了检测。图 8-32 为硅橡胶样品水煮 395h 和环氧树脂样品水煮 720h 的温升分布，图 8-32（a）是硅橡胶样品 A 老化 395h 的加压温升图像，可以看出温升的主要区域分布在样品的一侧，并集中在界面附近，因此界面是硅橡胶样品 A 的主要发热源。8-32（b）是环氧树脂样品 E 老化 720h 的加压温升图像，观察发现温升的区域主要在样品的护套，分布均匀，护套是主要的发热源。这一结果表明了硅橡胶样品劣化的区域主要集中在界面处，而脂环族环氧树脂样品劣化的区域主要集中在护套处。

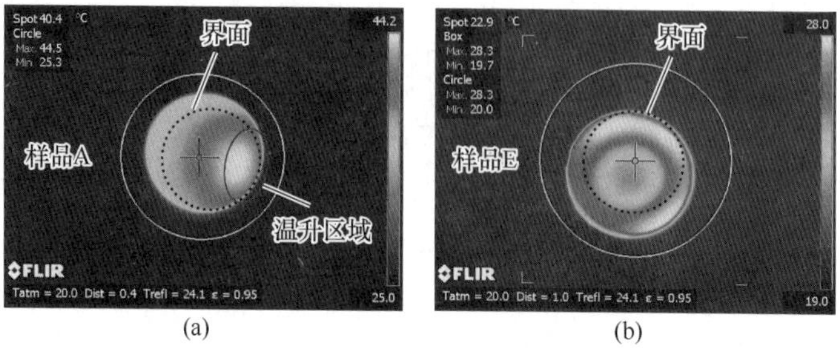

图 8-32 硅橡胶样品水煮 395h 和环氧树脂样品水煮 720h 的温升分布

（a）硅橡胶样品 A 老化 395h；（b）环氧树脂样品水煮 720h

3. 分析和讨论

复合绝缘子发热特性测试结果表明硅橡胶样品在前中期就出现了严重的恶化，并且引起这种变化的主要原因来自界面，而环氧树脂样品的劣化速度相对缓慢，引起劣化的主要原因主要来自护套，这一结果与第 3 章的泄漏电流测试结果高度一致。

两种复合绝缘子在试验过程中都出现了劣化，但实际上两者劣化区域存在区别，细化来说，硅橡胶样品出现了界面劣化，脂环族环氧树脂样品出现了护套劣化，但是高湿热环境下护套绝缘和界面绝缘对复合绝缘子状态的重要性是不同的，下面针对这一观点进行了详细阐述。

理论上，界面处区域狭小，外界环境液体进入界面后往往集中在一处，形成集中型缺陷，引起场强的增大，并且界面属于复合绝缘子的内部区域，与芯棒直接接触，因此界面处积累的液体和高场强对芯棒会有直接破坏的作用，有可能导致芯棒的断裂，因此高湿热环境下界面的状态十分重要。而对于护套，环境主要产生的影响是渗透进入的水分和表面的状态，在护套中不存在明显气隙缺陷的情况下，同一深度，水分在护套中的分布基本上是均匀的，形成的往往是分布型缺陷，不会引起样品场强的畸变，同时护套各位置水分的含量与所在的深度有关，越往内部，水分的浓度越小，含水量越少，最深处的护套往往是干燥的，对界面和芯棒的影响很小，因此高湿热环境下护套绝缘的重要性并没有界面高。

从实际的高湿热环境下的试验结果来看，硅橡胶复合绝缘子的界面遭到水分侵入，在试验前中期就出现了较大的泄漏电流和温升，在试验后期，部分复合绝缘子界面处的水分积聚较多，形成了一些沿轴向的导电通道，甚至在加压后出现了贯穿性的碳化通道，老化的硅橡胶复合绝缘子界面如图 8-33 所示。而在试验的过程中由于护套的吸水率较大导致脂环族环氧树脂复合绝缘子样品护套出现了更为严重的劣化，但是在测试过程中，样品前中期维持了良好的绝缘状态，泄漏电流维持在 0.1mA 以下，也没有出现明显的温升。综上所述，保证复合绝缘子界面的良好绝缘性是保证整体绝缘状态的重要条件，采用密封性较好的护套是一种十分有效的措施。

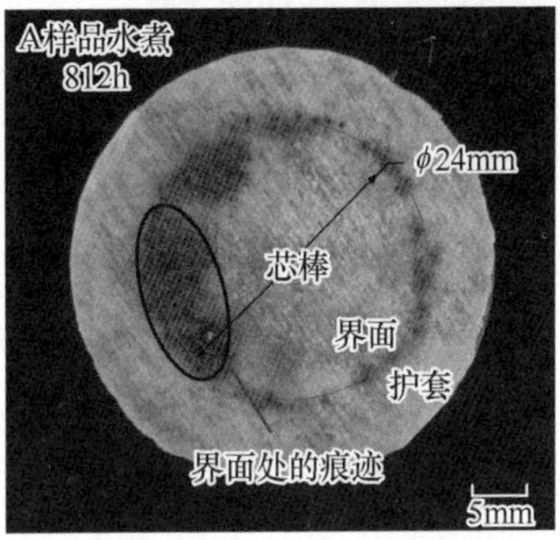

图 8-33　老化的硅橡胶复合绝缘子界面

8.3.4　短样温升模型

为了研究试验过程中护套材料的微观变化与样品宏观性能上的关系，在复合绝缘子的泄漏电流测试和发热特性测试的基础上进行了硅橡胶样品 A 和环氧树脂样品 E 的护套材料的介电性能测试。硅橡胶样品 A 泄漏电流、温升和介电常数的变化趋势如图 8-34 所示，环氧树脂泄漏电流、温升和介电常数的变化趋势如图 8-35 所示，是两种样品在试验过程中总泄漏电流、温升和介电常数的变化趋势，可以发现，硅橡胶样品 A 护套的介电常数在整个试验过程中的变化幅度较小，实测结果一直保持在 10 以下，因此硅橡胶护套保持了良好的绝缘特性。对于环氧树脂样品 E，护套的介电常数在试验过程中逐渐增大，并且同泄漏电流、温升的变化趋势相似，从材料的角度证明了环氧树脂样品 E 的劣化主要是由其护套引起的，护套材料的变化可以很好地反映绝缘子整体状态的变化，基于这一结果，本节提出脂环族环氧树脂复合绝缘子在高湿热环境下的温升模型，首先通过试验的方法获得绝缘子护套的材料参数，然后利用电介质模型和热学方程计算得到绝缘子在加压后整体的温度分布。

环氧树脂样品 E 在高湿热环境下发生的变化主要可以分为两个过程，第一个是样品的吸湿过程，水分侵入样品导致护套的材料参数发生了变化；第二个过程是样品在加压后由于电流导致的发热过程。整个模型建立的最大难点在于模型参数的设置和获取，水分在进入护套后并不是均匀分布的，护套内部的水分浓度和外部的水分浓度存在区别，因此护套不同深度位置需要设置不同的参数，此外整个试验跨度较长，环氧树脂样品 E 护套由于形状原因无法直接进行参数测量，因此很难保证在不破坏样品的情况对整个试验过程中的样品进行实时监测。模型实现的另一个难点在于要同时模拟吸水和电介质发热两个过程，如何实现这两个过程的耦合也是需要解决的问题。

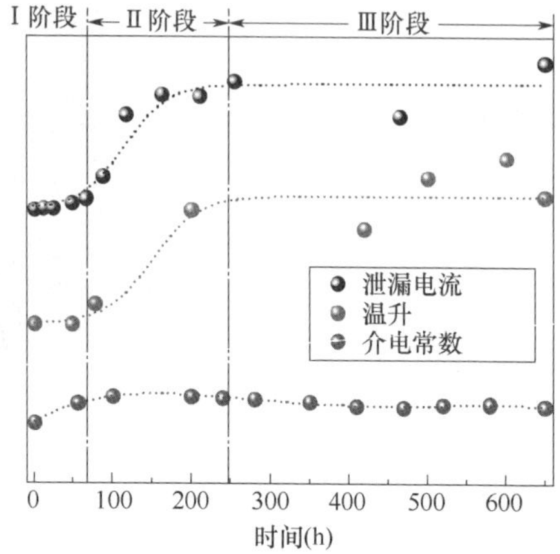

图 8-34 硅橡胶样品 A 泄漏电流、温升和介电常数的变化趋势

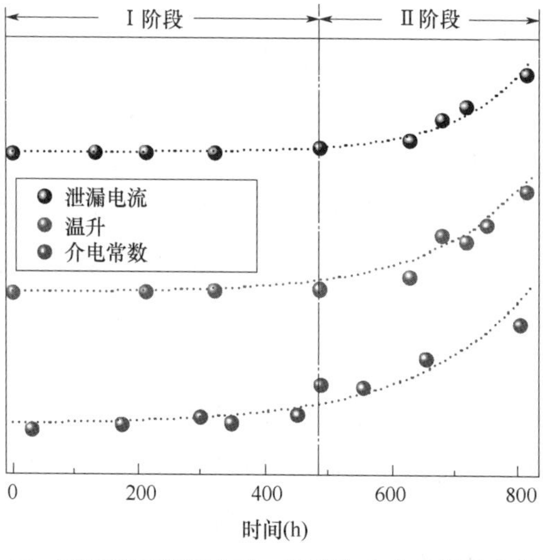

图 8-35 环氧树脂泄漏电流、温升和介电常数的变化趋势

为了解决模型参数设置的问题，对环氧树脂样品 E 加工得到尺寸为 1mm×20mm×30mm 的护套薄片，护套薄片与环氧树脂样品 E 同时进行人工加速老化，测量护套薄片的质量、介电参数的变化，通过护套薄片获取护套吸水量与介电参数的关系，测量环氧树脂样品 E 的质量、温升变化，通过吸水模型将样品某一时刻的质量转化为样品内部水分的实时分布，根据以上内容完成对模型实时参数的设置。通过建立两个模型，将前一个模型的结果作为后一个模型条件的方法实现吸水和电介质发热过程耦合，具体的模型实现如图 8-36 所示。

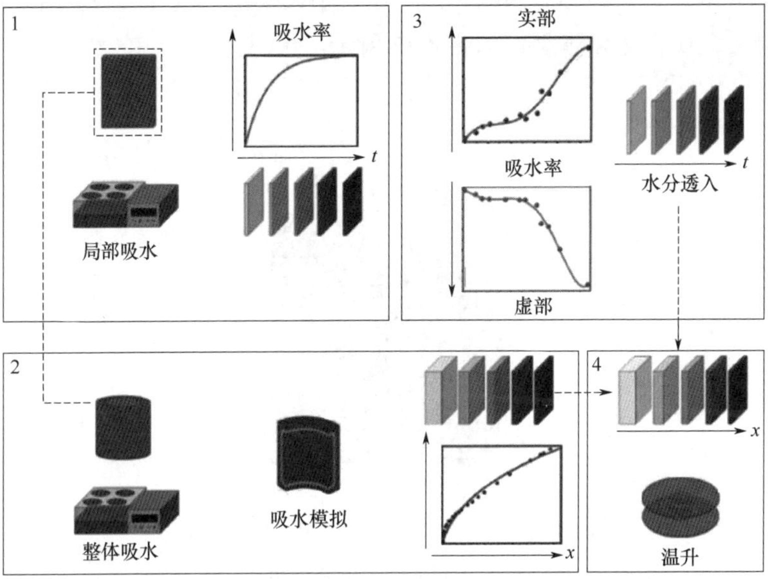

图 8-36　脂环族环氧树脂样品温升模型的实现

脂环族环氧树脂样品温升模型的实现主要包括了四个环节：

（1）获取护套材料的吸湿参数。这一环节主要进行的是吸湿试验，样品和测试方法同上，确定不同时刻护套薄片的含水量以及水分在护套内的扩散速率。

（2）样品的吸水模型。采用稀物质传递方程（8-2）研究护套内部水分浓度的变化，环节一中的吸湿试验确定了护套的扩散系数 D_i，并且水分进入护套属于物理过程，不存在化学反应（R_i=0），并基于护套的饱和吸水率设置边界的浓度条件，计算得到护套内的水分浓度分布，同时依据水分浓度和水的密度积分得到护套中水的质量 m_i。

$$\begin{cases} J_i = -D_i \nabla C_i \\ \dfrac{\partial c_i}{\partial t} + \nabla J_i = R_i \end{cases} \tag{8-2}$$

式中　C_i——物质的浓度，mol/m^3；

D_i——扩散系数，m^2/s；

R_i——反应速率表达式，mol/（m^3 • s）；

J_i——质量扩散矢量，mol/（m^2 • s）。

以上过程的实现主要是基于 COMSOL 软件的稀物质传递和吸湿膨胀模块，

依据实际样品的尺寸形状进行建模，并设置了一些关键参数（如样品密度、扩散系数、边界浓度、吸湿膨胀系数、泊松比、杨氏模量等），最终建立得到了环氧树脂样品 E 的护套吸水模型，如图 8-37 所示。

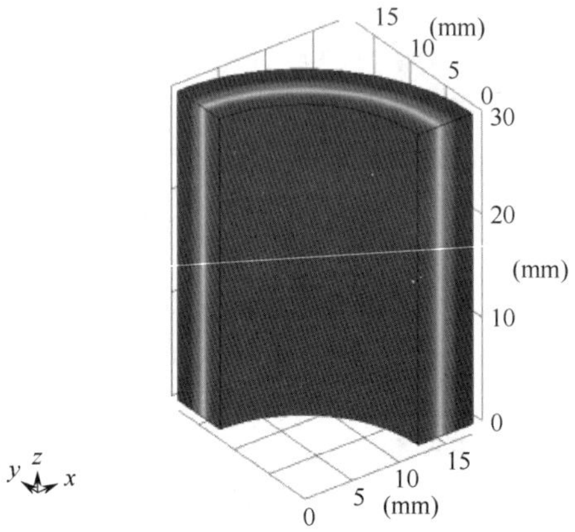

图 8-37　护套水分分布

环氧树脂样品 E 的试验过程中对其质量变化进行记录，需要注意的是整体的环氧树脂样品 E 中还包含芯棒与界面，但是在试验过程中它们的吸水很少，因此近似认为样品整体的质量变化等于护套的质量变化，将实测的护套质量变化与理论方程计算得到的质量变化进行对比，通过两者之间的差距来评价吸水模型的准确性。吸水模型的验证如图 8-38 所示，根据结果认为吸水模型能够很好地模拟环氧树脂样品实际的吸水过程。

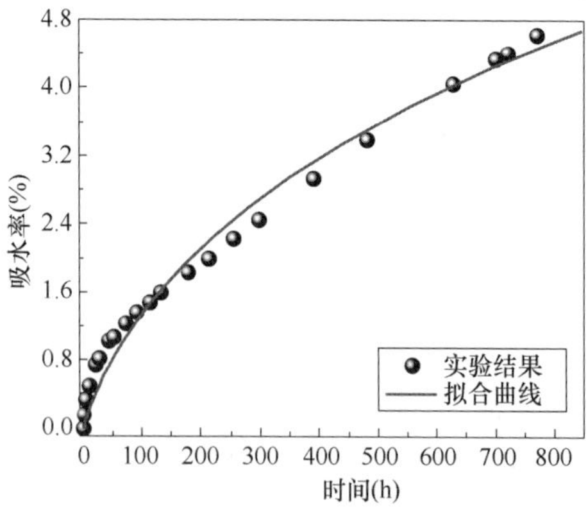

图 8-38　吸水模型的验证

（3）吸水-介电关联。通过环节二确定了样品内部的水分浓度分布，但是水分无法直接与电介质发热产生联系，需要将水分浓度转化为介电参数。为了获得两者之间的联系，对环节一中的护套薄片进行了介电测试，得到护套薄片不同试验时间对应的介电常数，并结合环节一中的吸水测试结果，将护套薄片的吸水率与介电常数相对应，得到两者之间的联系。需要注意的是，护套薄片内部各处水分的分布也存在差异，但是由于其厚度薄，近似认为护套薄片中水分是均匀分布的，从而建立单位体积护套水分浓度和介电常数之间的关系。

图 8-39 和图 8-40 是护套吸水率与介电常数实部和虚部之间的关系，通过多项式拟合的方式建立环氧树脂样品 E 实际的吸水-介电方程。

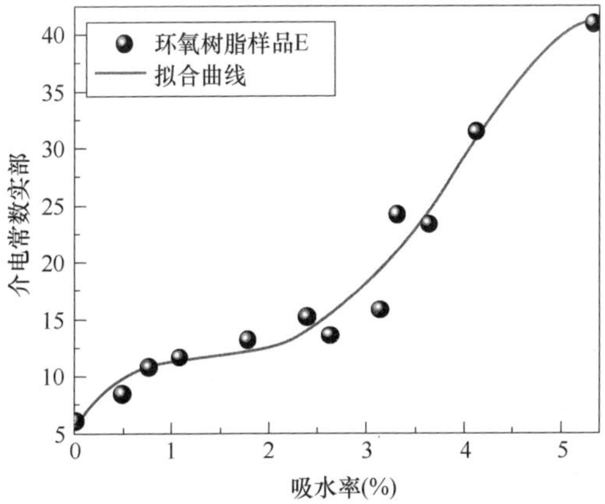

图 8-39　样品介电常数实部与吸水率之间的联系

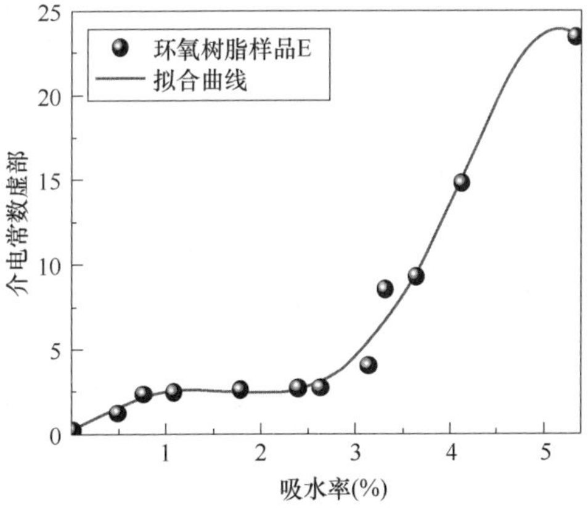

图 8-40　样品介电常数实部与吸水率之间的联系

（4）电介质发热模型。吸水后的环氧树脂样品 E 在加压后主要经历了电和传热两个过程，其中电过程的实现主要基于电流方程公式和介质损耗方程。环节三中确定了材料实时的介电常数，并依据实际条件设置了电压的边界条件，最终计算得到样品的内部场强、电流密度。

$$\begin{cases} \nabla \cdot J = Q_{\mathrm{J,V}} \\ J = \sigma E + jwD + j_{\mathrm{e}} \\ E = -\nabla \bullet V \end{cases} \tag{8-3}$$

$$D = \varepsilon_0(\varepsilon' - j\varepsilon'')E, \sigma = 0 \tag{8-4}$$

式中 J——电流密度，$\mathrm{A/m^2}$；

$Q_{\mathrm{J,V}}$——电流源，$\mathrm{W/m^3}$；

σ——电导率，S/m；

E——电场强度，V/m；

w——角频率，rad/s；

D——电位移，$\mathrm{C/m^2}$；

j_{e}——外部电流密度，$\mathrm{A/m^2}$；

V——电动势，V；

ε_0——绝对介电常数；

ε'——相对介电常数实部；

ε''——相对介电常数虚部。

传热过程基于热传递方程，护套材料的密度为 $1800\mathrm{kg/m^3}$，恒压热容为 1500J/（kg • K），导热系数为 0.4W/（m • K），环境中不存在热源，内部热源主要是电磁热，通过电磁热方程可以将电和传热两个过程耦合在一起，最终计算得到样品的温度。

$$\begin{cases} \rho C_{\mathrm{P}} u \nabla T + \nabla q = Q + Q_{\mathrm{ted}} \\ q = -k \nabla T \end{cases} \tag{8-5}$$

式中 ρ——密度，$\mathrm{kg/m^3}$；

C_{P}——恒压热容，J/（kg • K）；

T——温度，K；

u——材料粒子的运动速度，m/s；

q——传导热通量，W/m；

k——导热系数，W/（m • K）；

Q——内部热源，$\mathrm{W/m^3}$；

Q_{ted}——环境热源，W/m³。

$$\begin{cases}\rho C_p u \cdot \nabla T = \nabla \cdot (k \nabla T) + Q_e \\ Q_e = Q_{rh} + Q_{ml} \\ Q_{rh} = 0.5\mathrm{Re}(J \cdot E^*) \\ Q_{ml} = 0.5\mathrm{Re}(i\omega B \cdot H^*)\end{cases} \quad (8\text{-}6)$$

式中　Q_e——内部产生的电磁热，W/m²。

Q_e 由电阻热 Q_{rh}（W/m²）和磁滞损耗 Q_{ml}（W/m²）组成。

以上过程的具体实现基于 COMSOL 软件的电流和固体传热模块，先对环氧树脂样品 E 和测试电极的形状进行建模，后设置主要参数，值得注意的是，由于护套内部各处水分不同，因此在对护套的介电参数进行设置时，不同位置的介电参数需要设置不同的值。为了实现这一点，首先依据环节二的吸水仿真得到不同位置分布的水分浓度，后将这一结果引入电介质发热模型，在模型中引起一个插值，将其定义为与空间位置相关的函数，实际上这个插值就是水分浓度，后将护套的介电参数定义为与插值相关，具体的方程来自环节三中的吸水-介电关系，通过这种方式实现了吸水过程和发热过程之间的耦合。在设置完参数后，依据实际加压测试的电压设置样品的边界条件，进行仿真，图 8-41 为电介质温升模型及其计算结果。

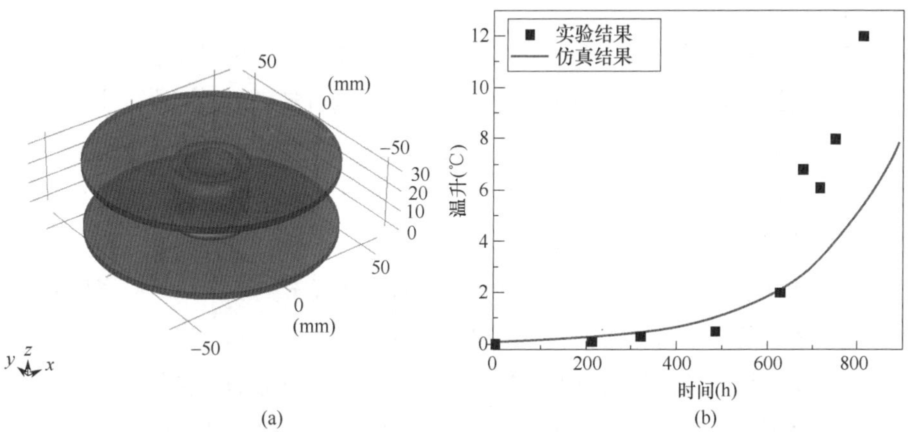

图 8-41　温升仿真模型和模型计算结果

（a）温升仿真模型；（b）模型计算结果

可以发现，温升模型能够很好地反映环氧树脂样品 E 前期的发热过程，具有实际应用价值。首先，整个模型的关键参数都是来自非高压的测试试验，安全方便；其次，一般标准对于复合绝缘子温升的规定是小于1℃，在确定了实际的运行环境条件后，利用这一模型可以预测脂环族环氧树脂满足温升标准的运行年限，作为实际生产和应用的参考。

温升模型与后期的实际温升存在差异，主要的原因是环氧树脂样品护套并不是完全均一的，实际样品中的填料分布不均匀，同时由于生产工艺的原因，样品中一般也会存在差异性较大的区域（如合模缝），在试验前期这些区域与正常区域的差距不大，造成的影响较小，但是在试验后期，这些区域的吸水量比正常区域的吸水量大，在加压后，这些区域的场强、电流也会更大，最终引起了温升的增长，造成了模型和实际的差异。

8.3.5 硬质绝缘子界面特性

以上主要针对两种硅橡胶复合绝缘子和一种脂环族环氧树脂复合绝缘子进行了对比研究，采用了改进的人工加速老化测量泄漏电流的比较方法，发现了不同样品之间的差异，同时采用了相关理论和试验，分析验证了影响高湿热环境下复合绝缘子表现的主要因素。对脂环族环氧树脂和硅橡胶复合绝缘子样品在湿热环境下的发热特性进行了研究，得到以下结论：

（1）在试验过程中，硅橡胶复合绝缘子样品A、B出现了一定程度的劣化，引起劣化的主要原因在于其界面，即界面处积聚了大量水分造成界面泄漏电流的快速增大。

（2）在试验过程中，脂环族环氧树脂复合绝缘子样品E同样出现了劣化，但劣化的主要原因在于护套，护套过大的饱和吸水量引起护套泄漏电流上升。

（3）引起复合绝缘子样品劣化的主要原因在于进入的水分，水分的分布和含量决定了其性能表现，建议将护套的扩散系数和饱和吸水率作为评价复合绝缘子在高湿热环境下表现的重要指标。

（4）水分进入复合绝缘子，侵蚀界面的过程主要分为三个，对应了样品界面泄漏电流增长的三个阶段，即稳定—增长—稳定。

（5）复合绝缘子样品发热温升的变化趋势与泄漏电流的变化趋势一致，并且通过发热区域可以确定两种绝缘子的劣化位置，因此发热温升可以很好地反映复合绝缘子的状态。

（6）界面绝缘对复合绝缘子的整体绝缘更加重要，护套的湿润缺陷不会直接影响到内部材料，也不会引起电场的严重畸变；相反，界面的缺陷一般属于集中型缺陷，产生的放电和温升会直接影响到内部的芯棒。

（7）脂环族环氧树脂复合绝缘子的绝缘主要受到了护套的影响，基于这一现象本章提出了脂环族环氧树脂复合绝缘子的发热模型，模拟了绝缘子样品的吸湿过程和水分分布，并通过实验得到了护套介电参数在湿热环境下与吸水率之间关系，得到了模型的具体参数，最终耦合吸水和发热过程实现了样品在湿热环境下的温升模拟。

8.4　硬质复合绝缘子设计定型

本节研制了一种新型硬质护套穿伞串接复合绝缘子，综合了硅橡胶复合绝缘子与新型硬质复合绝缘子防污闪、防鸟啄、防发热酥朽等优势的同时，拓宽了新型脂环族环氧硬质复合绝缘子适用电压等级范围，可应用于超特高压工程。

8.4.1　结构设计

新型硬质护套穿伞串接复合绝缘子的设计思路是在传统硅橡胶复合绝缘子高压端串接硬质护套穿伞绝缘子，兼顾硅橡胶复合绝缘子与新型硬质复合绝缘子在防污闪、防鸟啄、防发热酥朽等各自的优势，从而提高复合绝缘子运行时的安全稳定性，并延长其使用寿命。

1. 110kV 硬质复合绝缘子结构

新型 110kV 硬质护套穿伞串接复合绝缘子结构示意图如图 8-42 所示。

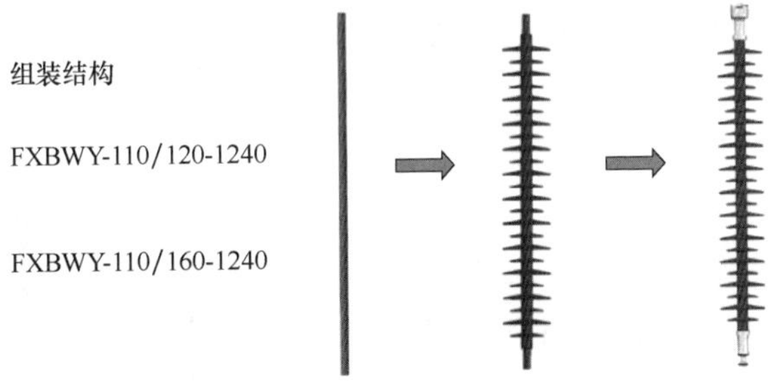

图 8-42　110kV 硬质复合绝缘子结构示意图

在结构高度、爬电距离的设计上，主要考虑了能够与现有的硅橡胶复合绝缘子实现完全无障碍更换，硬质复合绝缘子产品的尺寸参数与原硅橡胶复合绝缘子的结构形式、尺寸参数完全一致。110kV 硅橡胶复合绝缘子设计参数如图 8-43 所示。

型号	结构高度(mm)	公称爬电距离(mm)	电弧距离(mm)
FXBWY-110/120-1240	1240	3150	1014
硅橡胶FXBW-110/120-2	1240	3150	—
FXBWY-110/160-1240	1240	3150	1014

图 8-43　110kV 硅橡胶复合绝缘子设计参数

硬质复合绝缘子在干雷电冲击耐受、湿工频耐受的要求上，也同硅橡胶绝缘子保持了一致，经过实际测试，棒形硬质也满足规定要求。雷电全波冲击耐受电压和工频湿耐受电压取决于绝缘子的结构形式以及大气环境，硬质复合绝缘子的干雷电冲击耐受、湿工频耐受能力满足规定要求。110kV 硅橡胶复合绝缘子干雷电冲击耐受、湿工频耐受要求如图 8-44 所示。

型号	雷电全波冲击耐受电压(kV)峰值不小于	工频1min湿耐受电压(kV)有效值不小于
FXBWY-110/120-1240	550	230
FXBWY-110/160-1240	550	230

图 8-44　110kV 硅橡胶复合绝缘子干雷电冲击耐受、湿工频耐受要求

2. 220kV 硬质复合绝缘子结构

新型 220kV 硬质护套穿伞串接复合绝缘子结构示意图如图 8-45 所示。

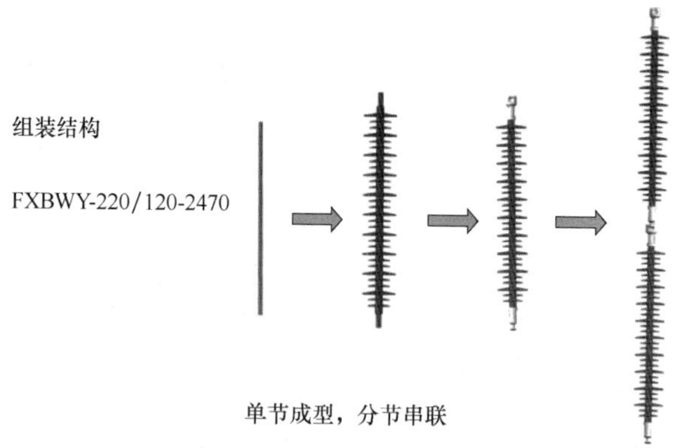

图 8-45　220kV 硬质复合绝缘子结构示意图

同样，在结构高度、爬电距离的设计上，考虑到需与现有硅橡胶绝缘子完全等效，因此参考了 220kV 硅橡胶复合绝缘子的结构高度、爬电距离规定，设计单节的结构高度、爬电距离，两节串联的结构高度、爬电距离，与硅橡胶完全一致。

干雷电冲击耐受于湿工频耐受要求上，与 220kV 硅橡胶绝缘子保持一致，经过实际测试，满足规定要求。220kV 硅橡胶复合绝缘子设计参数如图 8-46 所示，干雷电冲击耐受、湿工频耐受要求如图 8-47 所示。

型号	结构高度(mm)	公称爬电距离(mm)	电弧距离(mm)
FXBWY-220/120-2470单支	1235	3520	1122
FXBWY-220/120-2470	2470	7040	2244
硅橡胶FXBW-220/120-3	2470	7040	—

图 8-46　220kV 硅橡胶复合绝缘子设计参数

型号	雷电全波冲击耐受电压(kV)峰值不小于	工频1min湿耐受电压(kV)有效值不小于
FXBWY-220/120-2470	1050	460

图 8-47　220kV 硅橡胶复合绝缘子干雷电冲击耐受、湿工频耐受要求

3. *硬质复合绝缘子电场分布*

新型硬质护套穿伞串接复合绝缘子可以对绝缘子重点部位进行防护，解决现有硅橡胶绝缘子鸟啄、局部发热等问题。然而，这种结构的电场分布尚不清晰。因此，本节重点对这种新结构的电场分布进行研究。

将 110kV 与 220kV 硬质复合绝缘子加装均压环，对其电场分布进行测试。加装均压环后硬质复合绝缘子的结构如图 8-48 和图 8-49 所示。

图 8-48　110kV 加装均压环后硬质复合绝缘子的结构示意图

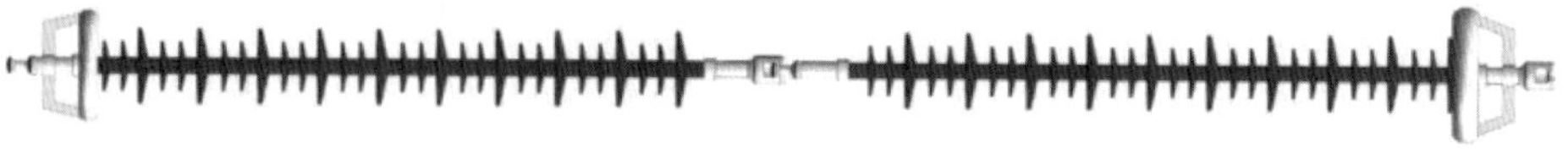

图 8-49　220kV 加装均压环后硬质复合绝缘子的结构示意图

均匀环的结构尺寸参考了 DL/T 1000.3—2015 中的附录 B，如图 8-50 所示。

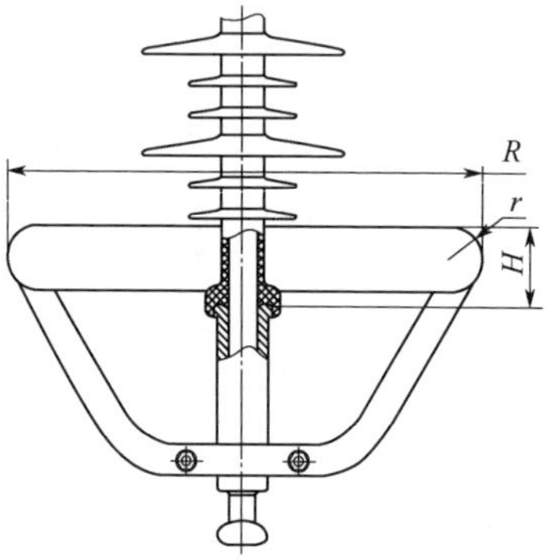

图 8-50　均压环装置示意图

均压环装置配置和参数见表 8-6。

表 8-6　均压环装置配置和参数

电压等级（kV）	配置参数：*R*/*r*/*H*		
	高压端（mm）	低压端（mm）	
		普通型	防鸟型
110	250/15/15	250/15/15	300/15/15
220	305/21/20	250/15/15	350/15/20
330	305/21/20	305/21/20	350/15/20
500	370/25/50	350/15/30	350/15/30
750	160/15/20（小环） 700/30/80（大环）	440/30/50	440/30/50
1000	200/15/20（小环） 800/40/100（大环）	500/30/70	500/30/70

注　250/15/15 表示均压环外径、圆管半径、屏蔽深度分别为 250、15、15mm，其他类同。

对硬质绝缘子的电场分布进行分析测试，测试结果如图 8-51 所示。

由图 8-51（a）可以看出，电场主要集中在绝缘子两端，绝缘子中部的电场分布较小。绝缘子两侧电场分布十分相似。左侧绝缘子端部最大场强为 1.82kV/cm

（有效值），右侧绝缘子端部最大场强为 2.18kV/cm。接近铁塔的右侧绝缘子端部最高场强略大一些，但绝缘子整体电场都小于 3kV/cm。由图 8-51（b）可以看出，110kV 硬质绝缘子在 1440mm 下的电场主要分布在绝缘子端部集中区域，并且伴随着电场的突变，左右两端电场分布较为对称，且电场的最大值为 1.15kV/cm，小于 2kV/cm。由图 8-51（c）可以看出，220kV 硬质绝缘子在 2470mm 下的电场也呈现出对称分布，且电场主要集中在绝缘子两端，绝缘子左端电场更大，最大可达到 3.8kV/cm，小于 4kV/cm。

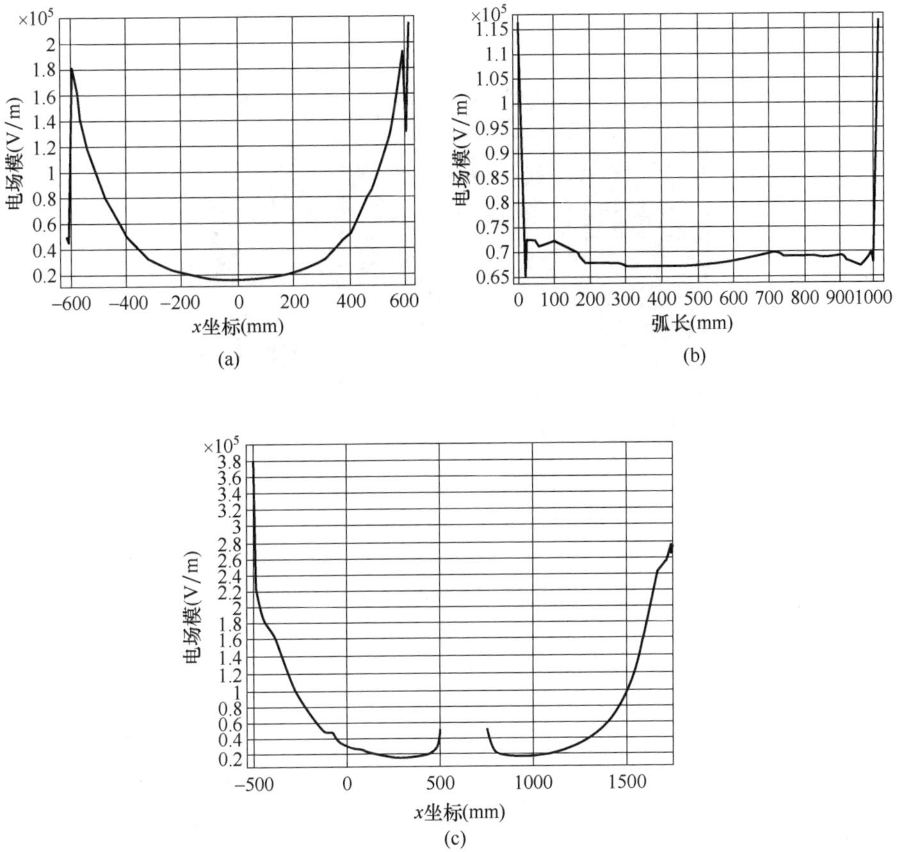

图 8-51　硬质复合绝缘子电场分布

（a）110kV 硬质绝缘子在 1240mm 下的电场分布；（b）110kV 硬质绝缘子在 1440mm 下的电场分布；（c）220kV 硬质绝缘子在 2470mm 下的电场分布

8.4.2　定型试验

复合绝缘子一般的设计寿命约为 30～50 年，在输电线路上运行的长期过程中，绝缘子主要承受的是拉伸负荷，即复合绝缘子的长期机械性能主要是针对其拉伸性能而言。

根据《标称电压高于1000V交流系统架空线路用棒形悬式硬质复合绝缘子试验方法及接收准则》（T/CEC 269—2019）中的相关条款，对组合型和整支型两种新型脂环族环氧树脂绝缘子进行机械破坏负荷试验和96h耐受负荷试验。

1. 机械拉伸试验

（1）组合型硬质复合绝缘子机械破坏负荷试验，如图8-52所示。对于这两种不同型号的硬质复合绝缘子串，不管是615mm短型还是820mm长型，它们的额定机械负荷SML均为400kN。

图8-52　组合型硬质复合绝缘子

试验中从厂家同一批次产品中随机抽取3支绝缘子，机械拉伸的结果见表8-7。

表8-7　　机械拉伸试验结果

试品编号	施加拉伸负荷（kN）	耐受时间（min）	耐受结果	破坏负荷（kN）
1	400	1	未损坏	537
2	400	1	未损坏	535
3	400	1	未损坏	543

表8-7中显示：3支环氧树脂新型绝缘子的破坏负荷分别超过额定机械负荷的34.25%、33.75%、35.75%，满足标准T/CEC 269—2019的要求。

（2）整支型硬质复合绝缘子串机械破坏负荷试验。如图8-53所示，对于整支型硬质复合绝缘子，其额定电压为110kV，额定机械负荷SML为120kN。

图 8-53　整支型硬质复合绝缘子

试验中随机抽取 3 支绝缘子，机械破坏负荷的结果见表 8-8。

表 8-8　机械破坏负荷试验结果

试品编号	破坏值（kN）	破坏形式	平均值（kN）
1	155	环拉脱	155
2	153	环拉脱	
3	156	环拉脱	

表 8-8 中显示：3 支环氧树脂新型绝缘子的破坏负荷分别超过额定机械负荷的 29.17%、27.5%、30%，机械破坏负荷有足够的裕度。

2. 96h 蠕变特性试验

（1）组合型硬质复合绝缘子串 96h 蠕变特性试验。求得耐拉伸强度蠕变特性曲线的斜率最直接的办法是测得 1min 平均破坏负荷和 96h 平均破坏负荷，然而由于 96h 的平均破坏负荷测量在时间上的不确定性较大，获取非常困难。因此，在求取耐拉伸轻度蠕变曲线时所常用方法是：先做绝缘子试品的 1min 破坏负荷试验，再做它的 96h 负荷耐受试验，进而根据这两种结果对 96h 破坏负荷估算。

任取 3 支绝缘子，根据破坏负荷进行 1min 平均破坏负荷的估算及试验，测得 3 支绝缘子 1min 破坏负荷分别为 530、520、530kN，故 1min 平均破坏负荷为 527kN。对于平均破坏负荷的标准偏差，按照国际上的经验，一般取 $\sigma_M=0.08M_{av}$。

GB/T 19519—2014 规定，绝缘子蠕变特性曲线斜率在对数时间坐标系中不应超过 8%M_{av}。96h 对应的对数刻度为 3.76，故 $M_{96}=(1-3.76\times0.08)M_{av}=0.7M_{av}$。

根据高斯分布，对应于通过 96h 拉伸耐受负荷概率为 90%时：

第一次试验：$M_{96}-1.282\sigma M$；

第二次试验：$M_{96}-1.645\sigma M$；

第三次试验：$M_{96}-1.820\sigma M$。

对于 3 支绝缘子的 σ_M 取 $0.08M_{av}$，96h 耐受负荷为：$0.7M_{av}\times(1-820\times0.08)=0.60M_{av}$，即如果三只绝缘子均通过了 $60\%M_{av}$ 的 96h 耐受试验，则 96h 破坏负荷至少为 $70\%M_{av}$ 的概率将大于 90%，且此时绝缘子的强度特性曲线的斜率小于或等于对应时间刻度的 $8\%M_{av}$。

试验中，将三只绝缘子分别施加 $60\%M_{av}$=316.2kN 的拉力，持续 96h，均无任何损坏出现。而且此种绝缘子的 M_{av} 远大于（最大机械负荷），所以此种绝缘子的机械耐拉伸强度在 50 年内始终高于负荷-时间曲线，绝缘子将具有充足的机械强度。

（2）整支型硬质复合绝缘子机械破坏负荷试验。在环境温度下对 3 支整支型硬质复合绝缘子试品施加拉伸负荷，此拉伸负荷应迅速而平稳地从零上升到 M_{av} 值的 60%，并持续 96h 无破坏（断裂或完全抽出）。无论因任何原因导致施加的负荷中断，均应取新试品重新试验。试验结果见表 8-9。

表 8-9　机械破坏负荷测试结果

试品编号	规定值		试验值		试验结果
	拉伸负荷	持续时间	拉伸负荷	持续时间	
1	155×60%=93kN	96h	93kN	96h	耐受
2					耐受
3					耐受

根据 96h 蠕变特性试验结果，可以看出 110kV/120kN 整支型硬质复合绝缘子的机械耐拉伸强度在相应输电线路运行中 50 年内始终高于负荷-时间曲线，绝缘子将具有充足的机械强度。

3. 电气特性试验

该脂环族环氧树脂绝缘子在应用于输电线路前首先要进行工频交流电压试验。工频交流电压试验的意义是验证在电力系统工频交流电压下绝缘子的绝缘强度和长时间运行中的稳定可靠性。

绝缘子表面状态的检测应对绝缘子进行逐支检验：

检查的具体要求是：绝缘子伞裙及护套表面的单个缺陷的面积（如凸起、缺胶、杂质等）应不大于 $25mm^2$，深度应不大于 1mm，同时伞裙及护套表面凸起部分的表面和合缝应该将其清理平整，凸起的高度不大于 0.8mm。总体缺陷面积应不大于绝缘子总表面积的 0.2%。

绝缘子端部金具等附件与芯棒采用压接方式连接，须保证与产品的设计图纸一致。

电气性能试验则按照 T/CEC 269—2019 中规定的试验方法进行，绝缘子的几种工频耐受试验步骤如下：

（1）工频干耐受电压试验：按照大气条件校正选取试验电压。试验中，首先施加 75%的试验电压，然后按照每秒 2%的试验电压值的速度将电压升高至耐受电压，保持 1min，不发生任何闪络或绝缘子击穿现象。接着迅速退掉施加的电压，但不要切除电源。

（2）工频湿耐受电压试验程序：首先调节人工雨的相关特性，对试品淋雨 15min，然后施加 75%的试验耐受电压，按照每秒 2%试验电压值的速度升高电压至耐受电压，保持一分钟，不发生任何闪络或绝缘子击穿现象，接着迅速退掉施加的电压，但不要切除电源。

（3）雷电冲击电压耐受实验：首先在 60%～80%的耐受电压值下调整冲击电压发生器，使之产生所需要的冲击电压波形；然后逐渐升高冲击发生器的电压值，直至规定的耐受电压，在此电压下施加 15 次的冲击，若绝缘子不发生闪络，则通过该试验。

常规电气耐受实验的结果见表 8-10。

表 8-10　几种耐受电压试验结果

产品型号	工频干耐受电压（kV）	工频湿耐受电（kV）	雷电全波冲击干耐受电（kV）
615 mm 型	210	165	300
820 mm 型	260	210	400
1240 mm 型	310	250	500

可见，该脂环族环氧树脂绝缘子通过了工频干耐受、工频湿耐受和雷电全波冲击干耐受试验。

4. 陡波试验

（1）陡波试验原理。绝缘子在生产成型过程中，会出现一些护套、芯棒界面出现缝隙或接头处破坏等缺陷，接触界面的黏结若不好，也会在绝缘子中形成薄弱的环节，容易导致运行过程中内绝缘的击穿。而在常规的一些绝缘子耐压试验中，此类缺陷不容易被检测出来，若内绝缘缺陷的绝缘子挂网运行，很有可能导致一些内绝缘击穿事故，严重威胁线路运行安全。

陡波试验检验绝缘子内绝缘可靠性的原理是利用空气间隙击穿的伏秒特性。

由于放电试验的影响，空气间隙的击穿要在一定时间内完成，即气隙的击穿电压与该电压作用于气隙的时间有很大关系。同样的气隙，在峰值很高但持续时间很短的冲击电压作用下不一定能被击穿，在峰值不高但持续时间较长的冲击电压作用下却很有可能击穿。

检验绝缘子内绝缘过程中，若绝缘子两端电压的陡度不高，在内绝缘能够承受住的情况下外绝缘已经被击穿，从而无法达到检验内绝缘的目的；若提高施加冲击电压的陡度，绝缘子在外绝缘并不会击穿的情况下，两端电压达到很高的峰值时，此时便可以检验内绝缘的绝缘强度。

前面已经介绍，该种环氧树脂硬质绝缘子采用芯棒护套一体化成型，并不存在接触界面出现缝隙的情况，无接触界面的内部结构会在很大程度上提高内绝缘强度。但绝缘子机械结构中，球头球窝的金具深入护套（绝缘子额定机械耐受强度为400kN，需要较大的压接接触强度），与一般复合绝缘子有一定的差异，故其才存在其特有的内绝缘弱点：即若电场强度畸变严重，电压沿绝缘子表面降低过快的话，球头球窝的金具有一定可能击穿护套，破坏绝缘结构，如图 8-54 所示。而在设计生产过程中，加厚了金具深入绝缘材料部分的护套，以便加强绝缘强度。

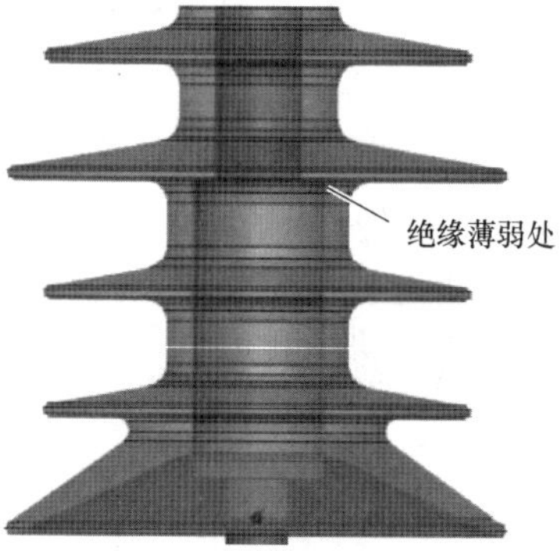

图 8-54　绝缘子绝缘薄弱处示意图

（2）陡波试验方法及设备。根据 GB/T 19519—2014 的规定：在试品上布置电极（电极可由比如约 20mm 宽，厚度小于等于 1mm 的窄铜条夹片构成）。施加陡波试验的绝缘子每段长度（或绝缘距离）不超过 500mm，将电极牢固地套在每一段上，若绝缘子长度大于 500mm，则将电极加在伞裙护套上，使两个电极间形成距离小于 500mm 的区段。然后施加陡度不小于 1000kV/μs 且不大于 1500kV/μs 的冲击电压，分别施加正负冲击各 25 次，若绝缘子被击穿，则绝缘子的内绝缘强度满足要求，通过试验。

陡波试验中的实验电压通常由冲击电压发生器产生。其中一种是将冲击电压发生器的输出端接在试品上，通过波前电阻负荷电容的调节来达到试验电压的要求；而另一种则是在冲击电压发生器的输出端接上一个由陡化电容和陡化球隙组成的陡化回路，调节陡化回路的参数便可以达到试验电压的要求。新华高压电气有限公司的陡波发生器采用的是后者来产生陡波电压。

陡波发生器示意图如图 8-55 所示。

图 8-55　陡波发生器示意图

（3）试验结果及分析。

1）组合型硬质复合绝缘子串陡波试验结果。陡波试验的典型正负波形如图 8-56 所示。

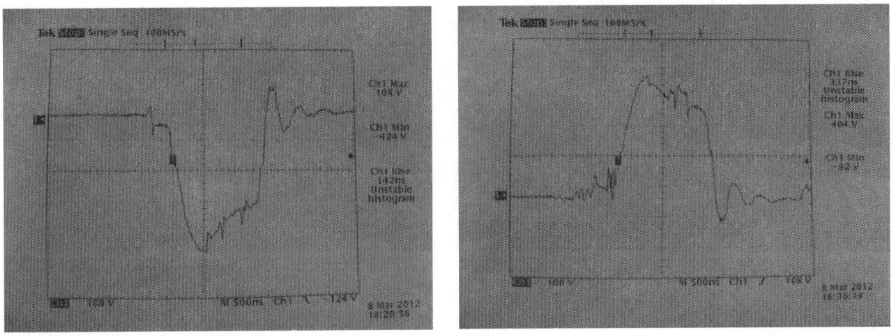

(a)　　(b)

图 8-56　陡波试验的典型正负波形

（a）负陡波波形；（b）正陡波波形

陡波陡度在 1000～1500kV/μs 时，正负各 25 次陡波冲击均未对绝缘子造成任何损坏，故新型脂环族环氧树脂绝缘子通过了标准规定的陡波冲击试验，满足内绝缘强度的要求。

为了进一步验证其内绝缘强度，逐步提升陡波陡度。陡波冲击采样分压器变比为 1∶245，而根据图 8-56 中采集到的冲击波形，可以很容易计算出，图中正陡波冲击的陡度大约是 1760kV/μs，而负陡波冲击的陡度大约是 2200kV/μs。当陡度增加到约 4000kV/μs 的时候，绝缘子仍能够承受住，并未发生内绝缘击穿的情况。

2）整支型硬质复合绝缘子陡波试验结果。陡波试验的典型正负波形如图 8-57 所示。

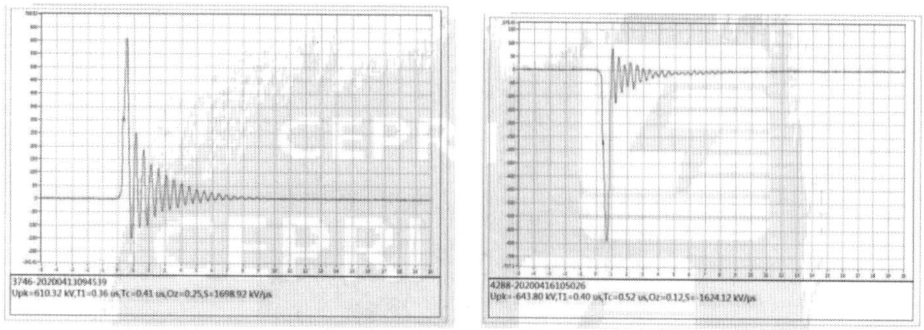

(a) (b)

图 8-57 陡波试验的典型正负波形

(a)负陡波波形;(b)正陡波波形

陡波陡度在 1000～1500kV/μs 时，正负各 25 次陡波冲击均未对绝缘子造成任何损坏，故新型脂环族环氧树脂绝缘子通过了标准规定的陡波冲击试验，满足内绝缘强度的要求。

组合型硬质复合绝缘子目前已在甘肃省、河南省等多地进行挂网试运行，应用效果良好，各项指标正常。整支型硬质复合绝缘子在广东省清远市、江苏省徐州市等地进行挂网运行，运行状态良好。其中，广东省和江苏省属于湿热地区，硬质复合绝缘子运行在该环境下，是对绝缘子耐湿热能力的一种考验。从运行结果来看，硬质复合绝缘子可以与传统的复合绝缘子直接替换，通用性强，同时在湿热环境下有应用优势。

第9章 复合绝缘子界面故障防治技术

9.1 复合绝缘子界面故障防治技术概述

前文系统研究了复合绝缘子界面失效机理、三种形式的断裂机理及界面检测方法，本章在前文研究基础上针对性提出复合绝缘子界面失效及断裂的防治措施，并进行了电网应用。

针对复合绝缘子界面失效的防治，需重点关注制造阶段的工艺控制。本书阐述工艺控制及优化、新型护套/芯棒界面黏接剂研发技术，通过实验重点探讨了芯棒表面打磨、硅橡胶配方、芯棒表面烘干等因素的对复合绝缘子界面形成的影响；在新型界面黏接剂的研发方面，重点研究了二维片层材料的引入对阻隔性能的改良效果。针对复合绝缘子的三类断裂故障分别提出了防治措施，涵盖金具设计、芯棒选型、绝缘子制造、运行维护等多个环节。

9.2 界 面 失 效 防 治

9.2.1 界面工艺控制及优化

根据前文的计算研究，芯棒表面粗糙度、模压成型温度等，对复合绝缘子护套/芯棒界面的形成有影响。目前复合绝缘子多采用注射成型工艺，高温硫化硅橡胶经设备注射，在模具的模腔内流动，包覆至涂覆有偶联剂并经过预热的芯棒表面，在高温作用下硫化与芯棒黏接在一起。本节开展芯棒和硅橡胶界面黏接性能的影响因素研究。

1. 制造工艺影响因素

在芯棒和硅橡胶整个界面形成过程中，对黏接性能有影响的因素，主要从材料和工艺两方面考虑，影响因素见表9-1。

表 9-1　　复合绝缘子中界面黏接影响因素

序号	因素	序号	因素
1	硅橡胶配方	4	芯棒预热（温度、时间）
2	偶联剂配方	5	偶联剂涂抹时间
3	芯棒表面状态（清洁度、粗糙度）	6	硫化时间

针对以上因素，先进行对比试验，排除对黏接性能影响不大的因素，然后再对影响较大的因素进行进一步试验优化，深入探究其对黏接性能的影响。

针对可能影响芯棒与硅橡胶界面黏接性能的因素，分别设计对比试验，以验证其影响程度。以下试验均采用ϕ18mm 芯棒，采用同 1 副注射模具进行测试，测试方法参考 GB/T 19519—2014 第 10.4.1 条带护套芯棒水扩散试验，试验过程取样分别为复合绝缘子试品高、低压端及中间段。

（1）芯棒预热温度对黏接性能影响。芯棒的预热温度受烘箱设定温度、烘箱结构以及烘烤时长的影响，作为整个工艺环节中可控性差、分散性大的一个环节，优先对其进行研究。在分析时尽量将烘烤温度控制在合适范围内，以免造成偶联剂分解，进而影响黏接性能。试验时直接测量芯棒温度，避免烘箱差异带来的影响。试验状态见表 9-2。

表 9-2　　复合绝缘子芯棒、胶料及偶联剂试验状态

编号	芯棒					胶料		偶联剂	
	状态	清洁	烘烤温度（℃）	烘烤时长（min）	实测温度（℃）	胶料配方	硫化时间（min）	偶联剂	晾干时间（min）
5-1	厂家 A 送货状态（已打磨）	乙醇清洁	120	30	67～68	A	15	TH608	0
5-2									
8-1			150	20	90～103				
8-2									

不同温度的芯棒最终泄漏电流结果见表 9-3。

表 9-3　　不同温度的芯棒最终泄漏电流

编号	泄漏电流（mA）						均值（mA）
5-1	149	158	169	178	233	343	285.8
5-2	369	376	327	341	366	420	
8-1	195	132	192	122	190	188	166.0
8-2	137	133	204	141	143	215	

从结果可以明显看出，随着芯棒预热温度的升高，虽然最终的黏接性能都不满足要求，但是泄漏电流有着明显的下降，下降幅度达到 42%，因此推断芯棒预热温度对黏接性能有着重要的影响。

（2）硅橡胶配方变化对黏接性能的影响。硅橡胶配方作为原料中最重要的一个环节，其性能肯定会对黏接效果有明显影响，调整硅橡胶配方形成配方 B，试验状态见表 9-4。

表 9-4　不同硅橡胶配方的试验状态

编号	芯棒				胶料			偶联剂
	状态	清洁	烘烤温度（℃）	烘烤时长（min）	配方	胶料门尼	硫化时间（min）	
3-1	厂家 A 送货状态（已打磨）	乙醇清洁	120	20	B	22.2	15	TH608
3-2								
7-1					A	25		
7-2								

两组配方泄漏电流结果见表 9-5。

表 9-5　不同硅橡胶配方最终泄漏电流

配方	编号	泄漏电流（mA）						均值
B	3-1	81	93	121	92	116	121	84.6
	3-2	52	53	83	76	54	73	
A	7-1	257	132	343	203	141	204	267.6
	7-2	348	394	360	202	274	353	

从两组配方的结果对比可以明显看出，即使芯棒的预热温度比较低，在芯棒硅橡胶配方变化后，泄漏电流仍然降低了 68.5%，黏接效果提升显著。

硅橡胶配方是影响芯棒和硅橡胶界面黏接性能的关键因素。鉴于配方 B 比配方 A 拥有更优异的黏接性能，在后续对比试验中都采用配方 B 进行试验。

（3）硫化时间对黏接性能的影响。硫化时间必须控制在合理范围内，时间过短不硫化，时间过长过硫影响硅橡胶性能，因此分析硫化时间对黏接性能影响的时间变化不宜过大，试验状态见表 9-6。

表 9-6　不同硫化时间的试验状态

编号	芯棒			胶料		偶联剂	
	状态	清洁	实测温度（℃）	胶料配方	硫化时间（min）	偶联剂	晾干时间（min）
2-1	厂家 A 送货状态（已打磨）	清洁	72	B	10	TH608	30
2-2							
3-1			76		15		

续表

编号	芯棒			胶料		偶联剂	
	状态	清洁	实测温度（℃）	胶料配方	硫化时间（min）	偶联剂	晾干时间（min）
3-2	厂家A送货状态（已打磨）	清洁	76	B	15	TH608	30
4-1			74		20		
4-2							

不同硫化时间下，芯棒泄漏电流结果见表9-7。

表9-7 不同硫化时间最终泄漏电流

编号	泄漏电流（mA）						均值
2-1	180	128	180	124	135	137	107.2
2-2	52	62	61	52	88	87	
3-1	81	93	121	92	116	121	84.6
3-2	52	53	83	76	54	73	
4-1	188	154	124	173	212	146	165.6
4-2	164	94	120	300	106	206	

从结果可以看出，硫化时间过短或者过长，都会导致泄漏电流发生变化，以15min硫化时间的泄漏电流为基准，其变化率分别为26.7%和95.7%，排除其他因素引起的波动，硫化时间也是对黏接性能造成影响的重要因素。

硫化时间是影响黏接性能的关键因素，15min是目前工艺条件下一个合理的硫化时间。后面试验均以15min作为基准硫化时间。

（4）芯棒表面清洁度对黏接性能影响。芯棒表面清洁度主要考虑芯棒残留的灰尘等对黏接性能的影响，试验对比时，一组芯棒表面使用乙醇清洁，然后再涂抹偶联剂；另一组芯棒表面直接涂抹偶联剂进行对比。试验状态见表9-8。

表9-8 不同芯棒表面清洁度的试验状态

编号	芯棒				胶料		偶联剂
	状态	清洁	烘烤温度（℃）	实测温度（℃）	胶料配方	硫化时间（min）	
1-1	厂家A送货状态（已打磨）	不清洁	120	87	B	15	TH608
1-2							
3-1		清洁		76			
3-2							
5-1		清洁		70	A		
5-2							
6-1		不清洁		70			
6-2							

试验的泄漏电流结果见表 9-9。

表 9-9　不同芯棒表面清洁度的最终泄漏电流

编号	泄漏电流（mA）						均值（mA）
1-1	190	120	230	163	197	117	139.9
1-2	200	73	73	173	73	70	
3-1	81	93	121	92	116	121	84.6
3-2	52	53	83	76	54	73	
5-1	149	158	169	178	233	343	285.8
5-2	369	376	327	341	366	420	
6-1	124	154	146	175	186	135	168.7
6-2	220	146	265	127	166	180	

两组不同的配方在芯棒表面清洁状态不同时，泄漏电流都有 40%左右的变化，但是变化趋势截然不同，更有可能该变化是由其他因素引起。由此可见，芯棒表面清洁度并非影响界面黏接性能的关键因素。

（5）芯棒表面粗糙度对黏接性能影响。为了更直观发现芯棒表面粗糙度对黏接性能的影响，直接采用两种极限状态，即光棒和 36 目砂纸手工打磨进行对比，试验状态见表 9-10。

表 9-10　不同芯棒表面粗糙度的试验状态

编号	芯棒					胶料		偶联剂
	状态	清洁	烘烤温度（℃）	烘烤时长（min）	实测温度（℃）	胶料配方	硫化时间（min）	
C0	光棒定制（未打磨）	乙醇清洁	145	50	101～109	B	15	TH608
C1	P36 打磨							

两种表面粗糙度下泄漏电流结果见表 9-11。

表 9-11　不同芯棒表面粗糙度的最终泄漏电流

编号	泄漏电流（mA）						均值（mA）
C0	402	410	370	457	344	515	416.3
C1	45	46	46	48	47	46	46.3

从结果可以很明显看出，随着芯棒表面粗糙度的变化，泄漏电流下降了 88.9%，泄漏电流数值从不符合要求，直接稳定在 48mA 以内。芯棒的表面粗糙

度状态对黏接性能影响极大。由此可见，芯棒表面粗糙度是影响黏接性能的关键因素。

（6）偶联剂涂抹时间对黏接性能影响。偶联剂涂抹时间指偶联剂涂抹至进入烘箱预热的间隔时间。通常生产情况下，其间隔时间约 20min，为明显区分，将时间间隔延长至 50min，试验状态见表 9-12。

表 9-12　　不同偶联剂涂抹时间的试验状态

编号	芯棒		胶料		偶联剂	
	清洁	实测温度（℃）	胶料配方	硫化时间（min）	偶联剂	晾干时间（min）
5-1	清洁	67	A	15	TH608	0
5-2						
7-1		61				50
7-2						

泄漏电流结果见表 9-13。

表 9-13　　不同偶联剂涂抹时间的最终泄漏电流

编号	泄漏电流（mA）						均值（mA）
5-1	149	158	169	178	233	343	285.8
5-2	369	376	327	341	366	420	
7-1	257	132	343	203	141	204	267.6
7-2	348	394	360	202	274	353	

从结果可以看出，随着偶联剂涂抹时间的延长，泄漏电流的变化仅为 6.4%。因此判断偶联剂的晾干时间不是影响黏接性能的关键因素。

2. 关键因素优化

从之前的对比试验可以看出，影响芯棒和硅橡胶界面黏接性能的主要因素有：①硅橡胶配方；②芯棒表面粗糙度；③芯棒预热温度；④硫化时间。从硫化时间的影响判断，15min 对目前的工艺条件来讲，是一个比较合理的时间，因此暂定硫化时间为 15min，进一步分析其他三个因素对界面黏接性能的影响，从而对配方和工艺参数进行优化。

（1）硅橡胶配方优化。在配方 B 的基础上，继续对硅橡胶配方进行优化，得到配方 C，再将配方 A 提高预热温度后的试验结果加入对比，三种配方对比试验状态见表 9-14。

表 9-14　不同硅橡胶配方的试验状态

<table>
<tr><th rowspan="2">编号</th><th colspan="4">芯棒</th><th colspan="2">胶料</th><th rowspan="2">偶联剂</th></tr>
<tr><th>状态</th><th>清洁</th><th>烘烤温度（℃）</th><th>实测温度（℃）</th><th>胶料配方</th><th>硫化时间（min）</th></tr>
<tr><td>8-1</td><td rowspan="10">厂家 A 送货状态</td><td rowspan="2">清洁</td><td rowspan="2">150</td><td rowspan="2">90-103</td><td rowspan="2">A</td><td rowspan="10">15</td><td rowspan="10">TH608</td></tr>
<tr><td>8-2</td></tr>
<tr><td>9-1</td><td rowspan="8">不清洁</td><td rowspan="2">145</td><td rowspan="2">97-101-97</td><td rowspan="4">B</td></tr>
<tr><td>9-2</td></tr>
<tr><td>10-1</td><td rowspan="2">155</td><td rowspan="2">115-115-97</td></tr>
<tr><td>10-2</td></tr>
<tr><td>11-1</td><td rowspan="2">145</td><td rowspan="2">92-94-96-86</td><td rowspan="4">C</td></tr>
<tr><td>11-2</td></tr>
<tr><td>12-1</td><td rowspan="2">155</td><td rowspan="2">104-101-110</td></tr>
<tr><td>12-2</td></tr>
</table>

泄漏电流结果见表 9-15。

表 9-15　不同硅橡胶配方的最终泄漏电流

<table>
<tr><th>编号</th><th colspan="6">泄漏电流（mA）</th><th>均值（mA）</th></tr>
<tr><td>8-1</td><td>195</td><td>132</td><td>192</td><td>122</td><td>190</td><td>188</td><td rowspan="2">166</td></tr>
<tr><td>8-2</td><td>137</td><td>133</td><td>204</td><td>141</td><td>143</td><td>215</td></tr>
<tr><td>9-1</td><td>135</td><td>111</td><td>90</td><td>113</td><td>95</td><td>92</td><td rowspan="2">92.5</td></tr>
<tr><td>9-2</td><td>82</td><td>66</td><td>63</td><td>138</td><td>61</td><td>64</td></tr>
<tr><td>10-1</td><td>72</td><td>65</td><td>91</td><td>109</td><td>69</td><td>66</td><td rowspan="2">70.1</td></tr>
<tr><td>10-2</td><td>55</td><td>66</td><td>66</td><td>67</td><td>56</td><td>59</td></tr>
<tr><td>11-1</td><td>56</td><td>51</td><td>58</td><td>65</td><td>50</td><td>56</td><td rowspan="2">60.3</td></tr>
<tr><td>11-2</td><td>56</td><td>60</td><td>67</td><td>90</td><td>56</td><td>59</td></tr>
<tr><td>12-1</td><td>59</td><td>64</td><td>64</td><td>65</td><td>63</td><td>60</td><td rowspan="2">59.2</td></tr>
<tr><td>12-2</td><td>52</td><td>50</td><td>55</td><td>58</td><td>59</td><td>61</td></tr>
</table>

分别对比编号 8、9、11 和 10、12 均可以发现，在芯棒温度为 90℃条件下，配方 B 比配方 A 的泄漏电流降低了 44%，配方 C 比配方 B 的泄漏电流降低了 34.8%，在芯棒温度为 110℃条件下，配方 C 比配方 B 的泄漏电流降低了 15.5%。由此可见，优化调整硅橡胶配方可以有效提升芯棒和硅橡胶界面的黏接性能。

（2）芯棒预热温度优化。从 3.1 硅橡胶配方优化对比试验中同样可以看出，芯棒预热温度的提升可以有效降低泄漏电流。采用配方 B，芯棒温度从 98℃提升至 110℃时，泄漏电流降低了 24.2%；采用配方 C，芯棒温度从 90℃提升至 105℃时，泄漏电流降低了 1.8%。配方优化后，温度提升对黏接性能的提升没有配方优化之前明显。考虑到目前配方 C 的试验结果，将芯棒预热温度暂定为最低 90℃，考虑到烘箱结构和烘箱设备之间的差异，烘箱的设定温度需要试验后确定。

芯棒达到规定的预热温度需要一定的时间，时间过短，芯棒温度达不到，时间过长，偶联剂在高温下分解，影响黏接性能。探寻合适的预热时长对芯棒和硅橡胶界面黏接性能有重要意义。为分析预热时间对黏接性能的影响，进行一组试验，试验状态见表 9-16。

表 9-16　　不同预热时间的试验状态

编号	芯棒				胶料		偶联剂
	状态	烘烤温度（℃）	烘烤时长（min）	实测温度（℃）	胶料配方	硫化时间（min）	
22-1	36 目打磨	155	54	100/99/97	C	15	TH608
22-2							
19-1	厂家 A 送货状态		105	118/121/91 112/114			
19-2							
20-1			129	111/121/109			
20-2							
21-1			158	122/132/112			
21-2							

泄漏电流结果见表 9-17。

表 9-17　　不同预热时间的最终泄漏电流

编号	泄漏电流（mA）						均值（mA）
22-1	57	66	66	71	56	67	60.5
22-2	58	54	57	62	56	56	
19-1	110	110	115	128	108	110	98.3
19-2	80	77	85	92	81	84	
20-1	134	115	160	178	125	142	153.3
20-2	144	200	227	205	96	113	
21-1	134	124	125	205	244	126	157.6
21-2	135	142	212	169	153	122	

由表 9-17 的数据可见，随着芯棒预热时间的延长，黏接性能呈现一定的下降趋势（泄漏电流增加），说明预热时间并非越长越好。由此可见，芯棒和硅橡胶界面黏接性能要好，芯棒需要达到一定的预热温度，且预热时间不宜过长。

（3）芯棒表面粗糙度。尽管不断对配方进行优化并提升了芯棒预热温度，但是仍然可以发现泄漏电流在大部分情况下仍然超过了允许值，分析前面的试验结果可以发现，在送货状态的芯棒试验中，仅有编号 10、11、12 的泄漏电流数值基本在允许范围内，而表面经过打磨的编号 C1 和 22 则全部合格且控制在较为稳定的范围内。

为进一步研究芯棒表面粗糙度对黏接性能的影响，分别选取不同厂家送货状态、180 目打磨机二次打磨和 36 目手工二次打磨三种表面状态的芯棒进行对比试验，试验状态见表 9-18。

表 9-18　不同芯棒表面粗糙度的试验状态

<table>
<tr><th rowspan="2">编号</th><th colspan="5">芯棒</th><th colspan="2">胶料</th><th rowspan="2">偶联剂</th></tr>
<tr><th>厂家</th><th>打磨状态</th><th>是否清洁</th><th>烘烤温度（℃）</th><th>实测温度（℃）</th><th>胶料配方</th><th>硫化时间（min）</th></tr>
<tr><td>23-1</td><td rowspan="6">A</td><td rowspan="2">送货状态（已打磨）</td><td rowspan="12">是</td><td rowspan="12">150</td><td rowspan="2">112</td><td rowspan="12">C</td><td rowspan="12">15</td><td rowspan="12">TH608</td></tr>
<tr><td>23-2</td></tr>
<tr><td>24-1</td><td rowspan="2">砂棒机二次打磨</td><td rowspan="2">92</td></tr>
<tr><td>24-2</td></tr>
<tr><td>26-1</td><td rowspan="2">手工 36 目</td><td rowspan="2">102</td></tr>
<tr><td>26-2</td></tr>
<tr><td>27-1</td><td rowspan="6">B</td><td rowspan="2">送货状态（已打磨）</td><td rowspan="2">97</td></tr>
<tr><td>27-2</td></tr>
<tr><td>25-1</td><td rowspan="2">砂棒机二次打磨</td><td rowspan="2">92</td></tr>
<tr><td>25-2</td></tr>
<tr><td>28-1</td><td>手工 36 目（旋转砂）</td><td rowspan="2">96-102</td></tr>
<tr><td>28-2</td><td>手工 36 目（直线砂）</td></tr>
</table>

试验结果见表 9-19。

表 9-19　不同芯棒的泄漏电流

<table>
<tr><th>编号</th><th colspan="6">泄漏电流（mA）</th><th>均值（mA）</th></tr>
<tr><td>23-1</td><td>91</td><td>95</td><td>132</td><td>133</td><td>102</td><td>100</td><td rowspan="2">106.9</td></tr>
<tr><td>23-2</td><td>90</td><td>117</td><td>98</td><td>126</td><td>104</td><td>95</td></tr>
<tr><td>24-1</td><td>71</td><td>73</td><td>74</td><td>77</td><td>73</td><td>74</td><td rowspan="2">81.3</td></tr>
<tr><td>24-2</td><td>81</td><td>98</td><td>85</td><td>83</td><td>100</td><td>86</td></tr>
<tr><td>26-1</td><td>51</td><td>49</td><td>50</td><td>50</td><td>53</td><td>53</td><td rowspan="2">49.4</td></tr>
<tr><td>26-2</td><td>48</td><td>46</td><td>48</td><td>47</td><td>49</td><td>49</td></tr>
</table>

续表

编号	泄漏电流（mA）						均值（mA）
27-1	178	164	268	246	178	252	260.8
27-2	189	193	253	262	414	533	
25-1	62	62	57	59	59	63	64.2
25-2	69	66	64	74	69	66	
28-1	51	52	53	51	55	48	59.3
28-2	60	65	63	66	72	75	

由表 9-19 的数据可见，不同厂家的芯棒，在采用不同的表面处理后，泄漏电流有极其显著的变化，进一步说明芯棒表面状态对黏接性能影响极大，粗糙度增加对降低泄漏电流有显著效果，但考虑目数过大可能造成芯棒表面富树脂层降低过大，不利于耐酸蚀，后期实际选用 180 目砂带。同时两个芯棒厂家在送货时虽然都进行了打磨，但是其黏接效果均比重新打磨后的效果要差，推测芯棒厂家芯棒打磨过程存在缺陷或打磨后的芯棒在运输过程中，表面状态发生了一定的变化，导致黏接性能不理想。

深入对比编号 28 的测试结果可以发现，芯棒打磨时的纹理方向对黏接效果也有着较为明显的影响，但是考虑到设备打磨时均为旋转打磨，故不进行更深入的研究。

综上所述，芯棒的表面状态（包括但不限于粗糙度）对黏接性能有较为显著的影响，粗糙度的提升对黏接效果有积极作用。

3. 优化组合试验

通过前面的分析可以发现各要素对芯棒和硅橡胶界面黏接性能的影响，根据前期的分析结果，将各个因素进行优化组合试验，试验状态见表 9-20。

表 9-20　各个因素组合的试验状态

编号	芯棒		胶料配方
	状态	实测温度（℃）	
29-1	厂家 A 送货 2 次打磨	98～107	B
29-2		90～102	
31-1	厂家 B 送货 2 次打磨	104～106	C
31-2			
T1-1	厂家 C 光棒 1 次打磨	93～105	C
T1-2			

续表

编号	芯棒		胶料配方
	状态	实测温度（℃）	
T2-1	厂家 C 光棒 1 次打磨	93～105	C
T2-2			

试验结果见表 9-21。

表 9-21　各个因素的泄漏电流

编号	泄漏电流（mA）			均值（mA）
29-1	38	39	41	38.7
29-2	38	38	38	
31-1	45	49	52	53.8
31-2	55	66	56	
T1-1	46	47	46	46.8
T1-2	47	47	48	
T2-1	46	47	45	46.3
T2-2	46	47	47	

从数据中可以看出，芯棒经过表面处理并提高预热温度后，与优化后的配方相结合，均可以取得良好的黏接效果。

9.2.2　新型护套/芯棒界面黏接剂

从复合绝缘子界面的形成机理和老化因素的分析中可知，机械疲劳、水汽入侵和电场老化是界面失效的主要原因，其中水汽入侵是引发界面处严重腐蚀，导致界面失效以及复合绝缘子运行故障的主要原因。

从提高复合绝缘子界面阻水性能的角度出发，使用具有强阻隔性的二维片层材料对聚二甲基硅氧烷进行改性，将改性后的聚二甲基硅氧烷涂覆在芯棒表面，提高界面的阻水性能。采用高纵横比、大比表面积的蒙脱土（multi media ternimal，MMT）、石墨烯材料（graphene oxide，GO）、钛酸纳米片（titanate nanosheets，TNS）等为基础，分子链相对较短的聚二甲基硅橡胶为载体，制备了复合绝缘子界面优化改性剂。

通过原位水解正硅酸乙酯（Tetraethoxysilane，TEOS）和氨基丙基三乙氧基硅烷（Aminopropyltriethoxysilane，APTES），实现了 MMT 纳米片的表面改性。首先，一定量的 MMT 被分散到 TEOS 和 APTES 的混合溶液（7∶3%）中，机械搅拌 1h，然后超声 2h。用冰醋酸调节调节 pH 值至 4.5，静置 48h 待用。随后，采用质量分数为 2.5%的 NaOH 溶液调节 pH 值至 8.5，在 65℃水浴条件下进行凝胶。最终得到的产物在冷冻干燥箱里进行干燥待用。对于氧化石墨烯和钛酸片层，也需要采用上述方法进行片层材料表面改性。

1. MMT 基界面改性剂及阻隔性能

通过 SEM 对改性前后 MMT 的表面形貌进行了分析。图 9-1 为未改性前的 MMT，由于片层间的范德华力的相互作用，未改性的片层表现出体积庞大的团聚态，且表面光滑。在经过 TEOS 和 APTES 表面改性后，纳米片表面不再光滑，而是在其表面出现蓬松的颗粒状物体，推测是硅烷与 MMT 表面的羟基缩合形成了有机硅纳米颗粒。

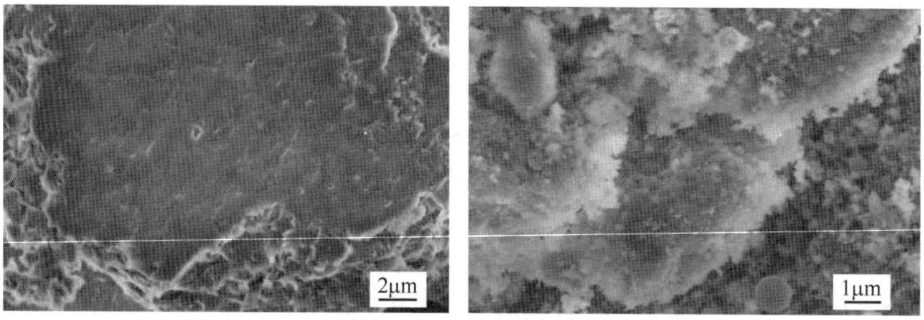

(a) (b)

图 9-1 MMT 表面改性前后的 SEM 图像

（a）未进行表面改性原始 MMT；（b）f-MMT 的 SEM 图

MMT 和 f-MMT 纳米片的 ATR-FTIR 光谱结果如图 9-2 所示，分别对 MMT

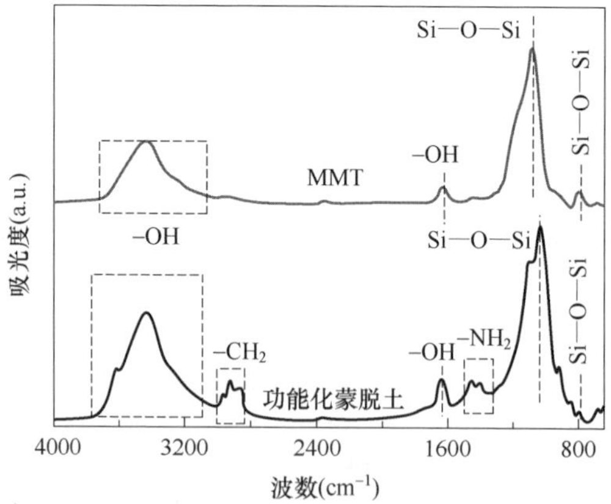

图 9-2 MMT 和 f-MMT 纳米片的 ATR-FTIR 光谱结果

和 f-MMT 纳米片进行了 ATR-FTIR 分析，以评估其改性情况。MMT 在 3200 和 $1620cm^{-1}$ 处出现了明显的羟基峰，这为硅烷改性提供了活性位点。此外，经过改性后，MMT 和 f-MMT 纳米片在 FTIR 光谱中有相同的峰，包括 $3200cm^{-1}$ 处的—OH、$820cm^{-1}$ 和 $1100cm^{-1}$ 处的 Si—O—Si。并且经过溶胶凝胶改性后在 $1100cm^{-1}$ 处的峰变得更加窄而尖锐。表明 TEOS 和 APTES 改性未对 MMT 的结构产生影响，其依然保持着化学结构。与此同时在 2960 和 $1550cm^{-1}$ 处出现了两个新的振动峰，分别归属于—CH_2 和—NH_2。结合上节 SEM 的结果可知，经过改性一些蓬松的纳米有机硅颗粒包覆在 MMT 的表面。因此亚甲基以及氨基的出现再次证明 APTES 已经被成功地接枝到 MMT 的表面。

NO_2 老化后硅橡胶涂层在 NaCl 溶液中浸泡的伯德图如图 9-3 所示，纯硅橡胶在经过 NO_2 老化后，其水阻隔性能出现了明显的下降。当浸泡 96h 后，阻抗模值相对于未老化样品下降了三个数量级，约为 $5.14\times10^6\Omega\cdot cm^2$。表明 NO_2 老化后，在样品内部形成了水扩散通道，水在样品内部的扩散引起了阻抗模值的减小。此时可以将样品的等效电路看作电容（C_b）并联上电阻（R_b）和韦伯阻抗（W），R_e 为溶液电阻。而 W 的出现则表明在涂层的内部形成了一个直接的水扩散通道，样品破坏较为严重，即水可以很容易在涂层内部传输。同时在频率-幅角图中观测到，样品在 45°处的频率出现了明显的增大，45°处的频率称为断点频率，其值的大小可以定性的分析涂层的分层情况，断点频率越大表明分层越为严重。对于纯的硅橡胶而言，当 NO_2 老化后，其断点频率约为 35 Hz，表明老化使得其出现了一定程度的分层。如图 9-3（b）所示，当填充 0.1% f-MMT 的纳米片后，样品的阻抗模值高于纯硅橡胶，约为 $8.26\times10^6\Omega\cdot cm^2$，表明纳米片的填充在一定程度上减缓了 NO_2 气体在涂层内部的扩散。但是样品的断点频率依然很高约为 35 Hz，依然存在着较为严重的分层，只是破坏有所减轻，因此有必要进一步增大纳米片的填充量。

图 9-4（a）为 NO_2 老化 24 h 后，填充 0.3% f-MMT 纳米片的样品在浸泡 96h 后的伯德图，样品的阻抗模值约为 $8.67\times10^6\Omega\cdot cm^2$，阻抗模值出现了非常微小的增大。但是断点频率已经出现明显的降低，约为 21.8Hz，表明改性纳米片含量的提升很大程度上可以延缓 NO_2 气体在涂层内部的扩散。气体扩散路径的延长，减缓了 NO_2 对涂层内部的老化，从而使样品的分层出现减小。如图 9-4（b）所示，当 f-MMT 的填充量增大到 0.5%，样品的阻抗模值出现了明显的增大，约为 $2.1\times10^7\Omega\cdot cm^2$。与此同时，断点频率出现了较为明显的降低，约为 12.9Hz。表明 0.5% f-MMT 的填充在很大程度上阻止了 NO_2 在涂层内部的扩散，使得涂层在

经过 24h 老化后，相较于纯硅橡胶而言依然保持着较高的阻抗模值和较小的分层。进而表明 f-MMT 的加入使得涂层对 NO_2 的阻隔性得到了一定程度的提升。

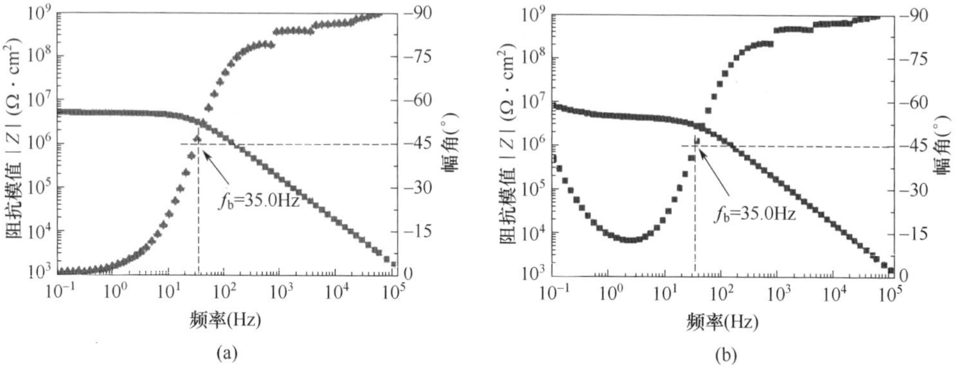

图 9-3　NO_2 老化后硅橡胶涂层在 NaCl 溶液中浸泡的伯德图

（a）添加 0.1% f-MMT 纳米片试样；（b）添加 3.5%纳米复合材料试样

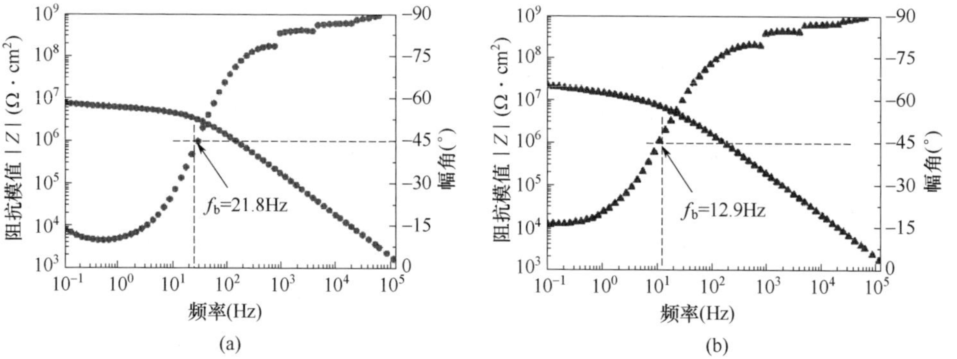

图 9-4　NO_2 老化后不同 f-MMT 纳米片添加量的硅橡胶涂层伯德图

（a）0.3%；（b）0.5%

图 9-5（a）为当 NO_2 老化 24h 后 f-MMT 的含量增大到 0.7%的涂层阻抗谱图。该样品的阻抗模值相较于填充 0.5%的 f-MMT 纳米片下降了一个数量级，约为 $3.5\times10^6\Omega\cdot cm^2$。同时断点频率也出现了明显的增大，约 72.0Hz，表明样品的分层更为严重。当填料的含量增大到 1%，阻抗模值出现了更为严重的减小，下降至 $4.1\times10^5\Omega\cdot cm^2$，断点频率增大至 1502.6Hz。表明过量的填料含量的增加很大程度上降低了涂层对于 NO_2 的阻隔性能。猜测可能是由于过多的纳米填料在涂层内部出现了团聚的现象，从而形成了大量的 NO_2 渗透通道，使得 NO_2 在涂层内部更容易地扩散，从而对涂层的破坏更加地严重。

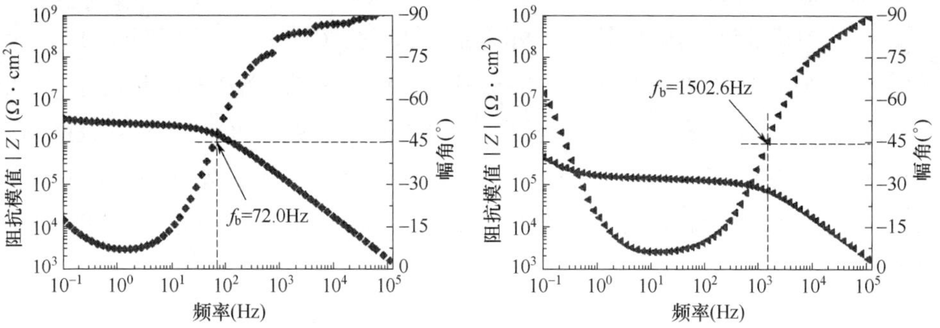

图 9-5　NO_2 老化后 NO_2 老化后不同 f-MMT 纳米片添加量的硅橡胶涂层伯德图

（a）0.7%；（b）1.0%

2. GO 基界面改性剂及阻隔性能

通过 SEM 对改性前后 GO 的表面形貌进行了分析。图 9-6（a）为未改性的 GO 纳米片，由于片层间的范德华力的相互作用，未改性的片层表现出体积庞大的团聚态，且表面光滑。在经过硅烷表面改性后，纳米片表面不再光滑，而是在其表面出现蓬松的颗粒状物体，推测是硅烷与 GO 表面的羟基缩合形成了有机硅纳米颗粒。

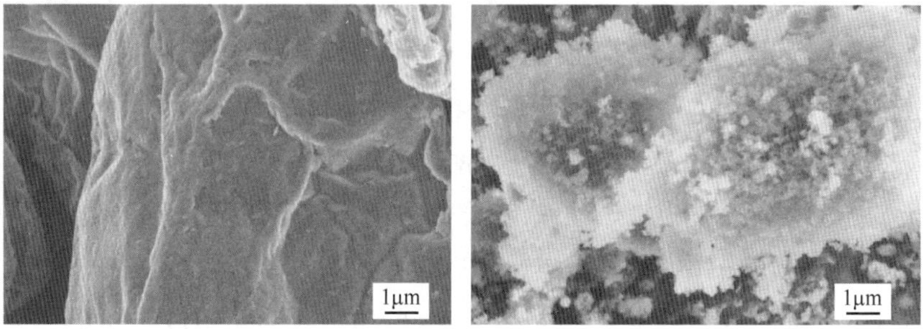

(a)　(b)

图 9-6　GO 表面改性前后的 SEM 图像

（a）未进行表面改性的原始 GO；（b）f-GO 的 SEM 图

GO 和 f-GO 纳米片的 ATR-FTIR 光谱结果如图 9-7 所示，采用 ATR-FTIR 对改性前后 GO 表面的化学组成进行了分析，以评估其改性以及结构维持情况。

改性前的特征峰主要包括 $3400cm^{-1}$ 处的—OH、$1720cm^{-1}$ 处的 C═O、$1690cm^{-1}$ 处 C═C 和 $1230cm^{-1}$ 处的 C—O。表明在氧化石墨烯的表面有着丰富的含氧基团，为进行溶胶凝胶表面改性提供了活性位点。经过硅烷溶胶凝胶表面改性后，C═C

在谱图中依然被观测到，表明硅烷改性未破坏 GO 的结构。此外，在谱图中出现了一些新的特征峰。其中，位于 2960cm^{-1} 处的为—CH_2，其来源于 APTES 中的亚甲基。而位于 1500cm^{-1} 处左右的峰归属于 APTES 的—NH_2。除此之外，还出现了位于 1124cm^{-1} 和 694cm^{-1} 处的不对称弯曲振动的 C—O—Si 的特征峰和在 1090cm^{-1} 处的不对称振动 Si—O—Si 峰。在 694 和 1124cm^{-1} 处出现的 C—O—Si 键，证实了水解产物通过硅烷水解的乙氧基与 GO 纳米片的—OH 基团发生反应并进行共价结合。

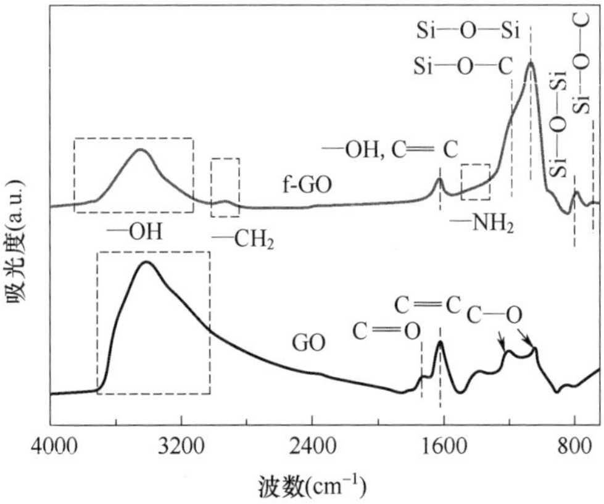

图 9-7　GO 和 f-GO 纳米片的 ATR-FTIR 光谱结果

如图 9-8 所示，纯硅橡胶在经过 NO_2 老化后，其水阻隔性能出现了明显的下降。当浸泡 96h 后，阻抗模值相对于未老化样品而言出现了明显的下降，下降了三个数量级，约为 $5.14\times10^6\Omega\cdot cm^2$。表明 NO_2 老化后，在样品内部形成了大量的水扩散通道，电解质溶液在样品内部的扩散引起了阻抗模值的减小。同时在频率和幅角图中观测到，样品在 45°处的频率出现了明显的增大，45°处的频率称为断点频率，其值的大小可以定性的分析涂层的分层情况，断点频率越大表明分层越为严重。对于纯的硅橡胶而言，经 NO_2 老化后，其断点频率约为 35Hz，表明老化使得其出现了一定程度的分层。如图 9-8（b）所示，当填充 0.1% f-GO 的纳米片后，样品的阻抗模值相比于纯硅橡胶而言出现了增大，约为 $1.13\times10^7\Omega\cdot cm^2$，表明纳米片的填充在一定程度上减缓了 NO_2 气体在涂层内部的扩散。同时断点频率出现了减小，约 21.5Hz。表明经相同时间的老化后，该样品的分层出现了减小，且样品保持了较好的完整性。但是样品的断点频率依然较高，依然存在着较为严重的分层，只是破坏有所减轻，因此有必要进一步增大纳米片的填充量。

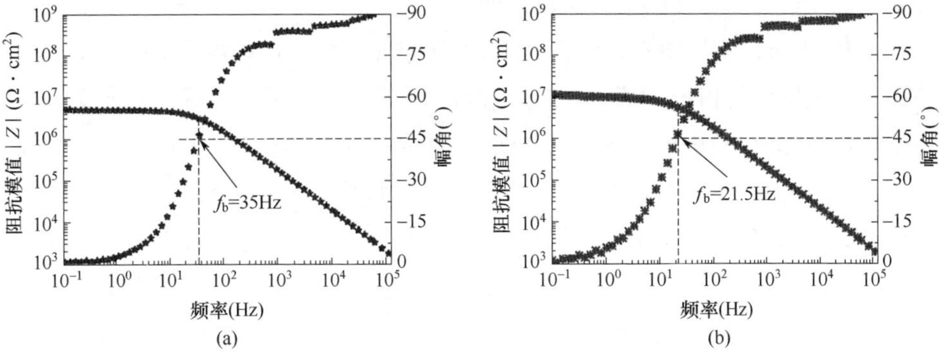

图 9-8　NO_2 老化后硅橡胶涂层和 0.1% f-GO 纳米片填充硅橡胶纳米复合材料在 3.5%的 NaCl 溶液中浸泡的伯德图

（a）NO_2 老化后硅橡胶涂层；（b）0.1%f-GO 纳米填充硅橡胶纳米复合材料

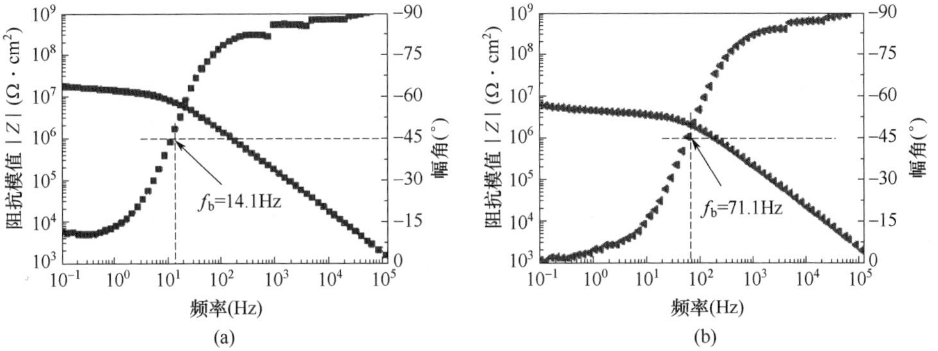

图 9-9　NO_2 老化后分别填充 0.3%和 0.5%f-GO 纳米片的硅橡胶涂层在 3.5%的 NaCl 溶液中浸泡的伯德图

（a）填充 0.3%f-GO 纳米片的硅橡胶涂层；（b）填充 0.5%f-GO 纳米片的硅橡胶涂层

图 9-9（a）为经 NO_2 老化 24h 后，填充 0.3% f-GO 纳米片的样品在浸泡 96 h 后的阻抗谱图，阻抗模值约为 $1.8\times10^7\Omega\cdot cm^2$，表明随着填料含量的增大阻抗模值出现了继续增大的现象。该样品的阻抗模值比纯硅橡胶高了一个数量级，并且在较宽的频率范围内（10^2～10^5Hz）观测到了电容性的行为。同时断点频率也出现明显的降低，约为 14.1Hz，表明功能化纳米片含量的提升很大程度上延缓了 NO_2 气体在涂层内部的扩散。气体扩散路径的延长，从而减缓了 NO_2 对涂层内部的老化，从而使样品的分层出现减小。如图 9-9（b）所示，当 f-GO 的填充量增大到 0.5%，样品的阻抗模值出现了减小，约为 $5.99\times10^6\Omega\cdot cm^2$。与此同时，断点频率出现了较为明显的增大，约为 71.1Hz。表明填料含量的增加延长了 NO_2 气体在涂层内部的扩散路径。相较于硅橡胶而言虽然阻抗模值依然较高，但断点

频率也已经很高了，样品的分层较为严重。

图 9-10（a）为当 NO_2 老化 24h 后 f-GO 的含量增大到 0.7%的涂层阻抗谱图。该样品的阻抗模值相较于填充 0.5%的 f-GO 纳米片出现了继续减小的迹象，约为 $1.04\times10^6\Omega\cdot cm^2$。同时断点频率也出现了明显的增大，约 227.4Hz，表明样品的分层更为严重。当填料的含量增大到 1%，阻抗模值出现了更为严重的减小，下降至 $4.3\times10^5\Omega\cdot cm^2$，断点频率增大至 939.1Hz。表明过量的填料含量的增加很大程度上降低了涂层对于 NO_2 的阻隔性能。猜测可能是由于过多的纳米填料在涂层内部出现了团聚的现象，从而形成了大量的 NO_2 扩散通道，使得 NO_2 在涂层内部更容易的扩散，从而对涂层的破坏更加的严重。

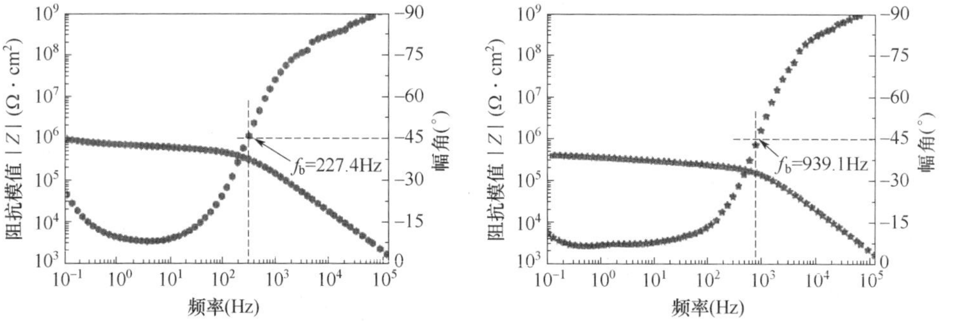

(a) (b)

图 9-10 NO_2 老化后分别填充 0.7%和 1%f-GO 纳米片的硅橡胶涂层在 3.5%的 NaCl 溶液中浸泡的伯德图

（a）填充 0.7%f-GO 纳米片的硅橡胶涂层；（b）填充 1%f-GO 纳米片的硅橡胶涂层

3. TNS 基界面改性剂及阻隔性能

通过 SEM 对改性前后 TNS 的表面形貌进行了分析，图 9-11（a）为未改性前的 TNS，由于二维片层间的范德华力的相互作用，未改性的片层呈现出体积庞大的团聚态，且表面光滑。在经过 TEOS 和 APTES 表面改性后，在其表面出现蓬松的颗粒状物体，推测是硅烷与 TNS 表面的羟基缩合形成了有机硅纳米颗粒。

如图 9-12 所示，分别对 TNS 和 f-TNS 纳米片进行了 FTIR 分析，以评估其改性情况。TNS 和 f-TNS 纳米片在 FTIR 光谱中有相同的峰，包括 3200 和 $1650cm^{-1}$ 处的—OH 以及 $510cm^{-1}$ 处的 Ti—O—Ti。TNS 中表面羟基的存在为硅烷改性提供了接枝缩合活性位点。在经过 TEOS 和 APTES 改性后，f-TNS 中 Ti—O—Ti 的峰出现了偏移，移动至 $530cm^{-1}$，表明 TNS 表面的羟基与硅烷偶联剂发生了缩合反应，从而使得 Ti—O—Ti 的峰发生了移动。Ti—O—Ti 峰的出现表明 TEOS 和

APTES 改性未对 TNS 的结构产生影响，其依然保持着化学结构。此外，在 2960、1550、952、1100cm^{-1} 和 810cm^{-1} 处出现了四个新的振动峰，分别归属于—CH_2、—NH_2、Ti—O—Si 和不对称伸缩振动 Si—O—Si。由上节 SEM 的结果可知，经过有机硅改性一些蓬松的纳米有机硅颗粒包覆在 TNS 的表面。因此 Ti—O—Ti 峰位的移动以及亚甲基、氨基、Ti—O—Si 和 Si—O—Si 的出现再次证明硅烷已经被成功的接枝到 TNS 的表面。

(a)　　　　　(b)

图 9-11　TNS 表面改性前后的 SEM 图像

（a）未进行表面改性的原始 TNS；（b）f-TNS 的 SEM 图

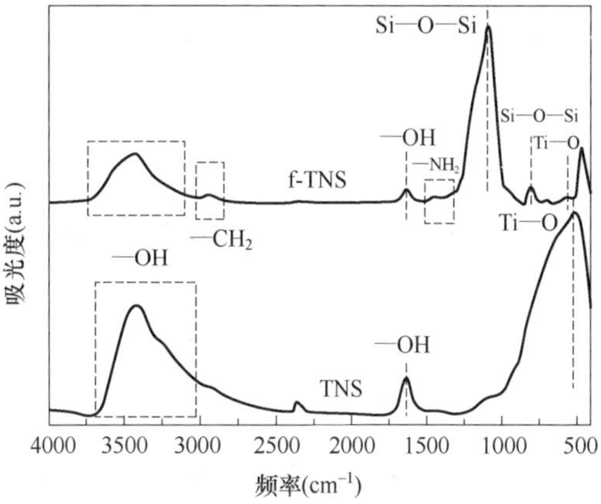

图 9-12　TNS 和 f-TNS 纳米片的 ATR-FTIR 光谱结果

如图 9-13（a）所示，纯硅橡胶在经过 NO_2 老化后，其水阻隔性能出现了明显的下降。当浸泡 96h 后，阻抗模值相对于未老化样品而言出现了明显的下降，下降了三个数量级，约为 $5.14\times10^6\Omega\cdot cm^2$。表明 NO_2 老化后，在样品内部形成了水扩散通道，水在样品内部的扩散引起了阻抗模值的减小。同时在频率和幅角图中观测到，样品在 45°处的频率出现了明显的增大，45°处的频率称为断点频率，其值的大小可以定性的分析涂层的分层情况，断点频率越大表明分层越为严重。对于纯硅橡胶而言，当 NO_2 老化后，其断点频率约为 35Hz，表明老化使得其出现了一定程度的分层。如图 9-13（b）所示，当填充 0.1% f-TNS 的纳米片后，样品的阻抗模值相比于纯硅橡胶而言出现了增大，约为 $1.24\times10^7\Omega\cdot cm^2$，表明纳米片的填充在一定程度上减缓了 NO_2 气体在涂层内部的扩散。同时样品的断点频率也出现了明显的降低，约为 18.2Hz。但涂层依然存在着较为严重的分层，只是破坏有所减轻，因此有必要进一步增大纳米片的填充量。

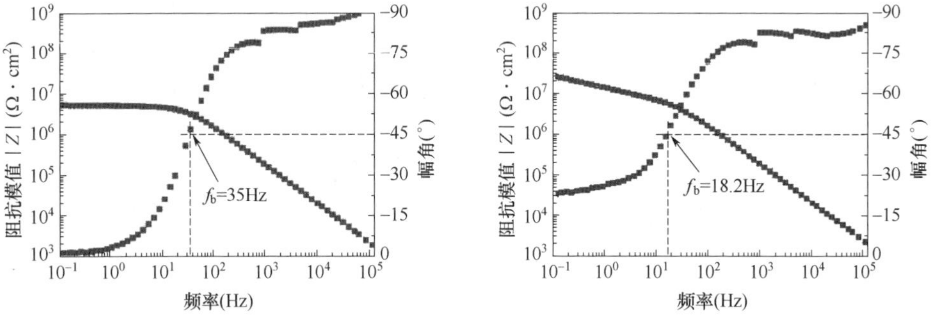

图 9-13 NO_2 老化后硅橡胶涂层和 0.1% f-TNS 纳米片填充硅橡胶纳米复合材料在 3.5%的 NaCl 溶液中浸泡的伯德图

（a）NO_2 老化后硅橡胶涂层；（b）0.1%f-TNS 纳米片填充硅橡胶纳米复合材料

图 9-14 为 NO_2 老化 24h 后，填充 0.3% f-TNS 纳米片的涂层的阻抗谱图。在 NaCl 溶液中浸泡 96h 后的阻抗模值约为 $1.82\times10^7\Omega\cdot cm^2$，并且断点频率 f_b 也出现明显的降低，约为 11.3Hz。在伯德图中只观测到了一个时间常数，且较宽的频率范围内（10^2～10^5）表现出了电容性的现象，表明功能化纳米片含量的提升很大程度上可以延缓并阻止了 NO_2 气体在涂层内部的扩散。气体扩散路径的延长，减缓了 NO_2 对涂层内部的老化，从而使涂层更好地保持完整性，涂层和基底的分离更小。如图 9-14（b）所示，当 f-TNS 的填充量增大到 0.5%，样品的阻抗模值出现了降低的现象，约为 $6.28\times10^6\Omega\cdot cm^2$。与此同时，断点频率出现了较为明显的增大，约为 30.1Hz。表明 0.5%f-TNS 纳米片的填充在一定程度上起到了阻止 NO_2 气体在涂层内部的扩散，使得涂层在经过 24h 老化后，相较于硅橡胶而言依然保持着较高的阻抗模值和较小的分层。但是相比于填充 0.3% f-TNS 的样品而言，阻抗模值出现了明显的减小，下降了约一个数量级，同时断点频率也出现了增大的现象，推测可能是 f-TNS 纳米片含量的增大使得其在涂层内部出现团聚所致，从而为 NO_2 的扩散提供了更多的通道，进而使得涂层对 NO_2 的阻隔性受到了一定程度的影响。

图 9-15 为 NO_2 老化 24h 后当 f-TNS 的含量增大到 0.7%后涂层的阻抗谱图。该样品的阻抗模值相较于填充 0.5% f-TNS 纳米片的样品出现了继续减小，约为 $1.78\times10^6\Omega\cdot cm^2$。同时断点频率也出现了明显的增大，约 114.3Hz，表明该样品的分层更为严重。当填料的含量增大到 1%，阻抗模值出现了更为严重的减小，下降至 $4.2\times10^5\Omega\cdot cm^2$，比填充 0.3%f-TNS 的样品的阻抗模值低了两个数量级。同时断点频率增大至 2400Hz，是 0.3% f-TNS/硅橡胶断点频率的 212.4 倍。表明过量的填料添加很大程度上降低了涂层对于 NO_2 的阻隔性能。猜测可能是由于纳米片的尺寸本身较小，当过多的纳米填料填充在涂层内部时，其易在涂层内部出现团聚，从而形成了大量的 NO_2 渗透通道，使得 NO_2 在涂层内部更容易地扩散，从而对涂层微结构的破坏更加严重，进而严重破坏涂层的完整性，使其水阻隔能力大大下降。

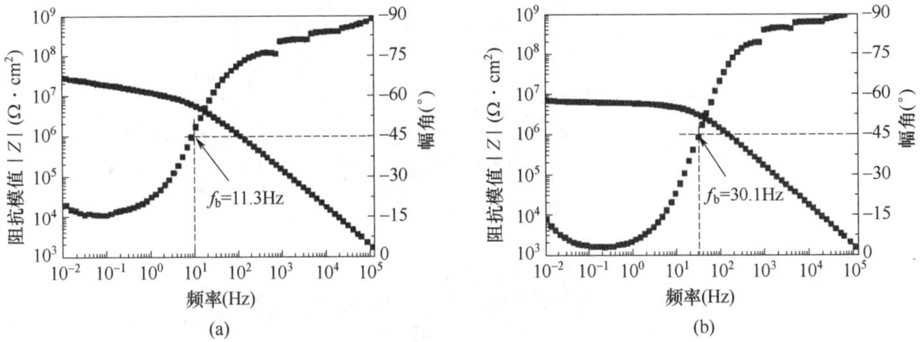

图 9-14　NO_2 老化后分别填充 0.3%和 0.5%f-TNS 纳米片的硅橡胶涂层在 3.5%的 NaCl 溶液中浸泡的伯德图

（a）填充 0.3%f-TNS 纳米片的硅橡胶涂层；（b）填充 0.5%f-TNS 纳米片的硅橡胶涂层

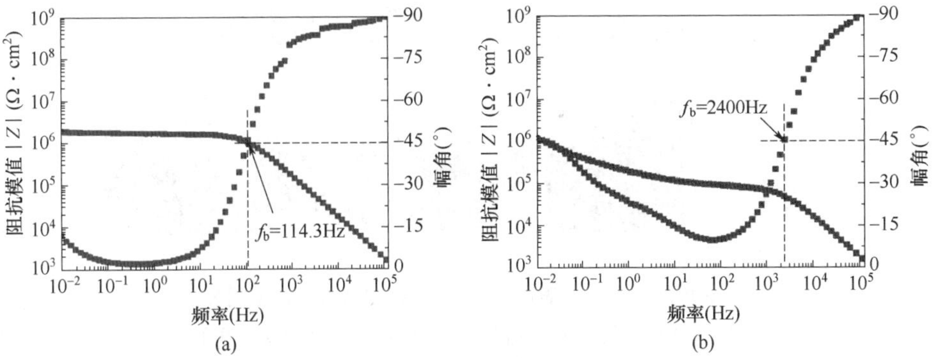

图 9-15　NO_2 老化后分别填充 0.7%和 1%f-TNS 纳米片的硅橡胶涂层在 3.5%的 NaCl 溶液中浸泡的伯德图

（a）填充 0.7%f-TNS 纳米片的硅橡胶涂层；（b）填充 1%f-TNS 纳米片的硅橡胶涂层

4. g-C_3N_4界面改性剂及阻隔性能

图 9-16 中采用 SEM 和 TEM 更直观地考察了 g-C_3N_4改性前后的表面形貌。如图 9-16（a）和图 9-16（b）所示，由于片层间范德华力的作用，未进行表面改性的 g-C_3N_4样品呈现出体积庞大的团聚体。如图 9-16（c）所示，未添加片材的硅烷水解物在 TEM 下只观测到了一些纳米颗粒物。如图 9-16（d）和图 9-16（e）所示，g-C_3N_4经过表面改性后，其表面出现了由有机水解产物所构成的蓬松结构，表明有机硅成功的在片层表面发生了水解。在图 9-16（a）中，先将原始 g-C_3N_4分散在有机溶剂（二甲苯和正丁醇溶剂）的混合溶剂中，然后滴到硅上进行 SEM 分析，其聚集态依然明显。在图 9-16（b）中，功能化后 g-C_3N_4纳米片

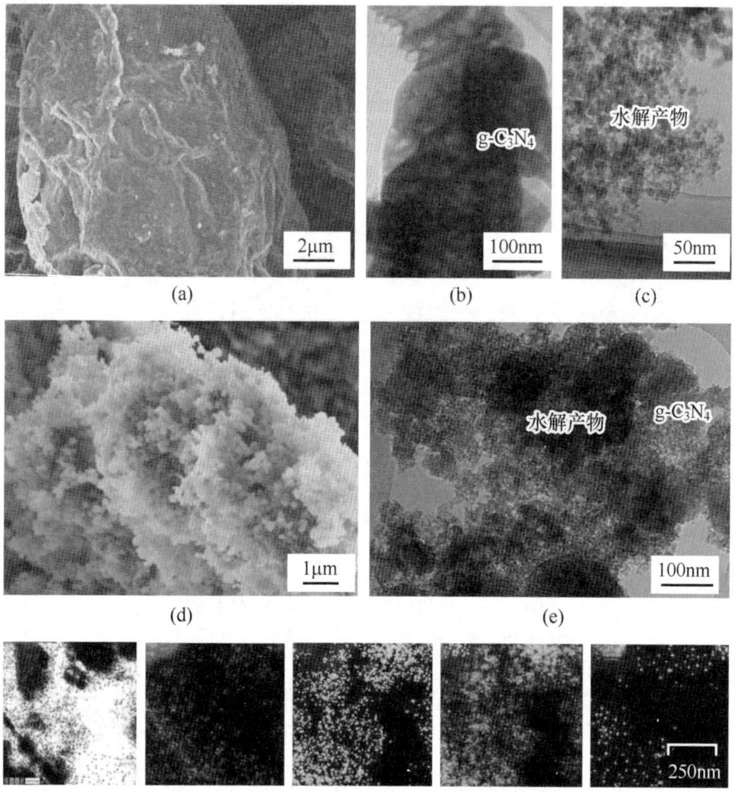

(a) (b) (c)

(d) (e)

(f) (g) (h) (i) (j)

图 9-16 g-C_3N_4表面改性前后的 SEM 和 TEM 图像

（a）未进行表面改性 g-C_3N_4；（b）g-C_3N_4的 TEM 图；（c）硅烷水解物的 TEM；（d）官能化的 g-C_3N_4的 SEM 图；（e）有机硅修饰后的 g-C_3N_4的 TEM 图 1；（f）有机硅修饰后的 g-C_3N_4的 TEM 图 2；（g）相应的 C 元素分布图；（h）相应的 O 元素分布图；（i）相应的 Si 元素分布图；（j）相应的 N 元素分布图

在有机溶剂中分散时，分散性很好，可以看出存在一定的剥皮和减薄，这是由于通过溶胶-凝胶法提高了 g-C_3N_4 与非极性溶剂的界面相容性。此外，在溶胶过程中，硅烷被插入并分散到 g-C_3N_4 中，有效地防止了片材的团聚，因此，在凝胶过程中薄片会被一定程度的剥离。用透射电镜对功能化后的 g-C_3N_4 纳米片进行了元素分析。图 9-16（g）～图 9-16（j）显示了功能 g-C_3N_4 杂化体的元素扫描结果，可以看出，Si、O、C、N 元素在所选区域内共存且均匀分布。上述结果表明，硅烷成功地呈现在 g-C_3N_4 表面上。g-C_3N_4 和功能化 g-C_3N_4 分散在有机溶剂（二甲苯和正丁醇溶剂）中并滴在硅上的 SEM 图像如图 9-17 所示。

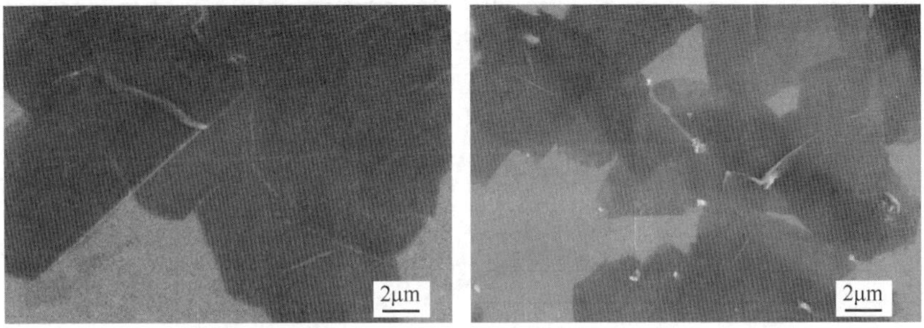

(a)　(b)

图 9-17　g-C_3N_4 和功能化 g-C_3N_4 分散在有机溶剂中并滴在硅上的 SEM 图像

（a）g-C_3N_4；（b）功能化 g-C_3N_4

采用了 XRD 进一步评价了改性后 g-C_3N_4 的剥离和结构维持情况。如图 9-18 所示，13.19°和 27.5°处的峰分别归属于 g-C_3N_4 的（100）面和（002）面的 X 射线衍射峰。然而，硅烷修饰后的 g-C_3N_4 没有观测到上述两个衍射峰，这说明功能化后的 g-C_3N_4 层有一定的剥离。同时，22.5°处出现一个新的衍射峰，这是因为在 g-C_3N_4 和硅烷之间的含氧基团的共价结合导致形成了含硅烷区域的无定形区域，在这些区域硅烷在片层间变得更加无序，这一结果与 g-C_3N_4 表面存在大量硅烷的 SEM 和 TEM 图像一致。而 g-C_3N_4 功能化后的结构维持情况将在后续的表征中进一步分析确认。

如图 9-19 所示，用硅烷对 g-C_3N_4 纳米片进行表面改性，以提高其在 RTV 涂层中的分散性，并通过 XPS 对 g-C_3N_4 的结构以及表面状态进行了分析，见表 9-22，g-C_3N_4 的元素组成为 C、N 和 O（原子百分数为 46.5%∶49.3%∶4.2 %）。对于功能化 g-C_3N_4 纳米片，元素组成为 C、N、O 和 Si（原子百分数为 33.1%∶6.1%∶40.3%∶20.5 %）。硅的存在表明硅烷已经成功地出现在薄片表面。采用合适的洛伦兹函数和高斯函数组合来区分功能化 g-C_3N_4 纳米薄片和 g-C_3N_4 的 C 1s、N 1s、O 1s、Si 2p 的成键态。图 9-19（b）中未改性 g-C_3N_4 在 XPS 谱图中 C 1s 的结合态峰分别在 284.8、

286.3eV 和 288.4eV 处，对应于 g-C_3N_4 的三个特征峰 C—C、C—N—C 和 C═N—C。对于功能化 g-C_3N_4，在 C 1s 光谱中也可以观察到这三个峰，表明经过溶胶-凝胶过程后 g-C_3N_4 结构保持不变。除了上述三个峰外，还检测到位于 283.6eV 和 285.6eV 处的新峰，分别归属于 C—Si 和 C—O—Si。这两个峰的出现说明在溶胶-凝胶过程中，g-C_3N_4 的含氧基团与硅烷的—OH 共价结合。图 9-19（c）则显示了 g-C_3N_4 和功能化 g-C_3N_4 的 N 1s 高分辨率分析光谱。位于 398.4、399.2、400.4eV 和 404.9eV 的 N 1s 信号分别来自 C—N═C、N—$(C)_3$ 基团中的叔系 N、氨基基团中的 N 和杂环的 π 激发。

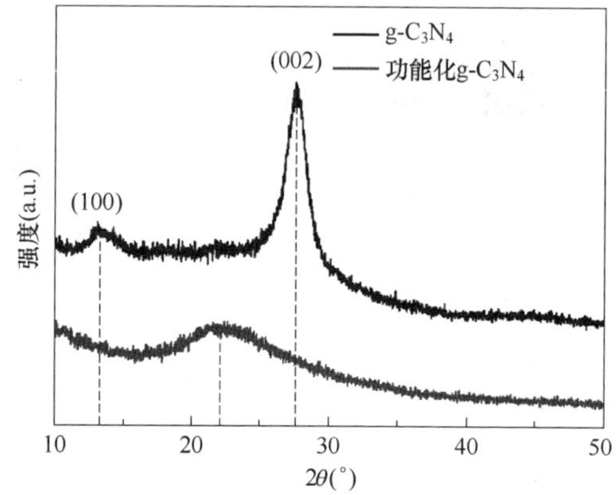

图 9-18 g-C_3N_4 和功能化 g-C_3N_4 的 XRD 图谱

表 9-22 g-C_3N_4 和功能化 g-C_3N_4 纳米片的元素组成（原子百分数）

纳米片	C（%）	N（%）	O（%）	Si（%）
g-C_3N_4	46.5	49.3	4.2	—
功能化 g-C_3N_4	33.1	6.1	40.3	20.5

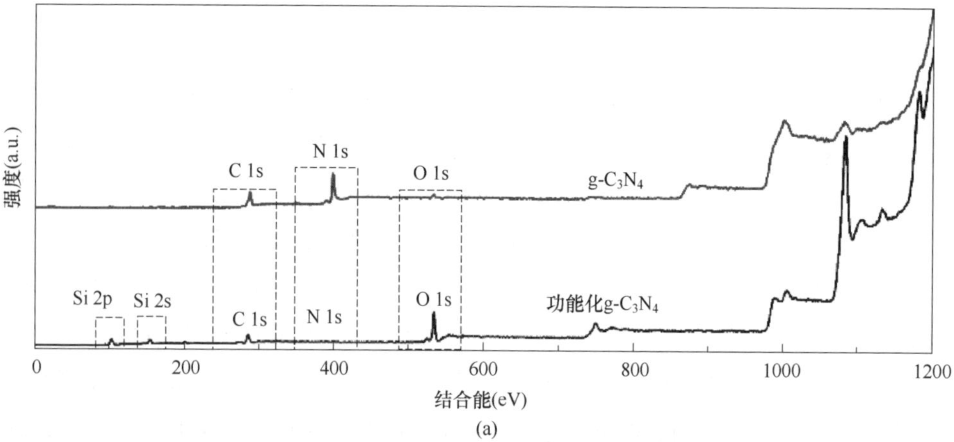

图 9-19 g-C_3N_4 和功能化 g-C_3N_4 纳米片的 XPS 分析谱图（一）

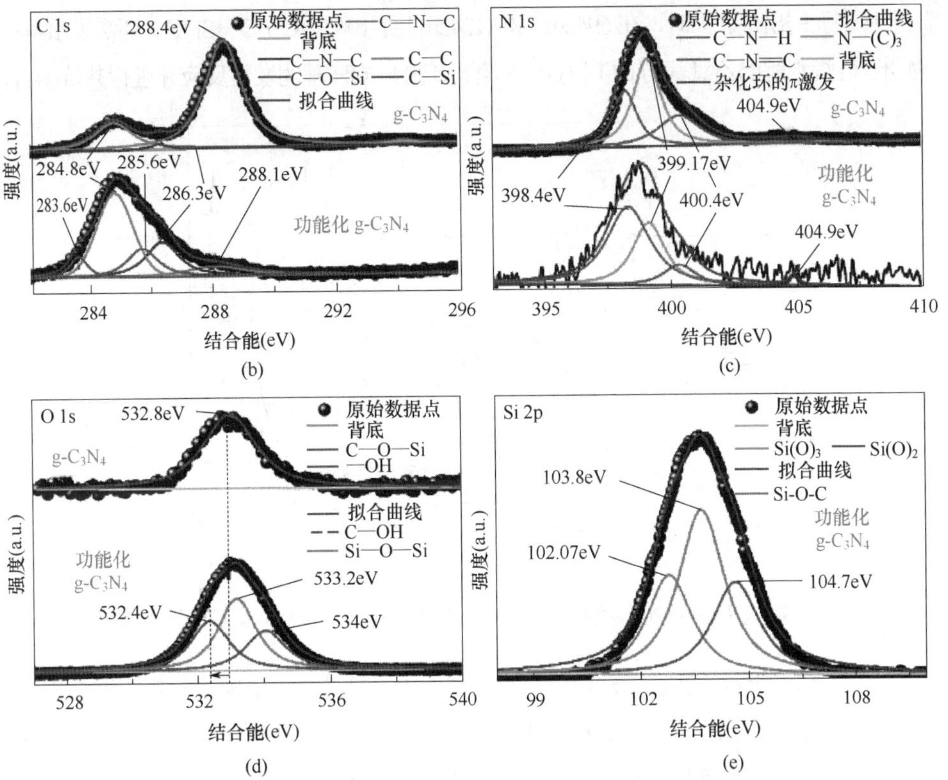

图 9-19　$g\text{-}C_3N_4$ 和功能化 $g\text{-}C_3N_4$ 纳米片的 XPS 分析谱图（二）

$g\text{-}C_3N_4$ 中的 O 1s 谱由 C—OH 对应的单一峰组成，键能为 532.8eV。然而，当 $g\text{-}C_3N_4$ 接枝硅烷后，C—O—Si（532.4eV）向低结合能区域有 0.4eV 的移动。这是由于 C—O—H 中的 H 被 C—O—Si 中的 Si 部分取代所导致，因为 Si 的电负性小于 H 的电负性，从而使 O 上的电子密度更高。表明 $g\text{-}C_3N_4$ 与硅烷的结合并不是简单的物理混合。此外，Si 2p 被分为 Si—$(O)_3$（104.7eV）、Si—$(O)_2$（103.8eV）和 Si—O—C（102.7eV）。Si—O—Si、C—Si、C—O—Si 的存在表明硅烷与 $g\text{-}C_3N_4$ 的含氧基团共价反应并成功地接枝在了片层的表面。

如图 9-20 所示，分别对 $g\text{-}C_3N_4$、水解产物（功能化接枝的硅烷）和功能化 $g\text{-}C_3N_4$ 纳米片进行了 FTIR 分析，以评估其改性情况。$g\text{-}C_3N_4$ 和功能化 $g\text{-}C_3N_4$ 纳米片在 FTIR 光谱中有相同的峰，包括—OH/—NH（$3200cm^{-1}$）、C═N（$1635cm^{-1}$、$1574cm^{-1}$）、C—N（$1412cm^{-1}$、$1398cm^{-1}$、$1319cm^{-1}$、$1242cm^{-1}$）和三嗪结构（$810cm^{-1}$）。表明硅烷改性未对 $g\text{-}C_3N_4$ 的结构造成破坏。此外，功能化 $g\text{-}C_3N_4$ 纳米片的 FTIR 谱出现了一些新的强峰，如在 $1090cm^{-1}$ 处的不对称振动 Si—O—Si、在 $1124cm^{-1}$ 和 $694cm^{-1}$ 处的不对称弯曲振动的 C—O—Si 和 $2960cm^{-1}$ 处的—CH_2 这些都表明了水解产物在 GO 和 $g\text{-}C_3N_4$

纳米片表面的出现。同时，在 694cm^{-1} 和 1124cm^{-1} 处出现的 C—O—Si 键，证实了水解产物通过硅烷水解的乙氧基与 GO 和 g-C_3N_4 纳米片的—OH 基团发生反应并进行共价结合。

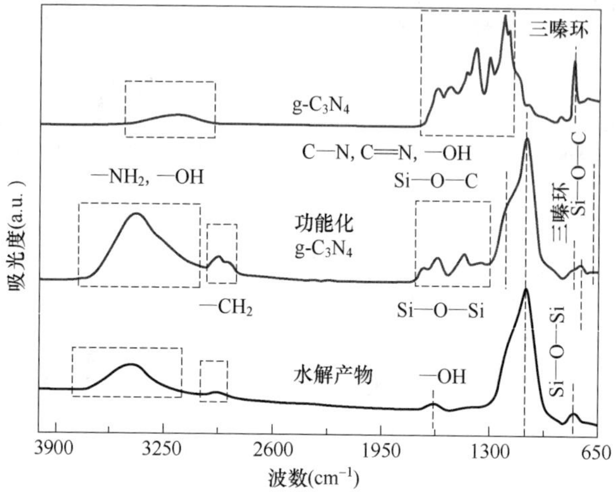

图 9-20　g-C_3N_4、水解产物和功能化 g-C_3N_4 纳米片的 ATR-FTIR 光谱结果

如图 9-21 所示，展示了硅橡胶复合材料的力学性能。由于纳米填料的增强作用，纳米复合材料的拉伸强度比纯 RTV 的拉伸强度大。此外，在 80%拉伸形变时，功能化 g-C_3N_4/RTV 纳米复合材料的拉伸强度高于 g-C_3N_4/RTV 复合材料，这是由于硅烷改性纳米片与 RTV 硅橡胶基体之间存在较强的界面黏附。这种强大的界面附着力限制了链的移动，从而产生了外力的不均匀分布。与纯 RTV 硅橡胶相比，功能化 g-C_3N_4/RTV 和 g-C_3N_4/RTV 复合材料的断裂伸长率明显提高。这一现象可以用无机填料填充后室温硫化硅橡胶复合材料交联密度的降低来解释。无机纳米粒子对弹性体交联过程的干扰也可以在相关文献中找到。一般来说，低的交联密度可以导致大的断裂伸长率。与 g-C_3N_4/RTV 复合材料相比，在相同填充量下，功能化 g-C_3N_4/RTV 复合材料的断裂伸长率更高，这归因于界面相互作用强，分散均匀以及缺陷较少。

未经 NO_2 老化前，填充不同含量填料的 RTV 纳米复合涂层在 NaCl 溶液浸泡 96h 后的阻抗谱图如图 9-22 所示。在伯德图中每个样品的阻抗模值依然维持在 $10^9\Omega \cdot cm^2$，表明填料的添加未对样品的阻水性产生影响。为定量分析功能化 g-C_3N_4/RTV 纳米复合涂层对氧化性气体 NO_2 的阻隔性，采用 EIS 在 3.5% NaCl 溶液中评价了经 NO_2 老化后的涂层（RTV、g-C_3N_4/RTV、水解产物/RTV 和功能化 g-C_3N_4/RTV 纳米复合涂层）的水阻隔性能。图 9-22 为 RTV 和分别填充 0.1%含量的水解产物、g-C_3N_4 以及功能化 g-C_3N_4 纳米片的 RTV 纳米复合涂层的伯德图，从图中可以看出，在经过 NO_2 老化以后 g-C_3N_4/RTV、f-GO/RTV 和水解产物/RTV 涂层在 0.1Hz 处的阻抗模值出现了明显的

下降，均低于 $10^7\Omega\cdot cm^2$。表明 NO_2 气体已经扩散渗透到涂层的体层，并在体层中形成了大量的亲水性通道，从而使得涂层的阻水性能出现了严重的下降。当将功能化 g-C_3N_4 加入到 RTV 中以后，复合涂层在 0.1Hz 处的阻抗模值|Z|高于 g-C_3N_4/RTV、f-GO/RTV 和水解产物/RTV，约为 $10^7\Omega\cdot cm^2$。同时，水解产物/RTV 和 g-C_3N_4/RTV 涂层的断点频率 f_b 高于纯 RTV 涂层，说明普通填料的添加在一定程度上增加了 NO_2 气体的扩散通道，从而使得涂层的阻水性能出现严重的下降，涂层的分层更为严重。

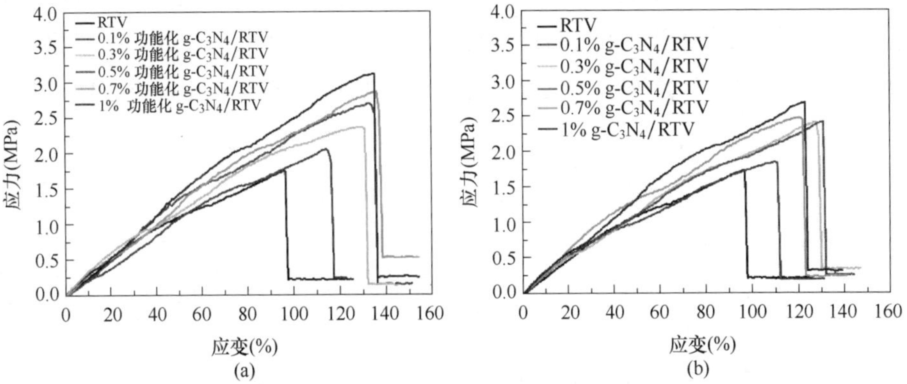

图 9-21　功能化 g-C_3N_4/RTV 和 g-C_3N_4/RTV 纳米复合材料的力学性能分析

（a）g-C_3N_4/RTV；（b）纳米复合材料

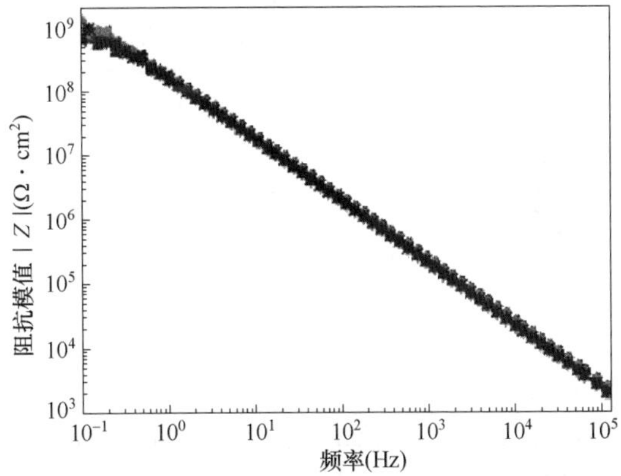

图 9-22　氧化性气体 NO_2 处理前不同填料（g-C_3N_4、水解产物和功能化 g-C_3N_4）含量的硅橡胶复合涂层在 3.5%的 NaCl 溶液中浸泡后的阻抗谱图

对于填充功能化 g-C_3N_4 的 RTV 涂层，与纯 RTV 涂层相比，除了阻抗模值相对较高之外，断点频率 f_b 也出现了略微下降。推测可能是由于 0.1%的功能化 g-C_3N_4 纳米片的加入，增强了纳米填料与硅橡胶的界面兼容性，从而减小了 NO_2 扩散的自由体积，使 RTV 涂层的分层下降。通过以上对比发现，功能化 g-C_3N_4

纳米片的加入使 RTV 涂层的阻水性能有了一定程度的提升，即为具有更好的耐 NO_2 性能。然而，填充 0.1%功能化 g-C_3N_4 的 RTV 复合涂层的 f_b 值仍然很高。因此，有必要进一步增加功能化 g-C_3N_4 纳米片的含量。

图 9-23 显示了分别填充 0.3%和 0.5%（g-C_3N_4、水解产物和功能化 g-C_3N_4）的 RTV 涂层的伯德图。发现当填料含量增加到 0.3%时，填充 g-C_3N_4 和硅烷水解物的复合涂层阻抗模值依然很小，约为 $5\times10^6\Omega\cdot cm^2$，表明 NO_2 气体已经严重破坏了涂层完整性，从而使得涂层的阻水性出现严重的下降。同时断点频率 f_b 出现了一定程度的增大，推测普通填料的添加在一定程度上增加了 NO_2 气体扩散的自由体积，从而使得涂层内部形成了更多的气体扩散通道，使得涂层对 NO_2 的耐受性出现严重的下降。

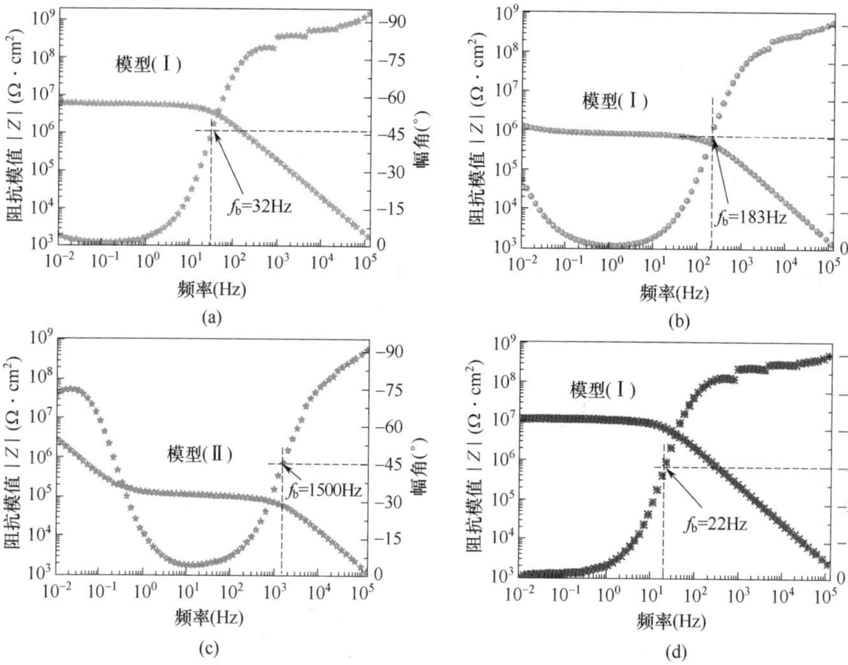

图 9-23 分别填充 0.3%和 0.5%（g-C_3N_4、水解产物和功能化 g-C_3N_4）的 KTV 涂层的伯德图

（a）氧化性气体 NO_2 老化后 RTV 涂层；（b）填充 0.1%的 g-C_3N_4；

（c）填充 0.1%的水解产物；（d）功能化 g-C_3N_4 纳米片

当将 0.3%的功能化 g-C_3N_4 纳米片加入到 RTV 中，并经过 NO_2 老化后，其阻水性能有了显著的提升。该复合涂层在 0.1Hz 处的阻抗模值约为 $3\times10^8\Omega\cdot cm^2$。比填充 f-GO 复合涂层的阻抗模值高了一个数量级。同时，断点频率也出现了明显的减小，约为 0.75Hz，远远小于 f-GO/RTV 的 14.1Hz。表明功能化 g-C_3N_4 的加入可以很大程度上阻止 NO_2 气体向涂层体层扩散，从而防止其破坏涂层内部结构。

此外，含有功能化 $g\text{-}C_3N_4$ 纳米片的涂层在伯德图中只出现一个时间常数。与加入普通的 $g\text{-}C_3N_4$ 和 f-GO 相比，功能化 $g\text{-}C_3N_4$/RTV 纳米复合涂层的电容行为和最大相角均出现在更宽的频率区域，表明该涂层依然保持很好的电容性，电解液并没有扩散到涂层的内部，其 NO_2 耐受性有了很大的提高。如图 9-24 所示，功能化 $g\text{-}C_3N_4$/RTV 复合涂层对 NO_2 耐受性的显著增强可以解释为 $g\text{-}C_3N_4$ 表面接枝了大量硅烷，在一定程度上增强了填料和硅橡胶的界面兼容性，从而减少了 NO_2 气体扩散

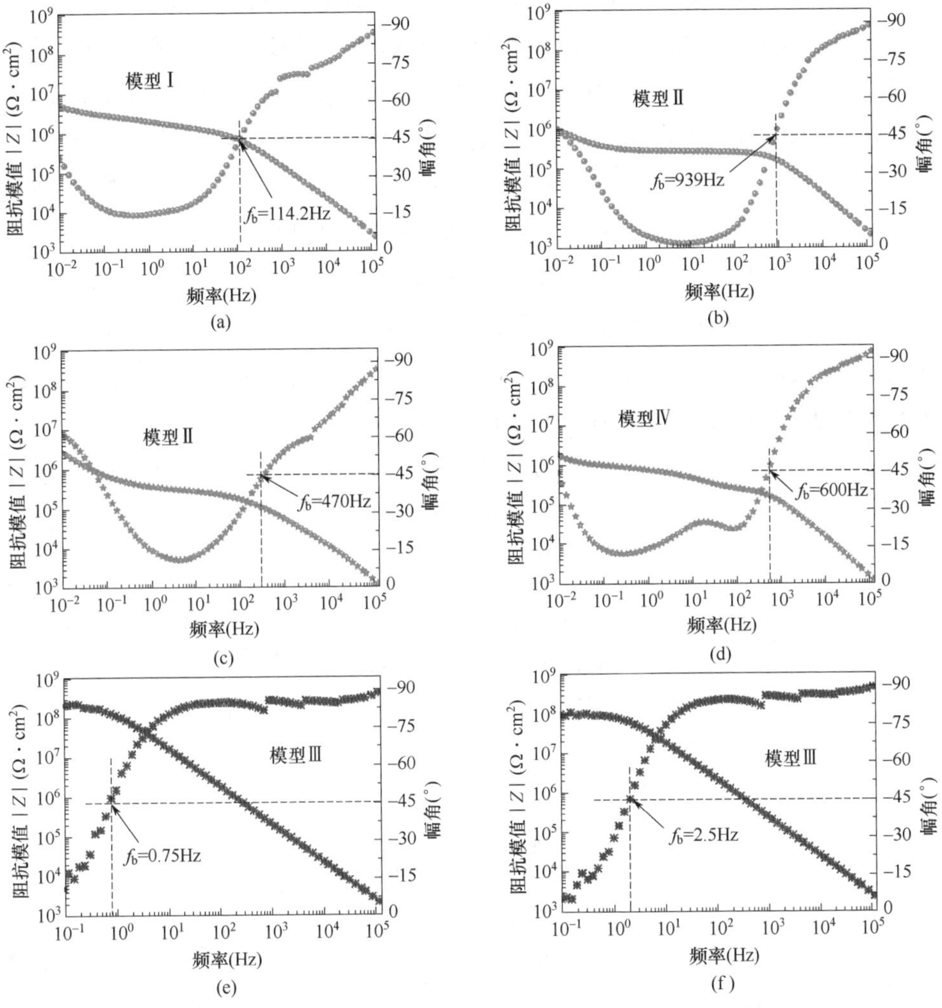

图 9-24　分别填充 0.3%和 0.5%的 $g\text{-}C_3N_4$、水解产物和功能化 $g\text{-}C_3N_4$ 纳米片的 RTV 涂层的伯德图

（a）填充 0.3%的 $g\text{-}C_3N_4$；（b）填充 0.5%的 $g\text{-}C_3N_4$；（c）填充 0.3%的水解产物；（d）填充 0.5%的水解产物；（e）填充 0.3%的功能化 $g\text{-}C_3N_4$ 纳米片；（f）填充 0.5%的功能化 $g\text{-}C_3N_4$ 纳米片

的自由体积。此外，硅烷的接枝也使得 g-C_3N_4 得到一定的剥离，从而减缓了气体向涂层内部的扩散。更深层次的机制将在后面讨论。当填料的含量增大到 0.5%，填充普通 g-C_3N_4、水解产物和 f-GO 的复合涂层的阻水性能再次出现了下降，阻抗模值下降到 $10^6\Omega \cdot cm^2$，同时断点频率出现了显著的增大，表明 NO_2 已经严重地破坏了该系列涂层内部的三维网络结构，使得其阻隔性能出现严重的劣化。填充 0.5%功能化 g-C_3N_4 的纳米复合涂层的阻水性能也出现了轻微的下降。

事实上，功能化 g-C_3N_4/RTV 涂层的耐 NO_2 性能随着填料含量的进一步增加而降低。从图 9-25 中可以清楚地看到，当填料含量从 0.3%增加到 0.7%，阻抗模值几乎下降了一个数量级。这说明功能化 g-C_3N_4 纳米片在涂层中的存在以及填充量对涂层的 NO_2 防护性能有着重要的影响；当填充含量增加到 1%时，功能化涂层的氧化保护性能下降更为严重，阻抗模值下降了两个数量级。一方面可能是过量的填料影响了 RTV 涂料的交联，另一方面功能化 g-C_3N_4 在 RTV 涂料中可能出现了团聚现象，从而增加了 NO_2 气体的扩散通道，进而为 NO_2 的渗透开辟了额外的扩散通道。拉伸试验结果证实了这一推断。在拉伸试验中，当功能化 g-C_3N_4 的添加量达到 1%时，纳米复合材料的强度继续提高，但断裂伸长率下降。这是由于过量的填料影响了交联。此外，关于团聚现象的解释将在下面的 PALS 中给出。

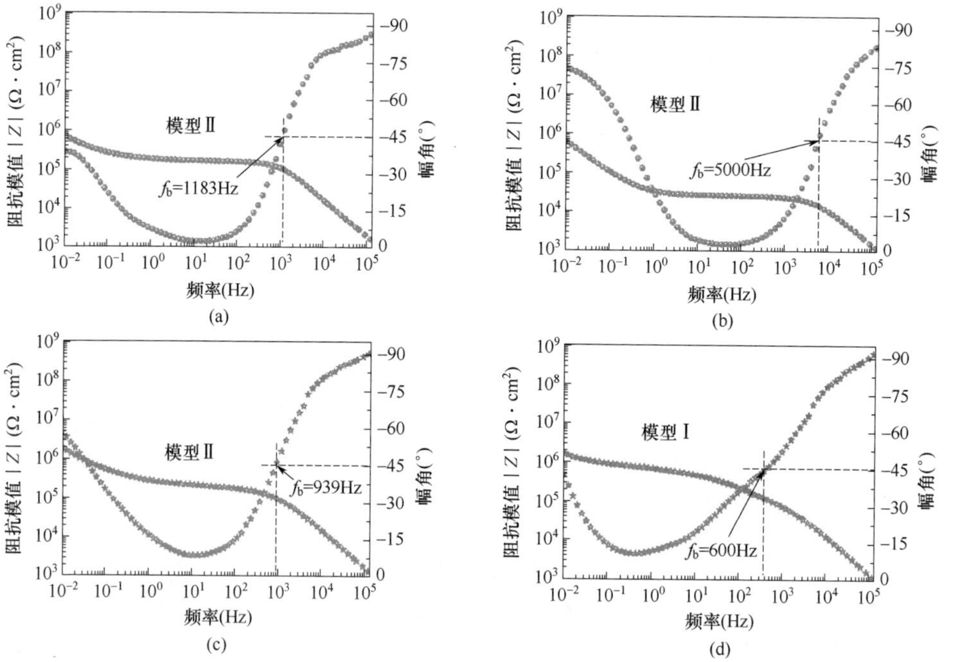

图 9-25 分别填充 0.7%和 1%的 g-C_3N_4、水解产物和功能化 g-C_3N_4 纳米片的 RTV 涂层的伯德图（一）

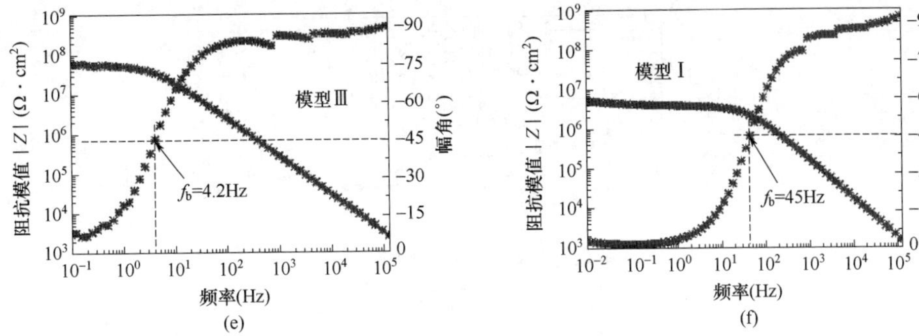

图 9-25　分别填充 0.7%和 1%的 $g\text{-}C_3N_4$、水解产物和功能化 $g\text{-}C_3N_4$ 纳米片的 RTV 涂层的伯德图（二）

（a）填充 0.7%的 $g\text{-}C_3N_4$；（b）填充 1%的 $g\text{-}C_3N_4$；（c）填充 0.7%的水解产物；（d）填充 1%的水解产物；（e）填充 0.7%的功能化 $g\text{-}C_3N_4$；（f）填充 1%的功能化 $g\text{-}C_3N_4$

在图 9-26 中，采用合适的电路模型来拟合涂层的阻抗谱图，以更好地理解 NO_2 老化后涂层的性能。在模型中，R_s、C_b、R_b、R_{ct}、C_{dl}、W 分别为溶液电阻、涂层电阻、涂层电阻、电荷转移电阻、双层电容和 Warburg 阻抗。图 9-27 和图 9-28 还比较了不同填料和填料含量的涂层在浸泡 96h 后的 R_b 值和孔隙率（P）。试样的孔隙率可定义为试样的理论电阻（R_{bt}）与实测样品电阻 R_b 之比。

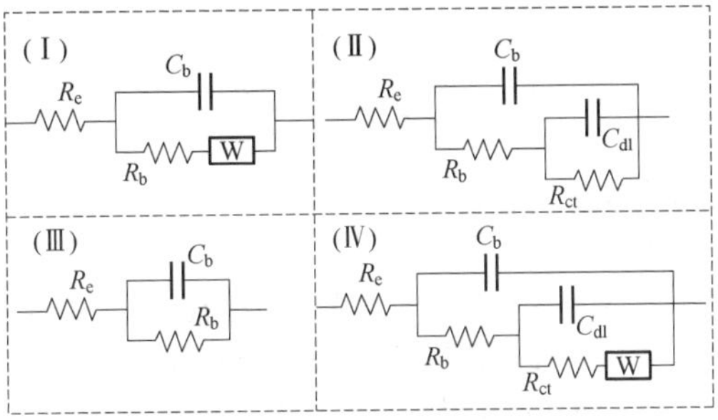

图 9-26　等效电路模型

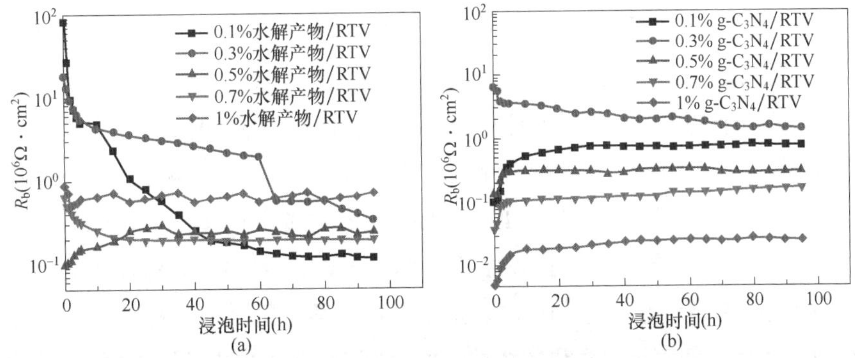

图 9-27　NO_2 老化后填充不同含量水解产物、$g\text{-}C_3N_4$ 和功能化 $g\text{-}C_3N_4$ 纳米片的 RTV 纳米复合涂层的涂层电阻随浸泡时间的变化（一）

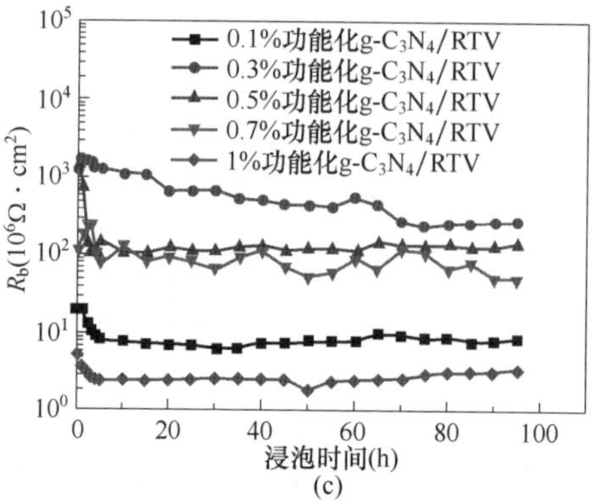

图 9-27 NO_2 老化后填充不同含量水解产物、g-C_3N_4 和功能化 g-C_3N_4 纳米片的 RTV 纳米复合涂层的涂层电阻随浸泡时间的变化（二）

（a）水解产物；（b）g-C_3N_4；（c）功能化 g-C_3N_4

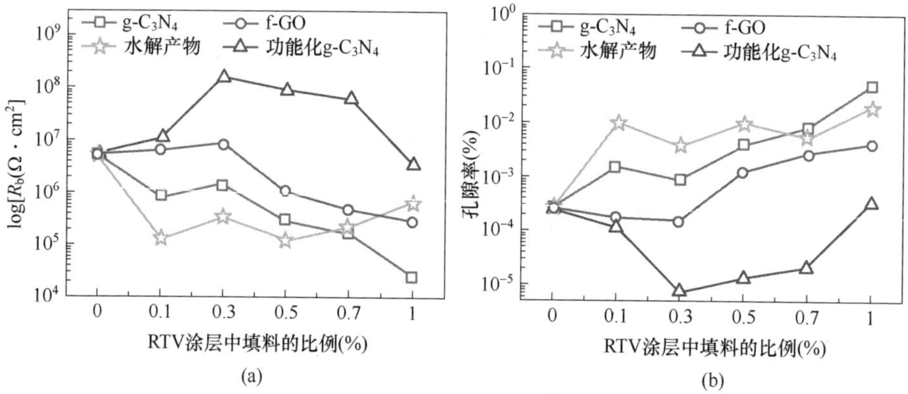

图 9-28 氧化性气体 NO_2 处理后不同填料含量的硅橡胶纳米复合涂层的电阻（R_b）及样品孔隙率随填料含量的变化

（a）电阻（R_b）随填料含量的变化；（b）孔隙率随填料含量的变化

图 9-29 为拟合后不同 g-C_3N_4 纳米片含量的涂层的电阻（R_b）随浸泡时间的变化，由图可见，g-C_3N_4/RTV 涂层的电阻在浸泡初期先增加后趋于不变，浸泡初期的增大可能源自涂层老化后吸水导致的涂层膨胀。不同的是，在浸泡的初期水解产物/RTV 和功能化 g-C_3N_4/RTV 涂层的各个样品的电阻均出现了一个迅速减小的阶段，后又基本保持不变。从图 9-29 中看到，在经过 96h 的浸泡后，水解产物/RTV 和 g-C_3N_4/RTV 涂层的饱和电阻均小于 $10^6\Omega \cdot cm^2$。表明经过 NO_2 老化后，该系列样品的完整性遭到了严重的破坏，水溶液可以很容易透入到样品中。当填充功能化 g-C_3N_4 后，随着填料含量的增加涂层的饱和电阻表现出先增大后减小的趋势，填料含量为 0.3%～0.7%的涂层的电阻基本维持在 $10^8\Omega \cdot cm^2$，特别是填充 0.3%功能

化 g-C_3N_4 的样品，其饱和电阻更是保持在 $3\times10^8\Omega\cdot cm^2$ 之上。表明在经过 24h 的 NO_2 老化后，该涂层依然具有很好的阻水性能，涂层依然很完整。随着填料含量的继续增加，饱和电阻出现减小，这可能是由于纳米片易于团聚，从而增加了涂层中的自由体积，使得 NO_2 的扩散通道随之增多，涂层表现出对 NO_2 阻隔性下降。

经 NO_2 老化后，随着填料含量的增加，功能化 g-C_3N_4 纳米片的加入使得复合涂层的电阻表现出先增大后减小的趋势。但是，与纯 RTV、g-C_3N_4/RTV、f-GO/RTV 和 hydrolysate/RTV 涂层相比，功能化 g-C_3N_4 纳米片涂层的 R_b 值更高，约为 $10^8\Omega\cdot cm^2$。特别是当纳米复合涂料的填充量为 0.3%时，其 R_b 高于 $3\times10^8\Omega\cdot cm^2$，比 f-GO/RTV 高一个数量级，比纯 RTV 高两个数量级。同时，f-GO/RTV 复合涂层的样品电阻也表现出先增大后减小的趋势，只是其样品电阻的最大值约为 $10^7\Omega\cdot cm^2$（0.3%），远远小于功能化 g-C_3N_4/RTV 纳米复合涂层的样品电阻。两个改性后的片层（f-GO 和功能化 g-C_3N_4）均表现出对 NO_2 气体阻隔性的提升，这可能归因于二维材料的高纵横比特性所提供的物理阻隔效应。还有就是有机硅的改性，提升了片层材料与 RTV 涂层的界面兼容性，从而减小了 NO_2 气体扩散的自由体积。但是功能化 g-C_3N_4 的性能要远远优于 f-GO，这可能与两种片层材料的构成不同有关。g-C_3N_4 中的三嗪环上的氮原子具有孤对电子，能够对氧化性气体有吸附作用，从而可以阻止 NO_2 气体向涂层的内部扩散。更详细而深层次的原因将在下文讨论。

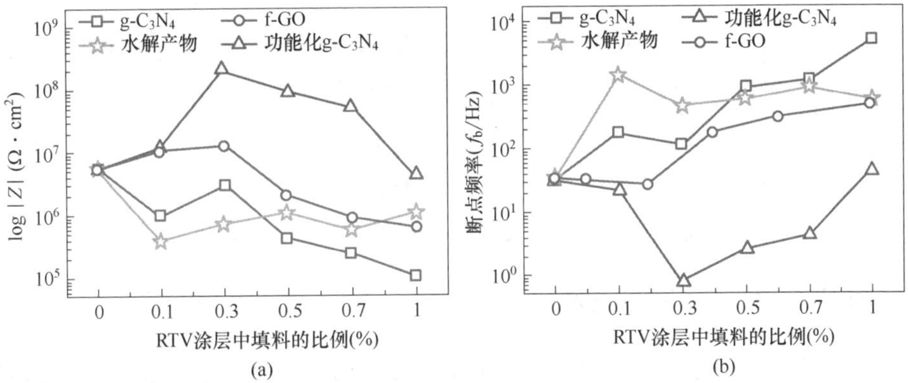

图 9-29　氧化性气体 NO_2 处理后不同填料含量的硅橡胶纳米复合涂层的阻抗模值|*Z*|（0.1Hz）及样品断点频率随填料含量的变化

（a）阻抗模值随填料含量的变化；（b）样品断点频率随填料含量的变化

图 9-29（b）为各个样品孔隙率的变化。填充改性后的二维材料的复合涂层的孔隙率是要远远低于填充未改性 g-C_3N_4 和水解产物的复合涂层。推测是由于改

性增强了界面兼容性，减少了 NO_2 气体扩散的自由体积，再加上二维片层材料的物理阻隔效应，在二者的协同效应下，使得涂层的 NO_2 阻隔性大大提升。当改性片层的填充量为 0.3%时，孔隙率最低，即存在最优的填充比例，表明纳米填料的含量也是影响涂层对 NO_2 阻隔性的一个关键因素。两种改性片层不同的是，填充功能化 g-C_3N_4 涂层的孔隙率要比 f-GO 低一个数量级，即为 10^{-5}%。相应的孔隙率远低于 f-GO/RTV 和纯 RTV。样品的电阻值高以及涂层孔隙率低，都表明 NO_2 老化后涂层依然保持良好的完整性。因此，即使 NO_2 气体破坏后，功能化 g-C_3N_4 纳米片的加入仍然可以显著保持涂层的完整性。

为了更直观地展示填料的种类和含量对纳米复合涂层完整性和分层的影响，绘制了阻抗模值和断点频率 f_b 的对比折线图。经过 NO_2 老化后，不同涂层在 0.1Hz 处的阻抗模值|Z|与填充量的对比图如图 9-29（a）所示。可以清楚地看到，经过 NO_2 老化后，填充 g-C_3N_4 和 hydrolysate 复合涂层的阻抗模值出现了明显的下降，约为 $10^6\Omega\cdot cm^2$，表明水已经渗透到 g-C_3N_4/RTV 和 hydrolysate/RTV 复合涂层的体层中，即 NO_2 的扩散已经深入到样品的体层，样品已经完全丧失阻水能力。不同的是，所有功能化的 g-C_3N_4/RTV 纳米复合涂层的阻抗模值都高于 g-C_3N_4/RTV 和 hydrolysate/RTV。特别是当填料含量为 0.3%时，纳米复合涂层的阻抗模值（大于 $10^8\Omega\cdot cm^2$）比纯 RTV 高两个数量级。并且在中高频区相位角的绝对值很高，接近 90°。表明这些功能化 g-C_3N_4 填充的 RTV 涂层可以在宽频率范围内视作纯电容。虽然填充 f-GO 在一定程度上提高了 NO_2 老化后涂层的阻抗模值，但是阻抗模值依然较小，约为 $10^7\Omega\cdot m^2$，比功能化 g-C_3N_4（0.3%、0.5%、0.7%）复合涂层低一个数量级。因此，与 hydrolysate、f-GO 和 g-C_3N_4 相比，在 RTV 涂层中加入一定含量的功能化 g-C_3N_4 可以显著提高涂层的耐 NO_2 性能。然而，当功能化 g-C_3N_4 纳米片含量达到 1%时，涂层的性能严重下降，说明功能化过程和填料含量是影响涂层性能的重要参数，这与上述涂层样品电阻分析一致。

9.2.3 现有测试方法改进

标准中最常见的针对复合绝缘子护套/芯棒界面的检测方法为水扩散法，但该方法无法得到界面的泄漏电流，只能得到表面和界面总的泄漏电流。因此，为了完善现有的检测方法，针对性提出界面电阻率法。

1. *方法的提出*

现有的标准中规定在 0.1%NaCl（质量）的去离子水中煮沸 100h 后，进行耐压试验，用得到的泄漏电流值（$<100\mu A$）来判断复合绝缘子护套/芯棒界面的状

态。该方法存在的问题是，在测试泄漏电流的过程中，电流会沿着硅橡胶表面流出。特别是表面有污秽的试样，其泄漏电流的测试值往往会偏大。表面污秽对泄漏电流测试的影响见表 9-23，试样表面有较多的污秽时，其泄漏电流高达 482μA，当削掉表面污秽时，泄漏电流减小为 50.6μA。由此可见，现有的方法还需要做进一步改进。

表 9-23　表面污秽对泄漏电流测试的影响

样品	泄漏电流（μA）	样品	泄漏电流（μA）
 （表面黑色污秽）	482	 （削去表面污秽）	50.6
 （表面黑色污秽）	121	 （环削一层污秽）	56.6

提出一种测试复合绝缘子护套/芯棒界面电阻率的测试方法，可用于检测弱黏接界面，同时也解决不同直径尺寸的护套/芯棒界面泄漏电流的判据问题。测试装置：与已有标准中测试泄漏电流的电极装置相同，如图 9-30 所示。

图 9-30　泄漏电流测试电极

2. *测试原理及流程*

界面泄漏电流测试原理如图 9-31 所示，当高压电极加在带护套芯棒的两端时，泄漏电流有三条路径可以走，分别是芯棒、护套以及护套/芯棒界面。此时将这三条路径等效成电阻，其中芯棒经过水煮之后，其体电阻率较小，实验实测值在 10^6～$10^7\Omega\cdot m$ 数量级别。而硅橡胶护套的阻水性能较好，其体电阻率较大，水煮前的体电阻率在 $10^{14}\Omega\cdot m$ 左右，水煮后的体电阻率试验实测值略有下降，但也维持着 $10^{14}\Omega\cdot m$ 左右（远大于水煮后芯棒的电阻率）。水煮试验后芯棒体电阻率变化以及水煮前后硅橡胶试样的表面电阻率和体电阻率变化见表 9-24 和表 9-25。

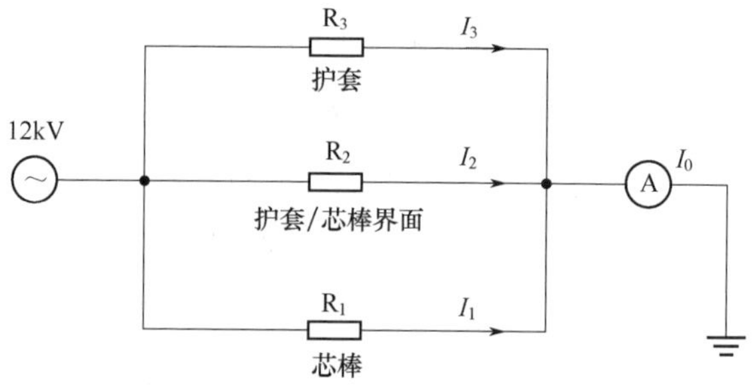

$I_0=I_1+I_2+I_3$(且$I_3 \ll I_1$)

图 9-31　护套/芯棒界面电流测试原理

表 9-24　水煮试验后芯棒体电阻率变化

样品编号	直径芯棒（m）	面积（m^2）	圆柱高（m）	芯棒电流（μA）	电压（kV）	体电阻率（$10^6\Omega\cdot m$）
1	0.018	2.54×10^{-4}	0.03	18.3	12	5.56
2	0.018	2.54×10^{-4}	0.03	18.6	12	5.47
3	0.018	2.54×10^{-4}	0.03	18.8	12	5.41
4	0.024	4.52×10^{-4}	0.03	35.8	12	5.05
5	0.024	4.52×10^{-4}	0.03	32.0	12	5.65
6	0.024	4.52×10^{-4}	0.03	34.1	12	5.31
7	0.028	6.16×10^{-4}	0.03	31.0	12	7.95
8	0.028	6.16×10^{-4}	0.03	31.7	12	7.77
9	0.028	6.16×10^{-4}	0.03	37.5	12	6.57
10	0.040	1.26×10^{-3}	0.03	37.7	12	13.31
11	0.040	1.26×10^{-3}	0.03	34.7	12	14.52
12	0.040	1.26×10^{-3}	0.03	35.7	12	14.15
13	0.060	2.83×10^{-3}	0.03	44.3	12	25.58
14	0.060	2.83×10^{-3}	0.03	46.5	12	24.32
15	0.060	2.83×10^{-3}	0.03	47.8	12	23.77

表 9-25　水煮前后硅橡胶试样的表面电阻率和体电阻率变化

试样编号	试片厚度（mm）	水煮前		100 h 水煮后（0.1%NaCl 溶液）	
		表面电阻率（$10^{14}\Omega$）	体积电阻率（$10^{14}\Omega\cdot m$）	表面电阻率（$10^{14}\Omega$）	体积电阻率（$10^{14}\Omega\cdot m$）
1	2.01	4.38	5.63	4.23	5.61
2	1.99	4.58	4.52	4.52	4.21

续表

试样编号	试片厚度（mm）	水煮前		100 h 水煮后（0.1%NaCl 溶液）	
		表面电阻率（$10^{14}\Omega$）	体积电阻率（$10^{14}\Omega\cdot m$）	表面电阻率（$10^{14}\Omega$）	体积电阻率（$10^{14}\Omega\cdot m$）
3	2.11	5.34	8.12	5.02	7.56
4	2.10	6.45	7.23	6.26	6.56
5	2.02	3.53	5.16	4.21	5.21

因此，可以判断：当硅橡胶表面无污秽时，其泄漏电流 I_3 将远小于芯棒的泄漏电流 I_1。只要测试得到总的泄漏电流 I_0，芯棒的泄漏电流 I_1，就能得到护套/芯棒处的泄漏电流 I_2（护套泄漏电流 I_3 极小，暂忽略）。

测试流程如图 9-32 所示。

结合前文的讨论，总结出护套/芯棒的界面电阻率的测试流程如图 9-32 所示。由于表面污秽的影响较大，需要在测试前去掉表面污秽。首先使用带护套的芯棒得到总的泄漏电流 I_0；然后削去硅橡胶护套，用同样的条件测试得到芯棒的泄漏电流 I_1，此时（I_0-I_1）可以近似看作护套/芯棒界面的泄漏电流。将（I_0-I_1）用于界面电阻率的计算。

图 9-33 中，护套/芯棒界面在几何外观上可以等效成一个圆筒，将这个圆筒沿高展开得到一个长为 c（圆筒截面圆的周长），宽为 d（圆筒高）的长方形，此时护套/芯棒的界面电阻率可等效成长方形的表面电阻率。

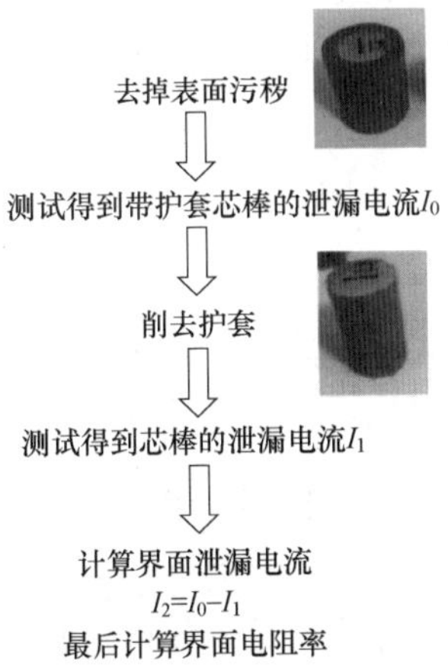

图 9-32　护套/芯棒界面电阻率测试流程

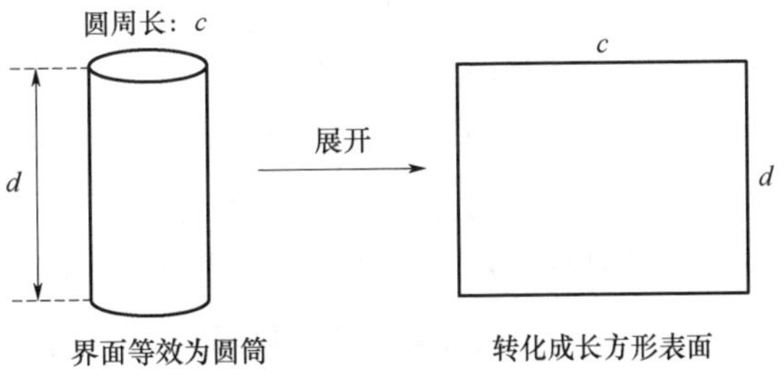

图 9-33　圆筒形护套/芯棒展开为长方形示意图

表面电阻率计算公式如下：

$$\rho=\frac{U}{I_2}\cdot\frac{c}{d}$$

9.3 断串故障防治

9.3.1 芯棒朽断防治

根据前文的故障分析与朽断模拟试验结果，从产品环节质量把控、入网检测、运维防治几方面提出防治朽断事故的措施。

（1）产品环节质量把控。生产中使用优质材料，如芯棒环氧树脂耐老化性能好，偶联剂耐水解性能强。并在产品抽检时使用较为严苛的界面性能测试方法，如长时间水扩散试验。

（2）提升芯棒耐放电蚀损性能。芯棒在局部放电过程中，受放电作用发生劣化蚀损，如果其耐电蚀损性能优异，在缺陷产生初期可以延缓界面气隙增大的速度，在界面气隙较大时可以延缓芯棒断裂的速度。

（3）提升入网检测水平。利用目前的无损检测新技术，如太赫兹波检测技术，对入网的复合绝缘子进行抽检，评估同批次复合绝缘子的界面性能，控制入网复合绝缘子的质量。

（4）运行维护。复合绝缘子在内部强烈局部放电过程中，伴随着发热效应，且温升较高，对于此种类型高温发热的复合绝缘子运行风险较高，应尽快更换。

9.3.2 芯棒脆断防治

复合绝缘子界面内局部放电会产生酸，是使芯棒脆断的重要原因。同时，芯棒表面的微小缺陷处应力集中，是导致芯棒脆断的诱因，为此，提出以下针对复合绝缘子脆断的防治措施。

（1）选用玻璃纤维不含硼的耐酸型芯棒。由于硼元素易受酸液侵蚀，为酸液腐蚀玻璃骨架提供入侵通道，因此不含硼的玻璃纤维耐酸性能强。

（2）提升复合绝缘子界面性能。由于复合绝缘子界面处局部放电是酸液产生的重要的途径，因此提升界面性能有助于避免酸蚀的发生。

（3）生产中避免芯棒表面的微小伤痕。由于芯棒表面的微裂纹是局部应力的集中点，因此需要在芯棒购买、运输、保存、打磨等环节避免芯棒表面受损。

9.3.3　芯棒折断防治

根据复合绝缘子断裂分析结果，从金具、复合绝缘子两个方面进行分析。

1. 金具优化设计

实际情况中，绝缘子与联板、杆塔的连接方式会影响最大应力分布。本节对比不同连接方式下绝缘子的最大应力分布，对金具设计提出优化意见。

通过有限元仿真软件对 V 形复合绝缘子串进行实体仿真，分析不同约束条件下绝缘子的应力分布分别如图 9-34～图 9-36 所示。

从图 9-34～图 9-36 可看出，对于 0°、10°和 25°三种联板与金具控制角度，绝缘子最大应力值为 922、883MPa 和 802MPa，因此增加联板与金具的控制角度可以改变绝缘子的受力情况，减小最大应力值。

图 9-34　控制角为 0°（圆圈指示最大应力）

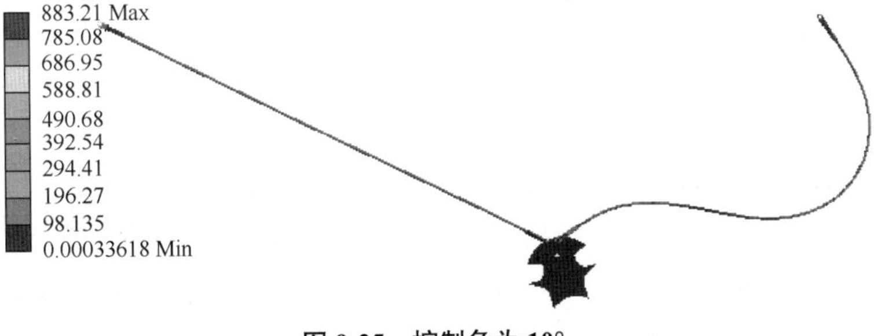

图 9-35　控制角为 10°

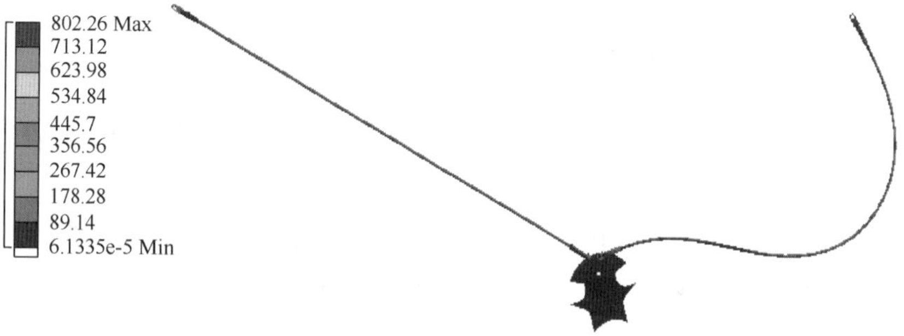

图 9-36　控制角为 25°

2. 复合绝缘子力学优化

对 5600mm 长、芯棒直径为 30mm 的绝缘子和 5000mm 长、芯棒直径为 24mm 的绝缘子进行大挠度屈曲试验，试验结果见表 9-26 和表 9-27，芯棒直径 24mm 绝缘子屈曲变形图如图 9-37 所示。

表 9-26　直径 30mm 芯棒的绝缘子大挠度屈曲试验数据

绝缘子两端距离（m）	压缩比	最大应力（MPa）	是否断裂
5.55	1.00	0	否
5.4	0.96	172.02	
5.2	0.93	228.72	
4.8	0.86	327.83	
4.4	0.78	417.86	
4.0	0.71	487.28	
3.6	0.64	551.98	
3.2	0.57	613.99	
2.8	0.50	674.71	
2.4	0.43	735.18	
2.0	0.36	796.33	
1.8	0.32	831.96	
1.6	0.29	859.16	
1.4	0.25	896.27	是

表 9-27　24mm 直径的绝缘子大挠度屈曲试验数据

绝缘子两端距离（m）	压缩比	最大应力（MPa）	是否断裂
5	1.00	0	否
4.9	0.98	111.69	
4.8	0.96	158.49	

续表

绝缘子两端距离（m）	压缩比	最大应力（MPa）	是否断裂
4.4	0.88	278.85	否
4.0	0.80	366.16	
3.6	0.72	441.23	
3.2	0.64	510.27	
2.8	0.56	576.39	
2.4	0.48	641.51	
2.0	0.40	707.24	
1.8	0.36	740.80	
1.6	0.32	775.12	
1.4	0.28	810.38	
1.3	0.26	828.54	
1.2	0.24	847.09	
1.1	0.22	866.01	
1.0	0.20	885.26	
0.95	0.19	894.99	是

(a)　　(b)

图 9-37　芯棒直径 24mm 绝缘子屈曲变形图

（a）屈曲变形图；（b）断裂时刻的变形图

由表 9-26 和表 9-27 可以看出：

（1）芯棒直径 24m 绝缘子的抗弯性能优于芯棒直径 30mm 的绝缘子。

（2）本线路 V 形绝缘子串中绝缘子长度为 4888mm，绝缘子夹角为 90°，绝缘子的极限压缩比为 0.4（迎风侧绝缘子 α 角几乎为 0），此时，芯棒直径 24mm 绝缘子的最大应力值为 707MPa，小于允许应力值，因此在极端大风下不会断裂。

（3）通过绝缘子材料特性分析、仿真计算及力学特性试验结果可以看出，N46 塔背风侧复合绝缘子在极端大风条件下，最大应力超过了允许应力值，从而导致断裂。

（4）增加联板与金具的控制角度可以改变绝缘子的受力情况，减少最大应力值；芯棒直径 24mm 的绝缘子的抗弯性能优于芯棒直径 30mm 的绝缘子，在极端大风条件下也不会发生断裂。

3. 改进措施

（1）采用双 V 结构及优化联板设计。优化联板金具设计，增大碗头与联板之间的控制角度；将芯棒直径为 30mm 绝缘子的单 V 形绝缘子串更换为 24mm 芯棒绝缘子的双 V 形绝缘子串，如图 9-38 所示。

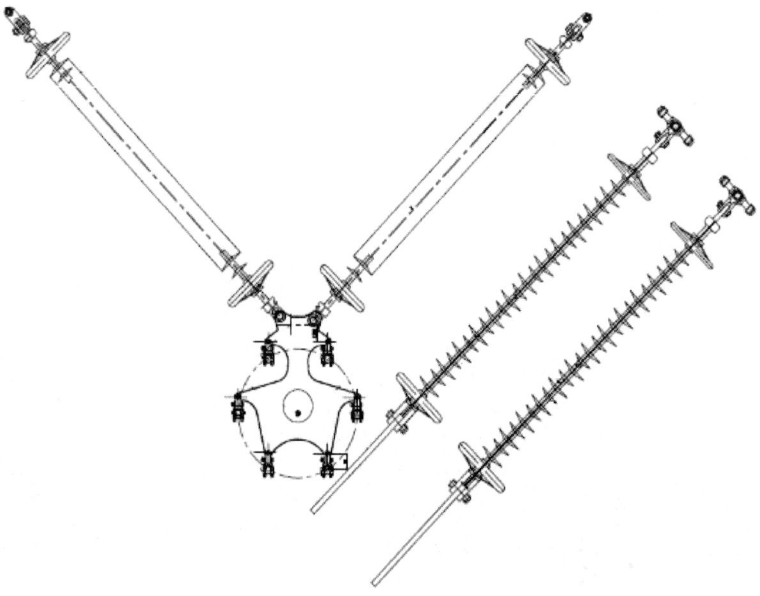

图 9-38 双 V 结构及优化联板设计

（2）增加防风舞动抑制措施。在 B 相联板处，增加一支绝缘子与杆塔底部连接，如图 9-39 所示；在大档距侧，导线上增加三相相间间隔棒。

（3）重点关注大风垭口、垂直/水平荷重（K/V 值）较低的直线杆塔。

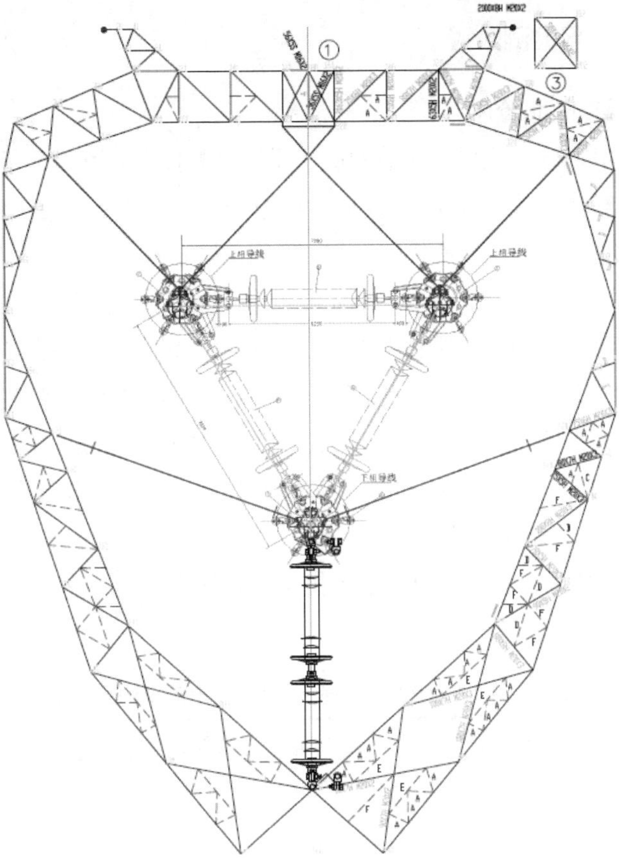

图 9-39　三相增加间隔棒设计

9.4　界面故障防治技术应用

9.4.1　生产制造阶段

（1）硅橡胶配方对芯棒和硅橡胶界面的黏接性能有着重要的影响，改善硅橡胶配方，可有效提升黏接效果。

（2）芯棒表面状态（包括但不限于粗糙度）对芯棒黏接效果有显著作用，芯棒的运输和存储过程对芯棒表面状态会产生较大影响，进而影响黏接效果。

（3）芯棒预热温度需要达到一定要求，过低的芯棒温度和过长的预热时间都会对黏接性能产生负面作用。

9.4.2 入网检测阶段

1. 界面缺陷无损检测

太赫兹技术、微波无损检测技术属于无损检测技术，可用于复合绝缘子伞套/芯棒界面处的黏接缺陷无损检测。现有的研究表明，复合绝缘子伞套/芯棒界面处的缺陷主要分为两种，一种是气隙缺陷、异物缺陷；另一种是界面异常老化缺陷。气隙缺陷是指硅橡胶伞套和环氧玻纤芯棒之间没有完全黏接，部分区域存在一些气体间隙，导致复合绝缘子整体黏接不良。异物曲线和气隙缺陷类似，但气隙替换为微小异物，比如沙子、灰尘等。气隙、异物缺陷，可用太赫兹技术进行检测。界面异常老化通常伴随着界面介电常数的变化，可应用微波无损检测技术。由此可见，太赫兹波技术、微波无损检测技术可作为无损检测技术应用在到货抽检中。

2. 不同直径芯棒界面检测

（1）不同芯棒直径新样测试。未老化不同芯棒直径的护套/芯棒界面电阻率测试结果见表 9-28。

表 9-28　未老化不同芯棒直径的护套/芯棒界面电阻率测试结果

样品编号	直径芯棒（mm）	界面周长（mm）	圆柱高（mm）	总泄漏电流（μA）	芯棒泄漏电流（μA）	界面泄漏电流（μA）	电压（kV）	界面电阻率（$10^9\Omega$）
1	18	56.5	30	21.3	18.9	2.4	12	9.42
2	18	56.5	30	21	18.5	2.5	12	9.05
3	18	56.5	30	22.1	19	3.1	12	7.30
4	28	88.0	30	32.3	21.1	11.2	12	3.14
5	28	88.0	30	33.7	21	12.7	12	2.77
6	28	88.0	30	32.5	20	12.5	12	2.81
7	40	125.7	30	42.5	31.7	10.8	12	4.65
8	40	125.7	30	40.1	33.7	6.4	12	7.85
9	40	125.7	30	41.9	34.7	7.2	12	6.98
10	60	188.5	30	49	39.2	9.8	12	7.69
11	60	188.5	30	50.5	41.2	9.3	12	8.11
12	60	188.5	30	49	40.2	8.8	12	8.57

采用上面的公式计算芯棒直径为 18、28、40mm 和 60mm 的新出厂复合绝缘子护套/芯棒界面电阻率结果见表 9-28。发现不同芯棒直径的新出厂样品，其水煮后芯棒的泄漏电流较为稳定，18mm 的芯棒泄漏电流为 18μA 左右，28mm 的

芯棒泄漏电流为 20μA 左右，40mm 的芯棒泄漏电流为 33μA 左右，60mm 的芯棒泄漏电流为 40μA 左右。计算得到的 18、28、40mm 和 60mm 的护套/芯棒界面电阻率都在 $10^9\Omega$ 数量级。由此可见护套/芯棒界面电阻率与芯棒直径无关。

（2）不同芯棒直径运行样测试。运行老化后不同芯棒直径的护套/芯棒界面电阻率测试结果见表 9-29。

表 9-29　运行老化后不同芯棒直径的护套/芯棒界面电阻率测试结果

样品编号	直径芯棒（mm）	界面周长（mm）	圆柱高（mm）	总泄漏电流（μA）	芯棒泄漏电流（μA）	界面泄漏电流（μA）	电压（kV）	界面电阻率（$10^9\Omega$）
1	18	56.5	30	24.3	18.3	6.0	12	3.77
2	18	56.5	30	23.8	18.6	5.2	12	4.35
3	18	56.5	30	22.9	18.8	4.1	12	5.52
4	24	75.4	30	61.4	35.8	25.6	12	1.18
5	24	75.4	30	47.1	36.0	11.1	12	2.72
6	24	75.4	30	53.6	34.1	19.5	12	1.55
7	68	213.6	30	71.7	59.8	11.9	12	7.18
8	68	213.6	30	72.3	60.5	11.8	12	7.24
9	68	213.6	30	73.9	63.3	10.6	12	8.06
10	68	213.6	30	74.5	64.7	9.8	12	8.72
11	68	213.6	30	75.8	64.0	11.8	12	7.24
12	68	213.6	30	77.8	64.0	13.8	12	6.19

由表 9-29 可知，不同芯棒直径的样品，其水煮后芯棒的泄漏电流较为稳定，18mm 的芯棒泄漏电流为 18μA 左右，24mm 的芯棒泄漏电流为 35μA 左右，68mm 的芯棒泄漏电流为 60μA 左右。计算得到的 18、24mm 和 68mm 的护套/芯棒界面电阻率都在 $10^9\Omega$ 数量级。由此可见护套/芯棒界面电阻率与芯棒直径无关，即界面电阻率是与样品形状无关的物理量。

9.4.3　基建和运维阶段

1. 新型硬质绝缘子应用

硬质复合绝缘子材料特性、界面特性、机械特性、电气特性、配置方案等研究结果表明其完全能够满足户外运行要求，将耐湿热复合绝缘子应用于输电线路，并对其做重点监控，考核其运维特点，积累运行经验。

棒形悬式、盘形悬式、防鸟啄硬质复合绝缘子产品已在我国广东省、江苏省、甘肃省、河南省、重庆市等地电网应用，可满足高湿热、强风沙、鸟啄及冰区、山区等特殊环境要求，相比传统硅橡胶绝缘子，能有效防止断串故障。

2. 界面检测方法应用

2021 年 3 月下旬，对 220 kV 黄雨甲乙线复合绝缘子进行红外检测，发现大面积发热现象，现场及典型发热情况如图 9-40 所示。复合绝缘子高压端点状温升（均压环上下三片伞裙范围内），3～5K 为一般缺陷，5～10K 为重大缺陷，大于 10K 的为紧急缺陷。

(a) (b)

图 9-40 220kV 黄雨甲线 N3 塔上相发热绝缘子可见光及红外图片

（a）220kV 黄雨甲线 N3 塔上相现场情况；

（b）220kV 黄雨甲线 N3 塔上相红外测温结果

技术人员经对 220kV 黄雨甲乙线现场红外图片进行温升核查，发现复合绝缘子的发热部位均位于高压端杆径处，且都是“点状发热”（与图 9-40 类似），本次 220kV 黄雨甲乙线复合绝缘子发热紧急缺陷 12 个、重大缺陷 196 个、一般缺陷 236 个。

试品取自 220kV 黄雨甲乙线 N14 塔各相，共 12 支。该批次复合绝缘子生产厂家为 A 公司，型号为 FXBW4-220/100-B，生产工艺均为整体注射和压接高温包胶工艺。该批次绝缘子于 2014 年生产，截至 2021 年 3 月，已带电运行约 6 年。

检查发现该批复合绝缘子端部都采用了高温包胶的生产工艺，符合南方电网技术规范书要求。复合绝缘子高压端杆径（现场发热部位）积污发黑，伞裙出现不同程度脏污、粉化。

为分析该批次试样异常温升的原因，取部分试样进行不同条件下红外测温，包括加装均压环、提升均压环屏蔽深度、去除污秽，每次处理后对试验进行加压，30min 后使用红外热像仪检测样品的温升。汇总温升试验结果，如图 9-41 所示。结果表明，去除高压端杆径的污秽后，试品的温升有大幅下降，表明高压端较重污秽对温升有明显影响；均压环屏蔽深度增加后，温升也发生一定下降，表明对温升有一定的影响。综合红外检测结果初步判断，高压端杆径积累较重污秽以及强电场是引起 220kV 黄雨甲乙线复合绝缘子发热的主要原因。

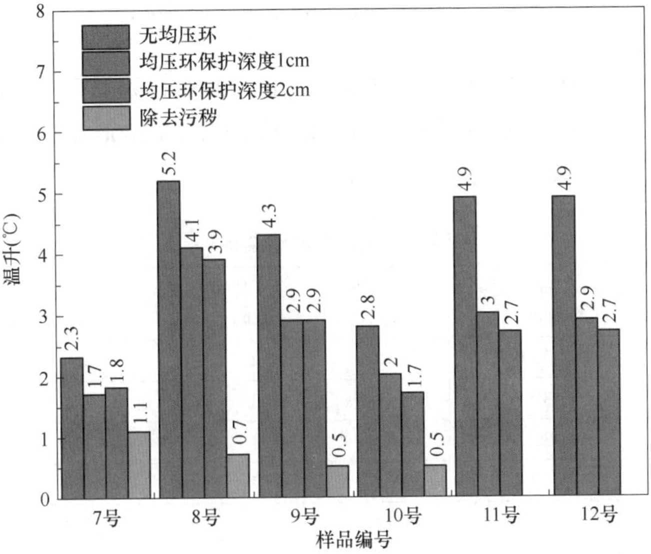

图 9-41　第二组试样（21F7～12 号）不同实验中的温升数据

界面性能检测：

将 3 支试品护套与芯棒完好部位截取 6 个带护套的短样品，在 0.1%NaCl（质量）的去离子水中煮沸 100h 后，进行耐压试验。试验电压为 12kV，持续 1min，测量泄漏电流。测试结果见表 9-30，试验结果合格。

测试过程中发现 21F3 号有两个样品的泄漏电流为 371.4μA 和 211.5μA。这两个样品取自 21F3 号试样的高压端杆径处，表面附着有较多污秽，如图 9-42（a）所示。将表面污秽消除后，如图 9-42（b）所示，试样的泄漏电流降至 42.5μA 和 36.7μA。该结果表明，表面污秽会导致样品的泄漏电流增大，而样品的护套/芯棒界面性能符合要求。复合绝缘子高压端杆径处的电场最强，杆径表面积污后导致泄漏电流增大，泄漏电流的热效应也被放大。该结果也从侧面证实了高压端杆径处的积污是导致复合绝缘子发热的主要原因。

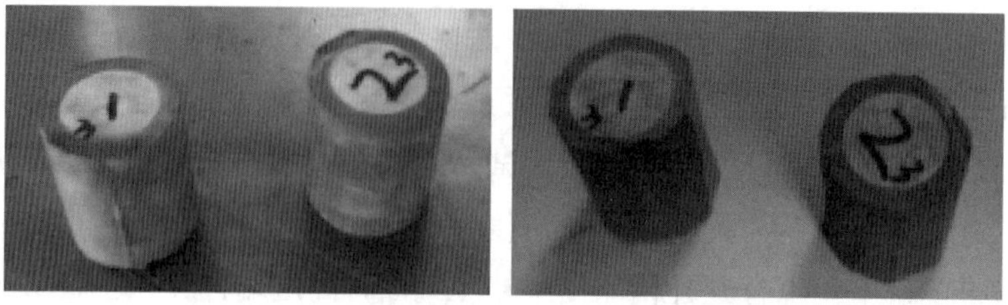

(a) (b)

图 9-42 20F3 号高压端杆径处的水扩散试样

（a）去除污秽前；（b）消除表面污秽后

将 21F1 号、21F2 号、21F3 号 3 支试品护套与芯棒完好部位，截取 6 个带护套的短样品，在 0.1%NaCl（质量）的去离子水中煮沸 100h 后，进行耐压试验。试验电压为 12kV，持续 1min，测量泄漏电流。

表 9-30 带护套水扩散试验结果

试品编号		试品高度（mm）	施加电压（kV）	耐压时间（min）	泄漏电流（μA）	试验结果
21F1 号	1	30.0	12	1	36.8	合格
	2	30.1	12	1	40.7	
	3	30.1	12	1	42.5	
	4	30.1	12	1	40.5	
	5	30.1	12	1	39.8	
	6	30.1	12	1	40.1	
21F2 号	1	30.2	12	1	93.4	合格
	2	29.7	12	1	117.5	
	3	30.0	12	1	99.8	
	4	30.0	12	1	123.4	
	5	30.3	12	1	119.0	
	6	30.1	12	1	87.3	
21F3 号	1	30.0	12	1	371.4（带污秽） 36.7（去除污秽）	合格
	2	29.9	12	1	211.5（带污秽） 42.5（去除污秽）	
	3	30.1	12	1	113.9	
	4	30.2	12	1	147.6	
	5	30.2	12	1	123.4	
	6	30.4	12	1	114.5	
要求		30±0.5	12	1	≤1000	

综合上述分析，220 kV 黄雨甲乙线复合绝缘子发热原因为：复合绝缘子高压端杆径处积污后，污层吸潮后在高压端强电场作用下导致泄漏电流以及极化损耗增大，泄漏电流和极化损耗产生热量，最终引起复合绝缘子高压端杆径产生了“点”状发热。高压端杆径较重积污和强电场是引起复合绝缘子高压端杆径发热的主要原因。该种类型的发热主要为复合绝缘子表面发热，对复合绝缘子内绝缘性能、界面性能以及机械性能暂时不产生影响。

9.4.4　新型混合绝缘子

针对复合绝缘子的界面缺陷问题，除了新型硬质复合绝缘子外，还可以采用混合绝缘子技术。混合绝缘子就是在传统的瓷绝缘子压接 3mm 厚的高温硫化硅橡胶，压接硅橡胶后胶装铁帽钢脚，其整体形状、铁帽结合处、钢脚结合处如图 9-43 所示。

混合绝缘子相比瓷和玻璃绝缘子提高了外绝缘性能，可减少绝缘子串中绝缘子片数，减小绝缘子串长和杆塔承受的荷载，进一步可以降低杆塔的高度和线路建设中的能源消耗，同时可以节省高压走廊面积，减少征地和树木砍伐，助力“双碳”目标。混合绝缘子内部使用瓷或玻璃，避免了复合绝缘子芯棒的老化及断裂问题，机械性能也更优。相比工厂复合化绝缘子表面覆涂室温硫化硅橡胶，混合绝缘子硅橡胶跟瓷件或玻璃件的附着力更强，外观一致性更优良。

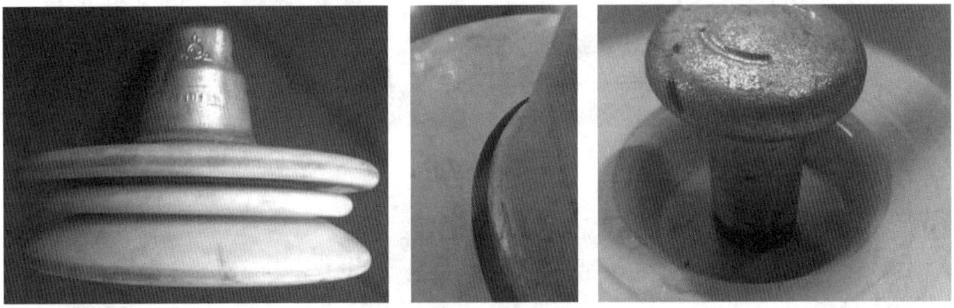

(a)　(b)　(c)

图 9-43　混合绝缘子的外观图

（a）整体外形；（b）铁帽结合处；（c）钢脚结合处

在包覆形式上，混合绝缘子可分为半包覆和全包覆的方式。半包覆方式瓷件或玻璃件没有伞盘，全包覆方式中瓷件或玻璃件是完整的，如图 9-44 所示。

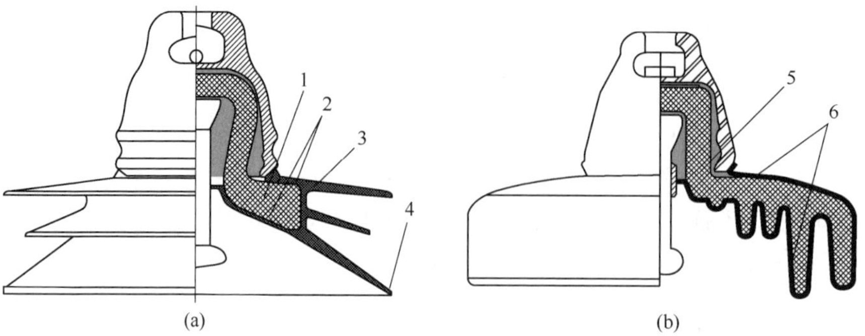

图 9-44　混合绝缘子的包覆工艺

（a）A 类三层伞盘形悬式瓷或玻璃复合绝缘子半包覆；
（b）B 类钟罩防雾盘形悬式瓷或玻璃复合绝缘子全包覆
1—内绝缘件；2—覆盖层；3—伞裙根部；4—伞裙边缘；
5—盘形悬式瓷或玻璃绝缘子；6—覆盖层

全包覆的产品相比原绝缘，由于增加了硅橡胶的厚度，单片产品的爬距增加。考虑不同厂家瓷、玻璃绝缘子外观设计的差异，以 3mm 胶层为例，550kN 三伞形绝缘子在包胶后爬距会增加约 1%～2.5%，如图 9-45 所示。

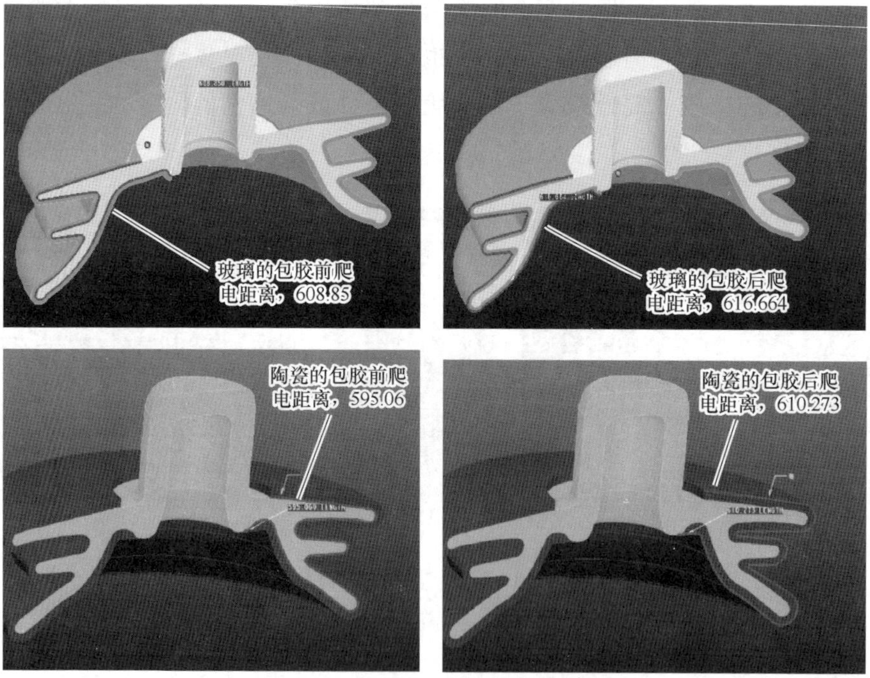

图 9-45　混合绝缘子的包覆示意图

混合绝缘子的模压注塑工艺及难点分为以下几个步骤：

（1）模具定位。即将瓷件或玻璃件与固定在模具上。由于绝缘子产品出厂尺寸存在个体差异，同一批产品可能单品之间都存在较大的偏差，同时金具在装配过程中又会产生同轴度误差等，所以对于绝缘子产品来说，模具设计不能直接以金具定位，模具定位设计是难点。

（2）注胶。即在模具内注入高温硅橡胶。与模具定位设计类似，也是因为同一批产品尺寸偏差，绝缘子产品内外侧金具周边封胶控制困难，也需要在定位结构上进行特殊设计。另外，如果采用注射工艺，高温硫化橡胶在注射阶段保持黏流态，高温硫化阶段理想状态是，型腔内橡胶固化而流道不固化，这样可避免流动固化而堵胶，也有利于补缩，保证产品成型精度、减少次品。此外，大吨位的绝缘子产品结构呈多层圆盘状、尺寸较大，模具排气设计必须考虑，合模工艺非常关键。

（3）开模。绝缘子产品成型，硅橡胶固化后可能会引起开模困难，在模具结构设计、开模工艺设计上都需要特殊考虑。

由上可知，混合绝缘子最大的技术难点是注塑要克服瓷玻璃绝缘子个体差异性。瓷、玻璃绝缘子产品在生产过程中由于生产工艺、环境、外力等因素的影响导致瓷玻璃件成品与设计图纸之间出现一定偏差，且每个个体之间的差异均不相同，且这种差异是不可避免的。

参考文献

[1] Kumagai S，Yoshimura N. Tracking and erosion of HTV silicone rubber and suppression mechanism of ATH[J]. Dielectrics & Electrical Insulation IEEE Transactions on，2001，8（2）：203-211.

[2] Grassie N.，Macfarlan I.G. e. The thermal degradation of polysiloxanes—I. Poly（dimethylsiloxane）[J]. European Polymer Journal，1978，14（11）：875-884.

[3] Grassie N.，Macfarlane I.G，Francey K.F.. The thermal degradation of polysiloxanes—Ⅱ. Poly（methylphenylsiloxane）[J]. European Polymer Journal，1979，15（5）：415-422.

[4] 郑峰. 硅橡胶绝缘材料老化及憎水恢复性的正电子研究[D]. 武汉大学，2014.

[5] 林宏升. 现场运行复合绝缘子老化及憎水恢复性研究[D]. 武汉大学，2015.

[6] 刘云鹏，王秋莎，律方成，等. 紫外辐射对高温硫化硅橡胶性能影响初探[J]. 高电压技术，2010，36（11）：2634-2638.

[7] 刘洋. 交流复合绝缘子老化性能试验研究[D]. 武汉大学，2009.

[8] 汪佛池，黄成才，李永刚，等. 硅橡胶复合绝缘子老化状态评估新判据[J]. 电网技术，2014（11）：3224-3229.

[9] 叶廷路，吴光亚，张爱军，等. 复合绝缘子运行性能及使用寿命评估方法的研究[C]// 2012 输变电年会论文集. 2012.

[10] 张冠军，赵林，周润东，等. 硅橡胶复合绝缘子老化表征评估研究的现状与进展[J]. 高压电器，2016（4）：1-15.

[11] 王伟然，谢从珍，刘洋. 复合绝缘子电晕加速老化试验研究[J]. 南方电网技术，2011，05（A01）：84-88.

[12] 郭慧豪，彭海江，文猛，等. 硅橡胶憎水迁移性和持久性的研究[J]. 有机硅材料，2013（2）：102-105.

[13] 罗伟才. 复合绝缘子用硅橡胶的配方体系研究[D]. 武汉大学，2013.

[14] 王康，王建国，郑峰，等. 白炭黑含量对硅橡胶结构和憎水恢复性影响[J]. 电工技术学报，2016，31（12）.

[15] 王康，王建国，郑峰，等. 氢氧化铝含量对硅橡胶结构及憎水恢复性的影响[J]. 高电压技术，2015，41（2）.

[16] 贾志东，方苏，杨翠茹，等. ATH 对复合绝缘子用硅橡胶性能影响的分析[J]. 陕西电力，

[32] 许志海，余欣，王锐，等. 一种用于硅橡胶绝缘子表面改性的改装等离子体发生仪：中国专利，ZL 2014 2 0451056.4 [P]. 2014.

[33] 王康. 硅橡胶等离子体及电晕老化性能研究[D]. 武汉大学，2015.

[34] 彭向阳，许志海，徐晓刚，等. 一种测定复合绝缘子硅橡胶中硅氧烷小分子的方法：中国专利，ZL 2014 1 0276126.1[P]. 2014.

[35] 彭向阳，许志海，王康，等. D4 含量对硅橡胶微观结构和憎水恢复的影响[J]. 中国电机工程学报，2015，35（8）：2097-2104.

[36] 屠幼萍，罗梅馨，应高峰，等. 硅橡胶电晕老化热刺激电流特性的正交试验研究[J]. 中国电机工程学报，2012，32（7）：139-144.

[37] 李聪. 复合绝缘子热刺击电流测量的实现与应用[D]. 华北电力大学，2012.

[38] 张辉，屠幼萍，佟宇梁，等. 基于 TSC 测试的硅橡胶复合绝缘子伞裙材料老化特性研究[J]. 中国电机工程学报，2012（19）：169-174.

[39] 蒋沙沙. 硅橡胶加速老化及失效机理研究[D]. 哈尔滨工业大学，2013.

[40] 谢从珍，张尧，郝艳捧，等. 应用超声波探伤仪检测复合绝缘子的内部缺陷[J]. 高电压技术，2009，35（10）：2464-2469.

[41] 闫文斌，王达达，李卫国，等. X 射线对复合绝缘子内部缺陷的透照检测和诊断[J]. 高压电气，2012（10）：58-66.

[42] 王黎明，李昂，成立，等. 基于微波反射法的复合绝缘子无损检测方法[J]. 高电压技术，2015，41（2）：584-591.

[43] 赵庆州，李昂，成立，等. 太赫兹电磁波检测复合绝缘子内部缺陷可行性研究[J]. 陕西电力，2015，43（3）：63-66.

[44] 彭向阳，汪政，黄振，等. 基于等离子体处理的硅橡胶憎水恢复物理模型及评价方法研究[J]. 中国电机工程学报，2021，41（18）：6481-6492.

[45] Wang Z，Yin C，Li J，et al. Electrochemical impedance study of water transportation in corona-aged silicone rubber：effect of applied voltage [J]. Journal of Materials Science，2018，53（18）：12871-84.

2007，35（8）：1-3.

[17] 姚喜年，陈林山. 复合绝缘子伞裙配方设计中的几个问题及解决方法[J]. 电磁避雷器，2003（3）：11-13.

[18] 白仁斗，周正发，徐卫兵. 氧化锌/氧化铝对混炼型导热硅橡胶性能的影响[J]. 广东化工，2013（2）：1-2.

[19] 彭向阳，王聪，罗伟才，等. 紫外吸收剂对硅橡胶力学和表面性能的影响研究[J]. 武汉理工大学学报（自然科学版），2016，38（5）：34-39.

[20] 史鸿威，袁端磊，龚浩，等. 白炭黑对复合绝缘子用硅橡胶性能的影响[J]. 绝缘材料，2014（4）：45-48.

[21] 陈延辉，汪宁，史鸿威，等. 复配生胶体系对复合绝缘子用硅橡胶性能影响的研究[J]. 绝缘材料，2013（4）：51-54.

[22] Meincken M.，Balk L.J.，Sanderson R.D. Measurement of thermal parameters and mechanical properties of polymers by atomic force microscopy[J]. Surface and Interface Analysis，2003，35：1034-1040.

[23] 黄振，许志海，彭向阳，等. 广东电网输电线路复合绝缘子运行状态抽样检测试验研究[J]. 广东电力，2017，30（5）：114-118.

[24] Zhang S，Wang H. Thermal degradation of amino-group-modified polydimethylsiloxane[J]. Journal of Thermal Analysis and Calorimetry，2011，103（2）：711-716.

[25] Suda T. Frequency characteristics of leakage current waveforms of a string of suspension insulators[J]. IEEE Transactions on Power Delivery，2005，20（1）：481-487.

[26] 彭向阳，李子健，黄振，等. 基于 TG-DSC 法的复合绝缘子硅橡胶主组份含量研究[J]. 南方电网技术，2017，11（1）：36-44.

[27] 许志海，余欣，王锐，等. 测定硅橡胶复合绝缘子中 PDMS、SiO_2、ATH 含量的热分析法：中国专利，ZL 2014 1 0392736.8[P]. 2014.

[28] 彭向阳，林宏升，周宇明，等. 应用显微红外法的硅橡胶复合绝缘子伞裙老化深度研究[J]. 电网技术，2017，41（4）：1350-1356.

[29] 徐晓刚，彭向阳，许志海，等. 硅橡胶复合绝缘子老化程度的鉴定方法：中国专利，ZL 2013 1 0292330.8[P]. 2013.

[30] 徐晓刚，许志海，彭向阳，等. 检测复合绝缘子伞裙老化的方法：中国专利，ZL 2013 1 0495248.5[P]. 2014.

[31] 许志海，徐晓刚，彭向阳，等. 硅橡胶复合绝缘子电老化的检测方法：中国专利，ZL 2013 1 0200405.5 [P]. 2013.